유전자 클로닝과 DNA 분석

제8판

T. A. Brown

대표역자 이병무

김정국 이광호 최 진 공역

월드사이언스
WORLD SCIENCE
worldscience.co.kr

EIGHTH EDITION

GENE CLONING & DNA ANALYSIS – AN INTRODUCTION

T. A. Brown

유전자 클로닝과 DNA 분석 제8판

인쇄	2022년 6월 10일
발행	2022년 6월 20일
저자	T. A. Brown
역자	이병무 김정국 이광호 최 진
발행인	신정숙
발행처	(주) 월드사이언스
등록	1988년 2월 12일 제16-1601호
주소	서울특별시 서초구 도구로 115 월드빌딩 1층
TEL	02) 581-5811~3
FAX	02) 521-6418
E-mail	worldscience@hanmail.net
URL	http://www.worldscience.co.kr

정가 24,000원
ISBN 978-89-5881-312-5

Contents in Brief
간략 목차

Contents
세부 목차

2부 연구에서 유전자 클로닝과 DNA 분석의 응용 179

Preface
머리말

유전자 클로닝 7판의 출판 이후 DNA 기술의 주요 발전은 연구 및 생명공학에서 유전자 편집의 이용을 증가시켰다. CRISPR 편집을 위한 기본 방법론은 12장에 설명되었다. 이 방법의 적용은 16장에서 식물 유전공학과 관련하여 알아보았다. 차세대 DNA 염기서열 분석의 지속적인 진화는 10장에서 재구성함으로써 반영했다. 전사체와 단백질체 연구 방법의 확산을 다루기 위해 새로운 장을 만들었다. 기타 추가 사항은 실시간 PCR 산물의 melt curve 분석과 인간 질병 돌연변이의 유전적 분석에 대해 새로운 섹션을 포함했다.

나는 학교에 임용직후인 1985년에 유전자 클로닝 초판을 집필했다. 더 이상 사본도 없고 한 권도 찾을 수 없지만, 이 노란색의 작은 책을 사랑스럽게 기억한다. 은퇴한 직후 몇 달 동안에 이 최신판을 집필했다. 35년 동안 이 책의 내용과 자료를 보여주는 방식에 대해 의견과 제안을 해 준 많은 동료, 학생 그리고 이메일로 주고받은 분들에게 감사의 말을 전하고 싶다. 특히 7판에서 몇 가지 오랫동안 계속된 오류를 지적해 준 Guilan 의과대학의 Mehdi Evazalipour와 Isfahan 대학의 Salman Odooli에게 감사드린다.

마지막으로 35년 동안 변함없이 끝없는 지지와 격려를 보내준 사람은 아내이자 연구 파트너인 Keri입니다.

T. A. Brown

University of Manchester

역자소개

대표 역자

이병무 고려대학교
미국 텍사스 A&M 대학교 박사
미국 텍사스 A&M 대학교 연구원
현 동국대학교 교수

공동 역자

김정국 고려대학교
미국 뉴욕 주립대학교 이학박사
미국 펜실바니아 대학교 연구원
현 고려대학교 교수

이광호 고려대학교
고려대학교 이학박사
일본 북해도 대학교 연구원
미국 뉴욕 주립대학교 Post-Doc
현 중앙대학교 교수

최 진 이화여자대학교
미국 텍사스 A&M 대학교 박사
미국 Baylar 의과대학 연구원
현 울산대학교 의과대학 교수

PART I

유전자 클로닝의 기본 원리와 DNA 분석

Chapter 1

유전자 클로닝과 DNA 분석의 중요성

Chapter contents

CHAPTER CONTENTS

19세기 중엽에, Gregor Mendel은 생물학적인 특성들의 유전을 설명하기 위하여 일련의 규칙을 체계화시켰다. 이러한 규칙들은 세포 내부에 존재하며, 유전 가능한 성질을 지니고 있는 유전자에 의하여 지배된다는 가정에서 출발하였다. 유전자는 세포 어느 곳에나 존재하는 물리적인 입자이다. 이러한 유전자가 무엇이며, 어떤 역할을 하는지를 이해하는 과학인 유전학(genetics)은 Mendel의 법칙 재발견으로 1900년에 탄생하였다.

1.1 초창기 유전학의 발전

새로운 과학인 유전학은 처음 30년 동안에 놀라운 속도로 성장했다. 1903년에 W. Sutton은 유전자가 염색체(chromosome) 속에 존재한다는 사실을 제안하였으며, T. H. Morgan은 이 사실을 1910년에 실험적으로 보여 주었다. 그때 Morgan과 동료들은 유전자 지도(gene mapping)라는 기술을 개발하였으며, 1922년까지 초파리(*Drosophila melanogaster*)의 4개의 염색체에 2,000개 이상의 유전자들의 상대적인 위치를 포괄적으로 분석하였다.

이러한 고전적인 유전학 연구는 우수하였지만, 1940년대까지는 유전자의 분자적인 성질에 대한 실제적인 이해가 없었다. 사실, 1944년 Avery와 MacLeod와 McCarty 그리고 1952년 Hershey와 Chase가 실험을 할 때까지는 DNA가 유전적인 물질이라고 믿는 사람은 없었다. 그때까지만 해도 유전자가 단백질로 이루어져 있다는 생각이 널리 퍼져 있었다. DNA의 역할이 발견되면서 유전학 연구가 매우 촉진되었으며, 유명한 생물학자들(Delbruck, Chargaff, Crick, Monod 등)이 유전학의 제2 전성시대에 공헌하였다. 1952년에서 1966년 사이의 14년 동안 DNA의 구조가 밝혀졌고, 유전 암호(genetic code)가 풀렸으며, 전사(transcription)와 번역(translation) 과정도 해명되었다.

1.2 유전자 클로닝과 PCR의 출현

이러한 활동과 발견 이후에, 자칭 신세대 유전학자라는 분자 생물학자들에게는 기본적으로 중요한 사실들을 모두 이해하고 있는 것처럼 보였던 소강 상태가 있었다. 사실 1960년대 후반의 실험 기술은 유전자를 상세하게 연구할 만큼 세련되지 않아서 한 때 좌절이 있었다.

그 이후, 1971년과 1973년 사이에 유전학 연구는 실험 생물학에 있어서 혁명이라고 불려지는 시기를 맞이하였다. 전체적으로 새로운 방법론이 개발되었고, 전에 불가능했던 실험들이 계획되고 실행되었으며, 쉽지는 않았지만 적어도 성공할 수 있었다. DNA 재조합 기술(**recombinant DNA technology**) 또는 유전공학(**genetic engineering**)이라 언급된 유전자 클로닝(**gene cloning**) 과정의 핵심인 이러한 방법들은 유전학의 또 다른 새 시대를 열었다. 이러한 방법들은 각각의 유전자의 구조를 결정할 수 있는 **DNA 염기서열** 분석 기술을 빠르고 효율적으로 발전시켰으며, DNA 염기서열 분석 기술은 2000년에 종결된 인간 염기서열 분석을 포함하여 거대한 유전체 염기설열 분석 계획처럼 1990년대에 최고점에 도달했다. 또한, 이러한 방법들은 각각의 유전자들의 조절에 대한 연구를 발전시켰으며, 분자 생물학자들이 어떻게 유전자 조절의 변이가 암 같은 질병을 야기하는지 이해할 수 있게 되었다. 이 기술들을 산업 공정이나 의약품에 필요한 단백질이나 다른 화합물을 생산하는 데 유전자를 사용하는 새로운 생명공학을 이끌었다.

1980년대에 유전자 클로닝 혁명에 의해 야기된 흥분이 최고조에 달했을 때, 또 다른 귀중하고도 혁명적인 발전이 곧 도래한다는 것이 불가능해 보였다. Kary Mullis는 1983년의 어느 금요일 저녁에 캘리포니아 주 128번 도로를 따라 버클리에서 멘도시노로 운전 중에 중합효소 연쇄반응(**Polymerase Chain Reaction, PCR**)을 개발했다. 그의 영감은 유전자 클로닝에 비해 완벽하게 보완 수단으로 작용하는 정교하면서도 간단한 기술이었다. PCR은 유전자 클로닝 방법만으로는 가능하지만, 어려운 많은 기술들을 보다 쉽게 만들었다. 이것은 DNA 분석의 범위를 확장시켰으며, 의약, 농업 그리고 생명공학의 기존 범위 밖에서 시도되고 있는 분야에서 분자생물학의 새로운 응용 분야를 이끌었다. 분자생태학, 생체분자고고학 그리고 DNA 법의학은 PCR 발명의 직접적인 결과로서 가능해진 새로운 분야 중 단지 3개일 뿐이다. 분자생물학자들은 인간의 진화와 생물체에 대한 환경 변화의 영향에 관한 질문에 답하기 위해서 DNA를 사용하는 새로운 방법을 고안 중에 있다. 유전자 클로닝 혁명 후 50년 동안, 우리는 아직도 롤러코스터를 타고 있으며, 끝없이 흥분하고 있다.

1.3 유전자 클로닝

유전자 클로닝 실험의 기본적인 단계는 다음과 같다(그림 1.1).

1 클론되어질 유전자를 포함하고 있는 DNA 단편이 재조합 DNA 분자(**recombinant DNA molecule**)를 생산하기 위해 벡터(**vector**)라는 원형 DNA 분자 속으로 삽입된다.
2 벡터는 유전자를 숙주세포로 운반하는 역할을 하고, 숙주세포로는 여러 형태의 세포가 있으며, 그 중에서 박테리아가 일반적으로 사용된다.
3 숙주세포 속에서 벡터는 복사되어, 자신과 완전히 동일한 다량의 벡터뿐만 아니라 그것이 운반하는 유전자도 다량 복사된다.
4 숙주세포가 분열될 때, 재조합 DNA 분자의 복사물이 자손에게 전달되며, 거기서 벡터 복제가 일어난다.
5 수많은 세포 분열이 일어난 후에, 동일한 숙주세포의 군락(colony), 혹은 클론이 생성된다. 클론의 각 세포는 하나 혹은 그 이상의 동일한 재조합 DNA 분자를 포함하며, 재조합 분자에 의해 운반된 유전자를 소위 '클론' 되었다고 말한다.

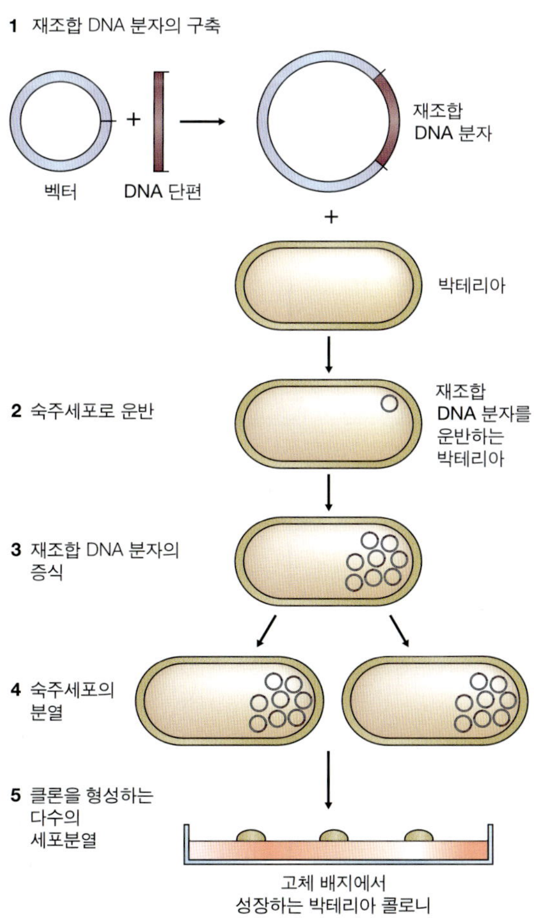

그림 1.1
유전자 클로닝의 기본 단계.

1.4 PCR

PCR은 유전자 클로닝과는 다르다. 살아 있는 세포를 포함한 일련의 조작이라기보다는 PCR은 DNA와 한 세트의 시약을 혼합하고 미리 프로그램된 일련의 온도에서 혼합물을 반응시킬 수 있는 장치인 thermal cycler에 시험관을 위치함으로써 간단하게 한 개의 시험관에서 수행하는 것이다. PCR 실험의 기본 단계들은 다음과 같다(그림 1.2):

1 혼합물을 94℃까지 가열한다. 이 온도는 이중가닥인 DNA 분자의 두 가닥을 서로 붙잡아 주는 수소 결합을 끊어서 분자들을 한가닥으로 변성시켜 준다.

2 혼합물을 50 ~ 60℃로 냉각시킨다. 이 온도에서 각 분자의 이중가닥들이 서로 다시

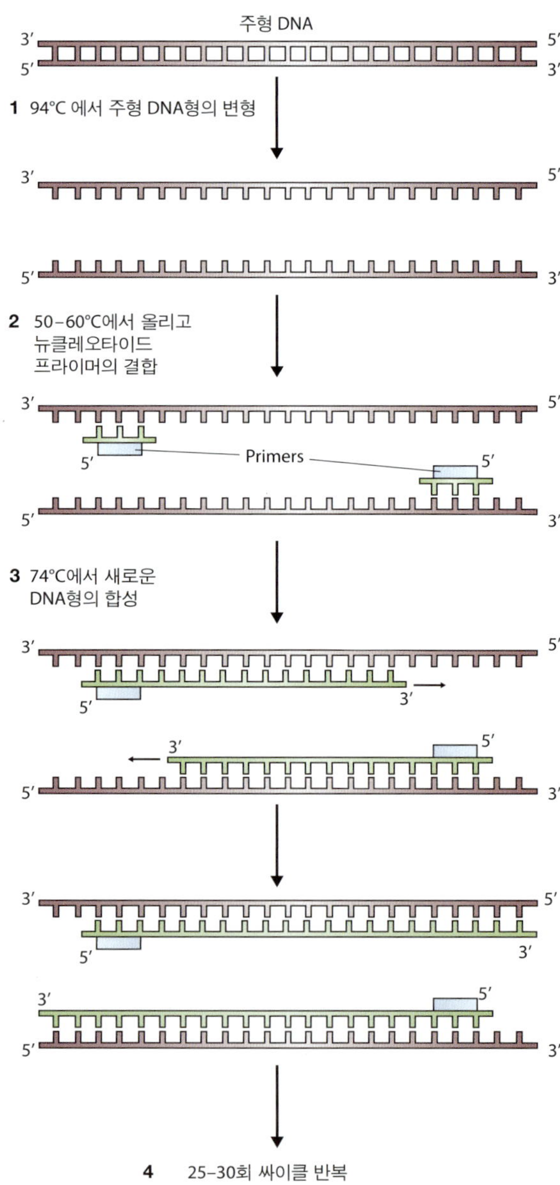

그림 1.2
중합효소 연쇄반응의 기본 단계들.

결합하는데, 혼합물에 DNA 분자의 특정 부위에 결합하는 프라이머(**primer**) 혹은 올리고 뉴클레오타이드(**oligonucleotide**)라고 불리우는 짧은 DNA 분자들이 대량으로 포함되어 있으므로 대부분은 다시 결합하지 않는다.

3 온도를 74℃까지 올린다. 이 온도는 혼합물에 존재하는 ***Taq* DNA 중합효소**(polymerase)의 최적 반응 온도이다. 우리는 **DNA 중합효소**에 관해 보다 더 살펴볼 것이다. 이 시험에서 이해할 필요가 있는 것은 *Taq* DNA 중합효소가 프라이머의 끝에 결합하여 주형 DNA 분자와 상보적인 새로운 DNA를 합성하는 것이다. 이제 우리는 시작할 때 2개 대신에 4개의 DNA 가닥을 가지게 된다.

4 온도를 94℃로 다시 가열한다. 원래의 분자 한 가닥과 새로 합성된 한 가닥으로 구성된 이중가닥인 DNA 분자들이 한 가닥으로 변성된다. 이것은 변성 – 결합 – 합성으로 구성된 2번째 사이클의 시작이며, 끝날 때 8개의 DNA 가닥이 존재한다. 30 사이클이 반복되면, 시작할 때 사용된 이중가닥 분자는 1억 3천만 개의 새로운 이중가닥 분자로 바뀌는데, 최초 분자의 복사되는 부위는 두 개의 프라이머들이 결합되는 부위에 따라 결정된다.

1.5 유전자 클로닝과 PCR의 중요성

그림 1.1과 1.2에서 볼 수 있듯이, 유전자 클로닝과 PCR은 비교적 간단한 과정이다. 그런데도 클로닝과 PCR이 중요한 이유는 개체의 유전자 샘플을 얻을 수 있고, 세포 속의 다른 유전자들과 구별할 수 있는 방법이기 때문이다.

1.5.1 클로닝에 의한 유전자의 순수한 샘플 제공

클로닝이 정확하게 어떻게 유전자의 순수한 샘플을 제공하는지를 그림 1.1의 기본적인 실험과 약간 다른 방법이 그림 1.3에 그려져 있다. 이러한 예를 보면, 클론되어지는 DNA 단편이 여러 가지 다른 단편 혼합물의 한 구성원이고, 각각은 다른 유전자 혹은 유전자의 일부를 지니고 있다. 실제로 이 혼합물은 한 유기체, 예를 들면, 인간 전체 유전자의 보체(complement)일 수 있다. 이러한 모든 단편들은 다른 벡터 분자 속으로 삽입되어서 재조합 DNA 분자 군을 생성하며, 그중의 하나가 관심 있는 유전자를 지니고 있다. 일반적으로 단 하나의 재조합 DNA 분자가 하나의 숙주세포 속으로 운반되어지며, 최종적으로 클론 집합체는 다른 재조합 DNA 분자를 많이 포함하고 있어도 각 개개의 클론은 단 한 가지 분자의 다중 복사물을 가지고 있다. 이제는 한 유전자가 원래 혼합물이 있는 다른 모든 유전자들로부터 분리되어 그것의 특징을 자세히 연구할 수 있다.

실제로 유전자 클로닝 실험의 성공 여부는 관심 있는 특별한 클론을 확인하는 데 달려 있다. 4,000개의 다른 유전자를 가지고 있는 대장균의 유전체에서 특정 유전자를 포함하고 있는 클론을 찾는 것은 매우 어려워 보인다(그림 1.4). 또한 박테리아가 비교적 간단한 유기체임을 고려하면, 박테리아보다 20배 많은 유전자를 지닌 인간의 문제는 더욱 심각할 것이다. 그렇지만 8장에서 설명되어 있듯이, 여러 가지 다른 기술을 사용하여 클로닝 실험을 통해 정확한 유전자를 얻을 수 있다. 이러한 기술 중에서 몇

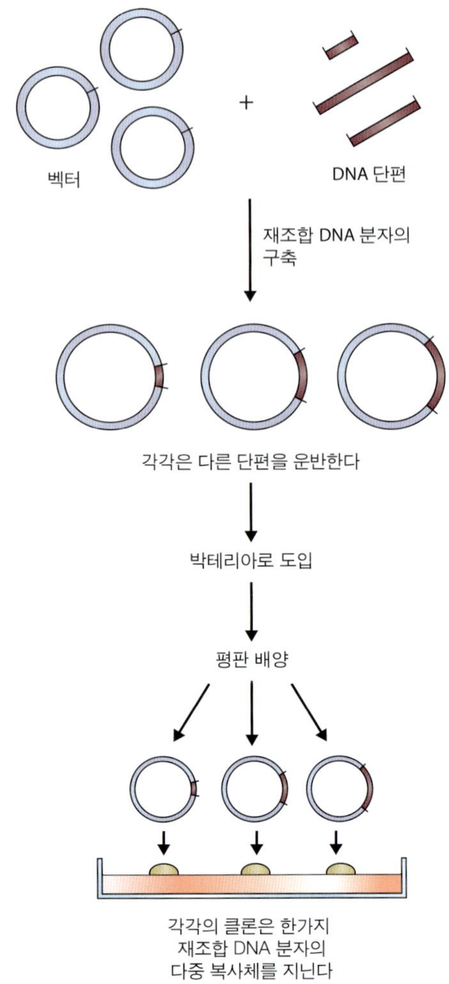

그림 1.3
클로닝은 각각의 DNA 단편을 분리시킨다.

몇은 기본 클로닝 과정을 수정한 것이고, 재조합 DNA 분자를 포함하고 있는 바로 그 세포를 분리할 수 있으며, 우리가 관심 있는 클론이 자동적으로 선택된다. 또 다른 방법은 여러 가지 다른 클론 혼합물에서 관심 있는 하나의 클론을 분리할 수 있는 기술이다.

일단 한 유전자가 클론되면, 그 유전자의 구조와 발현에 관한 정보를 끝없이 얻을 수 있다. 클론된 자료들은 유전자 연구의 분석방법과 새로운 기술 개발에 도움이 되고 있다. 클론된 유전자의 구조와 발현을 연구하는 방법은 10장과 11장에서 다루고 있다.

1.5.2 PCR에 의한 유전자 정제

중합효소 연쇄반응 또한 유전자의 순수한 샘플을 얻는 데 사용할 수 있다. 이것은 PCR 중에 복사되는 DNA 분자의 부분이 두 개의 올리고뉴클레오타이드 프라이머가 결합되는 부위에 의해 경계가 되는 단편이 되기 때문이다. 만약 프라이머가 관심 있는 유전자의 양쪽에 결합된다면, 그 유전자의 많은 수가 생성될 것이다(그림 1.5). 원하는

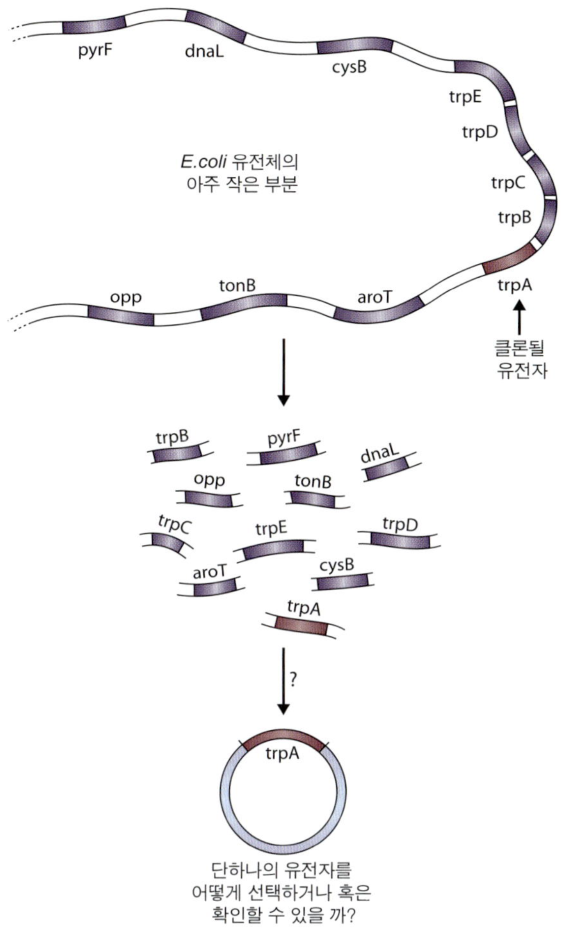

그림 1.4
선택의 문제.

유전자는 프라이머가 결합되는 부위에 따라서 자동적으로 선택되기 때문에 선택의 문제가 발생하지 않을지라도 결과는 유전자 클로닝 실험과 같다.

클로닝에 의해 유전자를 얻기 위해서는 몇 달은 아닐지라도 몇 주가 소요되는 반면, PCR 실험을 통해서는 몇 시간에 완결될 수 있다. 그러면 유전자 클로닝이 왜 아직까지도 이용되고 있는가? 이것은 PCR이 가지고 있는 두 가지 제한 때문이다.

- 관심 있는 유전자 양쪽 끝의 정확한 위치에 프라이머들이 결합하기 위해서는 이 결합 부위의 염기서열을 알아야만 한다. 이미 알려진 염기서열을 가지고 프라이머를 생성하는 것은 쉽다. 그러나 결합 부위의 염기서열을 알지 못할 때 적절한 프라이머들을 만들 수 없다. 이것은 이전에 연구되지 않았던 유전자들을 분리할 때 PCR을 이용할 수 없고, 클로닝에 의해서 수행되어야 한다는 것을 의미한다.
- PCR에 의해 복사될 수 있는 DNA의 길이가 제한되어 있다. 5 kb는 상당히 쉽게 복사될 수 있으며, 40 kb까지 특별한 기술을 사용해서 다룰 수 있다. 길이가 긴 유전자의 완전한 형태를 요구한다면 클로닝을 사용해야 한다.

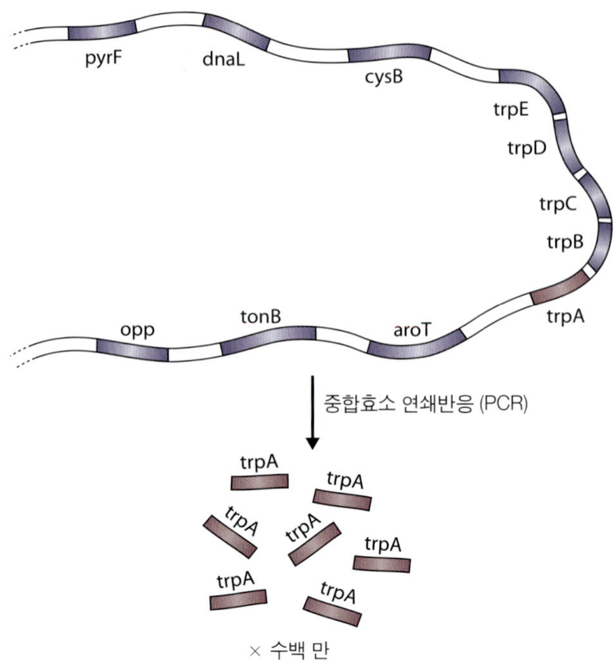

그림 1.5
PCR에 의한 유전과 분리.

그러므로 유전자 클로닝은 긴 유전자들 혹은 이전에 연구되지 않았던 유전자들을 분리하는 유일한 방법이다. PCR은 많은 중요한 곳에 응용되고 있다. 예를 들면, 유전자의 염기서열이 알려지지 않았더라도 다른 생물체에서 동일한 유전자의 염기서열을 기초로 해서 한쌍의 프라이머의 적절한 염기서열을 결정하는 것이 가능할 수 있다. 이것은 쥐에서 분리되고 염기서열이 결정된 유전자는 인간에서 동일한 유전자의 분리를 위해 한쌍의 프라이머를 결정하는 데 사용될 수 있다.

더불어서 염기서열이 이미 알려진 유전자들을 분리하거나 확인할 필요가 있는 곳에 많이 적용되고 있다. 예를 들면, 인간 글로빈 유전자의 PCR은 thalassaemia라고 불리우는 혈액병을 일으키는 돌연변이가 존재하는지 조사하기 위해 사용된다. 이 PCR을 위해서 적절한 프라이머들을 결정하는 것은 인간 글로빈 유전자의 염기서열이 알려져 있기 때문에 쉽다. PCR 후 유전자 복사체는 thalassaemia 돌연변이가 존재하는지 결정하기 위해 염기서열을 분석하거나 다른 방법으로 연구된다.

또 다른 PCR의 의학적 적용은 바이러스에 의해 야기되는 병의 DNA에 특이한 프라이머들을 사용하는 것을 포함한다. 양성적인 결과는 샘플이 바이러스를 포함하고 있으며, 샘플을 제공한 사람은 병의 진행을 억제하는 치료를 받아야 한다는 것을 의미한다. PCR은 굉장히 민감한 것이다. 조심스럽게 만들어진 반응은 비록 최초 혼합물에 한개의 DNA 분자가 있을지라도 DNA을 확인할 수 있을 만큼의 양이 생성된다. 이것은 PCR이 감염 초기에 바이러스를 확인할 수 있고, 성공적으로 치료할 수 있는 기회를 증가시킬수 있다는 것을 의미한다. 이러한 민감성은 또한 PCR이 머리카락과 혈흔 혹은 죽은지 오래된 사람의 뼈와 같은 법의학적 재료로부터 추출된 DNA를 이용할 수 있다는 것은 의미한다(17장).

1.6 이 책에 대한 설명

이 책은 유전자 클로닝, PCR 그리고 다른 DNA 분석 기술이 어떻게 수행되는지 설명하고, 현재 생물학에서 이러한 기술들의 적용을 설명하고 있다. 적용 부분은 Part 2와 3에서 다루고 있다. Part 2는 어떻게 유전자와 유전체가 연구되고 있는지 설명하고 있고, Part 3은 생명공학, 의학, 농업 그리고 법의학에서 유전자 클로닝과 PCR의 보다 넓은 적용을 설명하고 있다.

Part 1에서 우리는 기본적인 원리를 다루고 있다. 9개 장의 대부분에서 PCR보다 기술적으로 더 복잡한 유전자 클로닝을 보다 많이 다루고 있다. 유전자 클로닝이 어떻게 수행되는지 이해했을 때, DNA 분석에 관한 많은 기본적인 원리를 이해하게 될 것이다. 2장에서는 유전자 클로닝 실험의 주요 요소인 운반체를 다룬다. 이것은 유전자를 숙주세포로 운반하여 복제한다. DNA 분자가 클로닝 운반체 역할을 하기 위해서는 숙주세포 속으로 들어갈 수 있어야 하며, 일단 그 내부에서는 그 자체의 다중 사본을 위해서 복제될 수 있어야 한다. 자연계에 존재하는 두 가지 형태의 DNA 분자는 이러한 요구를 만족한다.

- 플라즈미드(plasmid)는 박테리아와 다른 유기체에서 발견되는 작은 원형 DNA이다. 플라즈미드는 숙주세포 염색체와 무관하게 복제할 수 있다.
- 바이러스 염색체(virus chromosome)는 특별히 박테리아만 감염시키는 바이러스인 박테리오파아지의 염색체이다. 박테리오파아지 DNA 분자는 감염되는 동안에 숙주세포로 주입되어 복제가 일어난다.

3장에서는 살아 있는 세포로부터 클론될 DNA와 벡터 DNA를 어떻게 정제하는가를 다룬다. 그리고 4장에서는 실험실에서 정제된 DNA를 다루는 다양한 기술들을 다룬다. 여기에는 많은 기술들이 있지만 두 개의 기술이 유전자 클로닝에 특히 중요하다. 이러한 기술은 특별한 지점에서 벡터를 절단하고 벡터에 유전자를 삽입시키는 방법을 통해 회복시킬 수 있는 능력이다(그림 1.1). 이러한 기술과 다른 DNA 조작은 살아 있는 세포 내에서 DNA 합성과 변형에 관한 기본 연구의 한 종류로서 발전되어 왔으며, 대부분의 조작들은 정제한 효소들을 이용하였다. 이러한 효소들의 성질과 DNA 연구에서 이용되는 방법은 4장에 설명되고 있다.

일단 재조합 DNA 분자가 완성되면, 복제가 일어나도록 숙주세포에 도입되어야 한다. 플라즈미드와 바이러스 DNA 분자의 숙주세포로의 운반은 자연적인 과정을 이용한다. 이러한 과정들과 유전자 클로닝에 이용되는 방법은 5장에 설명되어 있다. 그리고 6장과 7장에서 클로닝 벡터의 가장 중요한 종류들을 설명하고, 그들의 사용에 대해서 검토한다. 8장에서 유전자 클로닝 범위를 결정하기 위해 선택의 문제를 조사한 후(그림 1.4), 9장에서 PCR 및 이것과 관련된 기술들의 보다 상세한 설명을 한다.

Further reading

FURTHER READING

Backman, K. (2001) The advent of genetic engineering. *Trends in Biochemical Science*, **26**, 268–270. [An account of the early days of gene cloning.]

Brock, T.D. (1990) *The Emergence of Bacterial Genetics*. Cold Spring Harbor Laboratory Press, New York. [Details the discovery of plasmids and bacteriophages.]

Brown, T.A. (2017) *Genomes*, 4th edn. Garland Science, London. [An introduction to modern genetics and molecular biology.]

Cherfas, J. (1982) *Man Made Life*. Pantheon, New York. [A history of the early years of genetic engineering.]

Cohen, S.N. (2013) DNA cloning: a personal view after 40 years. *Proceedings of the National Academy of Sciences*, USA, **110**, 15521–15529. [The author is one of the scientists who carried out the first gene cloning experiments in the early 1970s.]

Judson, H.F. (1996) *Eighth Day of Creation*: Makers of the Revolution in Biology. Cold Spring Harbor Laboratory Press, New York. [A very readable account of the development of molecular biology in the years before the gene cloning revolution.]

Mullis, K.B. (1990) The unusual origins of the polymerase chain reaction. *Scientific American*, **262**(4), 56–65. [An entertaining account of how PCR was invented.]

Chapter 2

유전자 클로닝의 벡터: 플라스미드와 박테리오파아지

Chapter contents
CHAPTER CONTENTS

DNA 분자가 유전자 클로닝의 벡터 역할을 하기 위해서는 몇 가지 특징을 나타내야 한다. 그중 가장 중요한 것은 숙주세포 내에서 복제가 가능하여 수많은 재조합 DNA를 생산할 수 있어야 하고, 생산된 재조합 DNA를 딸세포에게 전달할 수 있어야 한다. 또한 클로닝 벡터는 비교적 작아야 하는데, 이상적인 크기는 10 kilobase(Kb) 이하로, 큰 분자들의 경우에는 정제하는 동안 파괴될 수 있고 다루기도 힘들다. 이러한 기준을 만족시키는 두 종류의 DNA 분자를 박테리아 세포에서 발견할 수 있는데, 이것이 바로 플라스미드와 박테리오파아지이다.

2.1 플라스미드

플라스미드는 원형 DNA 분자로, 박테리아 세포 내에서 독립적으로 존재한다(그림 2.1). 플라스미드는 항상 하나, 혹은 그 이상의 유전자를 가지고 있는데, 이러한 유전자는 숙주 박테리아에서 나타나는 유용한 특성이다. 예를 들면, chloramphenicol이나 ampicillin 같은 항생제의 독성 농도에서 살 수 있는 능력은 항생제에 저항하는 유전자를 가진 플라스미드가 박테리아에 존재하기 때문이다. 실험실에서 항생제 저항성은 종종 선별표식자(**selectable marker**)로 사용되는데, 이는 배양되는 박테리아가 특별한 플라스미드를 포함하는지 여부를 확인할 수 있게 해준다(그림 2.2).

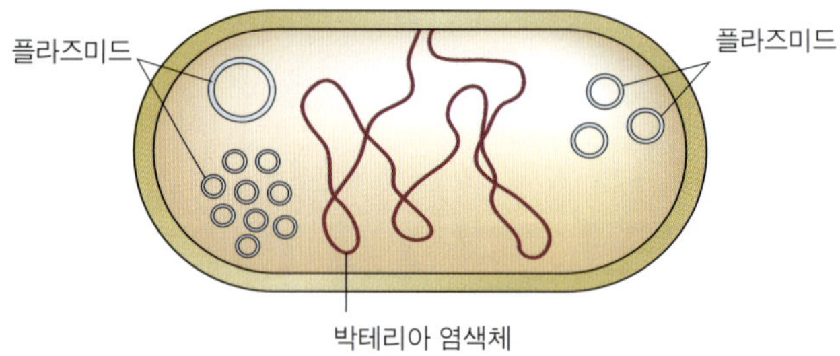

그림 2.1
플라즈미드: 박테리아 세포의 독립적인 유전 요소.

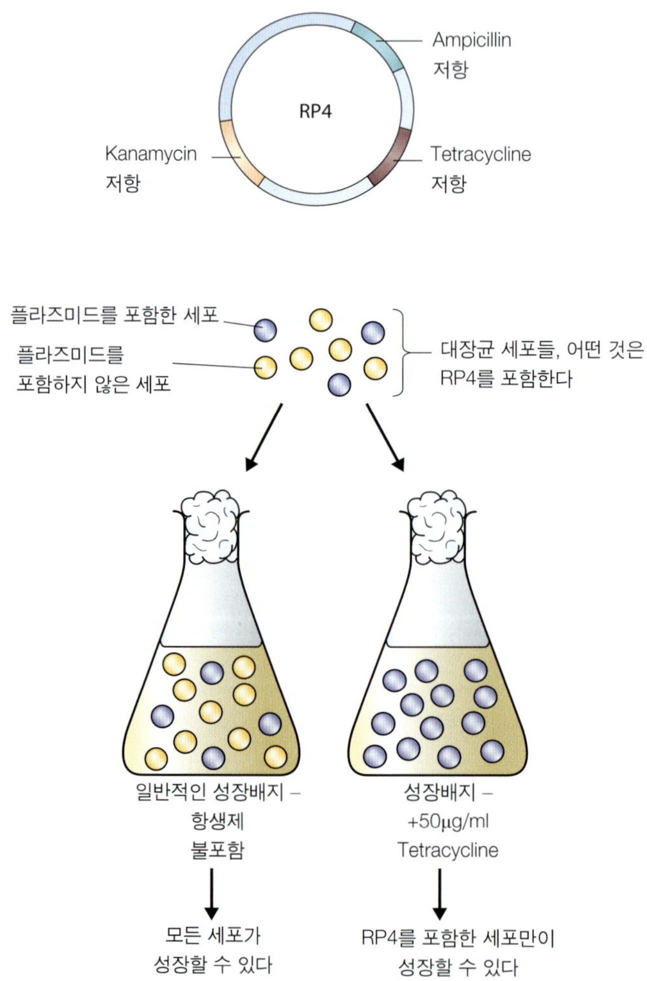

그림 2.2
플라즈미드의 선별표식자로서 항생제 내성의 이용. RP4(위)는 ampicillin, tetracycline, kanamycin 등에 대해 저항성 있는 유전자를 운반한다. RP4를 지닌 대장균 만이 하나, 혹은 그 이상의 항생제의 독성을 포함하는 배지에 살아서 성장한다.

모든 플라즈미드는 복제 시작점(**origin of replication**) 역할을 하는 DNA 염기배열을 적어도 하나 이상 가지고 있기 때문에, 박테리아 염색체와는 무관하게 세포 내에서 늘릴 수 있다(그림 2.3a). 더 작은 플라즈미드는 숙주세포의 DNA 복제효소를 이용하여 사본체를 만들지만, 조금 큰 플라즈미드는 플라즈미드 복제에 필요한 특별한 효소의 유전자를 지니고 있다. 플라즈미드 중 어떤 것은 박테리아 염색체 내에 자신을 삽입시킴으로써 복제할 수 있다(그림 2.3b). 이러한 삽입 플라즈미드(integrative plasmid), 혹은 에피솜(**episome**)은 수많은 세포분열 후에도 이런 형태로 유지되지만, 어떤 단계에서는 독립적인 요소처럼 존재한다.

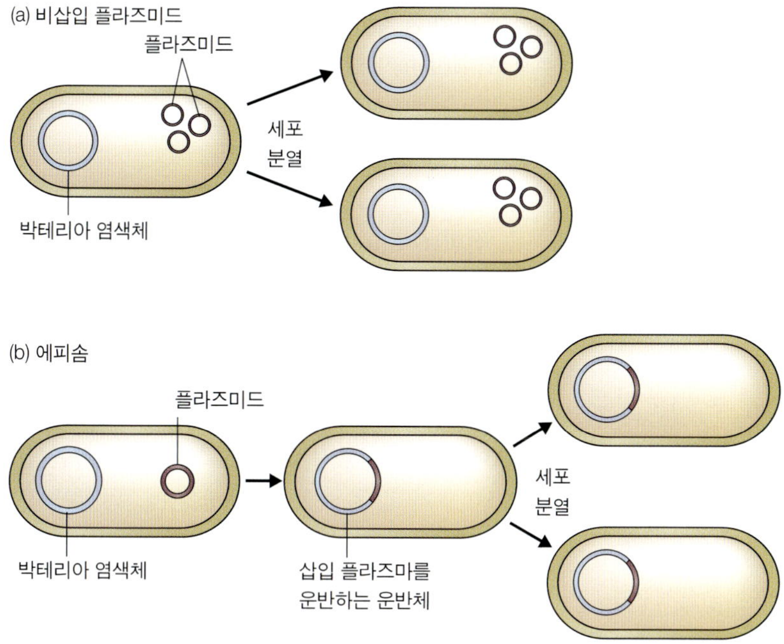

그림 2.3
복제 전략. (a) 비삽입 플라스미드, (b) 에피솜(episome).

2.1.1 크기와 사본수

플라스미드의 이런 두 가지 특징은 클로닝에 관한한 매우 중요하다. 플라스미드 크기의 적절함은 이미 언급하였으며, 클로닝 운반체로는 10 kb 이하가 바람직하다고 기술하였다. 플라스미드의 크기는 최소 1.0 kb에서 250 kb까지이기 때문에(표 2.1), 클로닝 실험에서는 몇 개만이 사용된다. 그렇지만, 7장에서 다룬 것처럼 어떤 상황에서는 큰 플라스미드가 클로닝에 사용되기도 한다.

사본수(copy number)는 주로 하나의 박테리아 세포에서 발견되는 개개의 플라스미드 분자의 수이다. 사본수를 조정하는 인자는 잘 알려져 있지는 않지만, 큰 분자는

표 2.1
대표적인 플라스미드의 크기.

PLASMID	SIZE: NUCLEOTIDE LENGTH (kb)	SIZE: MOLECULAR MASS (MDa)	ORGANISM
pUC8	2.7	1.8	*E. coli*
ColE1	6.6	4.3	*E. coli*
RP4	54	35	*Pseudomonas* and others
F	99	64	*E. coli*
TOL	117	76	*Pseudomonas putida*
pTiBo542	245	159	*Agrobacterium tumefaciens*

1개 정도로 적고, 어떤 것은 50개 이상인 플라즈미드도 있다. 일반적으로 말하면, 다량의 재조합 DNA 분자를 얻기 위해서는 다량의 사본체가 세포에 존재하는 것이 유용한 클로닝 벡터이다.

2.1.2 접합과 조합성

플라즈미드는 두 가지 그룹, 즉 접합(conjugative)과 비접합(non-conjugative)으로 나눈다. 접합(**conjugation**) 플라즈미드는 박테리아 세포 사이에서 성접합(sexual conjugation)을 촉진시키는 특성을 가지고 있으며, 이 과정은 박테리아 배양액에서 접합 플라즈미드를 하나의 세포에서 다른 모든 세포로 퍼뜨린다(그림 2.4). 접합과 플라스미드 전달은 일련의 전달 혹은 *tra* 유전자에 의해 조절되는데, *tra* 유전자는 접합 플라즈미드에는 있지만 비접합 형태에서는 존재하지 않는다. 그렇지만, 어떤 상황에서는 비접합 플라즈미드와 접합 플라즈미드가 같은 세포에 존재할 때, 비접합 플라즈미드와 접합 플라즈미드가 함께 운반된다.

어느 한 순간에 하나 이상의 다른 접합 플라즈미드를 포함하는 세포 내에서 몇 가지 다른 종류의 플라즈미드가 발견될 수 있다. 사실, 대장균 세포는 동시에 7종류의 다른 플라즈미드를 포함하는 것으로 알려져 있다. 같은 세포에 동시에 존재하기 위해서는 다른 플라즈미드들은 조화(**compatible**)되어야 한다. 만약 두 개의 플라즈미드가 조화되지 않으면, 그중 하나는 아주 빠르게 세포로부터 잃게 된다. 그러므로, 이러한 다른 형태의 플라즈미드는 동시에 존재할 수 있을지 없을지를 고려하여 다른 부조화성군(**incompatibility group**)으로 할당한다. 하나의 부조화성군 플라즈미드는 여러가지 방법으로 서로 상호 관계하고 있다. 부조화성의 기본은 잘 알려져 있지 않지만, 플라즈미드 복제시 어떤 현상의 기초가 된다고 생각하고 있다.

2.1.3 플라즈미드 분류

자연계에 존재하는 플라즈미드를 가장 유용하게 분류하는 것은 플라즈미드 유전자가

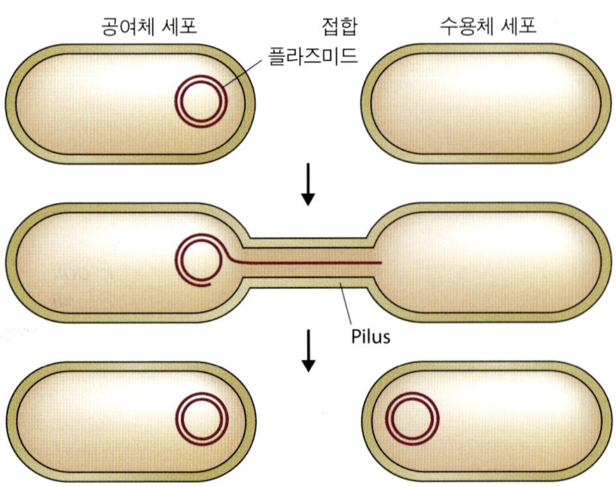

그림 2.4
박테리아 세포 간에 접합에 의한 플라즈미드 운반. 공여체와 수용체 세포가 pilus에 의해 서로 접촉한다. 플라즈미드의 사본이 수용체 세포로 통과하는데, 이때 운반은 pilus를 통해 일어난다고 생각되지만 증명되지는 않았다. 또 다른 방법에 의한 운반(예를 들면, 박테리아 세포벽을 직접 통과)은 하나의 가능성이 될 수 있다.

가진 주요한 특징의 기초가 된다. 이러한 분류에 따른 5가지 형태의 플라즈미드는 다음과 같다.

- 생식능(**fertility**) 혹은 **F 플라즈미드**는 *tra* 유전자만을 운반하며, 플라즈미드의 접합 전달을 촉진시키는 것 외에는 다른 특징이 없다. 예를 들면, 대장균의 F 플라즈미드.
- 저항(**resistance**) 혹은 **R 플라즈미드**는 chloramphenicol, ampicillin, 수은 등과 같은 한 개 혹은 그 이상의 항균성제(antibacterial agent)에 저항하는 유전자를 숙주 박테리아로 운반한다. R 플라즈미드는 임상 미생물학에서는 아주 중요한데, 자연적으로 퍼져 나가는 것이 박테리아 감염 치료에 중요한 결과를 가져올 수 있기 때문이다. 예를 들면, *Pseudomonas*에 주로 발견되지만 다른 박테리아에서도 존재할 수 있는 RP4.
- **Col 플라즈미드**에는 다른 박테리아를 죽이는 단백질인 콜리신(colicin) 유전자가 있다. 예를 들면, 대장균의 ColE1.
- 분해 플라즈미드(**degradative plasmid**)는 톨루엔과 살리실산과 같은 특이한 분자를 숙주 박테리아가 신진대사하게 한다. 예를 들면, *Pseudomonas putida*의 TOL.
- 병원성 플라즈미드(**virulence plasmid**)는 숙주 박테리아에 병원성을 부여한다. 예를 들면, 쌍자엽식물에 근두암종(crown gall) 질병을 유발시키는 *Agrobacterium tumefaciens*의 **Ti 플라즈미드**.

2.1.4 박테리아 이외의 유기체에 있는 플라즈미드

플라즈미드는 박테리아에 널리 퍼져 있지만, 다른 유기체에는 흔하지 않다. 가장 잘 알려진 진핵세포 플라즈미드는 **2 μm 원형**(circle)이며, 효모 *Saccharomyces cerevisiae* 균주에 존재한다. 2 μm 플라즈미드의 발견은 아주 우연한 일이었지만, 숙주로써 매우 중요한 산업적인 유기체에 유전자 클로닝을 위한 벡터 구축을 가능하게 하였다. 다른 진핵류(예를 들면, 섬유성 곰팡이, 식물, 동물 등)에서 플라즈미드를 발견하는 것은 불가능하며, 고등 유기체는 그들의 세포 내에 플라즈미드를 포함할 수 없음이 밝혀져 있다.

2.2 박테리오파아지

잘 알려진 것처럼, 박테리오파아지, 혹은 파아지는 박테리아를 특별하게 감염시키는 바이러스이다. 모든 바이러스처럼 파아지는 구조적으로 매우 간단하고, 수많은 유전자를 운반하는 DNA(혹은 **RNA**) 분자로 구성돼서 몇 개의 유전자는 파아지 복제에 관계하고, 단백질 분자로 만들어진 캡시드(**capsid**) 혹은 보호 벽으로 둘러 싸여 있다(그림 2.5).

2.2.1 파아지의 감염주기

모든 형태의 파아지에서 유사한 감염의 일반적인 양식은 3단계 과정이다(그림 2.6).

그림 2.5
두 가지 주요한 파아지 구조의 개요.
(a) 머리-꼬리 (예, λ). (b) 섬유형 (예, M13)

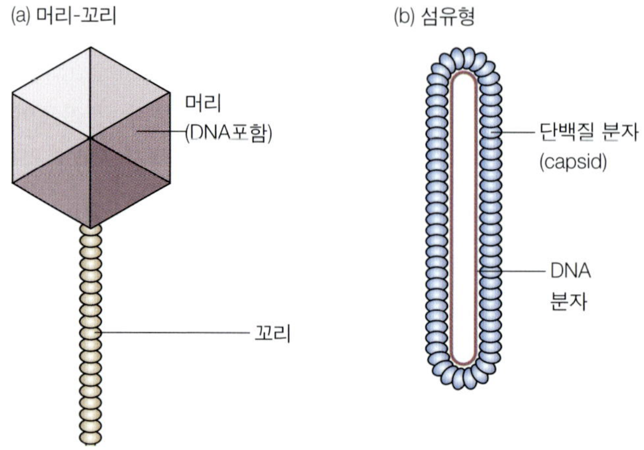

그림 2.6
박테리오파아지에 의한 박테리아 세포의 감염 양식.

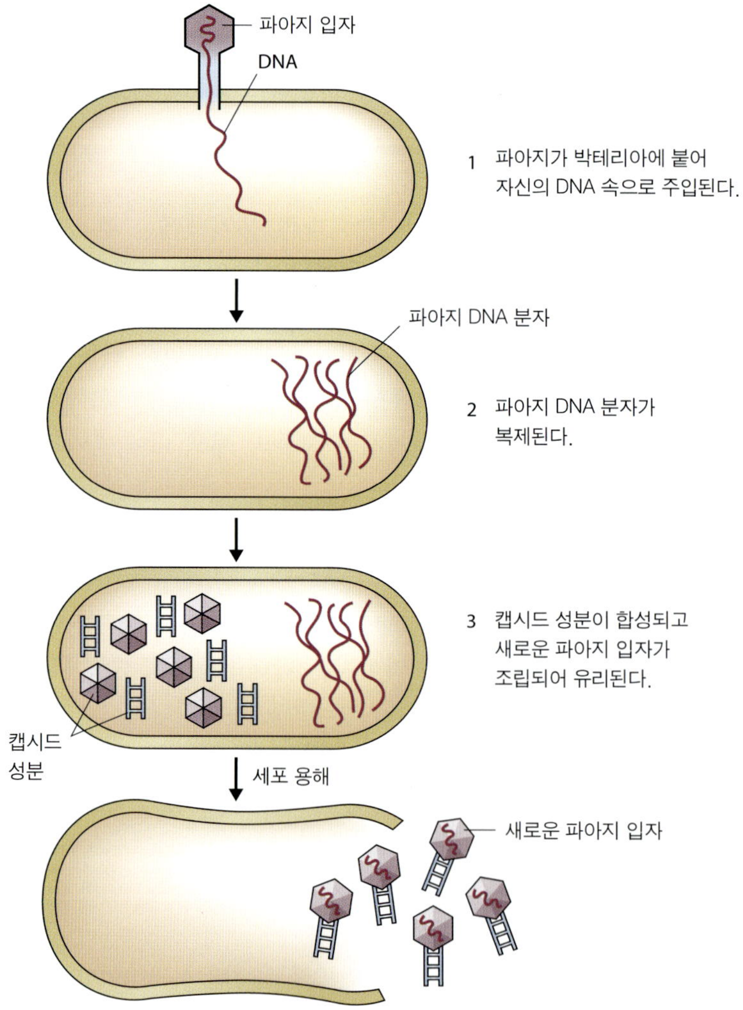

1 파아지 입자가 박테리아 외부에 붙고, 자신의 DNA 염색체를 세포 속으로 주입한다.
2 파아지 염색체의 유전자에 기록된 파아지 효소에 의해서 파아지 DNA 분자는 복제된다.
3 다른 파아지 유전자는 캡시드 단백질 성분의 합성을 지시하고, 새로운 파아지 입자는 박테리아에서 유리된다.

어떤 파아지는 전체 감염 주기가 20분 이내로 빨리 완성된다. 이러한 형태의 빠른 감염을 용균 주기(**lytic cycle**)이라 하는데, 새로운 파아지 입자의 유리는 박테리아 세포의 용해(lysis)와 연관이 있다. 용균 감염 주기의 주요 특징은 파아지 DNA 복제 즉시 캡시드 단백질 합성이 일어나고, 파아지 DNA 분자는 숙주세포 안에서 결코 안정한 상태로 유지되지 않는다는 것이다.

2.2.2 용원성 파아지(Lysogenic phage)

용균 주기에 대조적으로, **용원성** 감염은 수천 번의 세포분열 동안에 숙주 박테리아에서 파아지 DNA 분자가 유지되는 것이 특징이다. 많은 용원성 파아지는 파아지 DNA가 박테리아 유전체(genome) 속으로 삽입되며, 그림 2.3b의 에피솜 삽입과 거의 비슷하다. 삽입된 형태의 파아지 DNA(**prophage**)는 휴지 상태이며, prophage를 운반하는 박테리아(**lysogen**)는 일반적으로 비감염세포와 생리학적으로 구별이 불가능하다. 그렇지만, prophage는 결국 숙주 유전체에서 떨어져 나오고, 파아지는 용균 형태로 바뀌며 세포를 용해한다. 이러한 형태의 전형적인 용원성 파아지인 **λ** phage의 감염 주기는 그림 2.7에서 보여 주고 있다.

용원성 파아지 중 소수는 아주 다른 감염 주기를 따른다. **M13** 혹은 그와 관련된 파아지가 대장균(*E. coli*)을 감염시켰을 때, 새로운 파아지 입자들은 계속적으로 만들어지고 세포로부터 유리된다. M13 DNA는 박테리아 유전체(genome) 속으로 삽입되지 않으며, 휴지 상태도 아니다. 이러한 파아지에는 세포 용해가 결코 일어나지 않으며, 감염된 박테리아는 비감염세포보다 늦은 속도이지만 계속적으로 성장하고 분열한다. 그림 2.8은 M13 감염 주기(cycle)를 보여준다.

여러 가지 다른 다양한 박테리오파아지가 있지만, λ와 M13만이 실제로 벡터 역할을 하는 것으로 알려져 있다. 이 두 박테리오파아지의 성질은 더 상세하게 다룰 것이다.

λ DNA 분자의 유전자 구성

λ는 머리-꼬리를 가진 파아지의 전형적인 예이다(그림 2.5a). DNA는 다면 머리구조 내에 있고, 꼬리는 파아지를 박테리아 표면으로 접촉하며, DNA가 세포 속으로 주입되게 한다(그림 2.7).

λ DNA 분자는 크기가 48.5 kb이며, 유전자 지도와 DNA 염기배열 결정법(DNA sequencing) 기술에 의해 활발하게 연구되어 왔다. 그 결과로, 대부분의 유전자 위치와 본질이 알려져 있다(그림 2.9). λ 유전자 지도의 특징은 기능과 관계된 유전자는 유전

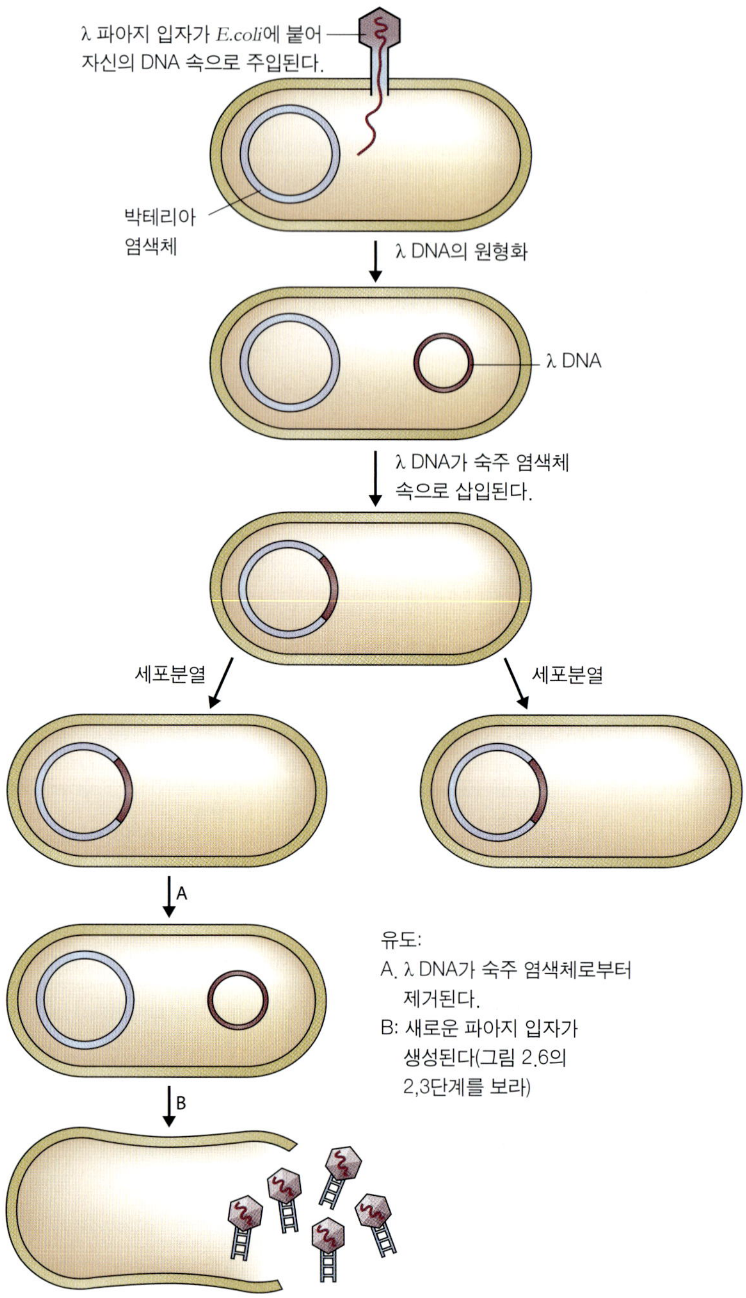

그림 2.7
박테리오파아지 λ의 용원성 감염 주기.

체에서 함께 집단을 이루고 있다. 예를 들면, 캡시드 구성성분에 해당되는 모든 유전자는 분자의 왼쪽 세 번째에 집단되어 있고, prophage가 숙주 유전체로 삽입되는 것을 통제하는 유전자는 분자의 중간에 집단으로 모여 있다. 관계 있는 유전자가 집단으로 모여 있는 것은 λ 유전체의 발현을 통제하는 데 매우 중요하며, 이것은 유전자들이 각각이 아니라 집단적으로 발현이 on 혹은 off될 수 있다. 또한 λ에서 기초한 클로닝 벡터의 구축에 있어서도 집단화는 중요하다(6장 참조).

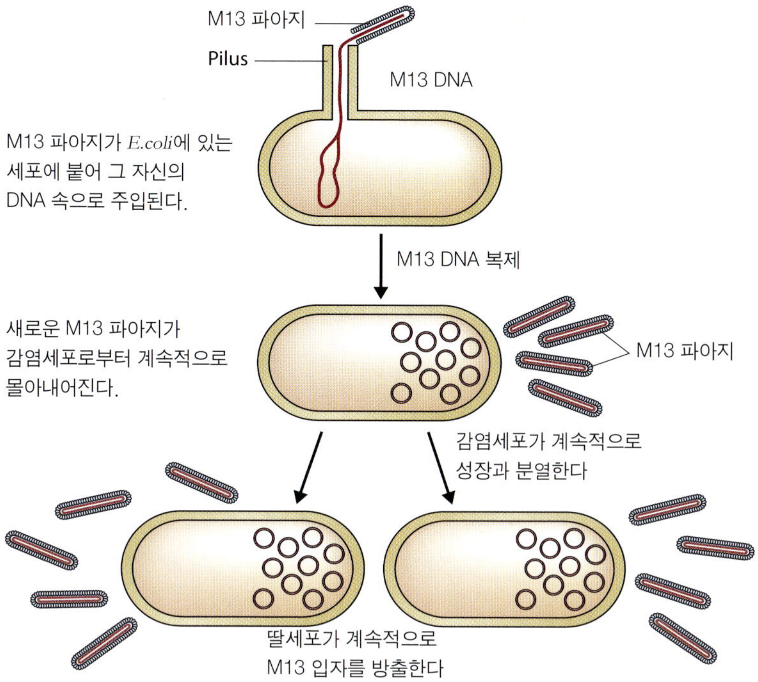

그림 2.8
박테리오파아지 M13의 감염 주기.

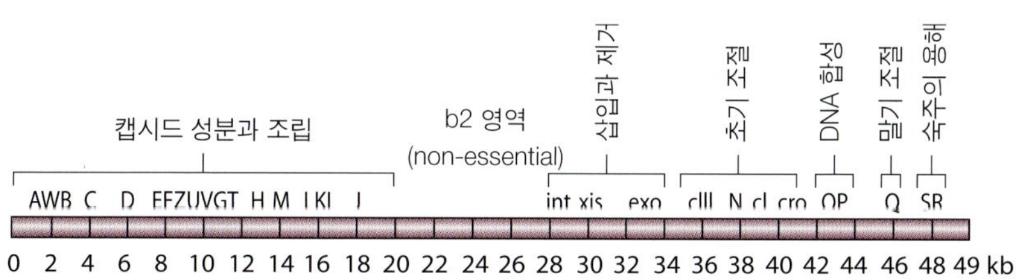

그림 2.9
유전자 집단의 기능과 중요한 유전자의 위치를 나타내는 λ 유전자 지도. b2 영역은 λ 파아지가 실험실에서 생육할 때는 필요하지 않지만, 자연환경에서는 중요한 역할을 하는 유전자들을 포함한다.

선형과 원형 λ DNA

클로닝 벡터의 구축에 중요한 것으로 알려진 λ의 두 번째 특징은 DNA 분자의 구조이다. 그림 2.9에서 보여준 분자는 선형이고, 자유 말단을 2개 가지고 있으며, 파아지 머리구조에 나타난 DNA를 대표한다. 이러한 선형 분자는 두 개의 DNA 상보사슬(**complementary** strand)로 구성되어 있으며, **Watson-Crick 규칙**(즉, 이중사슬 DNA)에 따라 염기쌍을 이루고 있다. 하지만, 분자의 양끝은 짧은 12개의 뉴클레오티드(nucleotide)로 이루어져 있으며, 여기에서 DNA는 단일사슬이다(그림 2.10a). 두 개의 단일사슬은 상보적이며, 원형 이중사슬 분자를 형성하기 위하여 서로 염기쌍을 이룰 수 있다(그림 2.10b).

상보적인 단 사슬은 염기쌍에 의해 DNA 분자의 두 말단을(혹은 두 개의 다른 DNA 분자의 말단) 맞붙일 수 있기 때문에 **sticky ends** 혹은 접착 말단(cohesive ends)이라고도 한다. λ 접착 말단을 코스 부위(**cos site**)라고 하며, λ 감염 주기 동안 두 가지 독특한 역

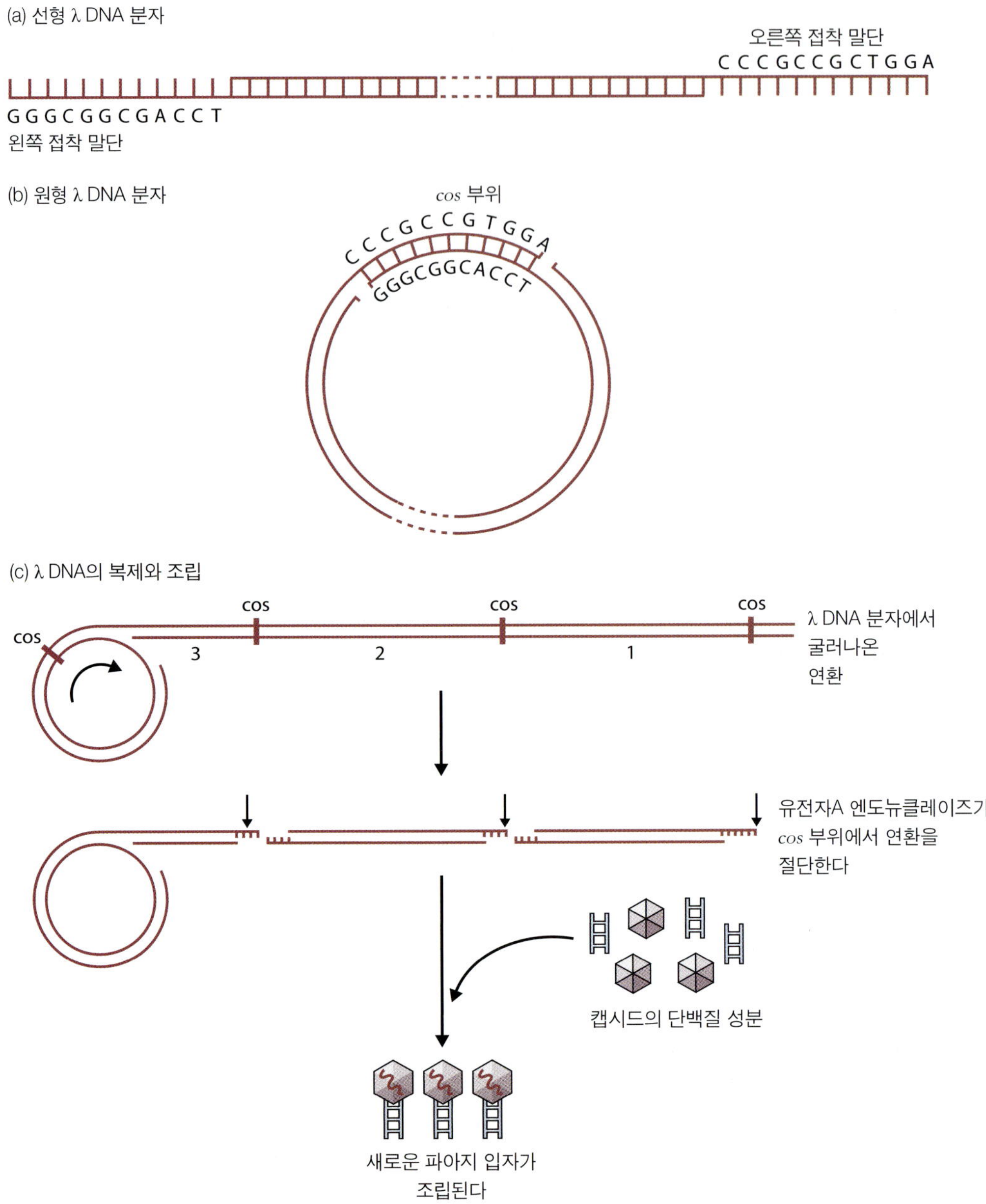

그림 2.10
λ DNA의 선형과 원형. (a) 왼쪽과 오른쪽 접착 말단을 보여 주는 선형. (b) 접착 말단 간의 염기쌍이 형성되어 분자가 원형이 된다. (c) rolling circle 복제가 새로운 선형 λ DNA 분자를 연환(catenane)를 생성하여 새로운 λ 입자를 짜맞춰서 각각이 파아지 머리로 조립된다.

할을 한다. 첫째, λ 접착 말단은 세포 속으로 주입되는 선형 DNA 분자를 원형으로 만드는데, 이것은 박테리아 유전체로 삽입시키는 데 필수적이다(그림 2.7).

둘째, *cos* site는 아주 다른 역할을 하는데, prophage가 숙주 유전체로부터 절단된 후에 활동하기 시작한다. 이때 대부분의 새로운 λ DNA 분자가 rolling circle 복제 기작(그림 2.10c)에 의해 생성되며, 연속적인 DNA 사슬은 주형(template) 분자에서 굴러 나온다(rolled off). 그 결과로, *cos* site를 가진 일련의 선형 λ 유전체를 이루고 있는 연환(catenane)이 이루어진다. 개개의 λ 유전체를 생산하도록 연환을 절단하는 엔도뉴클레이즈(**endonuclease**)가 인식하는 염기배열의 역할을 *cos* site가 담당한다. 이러한 엔도뉴클레이즈(λ DNA 분자의 유전자 A의 생성물)는 단 사슬 접착말단을 만들고, 각각의 λ 유전체를 파아지 머리구조에 조립하기 위해 다른 단백질과 연합하여 역할을 한다. 절단과 조립 과정은 *cos* site와 양쪽의 DNA 염기배열을 인식한다. λ 유전체의 내부 구조를 바꾸는 것, 예를 들면 새로운 유전체를 삽입하는 것은 λ 유전체의 전체 길이가 아주 많이 바뀌지 않으면 아무런 영향이 없다.

M13 – 섬유형 파아지

M13은 섬유형 파아지의 한 예로(그림 2.5b), 그 구조는 λ와 아주 다르다. 더군다나 M13 DNA 분자는 길이가 6407 뉴클레오타이드(nucleotide)로서, λ 유전체에 비해 매우 작다. 그것은 원형이며, 전체적으로 단일사슬 DNA로 구성되어 있다는 것이 특이하다.

M13 DNA의 크기가 작다는 것은 λ 유전체보다 유전자 수가 훨씬 적다는 것을 의미한다. λ 머리-꼬리 구조를 합성하는 데 15개의 다른 단백질이 포함되는 반면, M13 캡시드는 단 3개의 단백질(단 3개 유전자)을 필요로 한다. M13은 λ보다 간단한 감염 주기를 따르고, 숙주 유전체로의 주입에 유전자가 필요 없다.

M13 DNA 분자를 대장균 세포로 주입하는 것은 pilus로 통하여 일어나는데, pilus는 성 접합 동안에 두 개의 세포를 연결하는 구조이다(그림 2.4). 세포 내에서 단 사슬 분자는 상보사슬 합성의 주형(template) 역할을 하며, 그 결과로 일반적인 이중가닥 DNA로 된다(그림 2.11a). 이 분자는 박테리아 유전체 속으로 삽입되지는 않지만, 그

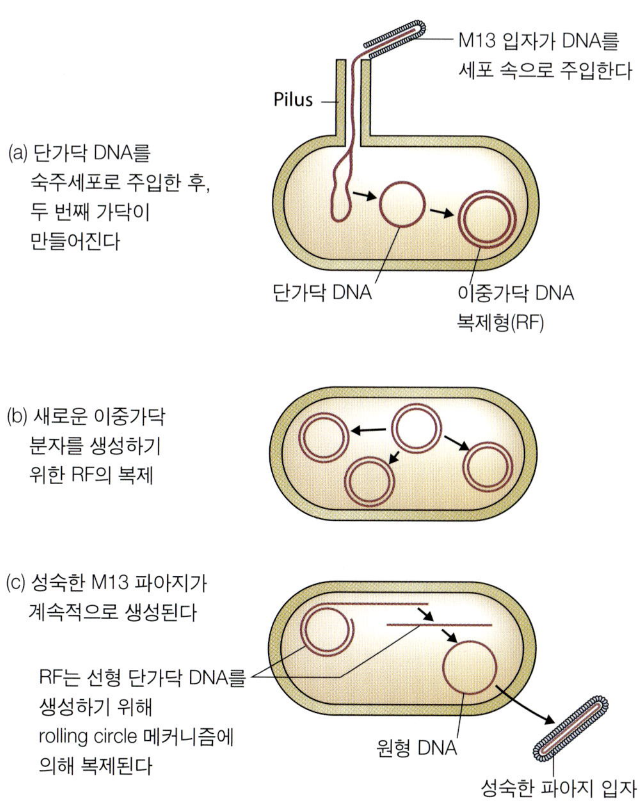

그림 2.11
다른 형태의 DNA 복제를 보여주는 M13 감염 주기. (a) 감염 후 단일가닥의 M13 DNA는 이중가락의 복제형(RF)으로 전환. (b) RF는 다량의 자신을 복제한다. (c) 단일가닥의 분자는 rolling circle 복제에 따라 합성되어 새로운 M13 입자로 조립되는 데 사용된다.

대신에 100개 이상의 사본체가 세포에 생길 때까지 사본된다(그림 2.11b). 박테리아가 분열할 때, 각각의 딸세포가 파아지 유전체의 사본체를 받아 계속 복제되어서 한 세포당 전체 숫자가 유지된다. 그림 2.11c에 보인 것과 같이, 새로운 파아지 단편이 계속적으로 만들어지고 유리되는데, 약 1,000개의 새로운 파아지가 감염세포의 각 세대 동안에 만들어진다.

M13의 여러 가지 특징은 이러한 파아지가 클로닝 벡터의 기초가 된다는 것이다. 유전체의 크기는 10 kb 이하인데, 이는 벡터의 표준 크기와 일치한다. 더구나, M13 유전체의 이중가닥인 복제형(**replicative form, RF**)은 거의 플라즈미드처럼 행동하고, 실험에서 플라즈미드로 취급될 수 있다. 이것은 감염된 *E. coli* 세포의 배양으로부터 쉽게 만들어지고, **transfection**에 의해 재도입될 수 있다. 가장 중요한 것은 M13에 기초한 벡터에 클론된 유전자는 단 가닥 DNA 형태로 얻어질 수 있다는 것이다. 클론 유전자의 단일가닥 형태는 체외돌연변이(*in vitro* mutagenesis)에 유용하다. M13 벡터를 이용하는 것은 단일가닥 DNA를 얻는 데 쉽고 용이한 방법이다. M13 벡터는 서로 상호작용을 하는 단백질들을 생산하는 유전자들의 짝을 확인하는 기술인 **phage display**에도 이용된다.

2.2.3 다른 유기체의 클로닝 벡터로서의 바이러스

대부분의 살아 있는 유기체는 바이러스에 의해 감염되고, 바이러스가 고등 유기체의 클로닝 벡터로 이용될 수 있다는 가능성에 많은 흥미를 가진다는 것은 놀라운 일이 아니다. 플라즈미드는 박테리아와 효모 이외의 유기체에서 일반적으로 발견될 수 없다. 몇몇 진핵생물 바이러스들은 특별한 이용을 위해 클로닝 벡터로 사용된다. 예를 들면, 사람의 **adenovirus**와 **retrovirus**는 유전자 치료에 사용되고, **baculovirus**는 곤충 세포에서 중요한 약제용 단백질을 생산하는 데 사용되며, **caulimovirus**와 **geminivirus**는 식물에서 클로닝용으로 사용된다. 이러한 벡터들은 7장에서 보다 자세히 다룬다.

Further reading

FURTHER READING

Casjens, S.R. and Hendrix, R.W. (2015) Bacteriophage lambda: early pioneer and still relevant. *Virology*, **479**, 310–330. [Review of the lambda infection cycle, with focus on the roles of individual genes.]

Dale, J.W. and Park, S.F. (2010) *Molecular Genetics of Bacteria*, 5th edn. Wiley Blackwell, Chichester. [Provides a detailed description of plasmids and bacteriophages.]

Marvin, D.A. (1998) Filamentous phage structure, infection and assembly. *Current Opinion in Structural Biology*, 8, 150–158.

Waksman, G. (2019) From conjugation to T4S systems in Gram-negative bacteria: a mechanistic biology perspective. *EMBO Reports*, 20, e47012. [Describes the latest research on DNA transfer during conjugation.]

Willey, J., Sherwood, L., and Woolverton, C.J. (2017) *Prescott's Microbiology*, 10th edn. McGraw Hill Education, New York. [A good introduction to microbiology, including plasmids and phages.]

Chapter 3

살아 있는 세포에서 DNA의 정제

Chapter contents

유전 공학자는 경우에 따라서 적어도 세 가지로 구별되는 DNA를 준비할 필요가 있을 것이다. 첫째, 세포 전체 DNA(**total cell DNA**)는 유전자 클론을 위해서 필요한 재료이다. 총세포 DNA는 박테리아의 배양, 식물, 동물세포, 혹은 연구 중인 다른 유형(type)의 유기체로부터 얻어지는 DNA이다. 이것은 플라즈미드와 같이 부가적으로 존재하는 DNA와 함께 유기체의 유전체 DNA(**genomic DNA**)를 구성한다.

두 번째 DNA 종류는 순수한 플라즈미드 DNA이다. 박테리아 배양으로부터 플라즈미드 DNA를 얻는 것은 총세포 DNA의 정제와 같은 기본 단계를 따른다. 결정적으로 다른 점은 염색체 DNA로부터 플라즈미드 DNA를 분리하기 위한 단계를 거쳐야 한다는 것이다.

마지막으로, 파아지 클로닝 운반체가 사용될 때는 파아지 DNA가 필요할 것이다. 일반적으로 파아지 DNA는 감염된 세포에서보다는 박테리오파아지 입자에서 분리하므로 박테리아 DNA의 오염은 문제되지 않는다. 그렇지만, 파아지 캡시드(capsid)를 제거하는 데는 특별한 기술이 필요하다. 그 예외는 박테리아 플라즈미드처럼 대장균(*E. coli*) 세포로부터 얻어지는 M13의 이중가닥의 복제형(replicative form)이다.

3.1 총 세포 DNA 추출

쉬운 이해를 위해서, 가장 간단한 형태인 박테리아 세포의 전체 DNA 추출 과정을 통해 기초적인 DNA 추출을 설명하겠다. 플라즈미드와 파아지 DNA 추출을 위한 변형 과정은 뒤에 설명된다.

박테리아 세포의 배양으로부터 전체 DNA 준비에 대한 과정을 4단계로 나누어질 수 있다(그림 3.1).

1. 박테리아의 배양과 수확(harvest).
2. 세포가 파괴되면서 내용물이 유리된다.
3. DNA를 제외한 모든 성분을 제거하기 위해 세포 추출물을 처리한다.
4. 결과로 얻어지는 DNA 용액을 농축한다.

3.1.1 박테리아 배양액의 성장과 채취

대부분의 박테리아는 큰 어려움 없이 액체배지(broth culture)에서 성장할 수 있다. 배양배지는 박테리아가 효과적으로 성장하고 분열할 농도로 필수 영양소의 균형잡힌 혼합물을 제공해야 한다. 두 가지 전형적인 성장배지를 표 3.1에서 상세하게 보여준다.

M9는 모든 성분이 알려진 한정배지(defined medium)이다. 이러한 배지는 탄소와 에너지를 공급하기 위해 글루코스(glucose)뿐만 아니라, 질소, 마그네슘, 칼슘 등과 같은 필수원소를 제공하는 무기 영양소의 혼합물을 포함한다. 실제로 박테리아가 성장하기 전에 소량 원소와 비타민과 같은 성장인자들이 M9에 첨가되어야 한다. 정확하게 어떤 추가물이 필요한가는 사용되는 종에 따라 다르다.

표 3.1에 나타난 두 번째 배지는 아주 다르다. LB는 복합체 혹은 비한정배지(undefined medium)라고 하는데, 이는 성분들의 정확한 내용과 양이 알려져 있지 않다는 뜻이다. 왜냐하면, 두 가지 성분인 트립톤(tryptone)과 효모 추출물이 잘 알려지지 않은 화합물의 복잡한 혼합물이기 때문이다. 사실 트립톤은 아미노산과 작은 펩타이드를 제공하는 반면에 효모 추출물(부분적으로 소화된 효모세포의 건조물)은 질소 요구물과 당과 무기 영양소와 유기 영양소 등을 공급한다. LB와 같은 복합체배지는 더 이상의 첨가물이 필요하지 않으며, 여러 종(species)의 박테리아의 성장을 도와준다.

한정배지는 박테리아 배양이 정확하게 조절된 조건에서 성장해야 할 때 사용된다. 그렇지만 단지 DNA를 얻기 위한 배양이라면, 한정배지가 필요하지 않고 복합배지가 적당하다. 37℃, LB 배지에서 회전대(rotary platform)을 150~250 rpm 유산소로 회전시키면 대장균(*E. coli*) 세포는 20분에 한 번씩 혹은 배양액의 최고 밀도가 약 $2\text{-}3 \times 10^9$ 세포/ml가 될 때까지 분열한다. 배양액의 성장은 600 nm 파장에서 OD(광학 밀도)=1은

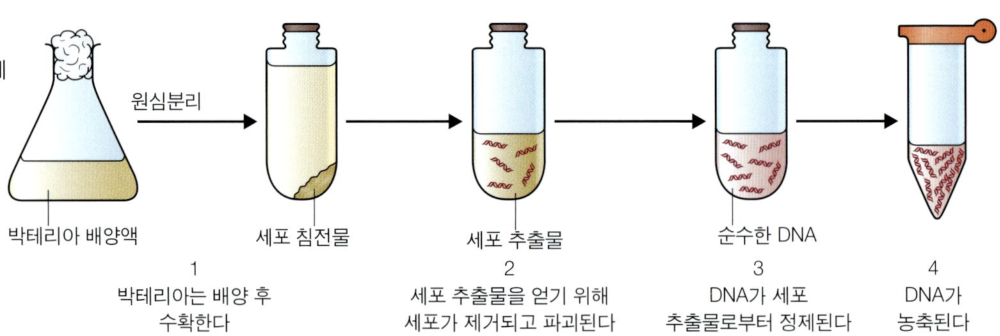

그림 3.1
박테리아 배양으로부터 세포 전체 DNA 정제의 기본 단계.

표 3.1

박테리아 배양을 위한 두 가지 전형적인 배지의 조성

MEDIUM	COMPONENT	$g\ l^{-1}$ OF MEDIUM
M9 medium	Na_2HPO_4	6.0
	KH_2PO_4	3.0
	NaCl	0.5
	NH_4Cl	1.0
	$MgSO_4$	0.5
	Glucose	2.0
	$CaCl_2$	0.015
LB (Luria–Bertani medium)	Tryptone	10.0
	Yeast extract	5.0
	NaCl	10.0

약 0.8×10^9 세포/ml에 해당하므로 광학 밀도를 읽음으로써 확인할 수 있다(그림 3.2).

세포 추출물을 준비하기 위해서, 박테리아는 가능한한 부피가 적게 얻어져야 한다. 따라서, 채취는 원심분리기에서 배양액을 회전시킴으로써 가능하다(그림 3.3). 원심분리기를 약간 느린 속도로 낮춰 박테리아가 원심분리기 시험관 바닥에 덩어리로 뭉치게 되면 배양배지를 따라 버린다. 최고 세포 밀도 1000 ml 배양액으로부터 얻어지는 박테리아는 부피 10 ml 혹은 그 이하에 녹일 수 있다.

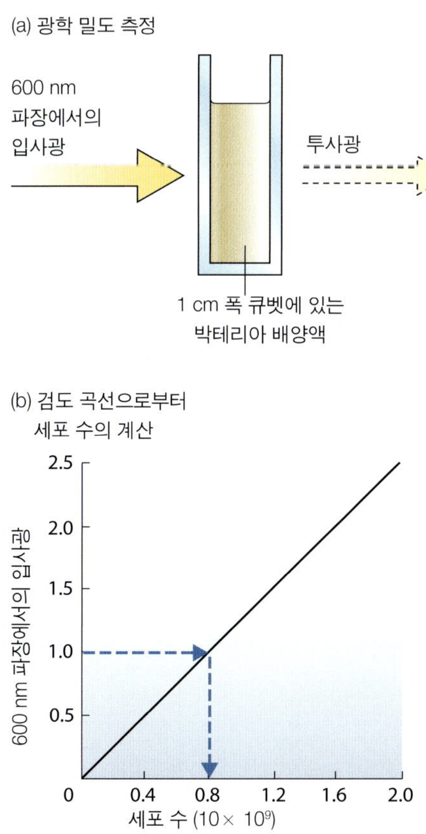

그림 3.2

광학 밀도 측정에 의한 박테리아 세포 수 예상. (a) 배양액을 유리큐베트(cuvette)에 넣고 600 nm 파장의 빛을 통과시킨다. 배양액을 통과한 빛의 양을 측정하고 광학밀도(즉, 흡광도)를 1 OD = - $\log_{10}$(통과한 빛의 양)/ (쪼여진 빛의 양)과 같이 계산한다. 이 측정은 흡수광도계로 수행된다. (b) 읽은 OD에 해당되는 세포 수는 보정곡선(calibration curve)에서 구한다. 이 곡선은 세포 밀도를 알고 있는 일련의 배양액에 대한 OD값으로 그려졌다. 대장균에서 1 OD = 0.8×10^9 세포/ml.

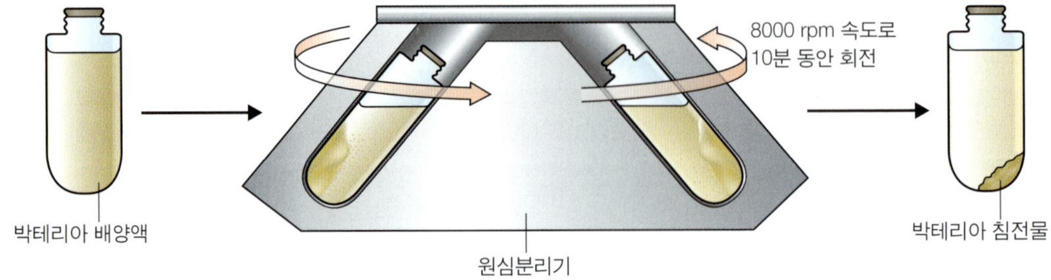

그림 3.3
원심 분리기에 의한 박테리아 채취.

3.1.2 세포 추출물의 제조

박테리아 세포는 세포질막(cytoplasmic membrane) 속에 들어 있으며, 단단한 세포벽에 의해 둘러 싸여 있다. 대장균과 같은 종류는 세포벽이 두 번째 외막에 의해 덮여 있다. 이러한 모든 벽들은 세포 구성성분을 방출시키기 위해 파괴되어야 한다.

박테리아 세포를 파괴하는 기술은 물리적인 방법과 화학적인 방법으로 나눌수 있는데, 물리적인 방법은 기계적인 힘으로 세포를 파괴하는 것을 말하며, 화학적인 방법은 화학약품을 통해 세포벽을 용해시키는 것을 말한다. DNA 분리가 목적일 때는 화학적인 방법이 박테리아 세포에 주로 사용된다.

일반적으로, 화학용해는 세포벽을 공격하는 약품 하나와 세포막을 파괴하는 다른 약품 하나가 필요하다(그림 3.4a). 사용되는 화학약품은 박테리아의 종에 따라 다르다. 대장균과 관련된 유기체에는 세포벽을 약화시키기 위해 라이소자임(lysozyme), EDTA, 혹은 두 가지 모두를 사용한다. 라이소자임은 달걀 흰자와 눈물이나 타액과 같은 분비물에 존재하는 효소로 세포벽을 단단하게 하는 고분자 화합물을 절단시킨다. 반면에, EDTA는 세포 외피의 전체 구조를 유지하기 위해 필수적인 마그네슘 이온을 제거하고, DNA를 절단할 수 있는 세포 내 효소를 억제시킨다. 어떤 경우에는 라이소자임, 혹은 EDTA로 세포벽을 약화시켜 박테리아 세포를 터뜨리는 것이 충분하지만, 때로는 SDS(sodium dodecyl sulphate)와 같은 세제가 첨가되기도 한다. 세제는 지방 분자를 제거시켜 용해 과정을 도와줌으로써 세포막의 파괴를 야기시킨다.

세포를 용해한 후, 세포 추출물을 준비하는 마지막 단계는 불용성 세포 찌꺼기의 제거이다. 부분적으로 절단된 세포벽 조각과 같은 성분은 원심분리에 의해 뭉쳐짐으로써(그림 3.4b), 비교적 맑은 상등액의 세포 추출물이 남는다.

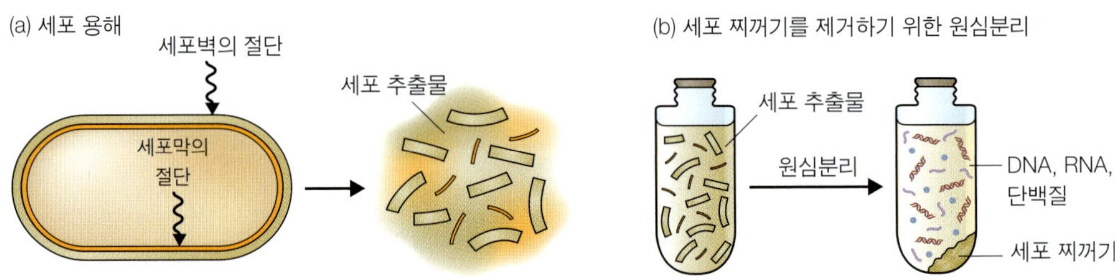

그림 3.4
세포 추출물의 제조. (a) 세포 용해. (b) 불용성 찌꺼기를 제거하기 위한 원심분리.

3.1.3 세포 추출물에서 DNA의 정제

박테리아 세포 추출물은 DNA뿐만 아니라, 다량의 단백질과 RNA를 포함한 것이다. 여러 가지 방법들이 이 혼합물에서 DNA를 정제하는 데 사용된다. 한 방법은 오염물들을 분해하는 시약을 혼합물에 처리해서 순수한 DNA만을 남기는 것이다(그림 3.5a). 다른 방법은 크로마토그래피나 다른 분류 과정을 이용하여 혼합물을 다양한 성분으로 분리시키는 것으로, 추출물에서 DNA를 단백질과 RNA로부터 분리시키는 것이다(그림 3.5b).

유기용매 추출과 효소 분해를 통한 오염물질 제거

세포 추출물에서 단백질을 제거하는 표준방법은 페놀 혹은 페놀과 클로로포름 1:1 혼합물을 첨가하는 것이다. 이러한 유기용매는 단백질을 침전시키고, 핵산(DNA과 RNA)은 수용액층에 남긴다. 그 결과는 세포 추출물이 용매와 가볍게 혼합되는 것과 같으며, 원심분리기에 의해 두 층이 분리가 되고 침전된 단백질 분자는 수용액층과 용매층 사이의 표면에서 하얀 침전물처럼 남는다(그림 3.6). 그 이후에 수용액층의 핵산은 피펫으로 제거될 수 있다.

어떤 세포 추출물은 단백질 함유량이 너무 많아서 단 한 번의 페놀 추출로는 핵산을 완전히 정제하기에 충분하지 않다. 이러한 문제는 페놀 추출을 몇 번 되풀이함으로써 해결될 수 있으나, 각각의 혼합과 원심분리 단계가 약간의 DNA 분자의 파괴를 가져올 수 있기 때문에 바람직하지는 않다. 해결책은 페놀 추출전에 Protease 혹은 Proteinase K와 같은 단백질 분해효소로 세포 추출물을 처리하는 것이다. 이러한 효소는 폴리펩타이드를 작은 단위로 잘라서 페놀에 의해 쉽게 제거되도록 한다.

어떤 RNA 분자, 특히 mRNA는 페놀 처리로 제거되지만, 대부분은 수용액층에 DNA와 같이 남아 있게 된다. RNA를 제거하는 효과적인 유일한 방법은 리보뉴클레

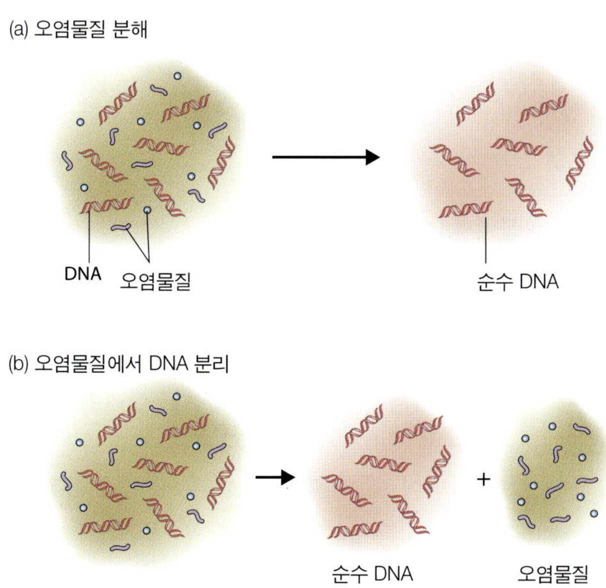

그림 3.5
DNA 정제를 위한 두 가지 방법. (a) 오염 분해 시약을 혼합물에 처리하여 순수 DNA를 남김. (b) 혼합물을 성분에 따라 분리하여 DNA를 정제.

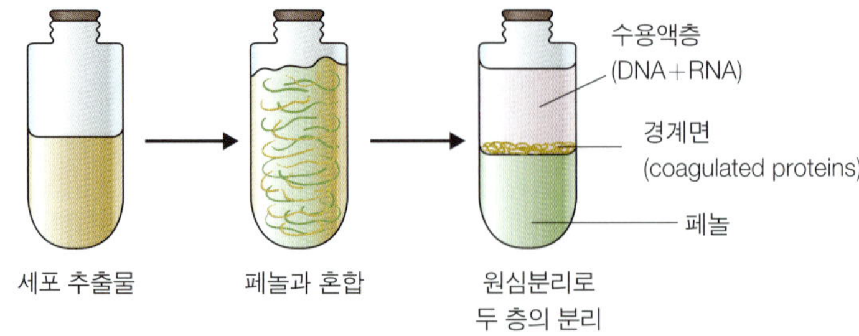

그림 3.6
페놀 추출에 의한 단백질 오염의 제거.

이즈(**ribonuclease**)를 처리하는 것인데, 이는 이러한 분자들을 리보뉴클레오타이드(ribonucletide)로 빠르게 절단시킨다.

이온 교환 크로마토그래피를 이용한 세포 추출물에서 DNA 정제

생화학자들은 화학 혼합물을 각각의 개별 성분으로 분리하기 위해 전하량(electrical charge)의 차이를 이용한 다양한 방법들을 고안했다. 이러한 방법 중 하나가 크로마토그래피 이온 교환 수지(**resin**)의 전기를 띈 입자에 얼마나 강하게 붙느냐에 따라 분자를 분리하는 이온 교환 크로마토그래피이다. DNA와 RNA는 몇몇 단백질과 같이 음전하를 가지고 있어서 양전하수지(**resin**)에 결합한다. 정전기적인 결합은 염에 의해 분리될 수 있는데(그림 3.7a), 강력하게 결합된 분자들을 분리하기 위해서는 고농도의 염이 요구된다. 염의 농도를 점차적으로 증가함으로써 다양한 종류의 분자들이 차례로 수지(resin)로부터 분리된다.

이온 교환 크로마토그래피를 수행하기 위한 가장 간단한 방법은 유리나 플라스틱 관에 수지를 넣은 후 세포 추출물을 위에서 붓는 방법이다(그림 3.7b). 추출물은 관을 통해 내려가게 되고, 이 추출물이 매우 적은 염을 포함하기 때문에 모든 음전하 분자들은 수지에 결합하게 되어 관에 남아 있게 된다. 만약 농도가 점차적으로 증가된 염 용액을 관으로 통과시키면, 다른 종류의 분자들이 단백질, RNA 그리고 마지막으로 DNA 순서대로 빠져나오게 된다. 그런데, 일반적으로 두 개의 염 용액을 사용한다. DNA는 결합되어 있지만, 단백질과 RNA가 빠져나오기 충분한 농도와 순수한 DNA가 빠져나오는 보다 높은 농도가 이용된다.

실리카를 이용한 세포 추출물에서 DNA 정제

DNA를 정제하기 위한 두 번째 방법은 실리카 입자를 이용하는 것이다. DNA는 guanidinium thiocyanate가 존재할 때 실리카 입자와 강력하게 결합한다. 이것은 세포 추출물로부터 DNA를 쉽게 회수하는 방법을 제공한다. 이온교환 방법에서처럼, 실리카를 이용한 정제는 크로마토그래피 컬럼에서 수행된다. 실리카 입자가 들어 있는 컬럼에 guanidinium thiocyanate가 첨가된 세포 추출물을 통과시킨다(그림 3.8). DNA는 실리카에 결합하여 컬럼에 남아 있게 되지만, 다른 생화학 물질들은 빠져 나간다. Guanidinium thiocyanate 용액으로 오염물질을 씻은 후, DNA와 실리카 입자 간의 상호작용을 불안정하게 만드는 물을 첨가함으로써 DNA를 회수하게 된다.

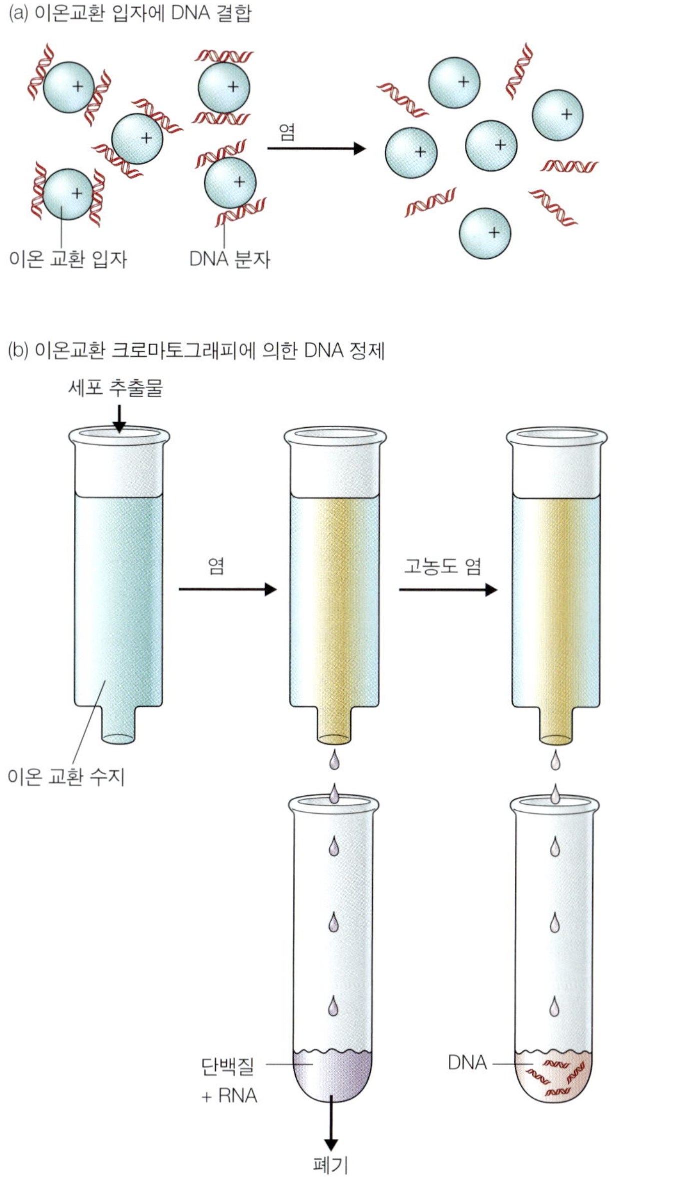

그림 3.7
이온교환 크로마토그래피를 이용한 DNA 정제. (a) 이온교환 입자에 DNA의 결합. (b) 컬럼 크로마토그래피에 의한 DNA 정제. 컬럼을 통과하는 용액은 중력에 의한 흐름이나 원심분리기에서 컬럼을 회전시킴으로써 수집된다.

또 다른 방법은 실리카와 guanidinium thiocyanate를 세포 추출물에 직접 첨가하고, 샘플을 원심분리하여 DNA가 결합된 실리카 입자를 수집한다(그림 3.9a). 침전물에 물을 첨가하여 DNA를 물에 녹여준 후 다시 원심분리하여 실리카 입자를 침전시키고 DNA는 물에 남아 있게 한다. 이것의 변형된 방법은 실리카로 덮힌 자석 구슬을 사용하는 것이다. 원심분리를 이용하는 대신에 자석을 이용해서 구슬을 시험관 바닥으로 수집한다(그림 3.9b).

자석을 이용하는 방법은 DNA 정제에 사용된 다른 종류의 방법들에 비해 두 가지 장점이 있다. 첫째, 용액이 크로마토그래피 컬럼을 통과하거나 원심분리하는 시간이 필요하지 않기 때문에 빠르다는 것이다. 둘째, 자석이용법은 자동화하기 쉽다는 것

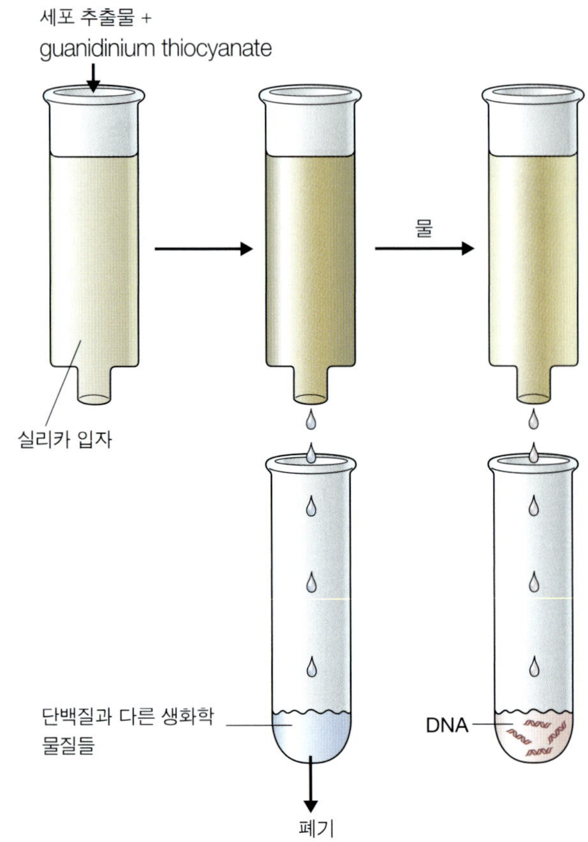

그림 3.8

Guanidinium thiocyanate와 실리카 방법에 의한 DNA 정제.

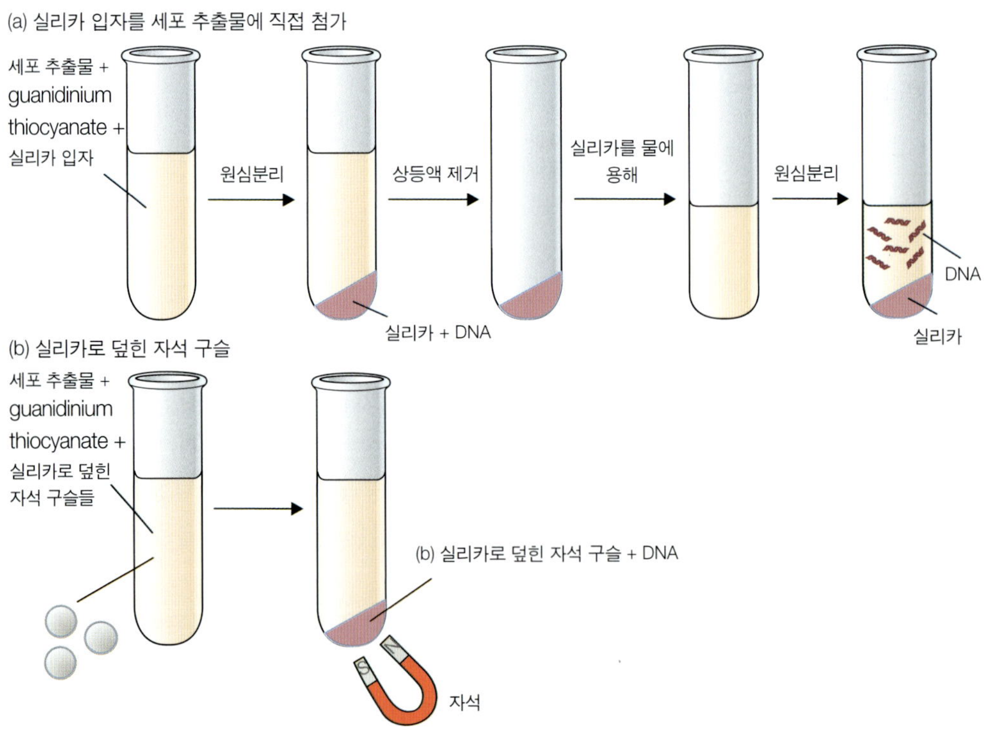

그림 3.9

실리카를 이용해서 세포 추출물로부터 DNA를 정제하는 또 다른 방법. (a) 세포 추출물에 실리카 입자를 직접 첨가하여 DNA에 결합시키고 원심분리하여 수집한다. (b) 실리카로 덮힌 자석 구슬을 자석을 이용해서 시험관 바닥으로 수집한다.

이다. 특별한 장비를 사용해서 많은 DNA 정제들을 동시에 수행할 수 있다(간단하게는 96개, 보다 정교한 시스템을 이용해서 더 많은 수의 정제를 동시에 수행). 이것은 많은 DNA 샘플들을 가능한 빨리 처리하기 위해 고용량 시스템이 필요한 임상 미생물학 실험실 같은 장소에서 중요할 것이다. 사용된 첫 번째 형태의 자석 구슬은 단순히 산화철 입자였지만, 현재는 자석 특성을 제공하기 위해 소량의 산화철을 포함하는 합성 고분자로 구슬이 만들어졌다. 실리카 코팅뿐만 아니라, 합성 고분자는 전하를 띤 표면을 갖도록 설계할 수 있기 때문에 DNA는 정전기적 상호작용에 의해 결합되고 용액의 pH 또는 염 함량의 변화로 구슬에서 제거된다.

3.1.4 DNA의 농축

유기용매 추출은 종종 더 이상 농축시킬 필요가 없을 정도로 진한 농도의 용액을 만든다. 다른 정제 방법은 희석된 용액을 만들기 때문에 DNA 농도를 증가시킬 방법을 고려하는 것이 중요하다.

가장 널리 사용되는 농축 방법은 에탄올 침전법(ethanol precipitation)이다. 염 존재하에서(엄격하게 말하면, Na^+와 같은 1가 양이온), −20℃나 그 이하의 온도에서 무수 에탄올은 고분자 핵산을 효과적으로 침전시킨다. DNA의 농축용액에서는 에탄올이 샘플의 위층에 놓이게 되어, 분자들이 두 층 사이에서 침전된다. 가장 좋은 방법은 유리막대를 에탄올을 통해 DNA 용액 속으로 밀어 넣는 것이다. 막대가 제거될 때 DNA 분자가 달라 붙어서 긴 섬유 형태로 용액 밖으로 끌어 내어질 것이다(그림 3.10a). 한편, 에탄올이 묽은 DNA 용액과 섞여질 때는 침전이 원심분리에 의해 모아질 수 있으며(그림 3.10b), 적당한 부피의 물에 재용해될 수 있다. 에탄올 침전법은 용액에 짧은 길이와 단량체 핵산 성분을 남게하는 이점이 추가로 있다. 그러므로, 리보뉴클레이즈 처리에 의해 생성된 리보뉴클레오타이드는 이 단계에서 제거된다.

또한, DNA 농도는 형광 염료 태깅(fluorescent dye tagging)으로 측정할 수 있

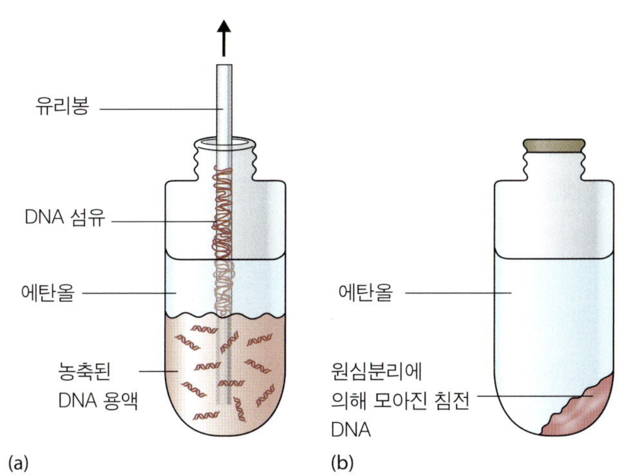

그림 3.10
에탄올 침전법에 의한 DNA 수집. (a) 무수 에탄올이 DNA 농축용액의 위층에 놓이게 된다. DNA 섬유를 유리막대로 꺼낸다. (b) 약간 희석된 용액에서는 에탄올이 첨가되고(무수 에탄올 : DNA 용액 = 2.5 : 1) 침전된 DNA는 원심분리에 의해 모아진다.

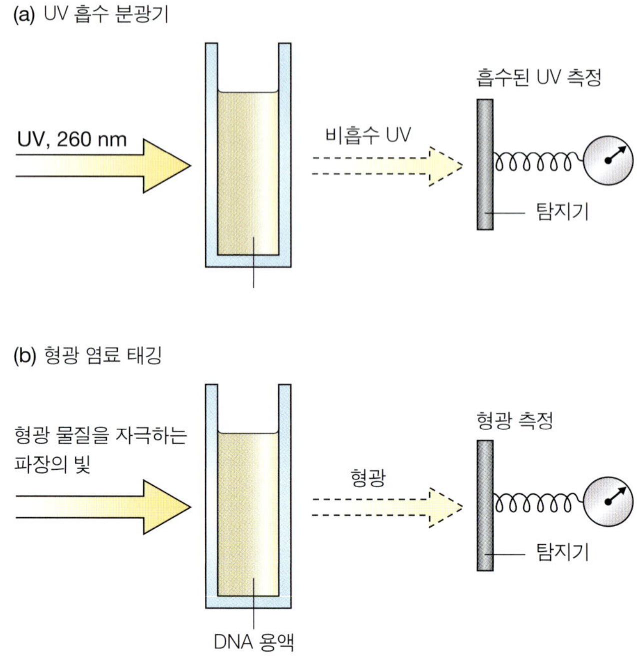

그림 3.11
용액에서 DNA 농도 측정. (a) UV 흡수 분광기. (b) 형광 염료 태깅.

다. 이 방법은 다른 파장의 빛으로 자극하면 형광을 방출하는 유기 화합물인 형광단(fluorophore)을 이용한다(그림 3.11b). 예를 들면, PicoGreen이라 불리는 화합물은 480 nm 파장의 청색광으로 자극되면 대략 520 nm 파장의 녹색광을 방출한다. 형광 방출은 염료가 DNA에 결합되었을 때만 발생하므로 형광의 양으로 용액의 DNA 농도를 측정한다. 형광 염료 태깅은 UV 흡수 분광기보다 더 민감하므로, 매우 희석된 DNA 용액의 농도를 측정할 수 있다. 또한 DNA 샘플이 RNA로 오염되었을 때 보다 정확하다. 이것은 RNA는 260 nm에서 UV를 흡수하므로 UV 방법으로 판독한다. 대신에 DNA 정량화에 사용되는 염료는 RNA에 결합되지 않도록 설계되었으므로, 형광 방법은 용액의 DNA 농도만 정확하게 읽는다.

3.1.5 DNA 농도의 측정

유전자 클로닝 실험을 할 때, 얼마나 많은 DNA가 용액속에 있는지 아는 것은 결정적이다. 다행하게도, DNA 농도는 자외선 흡수 분광기(**ultraviolet absorbance spectrophotometry**)에 의해 정확하게 측정될 수 있다. DNA 용액에 의해 흡수된 UV 사본량은 DNA의 양에 적접 비례한다. 일반적으로 흡광도는 260 nm에서 측정되는데, 이 파장에서의 흡광도(A_{260}) 1.0은 1 ml당 이중가닥 DNA 50 μg에 해당된다.

UV 흡광도는 DNA 순수성을 알아보기 위해 사용될 수도 있다. 순수한 DNA는 260 nm와 280 nm의 흡광도 비(A_{260}/A_{280})가 1.8이다. 1.8 이하의 비는 DNA가 단백질이나 페놀로 오염되었다는 것을 알려 준다.

또한, DNA 농도는 형광 염료 태깅(**fluorescent dye tagging**)으로 측정할 수 있다. 이 방법은 다른 파장의 빛으로 자극하면 형광을 방출하는 유기 화합물인 형광단(**fluorophore**)을 이용한다(그림 3.11b). 예를 들면, PicoGreen이라 불리는 화합물은 480 nm 파장의 청색광으로 자극되면 대략 520 nm 파장의 녹색광을 방출한다. 형광 방출은 염료가 DNA에 결합되었을 때만 발생하므로, 형광의 양으로 용액의 DNA 농도를 측정한다. 형광 염료 태깅은 UV 흡수 분광기보다 더 민감하므로, 매우 회석된 DNA 용액의 농도를 측정할 수 있다. 또한 DNA 샘플이 RNA로 오염되었을 때 보다 정확하다. 이것은 RNA는 260 nm에서 UV를 흡수하므로 UV 방법으로 판독한다. 대신에 DNA 정량화에 사용되는 염료는 RNA에 결합되지 않도록 설계되었으므로, 형광 방법은 용액의 DNA 농도만 정확하게 읽는다.

3.1.6 총 세포 DNA 추출을 위한 다른 방법들

연구에서 DNA를 필요로 하는 유기체는 박테리아만이 아니다. 예를 들면, 식물이나 동물의 총세포 DNA가 유전공학 실험에 이용되어 유전자를 클로닝시키는 것이 목적일 때이다. DNA 정제의 기본단계가 어떠한 유기체에도 같지만 사용되는 세포의 특징에 따라서 약간 수정될 지도 모른다.

액체배지에서 세포 성장은 박테리아, 다른 미생물 그리고 동식물 세포배양에 적당하다. 그렇지만, 중요한 수정은 세포 파손 단계에서 필요한 것이다. 박테리아 세포를 파손시키는 데 사용된 화학약품이 다른 유기체에도 작용되는 것은 아니다. 예를 들면, 라이소자임은 식물 세포에는 아무 영향을 끼치지 못한다. 대부분의 세포벽 형태에는 특별한 절단효소가 유용하지만, 냉동된 재료를 막자사발로 가는 것과 같은 물리적인 기술이 종종 효과적일 수도 있다. 반대로, 대부분의 동물 세포는 세포벽을 전혀 가지고 있지 않으며, 세제를 처리함으로써 쉽게 용해시킬 수 있다.

또한 동물조직은 DNA를 정제하는 실리카 방법에 사용된 guanidinium thiocyanate에 의해 파괴된다. Guanidinium thiocyanate는 물 분자들 사이의 수소결합을 방해하는 무질서 물질이다. 이것은 세포막을 불안정하게 하고, 단백질과 다른 생화학 물질들을 번성시킨다. 그러므로 guanidinium thiocyanate는 세포벽이 없는 조직이나 세포로부터 DNA를 뽑아내는 데 사용될 수 있다. 아마도 자동화 자석 구슬 형태에서 실리카 결합 방법은 혈액 샘플과 같은 임상 재료로부터 DNA를 정제하기 위한 일반적인 방법이다.

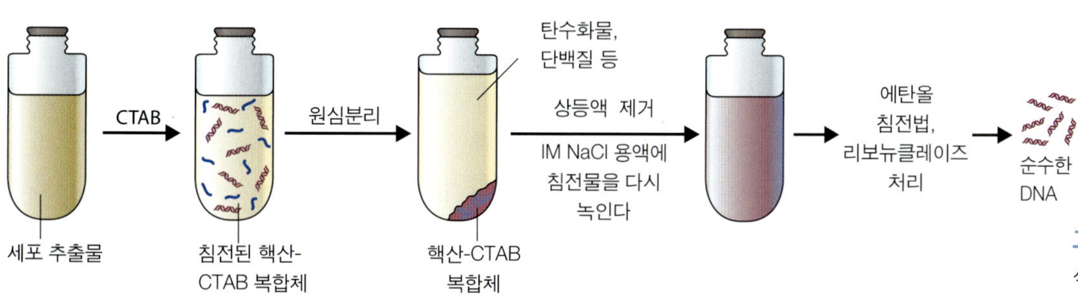

그림 3.12
식물 DNA를 정제시키는 CTAB 방법.

그 다음으로 중요하게 고려되어야 할 점은 DNA가 추출될 세포의 생화학적 내용물이다. 대부분 박테리아의 세포 추출물에 존재하는 주요 생화학물질은 단백질과 DNA와 RNA이므로, 페놀 추출이나 단백질 분해효소 처리, 리보뉴클레이즈(ribonuclease)로 RNA를 제거한 후에 순수한 DNA가 얻어진다. 그렇지만, 세포가 이외의 상당한 양의 생화학 물질을 포함하고 있다면 이러한 처리가 순수한 DNA를 얻는 데 충분하지 않을 것이다. 식물조직은 페놀 추출에 의해 제거될 수 없는 다량의 탄수화물을 포함하고 있기 때문에 이러한 점에서 아주 다르다. 그 대신 다른 방법이 사용되어야 한다. 한 방법은 CTAB(cetyltrimetylammonium bromide)라고 부르는 세제의 사용인데, 이것은 핵산과 불용성 복합체를 형성한다. CTAB가 식물 세포 추출물에 첨가될 때, 핵산-CTAB 복합체가 침전되고 탄수화물, 단백질과 같은 오염물은 상등액에 남겨두게 된다(그림 3.12). 침전물은 원심분리에 의해 모아지고, 1M NaCl 용액에 다시 녹이면 복합체가 떨어진다. 이제 핵산은 에탄올 침전법에 의해 농축될 수 있고, RNA는 리보뉴클레이즈 처리에 의해 제거된다.

3.2 플라즈미드 DNA의 추출

박테리아 배양액으로부터 플라즈미드를 추출하는 것은 총세포 DNA 추출과 같은 일반적인 방법을 포함한다. 플라즈미드를 함유한 세포의 배양은 액체배지에서 키워서 세포 추출물이 제조된다. 추출물에서 단백질과 RNA가 제거되고 에탄올 침전법에 의해 DNA가 농축된다. 그렇지만, 플라즈미드 정제와 총세포 DNA 추출 사이에는 중요한 차이가 있다. 플라즈미드 정제에서는 세포에 존재하는 다량의 박테리아 염색체 DNA로부터 플라즈미드 DNA를 분리시키는 것이 필요하다.

두 가지 형태의 DNA를 분리시키는 것은 매우 어렵지만, 플라즈미드를 클로닝 벡터로써 사용한다면 필수 불가결한 것이다. 유전자 클로닝 실험에서 소량의 오염된 박테리아 DNA가 존재하는 것은 바람직하지 않은 결과를 쉽게 초래할 것이다. 다행스럽게도 플라즈미드 정제때 박테리아 DNA를 제거하는 데 유용한 몇 가지 방법이 있으며, 이러한 방법을 개별적으로 혹은 연합하여 사용하면 매우 순수한 플라즈미드 DNA를 분리하는 결과를 가져 온다.

플라즈미드 DNA와 박테리아 DNA사이에 몇 가지 물리적인 차이점에 기초한 이러한 방법들 중 가장 명백한 것은 크기이다. 가장 큰 플라즈미드가 대장균(*E. coli*) 염색체 크기의 8% 밖에 되지 않으며, 대부분은 그보다 훨씬 작다. 그러므로, 큰 DNA 분자로부터 작은 DNA 분자를 분리하는 방법은 플라즈미드 DNA를 효과적으로 정제시킬 수 있다.

크기뿐만 아니라, 플라즈미드와 박테리아 DNA는 구조(**conformation**)가 다르다. DNA와 같은 고분자에 적용될 때 구조라는 용어는 분자의 전체적인 공간 배열(configuration)을 의미하는데, 선형과 원형의 두 가지 간단한 구조가 있다. 플라즈미드와 박테리아 염색체는 원형이지만 세포 추출물 제법 동안에 염색체는 항상 선형 단편으로 쪼개질 것이다. 선형 분자로부터 원형 분자를 분리하는 방법은 순수한 플라즈미드를 얻는 결과를 가져올 것이다.

3.2.1 크기에 기초한 분리

세포 추출물의 제법 동안에 크기 분류(size fraction)를 시도하는 것은 일상적인 단계이다. 세포가 아주 조심스럽게 조절된 조건에서 용해된다면, 염색체 DNA의 최소량만이 파손을 입을 것이다. 얻어진 DNA 단편은 여전히 아주 클 것이고, 플라즈미드보다 훨씬 클 것이며, 원심분리에 의해 세포 단편들과 함께 제거될 것이다. 박테리아 염색체가 세포 외피에 물리적으로 붙어 있으며, 이러한 접착이 깨어지지 않으면 세포 단편과 함께 침전되므로 이런 과정에 도움이 된다.

세포 파괴는 박테리아 DNA의 전체 파손을 막기 위하여 매우 부드럽게 수행되어야 한다. 대장균과 그와 관련된 종은 그림 3.13에서 보여주는 것처럼 조절된 용해가 이루어진다. EDTA와 라이소자임(lysozyme) 처리가 sucrose 존재하에서 이루어지는데, 이는 세포가 직접 나오는 것을 막는다. 그 대신에 완전한 세포질막을 유지하는 세포벽이 부분적으로 없는 세포인 원형질체(sphaeroplast)가 형성된다. 이제 트리

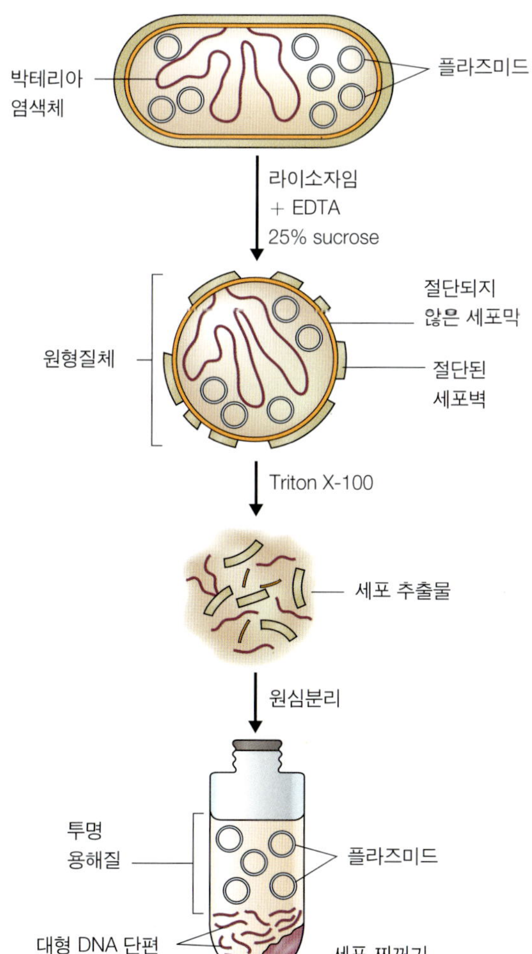

그림 3.13
투명 용해질의 제법 .

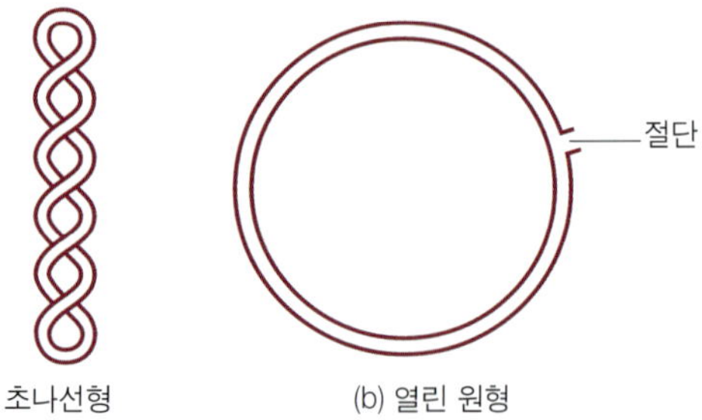

그림 3.14
원형 이중가닥 DNA의 두 가지 구조. (a) 초나선(supercoiled)형: 두 개의 가닥이 완전하다. (b) 열린 원형(open-circle): 하나 혹은 두 개의 가닥에 절단이 있다.

톤 X-100(Triton X-100)과 같은 비이온성 세제를 첨가시킴으로써 세포 용해가 시작된다(SDS와 같은 이온성 세제는 염색체 파손을 야기시킨다). 이러한 방법은 박테리아 DNA를 거의 파손시키지 않기 때문에 원심분리에 의해서 거의 플라즈미드 DNA로 이루어진 투명 용해질(cleared lysate)이 남게 될 것이다.

그렇지만, 투명 용해질은 항상 약간의 염색체 DNA를 포함하게 될 것이다. 더구나 플라즈미드 그 자체가 큰 분자라면 세포 단편과 함께 침전이 될 수도 있다. 그러므로 크기 분류는 그것 자체로는 거의 불충분하며, 박테리아 DNA 오염물을 제거하는 다른 방법을 고려해야만 한다.

3.2.2 구조에 기초한 분리

플라즈미드와 박테리아 DNA의 구조적인 차이로 두 가지 형태의 DNA를 분리하는 방법을 고려하기 전에 플라즈미드 DNA의 전체 구조를 잘 살펴보아야 한다. 사실 원형 이중가닥 DNA는 완전히 다른 두 가지 구조 중 하나를 가지기 때문에 플라즈미드가 하나의 원형 구조를 가진다고 말하는 것은 정확하지 않다. 대부분의 플라즈미드는 세포 내에서 초나선형(supercoiled) 분자로 존재한다(그림 3.14a). 토포이소머레이즈(topoisomerase)라는 효소에 의한 플라즈미드 복제 과정 동안에 플라즈미드 DNA의 이중나선 구조가 부분적으로 풀려져서 초나선형이 생겨난다. 초나선형 구조는 두 개의 폴리뉴클레오티드(polynucleotide) 가닥이 완전할 때만, 더 기술적인 이름으로는 닫혀진 공유결합성 원형 DNA(covalently closed-circular DNA, ccc DNA)일 때 유지될 수 있다. 폴리뉴클레오티드 가닥 중 하나가 깨어진다면, 이중나선 구조는 일반적으로 이완된(relaxed) 상태로 돌아가서 플라즈미드는 다른 구조인 열린 원형(open-circular. oc)으로 된다(그림 3.14b).

초나선형 분자는 비초나선형 DNA로부터 비교적 쉽게 분리될 수 있기 때문에 플라즈미드 정제에서 초나선형화는 중요하다. 두 가지 다른 방법이 주로 사용된다. 이 두 방법 모두가 세포 추출물로부터 플라즈미드 DNA를 정제할 수 있지만, 실제로는 투명 용해질이 먼저 만들어진다면 가장 좋은 결과를 얻을 수 있다.

알칼리 변성

이 기술의 기초는 비초나선형(unsupercoiled) DNA가 좁은 pH 범위 내에서 변성(denaturation)되는 반면, 초나선형 플라즈미드는 그렇지 않다는 것이다. NaOH를 세

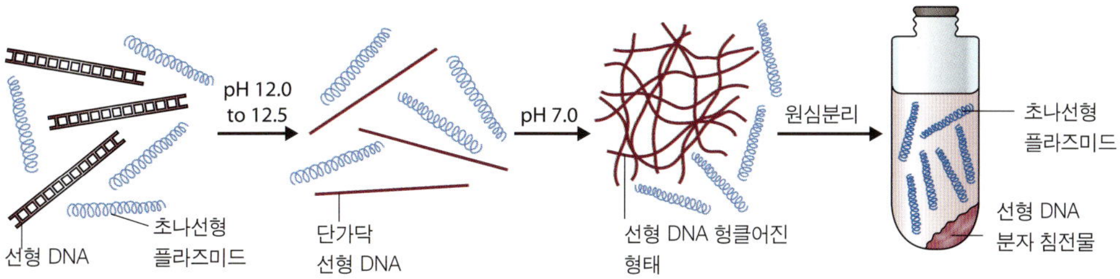

그림 3.15
알칼리 변성법에 의한 DNA 정제.

포 추출물, 혹은 투명 용해질에 첨가하여 pH가 12.0~12.5로 되면 비초나선형 DNA의 수소결합이 깨어져서 이중나선 구조가 풀리게 되고, 두 개의 폴리뉴클레오티드 사슬이 풀리게 된다(그림 3.15). 만약 산이 첨가되면, 이러한 변성된 박테리아 DNA 사슬이 헝클어진 상태로 다시 모아질 것이다. 불용성 물질이 원심분리에 의해 뭉쳐지면 순수한 플라즈미드 DNA가 상등액에 남게 된다. 어떤 경우에(특별히 SDS에 의한 세포 용해와 아세트산 나트륨(sodium acetate)에 의한 중화) 대부분의 단백질과 RNA가 불용성이 되어 원심분리 단계에 의해 제거될 수 있다는 것이 이 방법의 이점이다. 그러므로, 페놀 추출과 리보뉴클레이즈 처리는 알칼리 변성법이 사용될 때는 필요없다.

Ethidium bromide–CsCl 밀도 기울기 원심분리법

이것은 평형 혹은 밀도 기울기 원심분리법(**density gradient centrifugation**)인 일반적인 기술이 세분화된 것이다. 아주 높은 속도로 CsCl 용액을 원심분리함으로써 밀도 기울기가 생성된다(그림 3.16a). 원심분리될 때, CsCl 용액에 존재하는 거대분자는 밀도 기울기의 특정한 지점에서 띠를 형성할 것이다(그림 3.16b). 특별한 분자띠가 어디에 있는가는 그 분자의 부력밀도(**buoyant density**)에 달려있다. DNA의 부력밀도는 약 1.7 g/cm^3 이므로, CsCl 밀도가 1.7 g/cm^{3}인 기울기 지점으로 이동한다. 반대로 단

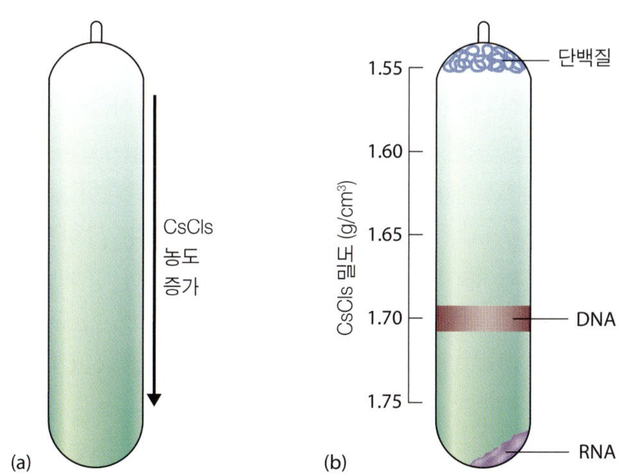

그림 3.16
CsCl 밀도 기울기 원심분리법. (a) 고속 원심분리에 의한 CsCl 밀도 기울기. (b) 밀도 기울기에서 단백질, DNA, RNA 등의 분리.

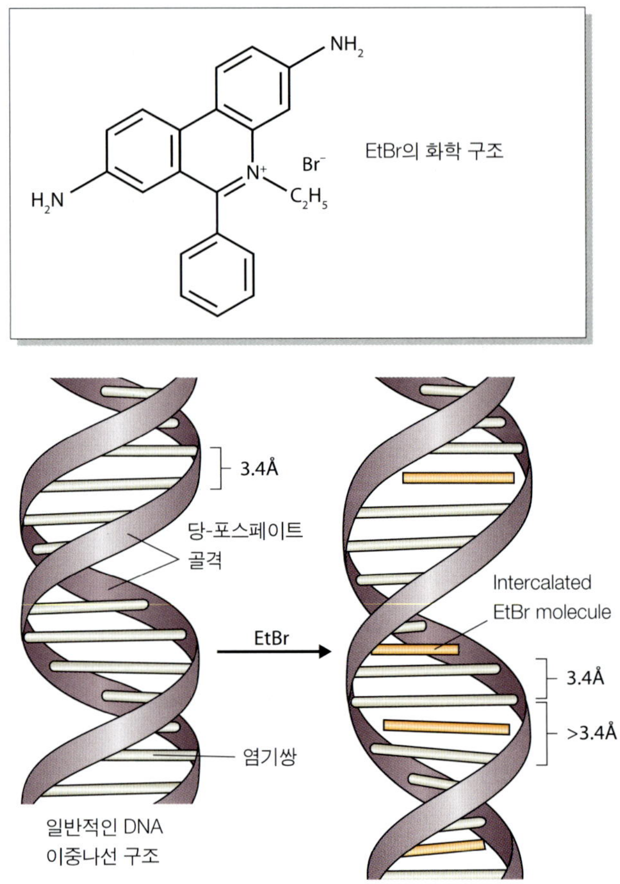

그림 3.17
인접한 염기쌍 사이에 EtBr이 끼어들어감으로써 DNA 이중나선 구조가 풀림. 왼쪽에 보여준 일반적인 DNA 분자는 4개의 EtBr 분자를 취하여 부분적으로 풀어져서 오른쪽의 "늘어진" 구조가 된다.

백질 분자는 훨씬 낮은 부력밀도를 가지므로 튜브의 상부에 뜨게 되고, RNA는 바닥에서 뭉쳐지게 된다(그림 3.16b). 그러므로, 밀도 기울기 원심분리법으로 DNA, RNA, 단백질을 분리시킬 수 있으며, DNA 정제를 위한 페놀 추출법과 리보뉴클레이즈 처리법의 대안이다.

더욱 중요한 것은, **EtBr(ethidium bromide)** 존재하에서 밀도 기울기 원심분리법이 비초나선형 분자로부터 초나선형 DNA를 분리하는 데 사용된다는 것이다. EtBr은 DNA 분자에서 인접해 있는 염기쌍 사이에 끼어들어감(intercalating)으로써 결합하여 이중나선 구조가 부분적으로 풀어지게 한다(그림 3.17). 이러한 풀어짐이 선형 DNA에서 부력밀도를 0.125 g/cm^3 만큼 낮추는 결과를 초래한다. 그렇지만, 자유말단이 없는 초나선형 DNA는 거의 풀어지지 않으며, EtBr의 한정된 양하고만 결합하게 된다. 그러므로 초나선형 분자의 부력밀도는 조금 낮아져서 0.085 g/cm^3 정도만 낮아진다. 그 결과로, 선형과 열린 원형 DNA의 띠는 다른 지점의 EtBr-CsCl 기울기에서 생기게 된다(그림 3.18a).

EtBr-CsCl 밀도 기울기 원심분리법는 순수한 플라즈미드 DNA를 얻는 데 매우 유

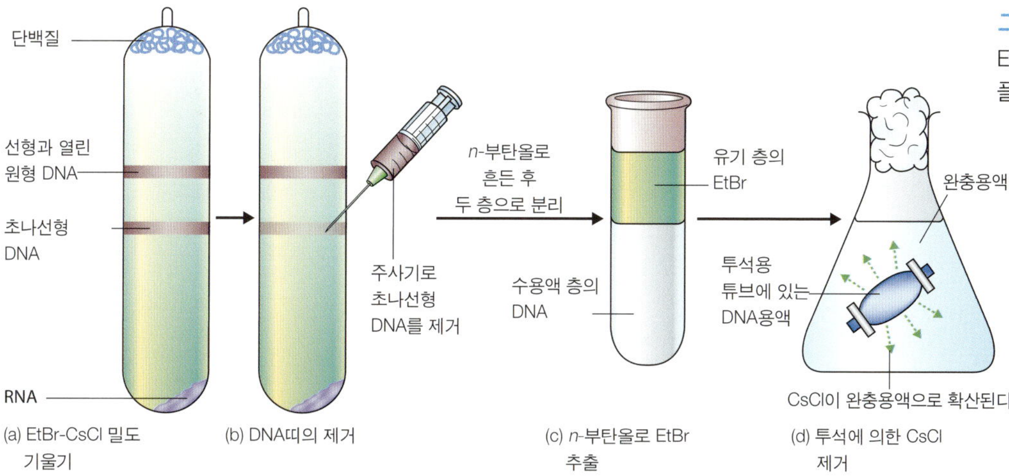

그림 3.18
EtBr-CsCl 밀도 기울기 원심분리법에 의한 플라즈미드 DNA의 정제.

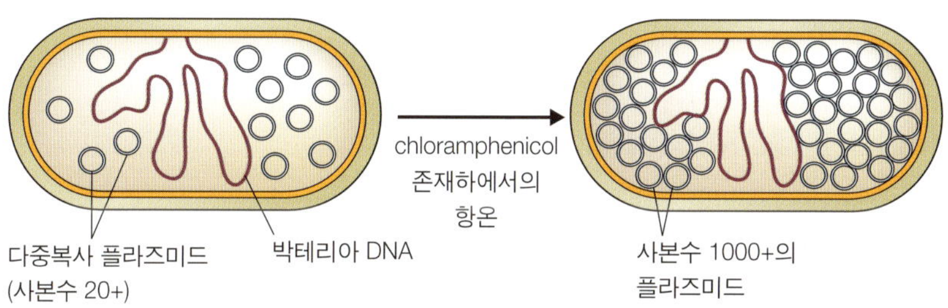

그림 3.19
플리즈미드 증폭.

용한 방법이다. 이 방법이 투명 용해질에 적용될 때는 플라즈미드는 특정한 지점에서 띠를 이루고 선형 박테리아 DNA와 분리되며, 단백질은 기울기 상부에 뜨고, RNA는 바닥에 뭉쳐짐으로써 분리된다. DNA 띠의 위치는 튜브에 UV를 쪼임으로써 결합된 EtBr이 형광을 띠어 볼 수 있다. 순수한 플라즈미드 DNA는 튜브의 옆면에 구멍을 뚫어서 주사기로 추출한다(그림 3.18b). 플라즈미드 DNA에 결합된 EtBr은 부탄올로 추출되며(그림 3.18c), CsCl은 투석(dialysis)에 의해 제거될 수 있다(그림 3.18d). 이렇게 준비된 플라즈미드는 거의 100% 순수하며, 클로닝 벡터로 사용될 준비가 되어 있다.

3.2.3 플라즈미드 증폭

플라즈미드가 박테리아 세포에서 총 DNA 중 적은 부분을 이룬다는 사실이 플라즈미드 DNA 정제의 약점이다. 그러므로, 박테리아 배양으로부터 DNA의 수율은 실망할 정도로 낮다. 플라즈미드 증폭(**plasmid amplification**)으로 이러한 수율을 증가시킬 수 있다.

증폭의 목적은 플라즈미드의 사본수를 증가시키는 것이다. **Multicopy plasmid**(20 이상의 사본수를 가진 플라즈미드)는 단백질 합성 없이 복제할 수 있는 유용한 성질

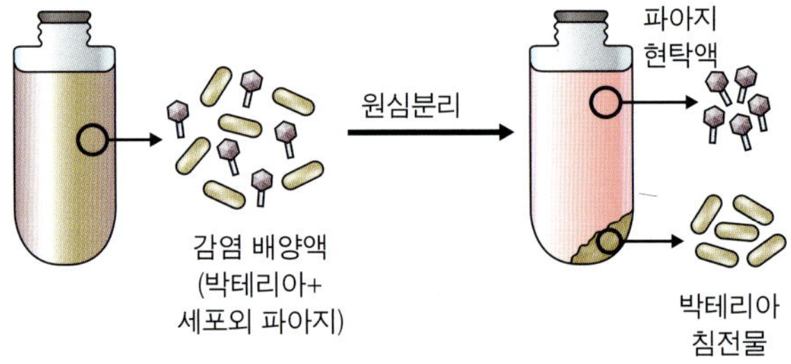

그림 3.20
감염 박테리아 배양으로부터 파아지 현탁액의 제조.

을 가지고 있다. 이런 조건하에서 복제될 수 없는 주요한 박테리아 염색체와는 대조적이다. 플라즈미드 DNA 정제를 위한 박테리아 배양액을 키우는 동안에 이 성질이 이용될 수 있다. 만족할 만한 세포 밀도에 도달된 후에 단백질 합성 억제제(예를 들면, chloramphenicol)를 첨가하여 12시간 이상 배양액을 항온한다. 이 기간 동안에 플라즈미드 분자가 계속 복제되고, 염색체 복제와 세포분열은 금지된다(그림 3.19). 그 결과로 플라즈미드 사본수는 수천까지 증가된다. 그러므로, 증폭은 multicopy plasmid의 수율을 효과적으로 증가시키는 방법이다.

3.3 박테리오파아지 DNA의 추출

파아지 DNA 정제와 총세포 DNA, 혹은 플라즈미드 DNA 추출의 중요한 차이점은 파아지에서는 출발 물질이 세포 추출물이 아니라는 것이다. 이는 박테리오파아지 입자가 감염된 박테리아 배양액의 세포외 배지에서부터 대량으로 얻어질 수 있기 때문이다. 이러한 배양액이 원심분리될 때 박테리아는 작은 덩어리로 뭉쳐지고 파아지 입자는 현탁액 속에 남게 된다(그림 3.20). 파아지 입자는 현탁액으로부터 모아지게 되고, DNA는 파아지 캡시드(capsid)를 제거하기 위해 단 한 번의 단백질 제거 단계에 의해 추출된다.

이러한 전체 과정은 총세포 DNA 혹은 플라즈미드 DNA를 추출하기 위해 사용된 방법보다 훨씬 간단하다. 그럼에도 불구하고, 파아지 DNA를 성공적으로 상당량 정제하는 것은 몇 가지 함정에 빠지게 된다. 특별히 λ 파아지에 대하여는 세포외 파아지 적정량(titre, 배양액 1ml당 파아지 입자수)을 충분히 높이는 방법으로, 감염된 배양액을 성장시키는 것이 주된 어려움이다. 실제로 λ 파아지에 대해 기대할 수 있는 최대 적정량은 1 ml당 10^{10}이다. 10^{10}개 λ 파아지 입자에서 DNA는 500 ng 만을 얻을 수 있다. 그러므로, λ 파아지 DNA의 상당량이 얻어지려면 500 내지 1000 ml 범위의 다량의 배양이 필요하다.

3.3.1 높은 λ 파아지 적정량을 얻기 위한 배양

대량의 배양은 아무 문제가 없지만(생명공학에서는 100 L 이상의 박테리아 배양이 일반적이다), 최대 파아지 적정량을 얻는 것은 고도의 기술이 요구된다. 자연에 존재하

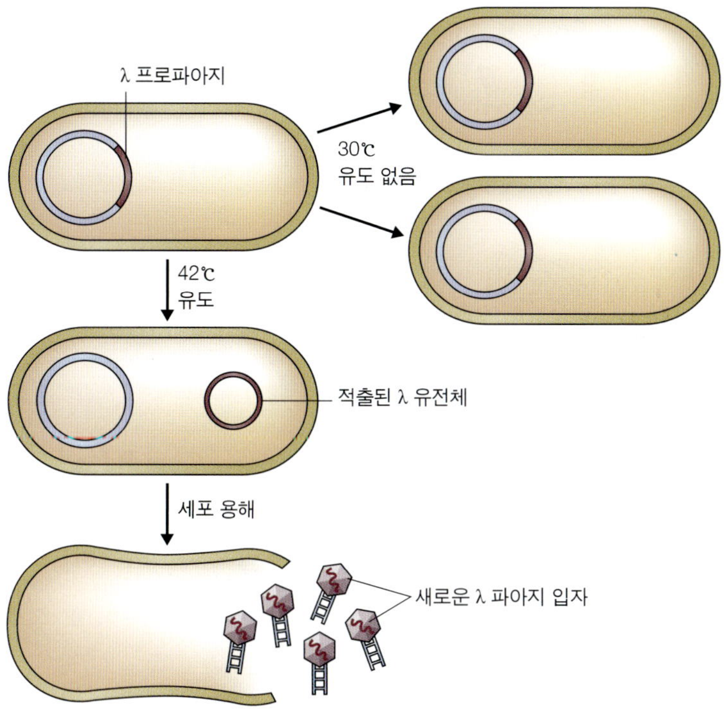

그림 3.21
30℃에서 42℃로 바꿈으로써 λ 파아지 *cIts* 용원균의 유도.

는 λ 파아지는 용원성이며, 감염된 배양액은 박테리아 DNA 속으로 삽입된 프로파아지를 운반하는 세포로 주로 이루어진다(그림 2.7). 세포외 λ 파아지 적정량은 이러한 조건에서는 아주 낮다.

세포외 λ 파아지의 수율을 높이기 위해서 배양이 유도(**induced**)되어야 하며, 그래서 모든 박테리아가 용해성(lytic) 감염주기로 들어가 죽게 되고, λ 파아지 입자를 배지로 방출시킨다. 유도(induction)는 일반적으로는 통제하기 매우 어렵지만, 대부분 실험실의 λ 파아지 균주(strain)가 *cI* 유전자에 온도 민감성 돌연변이(**temperature-sensitive(ts) mutation**)를 가지고 있다. 이것은 파아지를 삽입 상태(integrated state)로 유지시키는 유전자의 하나이다. 돌연변이에 의해 비활성화된다면 *cI* 유전자는 더 이상 정확하게 기능하지 못하여 용해주기로 전환이 일어날 것이다. *cIts* 돌연변이에서, *cI* 유전자는 일반적으로 용원성이 일어나는 온도인 30℃에서 기능할 수 있다. 그러나 42℃에서 *cIts* 유전자 생성물은 적당하게 기능하지 못하여 용원성이 유지될 수 없다. λ 파아지 *cIts*로 감염된 대장균 배양은 30℃에서 42℃로 바꿈으로써 세포외 파아지를 생성하도록 유도될 수 있다(그림 3.21).

3.3.2 비용원성(non-lysogenic) λ 파아지의 추출

대부분의 λ 파아지 균주은 용원성일지라도 λ 파아지에서 유래된 많은 클로닝 벡터는 cI과 다른 유전자를 삭제함으로써 변형되어져서 용원성은 결코 일어나지 않는다. 이러한 파아지는 박테리아 유전체속으로 삽입될 수 없으며, 용해주기에 의해서만 세포를

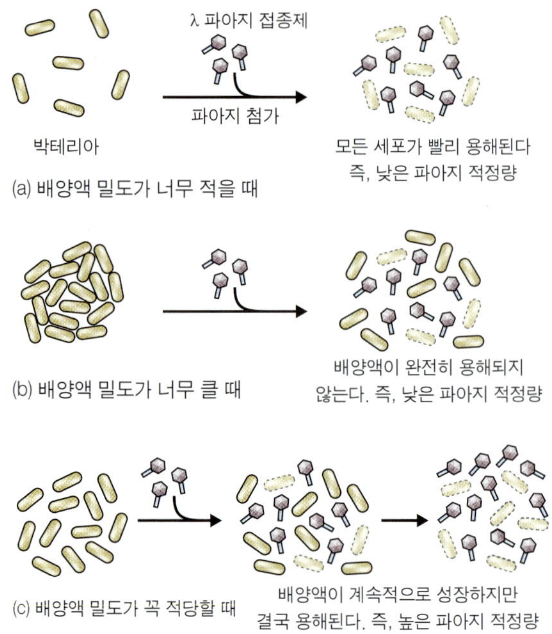

그림 3.22
비용원성 파아지 샘플이 만들어질 때 배양액의 배양 시간과 접종제의 크기 사이에 알맞은 균형의 성취.

감염시킬 수 있다.

이러한 파아지에 대해 높은 적정량을 얻기 위한 열쇠는 파아지 입자가 첨가됨으로써 세포가 감염되는 단계에서 배양액을 키우는 방법에 있다. 세포분열이 최대속도로 이루어지기 전에 파아지가 첨가된다면, 모든 세포는 매우 빠르게 용해되어 적정량이 낮아질 것이다(그림 3.22a). 반대로 파아지가 첨가될 때 세포 밀도가 매우 높으면, 배양액은 결코 완전하게 용해되지 않아 파아지의 적정량은 또한 낮아질 것이다(그림 3.22b). 배양액의 나나이와 파아지 접종제(inoculum)의 크기가 균형을 이룰 때 배양액이 계속 성장하여 궁극적으로는 모든 세포가 감염되고 용해되는 이상적인 상황이 된다(그림 3.22c). 상상할 수 있는 것처럼, 기술과 경험이 완벽함을 판단하는 데 필요하다.

3.3.3 감염된 배양액에서 파아지 수집

남겨진 원래 세포와 용해된 박테리아 세포의 나머지는 원심분리에 의해 감염된 배양액에서 제거될 수 있으며, 파아지 입자는 현탁액에 남게 된다(그림 3.20). 이제 문제는 현탁액의 부피를 DNA 추출을 위한 부피인 5 ml 이하로 축소시키는 것이다.

파아지 입자는 너무 작아서 고속으로 원심분리시킬 때만 덩어리로 뭉쳐질 수 있다. 그러므로, 대개 파아지는 폴리에틸렌 글리콜(**polyethylene glycol, PEG**)과 함께 침전되어서 모아질 수 있다. PEG는 염 존재하에서 물을 흡수하는 긴 사슬 고분자 화합물이며, 파아지 입자와 같은 거대분자 조립체가 침전되도록 한다. 그러면 침전은 원심분리에 의해 모아질 수 있고, 알맞은 작은 부피로 재용해될 수 있다(그림 3.23).

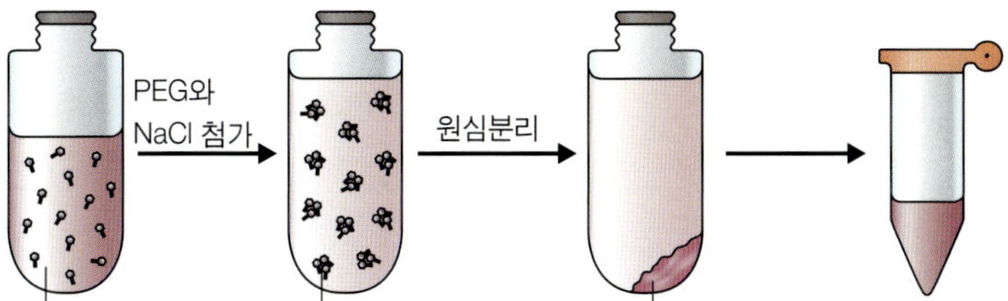

그림 3.23
PEG 침전에 의한 파아지 입자의 수집.

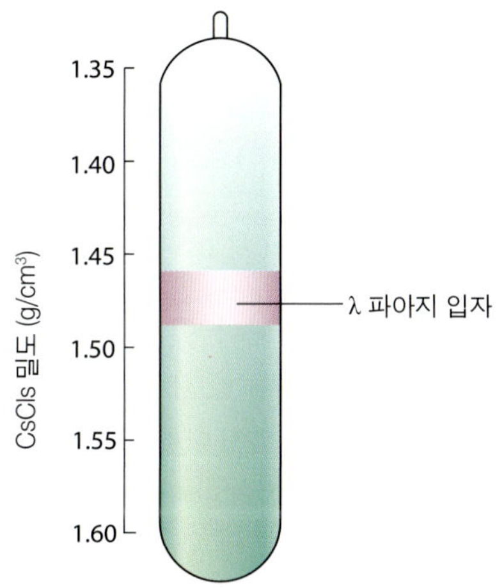

그림 3.24
CsCl 밀도 기울기 원심분리법에 의한 λ 파아지 입자의 정제.

3.3.4 λ 파아지 입자에서 DNA 정제

재용해된 PEG 침전물에서 단백질 분해효소 처리로 단백질을 제거하고, 이온 교환 크로마토그래피에 의한 DNA 정제 방법은 파아지 입자로부터 DNA를 추출하기에 충분하다. 또 다른 방법으로 파아지 단백질 외피는 guanidinium thiocyanate로 파괴할 수 있고, DNA는 실리카 결합 방법으로 정제될 수 있다. 그런데, 초순수 DNA를 얻기 위해서는 λ 파아지는 곧바로 정제 단계로 들어가야 한다. 이는 PEG 침전물이 원하지 않는 세포 찌꺼기와 필요없는 세포 DNA를 포함하고 있기 때문에 필요하다. 이러한 오염은 CsCl 밀도 기울기 원심분리에 의해 λ 입자로부터 분리될 수 있다. λ 입자는 1.45에서 1.50 g/cm^3 사이의 CsCl 기울기에서 띠(band)를 이루어(그림 3.24), 전에 언급한 DNA 띠에서처럼 기울기로부터 얻을 수 있다(그림 3.18). 투석에 의해 CsCl을 제거하면, 초순수 DNA를 추출할 수 있는 파아지가 남겨진다.

3.3.5 M13 DNA 정제

M13과 λ 파아지 감염주기의 차이점의 대부분은 M13 DNA를 제조하기를 원하는 분자 생물학자에게 이점이 된다. 첫째, M13의 이중가닥 복제형(replicated form) 플라즈

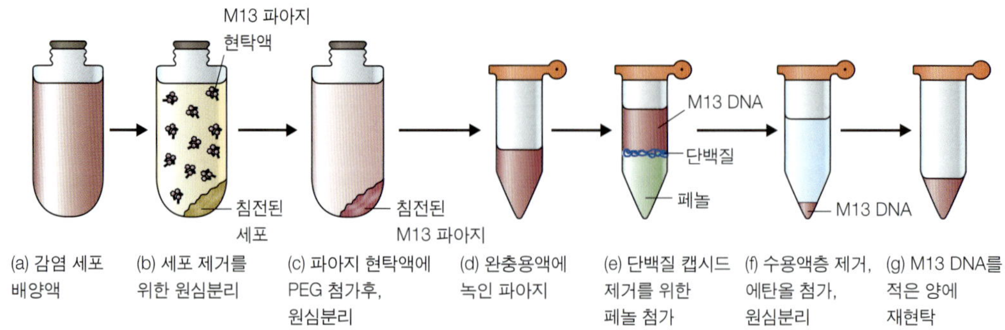

그림 3.25
감염된 박테리아 배양에서 M13 DNA의 정제.

미드가 높은 사본수의 플라즈미드와 같이 행동하므로, 플라즈미드 정제의 표준 방법에 의해 쉽게 정제된다. 세포 추출물은 M13으로 감염된 세포로부터 만들어지고, 복제형은 EtBr-CsCl 밀도 기울기 원심분리(density gradient centrifugation)에 의해 박테리아 DNA로부터 분리될 수 있다.

그렇지만, 세포외 파아지 입자에 포함되어 있는 단 가닥 형태의 M13 유전체가 종종 필요하다. 이러한 관점에서, λ 파아지와 비교하여 큰 장점은 M13의 높은 적정량이 쉽게 얻어진다는 것이다. 감염 세포가 계속적으로 M13 입자를 배지로 방출함에 따라(그림 2.8), 용해는 일어나지 않고 감염된 배양액을 고세포밀도로 성장시킴으로써 높은 M13 적정량을 얻을 수 있다. 사실 1 ml당 10^{12} 이상의 적정량은 어떤 특별한 방법이 사용되지 않고 쉽게 얻을 수 있다. 이러한 높은 적정량은 5 ml 이하의 적은 부피의 배양으로부터 상당량의 단 가닥 M13 DNA가 만들어질 수 있다는 것을 의미한다. 더구나 감염된 세포가 용해되지 않기 때문에 파아지 현탁액을 오염시키는 세포 찌꺼기의 문제가 없다.

요약해 보면, 단 가닥 M13 DNA 제법은 적은 양의 감염 배양액의 성장, 박테리아 덩어리(pellet)를 얻기 위한 원심분리법, PEG와 파아지 입자의 침전, 파아지 단백질 외피를 제거하기 위한 페놀 추출, DNA를 농축하는 에탄올 침전법 등을 포함한다(그림 3.25).

Further reading

FURTHER READING

Berensmeier, S. (2006) Magnetic particles for the separation and purification of nucleic acids. *Applied Microbiology and Biotechnology*, **73**, 495–504.

Birnboim, H.C. and Doly, J. (1979) A rapid alkaline extraction procedure for screening recombinant plasmid DNA. *Nucleic Acids Research*, 7, 1513–1523. [A method for preparing plasmid DNA.]

Boom, R., Sol, C.J., Salimans, M.M., et al. (1990) Rapid and simple method for purification of nucleic acids. *Journal of Clinical Microbiology*, **28**, 495–503 [The guanidinium thiocyanate and silica method for DNA purification.]

Clewell, D.B. (1972) Nature of ColE1 plasmid replication in *Escherichia coli* in the presence of chloramphenicol. *Journal of Bacteriology*, **110**, 667–676 [The biological basis of plasmid amplification.]

Marmur, J. (1961) A procedure for the isolation of deoxyribonucleic acid from microorganisms. *Journal of Molecular Biology*, **3**, 208–218 [Genomic DNA preparation.]

Radloff, R., Bauer, W., and Vinograd, J. (1967) A dye-buoyant-density method for the detection and isolation of closed-circular duplex DNA. *Proceedings of the National Academy of Sciences USA*, **57**, 1514–1521 [The original description of ethidium bromide density gradient centrifugation.]

Rogers, S.O. and Bendich, A.J. (1985) Extraction of DNA from milligram amounts of fresh herbarium and mummified plant tissues. *Plant Molecular Biology*, 5, 69–76 [The CTAB method.]

Yamamoto, K.R., Alberts, B.M., Benzinger, R., et al. (1970) Rapid bacteriophage sedimentation in the presence of polyethylene glycol and its application to large scale virus preparation. *Virology*, **40**, 734–744 [Preparation of λ DNA.]

Zinder, N.D. and Boeke, J.D. (1982) The filamentous phage (Ff) as vectors for recombinant DNA. *Gene*, **19**, 1–10 [Methods for M13 phage growth and DNA preparation.]

Chapter 4

정제된 DNA의 조작

Chapter contents

CHAPTER CONTENTS

일단 순수한 DNA가 만들어지고 나면, 유전자 클로닝 실험의 다음 단계는 재조합 DNA 분자 구축이다(그림 1.1). 이러한 재조합 분자를 생성하기 위하여 클론될 DNA뿐만 아니라, 벡터도 통제된 방법으로 특정한 지점에서 절단된 후 함께 연결되어야 한다. 절단과 연결은 최근 몇 년 동안 다양하게 발달해 온 DNA 조작 기술의 두 가지 예이다. 절단과 연결뿐만 아니라 DNA 분자를 짧게 혹은 길게 할 수 있으며, RNA나 새로운 DNA 분자로 복제할 수 있고, 특별한 화학기능기를 첨가 혹은 제거함으로써 수정할 수도 있다. 시험관 속에서 수행할 수 있는 이러한 모든 조작들은 유전자 클로닝뿐만 아니라, DNA 생화학, 유전자 구조, 유전자 발현의 조절 등과 같은 기본 연구에 기초를 제공한다.

대부분의 DNA 조작 기술은 정제된 효소를 사용한다. 세포 내에서 이러한 효소들은 DNA 복제 및 전사와 같은 필수적인 과정, 원하지 않는 DNA나 외부 DNA(예를 들면, 침입 바이러스 DNA)의 파괴, 돌연변이 DNA의 복구, 다른 DNA 분자 간의 재조합 등에 관여한다. 세포 추출물에서 정제한 후에 이러한 대부분의 효소들이 인위적인 조건에서 그들 본래의 반응, 혹은 그들과 밀접하게 관련된 반응을 수행한다. 이러한 효소 반응은 종종 매우 간단하지만, 대부분은 표준 화학적 방법에 의해 수행되기에는 절대적으로 불가능하다. 그러므로, 정제된 효소는 유전공학에 중요하며, 효소의 정제와 특성화 그리고 판매를 둘러싼 중요한 산업이 생겨났다. 고순도 효소의 상업적 공급자들은 분자생물학자에게 필수적인 서비스를 제공하고 있다.

유전자 클로닝의 기초가 되는 절단과 연결조작은 제한효소(절단용)와 라이게이즈(**ligase**, 이음용)라고 불리는 효소들에 의해 수행된다. 이 장의 대부분은 이 두 가지 종류의 효소들이 사용되고 있는 방법에 관한 것이다. 그렇지만, 어떤 종류의 반응이 수행되는지 정확하게 알기 위해서는 DNA 조작효소의 전반적인 범위를 첫 번째로 고려해야 할 것이다. 이러한 효소의 대부분은 이 효소들이 사용되는 방법에 대하여 다루는 장에서 언급될 것이다.

4.1 DNA 조작 효소의 종류

이러한 효소들은 이들의 촉매 반응의 종류에 따라 네 가지로 나눌 수 있다.

- 뉴클레이즈(**nuclease**)는 핵산 분자를 절단하거나 짧게 하는 효소이다.
- 라이게이즈(**ligase**)는 핵산 분자들을 연결해준다.
- 중합효소(**polymerase**)는 분자의 사본체를 만든다.
- 변형효소(**modifying enzyme**)는 화학기능기를 첨가 혹은 제거한다.

이러한 종류의 효소를 상세하게 고려하기 전에 두 가지 사실을 알아야 한다. 첫째, 대부분의 효소가 특별한 종류에 속해 있지만, 소수의 효소는 두 개 이상의 종류에 걸쳐서 복합적인 역할을 보여 준다. 가장 중요한 것은 많은 중합효소(polymerase)는 새로운 DNA 분자를 만드는 능력과 DNA 절단 역할(nuclease)을 동시에 한다는 것이다.

둘째, DNA 조작효소뿐만 아니라 RNA에 작용할 수 있는 많은 유사한 효소가 알려져 있는 것은 다행한 일이다. DNA 추출시 오염된 RNA를 제거하기 위해 사용된 리보뉴클레이즈(ribonuclease)가 이러한 효소의 한 예이다. 어떤 RNA 조작효소는 유전자 클로닝에 응용될 수 있지만, 이에 대해서는 다음 장에서 언급할 것이다. 우리는 일반적으로 DNA에 작용하는 효소로 생각을 제한할 것이다.

4.1.1 뉴클레이즈

뉴클레이즈는 DNA 가닥에서 하나의 뉴클레오타이드(nucleotide)가 그 다음에 연결되어 있는 포스포디에스테르(phosphodiester) 결합을 깸으로써, DNA 분자를 절단한다. 두 가지 종류의 뉴클레이즈는 다음과 같다(그림 4.1)

- 엑소뉴클레이즈(**exonuclease**)는 DNA 분자의 말단에서 뉴클레오타이드를 하나씩 제거한다.
- 엔도뉴클레이즈(**endonuclease**)는 DNA 분자 내에서 내부 포스포디에스테르 결합을 끊을 수 있다.

다른 엑소뉴클레이즈(exonuclease) 간의 주요 특징은 이중가닥 분자가 공격을 받을 때 절단되는 가닥의 숫자에 있다. Bal31이라 부르는 효소는(박테리아 *Alteromonas espejiana*로부터 정제되는) 이중가닥 분자의 양가닥으로부터 뉴클레오타이드를 제거하는 엑소뉴클레이즈의 한 예이다(그림 4.2a). Bal31이 DNA 분자에 작용하는 시간이 길수록 남는 DNA 단편은 짧아질 것이다. 반면에, 대장균 엑소뉴클레이즈

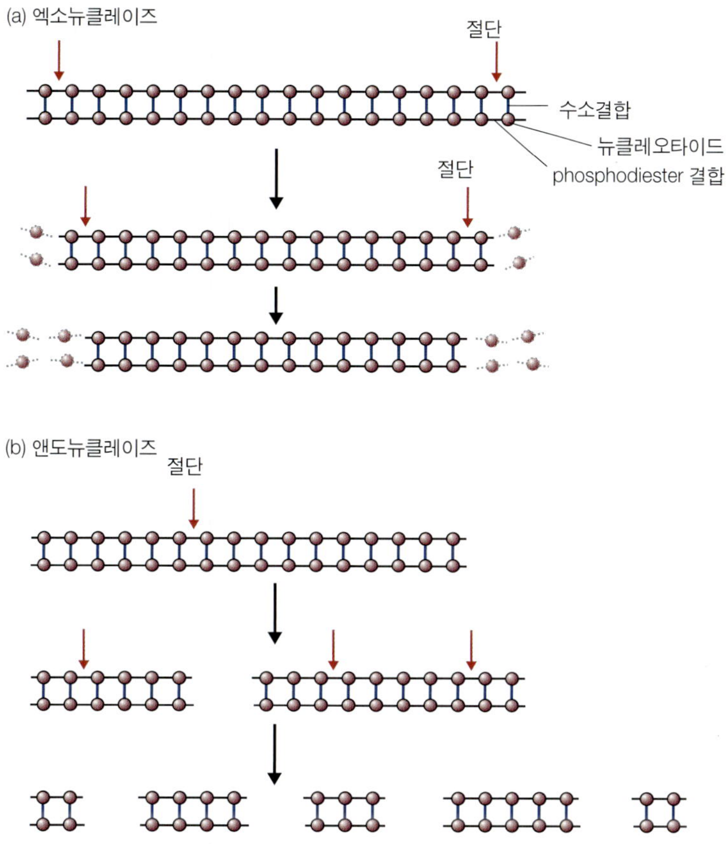

그림 4.1
두 가지 다른 종류의 뉴클레이즈에 의해 촉매되는 반응. (a) DNA 분자의 말단에서 뉴클레오타이드를 제거하는 엑소뉴클레이즈. (b) 내부의 포스포디에스테르 결합을 끊는 엔도뉴클레이즈.

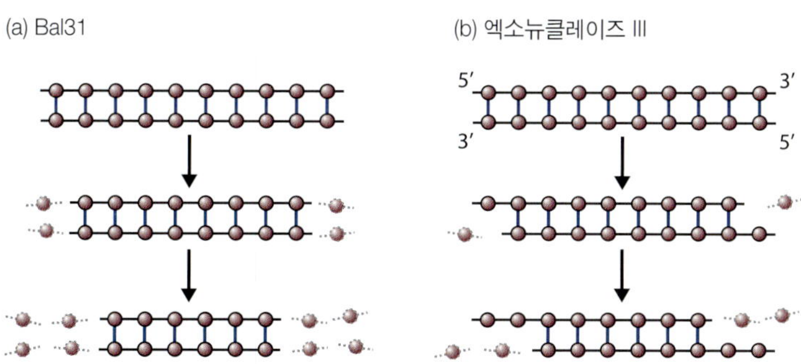

그림 4.2
다른 종류의 엑소뉴클레이즈에 의한 촉매 반응. (a) Bal31은 이중가닥 분자의 양가닥으로부터 뉴클레오타이드를 제거한다. (b) 엑소뉴클레이즈 III는 3′ 말단에서만 뉴클레오타이드를 제거한다.

III(exonuclease III)와 같은 효소는 이중가닥 분자의 한 가닥만을 절단하여 생성물로서 한 가닥 DNA를 만든다(그림 4.2b).

똑같은 기준이 엔도뉴클레이즈(endonuclease)를 분류하는 데 사용될 수 있다. S1 엔도뉴클레이즈는 (잔균류 *Aspergillus oryzae*로부터 얻어지는) 한 가닥만을 절단하는 반면에(그림 4.3a), 암소 췌장에서 얻어지는 디옥시리보뉴클레이즈(deoxyribonuclease) I(DNase I)은 한 가닥과 이중가닥 분자 모두를 절단한다(그림 4.3b). DNase I은 DNA 내부의 어떤 한 포스포디에스테르(phosphodiester) 결합도 공격하며, DNase I이 장시간 작용할 경우, 모노뉴클레오타이드(mononucleotide)와 짧은 올리고뉴클레오타이드

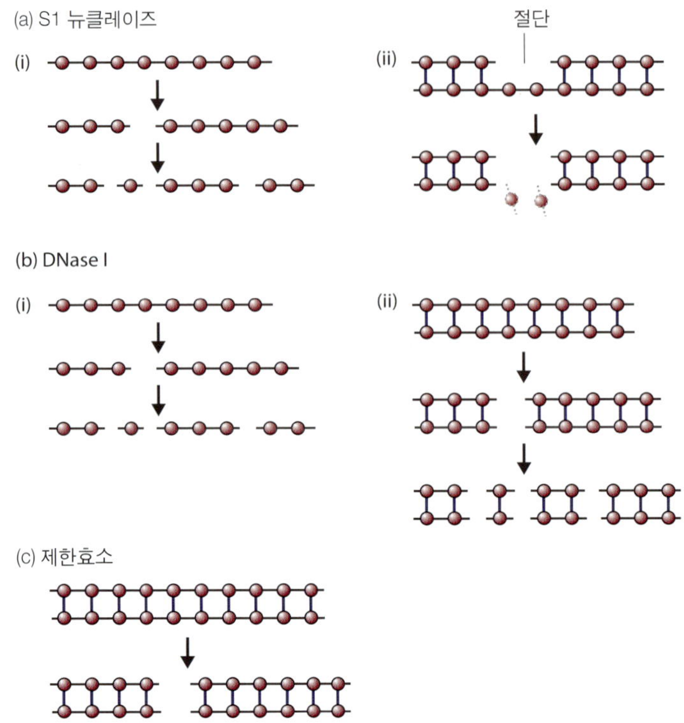

그림 4.3

다른 종류의 엔도뉴클레이즈에 의한 촉매 반응. (a) S1 뉴클레이즈는 주로 이중가닥 분자의 한 가닥과 한 가닥 DNA를 절단한다. (b) DNase I은 한 가닥과 이중가닥 모두를 절단한다. (c) 제한효소는 제한된 자리에서만 이중가닥 DNA를 절단한다.

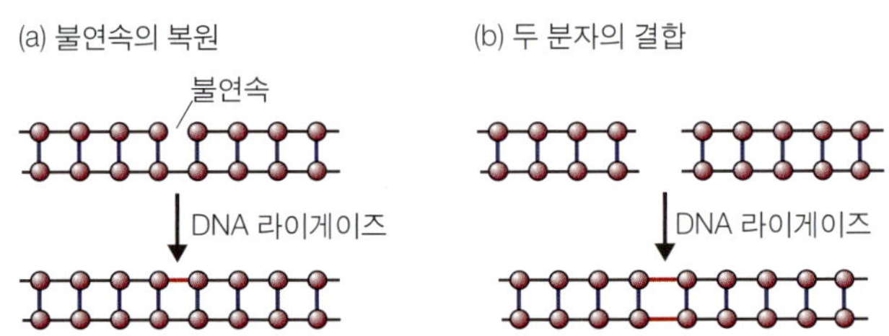

그림 4.4

DNA 라이게이즈에 의한 촉매 반응. (a) 불연속의 복원. 이중가닥 분자의 한 가닥에 포스포디에스테르 결합의 잃음. (b) 두 분자의 결합.

(oligonucleotide)의 혼합물을 결과물로 내 놓는다. 그 반면에, 제한효소라 부르는 특별한 종류의 효소는 제한된 숫자의 특별한 인식 부위만의 이중가닥 DNA를 절단한다(그림 4.3c). 이러한 효소는 뒤에서 설명할 것이다.

4.1.2 라이게이즈

세포에서 DNA 라이게이즈는 DNA 복제 동안에 이중가닥 DNA 분자 내에서 일어나는 한 가닥 파손(불연속)을 복구한다. 대부분의 유기체의 DNA 라이게이즈는 두 개의 각 이중가닥 DNA 단편을 결합시킬 것이다(그림 4.4). 재조합 DNA 분자의 구축에 있어서 이러한 효소의 역할은 다음에 언급할 것이다.

4.1.3 중합효소

DNA 중합효소는 현존하는 DNA 혹은 RNA 주형(template)에 대응하는 새로운 DNA

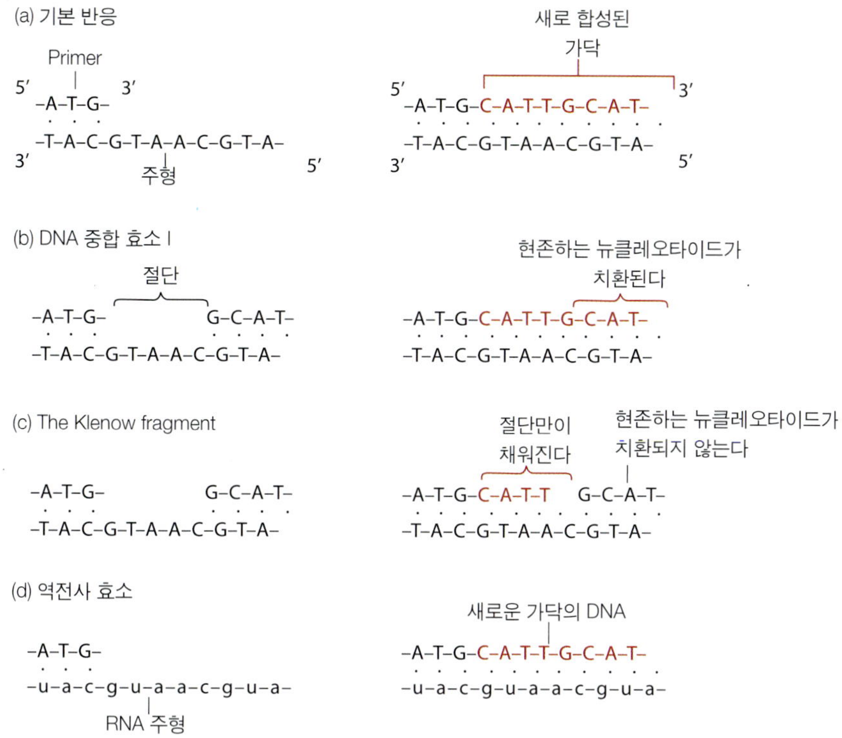

그림 4.5

DNA 중합효소에 의한 촉매 반응. (a) 기본 반응: 새로운 DNA 가닥이 5′에서 3′ 방향으로 합성된다. (b) DNA 중합효소 I은 초기에 절단을 채우지만, 새로운 가닥을 합성하면 현존하는 가닥을 절단한다. (c) Klenow fragment는 절단을 채운다. (d) 역전사효소는 RNA 주형로 이용된다.

가닥을 합성하는 효소이다(그림 4.5a). 대부분의 중합효소는 **주형**이 중합반응 초기에 프라이머(**primer**)로 역할하는 이중가닥 영역을 보유할 때만 작용한다.

네 종류의 DNA 중합효소가 유전공학에 주로 쓰인다. 첫 번째는 일반적으로 대장균(*E. coli*)로부터 얻어지는 DNA 중합효소 I이다. 이런 효소는 이중가닥이 대부분인 분자에서 짧은 한 가닥 지역[혹은 절단(**nick**)]에 붙어서 완전히 새로운 가닥을 합성하여 과정이 진행됨에 따라 현존하는 가닥을 절단한다(그림 4.5b). 그러므로, DNA 중합효소 I은 이중 역할, 즉 DNA 합성과 DNA를 절단하는 효소의 한 예이다.

사실 DNA 중합효소(polymerase) I의 중합효소와 뉴클레이즈의 활성은 효소 분자의 다른 부분에 의해 통제된다. 뉴클레이즈 활성이 폴리펩타이드(polypeptide)의 첫 323 아미노산에 포함되어 있으므로 이 부분을 제거하면 중합효소 역할을 하지만, DNA를 절단할 수 없는 변형효소가 된다. **Klenow fragment**이라고 부르는 이 변형효소는 한 가닥의 주형(template)에 대응하는 DNA 가닥을 합성할 수 있지만, 뉴클레이즈 활성이 없어서 절단 부위(nick)가 채워지고 나면 더 이상 합성할 수 없다(그림 4.5c). 몇 가지 다른 효소들, 즉 천연 중합효소와 변형된 중합효소도 같은 기능을 할 수 있다. 이 중합효소는 수년 간 DNA 염기서열 분석에 이용되었다. 이러한 역할은 대체되고 있으며, 지금은 DNA labelling에 이용되고 있다.

PCR(그림 1.2)에 사용되는 *Taq* DNA 중합효소는 *Thermus aquaticus*라는 박테리아의 DNA 중합효소 I이다. 온천수에 서식하는 이 박테리아의 *Taq* DNA 중합효소를 포함한 많은 효소들이 열 저항성으로, 이는 열처리에 의한 변성에 저항성이 있다는 것을 의미한다. 이것이 *Taq* DNA 중합효소가 PCR에 적합한 특별한 특징이다. 만약 열 저항성이 아니면, DNA를 변성시키기 위해 반응 온도를 94℃까지 가열시킬 때 활성을 잃어버리기 때문이다.

DNA 중합효소의 마지막 종류는 유전공학에 중요한 역전사효소(**reverse transcriptase**)로 여러 가지 종류의 바이러스 복제에 포함되는 효소이다. 역전사효소는 DNA가 아닌 RNA를 주형으로 사용되므로 독특하다(그림 4.5d). RNA 주형에 상보적인 DNA 가닥을 합성하는 이런 효소의 능력은 cDNA 클로닝이라 부르는 기술의 핵심이다(그림 8.7 참조).

4.1.4 DNA 변형효소

특별한 화학기능기를 첨가하거나 제거함으로써 DNA 분자를 변형하는 수많은 효소가 있다. 가장 중요한 것은 다음과 같다.

- 알칼린 포스파테이즈(**Alkaline phosphatase**) (대장균, 혹은 송아지 장조직에서 얻어지는)는 DNA 분자의 **5′ 말단**에 존재하는 인산기를 제거한다(그림 4.6a).
- 폴리뉴클레오티드 카이네이즈(**Polynucleotide kinase**)(T4 파아지에 감염된 대장균에서 얻어지는)는 자유 5′ 말단에 인산기를 첨가하며, alkaline phosphatase의 반대 역할을 한다(그림 4.6b).
- 터미날 디옥시뉴클레오티딜 트랜스퍼레이즈(**Terminal deoxynucleotidyl transferase**)(송아지 가슴샘 조직에서 얻음)는 DNA 분자의 **3′ 말단**에 하나 혹은 그 이상의 디옥시뉴클레오타이드를 첨가한다(그림 4.6c).

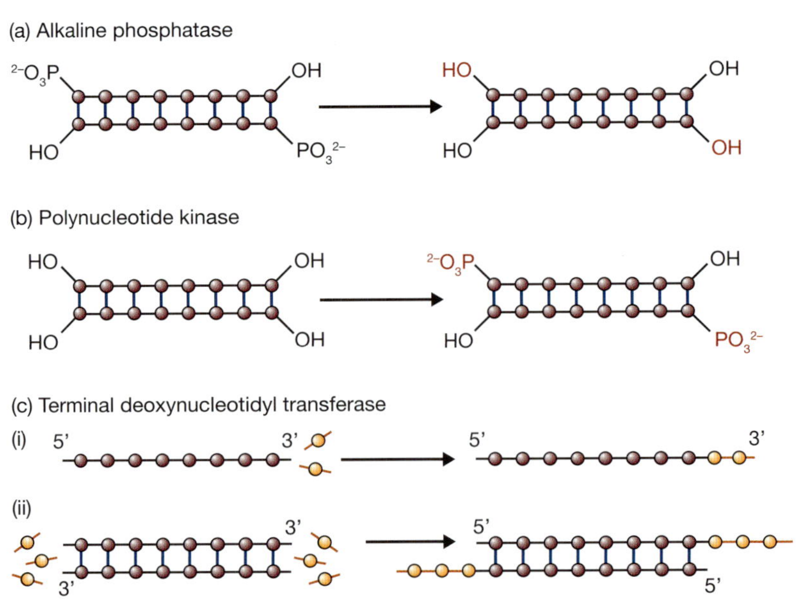

그림 4.6
DNA 변형효소의 촉매 반응. (a) 알칼린 포스파테이즈는 5' 말단에서 인산기를 제거한다. (b) 폴리뉴클레오타이드 카이네이즈는 5' 말단에 인산기를 첨가한다. (c) 터미널 디옥시뉴클레오티딜 트랜스퍼레이즈는 단일가닥 혹은 이중가닥 DNA의 3' 말단에 디옥시뉴클레오타이드를 첨가한다.

4.2 DNA를 절단하는 효소들 - 제한효소

유전자 클로닝은 DNA 분자를 아주 정확하고 재현성 있는 방식으로 절단하는 것을 요구한다. 이것은 벡터가 재조합 DNA 분자의 구축 동안에 절단되는 방법에 의해 확인된다(그림 4.7a). 각 벡터 분자는 서클(circle)을 열어서 새로운 DNA가 삽입될 수 있도록 단 하나의 위치에서 절단되어야 한다. 한 번 이상 절단된 분자는 두 개 혹은 그 이상으로 떨어진 단편으로 나누어져 클로닝 벡터로써 소용이 없게 된다. 더구나 각 벡터 분자는 정확하게 같은 위치에서 절단되어야 한다. 다음 장에서 보겠지만, 아무렇게나 절단되는 것은 만족스럽지 못하다. 아주 특별한 종류의 뉴클레이즈(nuclease)가 이런 조작을 수행하는 데 필요하다는 것은 명백하다.

종종 클론되는 DNA를 절단하는 것이 필요하다(그림 4.7b). 여기에는 두 가지 이유가 있다. 첫째, 2 내지 3 kb DNA로 이루어진 단 하나의 유전자를 클로닝시키려면 그 유전자는 3장에서 언급한 제조 기술에 의해 생성된 대형 DNA 분자를(80kb 이상) 절단해야 한다. 둘째, 대형 DNA 분자는 벡터가 운반할 수 있도록 충분히 작은 단편을 생성하기 위해 쪼개져야 한다. 대부분의 클로닝 벡터는 특별한 크기의 범위에 속하는 DNA 단편을 선호한다. 예를 들면, 플라스미드에 기초한 벡터는 8kb 이상의 길이인 DNA 분자를 클로닝하는 것은 비효율적이다.

정제된 제한효소는 분자생물학자들이 정확하고 재현성 있는 방식으로 DNA 분자를 절단하도록 한다. W. Arber, H. Smith, D. Nathans 등이 1978년 노벨상을 수상한

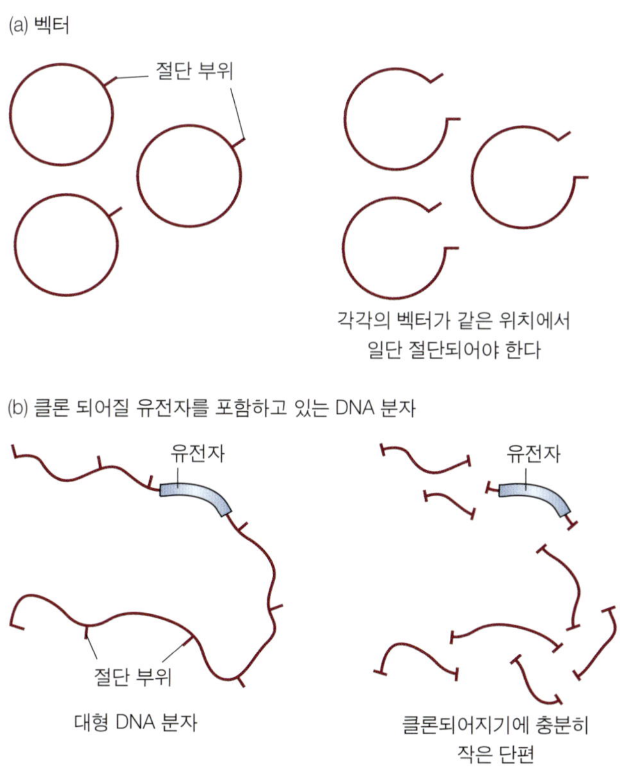

그림 4.7
유전자 클로닝 실험에 있어서, 매우 정확한 절단 조작이 필요하다.

이러한 효소의 발견은 유전공학의 발달에 중요한 약진 중의 하나였다.

4.2.1 제한효소의 발견과 기능

제한효소가 우연히 발견된 최초의 관찰은 1950년 초에 숙주 조절 제한(**host-controlled restriction**)이라 부르는 현상, 즉 어떤 균주의 박테리아가 박테리오파아지 감염에 면역성이 있다는 것이 보여진 때이다.

제한의 기작은 완전히 이해되는 데 20년 이상이 걸렸지만, 아주 복잡하지는 않다. 파아지 DNA가 복제되어 새로운 파아지 입자를 직접 합성하기 전에 박테리아가 파아지 DNA를 절단하는 효소를 생성하기 때문에 제한이 일어난다(그림 4.8a). 물론 치명적인 파괴이지만, 박테리아 자체 DNA는 공격으로부터 보호되는데, 이것은 절단효소의 활동을 막는 부가적인 메틸기를 가지 있기 때문이다(그림 4.8b).

이러한 절단효소를 제한효소라고 부르며, 거의 대부분 박테리아 종에 의해 합성된다. 4,000개 이상의 효소들이 분리되었으며, 600개 이상이 실험실에서 사용하기 적당한 것으로 알려져 있다. 세 가지 다른 종류의 제한 효소가 알려져 있으며, 각각은 약간 다른 활동을 함으로써 구분되어진다. 형태 I과 형태 III은 아주 복잡하며 유전공학에 있어서는 아주 제한된 역할을 한다. 반면에, 형태 II 제한효소는 유전자 클로닝에 있어 아주 중요한 절단효소이다.

그림 4.8
박테리아 세포에 있어서 제한효소의 기능. (a) 파아지 DNA는 절단된다. 그러나 (b) 박테리아 DNA는 절단되지 않는다.

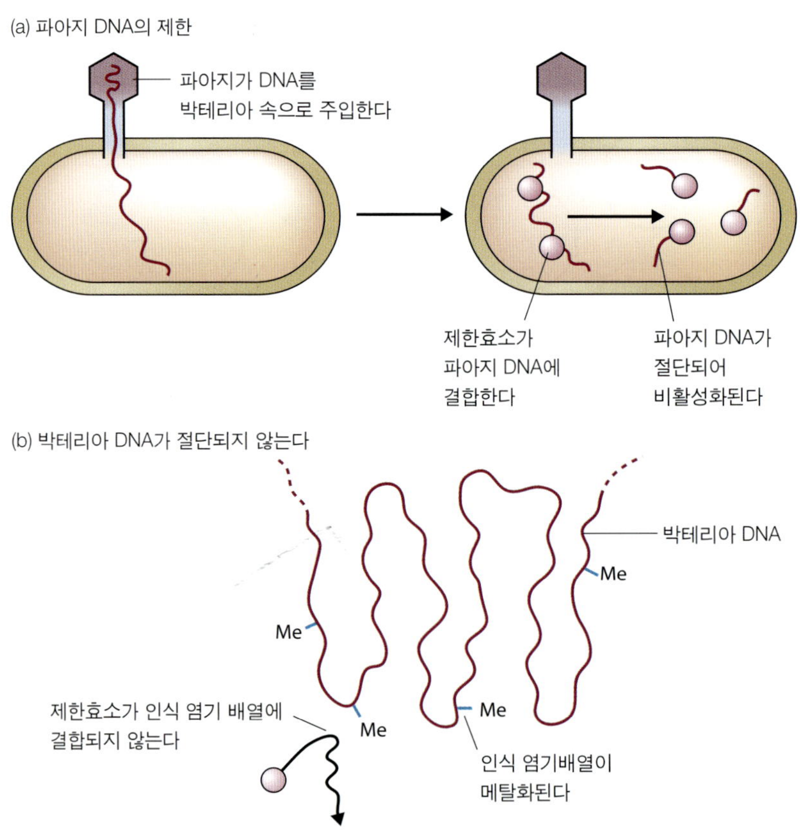

표 4.1
가장 많이 쓰이는 몇 개의 제한효소의 인식 염기배열.

ENZYME	ORGANISM	RECOGNITION SEQUENCE[a]	BLUNT OR STICKY END
*Eco*RI	*Escherichia coli*	GAATTC	Sticky
*Bam*HI	*Bacillus amyloliquefaciens*	GGATCC	Sticky
*Bgl*II	*Bacillus globigii*	AGATCT	Sticky
*Pvu*I	*Proteus vulgaris*	CGATCG	Sticky
*Pvu*II	*Proteus vulgaris*	CAGCTG	Blunt
*Hin*dIII	*Haemophilus influenzae* R_d	AAGCTT	Sticky
*Sma*I	*Serratia marcescens*	CCCGGG	Blunt
*Hin*fI	*Haemophilus influenzae* R_f	GANTC	Sticky
*Sau*3A	*Staphylococcus aureus*	GATC	Sticky
*Alu*I	*Arthrobacter luteus*	AGCT	Blunt
*Taq*I	*Thermus aquaticus*	TCGA	Sticky
*Hae*III	*Haemophilus aegyptius*	GGCC	Blunt
*Not*I	*Nocardia otitidis-caviarum*	GCGGCCGC	Sticky
*Sfi*I	*Streptomyces fimbriatus*	GGCCNNNNNGGCC	Sticky

[a] The sequence shown is that of one strand, given in the 5′ to 3′ direction. 'N' indicates any nucleotide. Note that almost all recognition sequences are palindromes: when both strands are considered they read the same in each direction, for example:

```
        5′–GAATTC–3′
EcoRI      ||||||
        3′–CTTAAG–5′
```

4.2.2 형태 II 제한효소는 특별한 염기배열을 절단한다

형태 II 제한효소의(지금부터는 간단하게 제한효소라 부를 것이다) 주요 특징은 각 효소가 DNA 분자를 절단하는 특별한 인식 염기배열을 가지고 있다는 것이다. 특별한 효소는 인식 염기배열에서 특정 DNA만 절단하고, 다른 곳은 결코 절단하지 않는다. 예를 들면, *Pvu*I(*Proteus vulgaris*에서 분리되는)이라 부르는 제한효소는 헥사뉴클레오타이드(hexanucleotide) CGATCG에서만 DNA를 절단한다. 반면에 같은 박테리아의 두 번째 효소인 *Pvu*II는 다른 헥사뉴클레오타이드인 CAGCTG에서만 절단한다.

많은 제한효소는 헥사뉴클레오티드 표적 부위를 인식하지만, 다른 것은 4개, 5개 혹은 8개 뉴클레오타이드(nucleotide) 염기배열에서 절단한다. *Sau*3A(*Staphylococcus aureus* 3A 균주)는 GATC를 인식하며, *Alu*I(*Arthrobacter luteus*)는 AGCT에서 절단한다. 염기배열 중 특정 염기에서 한 개 이상의 염기들을 인식하는(degenerate) 제한효소들도 있다. 그들은 연관된 부위 집단(a family of related sites)에서 어떤 하나의 DNA를 절단한다. *Hin*fI(*Haemophilus influenzae* 균의 R_f 균주)은 GANTC를 인식하여 GAATC, GATTC, GAGTC, GACTC 등을 절단한다. 가장 많이 쓰이는 제한효소의 인식 염기배열을 표 4.1에 나타내었다.

4.2.3 Blunt 말단과 sticky 말단

제한효소에 의해 생성된 절단 부위의 정확한 성질은 유전자 클론 실험의 고안에 있어

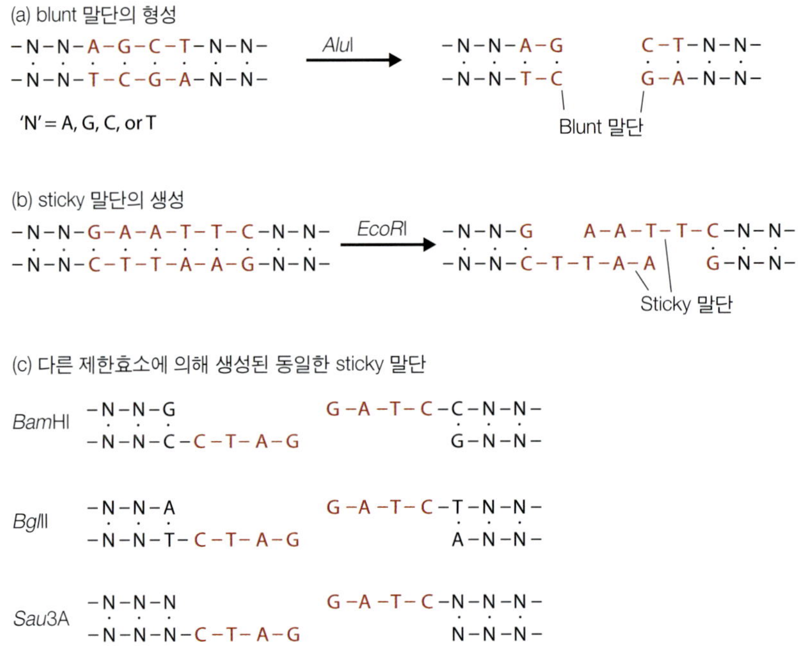

그림 4.9
다른 제한효소로 절단한 DNA에 생성된 말단. (a) *AluI*에 의한 blunt 말단. (b) *EcoRI*에 의한 sticky 말단. (c) *BamHI* 및 *BglII* 그리고 *Sau3AI*에 의한 sticky 말단

서 상당히 중요하다. 많은 제한효소는 인식 염기배열의 가운데서 간단한 이중가닥 절단을 하며(그림 4.9a), 그 결과로 **blunt 말단**이 된다. *Pvu*II와 *Alu*I는 blunt 말단으로 절단된 예들이다.

다른 다수의 제한효소는 약간 다른 방법으로 DNA를 절단한다. 이러한 효소는 두 개의 DNA 가닥을 정확하게 같은 지점에서 절단하지 않는다. 그 대신에 둘 혹은 네 개의 뉴클레오타이드를 엇물리게 절단하며, 그 결과로 DNA 단편이 각 말단에서 짧은 단가닥 돌출 부분을 가지게 한다(그림 4.9b). 이것을 sticky 말단이라 부르는데, 이들 사이의 염기쌍 형성으로 DNA를 다시 접착시킬 수 있기 때문이다(λ 파아지 복제를 설명할 때, sticky 말단이 달라 붙었다는 것을 상기하라). Sticky 말단 효소의 중요한 특징 중의 하나는 다른 인식 염기배열을 가진 제한효소가 같은 sticky 말단을 생성한다는 것이다. *Bam*HI(인식 염기배열 GGATCC)와 *Bgl*II(AGATCT)가 그 예이며, GATC sticky 말단을 생성한다(그림 4.9c). 같은 sticky 말단이 Sau3A에 의해서 생성되며, 이 효소는 테트라뉴클레오타이드(tetranucleotide) GATC만을 인식한다. 이런 효소 중 하나의 절단에 의해 생성된 DNA 단편은 서로 연합될 수 있는데, 이는 각 단편이 상보적인 sticky 말단을 가지고 있기 때문이다.

4.2.4 DNA 분자에서 인식 염기배열의 빈도수

길이가 알려진 DNA 분자에 있어서 특별한 제한효소의 인식 염기배열의 수는 수학적으로 계산될 수 있다. 테트라뉴클레오타이드 염기배열(예를 들면, GATC)은 4^4= 256 뉴클레오타이드당 한 번 일어나며, 헥사뉴클레오타이드(hexancleotide, 예를 들면 GGATCC)는 4^6= 4096 뉴클레오타이드당 한 번 일어난다. 이러한 계산은 뉴클레

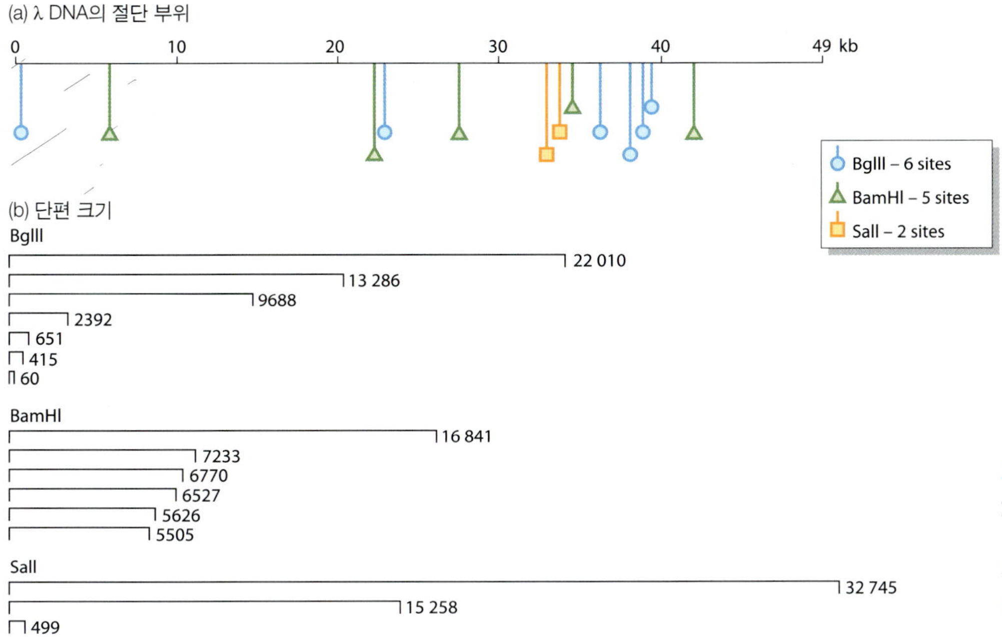

그림 4.10

λ DNA의 제한. (a) *Bagl*I, *Bam*HI, *Sal*I의 인식 염기배열 위치. (b) 각 제한효소의 절단에 의해 생성되는 단편들; 숫자는 염기쌍으로 표시한 단편 크기이다.

오타이드가 불규칙적인 방식으로 나열되어 있고, 4개의 다른 뉴클레오타이드가 같은 비율로 존재한다는(즉, GC 함유는 50%) 것으로 가정한다. 실제로, 이러한 가정은 둘 다 전적으로 타당하지 않다. 예를 들면, 49 kb λ파아지 DNA 분자는 헥사뉴클레오타이드 인식 염기배열을 가진 제한효소에 대해서 약 12개 부위를 포함해야 한다. 사실 이러한 인식 부위는 빈도수에 비해 약간 적게 일어나는데(예를 들면, *Bgl*II는 6개, *Bam*HI는 5개, *Sal*I는 2개), 이것은 λ 파아지에 대해 GC 함유량이 50% 이하라는 사실을 반영한다(그림 4.10a).

더구나 제한 부위는 DNA 분자를 따라 일반적으로 균등한 간격으로 있지 않다. 만약 그들이 균등한 간격으로 위치하고 있다면, 특별한 제한효소의 절단에 의하여 거의 비슷한 크기의 단편들이 생산될 것이다. 그림 4.10b는 *Bgl*II, *Bam*HI, *Sal*I 등으로 λ 파아지 DNA를 절단함으로써 생성된 단편을 보여준다. 각각의 경우에 단편의 크기가 상당한 범위로 퍼져 있으며, λ 파아지 DNA에서는 뉴클레오타이드들은 불규칙적으로 나열되어 있지는 않다는 것을 나타낸다.

그림 4.10을 통해서, 주어진 DNA 분자에서 기대되는 제한 부위가 몇 개인지 수학적으로 알 수 있을지라도 단지 실험적인 분석만이 정확하게 그 숫자를 알려준다는 것을 알 수 있다. 그러므로, 이제는 실험실에서 제한효소가 어떻게 사용되는지 고려해야 한다.

4.2.5 실험실에서 제한효소에 의한 절단

한 예로써, *Bgl*II로 λ 파아지 DNA(농도는 125 μg/ml)를 어떻게 절단하는지 알아보려고 한다.

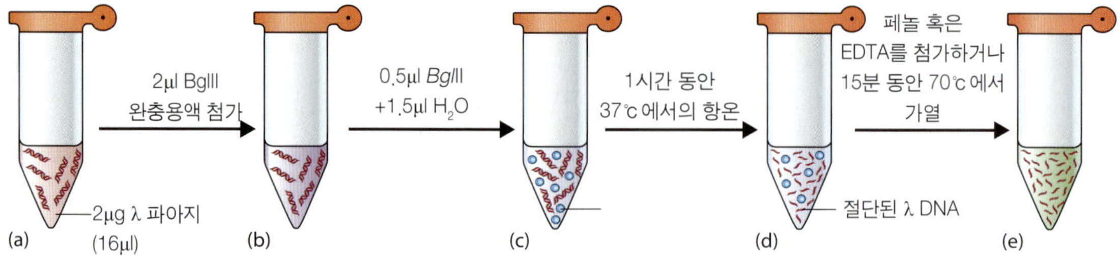

그림 4.11
실험실에서의 제한 절단.

우선 필요한 DNA 양을 시험관에 피펫으로 취하여 넣는다. 제한(절단)될 DNA 양은 실험의 성질에 따라 다르다. 이번 경우에는 16 μl 샘플에 들어 있는 2 μg λDNA를 절단시키려고 한다(그림 4.11a). 매우 정밀한 마이크로피펫이 사용되어야 한다. 명백하게, 이 실험의 다른 주요 성분은 제한효소이며, 알려진 농도의 순수한 용액으로 상업적인 공급자로부터 구입한다. 그러나 효소를 첨가하기 전에 효소의 최대 활성을 확신하도록 DNA 용액이 올바른 조건을 제공하도록 조절되어야 한다. 대부분의 제한효소는 pH 7.4에서 충분히 기능하지만, 다른 효소들은 이온강도(보통 NaCl에 의해 제공된다)와 Mg^{2+} 농도에 대한 요구가 다르다(모든 형태 II 제한효소는 기능을 하기 위해 Mg^{2+}가 필요하다). 효소를 안정화시키고, 그것의 비활성을 방지하는 dithiothreitol(DTT)과 같은 환원제를 첨가하는 것도 좋은 방법이다. 효소의 올바른 조건을 제공하는 것은 매우 중요하다. 잘못된 NaCl 혹은 Mg^{2+} 농도는 제한효소의 활성을 감소시킬 뿐만 아니라, 효소의 특이성에 있어서도 변화를 초래할 것이므로 DNA 절단은 부가적인 비표준 인식 염기배열에서 일어난다.

*Bgl*II에 알맞은 완충용액의 조성은 표 4.2에 나타나 있다. 이 완충용액은 작용 농도의 10배이며, 반응 혼합물에 첨가됨으로써 희석되어진다. 이 실험에서는 반응 혼합물의 알맞은 최종 부피는 20 μl가 되므로, 16 μl DNA에 10배의 *Bgl*II 완충용액 2 μl를 더한다(그림 4.11b).

이제 제한효소가 첨가된다. 관례적으로 효소 1단위는 1시간당 1 μg DNA를 절단하는 데 필요한 양으로 정의되므로, λ파아지 DNA 2 μg을 절단하기 위해 2단위 *Bgl*II가 필요하다. *Bgl*II는 4단위/μl 농도로 종종 구입되므로 DNA를 절단하는 데 충분한 양은 0.5 μl이다. 따라서, 이 반응 혼합물의 최종성분은 0.5 μl *Bgl*II + 1.5 μl 물이며, 최종 부피는 20 μl가 된다(그림 4.11c).

고려해야 할 마지막 인자는 항온온도이다. *Bgl*II를 포함한 대부분의 제한효소는 37℃에서 가장 잘 작용하지만, 어떤 것은 다른 온도에서 작용한다. 예를 들면, *Taq*I은 *Thermus* aquaticus라 부르는 박테리아로부터 정제되는데, 이 박테리아는 일반적으로 온천과 같은 고온에서 서식한다. *Taq*I의 제한절단은 최대 효소활성을 얻기 위해 65℃에서 항온되어져야 한다.

1시간 후에 제한(절단)이 끝난다(그림 4.11d). 제한(절단)으로 생성된 DNA 단편이 클로닝 실험에 사용된다면, 이 다음 단계에서 첨가되는 다른 DNA 분자를 고의적

표 4.2
*BglII*로 DNA 절단에 알맞은 10× 반응 용액.

COMPONENT	CONCENTRATION (mM)
Tris–HCl, pH 7.4	500
$MgCl_2$	100
NaCl	500
Dithiothreitol	10

으로 절단하지 않게 하기 위해서 효소는 어쨌든 파괴되어야 한다. 효소를 "비활성화(killing)"시키는 몇 가지 방법이 있다. 대부분은 70℃에서의 짧은 항온으로 충분하며, 어떤 것은 페놀추출법, 혹은 **EDTA** 첨가가 필요하다. EDTA는 제한효소의 활성을 막도록 Mg^{2+} 이온과 결합한다(그림 4.11e).

4.2.6 제한효소 절단 결과의 분석

제한 절단으로 수많은 DNA 단편이 생기며, 그 크기는 처음 분자의 효소에 대한 인식 염기배열의 정확한 위치에 따라 다르다(그림 4.10). 만약 제한효소들이 유전자 클로닝에 사용된다면 이러한 단편의 수와 크기를 결정하는 방법이 명백하게 필요하다. DNA 분자가 절단되는지 아닌지는 용액의 점도를 측정함으로써 쉽게 결정할 수 있다. 큰 DNA 분자는 작은 것보다 점도가 높은 용액이 되므로, 절단은 점도를 감소시키는 결과를 가져온다. 그렇지만, 각각의 절단 생성물의 수와 크기를 안다는 것은 매우 어렵다. 사실 이것은 수년 동안 DNA와 관련된 실험의 가장 지루한 면 중의 하나였다. 이 문제점은 젤 전기영동(**gel electrophoresis**) 기술이 개발된 1970년대 초에 궁극적으로 해결되었다.

젤 전기영동에 의한 분자들의 분리

전기영동은 이온 교환 크로마토그래피와 같이 혼합물에서 분자를 분리하기 위해 전기적 전하의 차이를 이용하는 기술이다. DNA 분자는 음전하를 띄고 있기 때문에 전기장에 놓일 때 양극(+) 쪽으로 이동한다(그림 4.12a). 분자의 이동 속도는 그것의 모양과 전하대 질량비의 두 가지 인자에 의존한다. 불행히도 대부분의 DNA 분자는 같은 모양이며, 아주 비슷한 전하대 질량비를 가지고 있다. 그러므로, 크기가 다른 단편들은 표준 전기영동(**electrophoresis**)으로 분리될 수 없다.

그렇지만, 전기영동을 젤에서 시킬 때는 DNA 분자의 크기도 하나의 인자가 된다. 일반적으로, 아가로스(agarose), 폴리아크릴아마이드(polyacrylamide), 혹은 이 두 가지 혼합물로 만들어진 젤은 복잡한 기공망을 함유하며, 이를 통해 DNA 분자가 양전극으로 향해 이동한다. DNA 분자가 작을수록 젤을 통해 빨리 이동한다. 그러므로, 젤 전기영동은 DNA 분자를 크기에 따라 분리시킨다(그림 4.12b).

실질적으로, 젤의 조성이 분리할 수 있는 DNA 분자의 크기를 결정한다. 0.5 cm

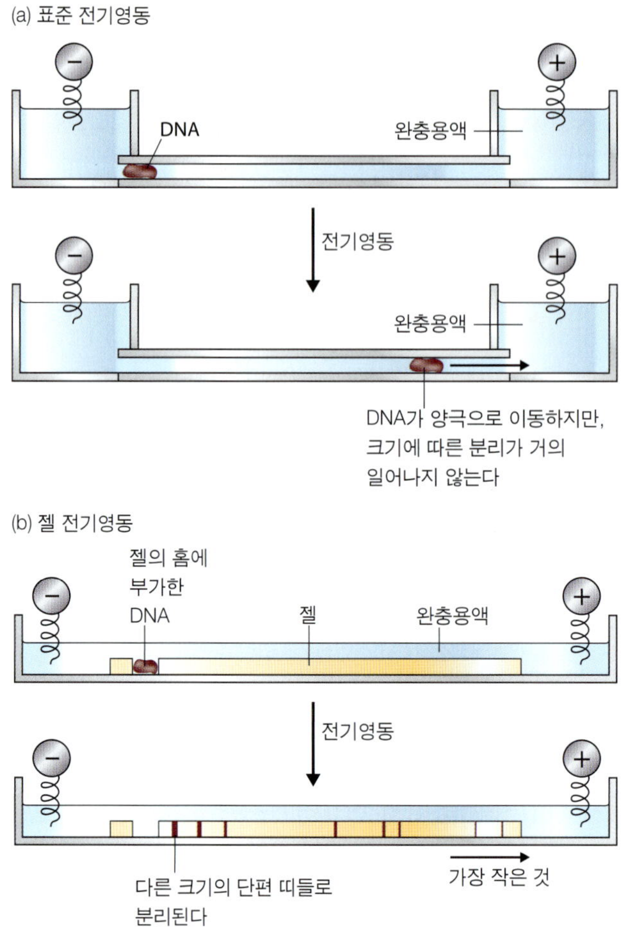

그림 4.12
표준 전기영동은 (a) 크기가 다른 DNA 단편을 분리할 수 없지만, (b) 젤 전기영동은 분리할 수 있다.

두께 0.5% 아가로스 젤은 비교적 큰 기포를 가지고 있는데, 크기가 1~30 kb 분자에 사용된다. 일례로, 10 kb와 12 kb 분자를 확실하게 분리시킬 수 있다. 아주 작은 기포를 가진 매우 얇은(0.3 mm) 40% polyacrylamide 젤은 1 내지 300 bp 범위의 아주 작은 DNA 분자를 분리할 수 있으며, 단 하나의 뉴클레오타이드(nucleotide) 길이가 다른 분자들도 분리시킬 수 있다.

아가로스 젤에서 DNA 분자를 보는 방법

젤 전기영동 실험 결과를 가장 쉽게 보는 방법은 DNA를 볼 수 있게 하는 화합물로 젤을 염색시키는 것이다. CsCl 기울기법에서 DNA를 보는 방법으로 EtBr(ethidium bromide)이 아가로스와 폴리아크릴아마이드 젤의 DNA를 염색시키는 데 주로 사용된다(그림 4.13). DNA가 충분히 있다면, 크기가 다른 DNA 단편을 보여주는 띠가 EtBr 염색 후에 UV 아래서 명확하게 보일 것이다.

불행하게도, EtBr이 강력한 돌연변이 유발물질이기 때문에 이 방법은 매우 해롭다. 또한, EtBr 염색은 민감도가 제한되어 있다. 한 개의 띠가 10 ng 이하의 DNA를 가진다면 염색 후에 보이지 않을 것이다. 이러한 이유 때문에 DNA를 초록, 빨강, 파랑으

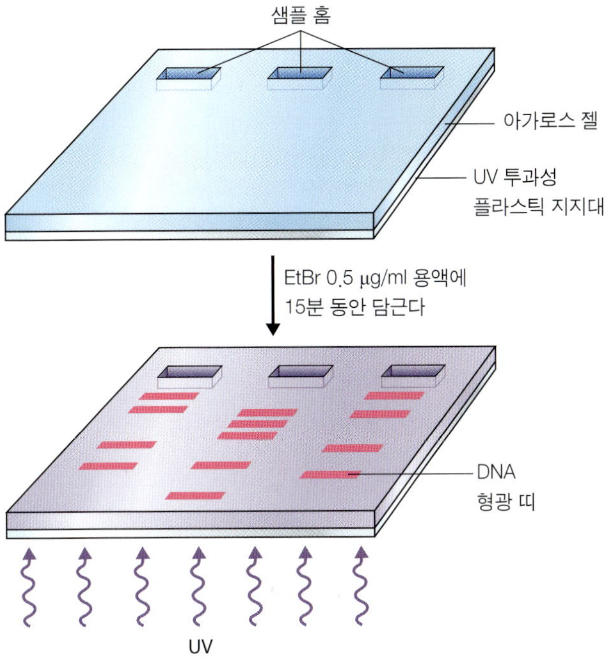

그림 4.13
아가로스 젤에 있는 DNA 띠를 EtBr 염색법과 UV를 이용해서 관찰한다.

로 염색시키는 비돌연변이 유발물질인 염료가 실험실에서 많이 이용되고 있다. 대부분의 이러한 염료들은 그림 4.13에서 설명한 것처럼 전기영동 후에 염색할 수 있고, 젤을 만들 때 아가로오스나 폴리아크릴아마이드를 녹이는 완충용액에 섞을 수도 있다. 이 염료들 중 일부는 DNA 띠를 보기 위해 자외선을 필요로 하지만, 나머지는 파란색광과 같은 다른 파장의 광을 사용한다. 이것은 자외선에 의해 야기될 수 있는 심각한 화상을 피할 수 있다. 가장 민감한 염료는 1ng 이하의 DNA를 포함하는 띠를 검출할 수 있다

4.2.7 DNA 분자의 크기 측정

젤 전기영동은 가장 작은 분자를 양전극으로 가장 많이 이동시킴으로써 크기가 다른 DNA 분자를 분리시킨다. 크기가 다른 여러 개의 DNA 단편이 있다면(예를 들면, 성공적인 제한절단의 결과로), 일련의 띠가 젤에 나타날 것이다. 이러한 단편의 크기를 어떻게 결정할 것인가?

가장 정확한 방법은 이동 속도를 분자량과 연결시키는 수학적인 관계를 사용하는 것이다. 관계식은 다음과 같다.

$$D = a - b(\log M)$$

여기서, D는 이동 거리이고, M은 분자량이며, a와 b는 전기영동 조건에 따라 달라지는 상수이다.

DNA 단편의 크기를 측정하는 데는 고도의 정밀성이 항상 필요하지 않기 때문에 약간 덜 정확하지만 훨씬 간단한 방법이 일반적으로 사용된다. 크기가 알려진 단

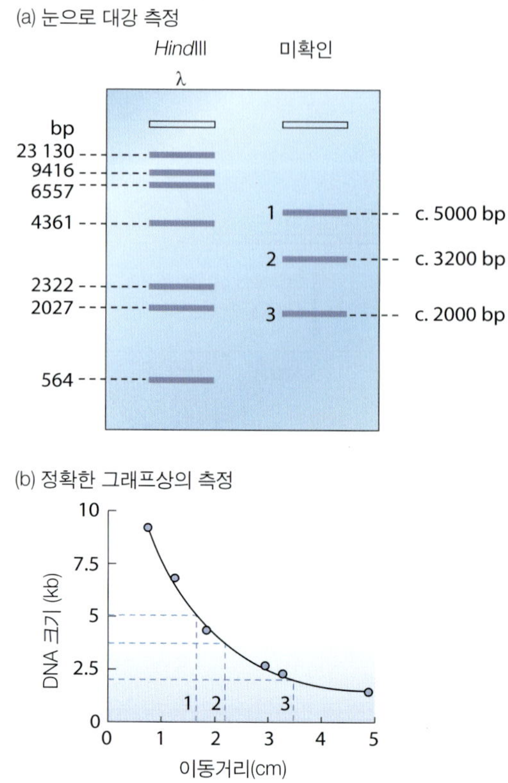

그림 4.14
아가로스 젤에서 DNA 단편의 크기 측정. (a) 눈으로 대강 단편 크기의 예측이 가능하다. (b) 검정선을 그려서 *Hin*dIII λ단편의 이동율로부터 정확한 단편의 크기 측정: 알려지지 않은 단편의 크기는 이동 거리로부터 결정된다.

편들로 이루어진 표준 제한절단이 각 전기영동 젤 실험에서 일반적으로 사용된다. λ 파아지 DNA의 제한절단이 크기 표지인자로 이 방법에서 사용된다. 예를 들면, *Hin*dIII는 λ 파아지 DNA를 8단편으로 절단하는데, 그 크기가 최소 125 bp에서부터 최대 23 kb 이상이다. 이 절단에서 단편의 크기가 알려져 있기 때문에 다른 절단 실험의 단편 크기들은 두 개의 트랙에 있는 띠의 위치를 비교함으로써 측정될 수 있다(그림 4.14). 크기가 100 bp나 1 kb의 배수로 되어 있는 DNA 단편들의 특별한 혼합물을 **DNA ladder**라고 하며, 이것들은 크기 표지자로 사용된다. 비록 정확하지는 않지만, DNA 크기 표지자와의 비교를 통한 크기 측정은 대부분의 목적이 만족스러운 5% 오차 이내로 수행된다.

4.2.8 DNA 분자에서 다른 제한 부위의 위치도

지금까지 제한효소의 절단에 의해 생성된 DNA 단편의 수와 크기를 측정하였다. 제한분석(**restriction analysis**)의 다음 단계는 수많은 다른 효소에 대해 DNA 분자에서 인식염기배열의 상대적인 위치를 보여주는 지도를 만드는 것이다. 제한지도(**restriction map**)가 만들어져야만 특별히 필요한 절단 조작에 대한 정확한 제한효소를 선택할 수 있다(그림 4.15).

제한지도를 만들기 위해서 일련의 제한절단이 이루어져야 한다. 첫째, 각 제한효소에 의해 생성되는 단편의 수와 크기가 젤 전기영동에 의해 측정되어야 하고, 그 다음에 크기 표지인자와 비교해야 한다(그림 4.16). 그 이후에 이러한 정보가 일련의 이중

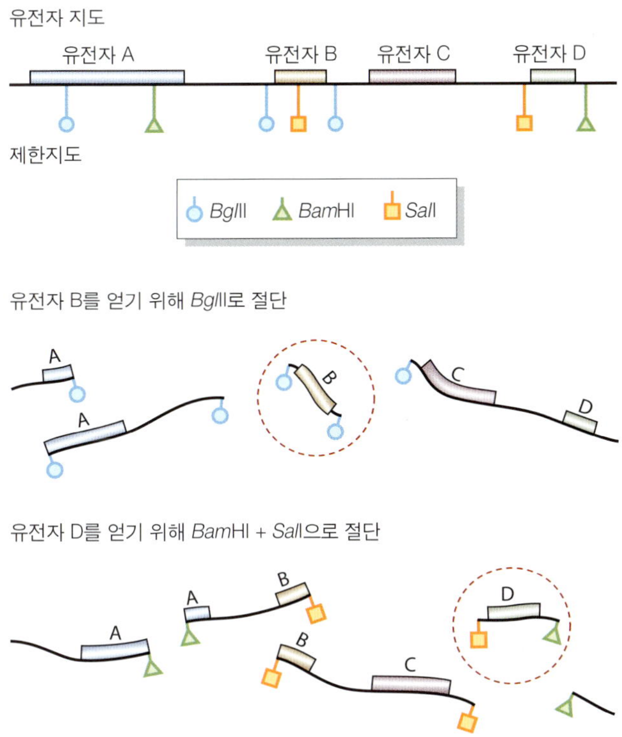

그림 4.15
제한지도를 이용하여 어떤 제한효소가 각 유전자를 포함하는 DNA 단편을 얻을 수 있는가를 알 수 있다.

절단(**double digestion**)에 의해 보충되어져야 한다. 이중 절단은 두 가지 제한효소로 동시에 DNA를 절단하는 것이다. 두 가지 효소가 비슷한 pH와 Mg^{2+} 농도 등을 필요로 한다면, 한 단계로 이중 절단을 행하는 것이 가능하다. 이와 달리 두 절단이 차례대로 수행되어야 할 때는 첫 번째 절단이 일어난 후에 반응 혼합물을 조절함으로써 두 번째 효소에 다른 조건을 줄 수 있다.

단일 절단과 이중 절단의 결과를 비교하여 많은 제한 부위를 지도로 만들 수 있다(그림 4.16). 부분 절단(**partial digestion**)을 이용하여 애매한 문제를 해결할 수도 있는데, 이것은 DNA 분자에 한정된 수의 제한 부위에서만 절단이 일어나는 조건하에서 이루어진다. 부분 절단은 효소가 모든 제한 부위를 절단할 시간을 갖지 않도록 하기 위해 항온시간을 짧게 하거나, 효소의 활성을 제한시키는 낮은 온도에서(예를 들면, 37℃가 아니라 4℃) 항온시켜서 수행한다.

부분 절단의 결과로 전기영동 젤에서 복잡한 띠 형태를 보인다. 총절단에 의한 표준단편뿐만 아니라 다른 크기도 보여진다. 이것은 절단되지 않은 부위에 의한 두 개의 이웃한 제한 단편을 포함한 분자들이다. 이들의 크기는 완전 절단에서 제한 단편이 절단되지 않은 분자에서 서로 이웃하는지를 알려준다(그림 4.16).

4.2.9 큰 분자들을 분리하기 위한 특별한 젤 전기영동 방법

아가로스 젤 전기영동 중에 DNA 단편들을 각각의 크기에 비례하여 일정 비율로 이동하지만, 이러한 관계는 직선적인 것은 아니다. 이동 거리와 분자량과의 연관식은 대

그림 4.16

제한지도법. λ 파아지 DNA 분자에 *Xba*I, *Xho*I, *Kpn*I 부위의 위치를 어떻게 결정하는지를 보여준다.

단일 절단과 이중 절단

효소	단편수	크기(kb)
*Xba*I	2	24.0, 24.5
*Xho*I	2	15.0, 33.5
*Xpn*I	3	1.5, 17.0, 30.0
*Xba*I + *Xho*I	3	9.0, 15.0, 24.5
*Xba*I + *Kpn*I	4	1.5, 6.0, 17.0, 24.0

결론 :

(1) λ DNA가 선형이므로 제한 부위 수는
*Xba*I 1, *Xho*I 1, *Kpn*I 2.

(2) *Xba*I과 *Xho*I 부위를 지도로 그릴 수 있다.

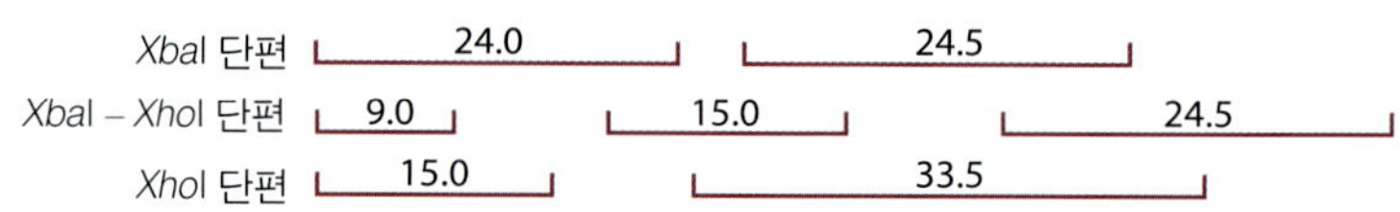

단 하나의 가능성은:

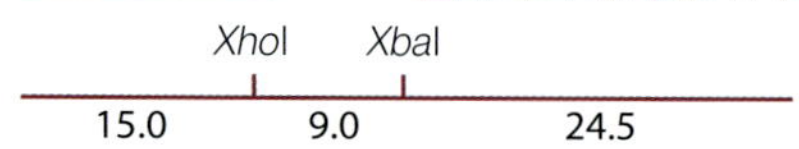

(3) *Xba*I – *Kpn*I 이중 절단 후 24.0 kb 단편이 그대로 있으므로, 모든 *Kpn*I 부위는 24.5 kb *Xba*I 단편 이내이다. *Kpn*I 단편 순서는 부분 절단에 의해서만 결정될 수 있다.

부분 절단

효소	단편 크기 (kb)
*Xho*I – 제한효소	1.5, 17.0, 18.5, 30.0, 31.5, 48.5

결론 :

(1) 48.5 kb 단편=절단되지 않은 λ
(2) 1.5, 17.0, 30.0 kb 단편은 완전 절단의 생성물이다.
(3) 18.5, 31.5 kb 단편은 부분 절단의 생성물이다.

*Kpn*I 지도는 다음과 같다:

그러므로, 완전한 지도는 다음과 같다:

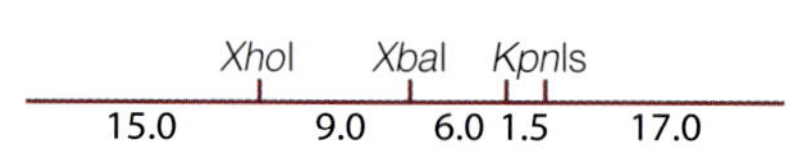

그림 4.17

일반 젤 전기영동 중 DNA 크기가 이동 거리에 미치는 영향

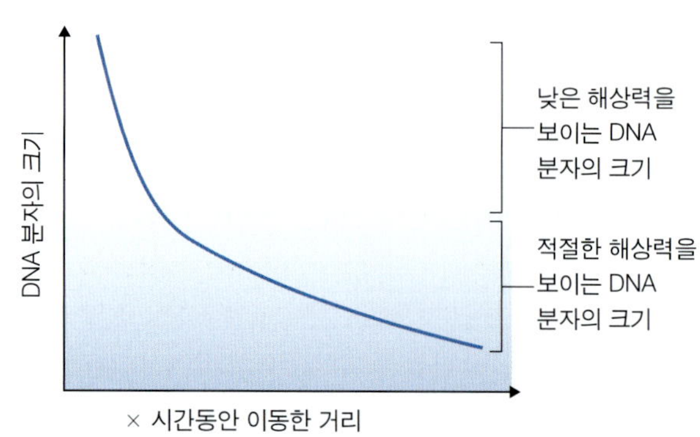

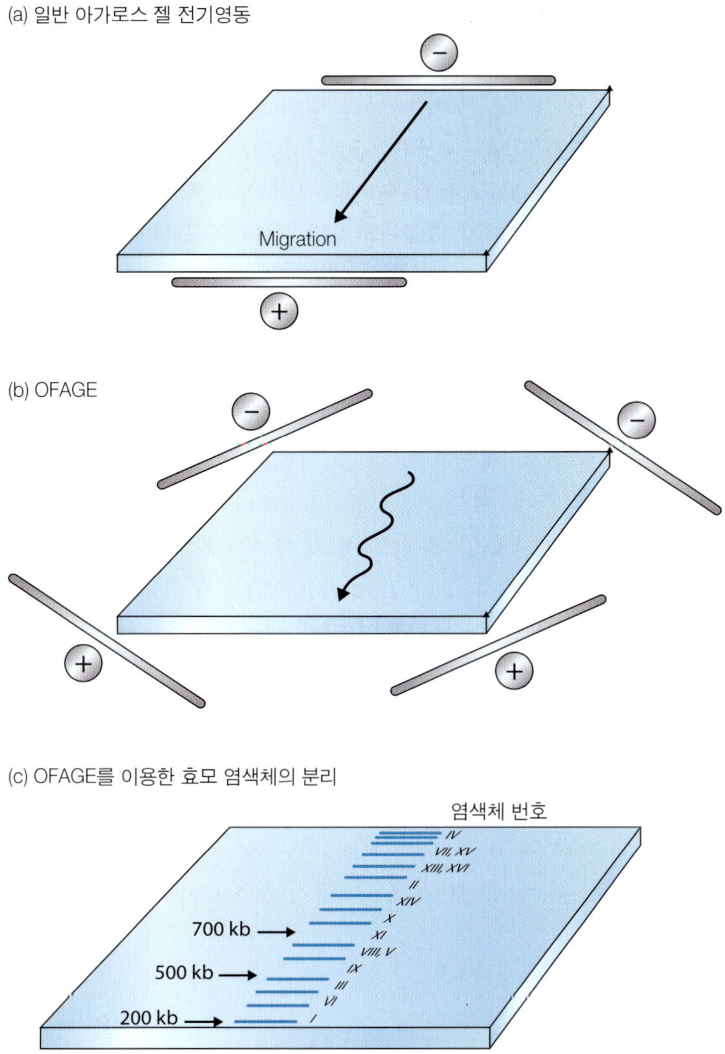

그림 4.18
일반 젤 전기영동과 OFAGE의 차이.

수(log) 요소를 가지고 있다. 즉, 분자들이 클수록 이동 거리의 차는 작아진다는 것이다. 실제로 50 kb 이상의 분자들은 일반적인 젤 전기영동에 의해 효율적으로 분리할 수 없다.

이러한 크기 제한은 4개 혹은 6개 염기서열을 인식하여 DNA를 절단하는 제한효소에 의해 얻어진 DNA 절편을 가지고 연구할 때는 종종 문제가 되지 않는다. 이렇게 만들어진 DNA 절편은 대부분 30 kb 이하이며, 아가로스 젤 전기영동에 의해 쉽게 분리된다.

그런데, 8개의 염기서열(표 4.1)을 인식해서 자르는 *Not*I과 같은 효소를 사용한다면 문제가 발생할 것이다. *Not*I은 평균적으로 $4^8 = 65{,}536$ bp마다 한 번씩 절단될 것이라고 기대된다. 그러므로 *Not*I으로 절단된 절편들은 일반 아가로스 젤 전기영동으로 분리되기가 쉽지 않다.

일반적인 전기영동의 한계는 좀 더 복잡한 전기장을 활용함으로써 극복할 수 있다. 몇몇 다른 시스템들이 고안되었지만, 기본 원리는 orthogonal field alternative gel electrophoresis(OFAGE)에 의해 잘 설명된다. 일반적인 방법(그림 4.18a)처럼 젤의 길이에 따라 전기장이 형성되는 것이 아니라 젤의 장축에 대해 45° 각도에 위치하는 두 쌍의 전극에 교대로 전기장을 형성키는 것이다(그림 4.18b). 이 결과, 펄스에 따라 젤에 있는 DNA는 방향이 계속적으로 바뀌는 펄스장이 형성된다. 두 개의 펄스장이 규칙적으로 교대로 발생하면, 젤의 DNA 분자들은 한 쪽 끝에서 다른 쪽으로 거의 일직선으로 이동할 것이다. 그런데, 전기장의 방향이 변화될 때마다 각각의 DNA 분자는 이동을 계속하기 전에 90° 방향으로 재배치된다. 이것은 짧은 분자가 긴 분자보다 빨리 재배치되기 때문에 짧은 분자가 젤의 아래쪽으로 더 빨리 이동한다는 것이다. 이 방법은 젤의 해상도를 급격히 증가시켜 수천 kb의 분자들도 분리할 수 있게 한다.

이 방법의 크기 범위는 제한효소 절단 절편뿐만 아니라 효모, 몇 개의 중요한 섬유성 곰팡이, 말라리아 기생충인 *Plasmodium falciparum*과 같은 원생생물을 포함하는 하등 진핵생물들의 완전한 염색체 분자들을 포함한다. OFAGE와 contour clamped homogeneous electric fields(CHEF) 그리고 field inversion gel electrophoresis(FIGE)와 같은 기술들은 이러한 생물체의 염색체들을 젤에서 분리할 수 있고(그림 4.18c), 이러한 개개의 염색체들로부터 DNA를 분리할 수 있다.

4.3 Ligation – DNA 분자의 결합

재조합 DNA 분자 구축의 마지막 단계는 벡터 분자와 클로닝될 DNA의 결합이다(그림 4.19). 이 과정을 ligation이라고 하며, 이 반응을 촉매시키는 효소를 DNA 라이게이즈(ligase)라 한다.

4.3.1 DNA 라이게이즈의 활동 방식

살아 있는 모든 세포가 DNA 라이게이즈를 생성하지만, 유전공학에 사용되는 효소는 T4 파아지에 의해 감염된 대장균 박테리아에서 정제된다. 이 효소는 세포 내에서 이중가닥 분자의 한 가닥에서 일어날 수 있는 불연속을 복원하는 중요한 역할을 한다(그림 4.4a). 불연속은 인접하는 뉴클레오타이드 사이에 포스포디에스테르(phosphodiester) 결합이 없는 바로 그 지점이다(이와 반대로, 절단(nick)은 하나 혹은 그 이상의 뉴클레오타이드가 없는 곳이다). 불연속은 세포의 DNA 분자 파손을 우연히 야기시킬 수 있지만, 그것은 DNA 복제와 재조합과 같은 과정의 자연적인 결과이

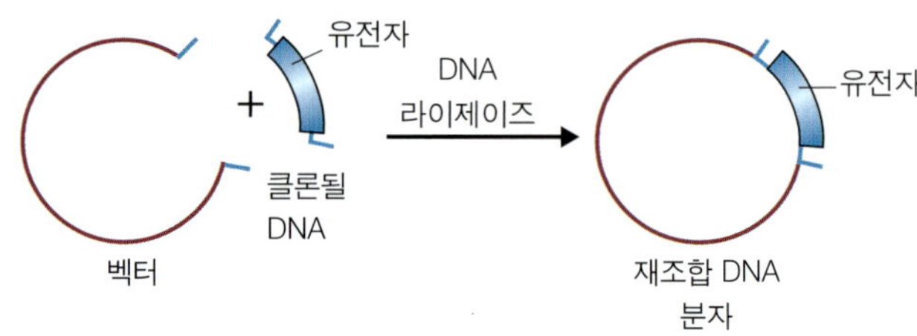

그림 4.19
Ligation: 재조합 DNA 분자 구축의 마지막 단계.

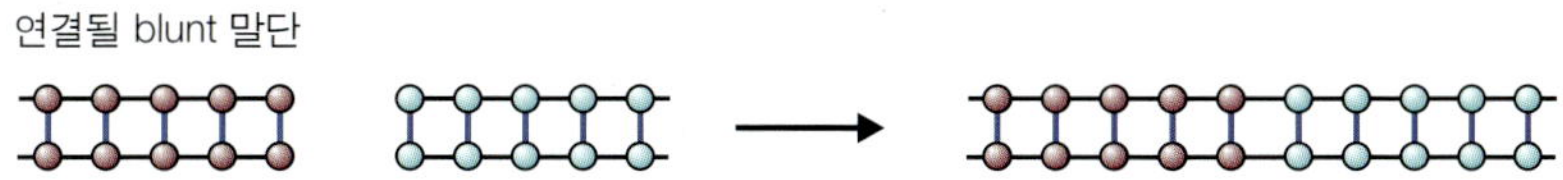

그림 4.20
DNA ligase에 의한 blunt 말단 DNA 분자들의 결합.

다. 그러므로, 라이게이즈는 세포 내에서 몇 가지 중요한 역할을 한다.

시험관에서 정제된 DNA 라이게이즈(ligase)는 단가닥 불연속을 복원시킬 뿐만 아니라 다른 두 개의 DNA 분자를 결합시키거나 같은 분자의 양끝을 결합시키기도 한다. 두 분자를 봉합하는 화학 반응은 각 가닥에 하나씩 두 포스포디에스테르(phosphodiester) 결합을 형성하는 것을 제외하면 불연속의 복원과 똑같다(그림 4.20a).

4.3.2 Sticky 말단은 ligation 효율을 증가시킨다

그림 4.20의 ligation 반응은 두 개의 blunt 말단 단편이 결합하는 것을 보여준다. 이 반응은 시험관 속에서 일어날 수 있지만, 아주 효율적이지 않다. 왜냐하면, 라이게이즈는 ligation되는 분자를 붙잡아 둘 수 없어서 양 끝이 우연히 만나도록 기다려야 하기 때문이다. 가능하다면, 분자의 양끝이 올바르게 만날 기회를 증가시키기 위해서 고농도 DNA를 사용하여 blunt 말단 ligation을 시켜야 한다.

이에 반해, 상보적인 sticky 말단의 ligation은 훨씬 효과적이다. 왜냐하면, 효소가 작용할 수 있도록 비교적 안정한 구조를 형성하는 수소결합에(그림 4.21) 의해 상보 sticky 말단이 염기쌍을 이룰 수 있기 때문이다. 만약, phosphodiester 결합이 아주 빨리 형성되지 않으면 sticky 말단이 다시 떨어져 나갈 것이다. 그렇지만, 이러한 일시적인 염기쌍 구조는 두 말단이 서로 접촉할 시간을 늘려줌으로써 ligation의 효력을 증가시킨다.

4.3.3 Blunt 말단 분자에 Sticky 말단의 도입

앞절에서 상세하게 기술한 이유 때문에, 유전자 클로닝 실험에서 DNA 분자가 ligation되기 위해서는 상보적 sticky 말단이 바람직하다. 이러한 sticky 말단은 같은 제한효소나 혹은 같은 sticky 말단을 생성하는 다른 효소로 벡터와 클로닝되는 DNA 양쪽 모두를 절단함으로써 만들어질 수 있다. 그렇지만, 이런 일은 항상 가능한 것은 아

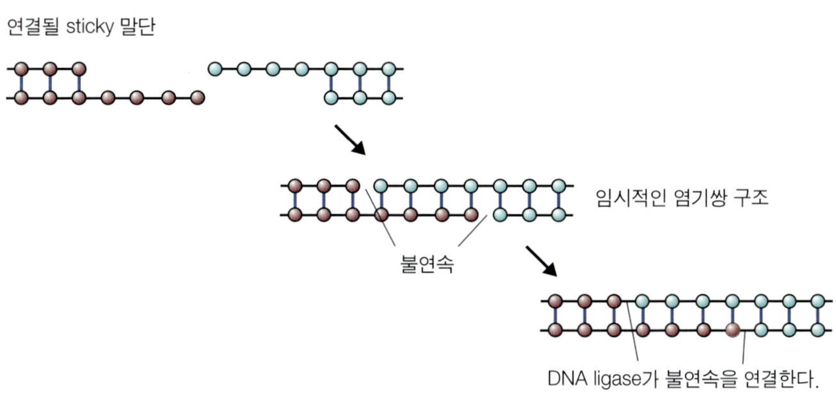

그림 4.21
Sticky 말단 DNA 분자들의 결합.

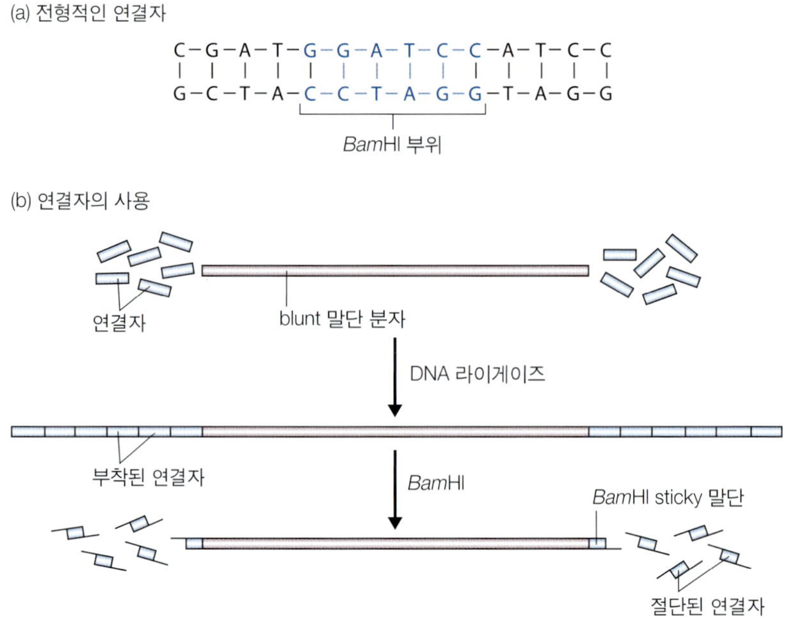

그림 4.22
연결자(linker)와 그것의 용도. (a) 전형적인 연결자(linker)의 구조. (b) blunt 말단 분자에 연결자의 부착.

니다. 일반적인 상황은 벡터 분자가 sticky 말단을 갖지만 클로닝되는 DNA 단편은 blunt 말단이다. 이러한 상황에서, DNA 단편에 올바른 sticky 말단을 붙이기 위해서는 세 가지 방법 중 하나를 사용할 수 있다.

연결자

이러한 방법의 첫 번째는 연결자(**linker**)를 사용하는 것이다. 이것은 알려진 뉴클레오타이드(nucleotide) 염기배열을 하고 있는 이중가닥 DNA의 짧은 단편으로, 시험관에서 합성된다. 전형적인 연결자는 그림 4.22a에 나타나 있다. 이것은 blunt 말단이지만, 예에서 보여 주는 것처럼 *Bam*HI 제한 부위를 포함하고 있다. DNA 라이게이즈는 연결자를 큰 blunt 말단 DNA 분자의 말단을 붙인다. Blunt 말단에 ligation되지만, 이러한 특별한 반응은 아주 효과적으로 이루어질 수 있는데, 왜냐하면 연결자와 같은 합성 올리고뉴클레오타이드(oligonucleotide)는 대량으로 만들어질 수 있고, ligation 혼합물에 고농도 첨가시킬 수 있기 때문이다.

하나 이상의 연결자가 DNA 분자의 각 말단에 부착되어 그림 4.22b에서 보여주는 연쇄 구조가 만들어진다. 그렇지만, *Bam*HI의 절단은 연쇄 구조의 인식 염기배열을 잘라서 다수의 절단된 연결자와 *Bam*HI는 sticky 말단이 붙은 원래의 DNA 단편을 생성한다.

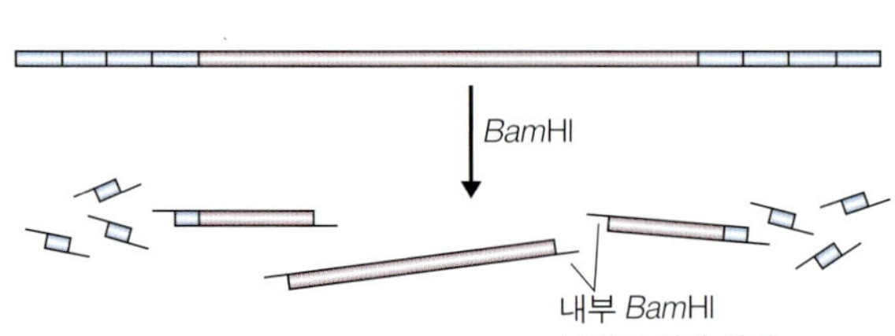

그림 4.23
연결자를 사용할 때 일어날 수 있는 문제. 이것과 그림 4.22b에서 본 것처럼, *Bam*HI으로 절단한 결과와 비교.

이렇게 수정된 단편은 *Bam*HI로 절단된 클로닝 벡터로 ligation될 준비가 되어 있다.

어댑터

연결자를 사용하는 데는 한 가지 잠재적인 결점이 있다. 그림 4.22b에서 보여주는 blunt 말단 분자가 하나 이상의 *Bam*HI 인식 염기배열을 보유한다면, 어떤 일이 일어날지 생각해 보라. 이러한 경우에 연결자를 절단하고, sticky 말단을 만드는 데 필요한 제한 단계에서 blunt 말단 분자를 절단할 수 있다(그림 4.23). 그 결과로 생기는 단편은 바른 sticky 말단을 포함하겠지만, 만약 blunt 말단 단편에 포함된 유전자가 여러 조각으로 쪼개진다면 아무 소용이 없다.

Blunt 말단 분자에 접착 말단을 부착하는 두 번째 방법은 이 문제를 피하도록 고안되었다. 연결자와 같이 어댑터(**adaptor**)도 짧은 합성 올리고뉴클레오타이드(oligonucleotide)들이다. 그렇지만, 연결자와는 다르게 adaptor는 이미 하나의 sticky 말단을 가지도록 합성된다(그림 4.24a). 물론 이런 생각은 sticky 말단을 가진 새로운 분자를 생성하기 위하여 어댑터의 blunt 말단을 DNA 단편의 blunt 말단에 ligation하는 것이다. 이것은 간단한 방법처럼 보이지만, 실제로 새로운 문제를 야기시킨다. 각각의 어댑터 분자의 sticky 말단은 dimer를 생성하도록 서로 염기쌍을 이룰 수 있으므로(그림 4.24b), 새로운 DNA 분자는 여전히 blunt 말단이 된다(그림 4.24c). Sticky 말단은 제한효소의 절단에 의해 만들어질 수 있지만, 우선 어댑터를 사용하는 목적을 좌절시킬 것이다.

이 문제의 해답은 어댑터 분자 말단의 정확한 화학구조에 있다. 일반적으로, 폴리뉴클레오타이드(polynucleotide) 가닥의 양끝이 화학적으로 다른데, 이런 사실은 고분자 구조를 조심스럽게 점검하면 명백해진다(그림 4.25a). 5′ 말단이라 부르는 한쪽 끝은 phosphate기를(5′-P), 3′ 말단인 다른 끝은 OH기(3′-OH)를 가지고 있다. 이중나선

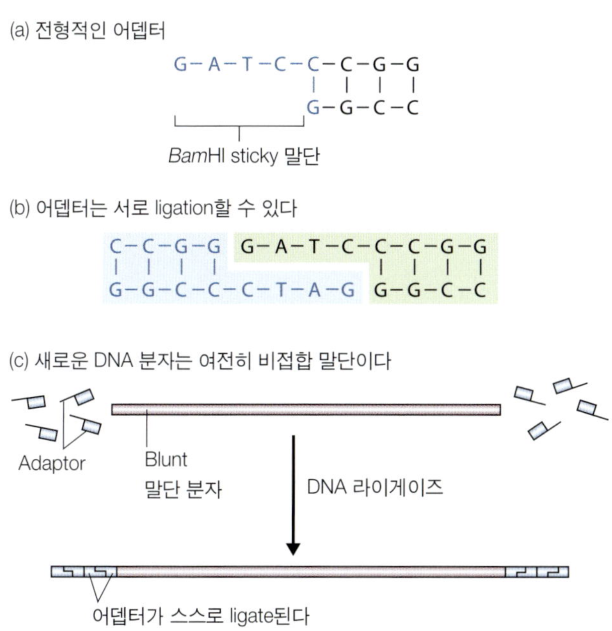

그림 4.24
어댑터와 그 이용에서 잠재된 문제.
(a) 전형적인 어댑터. (b) 두 개의 어댑터는 연결자와 유사한 분자를 생성하기 위해 서로 ligation될 수 있으므로, (c) 어댑터의 ligation 이후 blunt 말단이 되며, 절단 단계가 필요하다.

그림 4.25
폴리뉴클레오타이드(polynucleotide)의 5′ 말단과 3′ 말단 사이의 차이점.

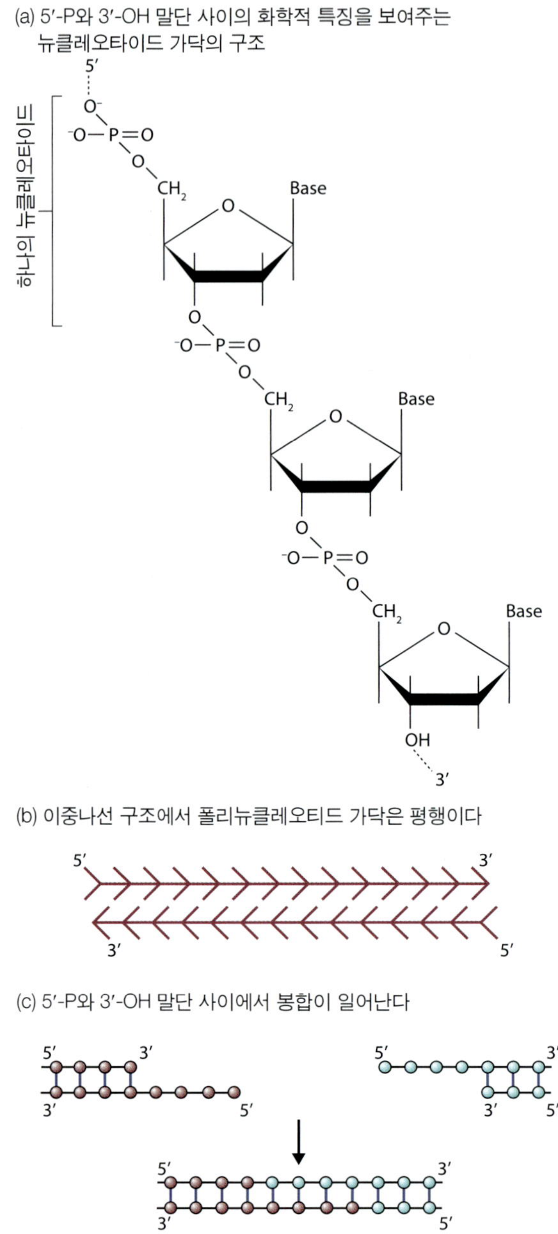

에서 두 가닥은 역평형(antiparallel)이므로(그림 4.25b), 이중가닥 분자의 각 끝은 하나의 5′-P 말단과 하나의 3′-OH 말단으로 구성된다. 일반적으로, ligation은 5′-P와 3′-OH 말단들 사이에서 일어난다(그림 4.25c).

어댑터 분자는 blunt 말단이 "천연" DNA와 같도록 합성되지만, sticky 말단은 다르다. Sticky 말단의 3′-OH 말단은 일반적으로 같지만, 5′-P 말단은 수정된다. 즉, 인산기(phosphate)가 없어서 사실 5′-OH 말단이 된다(그림 4.26a). DNA 라이게이즈는 5′-OH와 3′-OH 사이에 phosphodiester 결합을 형성할 수 없다. 결과적으로, 염기쌍이

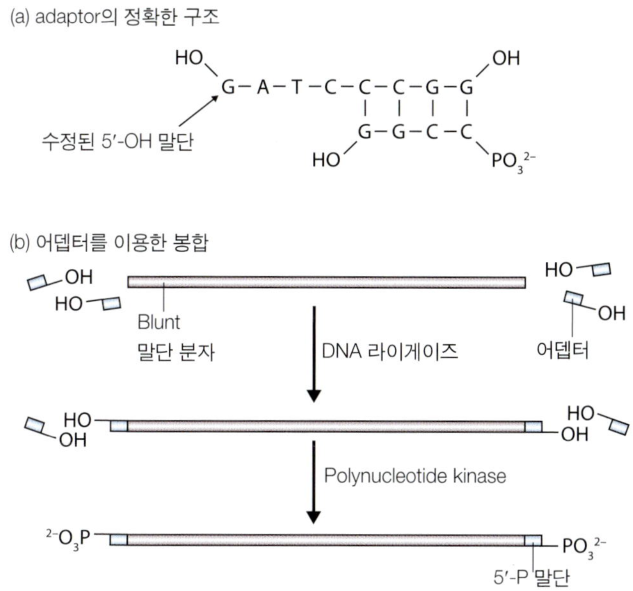

그림 4.26
어댑터의 사용. (a) 수정된 5′-OH 말단을 보여주는 어댑터의 실제 구조. (b) 어댑터의 요청으로 blunt 말단을 sticky 말단으로 전환.

어댑터 분자의 sticky 말단 사이에서 항상 형성되지만, ligation에 의해 결코 안정화되지는 않는다(그림 4.26b).

그러므로, 어댑터는 DNA 분자에 ligation되지만 자신들끼리는 ligation되지 않는다. 어댑터가 부착된 후에 비정상적인 5′-OH 말단은 효소 폴리뉴클레오타이드 카이네이즈(polynucleotide kinase)로 처리함으로써 정상적인 5′-P 형태로 바뀌어지며, 적당한 벡터로 삽입될 수 있는 sticky 말단 단편을 만들게 된다.

Homopolymer tailing에 의한 sticky 말단 생성

Homopolymer tailing 기술은 blunt 말단 DNA 분자에 sticky 말단을 도입하는 아주 다른 접근이다. Homopolymer는 모든 하위 단위(subunit)가 동일한 고분자이다. 전체가 디옥시구아노신(deoxyguanosine)으로 이루어진 DNA 가닥이 homopolymer의 한 예이며, 폴리디옥시구아노신(polydeoxyguanosine) 혹은 poly(dG)라 부른다.

Tailing은 이중가닥 DNA 분자의 3′-OH 말단에 일련의 뉴클레오티드를 첨가하기 위해 terminal deoxynucleotidyl transferase라는 효소를 사용한다. 이 반응이 단 하나의 디옥시뉴클레오타이드 존재하에서 일어난다면, homopolymer tail이 생성될 것이다(그림 4.27a). 물론 두 개의 꼬리 분자가 ligation되기 위해 homopolymer는 상보적이여야 한다. 주로 poly(dC) 꼬리가 벡터에 붙어 있고, poly(dG)는 클로닝되는 DNA에 붙어 있다. DNA 분자가 혼합될 때 둘 사이에 염기쌍이 형성된다(그림 4.27b).

실제로, poly(dG)와 poly(dC) 꼬리는 정확하게 같은 길이가 아니며, 염기쌍이 형성된 재조합 분자는 불연속뿐만 아니라 절단도 포함할 것이다(그림 4.27c). 그러므로, 복원은 두 단계 과정으로 절단을 채우기 위해 Klenow 중합효소를 사용한 후 마지막 phosphodiester 결합을 만들기 위해 DNA 라이게이즈를 사용한다. 이러한 복원 반응

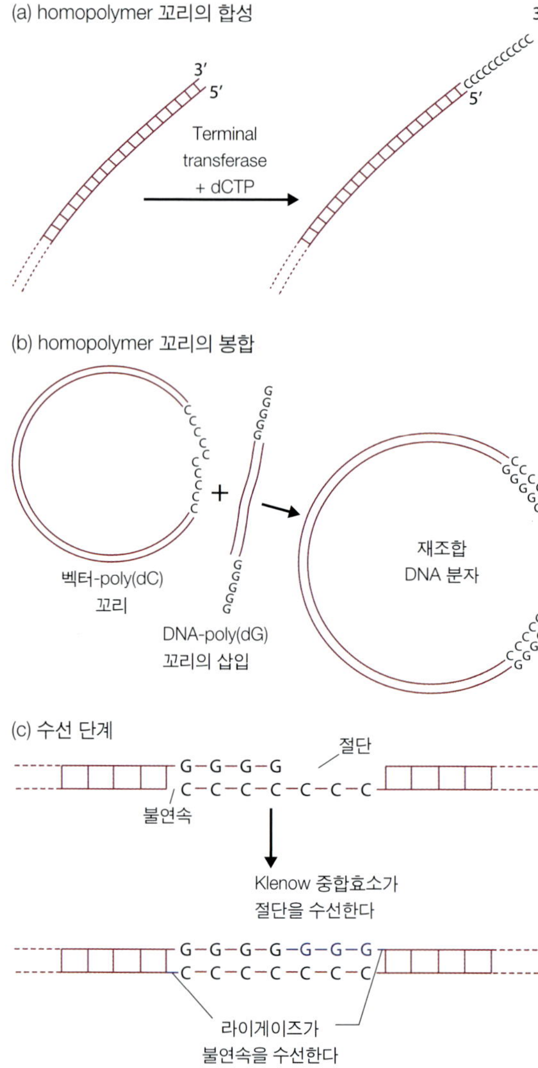

그림 4.27
Homopolymer tailing. (a) homopolymer 꼬리의 합성. (b) tailed 벡터와 tailed 삽입 DNA로부터 재조합 DNA 분자의 구축.

은 시험관에서 항상 일어나야만 하는 것은 아니다. 만약 상보적인 homopolymer 꼬리가 20개 뉴클레오타이드 이상이라면, 아주 안정한 염기쌍 결합이 형성될 것이다. 완전히 ligation되지는 않았지만, 염기쌍에 의해 유지되는 재조합 DNA 분자는 클로닝 실험의 다음 단계에서 숙주세포에 도입될 수 있을 만큼 충분히 안정하다(그림 1.1). 숙주 내에서 세포 자체의 DNA 중합효소와 DNA 라이게이즈가 재조합 DNA 분자를 복원하여 시험관에서 시작된 구축을 완성하게 된다.

4.3.4 DNA topoisomerase를 이용한 blunt 말단 연결

Blunt 말단 연결을 수행하기 위해 보다 정교하면서도 보다 쉽고 효율적인 방법은 **DNA topoisomerase**라고 불리는 효소의 특별한 종류를 이용하는 것이다. 세포에서 DNA topoisomerase는 DNA 이중가닥 분자에 이중나선의 회전을 더하거나 제거하는

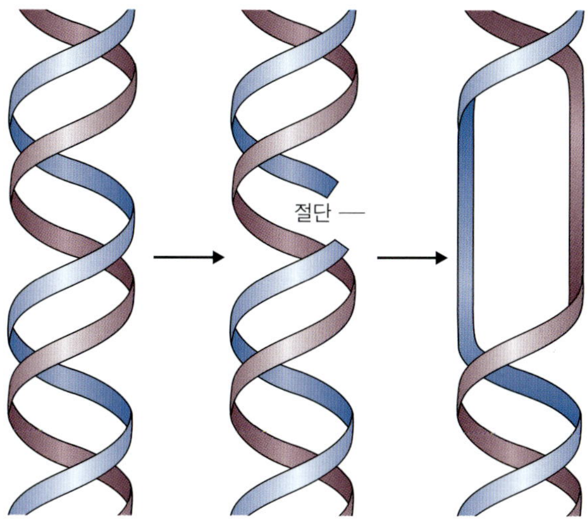

그림 4.28
Type 1 DNA topoisomerase는 2중가닥 중 한 개를 일시적으로 절단함으로써 이중 나선에 회전을 더하거나 제거할 수 있다.

과정에 관여한다. DNA가 복제될 때 나선을 풀고 각각의 폴리뉴클레오타이드가 복제되기 위해서 회전이 제거되고, 새롭게 형성된 원형분자들이 초나선 상태가 되기 위해 회전이 더해진다. DNA topoisomerase는 DNA의 이중나선이 돌아가지 않으면서 이중가닥을 분해할 수 있다. 이런 현상은 DNA 골격에서 단일가닥 혹은 이중가닥이 일시적으로 절단함으로써 야기된다(그림 4.28). 그러므로, DNA topoisomerase는 DNA 분해효소와 연결효소 능력을 모두 가지고 있다.

Topoisomerase로 blunt 말단을 연결하기 위해서는 특별한 클로닝 벡터가 필요하다. 이 벡터는 우두 바이러스에 있는 DNA topoisomerase의 핵산 분해효소 활력에 의해 선형화된 플라스미드이다. 우두의 topoisomerase는 플라스미드 한 곳에만 존재하는 CCCTT 염기서열을 절단한다. 플라스미드를 절단한 후, topoisomerase는 절단된 blunt 말단에 공유결합으로 결합된 상태를 유지한다. 반응은 이 시점에서 멈출 수 있으며, 벡터가 필요할 때까지 저장할 수 있다.

Topoisomerase에 의한 절단은 5′-OH와 3′-P 말단을 만든다(그림 4.29a). 만약, 클로닝된 blunt 말단 분자들이 제한효소로 절단되었다면, 이 분자들은 5′-P와 3′-OH 말단을 가질 것이다. 이 분자들은 벡터와 혼성하기 전에 말단 인산들을 제거하여 5′-OH 말단을 만들어 벡터의 3′-P 말단과 연결될 수 있게 한다. 그러므로, 분자들은 alkaline phosphatase로 처리되어야 한다(그림 4.29b).

벡터에 인산이 제거된 분자를 첨가하면, 결합된 topoisomerase를 다시 활성시켜서 반응을 분자 연결 단계로 진행시킨다. 벡터의 3′-P 말단과 인산이 제거된 분자의 5′-OH 말단 사이에서 분자 연결이 일어난다. 그러므로, blunt 말단 분자들은 벡터로 삽입된다. 연결지점에 오직 한 가닥만이 연결되지만(그림 4.29c), 재조합 분자들이 숙주 세균에 도입된 후, 이 불연속은 세포 효소에 의해 수선될 것이기 때문에 문제가 되지 않는다.

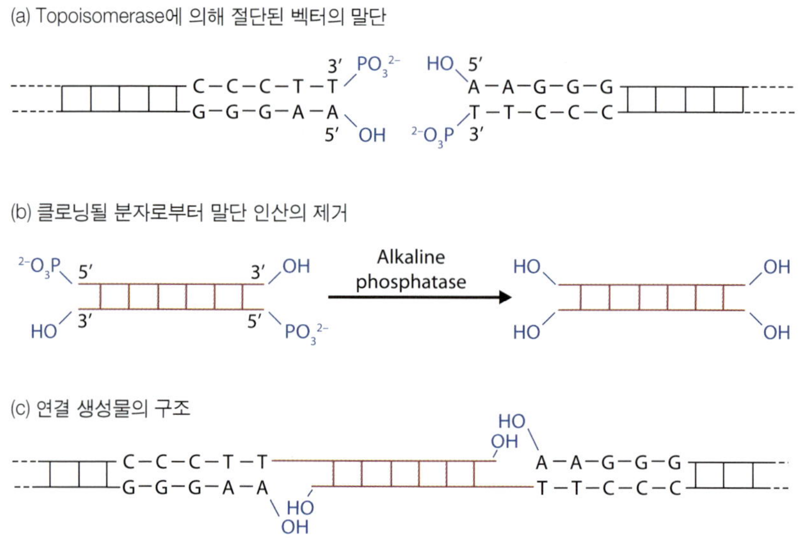

그림 4.29
DNA topoisomerase에 의한 blunt 말단 연결. (a) topoisomerase는 벡터의 절단부위에 5′-OH와 3′-P 말단의 blunt 말단을 남긴다. (b) 클로닝될 분자에 alkaline phosphatase 처리로 5′-P 말단을 5′-OH 말단으로 바꾼다. (c) topoisomerase는 3′-P와 5′-OH 말단을 연결시켜서 두 곳의 불연속 이중가닥을 만든다. 이 불연속은 박테리아에 삽입된 후 세포내 효소에 의해 수선된다.

Further reading

Deng, G. and Wu, R. (1981) An improved procedure for utilizing terminal transferase to add homopolymers to the 3′ termini of DNA. *Nucleic Acids Research*, **9**, 4173–4188.

Helling, R.B., Goodman, H.M., and Boyer, H.W. (1974) Analysis of endonuclease R·EcoRI fragments of DNA from lambdoid bacteriophages and other viruses by agarose-gel electrophoresis. *Journal of Virology*, **14**, 1235–1244.

Heyman, J.A., Cornthwaite, J., Foncerrada, L., et al. (1999) Genomescale cloning and expression of individual open reading frames using topoisomerase I-mediated ligation. *Genome Research*, **9**, 383–392. [A description of ligation using topoisomerase.]

Jacobsen, H., Klenow, H., and Overgaard-Hansen, K. (1974) The N-terminal amino acid sequences of DNA polymerase I from *Escherichia coli* and of the large and small fragments obtained by a limited proteolysis. *European Journal of Biochemistry*, **45**, 623–627. [Production of the Klenow fragment of DNA polymerase I.]

Lee, P.Y., Costumbrado, J., Hsu, C.-Y., et al. (2012) Agarose gel electrophoresis for the separation of DNA *fragments. Journal of Visualized Experiments*, **62**, 3923. [Takes you through the steps of setting up and running an agarose gel.]

Lehnman, I.R. (1974) DNA ligase: structure, mechanism, and function. *Science*, **186**, 790–797.

Loenen, W.A.M., Dryden, D.T.F., Raleigh, E.A., et al. (2014) Highlights of the DNA cutters: a short history of the restriction enzymes. *Nucleic Acids Research*, **42**, 3–19.

Pingoud, A., Fuxreiter, M., Pingoud, V., et al. (2005) Type II restriction endonucleases: structure and mechanism. *Cellular and Molecular Life Sciences*, **62**, 685–707.

REBASE: http://rebase.neb.com/rebase/ [A comprehensive list of all the known restriction endonucleases and their recognition sequences.]

Rothstein, R.J., Lau, L.F., Bahl, C.P., et al. (1979) Synthetic adaptors for cloning DNA. *Methods in Enzymology*, **68**, 98–109.

Schwartz, D.C. and Cantor, C.R. (1984) Separation of yeast chromosome-sized DNAs by pulsed field gradient gel electrophoresis. *Cell*, **37**, 67–75.

Smith, H.O. and Wilcox, K.W. (1970) A restriction enzyme from *Haemophilus influenzae*. I. Purification and general properties. *Journal of Molecular Biology*, **51**, 379–391. [One of the first full descriptions of a restriction endonuclease.]

Zipper, H., Brunner, H., Bernhagen, J., et al. (2004) Investigations on DNA intercalation and surface binding by SYBR Green I, its structure determination and methodological implications. *Nucleic Acids Research*, **32**, e103. [Details of one of the DNA dyes now used as an alternative to ethidium bromide for staining agarose gels.]

Chapter 5

살아 있는 세포로 DNA의 도입

Chapter contents

CHAPTER CONTENTS

4장에서 설명한 조작은 분자 생물학자가 재조합 DNA 분자를 만들 수 있게 한다. 유전자 클로닝 실험의 다음 단계는 이러한 분자를 클론을 생성하기 위해 성장하고 분열하는 박테리아와 같은 살아있는 세포로 도입하는 것이다(그림 1.1). 엄격하게 말하자면, "클로닝"이란 말은 재조합 DNA 분자 그 자체의 구축이 아닌 이 과정의 나중 단계만을 의미한다.

클로닝은 두 가지 주요 목적을 가지고 있다. 첫째, 한정되어 있는 출발 물질로부터 다수의 재조합 DNA 분자를 만들 수 있다. 처음에 몇 ng의 재조합 DNA가 있지만, 플라스미드를 받은 각 박테리아는 콜로니(colony)를 형성하기 위해 수없이 분열하며, 콜로니의 각 세포는 플라즈미드를 다중복제한다. 수 ng 재조합 DNA는 처음 양의 수천 배 증가하는 단 하나의 박테리아 콜로니로부터 만들어질 수 있다(그림 5.1). 만약, 콜로니가 DNA의 원천으로써 사용되지 않고 액체 배양의 접종제로써 사용된다면, 결과적으로 세포는 수율에 있어 백만 배 증가된 mg의 DNA를 생성한다. 이러한 방법으로 유전자 구조와 발현의 분자생물학 연구에 필요한 DNA를 대량으로 공급할 수 있다(10장과 11장).

클로닝의 두 번째 중요한 기능은 정제로서 설명될 수 있다. 재조합 DNA 분자에 이르는 조작은 과정의 끝에서 어떤 다른 DNA 분자가 존재하지 않을 정도로 잘 통제되기는 드물다. Ligation 혼합물은 원하는 재조합 분자뿐만 아니라 다음과 같은 분자들을 소수 포함할 수 있다(그림 5.2a).

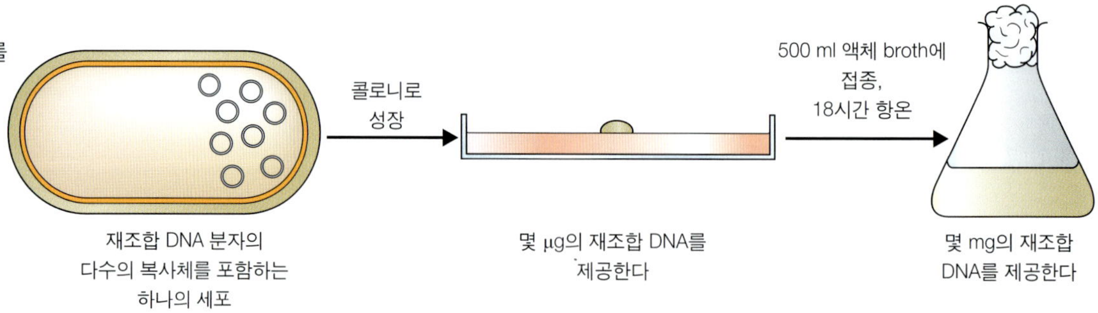

그림 5.1
클로닝은 대량의 재조합 DNA를 공급할 수 있다.

- Ligation되지 않은 벡터 분자
- Ligation되지 않은 DNA 단편
- 삽입되는 새로운 DNA 없이 재원형화된 벡터 분자(self–ligation된 벡터)
- 잘못 삽입된 DNA 단편을 가진 재조합 DNA 분자

Ligation되지 않은 분자는 박테리아 세포로 도입되어도 아주 예외적인 상황에서만 복제되기 때문에 거의 문제를 야기시키지는 않는다. 숙주효소가 이러한 DNA 단편을 절단하는 것이 확실하다. 반면에, 자체 봉합된(self-ligated) 벡터 분자와 잘못된 재조합 플라즈미드는 원하는 분자 만큼 효과적으로 복제될 것이다(그림 5.2b). 그렇지만, 하나의 세포가 하나 이상의 DNA 분자를 취하는 것이 아주 특이한 일이기 때문에 원하는 분자의 정제가 클로닝을 통해서 이루어질 수 있다. 각 세포는 단 하나의 콜로니를 생성하기 때문에, 결과적으로 클론은 동일한 분자만을 포함하는 세포로 이루어져 있다. 물론, 다른 콜로니는 다른 분자를 포함하고 있다. 즉, 어떤 것은 원하는 재조합 DNA 분자를 포함하고, 어떤 것은 다른 재조합 분자를, 어떤 것은 self-ligation된 벡터를 포함하고 있다. 따라서, 문제는 올바른 재조합 플라즈미드를 포함하는 콜로니를 밝혀야 하는 데 있다.

이 장은 플라즈미드와 파아지 벡터 그리고 이 둘로부터 만들어지는 재조합 분자들이 박테리아 세포 내로 도입되는 방법에 관해 다룬다. 이 장을 학습하는 동안, 자체 봉합된 벡터를 포함하는 콜로니와는 반대되는, 재조합 분자를 포함하는 콜로니를 선택하는 것이 비교적 쉽다는 것을 확실하게 알 것이다. 모든 다른 재조합 클론으로부터 원하는 재조합 DNA 분자를 포함하는 클론을 어떻게 분리할 것인가라는 더 어려운 문제는 8장에서 해결할 것이다.

5.1 형질전환-박테리아 세포로 DNA 도입

모든 종류의 박테리아는 그들이 배양되는 배지로부터 DNA 분자를 받아들일 수 있다. 이런 방법으로 받아들인 DNA 분자는 종종 단편으로 절단되지만, 때때로 숙주세포 내에서 DNA 분자는 살아 남아서 복제될 수 있다. 특별하게, DNA 분자가 숙주에 의해 인식되는 복제의 시작점(origin)을 가진 플라즈미드라면 이러한 일이 일어날 것이다.

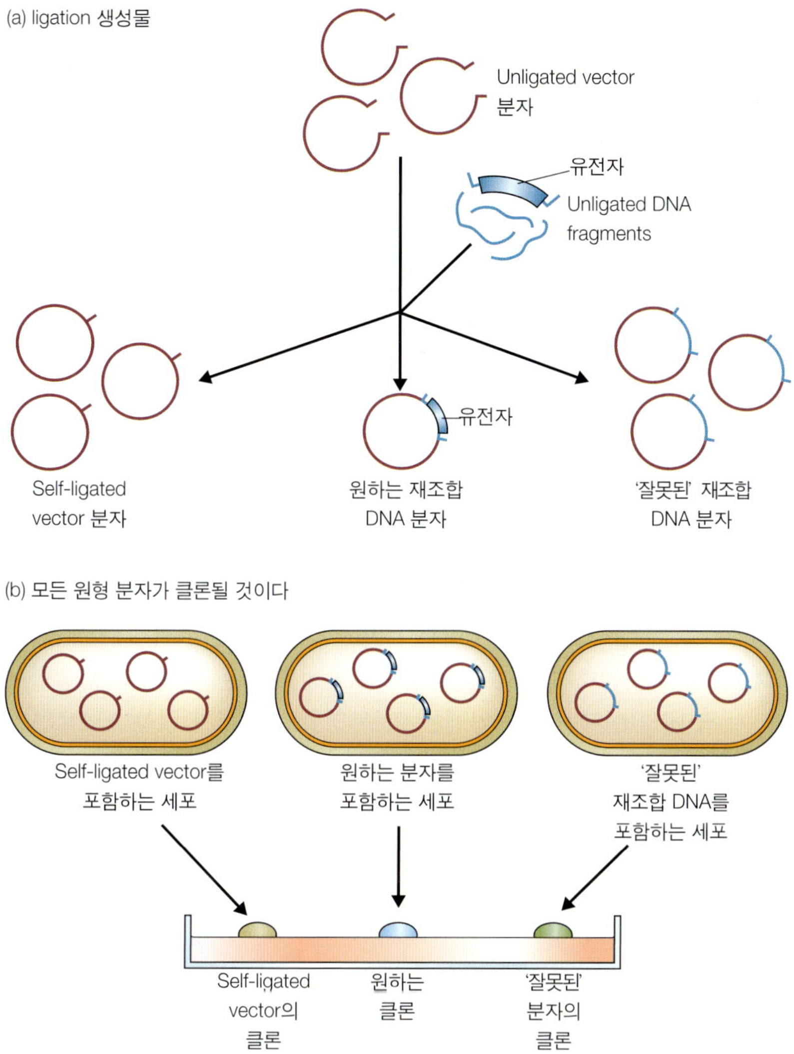

그림 5.2
클로닝은 정제와 유사하다. 다른 분자의 혼합물로부터 단 한 가지 분자 사본체를 포함하는 클론을 얻을 수 있다.

5.1.1 모든 종류의 박테리아가 DNA 도입에서 동일하게 효과적이지는 않다

자연계에서 형질전환은 박테리아가 유전자 정보를 얻는 주된 과정이 아니다. 이것은 실험실에서 몇 가지 종(*Bacillus*와 *Streptococcus*종)만이 쉽게 형질전환될 수 있다는 사실에서 알 수 있다. 이러한 유기체의 상세한 연구를 통하여, 이것들이 DNA 결합과 도입에 대한 복잡한 메커니즘을 가지고 있다는 것을 알 수 있다.

대장균을 포함한 대부분의 박테리아는 일반적인 조건에서 제한된 양의 DNA만을 도입한다. 이러한 종을 효과적으로 형질전환하기 위해서는 DNA 도입 능력을 강화하는 물리적이거나 화학적인 처리를 거쳐야만 한다. 이러한 처리를 받은 세포를 반응능(competent)이 있다고 한다.

5.1.2 반응능 대장균(*E. coli*) 세포

재조합 DNA 기술에서의 여러 가지 발견처럼, 형질전환에서 주요한 개발은 1970년

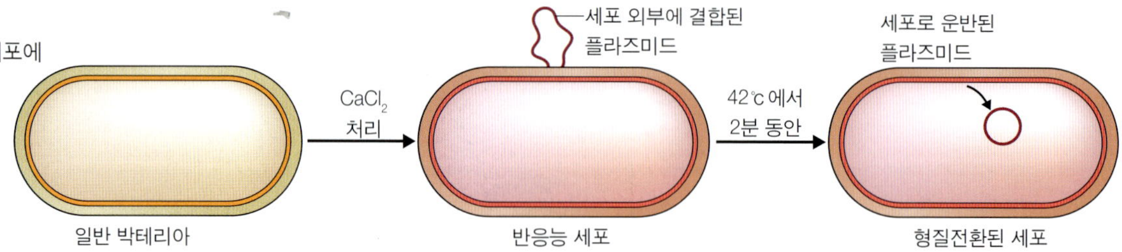

그림 5.3
반응능(competent) 박테리아 세포에 DNA의 결합과 도입.

대 초에 일어났다. 그때 몹시 찬 염용액에 담근 대장균 세포가 담그지 않은 세포보다 DNA 도입을 더 효과적으로 하였다. 여러 가지 염들이 있지만, 50 mM $CaCl_2$ 용액이 전통적으로 사용되며, $RbCl_2$ 용액도 효과적이다.

이러한 처리가 왜 작용하는지 정확하게 알려져 있지 않다. 아마도 $CaCl_2$가 DNA를 세포 밖에 침전시키거나 혹은 $CaCl_2$가 세포벽을 변화시켜 DNA 결합을 향상시킨다고 생각한다. 최근 연구에서 염 처리는 DNA가 결합하는 외막 단백질들의 과다 생산을 유도하는 것으로 알려져 있다. 어쨌든 $CaCl_2$에 담그는 것이 DNA 결합에만 영향을 미치고, 세포 내의 실제적인 도입에는 아무 영향도 미치지 않는다. DNA가 이렇게 처리된 세포에 첨가될 때 세포 외부에 부착되어 있으며, 이 단계에서는 세포질로 운반되지 않는다(그림 5.3). DNA가 반응능 세포 속으로 실제로 이동하는 것은 42℃로 온도를 높임으로써 촉진된다. 이러한 열처리(heat shock)는 DNA의 막 투과성을 변화시키거나 세포로 DNA를 운반하는 막 단백질의 활력을 유도할 것이라고 생각된다.

5.1.3 형질전환된 세포의 선택

세포는 조심스럽게 준비되었어도 반응능 세포의 형질전환은 효과적인 과정이 아니다. 1ng pUC8이 1000 내지 10,000개의 형질전환체(tansformant)를 만들지만, 이것은 전체 원하는 분자의 0.01% 도입만을 나타낸다. 더구나 10,000개의 형질전환체는 반응능 배양에 존재하는 전체 세포수의 아주 적은 부분일 뿐이다. 이러한 마지막 사실은 형질전환되지 않은 수천 개의 세포에서 플라즈미드를 취한 하나의 세포를 선택하는 어떤 방법을 찾아야 한다는 것을 의미한다.

플라즈미드의 세포내 흡수와 안정적 유지는 플라즈미드가 가지고 있는 유전자의 발현을 조사함으로써 알 수 있다. 예를 들면, 대장균 세포는 ampicillin과 tetracycline과 같은 항생제의 생장억제 효과에 일반적으로 민감하다. 그런데, 플라즈미드 pBR322를 포함하는 세포는 이러한 항생제에 저항성이 있다. 이것은 플라즈미드 pBR322가 두 개의 유전자, 즉 ampicillin을 세균에 비독성인 형태로 바꾸는 β-lactamase 효소와 tetracycline을 비독성화시키는 효소를 가지고 있기 때문이다. pBR322의 형질전환 실험 이후에 플라즈미드를 도입한 대장균 세포만이 $amp^R tet^R$이 될 것이며, ampicillin 혹은 tetracycline을 포함하는 아가 배지에서 콜로니를 형성할 수 있다(그림 5.4). 여전히 $amp^R tet^R$인 비형질전환체는 선택배지에서 콜로니를 생성하지 못한다. 그러므로, 형질

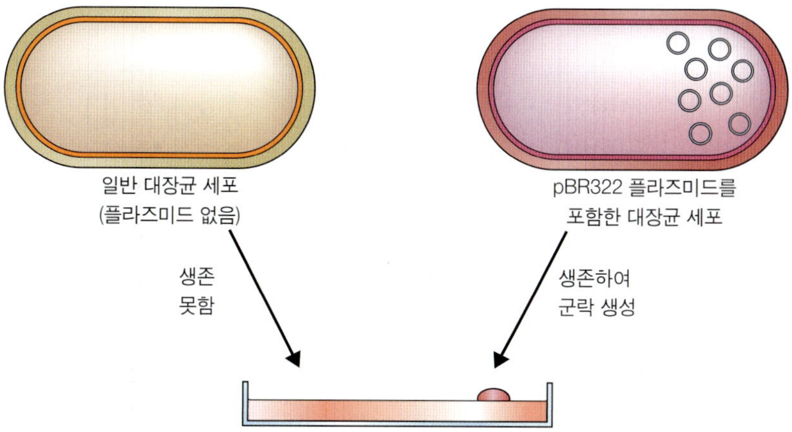

그림 5.4
Ampicillin 혹은 tetracycline을 포함하는 아가배지에 평판배양함으로써, pBR322 플라즈미드를 포함하는 세포의 선택.

전환체와 비형질전환체는 쉽게 분리된다.

대부분의 플라즈미드 클로닝 벡터는 숙주세포에서 항생제에 저항성이 있는 유전자를 적어도 하나 이상 운반하며, 적절한 항생제를 포함하는 아가배지에 배양함으로써 얻어지는 형질전환체를 선택한다. 그렇지만, 항생제 저항성은 형질전환된 세포 내에 플라즈미드가 존재하기 때문이다는 것을 기억하라. 플라즈미드의 저항성 유전자는 또한 발현되어져야 하며, 그래서 항생제를 해독하는 효소가 합성된다. 저항성 유전자의 발현은 형질전환 후 즉시 시작되지만, 세포가 항생제의 독성에 저항하는 효소를 충분히 함유하기 전에 몇 분이 걸릴 것이다. 이러한 이유로 형질전환된 박테리아는 열처리 이후 즉시 선택배지에 배양해서는 안 되며, 항생제가 없는 액체배지에 먼저 놓아서 짧은 시간 동안 항온시켜야 한다. 플라즈미드 복제와 발현이 이제 시작될 수 있으므로, 세포가 배지에서 항생제를 만날 때 살아남을 수 있는 저항효소가 충분히 합성되어질 것이다(그림 5.5).

5.2 재조합 분자의 확인

선택배지에 배양하는 것은 형질전환체를 비형질전환체로부터 구분할 수 있도록 한다. 다음 문제는 형질전환된 콜로니 중 어떤 것이 재조합 DNA 분자를 포함하고 있는 세포로 되어 있는가와 어떤 것이 자체 봉합된 벡터를 포함하고 있는가를 결정하는 것이다(그림 5.2). 대부분의 DNA 단편을 플라즈미드로 삽입시키는 것은 플라즈미드에 존재하는 유전자 중의 하나의 성질을 손상시킨다. 그러므로, 재조합 분자는 불활성화 유전자에 의한 특성이 숙주세포에 의해 더 이상 나타나지 않기 때문에 확인될 수 있다(그림 5.6). 삽입 비활성화(**insertional inactivation**)의 기본 원리는 앞장에서 언급한 두 클로닝 벡터인 pBR322와 pUC8에서 설명한 다른 방법에 의해서 알 수 있다.

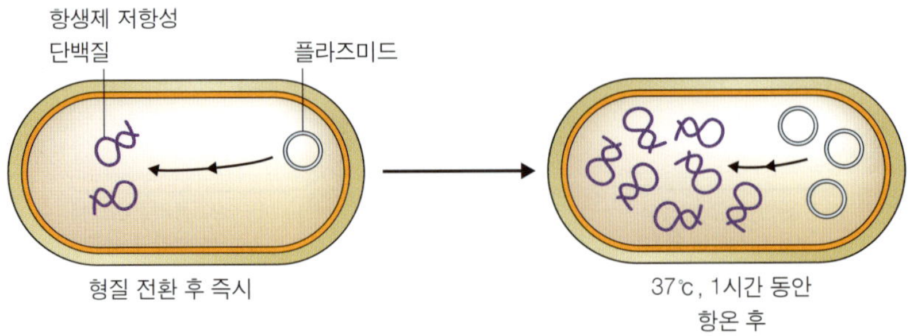

그림 5.5
표현형 발현(phenotypic expression). 평판배양 전에 37℃에서 항온이 선택배지에서 형질전환체의 생존을 증가시킨다. 왜냐하면, 박테리아가 항생제 저항효소의 합성이 시작되는 시간을 가지기 때문이다.

5.2.1 pBR322에서 재조합 유전자의 선택-항생제 내성 유전자의 삽입 비활성화

pBR322는 새로운 DNA 단편의 삽입 전에 벡터를 절단하는 데 사용할 수 있는 독특한 제한효소 절단 부위가 몇 개 있다(그림 5.7a). 예를 들면, *Bam*HI는 tetracycline의 저항성에 해당하는 유전자군 내의 단 한 부위에서 pBR322를 절단한다. *Bam*HI 부위에 여분의 DNA 단편을 지닌 재조합 pBR322는 숙주세포에 더 이상 tetracycline 저항성을 줄 수 없는데, 이는 필요한 유전자들 중 하나가 삽입된 DNA에 의해 기능을 할 수 없기 때문이다(그림 5.7b). 이러한 재조합 pBR322를 포함하는 세포는 ampicillin에는 여전히 저항성인 것이지만, tetracycline에는 민감하게 될 것이다($amp^R tet^S$).

재조합 pBR322를 선별하는 것은 다음과 같은 방법으로 진행된다. 형질전환 이후에 세포는 ampicillin 배지에서 배양되며, 콜로니가 나타날 때까지 항온시킨다(그림 5.8a). 이러한 콜로니가 모두 형질전환체이지만(비형질전환된 세포는 amp^S이며, 선택배지에서 콜로니를 생성하지 않는 것을 기억하라), 소수만이 재조합 pBR322 분자를 포함하고 대부분의 일반적인 자체 봉합된 플라즈미드를 포함한다. 재조합 분자를 확인하기 위하여 콜로니는 tetracycline 아가배지에 반복 평판배양(**replica plated**)된다(그림 5.8b). 항온 후에 처음 콜로니 중 약간은 재성장할 것이며, 나머지는 그렇지 않을 것이다(그림 5.8c). 성장하는 세포는 삽입 DNA가 없는 보통 pBR322를 운반하는 세포들로 이루어져 있으므로, tetracycline저항 유전자군으로 기능을 한다($amp^R tet^R$). Tetracycline 아가배지에서 성장하지 않는 콜로니는 재조합체이다($amp^R tet^S$). 초기

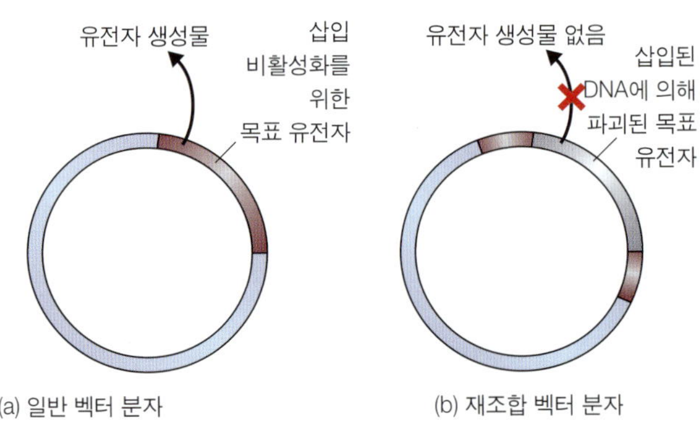

그림 5.6
삽입 비활성화. (a) 재조합되지 않은 벡터 분자는, 생성물이 숙주세포에 선택적 혹은 확인가능한 특성을 주는 유전자를 운반한다. (b) 이 유전자는 새로운 DNA가 벡터로 삽입될 때 파괴된다. 재조합 숙주는 관련된 특성을 나타내지 않는다.

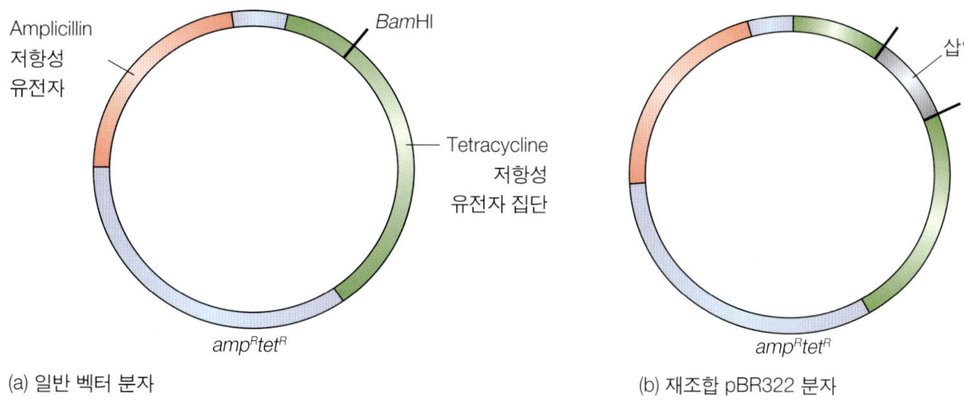

그림 5.7

클로닝 벡터 pBR322. (a) 보통 벡터 분자. (b) *Bam*HI 부위로 삽입된 여분의 DNA 단편을 포함하는 재조합 분자.

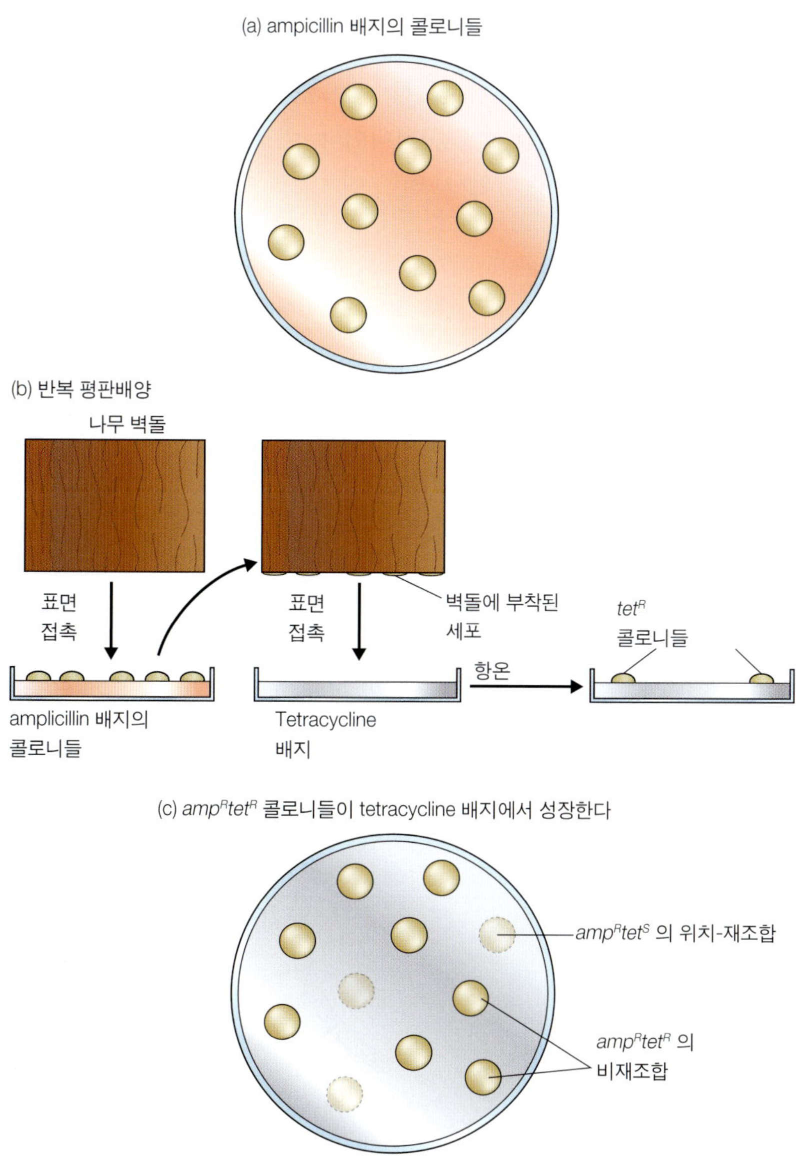

그림 5.8

Tetracycline 저항 유전자의 삽입 비활성화에 의한 pBR322 재조합의 선발. (a) 세포가 ampicillin 아가에 평판배양된다. 모든 형질전환체가 콜로니를 생성한다. (b) 콜로니가 tetracycline 배지에서 반복 평판배양된다. (c) Tetracycline배지에서 자란 콜로니는 *amp*^{R}*tet*^{R}이므로 비재조합된다. 재조합 분자(*amp*^{R}*tet*^{S})는 성장하지 않지만, ampicillin 평판에서 그 위치는 알게 된다.

ampicillin 아가배지를 살펴보면 재조합 콜로니의 위치를 알 수 있고, 샘플을 얻을 수 있다.

5.2.2 삽입 비활성화는 항상 항생제 저항성에 적용되지 않는다

비록 항생제 저항성 유전자의 삽입 비활성화(insertional inactivation)가 재조합 확인의 효과적인 방법을 제공하지만, 이 방법은 ampicillin 항생제 저항성을 이용하여 형질전환 되었는지 확인하고, 또 다시 tetracycline 항생제 저항성을 이용하여 재조합 되었는지 확인하는 두 번의 선발 과정을 필요로 하기 때문에 불편함이 있다. 그러므로 대부분의 플라즈미드 벡터는 다른 방법을 사용하고 있다. 그 한 예가 pUC8(그림 5.9a)이고, ampicillin 저항 유전자와 *lacZ′* 유전자를 지니며, *lacZ′*는 효소 베타-갈락토시데이즈(β-galactosidase)에 해당하는 일부 유전자이다. pUC8로 클로닝하는 것은 *lacZ′* 유전자의 삽입 비활성화로 베타-갈락토시데이즈를 합성할 수 없는 것으로 재조합체임을 확인한다(그림 5.9b).

베타-갈락토시데이즈는 락토스(lactose)를 글루코스(glucose)와 갈락토스(galactose)로 분해하는 데 관여하는 일련의 효소중 하나이다. 이것은 일반적으로 대장균(*E. coli*) 염색체에 있는 유전자 *lacZ*에 해당한다. 어떤 대장균 균주는 변형된 *lacZ′* 유전자를 가

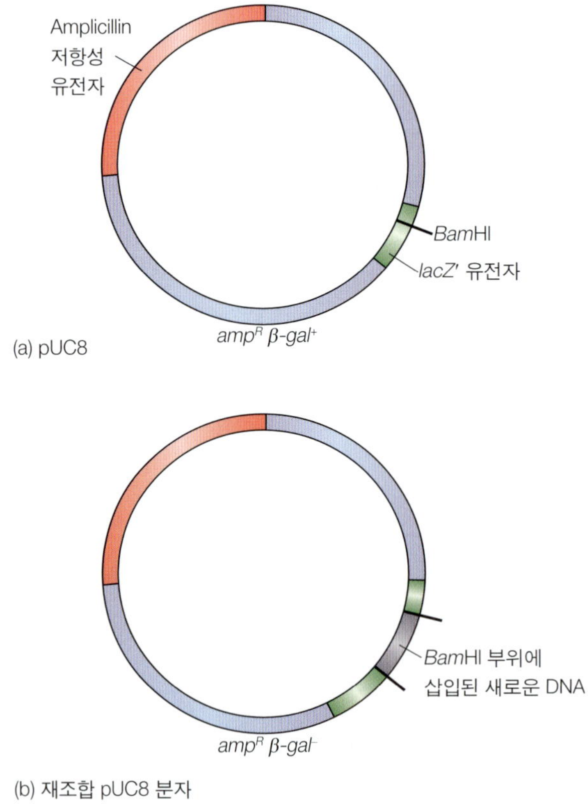

그림 5.9

클로닝 벡터 pUC8. (a) 보통 벡터 분자. (b) *Bam*HI 부위로 여분의 DNA 단편을 포함하는 재조합 분자. pUC8의 상세한 지도는 그림 6.3을 보라.

지고 있으며, 이것은 *lacZ′* 라 부르는 베타-갈락토시데이즈의 α-peptide 부위에 해당되는 유전자 조각이 없다(그림 5.10a). 이러한 돌연변이체는 *lacZ′* 유전자 조각을 지닌 pUC8과 같은 플라즈미드를 획득할 때만 효소를 합성한다. pUC8의 클로닝 실험은 ampicillin 아가배지에서 형질전환체를 선별하고, 재조합 분자를 확인하기 위한 베타-갈락토시데이즈 활성을 검사한다. 보통 pUC8 플라즈미드를 가지고 있는 세포는 amp^R이며, 베타-갈락토시데이즈를 합성할 수 있다. 재조합 분자는 또한 amp^R이지만, 베타-갈락토시데이즈를 만들 수 없다.

사실 베타-갈락토시데이즈의 존재, 혹은 부재를 검사하는 것은 꽤 쉽다. 글루코스와 갈락토스로 쪼개는 락토스 분석시험법 보다는 효소에 의한 약간 다른 반응으로 검사할 수 있다. 이것은 X-gal(5-bromo-4-chloro-3-indolyl-β-D-galactopyranoside)라 부르는 락토스 유사체로, X-gal은 베타-갈락토시데이즈에 의해 분해되어 진파란색을 띄는 생성물이 된다. 만약, X-gal(isopropyl-thiogalatoside, IPTG와 같은 유도인자를 포함)이 아가에 첨가되고, 그 후에 ampicillin과 베타-갈락토시데이즈를 합성하는 세포인 비 재조합 콜로니가 첨가된다면 파란색을 띄는 반면에, *lacZ′* 유전자가 파괴된, 즉 베타-

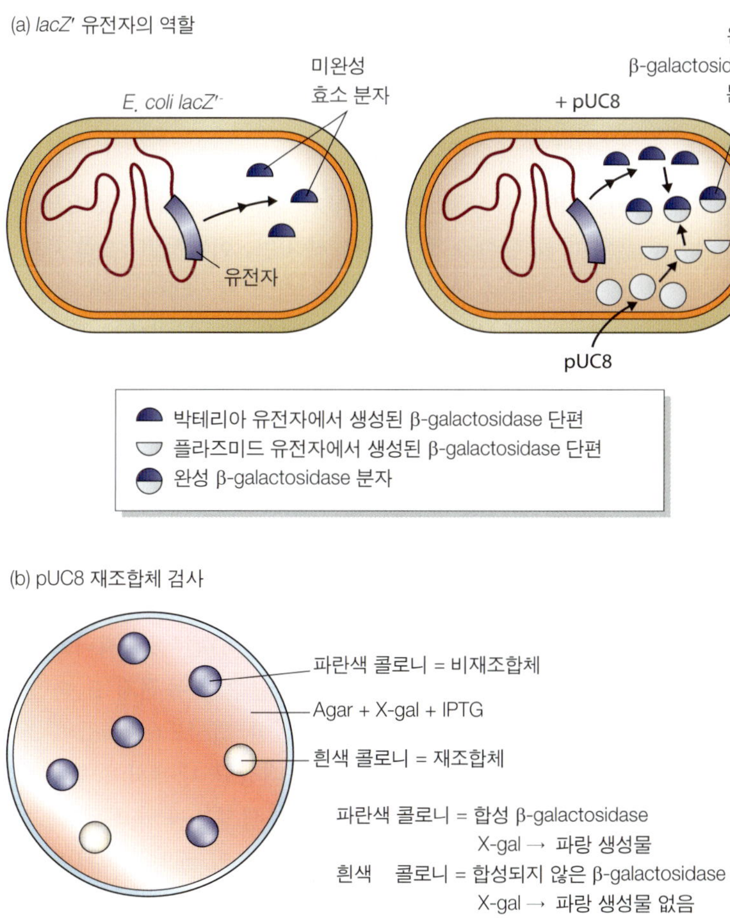

그림 5.10
pUC8에 의해 운반되는 *lacZ′* 유전자의 삽입 비활성화의 원리. (a) 베타-갈락토시데이즈를 생성하기 위해 서로 상보되는 박테리아와 플라즈미드 유전자. (b) X-gal과 IPTG를 포함하는 아가에 평판배양함으로써 재조합 분자가 선발된다.

갈락토시데이즈를 합성할 수 없는 재조합 분자는 하얀색을 띨 것이다. Lac 선택(lac selection)이라 부르는 이 방법은 그림 5.10b에 요약되어 있다. Ampicillin 저항성과 베타-갈락토시데이즈의 존재 여부를 한 개의 아가배지에서 동시에 검사할 수 있다. 따라서, 두 번의 선발이 동시에 수행되며, pBR322에서 시간 소모적인 반복 평판 배양은 필요하지 않다.

5.3 박테리아 세포로 파아지 DNA의 도입

파아지 벡터로 구축된 재조합 DNA 분자를 박테리아 세포내에 도입할 수 있는 두 가지 다른 방법, 즉 transfection과 생체외 조립(*in vitro* packaging)이 있다.

5.3.1 Transfection

형질전환과 동일한 과정이지만, 플라즈미드가 아니라 파아지 DNA가 포함된다는 점만 다르다. 플라즈미드와 똑같이 정제된 파아지 DNA 혹은 재조합 파아지 분자가 반응능 대장균 세포와 혼합되며, 열에 의한 충격에 의해 DNA가 삽입된다.

5.3.2 λ 클로닝 벡터의 생체외 조립(*in vitro* packaging)

성숙한 λ 파아지 입자와 세포 배양액과의 감염을 비교할 때, λ DNA 분자의 transfection은 아주 유용한 과정이 아니다. 그러므로, 재조합 λ분자가 시험관에서 λ 머리-꼬리 구조로 조립될 수 있다면 유용할 것이다.

이것은 어렵게 들리겠지만, 사실 비교적 이루기 쉬운 과정이다. 조립은 λ 유전체에 유전암호를 지닌 수많은 다른 단백질을 필요로 하지만, 이것들은 결원 λ 파아지에 감염된 세포로부터 고농도로 얻을 수 있다. 현재 두 개의 시스템이 사용되고 있다. 단일 균주 체계(single-strain system)에서는 결손 λ 파아지는 cos 부위에서 돌연변이를 지니고 있어서 파아지 복제 동안에, 일반적으로 λ 단위(concatamer)를 절단하는 제한효소에 의해 인식되지 못한다. 그러므로, 조립에 필요한 모든 단백질은 직접 합성할 수 있지만 돌연변이 파아지는 복제되지 않는다. 따라서 돌연변이 λ에 감염된 대장균 배양액으로부터 단백질을 정제할 수 있으며, 재조합 λ 분자의 생체외 조립에 사용될 수 있다(그림 5.11a).

두 번째 방법에서는, 두 가지 결원 λ 균주가 사용된다. 이 두 가지 모두는 파아지 피막단백질의 구성성분 중 하나에 대해 유전자 내에 돌연변이를 지니고 있다. 한 균주의 돌연변이체는 유전자 *D* 속에 있으며, 두 번째 균주는 유전자 *E* 속에 있다(그림 2.9를 보라). 돌연변이 유전자의 생성물 없이는 완전한 캡시드(capsid) 구조가 만들어질 수 없는 것처럼, 이 두 가지 균주 중 어떤 것도 대장균 내에서 감염주기를 완성시킬 수 없다. 대신에 다른 모든 피막단백질 유전자의 생성물이 축적된다(그림 5.11b). 그러므로, 생체외 조립 혼합물은(packaging mix) 두 세포의 배양 용해질(lysate)을 합하여 만들어질 수 있으며, 한 세포는 λ D^- 균주와 감염되고 다른 하나는 E^- 균주와 감염

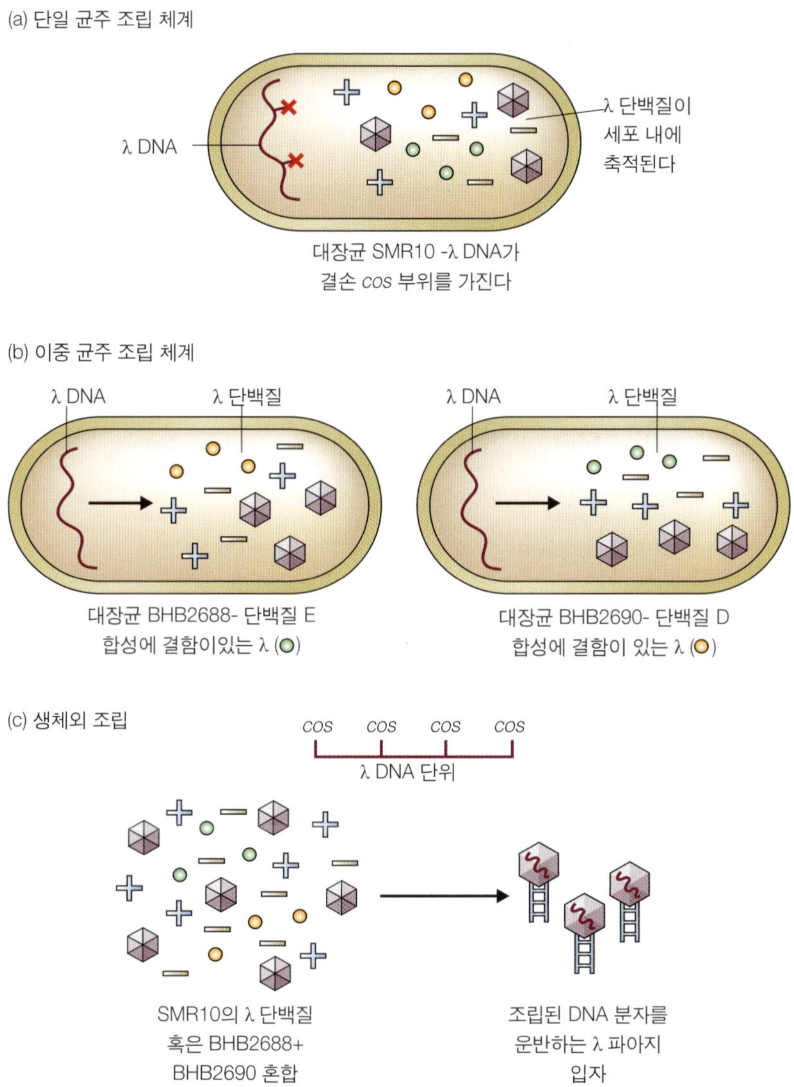

그림 5.11
생체외 조립. (a) 결손 cos 부위를 가진 λ 파아지를 운반하는 대장균(*E. coli*) 균주인 SMR10에 의한 λ 캡시드(capsid)의 합성. (b) 대장균 BHB2688과 BHB2690에 의한 미완성 세트의 λ 캡시드 단백질 합성. (c) 세포 용해질 혼합물이 완전한 셋트의 캡시드 단백질을 합성하여 시험관 내에서 λ DNA 분자를 조립할 수 있다.

되어 있다. 이 혼합물은 생체외 조립에 필요한 모든 성분들을 포함한다.

위 두 방법에서 파아지 입자의 형성은 단순히 DNA와 조립 단백질을 혼합함으로써 시험관 내에서 자동적으로 조립된다(그림 5.11c). 조립된 DNA를 대장균 세포로 도입하는 것은 조립된 파아지를 대장균 배양액에 첨가함으로써 보통의 감염 과정이 일어나게 하는 것이다.

5.3.3 파아지 감염은 아가배지에서 plaque로 볼 수 있다

파아지 감염 주기의 마지막 단계는 세포 용해이다. 만약, 감염된 세포가 파아지 첨가 후 혹은 파아지 DNA의 transfection 이후 즉시 고체 아가배지에 펴진다면, 세포 용해를 박테리아 층(lawn) 위의 plaque로서 볼 수 있다(그림 5.12a). 각 plaque은 파아지가

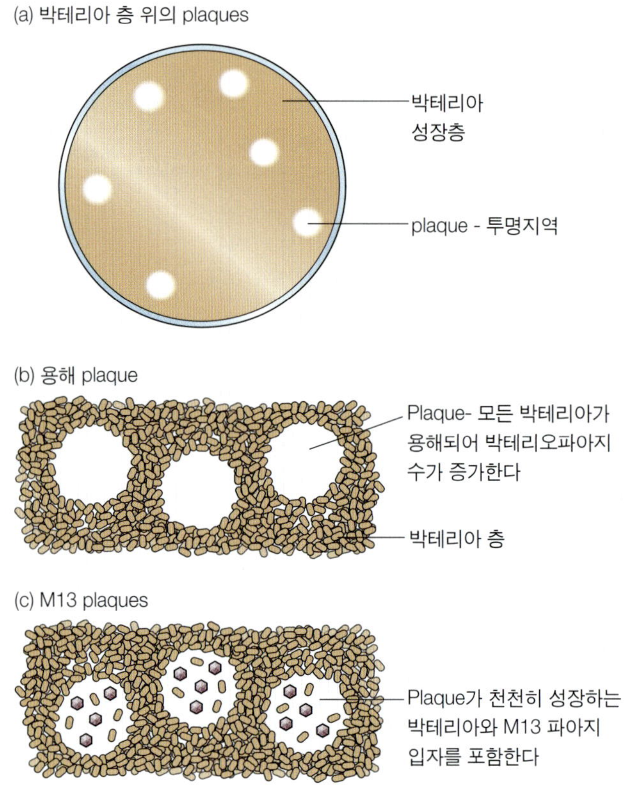

그림 5.12
박테리오파아지 plaque. (a) 박테리아 층(lawn) 위의 plaque 출현. (b) 숙주세포를 용해하는 파아지(예를 들면, 용해 감염 주기의 λ)에 의해 생성된 plaque. 이 plaque은 용해 세포와 많은 파아지 입자를 포함한다. (c) M13에 의해 생성된 plaque. 이 plaque은 천천히 성장하는 박테리아와 많은 M13 파아지 입자를 포함하고 있다.

세포를 용해하고, 감염시키기 위해 이동하며, 결국은 이웃의 박테리아를 용해시킬 때 생성되는 투명지역이다(그림 5.12b).

λ와 M13 모두 plaque를 형성한다. λ는 세포 용해에 의해 생성되는 완전한 plaque를 형성한다. 그렇지만, M13 plaque는 M13이 숙주세포를 용해하지 않는 것처럼 약간 다르다. 대신에 M13은 박테리아 층(lawn) 위에 비교적 투명한 지역을 충분히 생성하도록 감염된 세포의 성장속도를 감소시킨다. 이러한 투명지역은 완전한 plaque가 아닐지라도 보통 파아지 plaque와 시각적으로 동일하다(그림 5.12c).

그러므로, λ 혹은 M13 벡터를 사용하는 유전자 클로닝 실험의 마지막 결과는 파아지 plaque에 의해 덮여 있는 아가 평판배지이다. 각 plaque는 하나의 형질전환된 혹은 감염된 세포로부터 얻어져서 동일한 파아지 입자들을 보유한다. 이것들은 자체 봉합된 벡터 분자나 혹은 재조합 분자를 보유할 것이다.

5.3.4 재조합 파아지의 확인

재조합 plaque을 분리하는 여러 가지 방법이 고안되어 있으며, 다음은 가장 중요한 것들이다.

파아지 벡터가 지닌 lacZ′ 유전자의 삽입 비활성화

몇 개의 λ 벡터뿐만 아니라, 모든 M13 클로닝 벡터도 *lacZ′* 유전자의 사본체를 운반

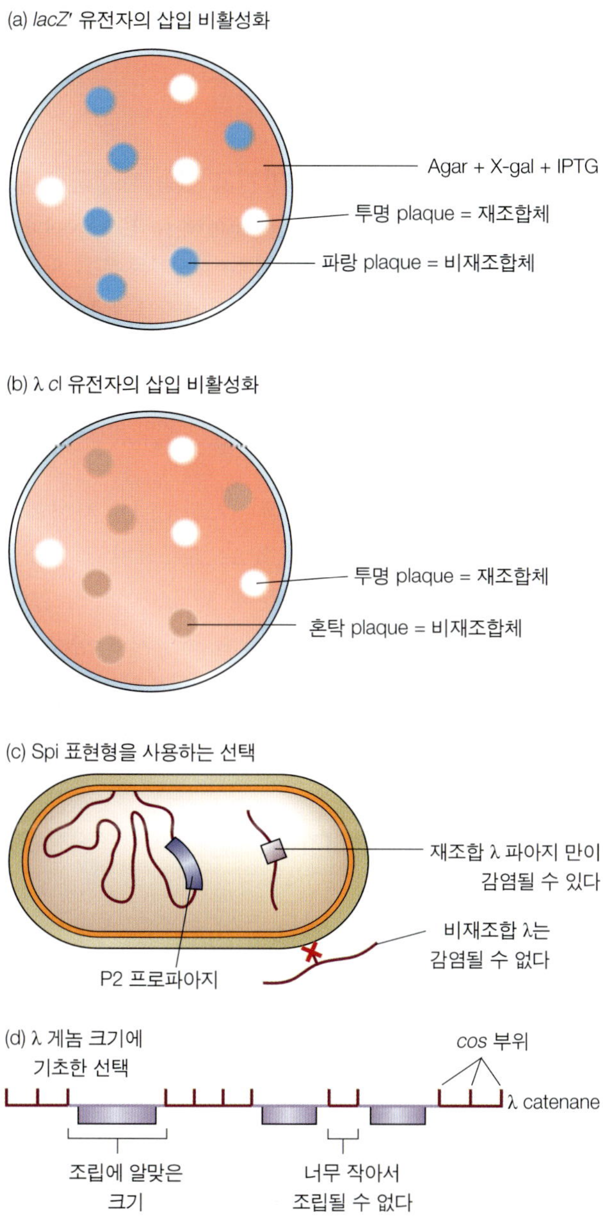

그림 5.13
재조합 파아지 선택의 전략

한다. 이러한 유전자 속으로 새로운 DNA의 삽입은 플라즈미드 벡터 pUC8과 마찬가지로 β-갈락토시데이즈 합성을 비활성화시킨다. 재조합 분자는 X-gal 아가 위에 세포를 평판배양시킴으로써 구별된다. 즉, 보통 파아지로 구성되는 plaque은 파란색이고, 재조합 plaque은 투명하다(그림 5.13a).

λ cI 유전자의 삽입 비활성화

여러 가지 형태의 λ 클로닝 벡터는 cI 유전자에 독특한 제한 부위를 가지고 있다. 이 유전자에 삽입 비활성화는 plaque 형태에 있어서 변화를 야기시킨다. 보통 plaque은 혼탁(turbid)한 반면에, 손상된 cI 유전자를 가진 재조합 분자는 투명(clear)하다(그림 5.13b). 이러한 차이는 눈으로도 식별된다.

Spi 표현형을 사용하는 선택

λ 파아지는 P2 파아지의 삽입 형태를 이미 가지고 있는 대장균(*E. coli*) 세포를 일반적으로 감염시킬 수 없다. 그러므로, λ는 Spi^+(sensitive to P2 prophage inhibition)라고 한다. 어떤 λ 클로닝 벡터는 새로운 DNA의 삽입이 Spi^+로부터 Spi^-로 변화가 일어나도록 고안되어 있으므로, 재조합 분자는 P2 프로파아지를 운반하는 세포를 감염시킬 수 있다. 이러한 재조합 분자는 벡터의 클로닝 실험에서 숙주로써 사용될 수 있다. 즉, 재조합 분자만 Spi^-이므로 재조합 분자만이 plaque를 형성한다(그림 5.13c).

λ 유전체 크기에 기초한 선택

성숙된 파아지 입자로 짜맞추는 λ 조립방법은 37과 52 kb 사이의 DNA 분자 만을 머리 구조로 삽입시킨다. 37kb 이하는 어떤 것도 조립되지 않는다. 많은 λ벡터는 λ DNA 분자의 큰 단편을 잘라서 구축했기 때문에 37 kb 이하의 길이가 된다. 여분의 DNA가 삽입된 후, 이것은 성숙한 파아지 입자로 조립되어 총유전체 크기가 37 kb 이상이 된다(그림 5.13d). 그러므로, 이러한 벡터는 재조합 파아지만 복제할 수 있게 한다.

5.4 박테리아 이외의 세포로 DNA 도입

유전자 클로닝에서 효모, 진균류, 동물, 식물 등이 숙주로 사용된다면, DNA를 이러한 생명체로 도입시키는 방법이 필요하다. 엄밀히 말하면, 이러한 과정은 박테리아에 DNA를 도입시키는 방법을 의미하는 형질전환(transformation) 또는 transfection이 아니다. 그러나 분자생물학자들은 수년에 걸쳐 이것을 망각해 왔으며, 이제 형질전환은 모든 생명체에 DNA를 도입하는 것을 의미한다.

일반적으로, LiCl 혹은 리튬 아세테이트의 처리가 효모 세포의 DNA 도입을 향상시켜 효모의 형질전환에 종종 이용되지만, 염(salt)에 세포를 담그는 것은 몇 종류의 박테리아에서만 효과적이다. 대부분의 고등 생명체에는 더 세련된 방법이 사용된다.

5.4.1 개별 세포의 형질전환

대부분 생명체에서 DNA를 도입하는 데 중요한 장벽은 세포벽이다. 일반적으로, 세포벽이 없는 배양된 동물 세포는 DNA가 인산칼슘에 의해 세포 표면으로 침전된다(그림 5.14a). 보다 효율적인 도입은 세포막에 융합되는 liposome에 들어 있거나(그림 5.14b), 또는 세포가 짧은 전기 파동을 받아 세포막에 일시적인 구멍을 형성해서 DNA 분자를 세포로 들여보내는 것이다. 마지막 방법은 전기천공법(electroporation)이며, 레이저에 짧은 노출로 구멍을 만드는 optical transfection과 초음파를 이용하는 sonoporation에 의해 유사한 결과를 얻을 수 있다.

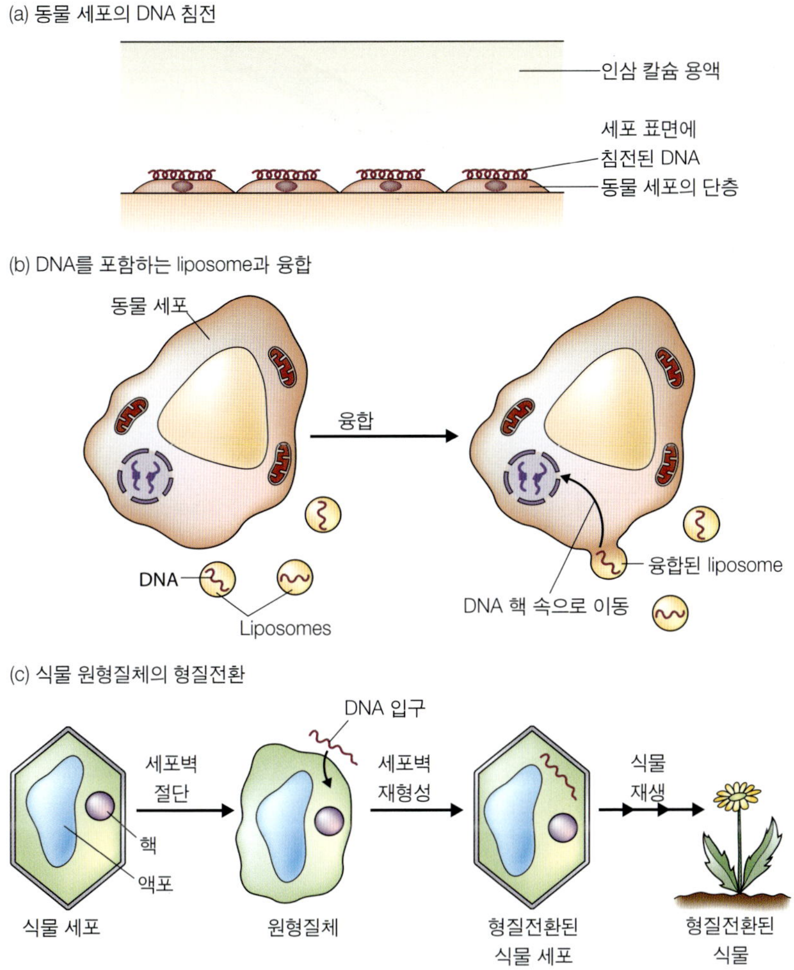

그림 5.14
새로운 DNA를 동물과 식물 세포로 도입하는 전략. (a) 동물 세포의 DNA 침전; (b) DNA를 포함하는 liposome과 융합; (c) 식물 원형질체의 형질전환.

다른 종류의 세포에 있어서, 세포벽을 제거하는 것이 해답이다. 효모, 진균류, 식물 세포벽을 절단하는 효소가 유용하므로, 올바른 조건에서 완전한 원형질체(**protoplast**)가 얻어질 수 있다(그림 5.14c). 일반적으로, 원형질체는 꽤 쉽게 DNA를 도입하거나, 혹은 형질전환이 **electroporation**과 같은 특별한 기술에 의해 촉진된다. Electroporation 동안에 세포는 전기자극을 받아서 DNA 분자가 세포 속으로 통해 갈 수 있는 세포막의 기공을 일시적으로 형성시킨다고 생각된다. 형질전환 이후에 원형질체는 절단효소를 제거하기 위해 헹구면 순간적으로 세포벽이 재형성된다.

지금까지 기술한 형질전환 체계에 반해, DNA를 세포 속으로 도입하는 물리적인 방법이 두 가지 있다. 첫째는 미세주입(**microinjection**)인데, 이 방법에서는 DNA 분자를 형질전환될 세포의 핵으로 직접 주입하기 위해 매우 작은 피펫을 사용한다(그림 5.15a). 이러한 기술은 초기에는 동물 세포에 적용되었지만, 식물 세포에도 연속적으로 성공하였다. 두 번째 방법은 DNA로 입혀진 금 혹은 텅스텐 입자를 지닌 고점도

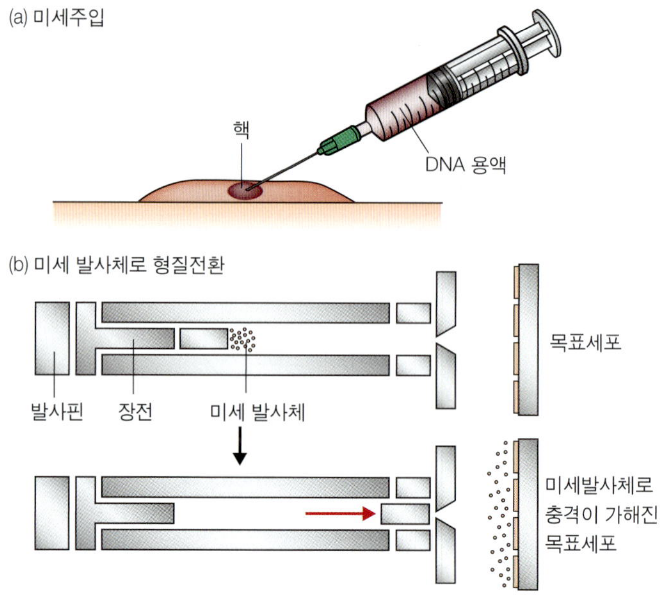

그림 5.15
DNA를 세포로 도입시키는 두 가지 물리적인 방법.

microprojectile로, 세포에 충격(bombardment)을 가한다. 이러한 microprojectile이 입자총으로부터 세포로 발사된다(그림 5.15b). 이러한 특별한 기술을 **biolistics**라 하며, 수많은 다른 형태의 세포에 이용된다.

5.4.2 생명체의 형질전환

동물과 식물에서 원하는 최종생성물은 형질전환된 세포가 아니라 형질전환된 생명체이다. 곡류와 목초와 같은 단자엽식물에 대해서 재생 과정을 개발하는 데는 문제가 있을지라도 식물들은 비교적 쉽게 배양된 세포로부터 재생된다. 그러므로, 형질전환된 식물 세포 하나가 형질전환된 식물이 될 수 있으며, 모든 세포가 클론된 DNA를 보유하며 개화와 씨앗 형성 후에 클론된 DNA를 그 후대에 전달하게 된다. 물론, 동물은 배양세포로부터 재생될 수 없기 때문에 형질전환된 동물을 얻기 위해서는 보다 더 미묘한 접근이 요구된다. 쥐와 같은 포유류에 적용되는 표준기술은 나팔관에서 수정된 난자를 제거하여 DNA를 미세주입한 후 형질전환된 세포를 모체의 생식기로 재주입시키는 것이다. 우리는 14장에서 형질전환 동물을 얻기위한 이러한 방법들에 대해 보다 자세히 알아볼 것이다.

Further reading

FURTHER READING

Aich, P., Patra, M., Chatterjee, A.K. *et al*. (2012) Calcium chloride made *E. coli* competent for uptake of extraneous DNA through overproduction of OmpC protein. *Protein Journal*, **31**, 366–373. [Describes the effect of calcium chloride on *E. coli* cells and how this treatment might stimulate DNA uptake.]

Calvin, N.M. and Hanawalt, P.C. (1988) High efficiency transformation of bacterial cells by electroporation. *Journal of Bacteriology*, **170**, 2796–2801.

Capecchi, M.R. (1980) High efficiency transformation by direct microinjection of DNA into cultured mammalian cells. *Cell*, **22**, 479–488.

Hammcr, R.E., Pursel, V.G., Rexroad, C.E. *et al*. (1985) Production of transgenic rabbits, sheep and pigs by microinjection. *Nature*, **315**, 680–683.

Hohn, B. (1979) *In vitro* packaging of lambda and cosmid DNA. *Methods in Enzymology*, **68**, 299–309.

Kaestner, L., Scholz, A., and Lipp, P. (2015) Conceptual and technical aspects of transfection and gene delivery. *Bioorganic and Medicinal Chemistry Letters*, **25**, 1171–1176. [Details of all the various methods that can be used to introduce DNA into animal cells.]

Klein, T.M., Wolf, E.D., Wu, R., and Sanford, J.C. (1987) High velocity microprojectiles for delivering nucleic acids into living cells. *Nature*, **327**, 70–73. [Biolistics.]

Lederberg, J. and Lederberg, E.M. (1952) Replica plating and indirect selection of bacterial mutants. *Journal of Bacteriology*, **63**, 399–406.

Mandel, M. and Higa, A. (1970) Calcium-dependent bacteriophage DNA infection. *Journal of Molecular Biology*, **53**, 159–162. [The first description of the use of calcium chloride to prepare competent E. coli cells.]

Rosenberg, S.M., Stahl, M.M., Kobayashi, I., et al. (1985) Improved in vitro packaging of coliphage lambda DNA: a one-strain system free from endogenous phage. *Gene*, **38**, 165–175.

Chapter 6

대장균의 클로닝 벡터

Chapter contents

CHAPTER CONTENTS

이제까지 유전자 클로닝에 포함된 기본적인 실험 기법을 기술하였다. 3, 4, 5장에서는 DNA가 세포 추출물에서 어떻게 정제되는가, 재조합 DNA 분자가 시험관 속에서 어떻게 구축되는가, DNA 분자가 살아 있는 세포 속으로 어떻게 재도입되는가, 재조합 클론이 어떻게 구별되는가를 살펴보았다. 이제는 분자생물학자에게 필요한 벡터의 범위를 고려하고, 각 형태의 성질과 용법을 이해하기 위해서 클로닝 벡터 그 자체를 더욱 상세하게 살펴본다.

가장 큰 다양성을 가진 클로닝 벡터는 숙주 유기체로서 대장균(*E. coli*)을 사용한다. 이 박테리아가 지난 60년에 걸쳐서 기본 연구에 중심적인 역할을 했다는 것을 고려하면 놀라운 일이 아니다. 미생물, 생화학, 대장균의 유전학에 관해 존재하는 놀랄만한 정보는 실제적으로 유전자 구조와 기능의 모든 기초 연구가 실험적인 유기체로서 이 박테리아를 가지고 수행되어 왔다는 것을 의미한다. 최근에는 유전자 클로닝과 분자생물적 연구가 상호 협동적이 되었고, 유전자 클로닝에 있어서의 도약은 연구에 자극제가 되었으며, 연구의 필요성이 새롭고 더 정교한 클로닝 벡터의 개발을 촉진시켰다.

이 장에서는 가장 중요한 형태의 대장균 클로닝 벡터를 기술하고, 대표적인 분자의 구체적인 용법을 강조할 것이다. 7장에서는 효모, 진균류, 식물류, 동물류 등의 클로닝 벡터에 대해 다룰 것이다.

6.1 대장균 플라즈미드에 기초한 클로닝 벡터

가장 간단한 클로닝 벡터 그리고 유전자 클로닝에서 가장 많이 쓰이는 클로닝 벡터는 작은 박테리아 플라즈미드에 근거하고 있다. 다수의 다른 플라즈미드 벡터가 대장균(*E. coli*)에 사용이 가능하며, 많은 것을 상업적으로 구할 수 있다. 그것들은 높은 형질전환 효율, 형질전환체와 재조합 분자들에 대한 편리한 선별표식자, 비교적 큰 DNA 단편(약 8 kb까지)을 클론하는 능력 등과 같은 바람직한 성질들과 정제의 용이함도 있다. 가장 일반적인 유전자 클로닝 실험은 이러한 플라즈미드 벡터들을 사용하는 것이다.

개발된 최초의 벡터 중 하나는 pBR322이며, 이것의 형질전환체 선택과 재조합 분자 확인의 일반원리에 대해 5장에서 소개하였다. 비록, pBR322가 최근에 사용되는 클로닝 벡터들의 정교한 특징들이 부족하고 연구에 많이 사용되고 있지 않더라도, 이것은 플라즈미드 클로닝 벡터의 중요하고 기본적인 특징들을 설명하고 있다. pBR322를 더 상세하게 살펴보면서 대장균 플라즈미드 벡터에 대한 학습을 시작할 것이다.

6.1.1 플라즈미드 클로닝 벡터의 명명법

이름 'pBR322'는 벡터 명명법의 기본 규칙에 일치한다.

- 'p'는 플라즈미드(plasmid)를 나타낸다.
- 'BR'은 벡터가 처음으로 구축된 실험실을 나타낸다(BR은 pBR322를 개발한 두 연구자인 Boliver와 Rodriguez의 약자이다).
- '322'는 이 플라즈미드를 같은 실험실에서 개발된 다른 것들과 구분하는 것이다(pBR325, pBR327, pBR328 등과 같은 플라즈미드도 있다).

6.1.2 pBR322의 유용한 성질

pBR322의 유전적인 지도는 이 플라즈미드가 왜 이렇게 대중적인 클로닝 벡터가 되었는지를 보여준다(그림 6.1).

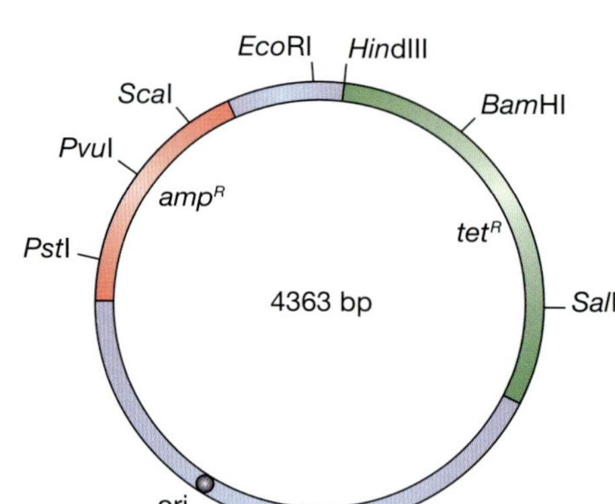

그림 6.1
엠피실린(ampicillin) 저항성(*amp^R*)과 tetracycline 저항성(*tet^R*) 유전자의 위치, 복제의 시작점(ori), 가장 중요한 제한 부위의 선택을 보여주는 pBR322 지도.

pBR322의 첫 번째 유용한 특징은 그 크기이다. 2장에서, 정제하는 동안 DNA 파괴와 같은 문제를 피하기 위해 클로닝 벡터의 크기가 10 kb 이하여야 한다고 기술하였다. pBR322의 크기는 4363 bp인데, 이는 벡터 그 자체가 쉽게 정제될 수 있다는 것뿐만 아니라 재조합 DNA 분자가 pBR322를 가지고 구축될 수 있다는 것을 의미한다. 첨가되는 DNA의 크기가 6 kb일지라도 재조합 분자는 여전히 다룰만한 크기가 될 것이다.

5장에서 기술한 것처럼, pBR322의 두 번째 특징은 항생제 저항 유전자 두 세트를 지니고 있다는 것이다. Ampicillin, 혹은 tetracycline 저항은 플라즈미드를 포함하는 세포에 대해 선별표식자로써 사용될 수 있으며 각 표식자 유전자는, 클로닝 실험에 사용될 수 있는 독특한 제한 부위를 가지고 있다. *Pst*I, *Pvu*I 혹은 *Sca*I으로 절단된 pBR322 속으로 새로운 DNA를 삽입하는 것은 amp^R 유전자를 비활성화시키며, 8개의 제한효소 중 어느 하나에(명백하게 *Bam*HI와 *Hin*dIII) 삽입하는 것은 tetracyclin 저항성을 비활성화시킨다. 삽입 비활성화에 사용될 수 있는 제한 부위의 이런 대단한 다양성은 pBR322가 여러 가지 종류의 sticky 말단을 가진 DNA 단편을 클론시키는데 사용될 수 있다는 것을 의미한다.

pBR322의 세 번째 이점은 비교적 높은 사본수(copy number)를 가진다는 것이다. 일반적으로 형질전환된 대장균 세포에 존재하는 분자가 약 15개이지만, 이 숫자는 chloramphenicol과 같은 단백질 합성 억제제 존재하에서 플라즈미드 증폭에 의해 1000 내지 3000개까지 증가될 수 있다. 따라서, 대장균 배양은 재조합 pBR322 분자를 높은 수율로 제공할 것이다.

6.1.3 pBR322의 유래

클로닝 벡터로서, pBR322의 놀랄만한 유용성은 우연히 온 것이 아니다. 사실 플라즈미드는 최종 구축물이 이런 바람직한 성질을 가지는 방법으로 고안되었다. pBR322를 구축하는 데 사용된 개요는 그림 6.2a에 나타나 있다. 그 제작이 4장에서 기술한 완전하고 숙련된 DNA 조작 기술의 사용을 필요로 하는 힘든 작업인 것처럼 보일 수 있다. 이러한 조작의 결과가 그림 6.2b에 요약되어 있다. 이 그림에서, 사실 pBR322가 자연계에 존재하는 세 가지 다른 플라즈미드로부터 얻어진 DNA로 구성되어 있는 것을 볼 수 있다.

- 원천적으로 amp^R 유전자는 자연에 존재하는 대장균(*E. coli*)의 전형적인 항생제 저항성 플라즈미드인 플라즈미드 R1에 존재한다.
- tet^R 유전자는 두 번째 항생제 저항성 플라즈미드인 R6-5에서 얻어졌다.
- 숙주세포에서 벡터의 증식을 지시하는 pBR322 복제 시작점은 원천적으로 pMB1으로부터 얻어졌으며, pMB1은 콜리신 생성 플라즈미드 ColE1과 깊은 관계가 있다.

6.1.4 보다 정교한 대장균 플라즈미드 클로닝 벡터

pBR322는 1970년대 말에 개발되었고, 그 용법을 기술한 첫 번째 연구논문은 1977년

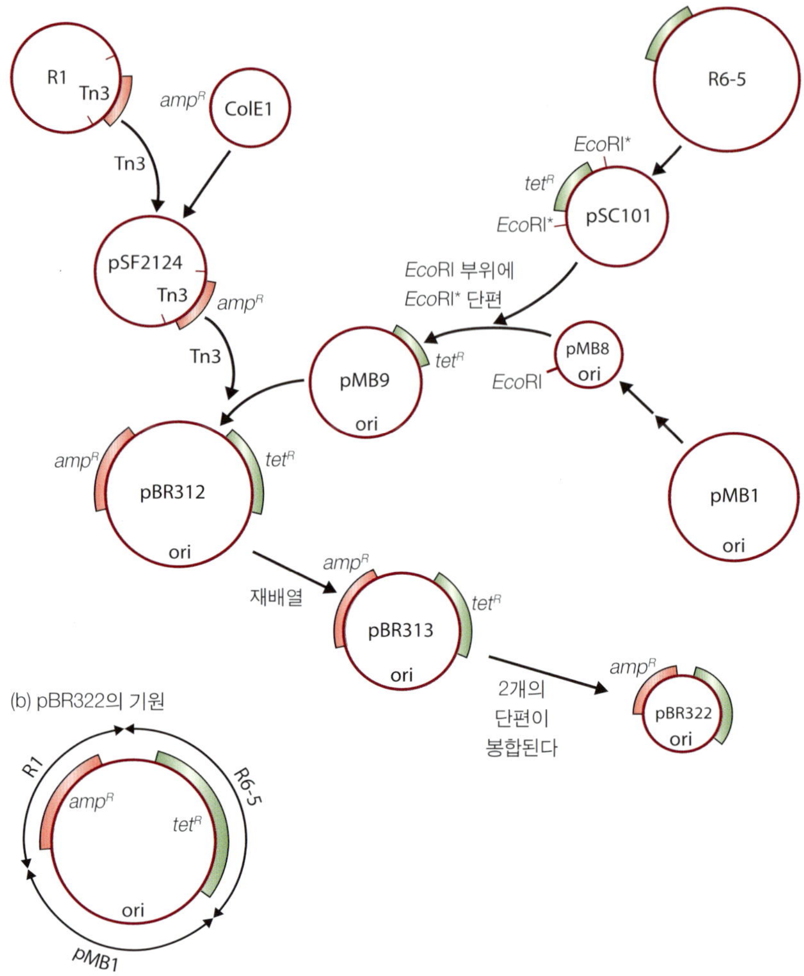

그림 6.2
pBR322의 계보. (a) pBR322 구축에 이용된 조작. *amp*^{R} 유전자는 R1 플라즈미드에 있는 transposable element의 일종인 Tn3로부터 유래되었다. *tet*^{R} 유전자는 낮은 염농도에서 *Eco*RI으로 자른 pSC101으로부터 얻었다. 낮은 염농도는 제한효소의 특이성을 감소시켜서 GAATTC뿐만 아니라 TAATTC도 절단한다. 이러한 현상을 star activity라고 하며, TAATTC를 *Eco*RI* site라고 한다. (b) pBR322의 기원의 요약.

에 발간되었다. 그때 이후로 다른 많은 플라즈미드 클로닝 벡터가 만들어졌으며, 그림 6.2a에서 요약한 것들과 유사한 조작에 의해 pBR322로부터 얻어졌다. 이것들 중 처음으로 만들어진 pBR327은 pBR322에서 1089bp 단편을 제거하여 만들어졌다. 이러한 제거는 *amp*^{R}과 *tet*^{R} 유전자는 그대로 두었지만, 결과로 만들어지는 플라즈미드의 복제력과 접합력을 변화시켰다. 그 결과로, pBR327은 두 가지 중요한 점에서 pBR322와 다르다.

- 복제 기능의 변화, 즉 pBR327은 pBR322보다 높은 사본수를 가지는데, 대장균 세포 하나당 약 30~45개의 분자가 존재한다. 플라즈미드의 수율에 관한 이것은 커다란 차이가 아니다. 왜냐하면, 두 플라즈미드 모두 1,000개 이상까지 사본수를 증폭할 수 있기 때문이다. 그렇지만, 일반 세포에서 pBR327의 높은 사본수는 실험의 목적이 클론된 유전자의 기능 연구에서 이 벡터가 보다 적당하게 된다. 이러한 경우에는 클론된 유전자의 사본이 많을수록 숙주세포에서 클론된 유전자의 효과를 검출하기가 더 쉬워지므로, 유전자의 양이 중요해진다.

- 또한, 이러한 제거는 pBR322의 접합력을 파손시켜서 pBR327 자신을 다른 대장균 세포로 이동할 수 없는 비접합 플라즈미드로 만든다. 이것은 생물학적 오염(biological containment)에 있어서 중요한데, 재조합 pBR327이 시험관에서 이탈되어 부주의한 분자생물학자의 장에 있는 박테리아를 콜로니화(colonizing)하는 등의 가능성을 막아 준다. pBR322 또한 이런 현상의 가능성을 최소화할 수 있는 안전장치가 있을지라도, 이론적으로는 접합에 의해서 일반적인 대장균에 옮겨질 수 있다.

비록, pBR327이 pBR322처럼 사용되고 있지 않더라도 이것의 특징들은 현재 사용되고 있는 플라즈미드에 전달되었다. 많은 벡터들이 있지만, 이것들을 다 설명하는 것은 의미 없는 것이다. 다음 두 개의 예시만으로도 가장 중요한 특징을 설명하는 데 충분할 것이다.

pUC8-Lac 선택 플라즈미드

이 벡터는 베타-갈락토시데이즈(β-galactosidase) 유전자의 삽입 비활성화에 의한 재조합 분자의 확인을 기술할 때 5장에서 언급하였다. 복제 시작점과 *amp*^{R} 유전자만 남아 있을지라도 pUC8(그림 6.3a)은 pBR322에서 유래되었다. *amp*^{R} 유전자의 뉴클레오티드(nucleotide) 염기배열이 변화했기 때문에 더 이상 독특한 제한부위를 가지지 않는다. 즉, 이러한 모든 클로닝 부위는 pUC8의 *lacZ'* 유전자의 짧은 조각 속에 무리지어

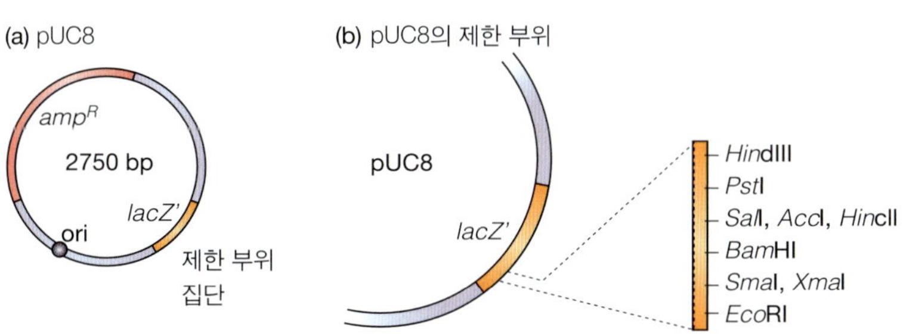

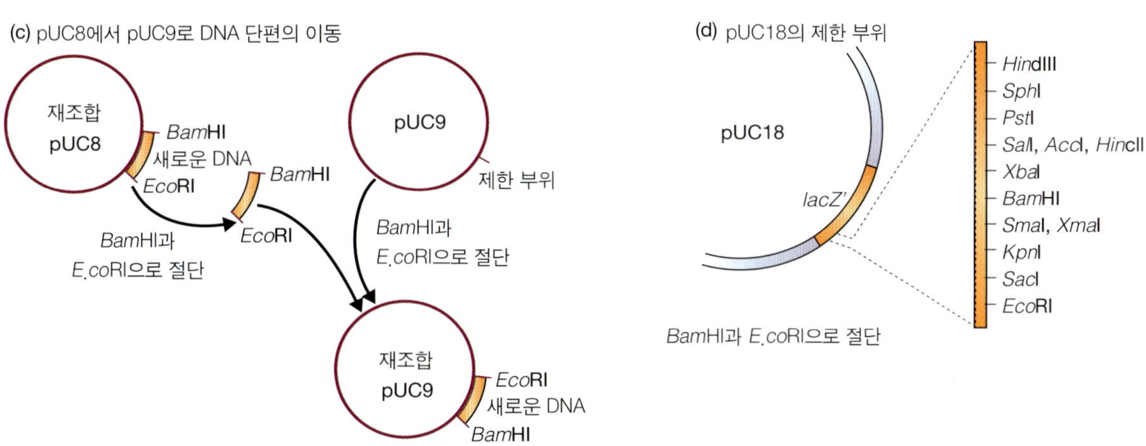

그림 6.3
pUC 플라즈미드. (a) pUC8의 구조. (b) pUC8의 *lacZ'* 유전자에 있는 제한 부위 집단. (c) pUC8과 pUC9 간 DNA 단편의 이동, 이것은 두 방향으로 클로닝할 수 있게 한다. (d) pUC18의 제한 부위 절단.

있다.

pUC8은 가장 많이 쓰이는 대장균 클로닝 벡터 중 하나가 되었던 두 가지 중요한 장점이 있다. 그중 하나는 우연한 일이었다. 즉, pUC8의 구축에 포함된 조작은 복제의 시작점 내에서 증폭 전에도 플라즈미드의 사본수가 500~700이 되게 하는 우연한 돌연변이에 의해 이루어졌다. 이것은 재조합 pUC8 플라즈미드로 형질전환된 대장균 세포로부터 얻어지는 클론된 DNA의 수율에 중요한 효과가 있다.

두 번째 장점은 재조합 세포의 확인이 한 단계, 즉 ampicillin과 X-gal을 포함하는 아가배지에 평판배양함으로써 이루어질 수 있다는 것이다. pBR322와 pBR327 모두에 대해서는 재조합 분자의 선택이 두 단계 과정이며, 하나의 항생제 배지로부터 다른 배지로 반복 평판배양이 필요하다. 그러므로, pUC8을 사용하는 실험은 pBR322와 pBR327에 필요한 시간의 절반 내에서 이루어질 수 있다.

Polylinker라고 불리는 클로닝 부위의 집단은 pUC8 플라즈미드가 만들어졌을 때, *lacZ'* 유전자를 파괴하지 않고 기능이 있는 β-galactosidase를 만들 수 있게 reading frame을 유지하도록 설계되었다. pUC8에 있는 polylinker는 벡터에서는 발견되지 않는 9개의 제한효소 자리를 가진다(그림 6.3b). 이러한 제한 부위가 무리지어 있기 때문에 다른 두 개의 sticky 말단(예를 들면, 한쪽은 EcoRI, 다른 쪽은 *Bam*HI)을 가진 DNA를 linker 부착과 같은 부수적인 조작 없이 클로닝할 수 있다.

pUC8은 클로닝 부위만 다른 벡터의 집단 중 하나이다. 이 집단의 두 번째 벡터인 pUC9은 pUC8과 같은 polylinker를 가지고 있지만, 반대 방향으로 *lacZ'* 유전자에 삽입되어 있다. 그러므로, 이 두 개의 벡터는 앞 방향과 antisense RNA를 만들 수 있는 뒷 방향으로 DNA를 클로닝할 때 이동될 수 있다(그림 6.3c). 다른 pUC 벡터들은 다른 조합의 제한효소 자리를 가지고 있으며, 다양한 종류의 DNA가 클로닝될 수 있게 해준다.

pGEM3Z−클론된 DNA의 생체외 전사

pGEM3Z(그림 6.4a)는 pUC 벡터와 아주 유사하다. 즉, amp^R과 *lacZ'* 유전자를 운반하는데, *lacZ'* 유전자는 제한 부위 집단을 포함하며 크기는 거의 똑같다. 차이점은 pGEM3Z는 두 개의 여분 DNA 짧은 단편을 가지고 있으며, 이들 각각은 RNA 중합효소의 부착에 대한 인식 부위로서의 역할을 한다. 이러한 두 개의 프로모터(**promoter**)의 염기배열은 새로운 DNA를 pGEM3Z 분자로 도입하는 데 사용한 제한 부위 집단의 양쪽 편에 놓여 있다. 이것은 만약 재조합 pGEM3Z 분자가 시험관 내에서 정제된 RNA 중합효소와 혼합된다면, 전사가 일어나서 클론된 단편의 RNA 사본체가 합성된다는 것을 의미한다(그림 6.5b). 생성된 RNA는 hybridization probe로 사용될 수 있거나, RNA 가공 과정을 연구하는 실험(예를 들면, intron의 제거) 혹은 단백질 합성에 필요할지도 모른다.

pGEM3Z와 이런 형태의 다른 벡터에 의해 운반되는 프로모터는 대장균 RNA 중합효소에 의해 인식되는 표준 염기배열은 아니다. 그 대신에 프로모터 중 하나는 T7

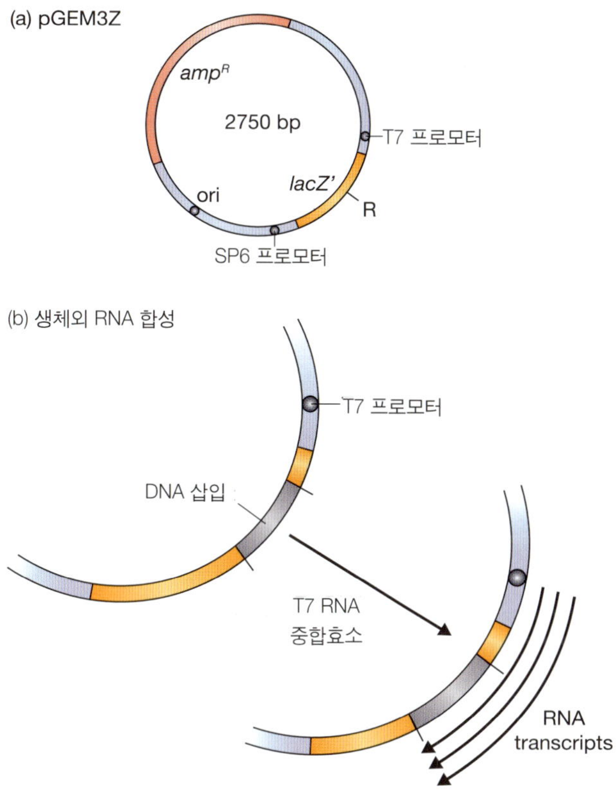

그림 6.4
pGEM3Z. (a) 벡터의 지도. (b) 생체외 RNA 합성. R은 *Eco*RI, *Kpn*I, *Ava*I, *Sma*I, *Bam*HI, *Xba*I, *Sal*I, *Acc*I, *Hinc*II, *Pst*I, *Sph*I 그리고 *Hind* III에 해당하는 제한 부위 집단.

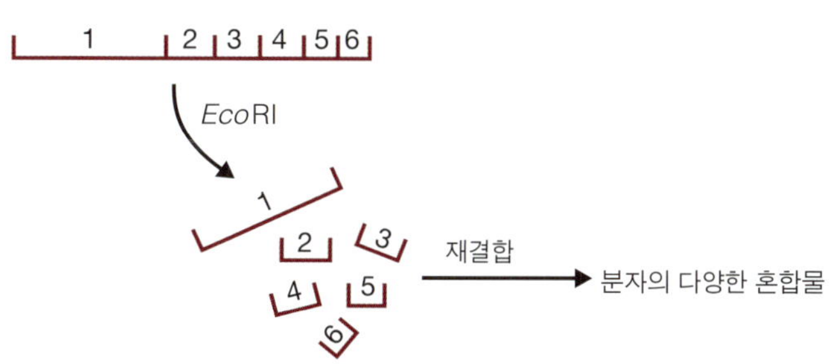

그림 6.5
λ DNA는 거의 모든 제한효소에 대해 다중 인식 부위를 가지고 있다.

박테리오파아지에 의해 유전암호를 갖는 RNA 중합효소에 대하여 특이성을 가지고 있으며, 다른 하나는 SP6 파아지의 RNA 중합효소에 대하여 특이성을 가지고 있다. 이러한 RNA 중합효소는 대장균이 파아지에 감염되었을 때 합성되며, 파아지 유전자들의 전사를 담당한다. 이러한 파아지 중합효소는 활력이 매우 높기 때문에 생체 외 전사에 이용된다. 전체 용균성 주기(lytic cycle)가 20분이기 때문에 파아지 유전자들은 매우 빠르게 전사된다는 것을 기억하라. 파아지 RNA 중합효소들은 1 μg DNA로부터 5~10 μg RNA를 합성할 수 있다. 이것은 대장균 효소에 의해 생성되는 것보다 양이 많다.

6.2 λ 박테리오파아지에 기초한 클로닝 벡터

플라즈미드 벡터뿐만 아니라, λ 박테리오파아지에 기초한 다양한 벡터들이 대장균에서 DNA 클로닝을 위해 개발되었다. 이러한 벡터의 이용은 너무 커서 플라즈미드 벡터에 의해 다룰 수 없는 5~25 kb DNA를 클로닝하는 것이다.

6.2.1 자연선택은 제한 부위가 없는 변형된 λ를 분리하는 데 사용되었다

클로닝 벡터의 필수 조건은 새로운 DNA를 삽입할 수 있는 제한 부위가 있어야 한다. 불행하게도, λ 유전체는 너무 크기 때문에 모든 제한효소 인식 부위가 1개 이상이다. 따라서 제한효소는 새로운 DNA를 삽입하기 위한 목적으로 정상 λ 분자를 절단하기 위해 사용할 수 없다. 왜냐하면, λ 분자는 활력이 있는 λ 유전체로 다시 결합되기가 쉽지 않은 여러 개의 작은 조각들로 절단되기 때문이다(그림 6.5). 이것은 새로운 벡터가 개발될 때 종종 부딪치는 문제이다. 단 하나 혹은 두 개의 부위를 제거할 필요가 있다면, 생체외 돌연변이 기법(*in vitro* mutagenesis)의 기술이 사용될 수 있다. 예를 들면, *Eco*RI 부위인 GAATTC는 효소에 의해 인식되지 않는 GGATTC로 바뀌질 수 있다. 그렇지만, 처음 λ 벡터가 개발 중에 있었을 때 생체외 돌연변이 기법은 환상이었으며, 오늘날 조차도 한

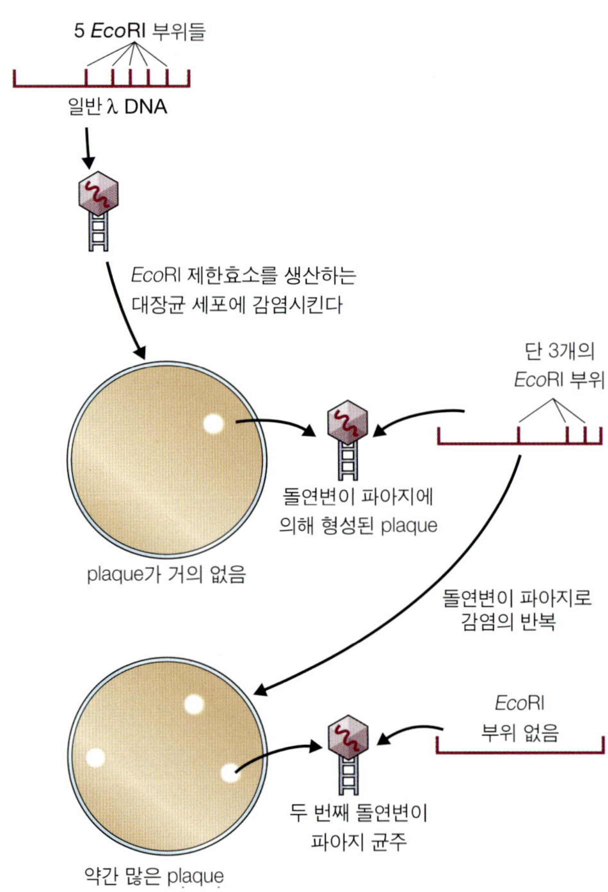

그림 6.6
*Eco*RI 제한 부위가 없는 λ 파아지를 분리하기 위해서 자연선택을 이용.

분자에 몇 개 이상의 부위를 바꾸는 데는 효과적인 방법이 아니다.

그 대신 원하지 않는 제한 부위가 없는 λ 균주를 제공하는 데는 자연선택이 사용된다. 자연선택은 *Eco*RI를 생산하는 대장균 균주를 숙주로 사용함으로써 수행될 수 있다. 세포로 들어오는 대부분의 λ DNA 분자는 제한효소에 의해 파괴될 수 있지만, 소수는 살아 남아 plaque를 형성한다. 이것들은 돌연변이 파아지일 것이며, 하나 혹은 그 이상의 *Eco*RI 부위가 자발적으로 없어진다(그림 6.6). 결과적으로, 몇 번의 감염 주기가 모든 혹은 대부분의 *Eco*RI 부위가 없는 λ 분자가 될 것이다.

6.2.2 λ 유전체 단편은 생존력을 손상시키지 않고 삭제될 수 있다

λ 클로닝 벡터가 처음 개발되었을 때 풀어야 할 두 번째 문제점은 파아지 외피 단백질의 용량이었다. λ DNA 분자는 단지 5%, 즉 3 kb의 새로운 DNA를 첨가시킬 수 있었다. 만약 DNA 분자의 전체 크기가 52 kb 이상이면, λ 머리 구조 속으로 조립될 수 없고, 감염 능력이 있는 λ 파아지는 만들어질 수 없다. 이것은 변형되지 않은 λ 벡터에 삽입될 수 있는 DNA의 크기를 제한한다(그림 6.7).

이 문제를 해결하기 위한 방법은 λ 유전체의 길이를 줄이기 위해 유전체 단편을 제거하는 것이다. 따라서 조립에 적당한 크기의 초과됨 없이 큰 조각의 새로운 DNA를 삽입할 수 있게 된다. 물론 이것은 제거되는 단편들이 클로닝 벡터의 복제에 필요한 유전자들을 포함하지 않는 것이 중요하다. 이때 λ는 DNA 복제 관련 유전자들뿐만 아니라 파아지 단백질 외피 조립에 관련된 유전자들 모두를 포함한다. 다행히도 λ 유전체에 있는 유전자들은 기능에 따라 함께 모여 있다. 예를 들면 외피 단백질에 관련된 모든 유전자들은 유전체 왼쪽에 위치해 있으며(그림 6.8), 용균성 감염주기(lytic cycle)에 필요한 유전자들은 오른쪽에 있다. 중앙부분에는 대장균 염색체에 λ prophage의 삽입과 제거에 관련된 유전자들 대부분이 위치한다. 그러므로 이 단편의 제거는 용

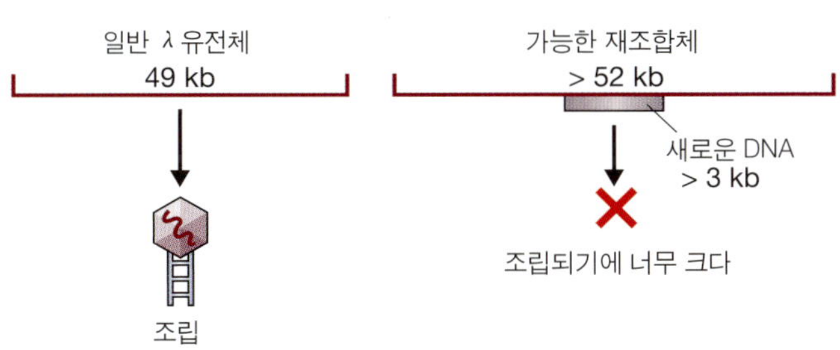

그림 6.7
파아지 머리로 조립되는 데 필요한 λ 유전체의 크기 제한.

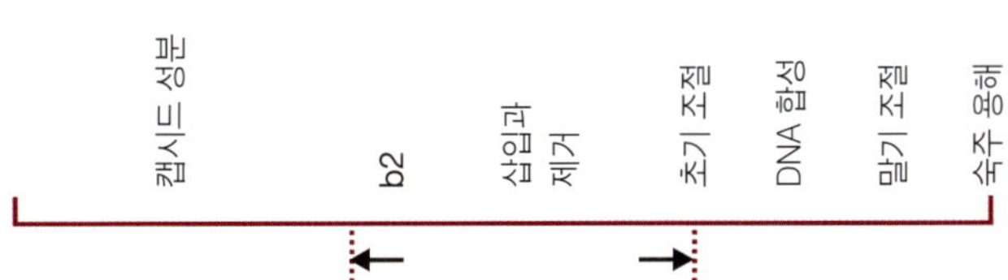

그림 6.8
λ 유전자 지도. 용균 감염주기를 따르는 파아지의 능력에 영향을 끼치지 않고 제거될 수 있는 비필수 지역의 위치를 보여준다. 그림 2.9 참조.

균성(lytic) 주기에는 영향을 미치지 않고 용원성(lysogenic) 주기에 관련된 능력들을 파괴한다, 파아지는 복제될 수 있으며 용원성 주기의 결손은 phage가 형성되기 전에 유도가 필요 없다는 것을 의미하는 장점이 있다.

그림 6.8에 보여준 지도에서 20번과 30번 사이에 비필수 지역이 위치한다. 이 부분의 제거는 λ 분자 크기를 15 kb 정도 감소시킨다. 이것은 새로운 DNA가 18 kb까지 첨가되어도 조립이 가능하다는 것을 의미한다.

6.2.3 삽입과 치환 벡터

조립(packaging)의 제약과 다중 제한 부위에 의해 제기된 문제가 해결되면서, λ를 기초로 한 다양한 클로닝 벡터가 개발되었다. 처음에 두 종류의 벡터가 개발되었는데, λ 삽입(**insertion**)과 λ 치환(**replacement** 혹은 **substitution**) 벡터이다.

삽입 벡터

삽입 벡터는 비필수 지역의 큰 단편이 제거되어 두 팔이 서로 연결되었다(그림 6.9a). 삽입 벡터는 새로운 DNA가 삽입될 수 있는 독특한 제한 부위를 적어도 하나는 가지고 있다. 각 벡터가 운반할 수 있는 DNA 단편의 크기는, 물론 비필수 지역이 얼마만큼 제거되었는가에 따라 다르다. 많이 쓰이는 두 개의 삽입 벡터는 다음과 같다.

- **λgt10**(그림 6.9b)은 8 kb까지의 새로운 DNA를 운반할 수 있으며, *c*I 유전자의 독특한 *Eco*RI 부위로 삽입된다. 이러한 유전자의 삽입 비활성화는 재조합 분자가 혼탁한 plaque가 아니라, 투명 plaque로써 확인된다는 것을 의미한다.
- **λZAPII**(그림 6.9c)는 폴리링커(polylinker) 내에 6개 중 어떤 제한 부위로 10 kb까지의 새로운 DNA를 삽입하면, 벡터가 운반하는 *lacZ′* 유전자가 비활성화된다. 재조합 분자는 X-gal 아가배지에서 파란색 plaque이 아니라 투명하다.

치환 벡터

λ 치환 벡터는 클로닝에 사용되는 제한효소에 대해 두 개의 인식 부위를 가진다. 이 부위는 클론되는 DNA에 의해 치환되는 DNA 단편이다(그림 6.10a). 종종 치환되는 단편(혹은 클로닝 은어로는 "**stuffer fragment**"라고 함)은 부가적인 제한 부위를 가지

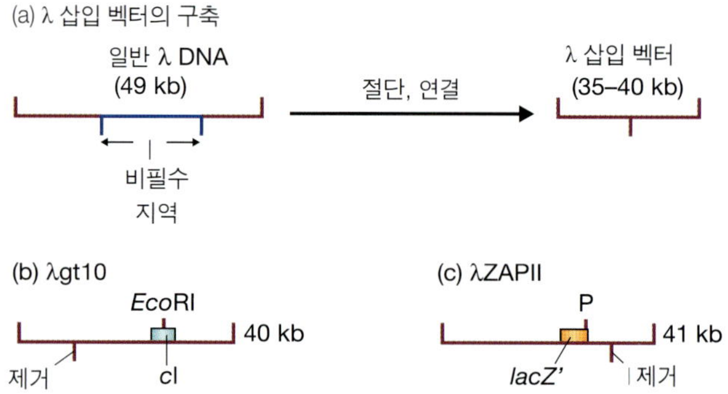

그림 6.9
λ 삽입 벡터. λZAP II의 *lacZ′* 유전자에 있는 폴리링커(polylinker) P는 *Sac*I, *Not*I, *Xba*I, *Spe*I, *Eco*RI, *Xho*I 등의 독특한 제한 부위를 가지고 있다.

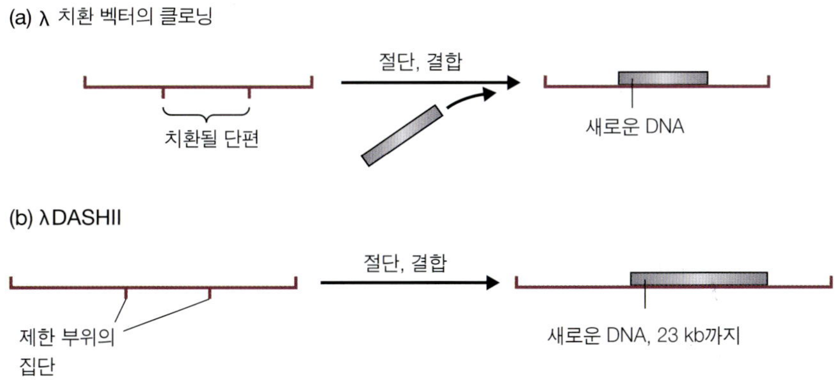

그림 6.10
λ 치환 벡터. (a) λ 치환 벡터의 클로닝. (b) λDASHII의 클로닝.

므로, 작은 조각으로 절단되어 클로닝 실험에서 자신의 재삽입은 거의 없을 것이다. 치환 벡터는 일반적으로, 삽입 벡터가 다룰 수 있는 것보다는 더 큰 DNA 단편을 운반하도록 고안되어 있다. 재조합체 선택은 크기에 기초하며, 비재조합 벡터는 너무 작아서 λ 파아지 머리에 조립될 수 없다.

치환 벡터의 예는 다음과 같다.

- **λDASHII**(그림 6.10b)는 양쪽에 여러 제한 부위를 가진 단편을 치환함으로써 9–23 kb의 삽입 DNA를 운반할 수 있다. 제한효소로 치환될 단편을 제거함으로써 다양한 sticky 말단을 가진 DNA 단편이 클론될 수 있다. λDASHII에서 재조합 DNA의 선별은 크기에 기초를 두거나 Spi 표현형을 이용할 수 있다. 삽입된 DNA의 양쪽에 T3와 T7 파아지의 promoter 염기서열이 있기 때문에 pGEM3Z에서와 같이 RNA 사본을 얻을 수 있다.

6.2.4 λ 삽입 혹은 치환 벡터로 클로닝 실험

λ 벡터의 클로닝 실험은 플라즈미드 벡터의 실험과 그 과정이 동일하게 진행된다. 즉, λ 분자가 제한효소로 절단되고, 새로운 DNA가 첨가되며, 혼합물이 봉합되어 이런 분자들이 반응능 대장균 숙주로 형질도입되는 데 사용된다(그림 6.11a). 이런 형태의 실험은 서로 수소 결합된 *cos* 부위를 가진 원형의 벡터를 필요로 한다.

여러 가지 목적에 꽤 만족시킬지라도 형질도입 과정은 실제적으로 효율적이지 않다. 만약 정제(refinement)를 한 두번 한다면, 다수의 재조합 분자가 얻어질 것이다. 첫 번째는 선형 벡터를 사용하는 것이다. 선형 벡터를 적절한 제한효소로 절단할 때, 두 단편, 즉 왼쪽 팔과 오른쪽 팔이 생성된다. 클론될 DNA와 왼쪽과 오른쪽 팔을 함께 혼합시켜서 재조합 분자가 구축된다. 봉합의 결과로, 왼쪽 팔-DNA-오른쪽 팔 순으로 여러번 반복되는 단위(concatamer)를 포함하는 여러 가지 분자 배열들이 된다(그림 6.11b). 만약 삽입되는 DNA의 크기가 정확하다면, 이러한 구조를 분리하는 *cos* 부위는 생체외 조립(*in vitro* packaging)에 알맞은 거리로 떨어져 있을 것이다. 그러므로, 재조합 파아지는 시험관에서 형성되고, 대장균을 감염시키는 데 이용될 수 있다. 특별히 생체외 조립 방법의 결과로 다수의 재조합 plaque가 형성된다.

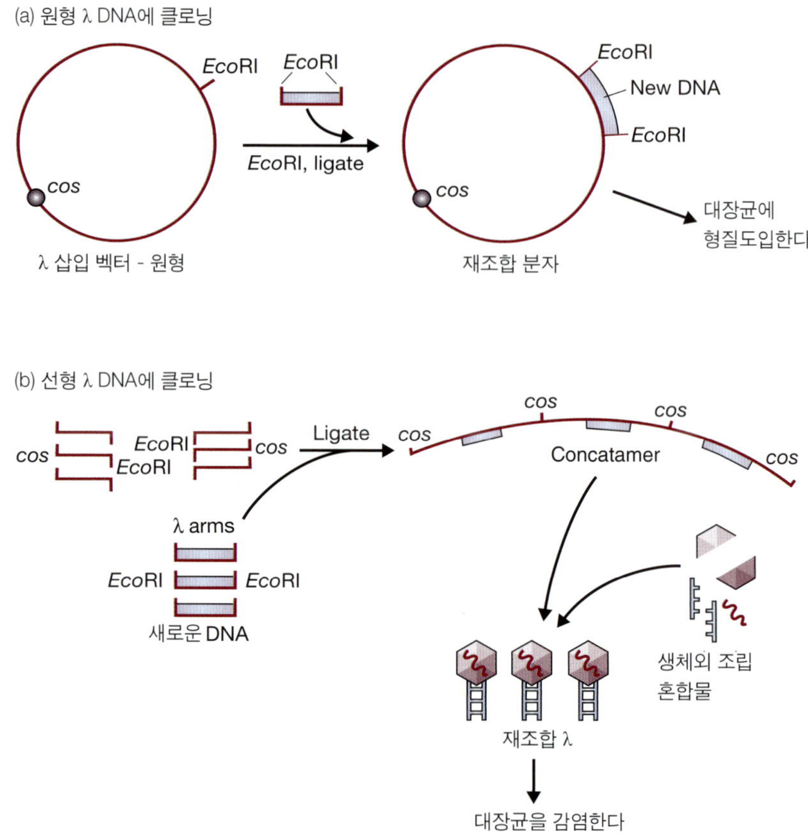

그림 6.11
λ 벡터 클로닝의 다른 전략. (a) 원형 λ의 이용. (b) 다수의 재조합 plaque을 얻기 위하여 λ 벡터의 왼쪽과 오른쪽 팔 사용과 생체외 조립(*in vitro* packaging).

6.2.5 긴 DNA 단편은 코스미드를 사용하여 클론할 수 있다

λ에 기초한 벡터의 가장 세련된 마지막 형태는 코스미드(**cosmid**)이다. Cosmid는 파아지 DNA 분자와 박테리아 플라즈미드의 혼성으로, λ DNA 분자를 파아지 단백질 외피로 조립하는 효소가 작용하기 위해서 *cos* 부위만 필요하다는 사실로부터 고안된다. 생체외 조립 반응은 λ 유전체에서도 일어나지만, 37~52 kb DNA에 의해 분리된 *cos* 부위를 가진 어느 분자에도 일어난다.

기본적으로, cosmid는 *cos* 부위를 가진 플라즈미드이다(그림 6.12a). 또한 ampicillin 내성 유전자처럼 선별표식자를 필요로 하며, 플라즈미드 복제 시작점(origin of replication)을 필요로 한다. 코스미드는 일부 λ 유전자를 갖고 있어서 plaque를 생성하지 못한다. 그 대신 플라즈미드 벡터처럼 선택배지에서 콜로니를 형성한다.

코스미드의 클로닝 실험은 다음과 같이 이루어진다(그림 6.12b). Cosmid는 독특한 제한 부위에서 절단되어 새로운 DNA 단편이 삽입된다. 제한효소의 부분 절단에 의해 이런 삽입된 단편들이 생성되는데, 전체 절단은 거의 변함 없이 코스미드에 클론되기에는 너무 작은 단편이 생성되기 때문이다. Concatamer가 생성될 수 있도록 연결이 이루어진다. 삽입된 DNA가 알맞은 크기라면, 생체외 조립(*in vitro* packaging)은 *cos* 부위를 절단하여 재조합 코스미드를 성숙된 파아지 입자 속으로

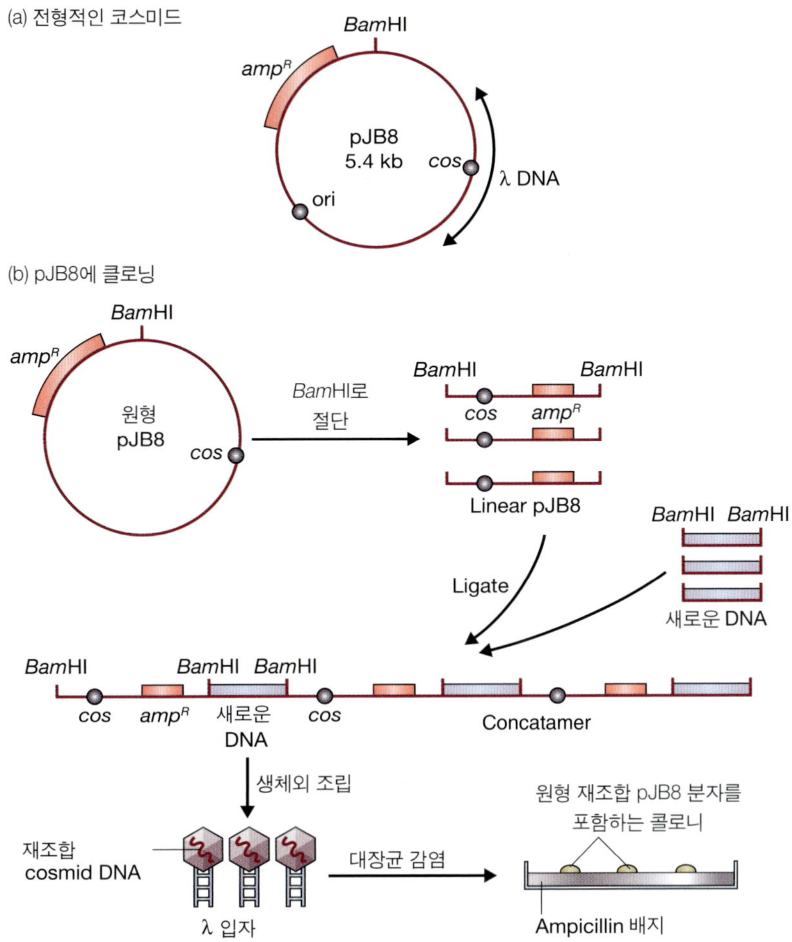

그림 6.12
전형적인 코스미드와 커다란 DNA 단편을 클론하는 데 사용되는 방법.

넣을 것이다. Plaque는 물론 형성되지 않을지라도 이러한 λ 파아지는 대장균을 감염시키는 데 사용된다. 감염된 세포는 선택배지에 평판배양되어 항생제 내성인 콜로니가 성장한다. 비재조합 선형 코스미드는 λ 머리로 조립하기에 너무 작기 때문에 모든 콜로니는 재조합체이다.

6.2.6 유전체 라이브러리를 구축할 수 있는 λ와 그 외 다른 고용량 벡터

모든 λ에 기초한 벡터의 주된 용도는 플라즈미드 벡터로 다루기에는 너무 긴 DNA 단편을 운반하는 것이다. λDASHII와 같은 치환 벡터는 23 kb까지의 새로운 DNA를 운반할 수 있으며, 어떤 코스미드는 40 kb까지의 단편을 운반할 수 있다. 이것은 대부분의 플라즈미드의 최대 삽입 크기가 약 8 kb라는 것과 비교된다.

이렇게 긴 DNA 단편을 클론하는 능력은 유전체 라이브러리(**genomic library**)의 제작을 가능하게 했다. 유전체 라이브러리는 각 유기체에 존재하는 모든 DNA를 포함하는 한 집합체의 재조합 클론이다. 예를 들면, 대장균(*E. coli*) 유전체 라이브러리는 모든 대장균 유전체를 포함하므로, 어떤 원하는 유전자라도 이 라이브러리에서 인출되어 연구될 수 있다. 유전체 라이브러리는 사본체를 실험실로 보내질 수 있도록 유지되고 몇 년 동안이나 보전될 수 있다.

얼마나 많은 클론들이 유전체 라이브러리에 필요한가라는 질문의 해답은 다음 식으로 계산될 수 있다.

$$N = \frac{\ln(1-p)}{\ln\left(1-\frac{a}{b}\right)}$$

여기서 N은 필요한 클론의 수, p는 어떤 주어진 유전자에 존재할 확률, a는 벡터로 삽입되는 DNA 단편의 평균 크기, 그리고 b는 유전체의 전체 크기이다.

표 6.1은 λ 치환벡터 혹은 코스미드를 사용하여 구축될 때 다양한 유기체의 유전체 라이브러리에 필요한 클론의 수를 보여준다. 수십만 개의 클론을 얻는 것이 결코 불가능하지 않으며, 원하는 유전자를 운반하는 클론을 확인하는 데 이용하는 방법이(8장) 많은 수의 클론을 다루는 데 적용될 수 있어서 이러한 크기의 유전체 라이브러리가 결코 비현실적이 아니다. 그렇지만, 유전체 라이브러리에 필요한 클론의 수를 감소시키는 방법을 계속적으로 강구하고 있다.

하나의 해결책은 더 큰 DNA를 삽입할 수 있는 새로운 클로닝 벡터를 개발하는 것이다. 지난 몇 년 동안, 이러한 영역의 발전은 F 플라즈미드에 기초한 인위 염색체(**bacterial artificial chromosome, BAC**)에 집중되었다. F 플라즈미드는 아주 크고, 이것으로부터 유래된 벡터는 일반 플라즈미드 벡터보다 큰 용량을 가진다. BAC은 300 kb 크기까지의 DNA를 삽입할 수 있으며, 인간의 유전체 라이브러리를 30,000클론까지

표 6.1

다양한 유기체의 유전자 라이브러리에 필요한 클론의 수

SPECIES	GENOME SIZE (bp)	NUMBER OF CLONES[a] 17 kb FRAGMENTS[b]	35 kb FRAGMENTS[c]
E. coli	4.6×10^6	810	390
Saccharomyces cerevisiae	1.2×10^7	2115	1030
Drosophila melanogaster	1.8×10^8	31 700	15 400
Rice	4.3×10^8	75 800	36 800
Human	3.2×10^9	564 000	274 000
Wheat	1.7×10^{10}	2 996 000	1 456 000

[a] Calculated for a probability (p) of 95% that any particular gene will be present in the library.

[b] Fragments suitable for a replacement vector such as λDASHII.

[c] Fragments suitable for a cosmid.

감소시킬 수 있다. 다른 고용량 벡터는 110 kb DNA를 캡시드(capsid) 구조에 끼워 넣을 수 있어서, λ보다 큰 장점을 가진 박테리오파이지 P1로부터 만들어졌다. P1에 기초한 코스미드 형태가 고안되었으며, 75 kb에서 100 kb 크기까지의 DNA 단편을 클론하는 데 사용되었다. P1 벡터와 BAC의 장점을 조합해서 만든 벡터는 300 kb까지 용량을 가지고 있으며, **P1-derived artificial chromosome(PAC)**라고 한다.

6.3 단일가닥 DNA 합성을 위한 클로닝 벡터

클로닝된 DNA에서 단일가닥을 제공할 수 있는 벡터는 과거에 중요했다. 1980년대와 1990년대에 사용된 DNA 염기서열 분석법은 초기 재료로 단일가닥 DNA를 요구했다. 지금 염기서열 분석법은 이중가닥 DNA를 사용하는 기술에 의해 대체되었다. 단일가닥 DNA를 합성하기 위해 1980년대와 1990년대에 고안된 특별한 벡터들은 아직 중요하다. 이러한 종류의 DNA는 phage display(13.2.2절)와 생체외 돌연변이 기법과 같은 특별한 기술에 이용된다(11.3.2절).

6.3.1 M13 박테리오파아지에 기초한 벡터

첫 번째 단일가닥 DNA 벡터는 M13 박테리오파아지를 기반으로 했다. 일반 M13 유전체의 길이는 6.4 kb이고, 대부분은 파아지 복제에 필요한 10개의 유전자로 채워져 있다(그림 6.13). 이러한 유전자들을 파괴하지 않고 새로운 DNA를 삽입할 수 있는 507개 염기의 유전자 사이 공간이 있지만, 이 지역은 완전하게 남아 있어야 하는 복제 시작점을 포함하고 있다. 이것은 M13 유전체를 변형하기에는 제한된 공간이 존재한다.

M13 클로닝 벡터의 구축에 있어 첫 번째 단계는 유전자 사이 공간에 *lacZ'* 유전자를 도입하는 것이다. 이것으로 M13mp1이 만들어지며, 이것은 X-gal 아가배지에서 파란 plaque를 형성한다(그림 6.14a). 다른 종류의 클로닝 부위를 가진 일련의 M13 벡터를 만들기 위해 polylinker가 *lacZ'* 유전자에 삽입되었다(그림 6.14b).

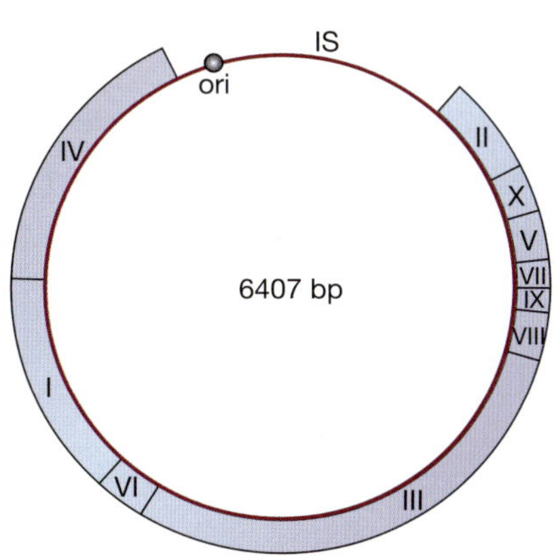

그림 6.13
유전자 I 부터 X까지의 위치를 보여주는 M13 유전체.

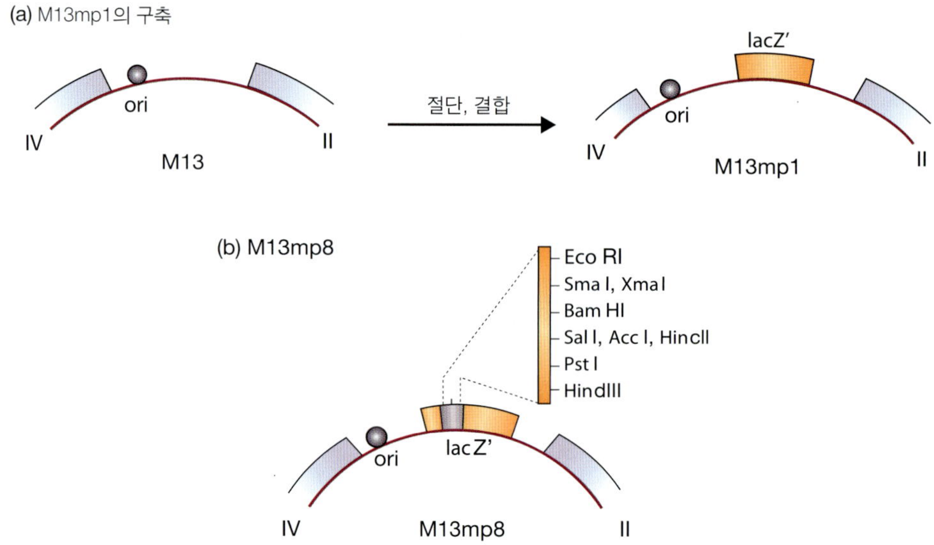

그림 6.14
M13 벡터. (a) M13mp1 구축. (b) pUC8과 같은 제한효소 자리를 갖는 M13mp8.

6.3.2 Hybrid 플라즈미드-M13 벡터

M13 벡터는 클론된 유전자의 단일사슬을 합성하는 데 유용할지라도 단점이 한 가지 있다. M13 벡터로 클론될 수 있는 DNA 단편의 크기에 한계가 있다는 것이다. 3 kb 이상의 단편이 때때로 클론되기도 했지만, 일반적으로 최대용량이 1500 bp이다. 이러한 문제를 피하기 위해 M13 유전체의 일부를 플라즈미드 DNA와 결합시켜서 많은 새로운 벡터(**phagemids**)를 개발시켜 왔다.

pEMBL8이 그 예이며(그림 6.15a), 이것은 M13 유전체의 1300 bp 단편을 pUC8로 전이시켜서 만들어진다. M13 DNA의 이러한 단편은, 새로운 파아지 입자의 분비(secretion) 전에 보통 이중사슬 M13 분자를 단일사슬 DNA로 바꾸는 효소에 인식되는 신호 염기배열을 포함한다. 이러한 신호 염기배열은, M13 유전체의 나머지 부분으로부터 떼어 내더라도 여전히 기능을 한다. 그래서 pEMBL8 분자는 또한 단일사슬 DNA로 전환되고 결합 있는 파아지 입자로 분비된다(그림 6.15b). pEMBL8 클로닝 실험의 숙주로 사용된 대장균 세포가, 필요한 복제효소와 파아지 외피 단백질을 제공하는 **helper 파아지**로서 역할을 하는 보통 M13과 연속적으로 감염되어야 한다.

pUC8에서부터 만들진 pEMBL8은 *lacZ′* 유전자 내에 폴리링커 클로닝 부위를 가지고 있기 때문에 재조합 plaque는 X-gal 아가배지를 사용하는 표준 방법으로 확인될 수 있다. pEMBL8에서 클론된 DNA 단편의 길이가 10 kb까지 단일사슬을 얻을 수 있으며, M13 클로닝의 범위를 굉장히 연장시켰다.

6.4 기타 박테리아의 벡터

Streptomyces, *Bacillus*, *Pseudomonas*와 같은 다른 종류의 박테리아에서도 클로닝 벡터가 개발되었다. 이러한 벡터들은 이 종들의 활력 및 유전자 기능과 같은 기초 연구와

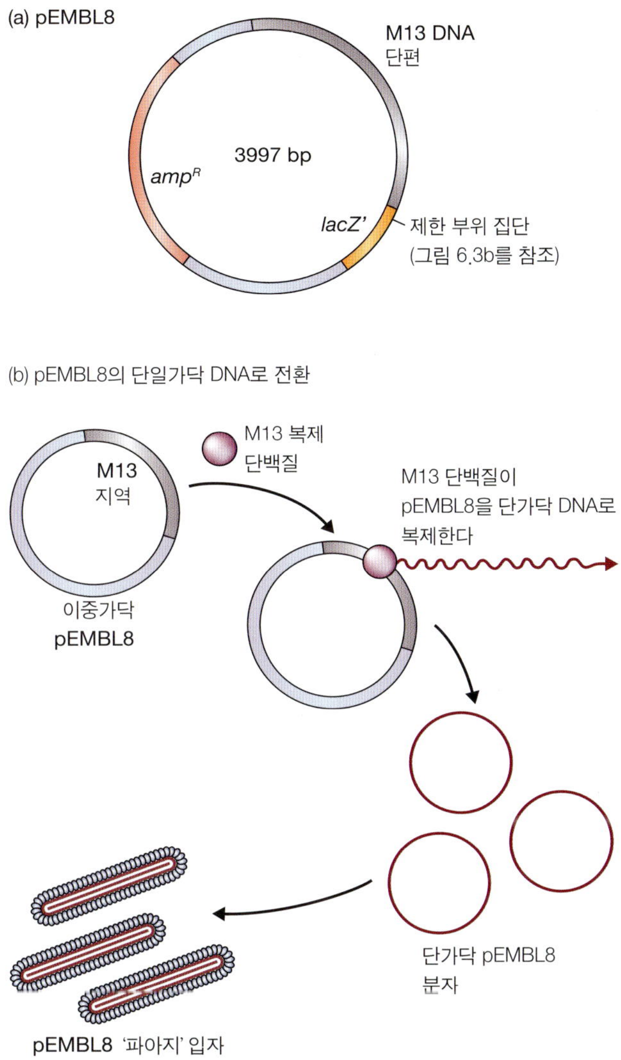

그림 6.15
pEMBL8: 혼성(hybrid) 플라즈미드-M13 벡터는 pEMBL8의 단일가닥 DNA로 전환된다.

재조합 단백질 생산을 위해 이용되었다. 재조합 단백질은 클론된 유전자로부터 합성되는 단백질을 뜻하며, 클로닝을 이용해서 사람의 질병을 치료하기 위한 약으로 사용될 단백질(예를 들면, 인슐린)을 대량으로 얻는다(14장 참조). 어떤 재조합 단백질들은 대장균에서 효율적으로 합성될 수 있기 때문에, 재조합 단백질 합성을 위해 원핵생물과 진핵생물 모두를 포함한 다른 종들이 이용되었다.

이러한 클로닝 벡터는 숙주 특이적 플라즈미드와 다양한 박테리아에서 복제할 수 있는 광범위 숙주 플라즈미드에 기초한다. 예를 들면, RK2 플라즈미드의 복제 시작점은 대부분 그람음성균에서 작용하며, 대장균뿐만 아니라 *Pseudomonas*에서 복제되는 클로닝 벡터에 이용된다. 그러므로, RK2 시작점을 갖고 있는 클로닝 벡터는 두 개의 다른 종에서 사용될 수 있는 shuttle 벡터이다. 유전자 클로닝 실험의 초기 단계, 즉 올바른 재조합 DNA를 확인하는 단계가 대장균에서 쉽게 수행될 수 있기 때문에 shuttle

벡터는 유용하다. 일단 원하는 클론을 얻었으면, 셔틀 벡터의 광범위 숙주 특성은 다른 종에 DNA 분자를 운반하는 데 이용될 수 있다.

박테리오파아지 또한 대장균이 아닌 박테리아의 클로닝 벡터로써 이용될 수 있다. 예를 들면, *Streptomyces*에서 일련의 클로닝 벡터로 개발된 SV1 파아지가 있다. SV1은 용원성 감염 주기에 관련된 유전자들을 제거하지 않은 용원성 파아지이다. SV1에 기초로 한 벡터들은 클론된 유전자가 *Streptomyces* 유전체에 삽입되기 위해 이러한 기능을 유지하고 있다. 이것은 많은 박테리아 복제가 일어난 후에도 숙주로부터 클론된 유전자를 잃어버릴 확률이 거의 없는 매우 안정된 형질전환체를 만든다. 유전자 클로닝의 목적이 귀중한 의료용 단백질을 만드는 재조합 박테리아를 얻는 것일 때 안정성은 매우 중요하다.

Further reading

FURTHER READING

Bolivar, F., Rodriguez, R.L., Green, P.J., *et al*. (1977) Construction and characterization of new cloning vectors. II. A multipurpose cloning system. *Gene*, **2**, 95–113. [pBR322.]

Choi, K.-H., Trunck, L.A., Kumar, A., *et al.* (2008) Genetic tools for *Pseudomonas*, in *Pseudomonas Genomics and Molecular Biology* (ed. P. Cornells), Caister Academic Press, Norfolk, pp. 65–86. [Describes cloning vectors for *Pseudomonas*.]

Fayed, B., Younger, E., Taylor, G., and Smith, M.C.M. (2014) A novel Streptomyces spp. integration vector, derived from the *S. venezuelae phage*, SV1. *BMC Biotechnology*, **14**, 51.

Iouannou, P.A., Amemiya, C.T., Garnes, J., *et al*. (1994) P1-derived vector for the propagation of large human DNA fragments. *Nature Genetics*, **6**, 84–89.

Melton, D.A., Krieg, P.A., Rebagliati, M.R., Maniatis, T., Zinn, K., and Green, M.R. (1984) Efficient in vitro synthesis of biologically active RNA and RNA hybridization probes from plasmids containing a bacteriophage SP6 promoter. *Nucleic Acids Research*, **12**, 7035–7056. [RNA synthesis from DNA cloned in a plasmid such as pGEM3Z.]

Sanger, F., Coulson, A.R., Barrell, B.G., et al. (1980) Cloning in single-stranded bacteriophage as an aid to rapid DNA sequencing. *Journal of Molecular Biology*, **143**, 161–178. [M13 vectors.]

Shiyuza, H., Birren, B., Kim, U.J., et al. (1992) Cloning and stable maintenance of 300 kilobase-pair fragments of human DNA in Escherichia coli using an F-factor-based vector. *Proceedings of the National Academy of Sciences of the United States of America*, **89**, 8794–8797. [The first description of a BAC.]

Sternberg, N. (1992) Cloning high molecular weight DNA fragments by the bacteriophage P1 system. *Trends in Genetics*, **8**, 11–16.

Yanisch-Perron, C., Vieira, J., and Messing, J. (1985) Improved M13 phage cloning vectors and host strains: nucleotide sequences of the M13mp18 and pUC19 vectors. *Gene*, **33**, 103–119.

Chapter 7

진핵 생물체의 클로닝 벡터

Chapter contents

CHAPTER CONTENTS

대부분의 클로닝 실험은 숙주로서 대장균을 사용하며, 가장 다양한 클로닝 벡터가 이 유기체에 유용하다. 클로닝 실험이 유전자 구조 및 기능과 같은 분자생물학의 기본 특징을 연구하는 것이 목적일 때, 특별히 대장균이 많이 사용된다. 그렇지만, 어떤 상황에서는 유전자 클로닝 실험에 다른 숙주가 사용되는 것이 바람직할지 모른다. 이것은 특별히 생명공학(14장)에 있어서는 사실이며, 생명공학은 유전자를 연구하는 것이 목적이 아니라, 재조합 단백질을 얻기 위해 혹은 유기체의 성질을 변화시키기 위해(예를 들면, 농작물에 제초제 저항성을 도입하는 것) 클로닝을 이용하는 것이 그 목적이다. 그러므로, 진핵 생물체를 위한 클로닝 벡터를 고려해야 한다.

7.1 효모와 그 외 다른 진균류의 벡터

효모 *Saccharomyces cerevisiae*는 생명공학에서 가장 중요한 유기체 중 하나이다. 양조와 제빵뿐만 아니라, 효모는 클론된 유전자로부터 중요한 제약품 생산에 숙주 유기체로도 사용되어 왔다. 효모에 대한 클로닝 벡터를 개발하는 것은 대부분의 *S. cerevisiae* 계통에(그림 7.1) 존재하는 플라즈미드의 발견에 의해 매우 촉진되어 왔다. 소위 2 μm 플라즈미드는 진핵세포에서 발견되는 아주 제한된 숫자의 플라즈미드 중의 하나이다.

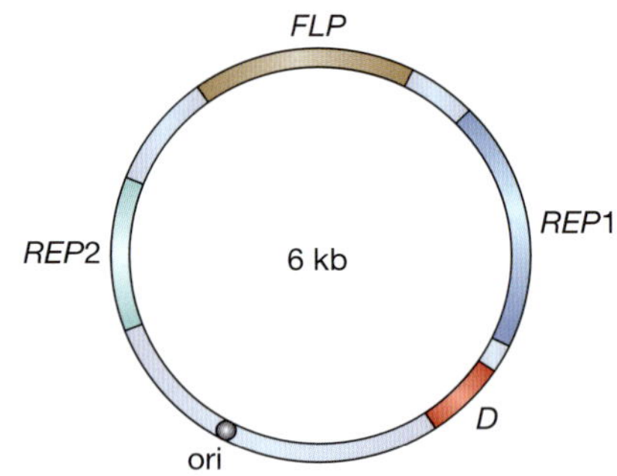

그림 7.1
효모 2 μm 원형 *REP1*과 *REP2*는 플라즈미드의 복제에 포함되고, *FLP*는 플라즈미드 A형(여기에 나타난 것)을 B형으로 전환하는 단백질에 대한 유전암호를 갖는다. B형은 유전자 순서가 분자내 재조합에 의해 재배열된다. *D*의 기능은 정확하게 알려져 있지 않다.

7.1.1 2 μm 플라즈미드의 선택표식자

사실 2 μm 원형은 매우 기본적인 클로닝 벡터이다. 그 크기는 벡터에 이상적인 6.3 kb이며, 약 60의 복사수로 효모 세포에 존재한다. 복제는 플라즈미드 시작점, 숙주세포가 제공하는 여러 가지 효소, 플라즈미드가 운반하는 *REP1*과 *REP2* 유전자에 의한 단백질을 이용한다.

그렇지만, 클로닝 벡터로써 2 μm 플라즈미드를 사용하는 데 있어 모든 것이 아주 간단한 것은 아니다. 첫째, 선택표식자에 대한 의문이다. 가장 최근의 효모 클로닝 벡터 중 하나 혹은 둘은 methotrexate와 구리와 같은 억제제에 저항성을 지닌 유전자를 가지지만, 대부분의 일반적인 효모 벡터는 근본적으로 다른 형태의 선택 시스템을 이용한다. 실제적으로 보통 효모 유전자가 이용되는데, 이것은 일반적으로 아미노산 생합성에 포함되는 효소에 대한 유전암호이다. 그중 한 예가 유전자 *LEU2*인데, 이것은 피루브산(pyruvic acid)을 루이신(leucine)으로 전환하는 데 포함된 효소 중의 하나인 β-isopropyl malate dehydrogenase에 대한 유전암호이다.

*LEU2*를 선택표식자로 사용하기 위해서는 특별한 종류의 숙주 유기체가 필요하다. 숙주는 비기능성 *LEU2* 유전자를 가진 영양요구체 돌연변이(auxotropic mutant)이어야 한다. 이와 같은 *leu2*⁻ 효모는 leucine을 합성할 수 없고, 이 아미노산이 성장배지에서 영양소로서 제공될 때만 살 수 있다(그림 7.2a). 형질전환체가 플라즈미드에 *LEU2* 유전자 복사를 포함하기 때문에 선택이 가능하며, 그 아미노산이 없을 때도 성장할 수 있다. 클로닝 실험에서 세포는 최소배지(minimal medium, 아미노산이 없는 배지)에서 평판 배양된다. 형질전환된 세포만이 살아 남아서 콜로니(colony)를 형성한다(그림 7.2b).

7.1.2 2 μm 원형에 기초한 벡터 - 효모 episome 플라즈미드

2 μm 원형에서 유도된 벡터를 효모 에피솜 플라즈미드(yeast episome plasmid) 혹은 YEp라 부른다. 어떤 YEp는 전체 2 μm 플라즈미드를 포함하고, 어떤 것은 2 μm 복제 시작점만을 포함한다. 후자 형태의 예가 YEp13이다(그림 7.3).

YEp13은 2 μm 복제 시작점과 선택성의 LEU2 유전자뿐만 아니라, 전체 pBR322 염기서열을 포함한다. 그러므로, YEp13은 셔틀(shuttle) 벡터이다. 효모와 대장균에서 복제될 수 있고, 선택될 수 있다. 형질전환된 효모 군락으로부터 재조합 DNA 분자를 회수하

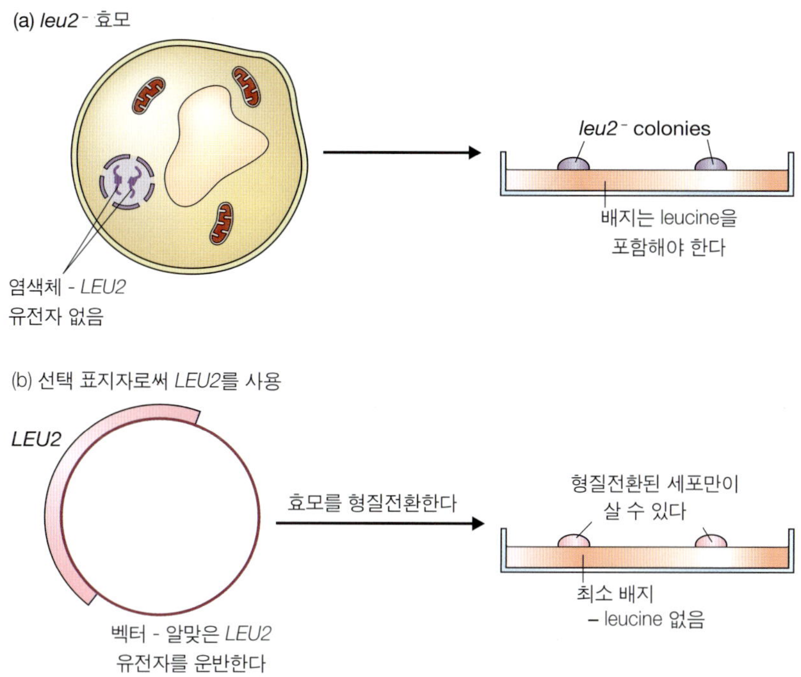

그림 7.2

효모 클로닝 실험에서 *LEU2* 유전자를 선택 표식자로 사용하는 것.

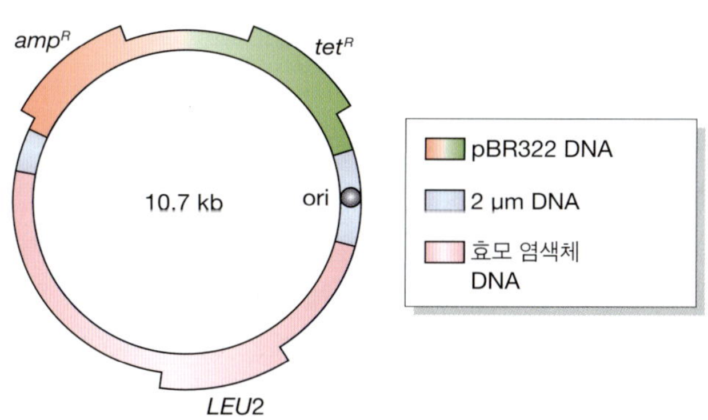

그림 7.3

효모 episome 플라즈미드 - YEp13.

기가 어렵기 때문에 대부분의 효모 클로닝 벡터들은 셔틀 벡터이다. 이것은 기본적으로 플라즈미드로서 효모 세포에 존재하는 YEp에 관한 문제가 아닌 다른 효모 벡터들에 관한 문제로, 이런 벡터들이 효모 염색체 중 하나로 삽입되어 정제가 불가능하다. 많은 클로닝 실험에서 올바른 구축이 DNA 염기배열 결정법에 의해 확인되기 위해서는 재조합 DNA의 정제가 필수적이므로, 정제가 불가능하다는 것이 단점이다.

그러므로, 효모에서 클로닝할 때, 표준 과정은 대장균에서 초기 클로닝 실험을 수행하고, 이 유기체에서 재조합체를 선택하는 것이다. 그러면 재조합 플라즈미드는 정제되고 특정화되어서 올바른 분자가 효모 속으로 도입된다(그림 7.4).

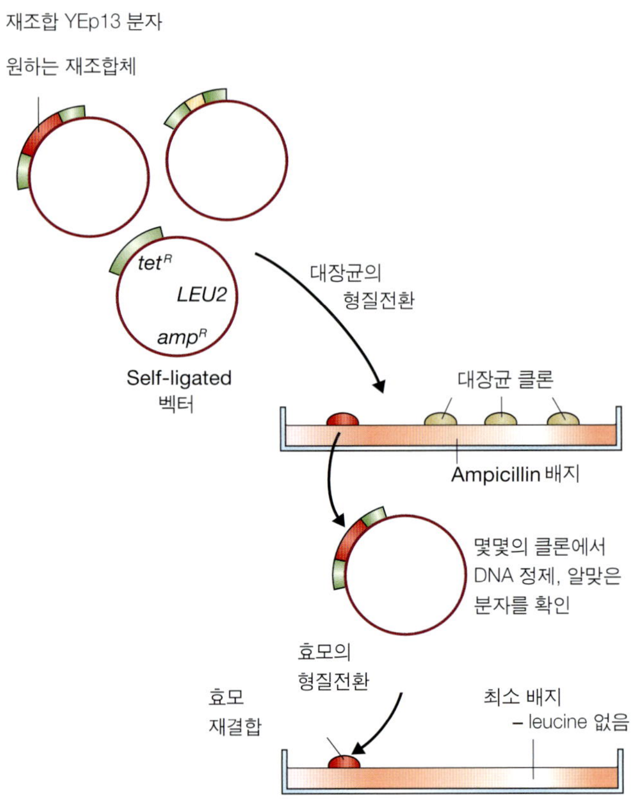

그림 7.4
YEp13과 같은 대장균 - 효모 셔틀 벡터의 클로닝.

7.1.3 YEp는 효모 염색체 DNA로 삽입될 수 있다

Episomal이란 용어는 YEp가 독립적인 플라즈미드로서 복제할 수 있다는 것을 나타내고, 또한 효모 염색체 중 하나로 삽입이 일어날 수 있다는 것을 의미한다. 선택 표식자로서 벡터에 운반된 유전자가 효모 염색체 DNA에 존재하는 유전자의 돌연변이형과 매우 유사하기 때문에 삽입이 일어난다. 예를 들면, YEp13에서 플라즈미드의 *LEU2* 유전자와 효모 돌연변이형 *LEU2* 유전자 사이에서 재조합이 일어날 수 있으므로, 전체 플라즈미드가 효모 염색체 중 하나로 삽입이 일어난다(그림 7.5). 플라즈미드가 삽입된 채 남아 있거나 혹은 그 이후의 재조합 과정에서 다시 제거될 것이다.

7.1.4 다른 형태의 효모 클로닝 벡터

YEp들 이외에 효모에 사용하는 몇 가지 다른 형태의 클로닝 벡터가 있다. 중요한 세 가지는 다음과 같다.

- 효모 삽입 플라즈미드(**yeast integrative plasmids, YIp**)는 기본적으로 효모 유전자를 운반하는 박테리아 플라즈미드이다. 한 예는 YIp5로, 이것은 *URA3* 유전자가 삽입된 pBR322이다(그림 7.6a). 이 유전자는 orotidine−5′−phosphate decarboxylase(pyrimidine nucleotide의 생합성 단계 중 하나를 촉매 반응시키는 효소)에 대한 유전암호를 가지며, *LEU2*와 똑같은 방법으로 선택표식자로 사용된다. YIp는

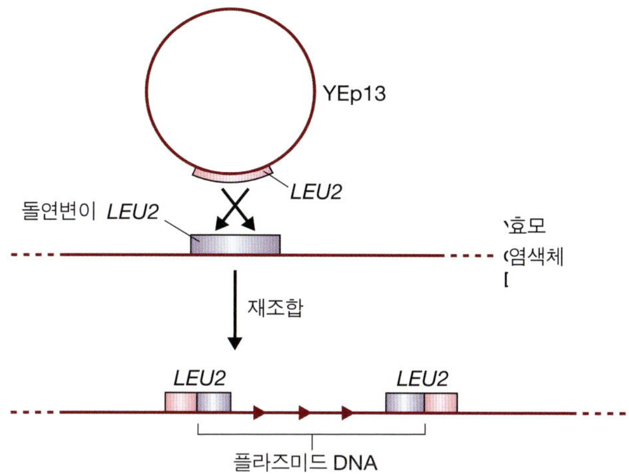

그림 7.5
플라즈미드와 염색체 *LEU2* 유전자 사이의 재조합이 YEp13을 효모 염색체 DNA로 삽입될 수 있다. 삽입 후에 *LEU2* 유전자의 두 사본이 있을 것이며, 보통 하나는 기능할 수 있고, 다른 하나는 돌연변이가 된다.

2 μm 원형의 어떤 부분도 포함하지 않기 때문에 플라즈미드로서 복제될 수 없지만, 효모 염색체 DNA로 삽입에 의존한다. 삽입은 YEp에 대해 기술한 것처럼 일어난다(그림 7.5).

- 효모 복제 플라즈미드(**yeast replicative plasmids, YRps**)는 독립적인 플라즈미드로써 번식할 수 있는데, 그 이유는 이들이 복제 시작점을 포함하는 염색체 DNA 염기배열을 가지고 있기 때문이다. 복제 시작점은 몇 가지 효모 유전자에 매우 가깝게 위치하는 것으로 알려져 있으며, 이러한 유전자 중 하나 혹은 둘은 선택 표식자로 사용될 수 있다. YRp7(그림 7.6b)은 복제 프라즈미드의 한 예이다. 이것은 pBR322와 효모 유전자 *TRP1*으로 이루어져 있다. 트립토판 생합성에 관여하는 이 유전

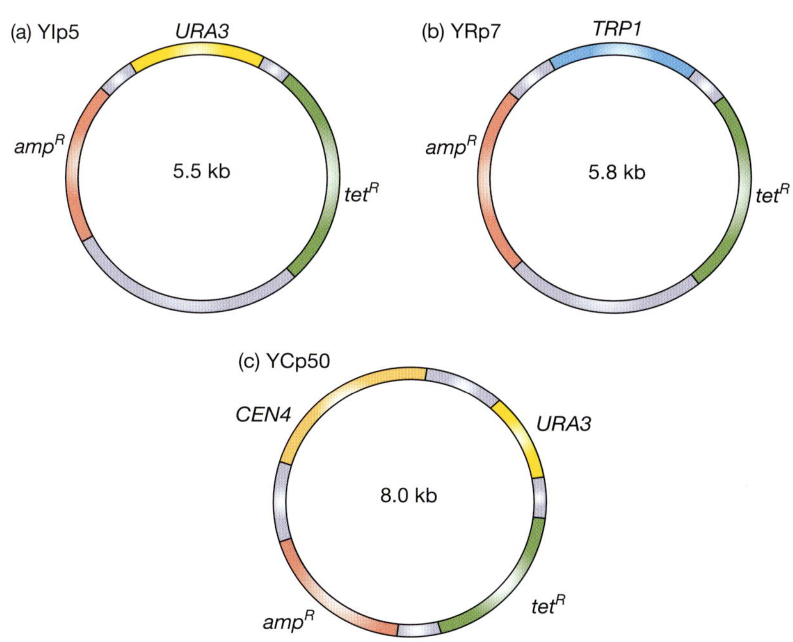

그림 7.6
3종류의 효모 클로닝 벡터.
(a) YIp5, (b) YRp7, (c) YCp50.

자는 염색체의 복제 시작점 옆에 위치한다. YRp7에 존재하는 효모 DNA 단편은 *TRP1*과 복제 시작점을 포함한다.

- 효모 동원체 플라스미드(yeast centromeric plasmids, YCps)는 복제시작점과 kinetochore가 형성되기 위해 효모 단백질이 결합하는 동원체 염기서열을 가지고 있다. Kinetochore는 세포가 분열할 때 딸핵으로 염색체를 당기는 방추사가 결합하는 부위로 작동한다. 그러므로, YCp는 효모 염색체에 삽입되지 않고 미니 염색체처럼 행동한다. 예를 들어, YCp50은 선택 표식자인 URA3 유전자, CEN4 염기서열을 포함하는 4번 염색체의 DNA 조각과 인근에 복제 시작점을 포함하고 있다(그림 7.6c).

특별한 클로닝 실험에 어떤 형태의 효모 벡터가 가장 적당한가를 결정할 때 고려해야 할 세 가지 인자가 있다. 그 첫 번째는 형질전환 빈도수(transformation frequency)로, 이것은 플라즈미드 DNA μg당 얻어질 수 있는 형질전환체의 수를 측정한다. 다수의 재조합 분자가 필요하거나 혹은 출발 물질 DNA의 양이 적다면 높은 형질전환 빈도수가 필요하다. YEp는 최고의 형질전환 빈도수를 가지며, μg당 10,000에서 100,000개의 형질전환된 세포를 제공한다. YRp도 꽤 많은 μg당 1,000에서 10,000개의 형질전환체를 만들지만, YIp는 μg당 1,000 이하의 형질전환체를 가지며, 특별한 과정이 사용되지 않는다면 1 내지 10개 밖에 되지 않는다. YIp의 낮은 형질전환 빈도수는 벡터가 효모세포에 유지될 때 염색체 삽입이 보다 적게 필요하다는 사실을 반영한다.

두 번째 중요 인자는 사본수이다. YEp와 YRp는 각각 20~50, 5~100의 높은 사본수를 가지는 반면, YCp와 YIp는 대개 세포당 단 하나의 사본수가 존재한다. 클론된 유전자로부터 단백질을 얻을 목적이라면 이러한 숫자는 중요하기 때문에, 유전자의 사본수가 많으면 많을수록 단백질 생성물의 기대되는 수율도 증가한다.

왜 YIp를 사용하고 싶을까요? 세포 당 한 개의 벡터를 갖는 낮은 형질전환 빈도 때문에 YIp는 클로닝 실험에서 나쁜 선택으로 보인다. YIp는 매우 안정된 재조합체를 만들기 때문이다. 염색체로 삽입되는 YIp의 손실이 매우 적게 일어난다. 반대로 YIp를 사용하면 세포가 분열할 때 일부 딸세포(약 1% 정도)는 YCp 벡터를 받지 못하므로 비재조합체가 된다. TRp 재조합체는 훨씬 더 불안정하다. 딸세포가 생성될 때 플라스미드는 모세포로 모여드는 경향이 있어서 딸세포는 벡터를 갖지 못한다. 2 μm 플라스미드에 대한 생물학적 이해가 높아져서 훨씬 안정한 YEp가 개발되었지만, YEp 재조합체도 위와 같은 문제에 직면해 있다. 그럼에도 불구하고 실험적 필요에 의해 배양액에서 오랫동안 재조합 효모세포가 클론된 유전자를 보존해야 한다면 YIp가 선택될 수 있는 벡터이다.

7.1.5 효모 내에서 대형 DNA 단편을 클론하는 데 인위 염색체가 사용될 수 있다

마지막으로 고려해야 할 효모 클로닝 벡터 형태는 YAC인데, 이것은 효모 인위 염색체(yeast artificial chromosome)의 약자로 유전자 클로닝에 대한 아주 새로운 접근이다. YAC는 기본적인 연구에서부터 염색체의 주요성분을 밝히는 작업인 진핵류 염색체의 구조에 이르기까지 다음과 같이 발달되어 왔다(그림 7.7).

- Centromere는 세포분열때 염색체가 딸세포에 정확하게 분배되도록 한다.
- 두 개의 telomere는 염색체의 말단구조로서, 두 말단이 정확하게 복제되는 데 필요하며, 또한 염색체가 엑소뉴클레이즈(exonuclease)에 의해 절단되는 것을 막는다.
- 복제 시작점은 플라즈미드 복제 시작점과 유사한, DNA 복제가 시작되는 염색체 상의 위치이다.

일단 이러한 방법으로 염색체 구조가 정의되어지면, 개개의 성분이 재조합 DNA 기술에 의해 분리되고, 시험관 속에서 다시 결합되어서 인위 염색체가 생성될 가능성이 생긴다. 천연 효모 염색체에 존재하는 DNA 분자는 길이가 수백 kb이므로, 어떤 다른 형태의 벡터가 운반할 수 있는 것보다 훨씬 큰 DNA 단편을 인위 염색체에 클론할 수 있을지도 모른다.

YAC 벡터의 구조와 용도

여러 개의 YAC 벡터가 개발되어 왔지만, 각각의 전형적인 예가 되는 pYAC3과 유사하게 구축된다(그림 7.8a). 언뜻 보면, pYAC3은 인위 염색체처럼 보이지 않지만 자세히 살펴보면 독특한 특징이 나타난다. pYAC3은 필수적으로 많은 수의 효모 유전자가 삽입된 pBR322 플라즈미드이다. 이러한 유전자 중 두 개는 *URA*3과 *TRP*1인데, 각각 YIp5와 YRp7의 선택 표지인자로 이미 공부했다. YRp7에서처럼, *TRP*1을 운반하는 DNA 단편은 역시 복제 시작점을 포함하고 있지만, pYAC3에서 이러한 단편은 더 연장되어 CEN4라 부르는 염기배열을 포함하고 있으며, *CEN*4는 염색체 4의 동원체 부위의 DNA이다. 그러므로, *TRP*1-시작점-*CEN*4 단편은 인위 염색체의 세 가지 성분 중 두 가지를 포함하고 있다.

세 번째 성분인 telomere는 *TEL*이라 부르는 두 가지 염기배열에 의해 제공된다. 그 자체는 완전한 telomere 염기배열이 아니지만, 일단 효모핵 내부에서는 telomere가 만들어질 종자 염기배열(seeding sequence) 역할을 한다. 이렇게 하면, 아직 언급하지 않은 pYAC3의 다른 부분인 *SUP*4가 남는데, *SUP*4는 사실 클로닝 실험때 새로운 DNA가 삽입되는 선택 표식자이다.

pYAC3의 클로닝 전략은 다음과 같다(그림 7.8b). 첫째, 벡터가 *Bam*HI과 *Sna*BI으로 제한(절단)하여 분자를 세 단편으로 절단한다. *Bam*HI 단편이 제거되어 두 팔이 남고, 각각은 하나의 *TEL* 염기배열과 하나의 *Sna*BI 부위에 접해 있다. 클론되는 DNA는 비접착 말단을 가져야만 하며(*Sna*BI은 비접착말단이며, 염기배열 TACGTA를 인식한다), 인위 염색체를 생성하는 두 팔 사이에 봉합된다. 원형질 형질전환이 인위 염색체를 효모로 도입하는 데 사용된다. 사용되는 효모 계통은 이중 영양요구 돌연변이체

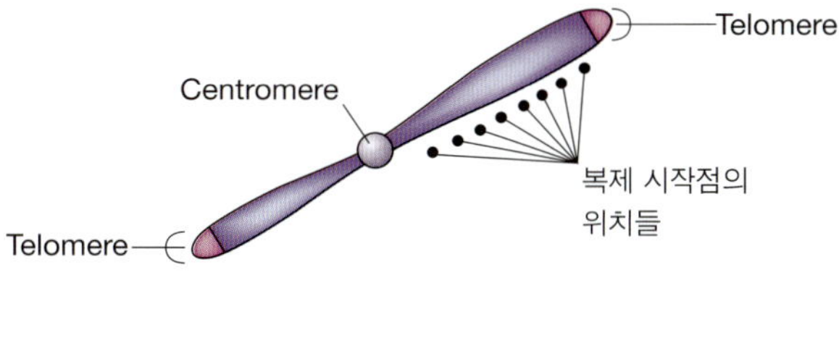

그림 7.7
염색체 구조.

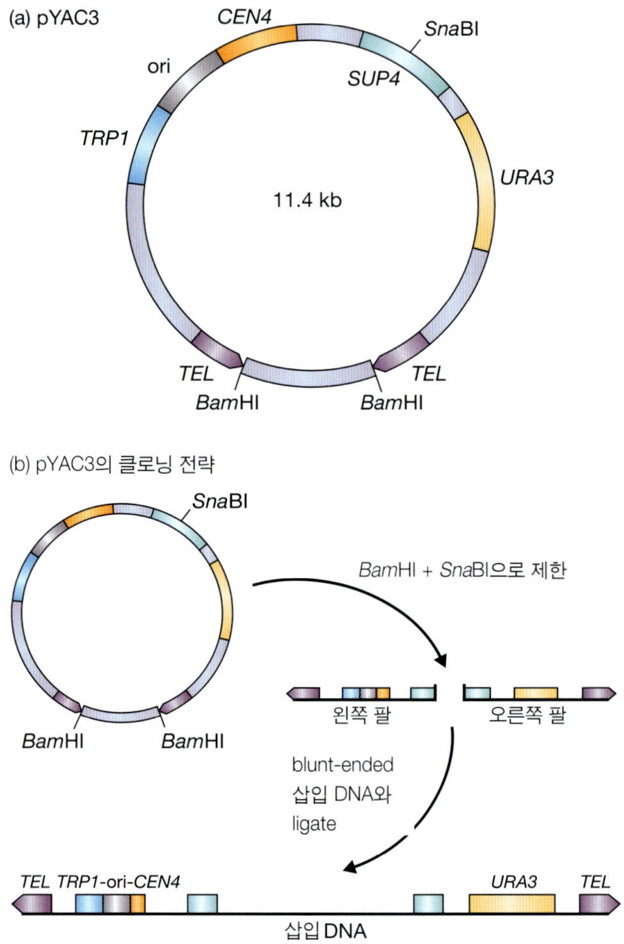

그림 7.8
YAC 벡터와 큰 DNA 단편을 클론하는 방법.

인 *trp1*⁻ *ura3*⁻이고, 이것은 인위 염색체에 있는 두 표지인자에 의해 *trp1*⁺ *ura3*⁺로 전환된다. 그러므로, 형질전환체는 최소배지에 평판 배양됨으로써 선택되며, 정확하게 구축된 인위 염색체를 포함하고 있는 세포만이 이 최소배지에서 성장할 수 있을 것이다. 각각 하나의 오른팔과 왼팔을 가지지 않고, 왼팔 두 개, 혹은 오른팔 두 개를 포함하는 잘못된 인위 염색체로 형질전환된 어떤 세포들도 표식자 중 하나가 없기 때문에 최소배지에서 성장할 수 없을 것이다. 벡터에 삽입되는 DNA의 존재는 *SUP4* 삽입 비활성화를 검사하여 확인될 수 있으며, 이것은 간단한 색상 검사로 이루어지는데, 흰 군락은 재조합체이고 붉은 군락은 비재조합체이다.

YAC 벡터의 응용

효모 유전학자들은 인위 염색체를 고안하는 데 처음으로 자극시켰으며, 이들은 염색체의 구조와 기능의 여러 측면을 연구하기 위해 인위 염색체를 사용하였으며, 예를 들면 감수분열(meiosis)때 염색체 분리를 시험하는 것이다. 이러한 실험은 인위 염색체가 효모세포에서 안정하게 번식할 수 있다는 것을 확립하였으며, 대장균 벡터에서 한 단편으로 클론되기에는 너무 긴 유전자에 대해 운반체로서 이것들을 사용할 수 있다는 가능성을 높였다. 사실 YAC은 지금까지 개발된 최고 용량의 클로닝 벡터이다. 일반적으로, 200–500 kb 단편을 클로닝하는데 사용되며, 1,000 kb까지도 클로닝할 수 있다. 몇 가지 중요한 포유동물의 유전자 길이는 100 kb 이상으로(예를 들면, 인간의 낭종성 섬유증 유전자는 250 kb), 가장 정교한 대장균 클로닝 체계를 제외하고는 모두의 용량을 벗어나지만 YAC 벡터의 범위에는 잘 맞다. 그러므로, 재조합 DNA 기술에 의한 분석이 과거에는 어려웠던 유전자 발현의 기능과 방식의 연구에 새 장을 열었다. 일반적으로, 유전자가 존재하는 유기체 내에서 기능적인 분석을 수행할 수 있도록 어떤 조건하에서 YAC가 포유동물 세포에서 번식할 수 있다는 발견이 최근에 이러한 실험에 새로운 차원을 제공해 준다.

유전자 은행의 생성에도 YAC은 똑같이 중요하다. 최고용량 대장균 벡터에서 300 kb 단편이 최대 삽입 크기이므로, 인간 유전자은행에 필요한 클론을 약 30,000개임을 기억하자. 그렇지만, YAC은 일상적으로 500 kb 단편을 클로닝하는 데 사용되며, 인간 유전자 은행의 크기를 19,000 클론까지 감소시킬 수 있다. 불행하게도, YAC은 삽입 안정성에 문제가 있어서 때때로 클론된 DNA가 분자내 재조합에 의해 재배열될 수도 있다. 그럼에도 불구하고, 인간 유전체 프로젝트(Human Genome Project)와 같은 대규모 DNA 염기배열 결정 프로그램에 사용되는 클론된 긴 DNA 단편을 제공하는 데 있어서 YAC은 막대한 가치가 있음이 확인되었다.

7.1.6 그 외 효모와 진균류의 벡터

다른 종의 효모와 진균류의 클로닝 벡터가 이러한 유기체의 분자생물학적인 기본 연구와 생명공학에 효모와 진균류의 사용 가능성을 넓히는 데 필요하다. 효모 2 μm 원형에 기초한 에피솜 플라즈미드는 소수의 다른 형태의 효모에서 복제할 수 있지만, 그 범위는 2 μm 벡디가 일빈적인 용도로 쓰일 만큼 충분히 넓지 않다. 이떤 경우에는 YIp와 같은 삽입 플라즈미드가 생명공학의 요구에 더 잘 맞는 것은 이것들이 오랜 기간 동안 만들어 낼 수 있는 안정한 재조합체를 제공하기 때문이다. 현재 유용한 삽입 벡터가 *Pichia pastoris*와 *Kluvermyces lactis* 같은 효모, 그리고 *Aspergillus nidulans*와 *Neurospora crassa* 같은 사상균류를 포함해서 수많은 종들에 사용된다. 재조합 단백질 생산을 위해 효모와 균류를 사용할 때 이러한 벡터들을 보다 자세히 알아볼 것이다.

7.2 고등식물의 클로닝 벡터

고등식물의 클로닝 벡터는 1980년대에 개발되었으며, 이 벡터의 이용으로 요즘 머리기사를 장식하는 유전자변형작물(**genetically modified (GM) crop**)을 만들었다. 16장에서 작물과 다른 식물의 유전자변형에 대해서 설명할 것이다. 여기서는 클로닝 벡터와 어떻게 이것들이 사용되는지를 알아볼 것이다.

고등식물에서 성공도(degree of success)가 다른 세 가지 형태의 벡터체계가 사용되어 왔다.

- 자연계에 존재하는 *Agrobacterium* 플라즈미드에 기초한 벡터.
- 식물 클로닝 벡터에 부착되지 않은 DNA 단편을 이용한 직접 유전자 전이.
- 식물 바이러스에 기초한 벡터.

7.2.1 *Agrobacterium tumefaciens* - 자연계의 가장 작은 유전공학자

고등식물에는 자연계에 존재하는 플라즈미드가 알려져 있지 않지만, *A. tumefaciens*의 Ti 플라즈미드인 박테리아 플라즈미드가 아주 중요하다.

*A. tumefaciens*는 많은 종의 쌍자엽식물에 근두암종(crown gall disease)을 일으키는 토양 미생물이다. 줄기의 상처를 통해 *A. tumefaciens* 박테리아가 식물에 침입할 때 근두암종이 생긴다. 감염 후에, 박테리아는 crown 부위에 줄기조직의 암적인 증식을 일으킨다(그림 7.9).

근두암종을 일으키는 능력은 박테리아 세포 내에서 Ti(Tumer Inducing) 플라즈미드의 존재와 관계가 있다. 이것은 감염 과정에 관여하는 수많은 유전자를 가진 대형(200 kb 이상) 플라즈미드이다(그림 7.10a). Ti 플라즈미드의 놀랄만한 특징은 감염 후, 분자의 일부분이 식물 염색체 DNA로 삽입된다는 것이다(그림 7.10b). **T-DNA**라 부르는 이러한 단편은 계통(strain)에 따라서 크기가 15에서 30 kb이다. 이것은 식물세포에 안정한 형태로 유지되며, 딸세포의 염색체에 삽입된 부분으로 전달된다. 그러나 Ti 플라즈미드의 가장 큰 특징은 T-DNA가 식물 세포에서 발현되는 8개 정도의 유전자를 보유하는 것으로, 이것은 형질전환된 세포의 암적인 성질과 관련되어 있다. 이러한 유전자는 또한 박테리아가 영양분으로 사용하는 opine이라 부르는 특이한 화합물의 합성을 지시한다(그림 7.10c). 요약하면, *A. tumefaciens*는 그 자체의 목적을 위해 식물 세포를 유전공학적으로 이용한다.

새로운 유전자를 식물 세포에 도입하기 위해 Ti 플라즈미드를 사용

Ti 플라즈미드가 새로운 유전자를 식물 세포로 운반하는 데 사용될 수 있다는 것은 매우 빠르게 인식되었다. 필요한 일의 전부는 새로운 유전자를 T-DNA에 삽입하는 것이다. 그러면 박테리아는 그것을 식물 염색체 DNA로 삽입하는 어려운 일을 할 수 있다. 실질적으로 이것은 꽤 까다로운 일인데, 왜냐하면 대형 크기의 Ti 플라즈미드를 조작하기 매우 어렵기 때문이다.

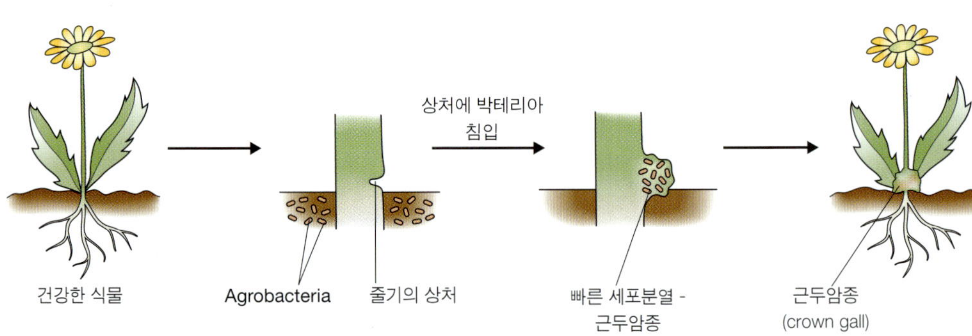

그림 7.9
근두암종(crown gall disease).

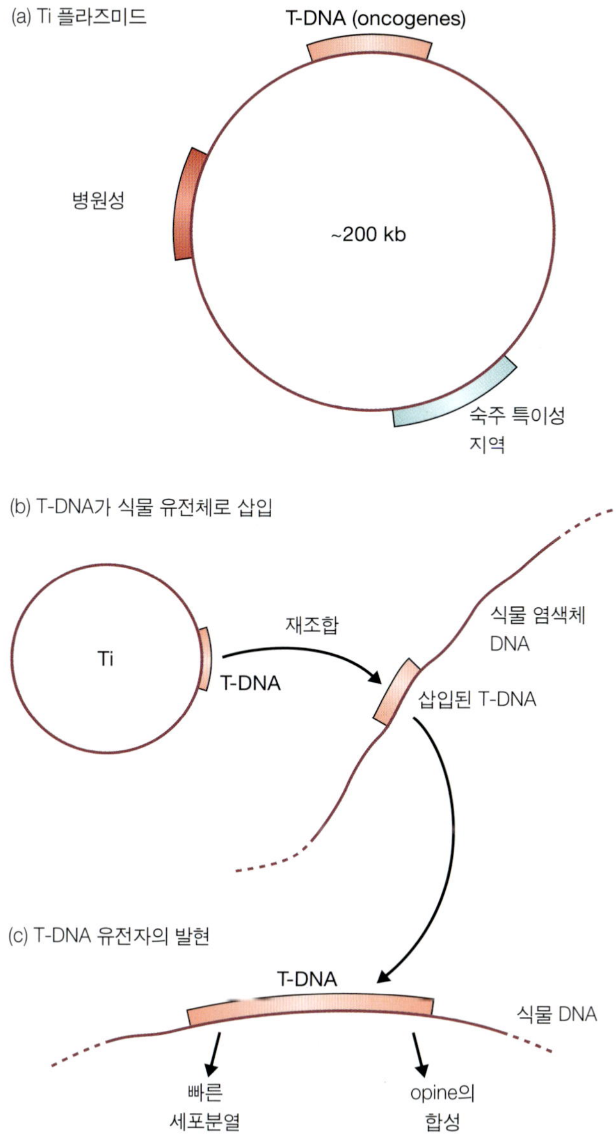

그림 7.10

Ti 플라즈미드와 *A. tumefaciens* 감염 후 식물 염색체 DNA로의 삽입.

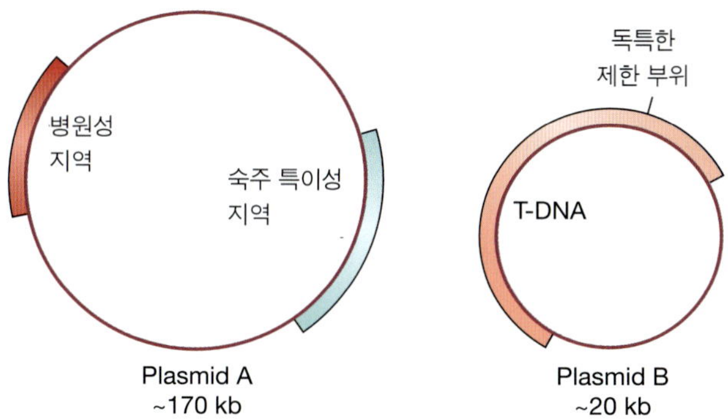

그림 7.11

복수 벡터 전략. 플리즈미드 A와 B가 동일한 *A. tumefaciens*에 함께 존재한다면, 이 둘은 서로 상보적이다. 플라즈미드 B에 의해 운반된 T-DNA는 플라즈미드 A가 지닌 유전자의 암호해독된 단백질에 의해 식물 염색체 DNA로 운반된다.

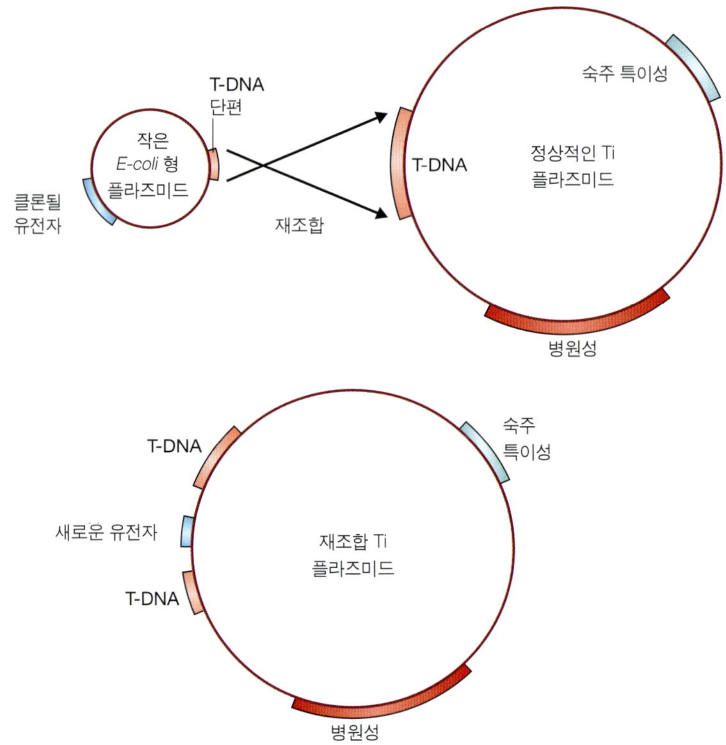

그림 7.12
동시삽입 전략.

물론 주된 문제는 크기가 200 kb인 플라즈미드에 독특한 제한 부위가 존재할 가능성이 거의 없고, 플라즈미드에서 *Bam*HI 인식 부위 한 개를 제외한 모든 제한 부위를 변형시키는 것이 어렵다는 것이다. 새로운 DNA를 플라즈미드로 삽입하는 새로운 전략들이 개발되어 왔으며, 일반적으로 사용되는 두 가지 방법은 다음과 같다.

- 복수 벡터 전략(**binary vector strategy**)(그림 7.11)은 T-DNA가 Ti 플라즈미드의 나머지 부분에 물리적으로 부착될 필요가 없다는 관찰에 기초한다. 비교적 작은 분자인 T-DNA와 플라즈미드의 나머지 부분으로 된 2개의 플라즈미드 체계가 식물세포를 형질전환하는 데 효과적이다. 사실 *A. tumefaciens*의 특정 계통과 관련된 아그로박테리아는 자연적인 복수 플라즈미드계이다. T-DNA 플라즈미드는 독특한 제한 부위를 가질 만큼 그리고 표준기술로 조작될 수 있을 만큼 충분히 작다.
- 동시삽입 전략(**co-integration stratgy**)(그림 7.12)은 pBR322 혹은 유사한 대장균 벡터에 기초한 전략으로 새로운 플라즈미드를 사용하지만, T-DNA의 작은 부분을 가지고 있다. 새로운 분자와 Ti 플라즈미드간의 상동(homology)은 동일한 *A. tumefaciens* 세포에 둘 다 존재한다면, 재조합에 의해 대장균 플라즈미드를 T-DNA 영역으로 삽입시킬 수 있다는 것을 의미한다. 그러므로, 클론되는 유전자는 작은 대장균 플라즈미드에 있는 독특한 제한 부위로 삽입되어 Ti 플라즈미드를 소유한 *A. tumefaciens* 세포로 도입되고, 새로운 유전자를 T-DNA로 삽입하기 위한 자연적인 재조합 과정만 남게 된다. 식물의 감염은 T-DNA의 나머지 부분과 함께 새로운 유전자가 식물 염색체로 삽입된다.

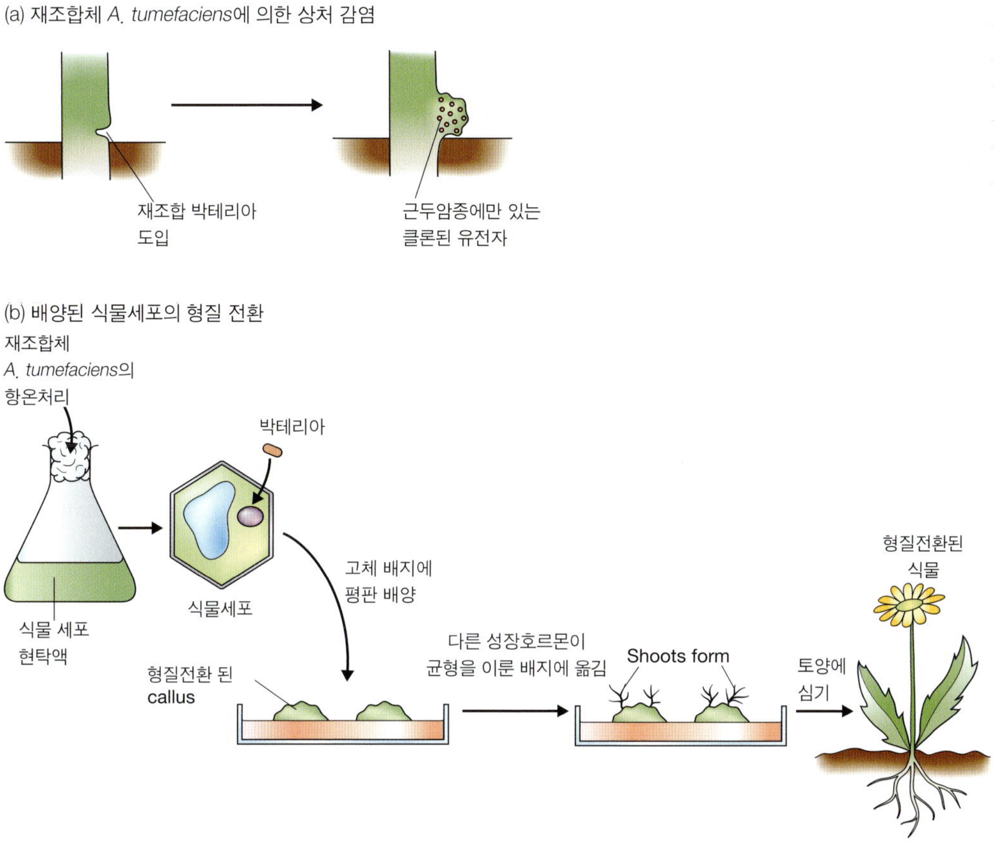

그림 7.13

재조합 *A. tumefaciens*에 의한 식물세포의 형질전환. (a) 상처의 감염: 형질전환된 식물세포는 근두암종에만 존재한다. (b) 세포 현탁액의 형질전환: 결과적으로 식물의 모든 세포가 형질전환된다.

Ti 플라즈미드에 의한 형질전환된 식물의 생산

유전공학적으로 조작된 Ti 플라즈미드를 소유한 *A. tumefaciens* 박테리아는 줄기에 있는 상처의 감염에 의한 자연적인 방법으로 식물로 도입되어, 결국 근두암종의 세포만이 클론된 유전자를 가지게 될 것이다(그림 7.13a). 이것은 생명공학자에게 명백하게 별 가치가 없다. 대신에 식물에 있는 모든 세포에 새로운 유전자가 도입되는 방법이 필요하다.

몇 가지 해결책이 있는데, 가장 간단한 것은 성장한 식물이 아니라 액체배지에 있는 원형질체 혹은 식물 세포의 배양액에 감염시키는 것이다(그림 7.13b). 세포벽이 재형성된 식물 세포와 원형질체를 미생물과 동일한 방법으로 처리할 수 있는데, 예를 들면 형질전환체를 분리하기 위해 선택배지에 평판배양시킬 수 있다. 형질전환된 세포에서 재생산된 성장한 식물은 모든 세포에 클론된 유전자를 포함할 것이며, 클론된 유전자를 자손에게 전달할 것이다. 그렇지만, 형질전환된 세포가 암적인 성질을 나타내지 않기 위해, Ti 벡터가 **disarmed**될 때만 형질전환된 식물이 재생산될 것이다. T-DNA에 있는 모든 암유전자는 감염 과정이 필요 없기 때문에 disarming이 가능하며, 감염성은 주로 Ti 플라즈미드의 병원성 지역(virluence region)에 의해 통제된다. 사실 감염에 관계되는 T-DNA의 일부분은 식물 DNA로 삽입되는 지역의 왼쪽과 오른쪽 경계에서 발견되는 두 개의 25 bp 반복 염기배열이다. 이러한 두 반복 염기배열

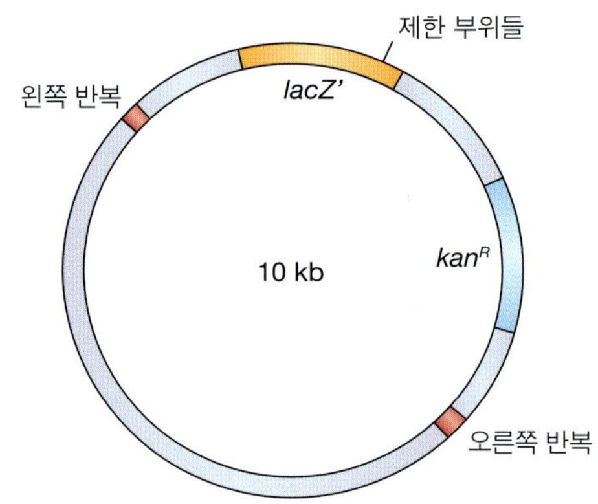

그림 7.14
Binary Ti 벡터 pBIN19.
Kan^R = Kanamycin resistance gene.

사이에 놓여진 어떠한 DNA도 T-DNA로 취급되어 식물로 옮겨질 것이다. 그러므로, 일반 T-DNA에서 모든 암유전자를 제거하는 것이 가능하며, 감염 과정을 방해하지 않고 완전히 새로운 유전자 세트를 암유전자 대신 넣을 수 있다.

현재 수많은 disarmed Ti 클로닝 벡터가 유용하며, 전형적인 예가 복수 벡터 pBIN19이다(그림 7.14). 이러한 벡터에 존재하는 왼쪽과 오른쪽 T-DNA 경계에 수많은 클로닝 부위를 포함하는 *lacZ'* 유전자의 복사와 벡터 염기배열을 식물 염색체로 삽입 후에 기능을 하는 kanamycin 저항유전자를 가진다. 효모 셔틀 벡터와 같이 클론되는 유전자를 pBIN19로 삽입되게 하는 초기 조작이 대장균에서 수행되며, 올바른 재조합 pBIN 19 분자는 *A. tumefaciens*로 옮겨져서 식물로 운반된다. Kanamycin을 함유한 아가배지에 평판배양함으로써 형질전환된 식물 세포가 선택된다.

Ti 플라즈미드를 이용한 클로닝의 한계

고등 식물체는 크게 두 개의 범주, 즉 단자엽식물과 쌍자엽식물로 나누어져 있다. 몇 가지 요인들이 합쳐져서 토마토, 담배, 감자, 완두 그리고 콩과 같은 쌍자엽식물에서 유전자들을 클론하는 것을 훨씬 쉽게 하는 반면에, 단자엽식물에서 같은 결과를 얻기는 훨씬 어렵게 만들고 있다. 이것은 사람들을 실망시키고 있다. 왜냐하면, 단자엽식물은 가장 중요한 식량작물이며, 따라서 유전 공학 연구가 가장 필요시 되고 있는 식물체들인 밀, 보리, 벼 그리고 옥수수를 포함하고 있기 때문이다.

주된 어려움은 자연계에서 *A. tumefaciens*이 단지 쌍자엽식물체에 감염시키고, 단자엽식물체는 정상 숙주 범위에서 벗어난다는 사실에서부터 시작된다. 얼마 동안, 이 자연적 장벽을 극복할 수 없고, 단자엽식물체는 Ti 벡터를 이용한 형질전환이 불가능하다고 생각했었다. 그러나 결국 T-DNA 이동을 성취할 수 있는 인위적인 기술이 고안되었다. 그러나 이것은 이야기의 끝이 아니었다. 아그로박테리아 벡터를 이용한 형질전환은 일반적으로 형질전환된 원형질체, 세포 또는 캘러스 배양으로부터 완전한 식물체로의 재분화를 포함한다. 식물체가 재분화될 수 있는 용이함은 특정 종에 따라 다르며, 가장 어려운 식물체는 단자엽식물체들이다. 단자엽 식물에서는 배로부터 유래된 캘러스에 초점을 맞추고 있다. 체세포 조직에서 유래된 캘러스보다 배에서 유래

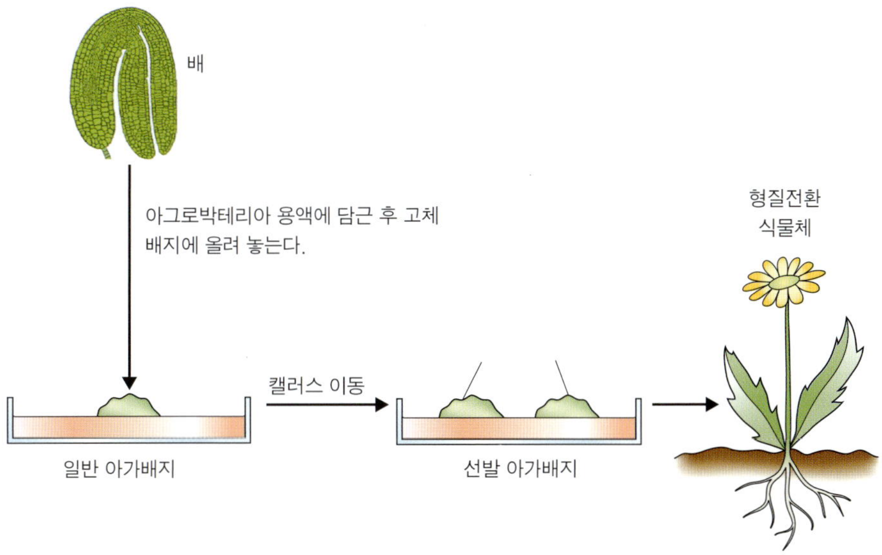

그림 7.15
배 형질전환.

된 배 발생 캘러스로부터 식물체를 재분화시키기 쉽다. 재조합 아그로박테리아 용액에 배를 먼저 담근 후 캘러스를 유도하기 위해 아가배지에 올려놓는다(그림 7. 15). 배에 있는 모든 세포가 형질전환되지 않으므로, 형질전환 세포만 자랄 수 있게 배양한다. 그리고 형질전환된 캘러스로부터 성숙 식물체로 재분화된다. 이러한 방법은 옥수수, 보리, 그리고 몇몇 중요한 단자엽 식물에서 성공적으로 사용되고 있다.

7.2.2 직접 유전자 운반에 의한 식물에 유전자 클로닝

Ti 플라스미드가 식물에서 유전자 클로닝을 위한 가장 효율적인 방법으로 보이지만, 아그로박테리아의 숙주 범위가 갖고 있는 제한 때문에 식물 세포에 DNA를 삽입시킬 대체 방법을 찾게 되었다. 그 방법 중 하나가 직접 유전자 운반(direct gene transfer)이다.

핵속으로 직접 유전자 운반

식물 세포에서 복제될 수는 없지만, 초나선형 박테리아의 플라즈미드가 식물 염색체중 하나로 재조합되어 삽입될 수도 있다는 사실이 1984년 처음으로 관찰되어 직접 유전자 운반의 기초가 되었다. 재조합 과정이 아직 완전하게 이해되지는 않지만, T-DNA 삽입 과정과는 확실히 구별된다. 박테리아 플라즈미드와 식물 DNA 사이의 상동지역에 대한 요구조건이 없기 때문에, 이것은 또한 효모 벡터의 염색체 삽입과도 구별된다. 사실, 어떠한 식물 염색체의 어떤 위치에서라도 닥치는 대로 삽입이 일어나는 것으로 알려져 있다 (그림 7.16).

그러므로, 직접 유전자 운반은 선택 표지인자와 클론될 유전자가 삽입된 pBR322 같은 단순한 박테리아 플라즈미드의 초나선형 플라즈미드 DNA를 사용한다. Biolostics는 주로 플라즈미드 DNA를 식물 배에 도입시키기 위해 사용되며, 아그로박테리아 형질전환에서 설명된 것처럼 재분화된다. 목표 식물체가 원형질체 또는 단세포로부

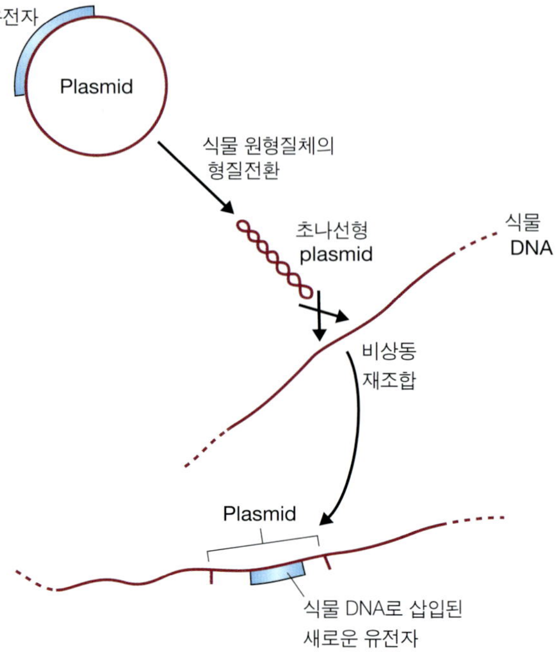

그림 7.16
직접 유전자 전이.

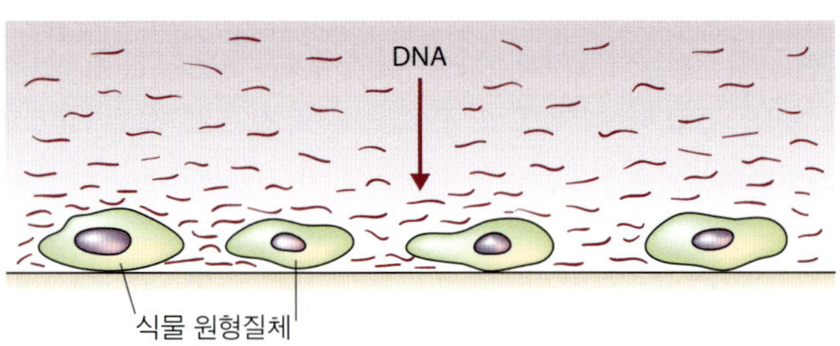

그림 7.17
원형질체 표면에 DNA의 침전을 이용한 직접 유전자 운반.

터 재분화될 수 있다면 biolistics보다 효율적인 방법이 가능하다. 이런 방법은 고분자 음이온 화합물로써, 원형질체 표면에 DNA를 침전시키고 엔도시토시스(endocytosis)에 의해 DNA의 도입을 유도시키는 것으로 생각되는 폴리에틸렌 글리콜(polyethylene glycol)의 점성 용액에 녹여진 원형질체를 사용하는 것이다(그림 7.17). 원형질체는 또한 DNA 함유 리포솜(liposome)과 융합할 수 있거나 완전한 세포를 DNA가 덮인 실리카 바늘과 함께 흔들어서 바늘이 세포벽을 뚫은 후 DNA를 세포 안으로 운반시킨다. 이러한 처리 후 세포벽의 재생을 도와 주는 용액에 원형질체를 며칠 동안 방치하고 나서 세포들을 선택배지에 평면배양하여 형질전환체를 확인하고, 완전한 식물로 성장할 수 있게 캘러스 배양을 제공한다.

엽록체의 유전체로 유전자 운반

Biolistics를 식물 배에 DNA를 도입하기 위해 사용했다면, 몇 개의 particle은 세포에 존재하는 엽록체로 침투할 것이다. 엽록체는 핵 속의 DNA와 구별되는 자체의 유전체를 가지고 있으며, 특정 환경에서 플라즈미드 DNA는 엽록체 유전체에 삽입될 수 있다. 핵 염색체로 DNA가 삽입되는 것과 다르게 엽록체 유전체로의 삽입은 우연히 일어나지 않는다. 대신에 클로닝될 DNA는 DNA가 삽입될 엽록체 유전체 부위와 유사한 DNA 염기서열을 양 끝에 가지고 있어야 상동적인 재조합에 의해서 삽입이 일어날 수 있다. 이러한 측면 염기서열의 길이는 각각 500 bp 정도여야 한다. 또한, 이러한 측면 염기서열을 가지고 있는 플라스미드가 PEG 유도 DNA 전달 방법에 의해 원형질체로 들어갔다면, 엽록체 형질전환이 수행될 수도 있을 것이다.

한 개의 식물 세포에 수십 개의 엽록체가 있는데, 아마도 세포당 한 개만이 형질전환될 것이다. 그리고 삽입되는 DNA는 kanamycin 저항성 유전자와 같은 선발 표식자를 포함하고 있기 때문에 식물 배는 형질전환 유전체가 세포에서 증식되는 것을 확인하기 위해 상당한 기간 동안 항생제로 처리되어야 한다. 비록 이것이 엽록체 형질전환이 성공적으로 수행되기 어렵다는 것을 의미할지라도 GM 작물을 얻는 일반 방법을 보좌하는 중요성이 있다. 각각의 세포에 핵은 한 개 있지만, 엽록체는 많이 존재하기 때문에 엽록체 유전체에 삽입된 유전자는 핵 속에 있는 것 보다 훨씬 많이 발현될 것이다. 이것은 GM 식물체가 중요한 단백질을 생산하기 위해 사용된다면, 특히 중요하다(14장). 지금까지 대부분 담배를 가지고 수행한 연구들이 성공적이었지만, 엽록체 형질전환은 콩이나 면화 같은 유용한 작물에서 수행되었다.

7.2.3 식물 바이러스를 클로닝 벡터로 사용하는 시도

변형된 λ와 M13 박테리오파아지는 대장균에 중요한 클로닝 벡터이다(6장). 대부분의 식물이 바이러스에 감염된다고 해서 바이러스가 식물에 유전자를 클론하는 데 이용될 수 있을까? 만약 바이러스를 이용할 수 있다면 바이러스를 다른 종류의 벡터보다 훨씬 더 편리하게 이용될 것이다. 왜냐하면, 형질전환은 바이러스 DNA를 엽표면에 단순히 문지름에 의해 수행될 수 있기 때문이다. 그러면 자연적인 감염 과정은 바이러스를 식물체 전체에 번질 것이다.

클로닝 벡터로서 식물 바이러스의 잠재력은 큰 성과 없이 지금까지 수년 동안 연구되어 왔다. 한 가지 문제점은 식물 바이러스는 대다수가 DNA가 아닌 RNA 유전체를 가지고 있다는 것이다. RNA의 조작은 수행하기가 아주 어렵기 때문에 RNA 바이러스는 잠재적인 클로닝 벡터로써 유용하지는 않다. 고등동물을 감염시키는 것으로 알려진 단 두 종류의 DNA 바이러스는 caulimovirus와 geminivirus인데, 이 둘 다 유전자 클로닝에는 적합하지 않다.

Caulimovirus 벡터

비록 1984년에 성공적인 식물 유전공학 실험 중 하나가 caulimovirus 벡터를 새로운 DNA를 순무식물로 클로닝하는 데 사용되어 왔지만, 두 가지 일반적인 어려움을 가지고 있기 때문에 이러한 바이러스의 사용이 제한되는 것 같다.

그 첫째는 단백질 외피로 DNA가 조립되어야 하므로, λ와 같이 caulimovirus 유전체의 총크기가 제한된다는 것이다. 바이러스 유전체의 비필수적인 지역을 삭제한 후에라도 삽입 DNA를 운반하는 용량은 여전히 아주 제한적이다. 최근의 연구는 파아지미드에서 사용된 것처럼, helper 바이러스 전략을 도입하여 이런 문제를 극복할 수 있다는 것을 보여주었다. 이 전략에서 클로닝 벡터는 몇개의 필수적인 유전자들이 제거되어서 큰 유전자를 삽입할 수 있지만, 직접적으로 혼자서 감염시킬 수 없는 **cauliflower mosaic 바이러스(CaMV)** 유전체이다. 식물체는 벡터 DNA와 정상의 CaMV 유전체가 같이 접종된다. 정상 바이러스 유전자들은 클로닝 벡터를 바이러스 단백질 속으로 조립시키고 식물체로 퍼지게 한다.

이 접근 방법은 상당한 잠재력이 있지만, caulimovirus의 숙주 범위가 좁다는 두 번째 문제를 풀어야 한다. 그래서 순무, 양배추 그리고 꽃 양배추 등과 같은 소수의 십자화과 식물에만 클로닝 실험이 제한된다. 그런데, caulimovirus들은 모든 식물체에서 작용하고, Ti 플라스미드나 직접 유전자 운반(direct gene transfer)에 의해 도입된 유전자들을 발현시키기 위해 사용되는 강력한 프로모터의 재료로서 유전공학에서 중요시 되어 있다.

Geminivirus 벡터

Geminivirus는 자연적 숙주가 옥수수와 밀 같은 식물체를 포함하기 때문에 특히 주목받고 있다. 그러므로 다른 단자엽 식물체를 위한 잠재적 벡터가 될 수 있을 것이다. 그러나 geminivirus는 그 자체에 문제점을 가지고 있다. 감염 사이클 동안 geminivirus 유전체가 재배열과 삭제됨으로써 삽입된 어떤 부가적인 DNA를 휘저어 놓을 수 있어서, 클로닝 벡터로 사용하기에는 명백한 단점을 가지고 있다. 수년간 연구는 이러한 문제점들에 직면해 있으며, geminivirus는 식물유전자 클로닝에서 전문적인 이용방법들을 찾기 시작하였다. 이 중 한 방법이 바이러스 유도 유전자 침묵(**induced gene silencing, VIGS**)이다. 이 기술은 식물체가 바이러스 공격에 대해 보호하기 위해 사용하는 자연적인 방어 체계 중 하나를 개발한 것이다. RNA sliencing이라고 불리는 이

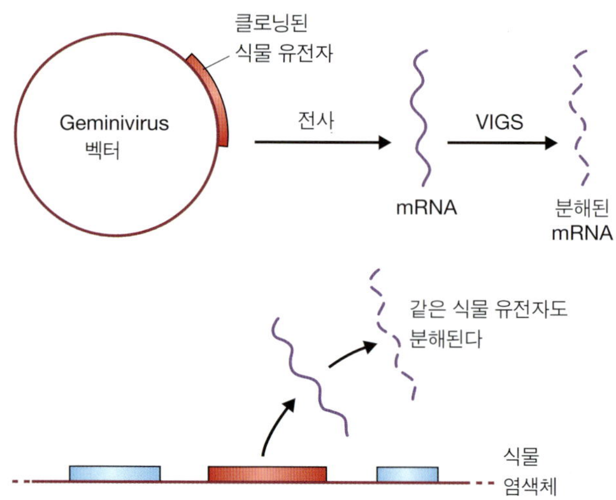

그림 7.18
Virus-induced gene silencing (VIGS)에 의한 식물 유전자 침묵에 이용되는 geminivirus 벡터.

방법은 바이러스 mRNA를 분해한다. 바이러스 RNA 중 하나가 클로닝된 유전자를 포함하는 geminivirus 유전체로부터 전사된다면, 바이러스 전사체뿐만 아니라 클로닝된 유전자와 같은 식물체 mRNA 또한 분해된다(그림 7.18). 따라서, 식물체의 유전자는 침묵하게 되고, 이러한 비활성이 식물체의 표현형에 미치는 영향을 연구할 수 있다.

7.3 동물에서의 클로닝 벡터

동물 세포에서 유전자를 발현할 수 있는 클로닝 벡터 개발에 많은 노력이 있어 왔다. 대장균이나 효모(14장)에서 정확히 발현되지 않는 유전자를 동물 세포에 발현시켜 재조합 단백질(recombinant protein)을 합성하기 위한 벡터나, 크로닝된 유전자를 환자에게 도입하는 유전자 치료(gene therapy)를 위하여 의·생물학자들이 시도하는 클로닝 등이 이에 속한다.

치료를 위한 포유동물 클로닝 시스템 개발에 가장 많은 노력이 부여되었지만, 곤충을 이용한 벡터 시스템 개발이 가장 성공적이었다. 곤충에서의 클로닝은 우리가 지금까지 본적이 없는 아주 새로운 종류로, 포유류에서의 클로닝을 다루기 전에 먼저 살펴보기로 하겠다.

7.3.1 곤충에서의 클로닝 벡터

초파리(*Drosophila melanogaster*)는 생물학자에게 아직까지도 가장 중요한 모델 생물의 하나이다. 초파리의 가능성은 1910년 서로 다른 눈 색과 유전형질을 가진 초파리를 교배하기 시작한 유명한 유전학자인 Thomas Hunt Morgan에 의해 처음으로 인식되었다. 이 실험은 오늘날 곤충과 다른 동물의 유전자 지도 작성에 사용되는 다양한 기술로 발전하였다. 가장 최근에는 초파리 몸 전체 반생을 조절하는 항상성 선택기(homeotic selector) 유전자가 발견되었고, 이들 유전자가 사람에게도 동일하게 있음이 알려지면서, 초파리가 사람 발생 과정 연구의 모델로 사용될 수 있다는 사실이 알려졌다. 현대 생물학에서 초파리의 위치는 초파리 전용 클로닝 벡터가 개발될 정도로 중요하다.

초파리 클로닝 벡터 P 엘리먼트

초파리를 위한 클로닝 벡터는 포유류, 식물, 효모, 박테리아와는 다른 경로를 통하여 개발되었다. 초파리에서는 플라즈미드가 발견되지 않았고, 초파리가 다른 생물체처럼 바이러스에 감염되기도 하지만, 이들이 클로닝 벡터로 사용되지는 않았다. 대신에 초파리 유전자 클로닝에는 P 엘리먼트(P element)라 불리는 트렌스포존(transposon)이 사용된다.

트렌스포존은 모든 종류의 생물에 존재한다. 이들은 작은 DNA 조각(보통 10 kb 미만의 크기)으로 세포내 염색체들 사이에서 이동할 수 있다. P 엘리먼트는 초파리에 있는 트렌스포존 중 하나로 길이는 약 2.9 kb이며, 세 유전자를 갖고 있고, 양쪽 끝에 짧은 역반복 염기서열이 있다(그림 7.19a). 이들 유전자는 이동, 즉 트렌스포지션 과정

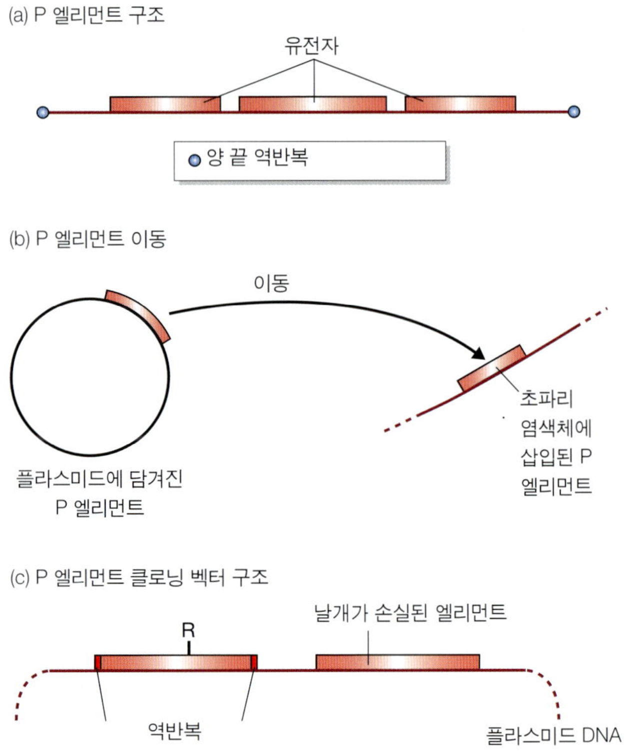

그림 7.19
초파리에서 P 엘리먼트를 이용한 클로닝. (a) P 엘리먼트 구조. (b) 플라스미드로부터 초파리 염색체로 P 엘리먼트의 이동. (c) P 엘리먼트 클로닝 벡터의 구조. 좌측 P 엘리먼트는 클로닝을 위한 부위가 들어가서, (R) 트렌스포존에이즈 코딩이 망가져 있다. 우측의 P 엘리먼트는 완전한 트렌스포존에이즈 유전자를 갖고 있으나, 날개가 손실된 것처럼 양끝의 역반복 염기서열을 갖고 있지 않다.

을 수행하는 트렌스폰에이즈를 코딩하고 있고, 역반복 염기는 끼워져 있는 트렌스포존의 양쪽 끝을 효소가 알아볼 수 있게 한다.

P 엘리먼트는 단일 염색체 내에서 이동뿐만 아니라, 서로 다른 염색체 사이, P 엘리먼트를 갖는 플라즈미드와 염색체 사이도 이동이 가능하다(그림 7.19b). 마지막 기능이 P 엘리먼트를 클로닝 벡터로 사용하게 하는 주요 요소이다. 이 벡터는 두 개의 P 엘리먼트를 갖고 있어, 이 중 하나에 원하는 DNA를 넣을 수 있게 되어 있는데, 새로운 DNA의 삽입은 트렌스포존에이즈의 코딩을 망가지게 한다. 그러므로, 플라즈미드의 다른 하나 P 엘리먼트의 트렌스포존에이즈가 기능을 수행한다. 실제적으로, 두 번째 엘리먼트는 역반복 염기가 소실된 것이기 때문에 트렌스포존에이즈가 인식하지 못하여 초파리 염색체로 이동되지 않는다(그림 7.19c). 원하는 유전자가 벡터에 넣어지면, 벡터를 초파리 배아에 주사한다. 두 번째 P 엘리먼트에서 발현된 트렌스포존에이즈가 유전자를 포함하는 P 엘리먼트를 초파리 염색체 중 하나에 이동시킨다. 배아세포 핵 내에서 위의 과정을 거친 배아가 발달하면, 모든 체세포에 클로닝된 유전자를 가진 초파리가 탄생하게 된다. P 엘리먼트를 이용한 클로닝은 1980년대에 처음 개발되어 초파리 유전체학에 지대한 공헌을 해오고 있다.

곤충 바이러스를 이용한 클로닝

초파리에서 바이러스 벡터가 유전자 클로닝을 위하여 개발되지는 않았지만, 베큘로바이러스(**baculovirus**)는 다른 곤충에서 유전자 클로닝에 중요한 기능을 수행해 왔다.

베큘로바이러스 벡터는 재조합 단백질을 생산하는 데 주로 쓰이는데, 이에 대해서는 14장에서 다시 살펴보기로 한다.

7.3.2 포유류에서의 클로닝

현재 포유류에서 유전자 클로닝은 다음 세 가지 이유 중 하나로 실시된다.

- 유전자 넉아웃(gene knockout)을 위하여 하는 경우로 기능이 알려져 있지 않는 유전자의 기능을 알 수 있게 한다. 이 실험은 주로 쥐와 같은 설치류에서 실시된다.
- 포유동물 세포에서 재조합 단백질을 생산하기 위한 목적으로서, 주로 가축의 우유 등에서 제약에 사용되는 중요 단백질을 생산하기 위한 기술로 이용된다.
- 인체 질환 치료에 사용되는 유전자 치료(gene therapy)를 위해서이다.

포유류를 위한 클로닝 벡터로서의 바이러스

오랜 시간 동안, 바이러스가 포유류에서 클로닝을 위한 열쇠로 여겨졌다. 이러한 기대는 부분적으로 사실임이 입증되었다. 포유동물 세포를 이용한 최초의 클로닝 실험은 1979년 simian virus 40 (SV40)에 근거한 벡터를 이용한 것이었다. 이 바이러스는 여러 포유동물 세포에 감염될 수 있으며, 어떤 숙주에서는 활성적인 리틱 사이클(lytic cycle)로 존재하고, 다른 숙주에서는 비활성적인 라이소젠익 사이클(lysogenic cycle)로 지낸다. 유전체 크기는 약 5.2 kb(그림 7.20a)이고, 2종류의 유전자를 갖는데, 감염 직후에 발현되어 바이러스 DNA 복제에 관여하는 초기유전자와 바이러스를 감싸는 캡시드 단백질을 발현하는 후기 유전자이다. SV40는 λ나 식물 콜리모바이러스(caulimovirus)의 경우와 비슷한 문제를 갖는데, 이는 유전제가 바이러스 파티클에 들어가야 하므로 넣을 수 있는 DNA의 크기가 제한적인 것이다. 그러므로, SV40을 이용한 크로닝에는 DNA를 끼워 넣는 대신에 다른 유전자를 제외시켜야 한다. 초기 실험들에서는 후기 유전자들을 제외시켰는데(그림 7.20b), 초기 유전자를 제외시키는 것도 방법일 수 있다.

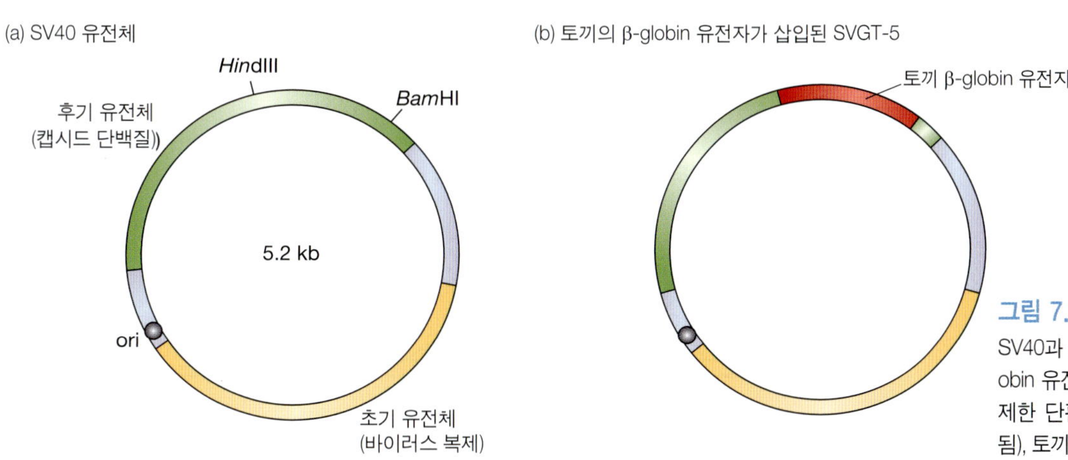

그림 7.20
SV40과 클로닝 벡터로 쓰이는 예. 토끼의 β-globin 유전자를 클론하기 위해 *Hin*dIII - *Bam*HI 제한 단편이 삭제되고(그 결과로, SVGT-5가 됨), 토끼 유전자로 대체된다.

1979년 이래로 많은 종류의 바이러스들이 포유류의 유전자들을 클로닝하기 위해 사용되었다.

- Adenoviruses, 유전체가 커서 조작하기가 약간 어렵지만 SV40 벡터보다 긴 8 kb의 DNA 절편까지 클로닝할 수 있다.
- Papillomaviruses, 상대적으로 큰 용량의 삽입 DNA를 갖는다. Bovine papillomavirus(BPV)는 소에 물집을 일으키는 바이러스로 쥐 세포에서는 세포당 약 100개의 플라스미드를 형성하는 특이한 감염 사이클을 갖기에 주의를 끈다. BPV는 쥐 세포를 죽이지 않고, BPV 분자들이 딸 세포까지 전달됨으로써 영원한 형질전환 세포주를 만든다. BPV와 *E.coli* 염기서열을 가지고 있는 shuttle 벡터는 쥐와 박테리아 세포에서 복제될 수 있고, 쥐 세포주에서 재조합 단백질을 만드는 데 이용된다.
- Adeno-associated virus(AAV), 아데노바이러스와는 관계가 없지만, 아데노바이러스가 만든 단백질을 복제를 위해서 이용하기 때문에 종종 같은 감염 조직에서 발견된다. AAV 유전체는 helper virus가 없이 숙주생물의 DNA로 삽입된다. 대부분의 숙주 염색체로 삽입되는 바이러스와 같이 AAV는 무작위로 일어나지만, 같은 위치에 즉 사람의 19번 염색체에 삽입된다는 특징을 가지고 있다. 클로닝된 유전자가 숙주 유전체의 어디에 존재하는지 정확히 아는 것은 클로닝 실험 결과를 엄격히 확인해야 하는 유전자 치료와 같은 경우에 중요하다. 그러므로, AAV 벡터는 이러한 분야에 매우 큰 잠재력을 가지고 있다.
- Retroviruses, 유전자 치료에 가장 일반적으로 사용되고 있다. 비록, 이 바이러스가 무작위인 위치에 삽입되더라도 삽입된 결과가 매우 안정하다. 즉, 이것은 클로닝 유전자의 치료적인 효과가 일정시간 동안 유지된다는 것을 의미한다. 유전자 치료에 대해서는 15장에서 다룰 것이다.

벡터 없이 하는 유전자 클로닝

바이러스 벡터가 포유류 유전자 클로닝에 더 보편적으로 사용되지 않는 이유 중 하나는 1990년대 초반에 포유류 세포에 유전자 DNA를 직접 주입하는 방법(microinjection)이 개발되었기 때문이다. 비록 조금 까다로운 작업이지만, 박테리아 플라즈미드 또는 직선형으로 만든 유전자 분자들을 포유세포 핵에 직접 주입하여 DNA가 염색체에 끼어들어 가게 하는 것으로, 그 결과 반복적으로 유전자가 머리에서 꼬리까지 연쇄적으로 들어가게 된다(그림 7.21). 이 과정은 일반적으로 바이러스 벡터 사용

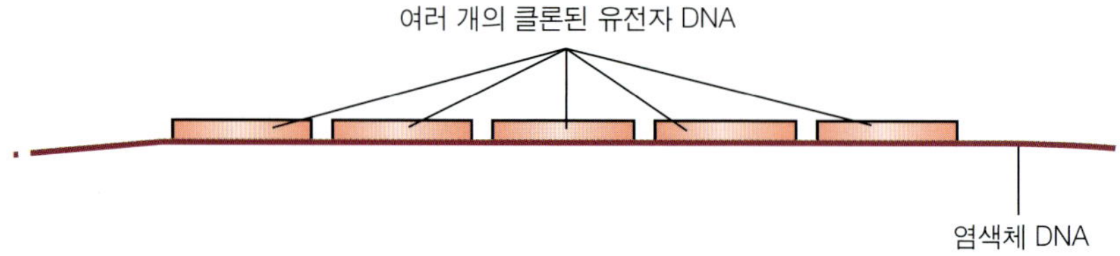

그림 7.21
클로닝된 유전자 DNA가 염색체에 연쇄적으로 반복되어 여러 개 들어가 있다.

보다 효율성이 높다고 여겨지는데, 바이러스 DNA가 세포에 감염된 후에 여러 다른 문제가 파생될 수도 있기 때문이다.

DNA microinjection은 모든 세포가 클로닝된 유전자를 포함하는 형질전환 동물(**transgenic animal**)을 만드는 데 기초가 된다. 형질전환 쥐는 수정란 세포에 microinjection을 통하여 만들어진다. 이 수정한 세포는 계속적으로 체외에서 세포 분열시킨 후 대리모에 이식하게 된다. 다른 방법으로 배아줄기세포(**embryonic stem cell, ES cell**)가 사용되기도 한다. 초기 배아는 다른 세포와 달리 전폭적인 발생성을 유지하고 있기 때문에, 이로부터 유래한 세포는 성장한 쥐의 어떤 종류 조직으로도 분화가 가능하다. 유전자가 주입된 ES 세포는 배아로 이전되고, 다시 대리모에게 이식된다. 결과적으로, 태어나는 새끼 쥐는 조작된 세포와 본래의 세포를 함께 가지고 있는 키메라(chimera)들이다. 모든 체세포에 클론닝된 유전자를 갖는 쥐는 이들 키메라가 생산하는 자손 중에 클론닝된 유전자를 갖는 난자로부터 유래한 쥐를 선별함으로써 얻게 된다.

Further reading

FURTHER READING

Bock, R. (2015) Engineering plastid genomes: methods, tools, and pplications in basic research and biotechnology. *Annual Review of Plant Biology*, **66**, 211–241. [Information on and context for chloroplast transformation.]

Brisson, N., Paszkowski, J., Penswick, J.R., et al. (1984) Expression of a bacterial gene in plants by using a viral vector. *Nature*, **310**, 511–114. [The first cloning experiment with a caulimovirus.]

Burke, D.T., Carle, G.F., and Olson, M.V. (1987) Cloning of large segments of exogenous DNA into yeast by means of artificial chromosome vectors. *Science*, **236**, 806–812.

Carrillo-Tripp, J., Shimada-Beltrán, H., and Rivera-Bustamante, R. (2006) Use of geminiviral vectors for functional genomics. *Current Opinion in Plant Biology*, **9**, 209–215. [Virus-induced gene silencing.]

Chan, K.M., Liu, Y.T., Ma, C.H., et al. (2013) The 2 micron plasmid of Saccharomyces cerevisiae: a miniaturized selfish genome with optimized functional competence. *Plasmid*, **70**, 2–17. [Reviews the features of the 2 μm plasmid.]

Colosimo, A., Goncz, K.K., Holmes, A.R., et al. (2000) Transfer and expression of foreign genes in mammalian cells. *Biotechniques*, **29**, 314–321.

Crystal, R.G. (2014) Adenovirus: the first effective in vivo gene delivery vector. *Human Gene Therapy*, **25**, 3–11.

Evans, M. (2011) Discovering pluripotency: 30 years of mouse embryonic stem cells. *Nature Reviews Molecular Cell Biology*, **12**, 680–686.

Gnügge, R. and Rudolf, F. (2017) Saccharomyces cerevisiae shuttle vectors. *Yeast*, **34**, 205–221. [Details of different yeast cloning vectors.]

Gordon, J.E. and Christie, P.J. (2014) The Agrobacterium Ti plasmids. *Microbiology Spectrum*, **2**, 6.

Hamer, D.H. and Leder, P. (1979) Expression of the chromosomal mouse β-maj-globin gene cloned in SV40. *Nature*, **281**, 35–40.

Hayta, S., Smedley, M.A., Demir, S.U., et al. (2019) An efficient and reproducible Agrobacterium-mediated transformation method for hexaploid wheat (*Triticum aestivum* L.). *Plant Methods*, **15**, 121. [Describes the transformation of wheat embryos.]

Lee, L.-Y. and Gelvin, S.B. (2008) T-DNA binary vectors and systems. *Plant Physiology*, **146**, 325–332.

Nakamura, Y., Nishi, T., Noguchi, R., et al. (2018) A stable, autonomously replicating plasmid vector containing *Pichia pastoris* centromeric DNA. *Applied and Environmental Microbiology*, **84**, e02882–17.

Păcurar, D.I., Thordal-Christensen, H., Păcurer, M.L., et al. (2011) *Agrobacterium tumefaciens*: from crown gall tumors to genetic transformation. *Physiological and Molecular Plant Pathology*, **76**, 76–81.

Paszkowski, J., Shillito, R.D., Saul, M., et al. (1984) Direct gene transfer to plants. *EMBO Journal*, **3**, 2717–2722.

Rubin, G.M. and Spradling, A.C. (1982) Genetic transformation of *Drosophila* with transposable element vectors. *Science*, **218**, 348–353. [Cloning with P elements.]

Chapter 8

특정 유전자 클론의 획득 방법

Chapter contents

CHAPTER CONTENTS

이제까지 유전자를 클론하는 데 사용된 기본적인 방법론을 알아보았고, 박테리아, 효모, 식물 그리고 동물에서 사용되는 벡터 종류들의 범위를 조사했다. 이제 개개의 특정 유전자 클론을 얻기 위해 이용가능한 방법들을 조사하여야 한다. 이러한 방법들은 유전자 클론들을 직접 선택할 수 있게 해주며, 다른 재조합 클론들과 구별할 수 있는 전략을 세울 수 있게 하여 유전자 클로닝 실험의 중요한 기준으로 작용한다. 이러한 문제가 해결되고 클론이 얻어지면, 분자생물학자들은 그 유전자에 대한 정보를 얻기 위한 다양한 기술을 이용할 수 있다. 이 기술에서 가장 중요한 것은 10장과 11장에서 설명될 것이다.

8.1 특정 유전자 클론의 선별상의 문제

하나의 특정 유전자 클론을 얻는 과정에서 분자생물학자들은 많은 문제에 직면하게 된다. 그림 1.4와 같이, 대장균처럼 단순한 생물체일지라도 몇 천 개의 유전자들을 포함하고 있으며, 전체 세포의 DNA를 제한효소로 자를 경우 원하는 유전자가 들어 있는 단편뿐만 아니라, 다른 여러유전자들을 포함하는 단편도 만들어 질 수 있다(그림 8.1a). 물론 ligation 반응 동안 개개의 단편들을 선별할 수 있는 방법은 없으며, 서로 다른 조각의 DNA를 포함하는 각기 다른 수많은 재조합 DNA 분자들이 만들어지게 된다(그림 8.1b). 결과적으로, 형질전환과 도말 후에 다양한 재조합 클론들이 만들어지며(그림 8.1c), 이들 중에서 어떠한 방법을 이용해서라도 원하는 하나의 클론이 분리되어야 할 것이다.

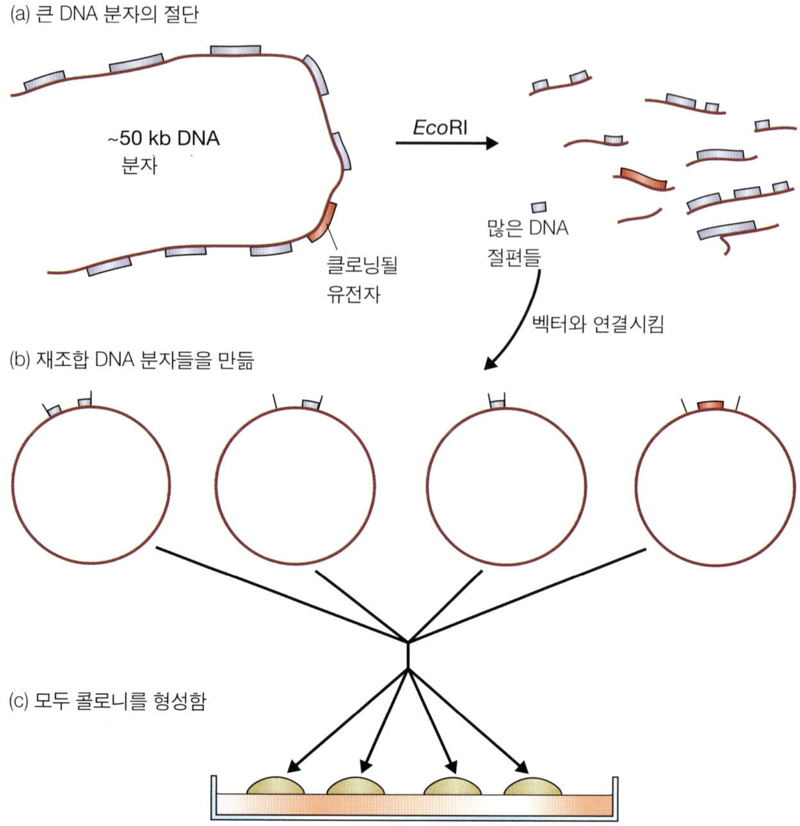

그림 8.1
선별의 문제.

8.1.1 원하는 클론을 획득하기 위한 두 가지 기본적인 전략

비록 원하는 클론을 획득하기 위한 방법은 매우 다양할지라도, 그것들은 모두 아래의 두 가지 기본 이론으로부터 변형된 형태일 뿐이다.

- 원하는 클론의 직접적인 선별(그림 8.2a). 이 방법은 얻고자 하는 유전자를 포함하고 있는 클론만이 선별되도록 고안된 클로닝 실험을 말하며, 대개 선별은 도말 단계에서 이루어진다.
- 유전자 라이브러리(gene library)로부터 클론의 동정(그림 8.2b). 세포 내에 존재하는 거의 모든 유전자들을 포함하는 클론 라이브러리의 제작과 이들로부터 원하는 클론을 획득하기 위한 각 클론들의 분석 방법을 포함한다.

일반적으로, 직접 선별이 빠르고 명확하기 때문에 많이 이용되는 방법이다. 그러나 이 방법은 모든 유전자에 적용시킬 수 없으므로 클론의 동정 기술이 매우 중요하고, 특히 많은 생물의 완전한 유전체 라이브러리가 제작됨에 따라 그 중요성은 더욱 증대되고 있다.

8.2 직접선별

클로닝된 유전자를 선별하기 위해서는 원하는 재조합체만이 자랄 수 있는 아가배지

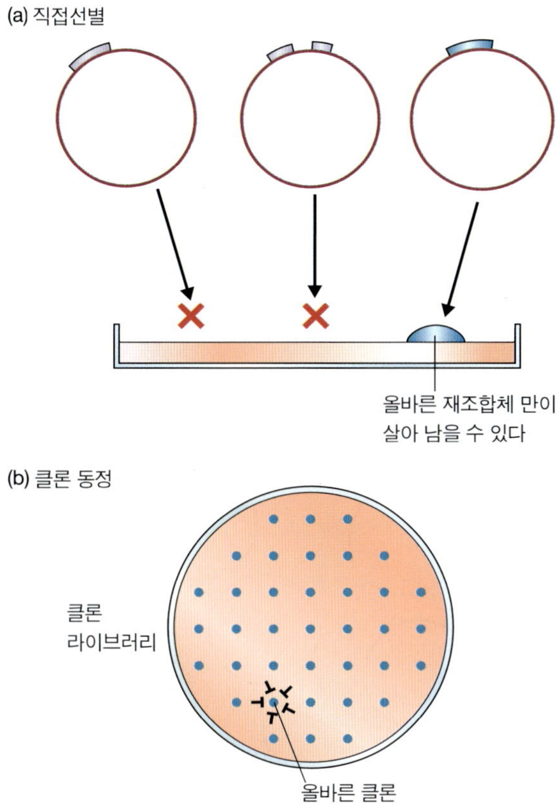

그림 8.2
특정 클론을 얻는 데 이용될 수 있는 기본 전략. (a) 직접선별. (b) 클론 라이브러리로부터 원하는 재조합체의 동정.

위에 형질전환체(transformants)를 도말해야 한다. 따라서 획득된 콜로니(colony)들은 원하는 재조합 DNA 분자를 포함하는 세포들로 이루어진 것들일 것이다.

직접선별의 가장 간단한 예는 원하는 유전자가 특정 항생제에 저항성이 있는 경우이다. 예를 들어, 플라즈미드 R6-5에서 kanamycin에 저항성이 있는 유전자를 클로닝하기 위한 실험을 생각해보자. 사실, 이 플라즈미드는 kanamycin, chloramphenicol, streptomycin, sulphonamide 등 4개의 항생제에 대해 저항성을 갖는 유전자들을 포함하고 있으며, kanamycin에 저항성을 나타내는 유전자는 13개의 *Eco*RI 단편들 중 하나에 포함되어 있다(그림 8.3a). 이 유전자를 클로닝하기 위해서는 R6-5의 *Eco*RI 단편들을 pBR322와 같은 벡터의 *Eco*RI 부위에 삽입시켜야 한다. Ligation된 혼합물들은 13개의 각기 다른 재조합 DNA 분자들로 이루어져 있을 것이고, 이들 중 하나가 kanamycin에 저항성을 나타내는 유전자를 포함하고 있을 것이다(그림 8.3b).

pBR322의 *Eco*RI 부위가 이용될 때는, 새로운 DNA 분자를 삽입시켜 특정 항생제에 대한 저항성 유전자를 불활성화시키는 방법을 통한 재조합체의 선별 방법은 이용할 수 없다. 왜냐하면, 이 부위는 이 플라즈미드의 ampicillin 또는 tetracycline에 저항성을 나타내는 유전자 내에 위치하지 않기 때문이다(그림 6.1). 그러나 이러한 사실은 클로닝하고자 하는 유전자가 선별표식자(selectable marker)로서 사용될 수 있는 경우와 같이 kanamycin에 저항성을 나타내는 유전자를 클로닝할 경우에는 문제가 되지 않

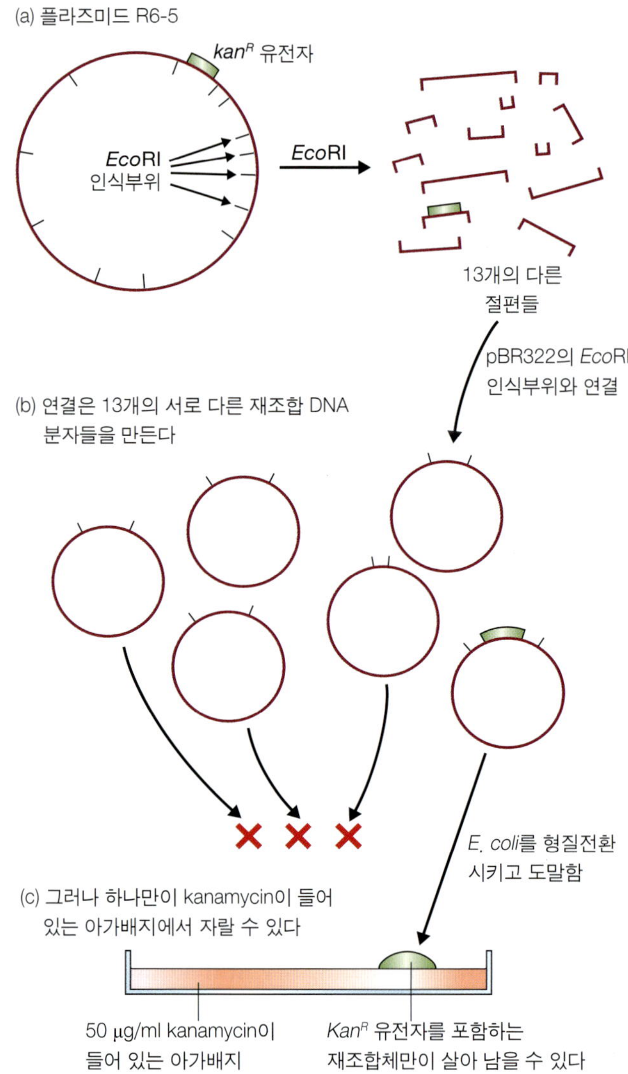

그림 8.3
Kanamycin에 저항성을 갖는(kan^R) 유전자를 포함하는 R6-5에 대한 직접선별.

는다. 즉, 형질전환체를 kanamycin이 포함된 아가배지에 도말하면, kanamycin에 저항성을 보이는 유전자를 포함하는 재조합체들만이 콜로니를 형성하여 자랄 수 있게 된다(그림 8.3c).

8.2.1 표식자 확보에 의한 직접선별 범위의 확대

직접선별 방법은 실지로 항생제에 저항성을 나타내는 유전자의 클로닝에만 이용될 수 있기 때문에, 그 응용성은 매우 한정되어 있다. 다행히도 형질전환을 위한 숙주로서 대장균의 돌연변이주를 이용할 수 있게 됨으로써 직접선별법의 응용성은 다양해졌다.

예로서, 대장균에서 *trpA* 유전자를 클로닝하기 위한 실험을 생각해보자. 이 유전자는 필수 아미노산인 트립토판 합성효소(tryptophan synthase)를 생산한다. $TrpA^-$라고

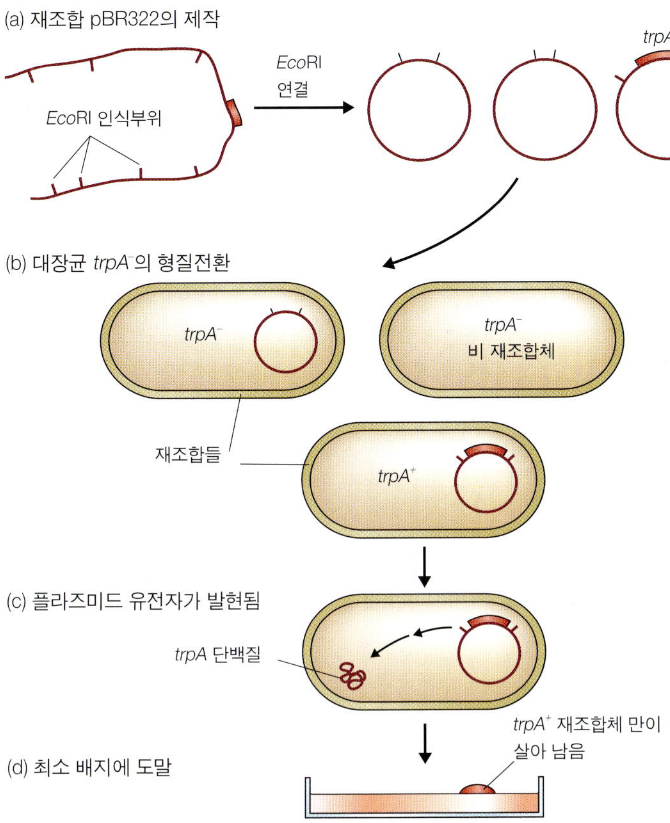

그림 8.4

대장균의 *trpA*⁻ 균주에 클로닝된 *trpA* 유전자에 대한 직접선별.

불리는 기능이 결여된 *trpA* 유전자를 포함하는 대장균 돌연변이주는, 성장배지에 트립토판을 넣어주어야만 살아 남을 수 있다. 따라서, 대장균 *TrpA*⁻는 영양요구주의 또 다른 예이다.

이 대장균 돌연변이주는 완벽한 기능을 나타내는 *trpA* 유전자의 클로닝에 이용될 수 있다. 먼저 정상(야생형) 박테리아주로부터 전체 DNA를 분리하고, 제한효소를 이용하여 자른 후 벡터에 삽입시켜 많은 재조합 DNA 분자를 만든다. 이 중에서 하나는 온전한 *trpA* 유전자가 포함되어 있을 것이다(그림 8.4a). 물론 이것은 정상 균주에서 얻어진 것이기 때문에 정상 기능을 갖고 있는 유전자일 것이다.

제작된 재조합체들은 영양요구주인 대장균 *trpA*⁻ 세포들의 형질전환에 이용된다(그림 8.4b). 형성된 대다수의 형질전환체들은 영양요구주일 것이지만, 그중 소수는 정상 *trpA* 유전자와 재조합된 플라즈미드를 포함하고 있을 것이다. 이러한 재조합체들은 영양요구주가 아니며, 클로닝된 유전자가 트립토판 합성효소의 생산을 가능하게 하기 때문에 더 이상 트립토판을 필요로 하지 않는다(그림 8.4c). 그러므로 직접선별은 부수적인 첨가물(이 경우는 tryptophan)이 없는 최소배지에 형질전환된 세포들을 도말함으로써 이루어진다(그림 8.4d). 영양요구주들은 최소배지에서 생존할 수 없기 때문에 클로닝된 *trpA* 유전자를 포함하는 재조합체들만이 콜로니를 형성할 것이다.

8.2.2 표식자 확보의 범위 및 한계

비록 새로운 표식자를 이용하면 많은 유전자들의 클론들을 얻을 수 있지만, 방법적인 면에서 두 가지 제약이 있다.

- 얻고자 하는 유전자에 대한 돌연변이주가 필요하다.
- 정상 균주만이 살아남을 수 있는 배지가 필요하다.

표식자를 이용한 방법은 *trpA*의 경우에서 설명한 방법과 같이 최소배지 내에서 선별가능한 생합성 효소를 암호화하는 유전자들에 이용할 수 있다. 그 방법은 박테리아에 국한되지 않고, 효모와 균사 곰팡이의 영양요구주들에게도 이용가능하며, 표식자를 이용하여 생물체에 삽입된 유전자들을 선별하기 위해서도 이용될 수 있다.

더욱이 대장균 영양요구주들은 다른 생물체들로부터 유래된 유전자들의 선별을 위한 숙주로서 이용될 수 있다. 종종 다른 박테리아나 효모에서 유래된 비슷한 효소들이 대장균 내에서 기능을 갖음으로써 클로닝된 유전자들이 숙주세포를 정상 세포로 형질전환시킬 수도 있다.

8.3 유전자 라이브러리로부터의 클론의 동정

비록 표식자를 이용한 방법이 효율적이기는 하지만 모든 유전자들에 해당되지는 않으며, 이와 같은 방법으로 선별할 수 없는 중요한 유전자들도 많이 존재한다. 많은 박테리아 돌연변이주들이 영양요구주들이 아니기 때문에 최소배지 또는 다른 특수한 배지에 도말하였을 때 돌연변이주와 정상균주를 구분할 수 없다. 더욱이, 표식자를 이용한 방법이라든지 다른 직접 선별법은 고등생물(동물과 식물)에서 유래된 유전자들을 박테리아 세포 내에 집어넣어 클로닝하는 데는 적당치 않다. 왜냐하면, 이런 경우 외부에서 유래된 효소들이 박테리아 세포 내에서 제기능을 발휘하지 못하기 때문이다.

그러므로, 다른 방법이 강구되어야 한다. 그것은 많은 수의 서로 다른 클론을 제작하고, 그중에서 어떤 방법을 이용하여 원하는 클론을 선별하는 것이다.

8.3.1 유전자 라이브러리

각각의 클론들을 동정하는 데 이용되는 방법들을 살펴보기에 앞서, 라이브러리 자체가 무엇인가를 생각해 볼 필요가 있다. 유전체 라이브러리(genomic library)라는 것은 특정 생물체 내에 존재하는 모든 개개의 유전자들을 포함할 정도로 충분한 수의 클론들의 집합을 말한다. 유전체 라이브러리는 세포 전체의 DNA를 분리한 뒤, 제한효소로 부분절제한 DNA 단편을 목적에 따라 λ, cosmid 또는 YAC, BAC, P1과 같은 벡터(그림 8.5)에 클로닝하여 제작한다.

모든 유전자들이 동시에 발현되지 않는다

박테리아, 효모 그리고 곰팡이 같은 경우, 완전한 유전체 라이브러리를 만드는 데 필요한 클론 수는 관리가 어려울 정도로 많지는 않다(표 6.1). 그러나 식물이나 동물의

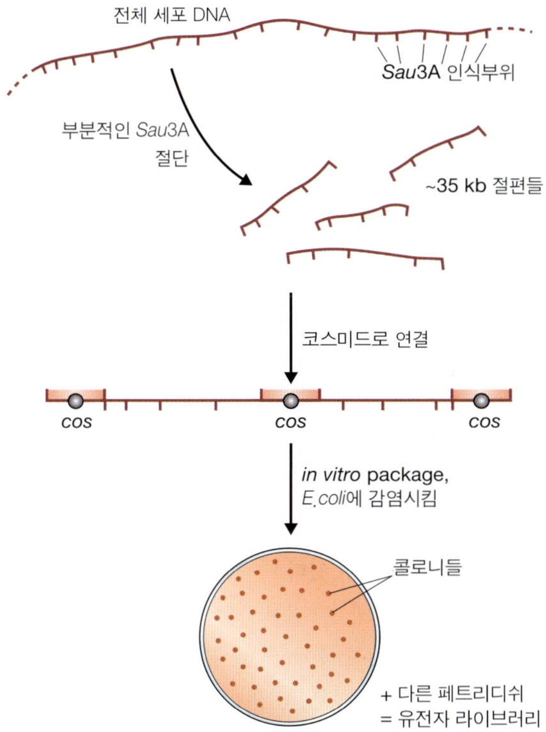

그림 8.5
코스미드 벡터를 이용한 유전자 라이브러리 제작.

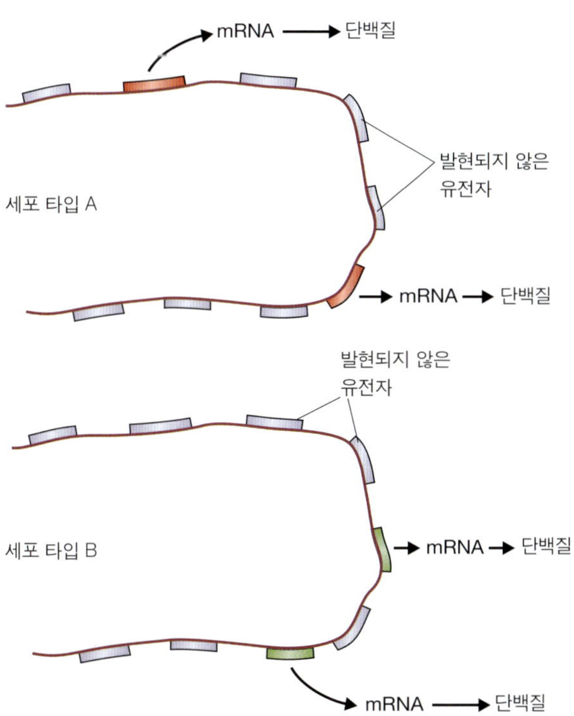

그림 8.6
각기 다른 유전자들이 각기 다른 세포 타입에서 발현된다.

경우, 완전한 유전체 라이브러리는 원하는 하나의 유전자를 선별하는 데 많은 시간과 노력이 필요할 정도로 많은 수의 클론들을 포함한다. 이러한 유기체들에 있어서는 생물체 전체가 아닌 특정 세포 타입에 특이적인 두 번째 유형의 라이브러리가 더욱 유용하게 이용될 수 있다. 물론 각각의 세포들은 동일한 유전자 조성을 갖지만, 다른 타입의 세포들에서는 다른 조합의 유전자들이 발현되거나 발현치 않는 상태로 유지된다(그림 8.6). 발현되는 유전자들만이 mRNA로 전사되므로, mRNA를 재료로 하여 제작되는 클론들은 세포 내의 전체 유전자들 중 발현되는 모든 유전자를 포함할 것이다.

mRNA를 이용한 클로닝 방법은 원하는 유전자가 특정 타입의 세포에서 높은 수준으로 발현이 될 때 특히 용이하다. 예를 들어, 밀에 존재하며 영양학적으로 중요한 단백질들 중 하나인 gliadin 유전자는 발생 중의 밀의 씨앗 세포에서 매우 높게 발현된다. 이 세포들에서는 전체 mRNA의 30% 이상이 gliadin mRNA이므로, 밀의 씨앗에서 mRNA를 클로닝한다면 gliadin에 특이적인 수 많은 클론들을 획득할 수 있을 것이다.

mRNA는 상보적인 DNA로 클로닝될 수 있다

mRNA 자체로는 클로닝 벡터에 연결될 수 없으나, mRNA는 상보적인 DNA (**complementary DNA, cDNA**) 합성에 의해 DNA로 전환될 수 있다. 이 방법의 열쇠는 기존의 RNA 가닥에 상보적인 DNA 폴리뉴클레오타이드 가닥을 합성해 주는 역전사효소(reverse transcriptase)이다(그림 8.7a). cDNA가 일단 합성되면, DNA와 RNA의 이중가닥 중 RNA는 ribonuclease H 처리에 의해 부분적으로 분해된다(그림 8.7b). 나머지 RNA 절편들은 두 번째 cDNA 가닥을 합성하는 DNA 중합효소 I(DNA polymerase I)에 대한 프라이머 역할을 함으로써(그림 8.7c), 벡터에 삽입되어 클로닝될 수 있는 두 가닥의 DNA 절편이 만들어지게 된다(그림 8.7d).

제작된 cDNA 클론들은 세포 내에 존재하는 모든 mRNA에 대한 상보적인 DNA를 포함하고 있을 것이다. 밀 씨앗에서 분리한 mRNA의 경우에서 cDNA 라이브러리는 gliadin mRNA에 대한 클론을 높은 비율로 포함하고 있을 것이다(그림 8.7e). 물론 다른 클론들도 존재하겠지만, 이러한 cDNA 라이브러리에서 gliadin cDNA를 찾는 것은 밀의 유전체 라이브러리에서 동일한 유전자를 찾는 것보다 훨씬 용이할 것이다.

8.4 클론 동정 방법

일단 적당한 라이브러리가 제작되면, 많은 방법들이 원하는 클론의 동정을 시도하기 위해 이용될 수 있다. 이러한 방법들 중 일부는 클로닝된 유전자의 발현산물의 검정에 기초를 두기도 하지만, 일반적으로 정확한 재조합 DNA 분자를 직접 동정하는 것이 더욱 용이하다. 이 과정은 **hybridization probing**에 의해 달성될 수 있다.

8.4.1 상보적인 핵산가닥은 서로 혼성화된다

어떤 두 개의 단일가닥 핵산분자는 서로 염기결합을 할 수 있는 능력이 있다. 염기결합에 의해 형성된 구조는 가닥들 사이의 결합수가 적으면 불안정하지만, 폴리뉴클레

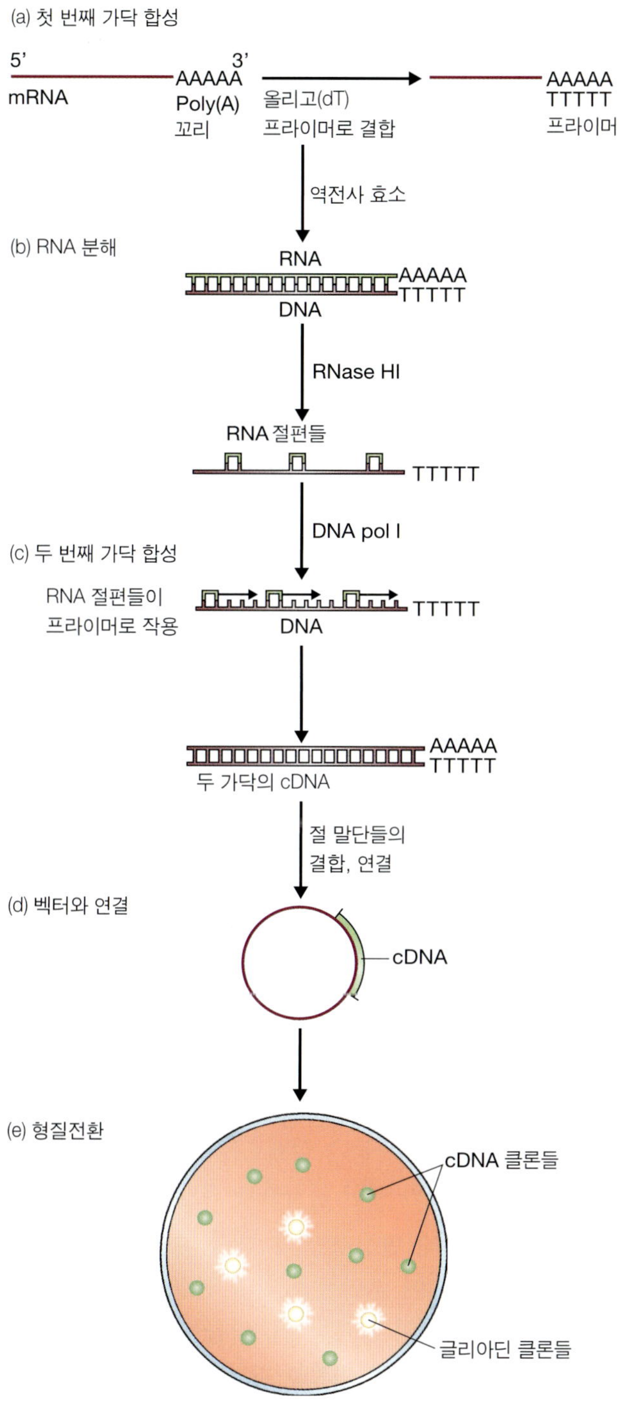

그림 8.7

cDNA 클로닝에 대한 한가지 모식도. 자세한 내용은 내용 참조. Poly(A) = Polyadenosine, oligo(dT) = oligodeoxythymidine.

오타이드들이 상보적이고 서로 염기결합을 하게 되면 안정된 두 가닥의 분자가 형성된다(그림 8.8b). 이러한 결합은 DNA 이중나선 구조를 형성하는 단일가닥의 DNA 분자들 사이뿐만 아니라, 단일가닥의 RNA 분자들 그리고 DNA와 RNA 분자들 사이에서도 일어날 수 있다(그림 8.8c). 단일가닥 분자들의 결합을 핵산 혼성화(nucleic

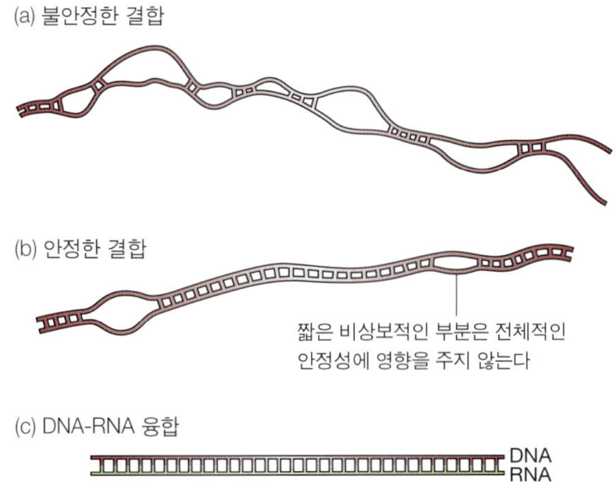

그림 8.8
핵산 혼성화. (a) 두 개의 상동성이 없는 DNA 가닥 사이에서 형성된 불안정한 혼성 분자. (b) 두 개의 상보적인 가닥 사이에서 형성된 안정한 혼성체. (c) 유전자와 그 유전자의 전사체 사이에 형성될 수 있는 DNA-RNA 혼성체.

acid hybridization)라고 한다. 특정 재조합 클론의 동정은 원하는 유전자에 대해 상보적인 DNA 또는 RNA 탐침(probe)이 있을 경우에 핵산 혼성화 방법을 이용하여 수행할 수 있다. 탐침의 특징 등에 관해서는 이 장의 후반부에서 논의될 것이며, 우선은 방법 자체만을 고려한다.

8.4.2 콜로니와 플라크 혼성화 탐침

Hybridization probing은 박테리아의 콜로니나 박테리오파아지의 plaque에 포함되어 있는 재조합 DNA 분자들의 동정에 이용될 수 있다. 먼저, 콜로니나 plaque들을 나이트로셀룰로스(nitrocellulose) 또는 나이론 막으로 옮긴 뒤(그림 8.9a), DNA를 제외한 다른 모든 물질들을 제거하기 위한 처리를 한다(그림 8.9b). 대개 이러한 처리는 DNA 이중나선구조의 두 가닥 사이에 존재하는 수소결합을 파괴시킨다. 이렇게 형성된 단일가닥 분자들은 나이트로셀룰로스 막이 이용되었을 경우에는 80℃에 일정 기간 방치시킴으로써 막에 단단하게 결합하게 되며, 나일론 막이 이용되었을 경우에는 자외선을 조사시킴으로써 막과 결합하게 된다. 이 분자들은 실제로는 그들의 당-인산 골격을 통해 막과 결합되기 때문에 염기들은 상보적인 핵산 분자들과 결합할 수 있는 상태가 된다.

탐침을 표지하고, 열을 이용해 변성시킨 후 핵산 혼성화가 원활하게 일어나게 하는 화학약품의 용액에 첨가하여 이 혼합물을 막과 반응시킨다(그림 8.9c). 충분한 혼성화 과정이 진행될 수 있는 시간이 경과한 뒤, 막을 세척하여 결합되지 않은 탐침을 제거하고, 막을 말린 뒤 결합된 탐침의 위치를 파악한다(그림 8.9d).

방사성 동위원소를 이용한 표지 방법(labelling)

DNA 분자는 인산의 방사성 동위원소인 ^{32}P를 가지고 있는 뉴클레오타이드가 결합됨으로써 표지된다(그림 8.10). 몇 가지 방법들이 사용된다.

- 틈 이동(**Nick translation**). 조심스럽게 DNA를 추출하더라도 대부분의 정제된 DNA는 한가닥이 절단된 부위를 가지고 있다. 이것은 DNA polymerase I이 DNA에

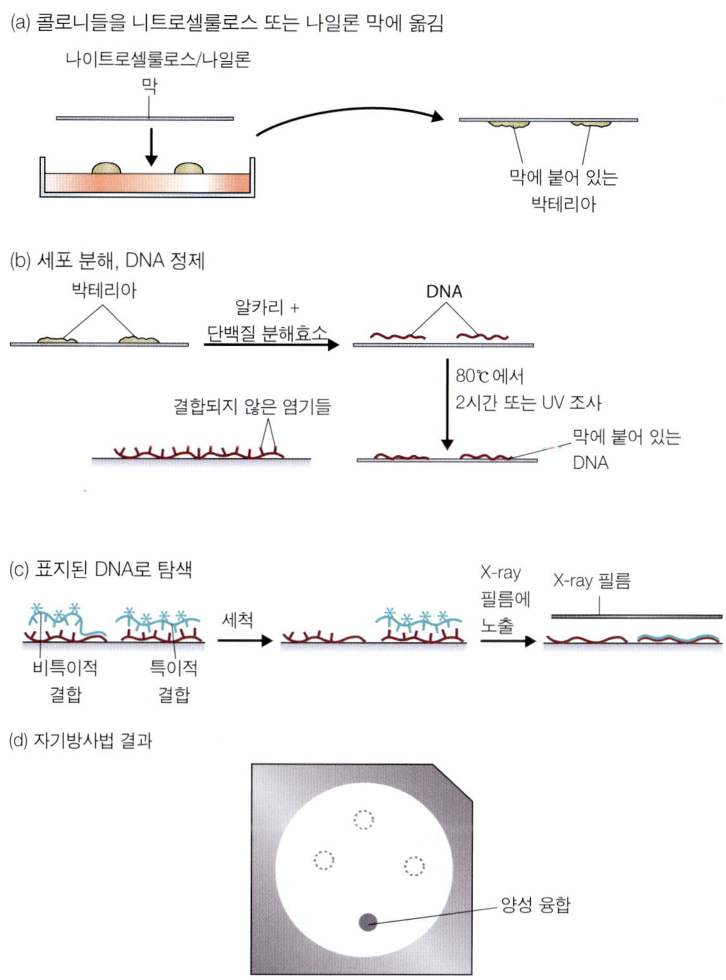

그림 8.9

콜로니 혼성화 탐침. 이 실험에서는 탐침이 방사성 동위원소로 표지되었고, 자기방사법에 의해 혼성화가 나타나지만, 다른 종류의 표지법과 탐침 검색 방법이 사용될 수 있다.

붙어서 가닥을 대체하는 반응을 일으킬 수 있다는 것을 의미한다(그림 8.11a). 이 반응은 뉴클레오타이드의 공급을 요구한다. 만약 한 개의 염기가 방사성 동위원소를 가졌다면, DNA 분자는 그 자체가 표지화될 것이다. Nick translation은 DNA 분자를 표지화하기 위해 사용될 수 있지만, 어떤 조건에서는 DNA 절단을 야기한다.

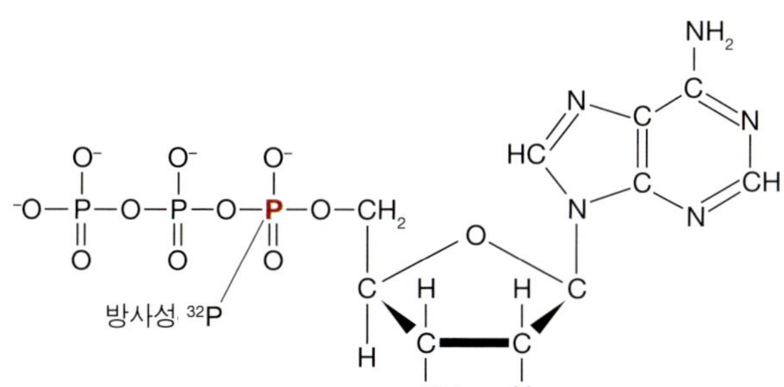

그림 8.10

[α-^{32}P]dATP의 구조

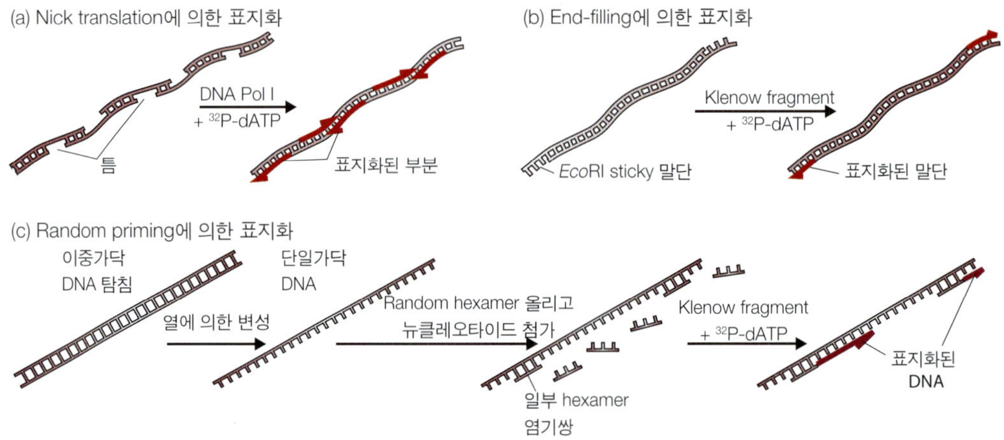

그림 8.11
DNA 표지화 방법.

- 말단 첨가(**End filling**)는 nick translation보다 완만한 방법이다. DNA 절단을 거의 야기하지 않지만, 불행하게도 sticky end를 가지고 있는 DNA 분자만을 표지할 수 있다. Klenow fragment로 알려진 효소가 sticky end를 채울 때 사용된다(그림 8.11b). Nick translation에서처럼, 말단을 채울 때 방사성 동위원소로 표지된 염기를 사용한다면 DNA는 표지와 될 것이다.
- **Random priming**은 높은 활력의 탐침을 만든다. 따라서, membrane에 결합된 소량의 DNA를 찾아낼 수 있다. 단일가닥으로 변성화된 DNA는 임의의 염기서열로 되어 있는 일련의 염기 6개의 올리고 뉴클레오타이드들과 혼합한다. 이 임의의 hexamer들은 탐침과 염기쌍을 이루고 새로운 DNA를 합성을 시작할 수 있는 분자들을 포함할 것이다. DNA polymerase I에서 핵산 분해 능력이 제거된 Klenow fragment를 사용하므로 인접한 프라이머 사이의 간격만을 채울 것이다(그림 8.11c). 방사능 표지된 염기는 새롭게 합성된 DNA에 결합될 것이다.

혼성화 후에 결합된 탐침의 위치는 자기방사법(**autoradiography**)을 이용하여 결정한다. X-ray 민감 필름을 membrane 위에 놓으면, 방사성 DNA는 필름에 노출될 것이고 탐침과 혼성화되는 콜로니나 plaque의 위치를 알기 위해 필름이 현상될 것이다(그림 8.9d). 또 다른 방법은 방사성 신호를 phosphorimager로 탐지하는 것이다. 이 기계는 방사선에 방출될 때 빛을 방출하는 phosphor로 덮힌 판을 가지고 있다. 방출되는 빛은 탐지되고 자동으로 기록된다.

비방사성 물질을 이용한 표지 방법

방사성 동위원소를 이용한 표지 방법들은 연구자에게 해롭고 방사성 폐기물의 처리 문제들 때문에 점점 기피되고 있다. 대체 방법으로 혼성화 탐침을 비방사성 물질로 표지 하는 것이다. 한 가지 가능성은 로다민(rhodamine)과 플루오레세인(fluorescein) 같은 형광 화합물에 공유결합된 뉴클레오타이드를 이용하는 것이다. 혼성화된 후에 형광신호는 자기방사법과 유사한 방법으로 일반 사진 필름에 표시된다.

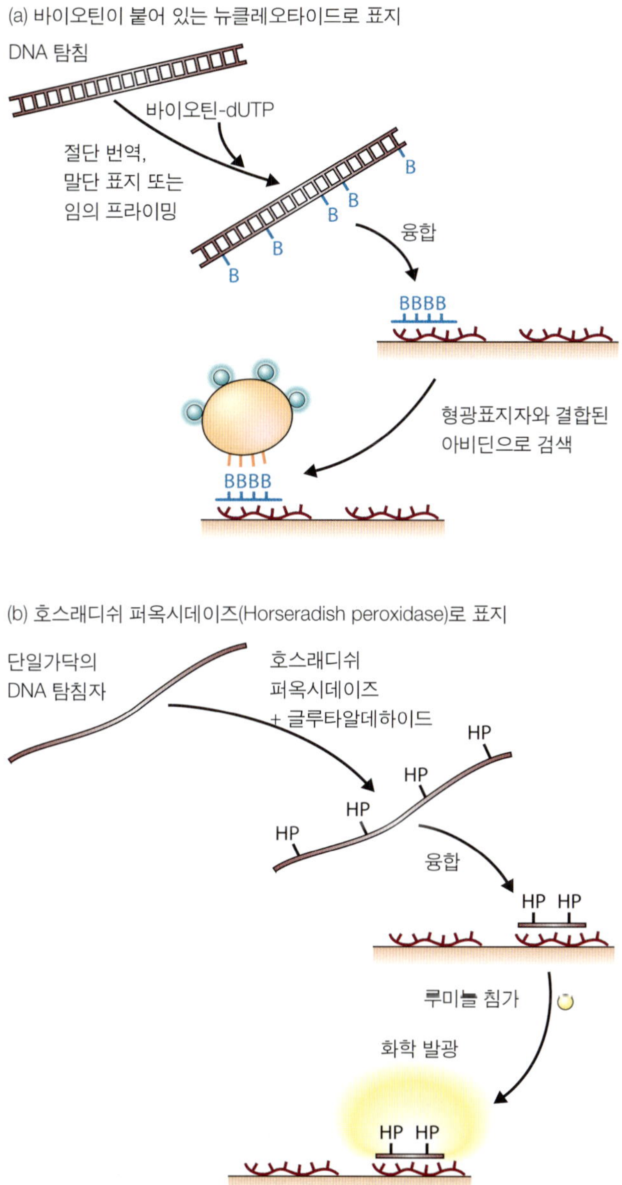

그림 8.12
비방사성 물질로 DNA를 표지하는 두 가지 방법.

또한 간접 탐지 방법이 있다. 이 방법은 표지(label) 자체가 신호를 방출하는 것이 아니라, 몇 가지 처리 후에 탐지되는 것이다. 첫 번째 방법은 바이오틴(**biotin**)과 결합된 dUTP를 이용하는 것이다. 바이오틴은 아비딘(**avidin**) 단백질에 친화력이 높은 유기분자이다. 혼성화시킨 후 바이오틴으로 표지된 탐침의 위치는 형광물질이 결합된 아비딘을 처리함으로써 검정된다(그림 8.12a). 이 방법은 방사성 탐침을 이용하는 것 만큼 민감하므로 점점 더 많이 이용되고 있다. 두 번째 방법도 마찬가지로, **horseradish peroxidase**라는 효소와 결합된 탐침을 이용한다. 화학 발광을 내는 루미놀(luminol)을 분해하는 효소의 능력을 통해 검정된다(그림 8.12b).

8.4.3 혼성화 탐침의 실제적인 이용 예

특정 재조합 클론을 동정하는 수단으로서의 콜로니 또는 플라크 혼성화의 성패는 탐침자로 이용될 수 있는 DNA 분자의 유무에 달려 있다. 이 탐침은 최소한 클로닝된 유전자 염기서열의 일부를 공유해야만 한다. 만일 유전자 자체가 이용될 수 없다면(실험의 목적이 그 유전자의 클론을 획득하기 위한 경우) 무엇을 탐침으로 사용할 수 있을까?

실제로, 탐침자의 특성은 원하는 유전자에 관한 정보에 의해 결정된다. 우리는 3가지 가능성을 생각해 볼 수 있다.

- 원하는 유전자가 cDNA 라이브러리가 제작된 세포에서 높은 수준의 발현을 나타내는 경우.
- 특정 유전자에 의해 암호화된 단백질의 아미노산 서열이 완전하게 또는 부분적으로라도 알려져 있는 경우.
- 근연종에서 동등한 유전자가 확보된 경우.

cDNA 라이브러리를 분석하기 위한 풍부 탐침

이 장의 초반에 이미 설명하였듯이, cDNA 라이브러리는 한 특정 타입의 세포에서 비교적 많이 발현되는 유전자의 클로닝을 위하여 제작되었다. 발생하는 밀의 씨앗에서 만들어진 cDNA 라이브러리의 예와 같이, 만들어진 클론들 중 많은 수가 글리아딘(gliadin) 유전자의 mRNA의 복사체(copy)일 것이다(그림 8.7e).

글리아딘 클론들의 동정은 단순히 라이브러리로부터 개개의 cDNA를 이용하여 라이브러리의 다른 모든 클론들에 대한 탐침조사를 수행함으로써 이루어진다(그림 8.13). 하나의 클론을 임의로 선별하고, 그 재조합 DNA 분자를 정제, 표지하여 나머지 클론들에 대한 탐침조사를 실시한다. 이러한 과정은 라이브러리의 많은 클론들과 융합하는 것이 획득될 때까지 서로 다른 클론들을 이용하여 반복 수행된다. 이렇게 라이브러리 내에 다수 존재하는 cDNA는 글리아딘 클론일 가능성이 크며, 정확한 동정을 위해 자세히 분석된다(예: DNA 염기서열 결정과 해독 산물의 분리).

유전자 번역산물의 특징 결정을 위한 올리고뉴클레오타이드 탐침

종종 클로닝된 유전자가 이미 어느 정도 연구된 단백질을 암호화할 수도 있다. 특히, 그 단백질의 아미노산 서열은 알려졌을 것이다. 만일 아미노산 서열이 알려진 것이라면, 관련 유전자의 염기서열을 예측하기 위하여 유전암호를 이용하는 것이 가능하다. 이러한 예측은 항상 완전하게 정확하지는 않다. 단지 메티오닌(methionine)과 트립토판(tryptophan)만이 삼중암호를 명확하게 알 수 있으며, 그외 다른 모든 아미노산들은 적어도 두 개의 유전암호에 의해 암호화된다. 그럼에도 불구하고, 대개의 경우 개개의 아미노산에 대한 서로 다른 유전암호들은 서로 연관성을 나타내고 있다. 예를 들어, 알라닌(Alanine)은 GCA, GCT, GCG와 GCC에 의해 암호화되지만, 알라닌을 암호화하는 3개의 뉴클레오타이드 중 2개는 분명하게 예측할 수 있다.

이러한 예측을 명확하게 하는 예로서 모든 호기성 생물의 호흡연쇄반응에서 중요

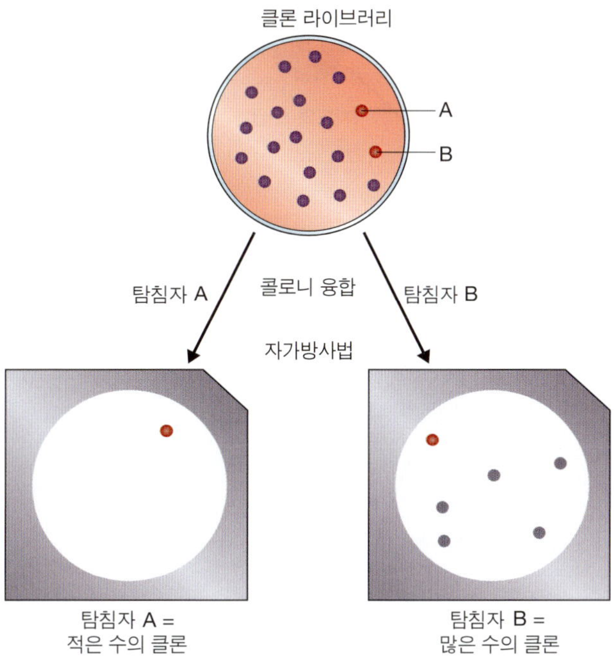

그림 8.13
풍부한 클론을 동정하기 위한 라이브러리의 탐침.

GLY–SER–ALA–LYS–LYS–GLY–ALA–THR–LEU–PHE–LYS–THR–ARG–CYS–GLU– 15
LEU–CYS–HIS–THR–VAL–GLU–LYS–GLY–GLY–PRO–HIS–LYS–VAL–GLY–PRO– 30
ASN–LEU–HIS–GLY–ILE–PHE–GLY–ARG–HIS–SER–GLY–GLN–ALA–GLN–GLY– 45
TYR–SER–TYR–THR–ASP–ALA–ASN–ILE–LYS–LYS–ASN–VAL–LEU–TRP–ASP– 60
GLU–ASN–ASN–MET–SER–GLU–TYR–LEU–THR–ASN–PRO–LYS–LYS–TYR–ILE– 75
PRO–GLY–THR–LYS–MET–ALA–PHE–GLY–GLY–LEU–LYS–LYS–GLU–LYS–ASP– 90
ARG–ASN–ASP–LEU–ILE–THR–TYR–LEU–LYS–LYS–ALA–CYS–GLU 103

그림 8.14
효모 시토크롬 c의 아미노산 서열. 붉은 글씨로 되어 있는 6개의 펩타이드는 어떻게 아미노산 서열에서 핵산서열의 예견이 가능한지를 보여주는 예로 이용된다.

한 역할을 하는 단백질인 시토크롬 c(cytochrome c)를 들 수 있다. 효모의 시토크롬 c는 그림 8.14에 나타난 바와 같이 1963년에 그 염기서열이 결정되었다. 이 서열은 59번째의 아미노산으로부터 시작되는 Trp-Asp-Glu-Asn-Asn-Met을 포함하는 부분을 포함하고 있다. 이 6개의 펩타이드를 만드는 유전암호는 TGG–$GA^{T}/_{C}$–$GA^{A}/_{G}$–$AA^{T}/_{C}$–$AA^{T}/_{C}$–ATG이다. 비록 이것이 전체 16개의 서로 다른 염기서열을 나타내지만, 18개의 뉴클레오타이드들 중에서 14개는 명확하게 예측할 수 있다.

염기서열 길이가 150개까지의 올리고뉴클레오타이드를 실험실에서 합성할 수 있게 되었다(그림 8.15). 그러므로, 올리고뉴클레오타이드 탐침자는 예측된 염기서열에 따라 제작될 수 있으며, 이러한 탐침자는 문제의 단백질을 암호화하는 유전자를 동정하는 데 이용될 수 있다. 효모의 시토크롬 c의 예에서, Trp-Asp-Glu-Asn-Asn-Met를 암호화하는 16개의 올리고뉴클레오타이드가 합성되면, 이들은 각각 또는 전체로서 효모의 유전체 또는 cDNA 라이브러리를 탐침 조사하기 위하여 사용될 수 있다(그림

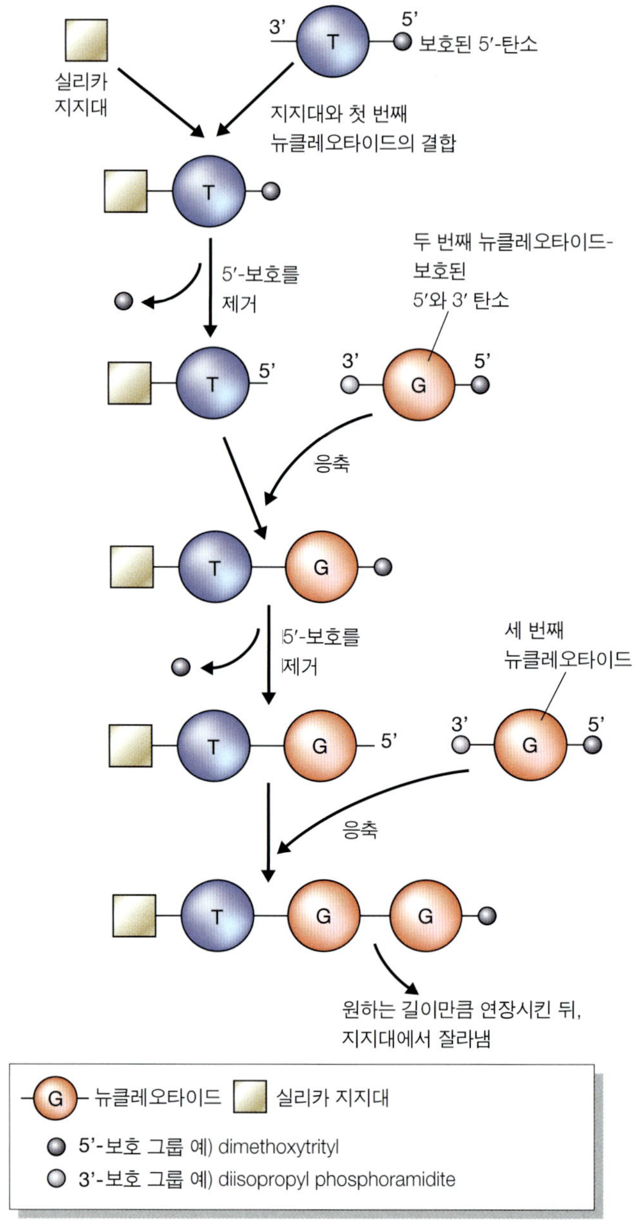

그림 8.15

올리고뉴클레오타이드 합성을 설명하는 간략화된 모식도. 3'과 5' 말단에 부착된 방어 그룹들은 개개의 단일 뉴클레오타이드들끼리의 반응을 막아준다. 방어 그룹들이 제거되는 시간을 조절함으로써 단일 뉴클레오타이드들은 커져 가는 올리고뉴클레오타이드에 하나씩 첨가될 수 있다.

8.16). 이 탐침자에서 한 개의 올리고뉴클레오타이드가 시토크롬 c 유전자의 이 부분과 같은 염기서열을 가질 것이고, 이것의 혼성화 신호는 이 유전자를 가지고 있는 클론을 나타낼 것이다. 시토크롬 c 아미노산 서열의 또다른 부분에서 예측된 올리고뉴클레오타이드를 이용하여 재검사를 실시함으로써 명확한 결과를 얻을 수 있을 것이다. 그러나 뉴클레오타이드 서열의 예측에 이용된 단백질의 일부분은 신중하게 결정되어야 한다: 첫 번째 선택한 서열의 바로 다음에 있는 Ser-Glu-Tyr-Leu-Thr-Asn로 이루어진 6개의 펩타이드는 몇 천 개의 서로 다른 18-뉴클레오타이드 서열에 의해 암호화되는데,

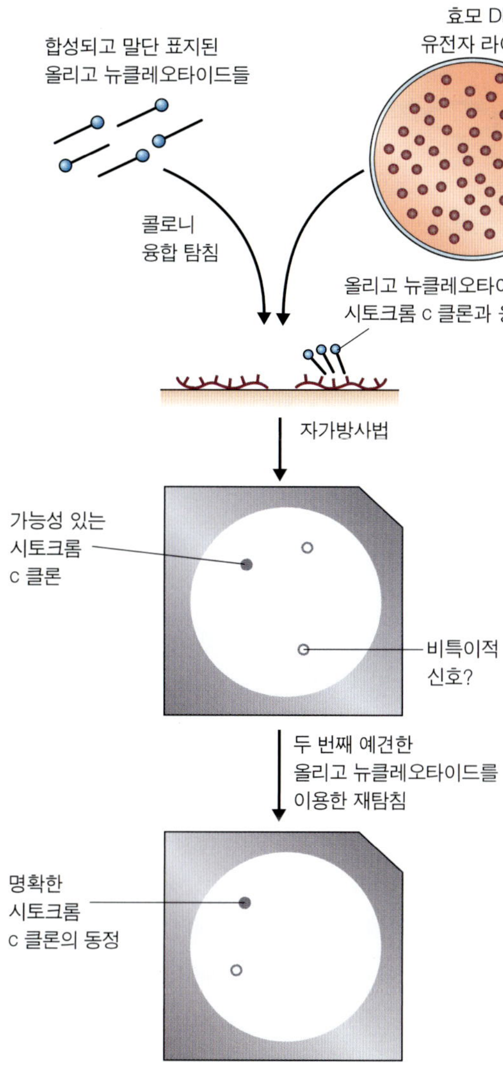

그림 8.16
효모 시토크롬 c 유전자를 포함하고 있는 클론을 동정하기 위해서 합성의 말단 표지된 올리고뉴클레오타이드를 이용.

이것은 분명히 합성 탐침자로서 부적합한 선택의 결과이다.

이형탐침은 관련 유전자들의 동정을 가능하게 한다

다른 생물체에서 유래된 동일한 단백질에 대한 두 유전자를 비교하면, 그들의 뉴클레오타이드 순서의 유사성이 매우 높으며, 이는 진화 과정 동안에 유전자 구조가 보존된다는 사실을 반영한다. 연관된 생물체에서 유래한 두 유전자들은 한 유전자에서 만들어진 단일가닥 탐침자가 다른 유전자와 안정된 혼성화가 가능할 정도로 충분한 유사성을 나타낸다. 비록 두 분자가 완벽하게 상보적이지는 않을지라도, 안정된 구조를 형성할 정도로 충분한 염기결합이 형성될 수 있다(그림 8.17a).

이형탐침은 클론을 동정하기 위하여 연관된 염기서열 사이의 결합을 이용하는 것이다. 예를 들어, 올리고뉴클레오타이드 탐침을 이용하여 찾아낸 효모의 시토크롬 c

그림 8.17
이형탐침.

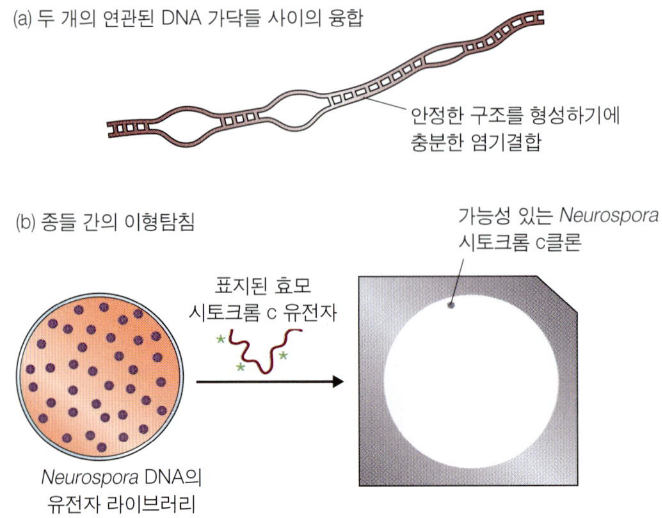

유전자는 그 자체로 다른 생물체의 클론 라이브러리에서 시토크롬 c 유전자를 동정하기 위한 혼성화 탐침으로 이용될 수 있다. 효모 유전자로부터 만들어진 탐침자는 *Neurospora crassu* 유전자와 완전히 상보적이지는 않지만, 둘 사이의 혼성화 시 충분한 염기결합이 형성된다(그림 8.17b).

Southern 혼성화는 유전자를 포함하는 제한효소로 절단된 단편을 확인할 수 있다

콜로니와 플라크 혼성화 분석뿐만 아니라, 흥미 있는 유전자를 포함하는 제한효소로 절단된 단편들을 확인하기 위해 탐침을 혼성화할 때도 있다. 예를 들어, 효모의 시토크롬 c 유전자의 유전체 클론은 올리고뉴클레오타이드 탐침을 혼성화하여 확인했다. 이 genomic library는 효모 DNA를 *Bam*HI으로 partial restriction한 후, cosmid 벡터인 pJB8에 클로닝되었다. 그러므로, 시토크롬 c 유전자를 갖는 단편은 길이가 대학 40 kb일 것이고, 아마도 10개의 *Bam*HI 단편을 포함할 것이다. 이 제한효소가 인식하는 여섯 염기자리는 평균 4^6 = 4,096 bp마다 한 개씩 존재할 것이다.

시토크롬 C 단백질은 103개의 아미노산으로 되어 있다(그림 8.14). 효모 유전체는 인트론(intron)이 거의 없기 때문에 시토크롬 C 유전자는 309 bp 크기이며, 클로닝된 DNA의 1% 이하로 구성된다. 이것은 클론된 DNA에 원하지 않는 다른 유전자들이 존재할 경우가 많다는 것을 의미한다(그림 8.18). Southern 혼성화 방법은 시토크롬 c 유전자를 포함하는 제한효소 단편을 확인할 수 있다.

그림 8.18
긴 클론된 DNA는 우리가 관심있는 유전자뿐만 아니라 다른 유전자들도 포함한다.

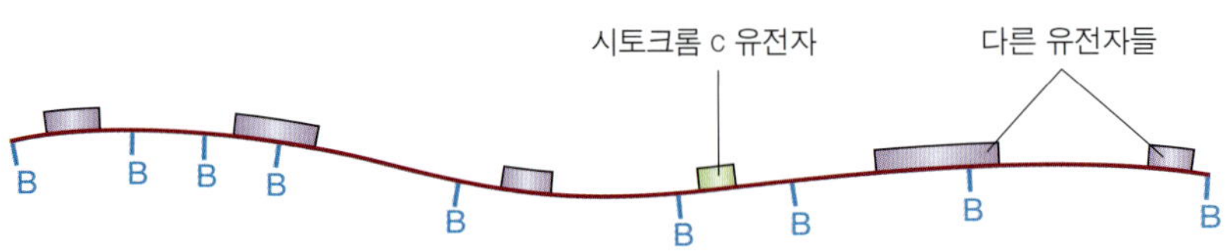

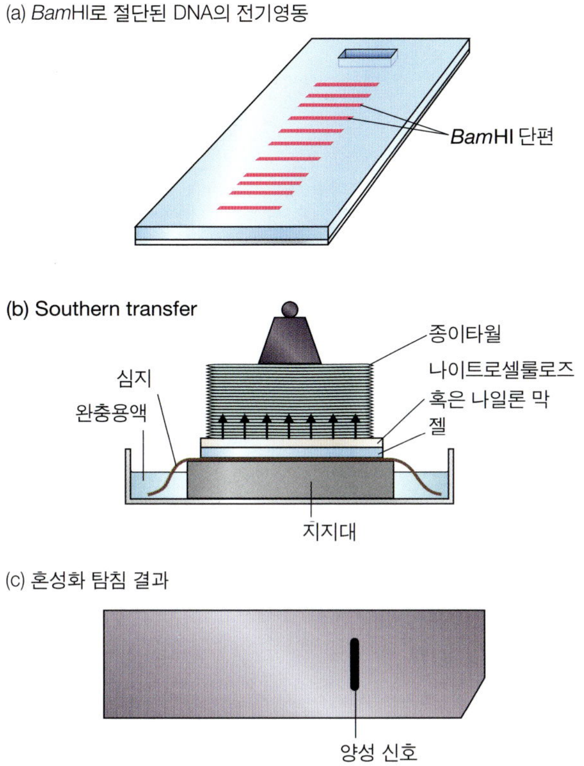

그림 8.19
Southern 혼성화.

이것을 위해서, southern 혼성화의 첫 번째 단계는 클론 DNA를 *Bam*HI으로 절단하고, 아가로오스 젤 전기영동으로 단편들을 분리하는 것이다(그림 8.19a). 유전자를 포함하는 단편을 확인하기 위해 올리고뉴클레오타이드 탐침을 사용한다. 제한효소 단편이 아가로오스 젤에 존재할 때 혼성화시킬 수도 있지만, 결과는 매우 좋지 않다. 젤은 특이한 혼성화 신호를 숨겨 버리는 많은 가짜의 배경 혼성화를 만든다. 대신에 아가로오스스의 DNA 띠를 나이트로셀룰로스나 나일론 막에 옮기면 훨씬 깨끗한 환경을 제공한다.

이렇게 한천 젤에서 나이트로셀룰로스막이나 나일론 막으로 DNA 밴드를 옮기는 기법은 1975년 E. M. Southern 교수에 의해 개발되었고, 이 기법을 **Southern transfer**이라 한다. 막을 젤 위에 놓고 완충용액이 삼투압으로 스며들게 하면, 젤에 있는 DNA는 막으로 옮겨져서 결합된다. 이 과정을 수행하는 데 필요한 정교한 장치들을 구입할 수도 있지만, 사실 많은 분자생물학자들은 종이타월과 균형유지를 위해 손수 고안한 방법을 선호한다(그림 8.19b). 이와 동일한 방법이 RNA 분자(**northern transfer**)나 단백질(**western transfer**)을 막으로 이동시킬 경우에도 이용될 수 있다. 현재까지 eastern transfer 방법을 제안한 사람은 없다.

DNA 밴드가 Southern transfer를 통해 아가로스 젤로부터 막으로 이동된다. 만일 표지된 탐침을 처리한 후 혼성화와 자가방사법(또는 비방사능 탐침자를 이용한 검색 방법)을 이용하여 어떤 제한효소에 의해 절단된 단편이 클로닝된 유전자를 포함하고 있는지를 확인할 수 있다(그림 8.19c).

8.4.4 클로닝된 유전자의 해독산물의 검정을 통한 동정 방법

이형탐침은 대개 클론 라이브러리에서 특정 재조합 분자의 동정을 위해 선호되는 방법이다. 이 방법은 수행이 간편하고, 최근에 약간의 수정을 거쳐 실험 한 번에 10,000개의 재조합 분자들을 조사할 수 있으므로 큰 유전체 라이브러리도 짧은 시간에 검사할 수 있다. 그럼에도 불구하고, 탐침자는 원하는 유전자와 최소한의 상보성을 갖고 있어야 하기에 클론 동정에 융합을 이용할 수 없는 경우가 있다. 이러한 경우는 약간 상이한 방법이 필요하다.

이형탐침에 대한 주요 대안은 면역학적 검색(**immunological screening**)이다. 이 두 방법들 간의 차이점은 이형탐침은 DNA 단편 자체를 직접 동정하는 반면, 면역학적 검색은 클로닝된 유전자에 의해 암호화된 단백질을 검색하는 것이다. 그러므로, 면역학적 방법을 이용하려면 클로닝된 유전자가 발현되어 단백질이 만들어져야 하고, 또한 그 단백질이 숙주세포 내에 존재하지 않아야 한다는 전제 조건이 만족되어야 한다.

면역학적 검정 방법에는 항체가 필요

정제된 단백질 표본을 토끼의 혈관에 주입하면, 그 동물의 면역체계가 활성화되어 외부 물질과 결합하여 분해할 수 있는 항체들을 합성할 것이다(그림 8.20a). 물론 이것은 박테리아, 바이러스 및 다른 감염성 물질들에 의해 체내 침투에 대항하는 자연적인

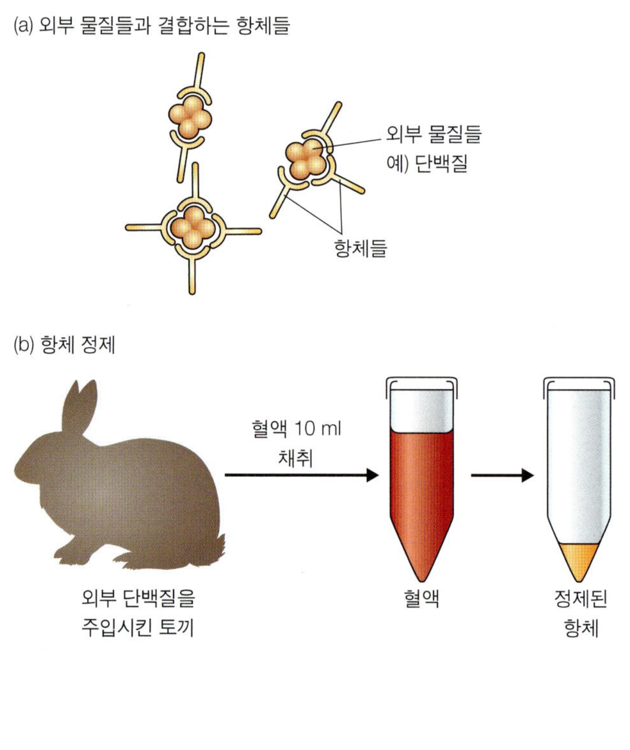

그림 8.20
항체들. (a) 혈액에서 외부 물질들과 결합하여 그 물질의 파괴를 돕는 항체들. (b) 외부 단백질이 주입된 토끼에서 채취한 소량의 혈액에서 정제된 항체를 얻을 수 있다.

방어 메커니즘의 발현이다.

토끼에 어떤 단백질이 투여되면, 수일 이상 많은 양의 항체가 토끼의 혈액 내에 존재하므로, 충분한 양의 항체를 분리 정제할 수 있다. 이때 10 ml 정도의 혈액에서 상당한 양의 항체를 획득할 수 있으므로 토끼를 희생시킬 필요는 없다(그림 8.20b). 이와같이 정제된 항체는 동물에 투여된 원래의 단백질에만 결합하게 된다.

재조합 콜로니에서 단백질을 검정하기 위한 정제된 항체의 사용

면역학적 검색 방법에는 몇가지 유형이 있으나, 가장 유용하게 이용되는 방법은 콜로니 융합 탐침과 아주 유사한 방법이다. 재조합 콜로니들을 폴리비닐 막(polyvinyl membrane)에 옮기고서 세포들을 분해시킨 뒤, 특정한 항체가 포함된 용액을 첨가한다(그림 8.21a). 원래의 방법들은 항체 자체를 표지할 수도 있고, 면역글로블린과 특이하게 결합하는 박테리아 단백질인 **protein A**를 표지하고, 표지된 단백질 A 용액으로 막을 처리하기도 한다. 보다 최근의 방법은 일차 항체인 결합 항체를 일차 항체와 특이적으로 결합하는 표지된 이차 항체로 막에 처리함으로써 발견하는 것이다. 이차 항체는 일차 항체가 준비된 종과 다른 동물에 일차 항체를 주입함으로써 만들어진다. 만약 일차 항체가 토끼에서 만들어졌다면, 이차 항체는 일차 항체를 염소에 주사함으로써 얻을 수 있다. 염소의 면역 체계는 일차 항체를 외부 단백질 항원으로 인식하여 일

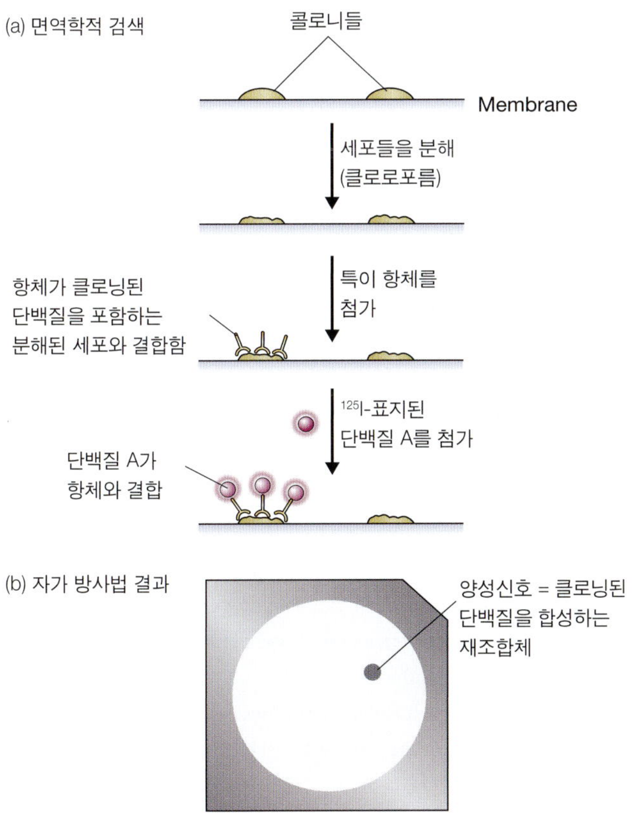

그림 8.21

재조합 콜로니들에서 단백질을 확인하기 위해서 정제된 항체를 이용한다. 표지된 단백질 A를 이용하지 않고, 항체 자체를 표지하거나 1차 항체와 특이적으로 결합하는 표지된 2차 항체를 이용할 수 있다.

차 항체에 결합하는 이차 항체를 합성할 것이다.

몇몇 이차 항체 분자들은 한 개의 일차 항체에 결합하여 각 콜로니를 명확히 구별하고, 신호의 양을 증가시킨다. 위 3가지 방법에서 방사성 동위원소로 표지를 할 경우에는 표지된 물질과 결합하는 콜로니의 검색은 자기방사법을 이용하며, 비방사성 물질로 표지할 경우는 형광이나 화학발광법을 이용하여 검색한다(그림 8.21b).

유전자 발현의 문제

면역학적 검색 방법을 이용하기 위해서는 클로닝된 유전자가 발현되고, 발현산물인 단백질이 재조합 세포주 안에 존재해야만 한다. 그러나 14장에서 자세히 다루겠지만, 한 생물체에서 유래된 유전자가 다른 유기체 내에서는 발현이 되지 않는 경우가 종종 있다. 특히, 엽록체 내에 존재하는 유전자는 예외지만, 일반적으로 클로닝된 동·식물 유전자들은 대장균 세포에서는 발현되지 않는다. 이러한 문제점은 박테리아 숙주 내에서 클로닝된 유전자의 발현이 가능하도록 특별히 고안된 발현 벡터(**expression vector**)라는 특수한 타입의 벡터를 이용함으로써 해결될 수 있다. 발현벡터에 클로닝된 동물세포의 유전자를 포함하는 재조합 대장균 콜로니들의 면역학적 검색은 여러가지 중요한 호르몬들에 대한 유전자들을 획득하는 데 매우 유용하게 이용된다.

Further reading

FURTHER READING

Benton, W.D. & Davis, R.W. (1977) Screening lgt recombinant clones by hybridization to single plaques *in situ*. *Science*, **196**, 180–182.

Feinberg, A.P. & Vogelstein, B. (1983) A technique for labelling DNA restriction fragments to high specific activity. *Analytical Biochemistry*, **132**, 6–13. [Random priming labeling.]

Grunstein, M. & Hogness, D.S. (1975) Colony hybridization: a method for the isolation of cloned cDNAs that contain a specific gene. *Proceedings of the National Academy of Sciences of the USA*, **72**, 3961–3965.

Gubler, U. & Hoffman, B.J. (1983) A simple and very efficient method for generating cDNA libraries. *Gene*, **25**, 263–269.

Southern, E.M. (2000) Blotting at 25. *Trends in Biochemical Science*, **25**, 585–588. [The origins of Southern hybridization.]

Thorpe, G.H.G., Kricka, L.J., Moseley, S.B. & Whitehead, T.P. (1985) Phenols as enhancers of the chemiluminescent horseradish peroxidase–luminol–hydrogen peroxide reaction: application in luminescence-monitored enzyme immunoassays. *Clinical Chemistry*, **31**, 1335–1341. [Describes the basis to a non-radioactive labeling method.]

Young, R.A. & Davis, R.W. (1983) Efficient isolation of genes by using antibody probes. *Proceedings of the National Academy of Sciences of the USA*, **80**, 1194–1198.

Chapter 9

중합효소 연쇄반응

Chapter contents

CHAPTER CONTENTS

앞에서, 우리는 유전자 클로닝의 기본 윤리와 제한 분석, 젤 전기영동, DNA 표지 그리고 DNA-DNA 혼성화와 같은 기초분자생물학적 기술에 대해 익숙하게 되었다. DNA 분석에서 기본적인 교육을 마치기 위해서 유전자 연구를 위해 두 번째로 중요한 기술인 PCR(polymerase chain reaction)로 돌아가야 한다. PCR은 매우 간단한 기술로, 하나의 유전자와 같은 DNA의 짧은 부위가 DNA 중합효소에 의해 여러번 복제되는 것이다(그림 1.2). 단순해 보이는 이 실험은 그러나 유전학적 연구 및 생물학의 재분야에서 수많은 응용 범위가 있다.

우리는 이 장에서 PCR이 정확히 무엇을 성취할 수 있는지 알기 위해서 PCR의 개요를 가지고 시작할 것이다. 그리고 이와 관련된 실험방법들, PCR의 단계를 그리고 PCR에 의해 증폭된 DNA 단편을 연구하기 위해 고안된 특별한 방법들을 설명할 것이다.

9.1 PCR의 개요

PCR은 DNA 분자 상에서 어떤 부분만을 선택적으로 증폭시킨다. 증폭하고자 하는 부위의 가장자리의 염기서열이 알려져 있다면, 어떤 DNA 분자의 어느 부위이든 선택될 수 있다. 그 주변의 염기서열을 알아야 하는 이유는 DNA 이중나선의 각 사슬에 결합할 수 있는 두 개의 짧은 올리고뉴클레오타이드들이 있어야만 PCR을 수행할 수 있기 때문이다(그림 9.1). 이들 올리고뉴클레오타이드들은 DNA 합성에 대한 프라이머로 작용하며, 어느 부분이 증폭될 것인가를 결정한다.

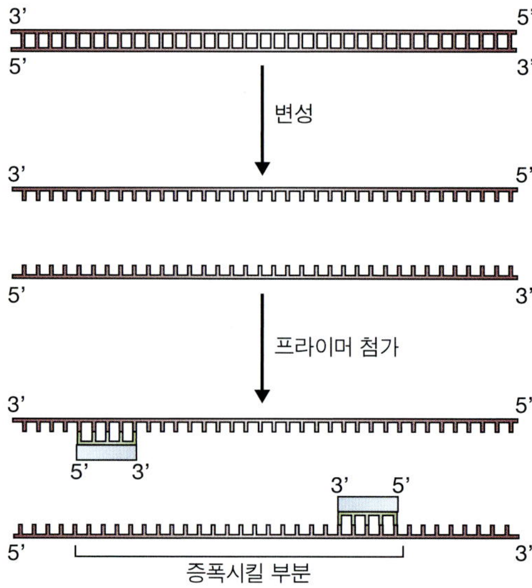

그림 9.1
PCR 수행시 올리고뉴클레오타이드 프라이머와 주형 DNA와의 결합.

PCR에 의한 증폭은 제한효소인 *Taq* I을 생산하는 세균인 *Thermus aquaticus*로부터의 DNA 중합효소 I에 의해 수행되는데, 온천에서 생활하는 이 세균이 만드는 *Taq* 중합효소를 포함한 많은 효소들은 대부분 고온에도 안정하다. 즉, 이들은 열에 의한 변성에 대하여 저항성을 갖는데, 이러한 *Taq* 중합효소의 온도 안정성은 PCR에 필수 요인이 된다.

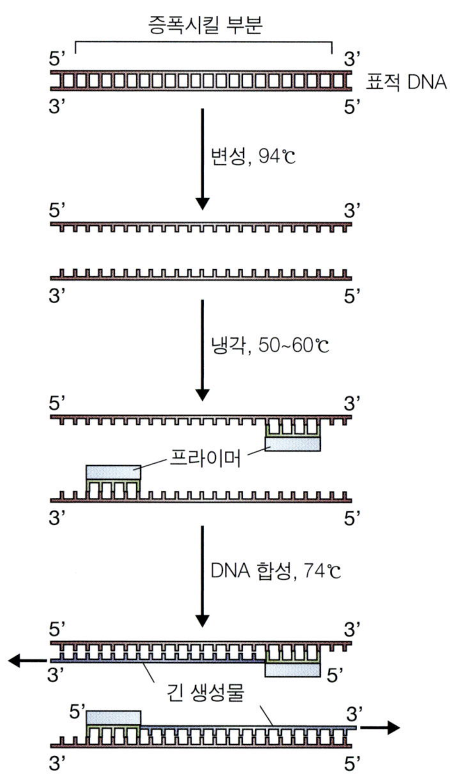

그림 9.2
PCR의 첫 단계는 긴 생성물을 합성한다.

PCR 실험을 하기 위해서 표적 DNA는 *Taq* polymerase, 2개의 올리고뉴클레오타이드 프라이머, 뉴클레오타이드와 혼합한다. PCR은 매우 민감해서 한 개의 분자로도 시작할 수 있기 때문에 표적 DNA의 양은 극히 소량으로도 가능하다. 반응은 혼합물을 94℃까지 가열함으로써 시작한다. 이 온도에서 이중나선을 유지시키는 수소결합이 파괴되고, 따라서 표적 DNA는 단일가닥 분자로 변성된다(그림 9.2). 온도를 50~60℃로 내리면 표적 DNA의 단일 가닥들이 다시 결합하게 되는데, 이때 프라이머들이 단일가닥과 결합하게 된다. *Taq* polymerase의 최적 온도보다 약간 아래인 74℃로 온도가 올려지면 DNA 합성이 시작된다. PCR의 첫 단계에서 표적 DNA의 가닥들로부터 긴 생성물이 합성된다. 이 폴리뉴클레오타이드들은 동이 5′ 말단을 가지고 있지만, DNA 합성이 끝나는 위치에 따라 임의의 3′ 말단을 가진다.

이제 변성-프라이머 결합-합성의 주기가 반복된다(그림 9.3). 긴 생성물은 변성화되고, 4개의 가닥들이 DNA 합성 단계에서 복제된다. 4개의 이중가닥 분자들이 생성

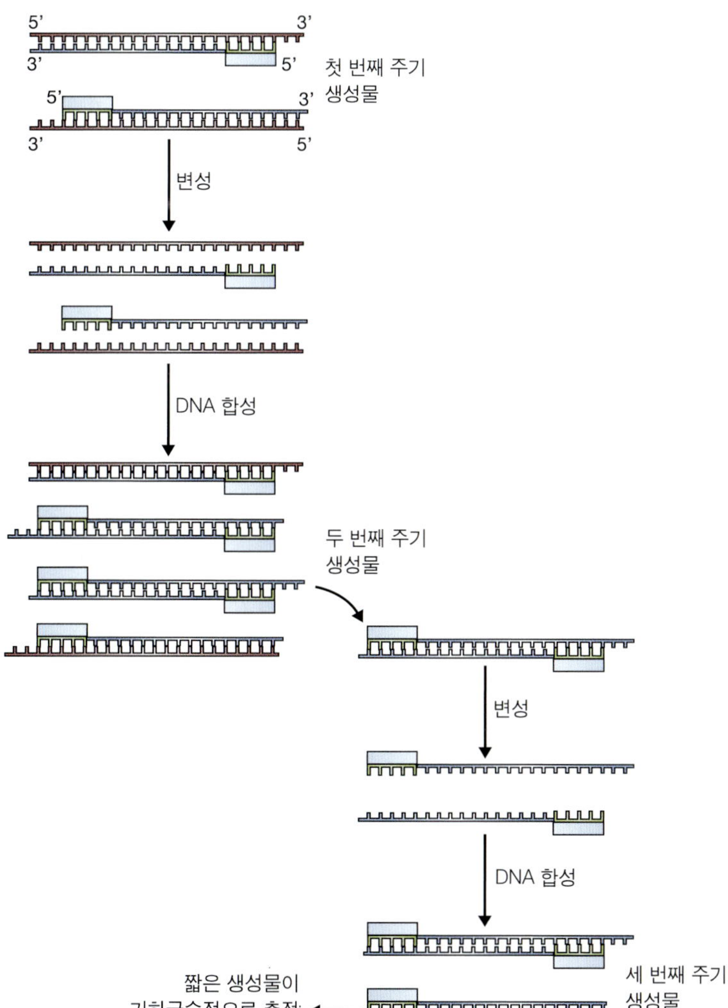

그림 9.3
PCR의 두 번째와 세 번째 주기, 짧은 생성물이 처음으로 만들어진다.

되는데, 2개는 첫 번째 주기에서 만들어진 긴 생성물과 동일하며, 나머지 2개는 새로운 DNA로 구성된다. 세 번째 주기에서 후자는 5′ 과 3′ 말단에 프라이머 결합 부위가 있는 짧은 생성물을 만든다. 계속적인 주기에서 짧은 생성물들은 기하급수적(각 주기당 2배)으로 축적된다. 이것은 30주기가 끝나면 각각의 시작 분자들로부터 1억 3천만개 이상의 짧은 생성물을 만든다는 것을 의미한다. 즉, 몇 ng의 표적 DNA로부터 몇 μg의 PCR 생성물이 생성되는 것이다.

PCR 산물은 보통 아가로즈 젤 전기영동법으로 분석되고, 충분한 양의 DNA가 증폭되므로, ethidium bromide 염색에 의해 뚜렷한 밴드로 나타나게 된다. 증폭된 DNA의 아가로스 젤 전기영동 상은 그 자체로서 증폭된 DNA 부분에 대한 유용한 정보를 제공할 것이며, 또한 PCR 산물은 DNA 염기서열 결정법과 같은 기술에 의해 분석될 수 있다.

9.2 PCR에 대한 세부 내용

PCR 실험이 매우 쉽기는 하지만, 가치 있는 결과를 얻기 위해서는 아주 신중한 계획을 세워야 한다. 특히, 프라이머의 염기서열과 반응 주기 동안의 가열과 냉각시 온도 등은 실험의 성공에 결정적인 요소이다.

9.2.1 PCR을 위한 올리고뉴클레오타이드 프라이머의 디자인

프라이머는 PCR 실험의 성공 여부를 가리는 중요한 열쇠이다. 프라이머가 정확하게 디자인되면, 주형 분자의 목적 위치에 해당하는 단일 DNA 단편만이 증폭되는 반면, 프라이머가 잘못 디자인된 경우에는 어떠한 단편도 증폭되지 않거나, 잘못된 단편이나 하나 이상의 단편이 증폭되게 된다(그림 9.4). 그러므로 프라이머를 디자인할 때는 많은 것이 신중히 고려되어야 한다.

프라이머의 적당한 염기서열을 결정하는 것은 단순한 문제가 아니다: 우선 프라이머의 염기 서열은 주형 분자 상의 목표 부위 근처의 염기서열과 일치해야 하는데, 각각의 프라이머는 혼성화가 일어날 수 있도록 주형사슬에 상보적이어야 하고, 결합된 프라이머의 3′ 말단이 서로 마주 보는 방향으로 위치하여야 한다(그림 9.5). 증폭시키

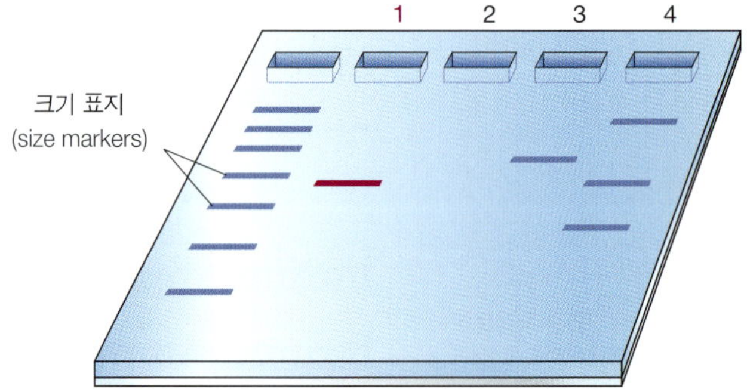

그림 9.4
잘 디자인된 프라이머와 잘못 디자인된 프라이머로 수행한 PCR 결과. 1번 레인은 잘 디자인된 실험 결과로, 하나의 증폭된 단편을 보여준다. 2번 레인에서는 증폭된 산물이 없음을 보여주며, 이는 한쪽 혹은 양쪽 프라이머 모두가 주형 DNA 분자에 결합하지 못했음을 암시한다. 3번과 4번 레인은 각각 잘못된 크기의 증폭 산물과 여러 개의 증폭 산물들(하나의 정확한 증폭 단편과 두 개의 잘못된 단편들)을 보여준다; 두 경우 모두 한쪽 혹은 양쪽 프라이머들이 주형 DNA 분자의 원치 않는 부분에 결합했기 때문이다.

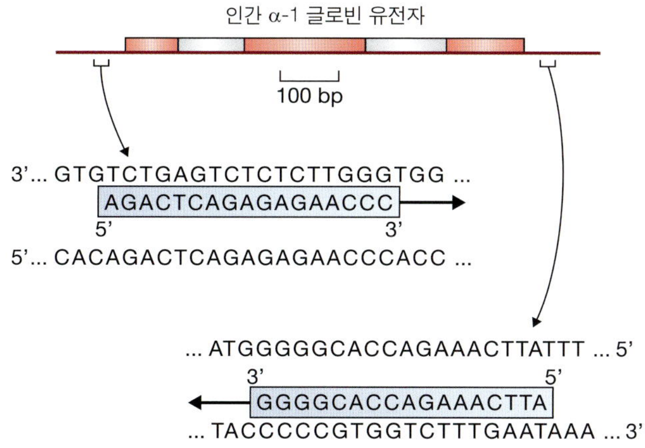

그림 9.5

인간 α-1 글로빈 유전자 증폭을 위해 디자인된 프라이머 쌍. 검정색 box가 유전자의 엑손, 빈 box가 유전자의 인트론 부분을 나타낸다.

고자 하는 DNA의 길이는 5 kb 이하이어야 하고, 1 kb 이하가 이상적이다. 일반적인 PCR 방법으로 10 kb까지의 단편을 증폭하는 것이 가능하지만, 단편의 길이가 길수록 증폭 효율이 낮아지고 항상 일관된 결과를 얻기가 어려워진다. 40 kb 이상의 매우 긴 단편의 증폭도 가능하기는 하지만 특별한 방법을 사용하여야 한다.

중요한 문제가 제기되는데, 그것은 프라이머의 길이이다. 프라이머의 길이가 너무 짧으면, 이들이 주형에 비특이적으로 결합하여 원치 않는 증폭 산물을 생산한다. 전체 인간 DNA(total human DNA)를 주형으로 하고, 8개의 뉴클레오티드로 구성된 프라이머(PCR 용어로 이를 8-mer라 한다)로 PCR을 수행한다고 가정하자. 그 결과, 수많은 단편들이 증폭될 것이다. 그 이유는 프라이머의 결합 부위가 평균 4^8=65,536 bp당 한 번 정도로서 전체 인간 유전체를 이루는 3,200,000 kb의 염기서열 내에 거의 49,000개의 부분이 존재하기 때문이다. 즉, 한 쌍의 8-mer 프라이머로 PCR을 할 경우 인간 DNA에서 하나의 특이한 증폭 산물을 얻기는 어렵다는 뜻이다(그림 9.6a).

그림 9.5에서처럼, 17-mer 프라이머를 사용하면 어떨까? 17-mer 염기서열의 예상 빈도는 4^{17}=17,179,869,184 bp당 한 번이 되는데, 이는 전체 인간 유전체의 길이보다 5배 정도 더 길다. 따라서, 17-mer 프라이머는 전체 인간 DNA의 한 부위에서만 결합하게 되고, 결국 특이한 하나의 증폭 산물을 생산할 것이다(그림 9.6b).

프라이머를 왜 가능한한 길게 만들지 않는 것일까? 그것은 프라이머의 길이가 주형 DNA에의 결합률에 영향을 미치기 때문이다. 즉, 프라이머의 길이가 길수록 결합하는 속도가 느려진다. 그러므로, 증폭되는 분자의 수로 측정되는 PCR의 효율은 프라이머가 주어진 시간 동안 주형에 완전하게 결합할 수 없을 정도로 길다면 감소하게 된다. 실제로 30-mer 이상인 프라이머는 거의 사용되지 않는다.

9.2.2 적정 온도의 결정

PCR의 각 주기 동안 반응액에는 3번의 온도 변화가 가해진다(그림 9.7):

- 변성 온도는 DNA 이중결합을 이루는 염기들 간의 결합을 파괴하여 다음 번 DNA 합성을 위한 주형으로 작용할 수 있도록 단일 사슬로 만드는 온도로서, 일반적으로 94℃

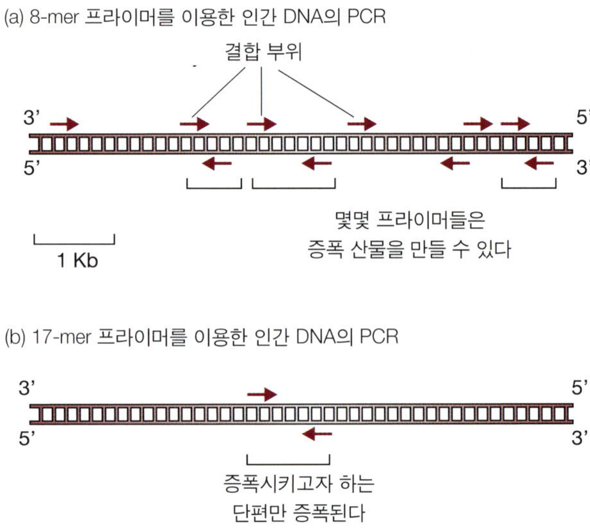

그림 9.6
프라이머의 길이는 PCR의 특이성에 매우 중요하다.

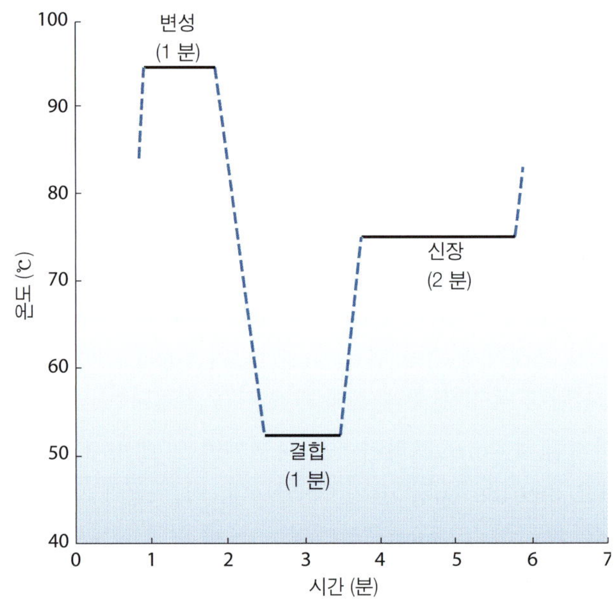

그림 9.7
PCR의 일반적인 온도 프로필.

이다.

- 결합 온도는 프라이머가 주형에 결합하는 온도이다.
- 신장 온도는 DNA가 합성되는 온도로서, *Taq* 중합효소의 적정 온도보다 약간 낮은 74℃이다.

결합 온도는 반응의 특이성에 영향을 미치는 매우 중요한 요인이다. DNA-DNA 결합은 온도 의존적인 현상으로, 결합이 불가능할 정도로 온도가 높으면 프라이머와 주형이 서로 결합하지 못하고 분리된 상태로 남아 있게 되며(그림 9.8a), 온도가 너무 낮으면 모든 염기쌍이 정확히 형성되지 않는 비특이적인 결합하게 된다(그림 9.8b). 만

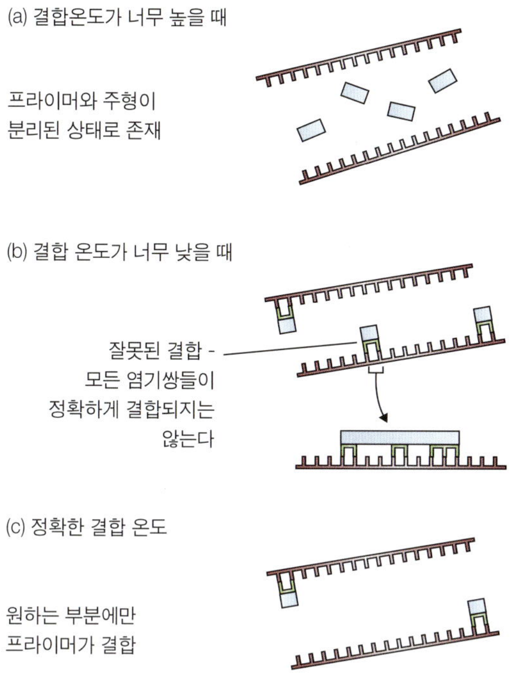

그림 9.8
온도는 프라이머가 주형 DNA에 결합하는 데 중요한 영향을 미친다.

약 비특이적인 결합이 발생되면 프라이머의 적당한 길이에 대한 추정이 잘못된 것이다. 잘못된 염기쌍을 형성할 정도의 온도에서는 각 프러이머에 대한 결합 부위의 수가 증가하게 되어 주형 분자의 목표 부위 외에 다른 부위들에서도 증폭이 일어난다.

이상적인 결합 온도는 프라이머와 주형 간의 결합이 가능할 정도로 충분히 낮아야 하지만, 잘못된 염기쌍의 형성을 방지할 수 있을 정도로 충분히 높아야 한다(그림 9.8c). 이 온도는 프라이머-주형 결합체의 Temperature of melting(T_m)에 따라 결정된다. T_m이란 정확하게 결합된 염기쌍들이 분리되는 온도이다. 이 Tm 보다 1~2℃ 낮은 온도는 프라이머와 주형이 결합하기에는 충분히 낮지만 하나의 잘못된 염기쌍을 포함하기에는 너무 높다. T_m은 실험적으로 결정될 수 있지만, 보통은 간단한 공식으로부터 계산될 수 있다(그림 9.9):

$$T_m = (4 \times [G + C]) + (2 \times [A + T])℃$$

위 식에서 [G + C]는 프라이머에 존재하는 G와 C 뉴클레오티드의 개수이고, [A + T]는 A와 T의 개수이다.

프라이머 염기서열 : 5' AGACTCAGAGAGAACCC 3'

4 Gs 5 Cs 7 As 1 T

$$\begin{aligned} T_m &= (4 \times 9) + (2 \times 8) \\ &= 36 + 16 \\ &= 52°C \end{aligned}$$

그림 9.9
프라이머의 T_m값 계산 방법.

그러므로, PCR의 결합 온도는 각 프라이머들의 T_m 값을 계산함으로써 결정되며, 이보다 1~2℃ 낮은 온도를 이용한다. 이것은 두 개의 프라이머가 동일한 T_m 값을 갖도록 디자인되어야 한다는 사실을 의미한다. 만일 그렇지 않을 경우에는 한 프라이머에 대한 결합 온도는 다른 프라이머의 결합 온도보다 너무 높거나 너무 낮게 될 것이다.

9.3 PCR 산물의 연구

PCR은 흔히 그 증폭 산물을 다양한 방법으로 연구함으로써, 주형으로 쓰인 DNA에 대한 정보를 얻기 위한 긴 일련의 실험의 시작점이 된다. Part 2와 3에서 이런 종류의 많은 연구들을 접할 것이다. PCR 산물을 연구하는 데는 매우 많은 방법들이 개발되어 있지만, 그중 가장 중요한 세 가지 분석법은 다음과 같다.

- 아가로스 젤 전기영동
- PCR 산물의 클로닝을 통한 분석
- PCR 산물의 염기서열 분석

처음 두 개의 기술은 9장에서, 그리고 세 번째 기술은 10장에서 다룰 것이다.

9.3.1 PCR 산물의 전기영동

대부분의 경우, PCR 실험의 결과는 아가로스 젤에 증폭된 반응액의 일부를 전기영동하여 확인할 수 있다. 증폭된 DNA를 나타내는 밴드는 염색하여 관찰할 수 있지만, DNA의 양이 적은 경우에는 Southern hybridization으로 확인할 수 있다(그림 8.19 참조). 기대되는 밴드가 관찰되지 않거나 부가적인 밴드가 존재한다면 실험 과정이 잘못된 것이므로 재실험이 수행되어야 한다.

아가로스 젤 전기영동은 PCR 실험이 정확히 수행되었는지를 확인하거나 추가적인 정보를 얻기 위하여 이용된다. 예를 들어, PCR 산물의 정확한 크기를 분석함으로써 주형 DNA가 증폭된 부위 내에 삽입이나 결실 등의 돌연변이를 포함하는지를 확인할 수 있다(그림 9.10). 이러한 크기가 다른 돌연변이는 법의학의 중심 기술인 **DNA profiling**의 기초를 이룬다(17장).

물론, 많은 돌연변이들은 DNA 길이에 변화 없이 염기서열을 변화시킨다. 점돌연변이를 포함하는 PCR 산물을 확인하는 방법은 증폭된 부분을 염기서열 분석하는 것이다. 돌연변이가 제한효소 인식 부분을 변경시켜 DNA를 자를 수 없을 때는 예외이다. 이 돌연변이는 **restriction fragment length polymorphism**(RFLP)를 만든다. RFLP는 PCR 산물을 제한효소로 처리한 후 아가로스 젤에 샘플을 전기영동으로 확인한다(그림 9.11). PCR 산물의 RFLP 분석은 **cleaved amplified polymorphic sequence**(CAPS) 분석이라고도 한다. CAPS 분석은 임상 샘플에서 세균이나 진균의 종류를 구별하고, 병원균에 감염되었는지 확인하기 위해 이용된다. 또한, 항생제 저항성 균주의 존재를 알려준다. 예를 들면, 위궤양을 일으키는 헬리코박터(*Helicobacter*

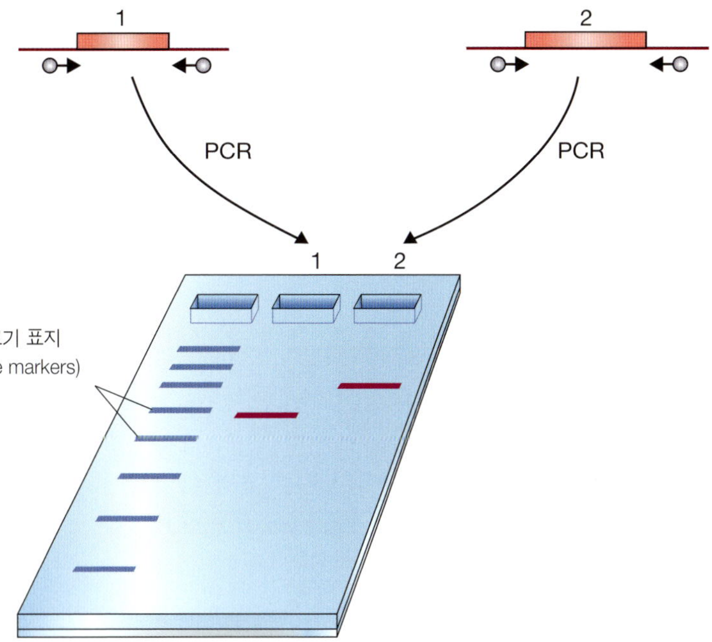

그림 9.10

젤 전기영동은 PCR 산물에 삽입 혹은 결실이 존재하는지 보여준다. 2번 lane은 증폭 부위에 삽입이 있다.

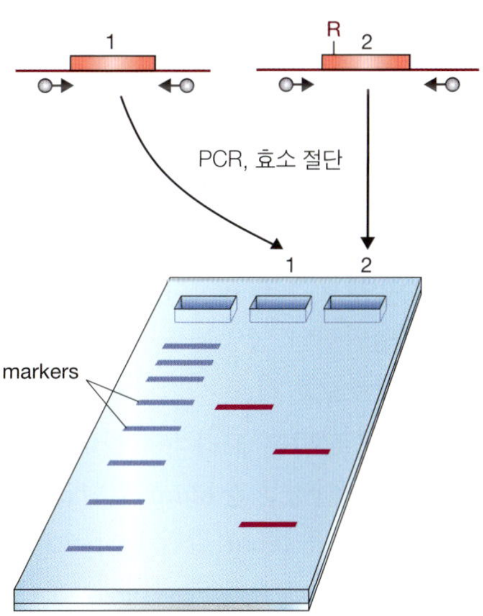

그림 9.11

PCR 산물의 RFLP 분석. 1번 lane은 제한효소 인식 부위가 없는 PCR 산물임. 2번 lane은 제한효소 인식 부위가 있음.

pylori)의 16s rRNA 유전자를 증폭한 535 bp 단편에 대한 RFLP 분석은 tetracycline 저항성 균주를 구별할 수 있다. PCR 산물을 *Alu*I으로 절단했을 때, tetracycline 민감 균주는 281 bp와 254 bp를 만든다. 반면에, 저항성 균주는 *Alu*I 인식 부위를 하나 더 가리고 있어서, 280 bp, 214 bp 그리고 40 bp를 만든다.

다른 실험에서는 PCR 산물의 존재 유무에 의해 진단을 한다. 예를 들면, 원하는 유전자를 genomic 혹은 cDNA 라이브러리에서 확인하기 위한 조사 과정으로, PCR이

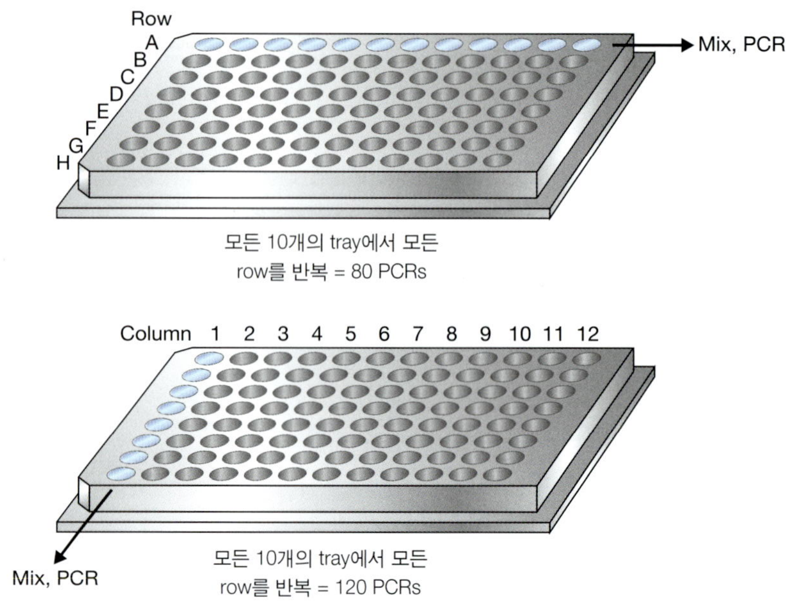

그림 9.12

Microtitre tray에서 클론들의 조합적인 검사(combinatorial screening). 960개의 클론을 가진 라이브러리를 일련의 PCR 조합으로 검사한다. 양성적인 결과를 보인 클론 조합들은 양성적인 클론을 확인할 수 있게 한다. 예를 들어, 만약 양성적인 PCR이 2번 tray의 row A, 6번 tray의 row D, 2번 tray의 column 7 그리고 6번 tray의 colum 9에서 보였다면, 클론이 tray 2의 A7과 tray 7의 D9이라고 추론할 수 있다. 비록 960개의 클론이 있지만, 단지 200개의 PCR로 양성적인 클론을 확인할 수 있다.

사용될 때를 말한다. Genomic 라이브러리에 있는 모든 클론을 가지고 PCR을 수행하는 것은 지루한 일이 될 것이다. 그러나 PCR의 장점 중 하나가 각각의 실험을 빨리 설치할 수 있고, 많은 PCR을 동시에 수행할 수 있다는 것이다. 또한, 작업 부담량이 그림 9.12에서 보여준 것처럼, combinatorial screening에 의해 감소될 수 있다.

9.3.2 PCR 산물의 클로닝

PCR 산물에 대해 더욱 많은 정보가 필요하다면, 증폭된 단편을 벡터에 클로닝하여 클로닝된 DNA를 연구하는 일반적인 방법들을 이용하여 분석한다. 이 방법은 간단해 보이지만 실제로 몇 가지 문제점들을 가지고 있다.

첫 번째 문제는 PCR 산물의 말단을 고려해야 한다는 점이다. 그림 9.3에서 나타낸 바와 같이, PCR에 의해 증폭된 단편들은 blunt 말단을 갖고 있을 것으로 생각할 수 있다. 만일 그렇다면, PCR 산물들은 blunt 말단 ligation의 방법으로 벡터 안에 삽입되거나 연결자(linker)나 어댑터(adapter) 등을 부착시킴으로써 sticky한 말단을 만들 수도 있을 것이다. 하지만 불행히도 상황은 그렇게 간단하지가 않다. *Taq* 중합효소는 그들이 합성한 각 사슬의 말단에 보통 아데노신인 하나의 뉴클레오타이드를 첨가하는 경향이 있다. 이는 이중사슬의 PCR 산물이 blunt 말단이 아니라, 각각의 3′ 말단에 부가적인 하나의 뉴클레오타이드가 존재한다는 사실을 의미한다(그림 9.13). 이러한 추가

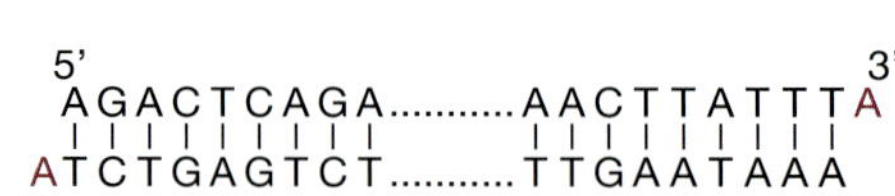

그림 9.13

Taq 중합효소에 의해 합성되는 폴리뉴클레오티드들은 일반적으로 3′ 말단에 부가적인 아데노신을 갖는다.

적인 뉴클레오타이드는 exonuclease 효소를 처리하여 제거함으로써 PCR 산물을 진정한 blunt 말단으로 만들 수는 있지만, exonuclease가 과도한 활성을 갖거나 분자의 말단에 손상을 야기할 가능성이 있으므로 그리 널리 사용되는 방법은 아니다.

이에 대한 한 가지 해결책은 추가적인 T를 포함하고 있는 특수한 클로닝 벡터를 사용함으로써 증폭된 DNA 단편을 ligation시키는 것이다(그림 9.14). 이 벡터들은 일반적인 클로닝 벡터를 blunt 말단이 되도록 제한효소로 절단한 후, dTTP 존재 하에서

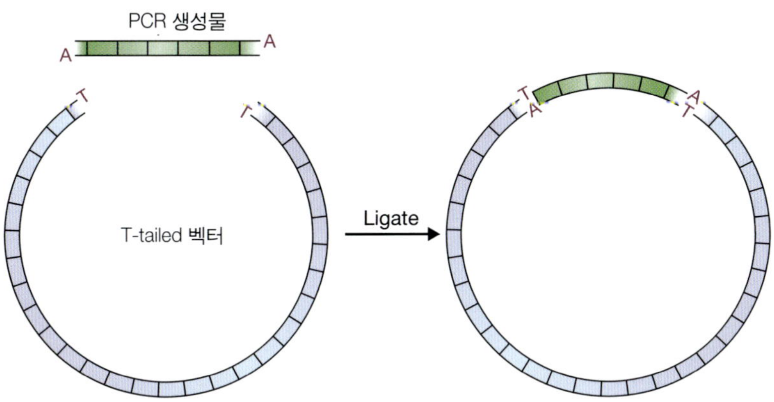

그림 9.14
PCR 생성물을 클로닝하기 위하여 특별한 T-tailed 벡터를 사용한다.

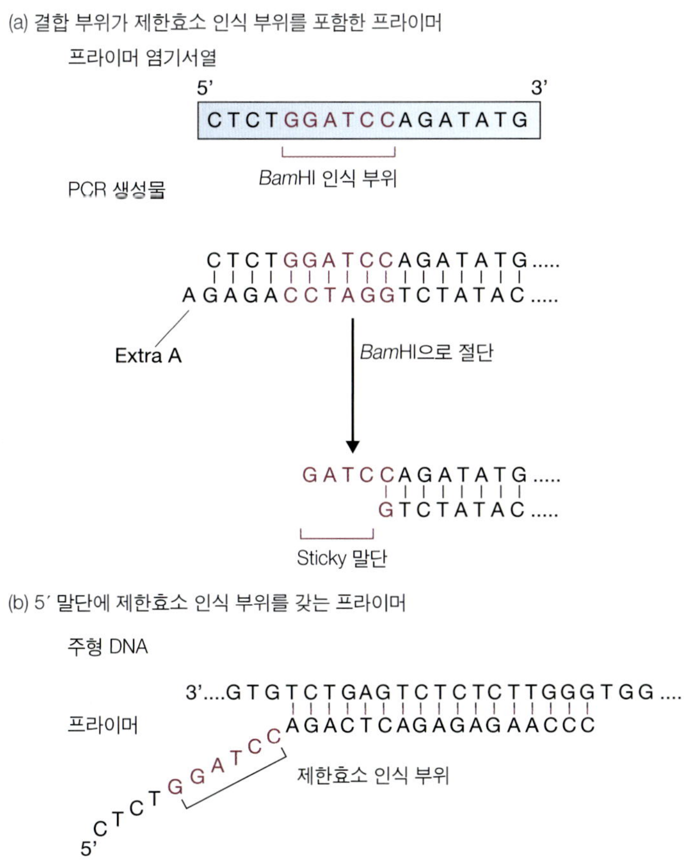

그림 9.15
제한효소 인식 부위를 포함하는 프라이머를 이용해서 sticky 말단을 갖는 PCR 생성물을 얻는다.

Taq 중합효소를 처리함으로써 제작할 수 있다. 프라이머가 포함되어 있지 않으므로 중합효소가 할 수 있는 것은 단지 blunt 말단 벡터 분자의 3′ 말단에 하나의 T 뉴클레오타이드를 첨가하는 것이다. 그 결과, PCR 산물이 삽입될 수 있는 T 말단을 포함한 벡터가 제작된다. 이런 종류의 벡터는 topoisomerase를 이용한 blunt 말단 연결 방법에 사용되기도 하며, 현재 PCR산물을 클로닝하기 위한 가장 일반적인 방법이다.

두 번째, 더욱 널리 사용되는 해결책은 제한효소 인식 부위를 갖는 프라이머를 디자인하는 것이다. PCR을 수행한 후 증폭된 단편을 프라이머 염기서열 내의 각 분자를 절단하는 제한효소로 처리함으로써, 일반적인 클로닝 벡터에 효과적으로 ligation시킬 수 있는 sticky 말단 단편을 만들 수 있다(그림 9.15a). 이러한 방법은 프라이머가 주형 DNA에 존재하는 제한효소 인식 부위에 해당되는 경우에만 제한적으로 이용되지는 않는다. 대신 제한효소 인식 부위는 각 5′ 말단 부위의 프라이머 염기서열 내에 첨가될 수 있다(그림 9.15b). 이러한 단편은 주형 분자와 결합할 수 없지만, PCR 반응 동안 복사됨으로써, 결국 말단에 제한효소 인식 부위를 포함하는 PCR 산물이 생성된다.

9.4 실시간 PCR(Real-time PCR)

지금까지, 우리는 30~40 cycle을 수행하고, PCR 산물은 젤 전기영동, 클로닝, 그리고 DNA 염기서열 분석에 의해 조사되는 표준 방식을 PCR 실험으로 생각했다. PCR이 진행되는 중에 산물의 생성을 실시간으로 확인하는 것이 가능하게 되었다. 이 방법은 특별한 기계를 필요로 하는데, 이를 실시간 **PCR**이라 한다.

9.4.1 실시간 PCR 실험의 수행

실시간 PCR 실험은 잘 디자인된 프라이머, *Taq* 중합효소 그리고 뉴클레오타이드의 공급 등 표준 PCR과 같은 방식으로 수행된다. 차이점은 PCR 수행 도중 산물 생성을 평가할 수 있게 시약을 하나 더 첨가하는 것이다.

산물 형성을 확인하는 간단한 방법은 이중가닥 DNA에 결합했을 때, 형광 신호를 내는 염료를 사용하는 것이다. 형광 신호의 점진적인 증가는 산물이 합성되는 비율을 나타낸다. 이 방법의 단점은 특정 시간에 PCR에 있는 전체 이중가닥 DNA를 측정하므로, 실제 산물보다 과대평가되는 것이다. 가끔 프라이머들이 서로 비특이적으로 결합해서 이중가닥 DNA의 양을 증가시킨다.

실시간 PCR의 또 다른 방법은 PCR 산물에 혼성화될 때 형광신호를 방출하는 reporter probe라는 짧은 올리고뉴클레오타이드를 이용한다. 이 탐침은 PCR 산물에만 혼성화되므로 프라이머들이 서로 붙어 생기는 부정확성을 감소시킨다. 각 탐침 분자는 한 쌍의 표지를 갖는다. 형광염료는 올리고뉴클레오타이드 한쪽 끝에 붙어 있고, 형광신호를 막는 억제물질은 다른 쪽에 붙어 있다(그림 9.16). 이 올리고뉴클레오타이드는 양쪽 끝이 서로 염기쌍을 이뤄서 염료 옆에 억제물질이 있게 되므로 형광 발색

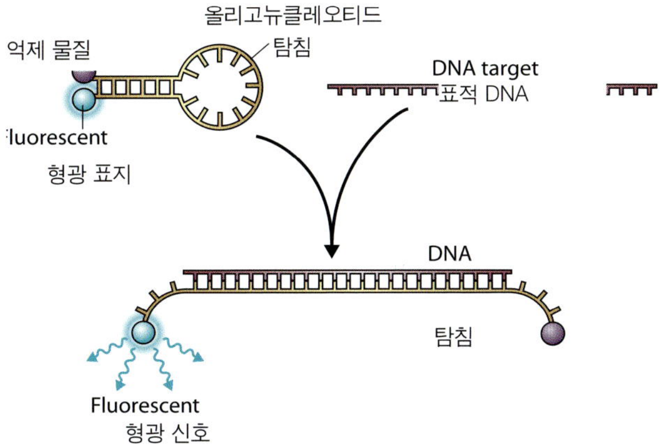

그림 9.16
표적 DNA에 탐침을 붙임.

을 하지 않는다. 올리고뉴클레오타이드와 PCR 산물이 혼성화되면, 억제물질이 형광염료와 떨어져서 형광 신호가 발생한다.

9.4.2 실시간 PCR은 초기 분자량을 정량화할 수 있다

PCR에서 합성되는 산물의 양은 시작할 때 있는 DNA 분자 수에 의존한다. 시작할 때 적은 DNA 분자가 있다면, 적은 산물이 만들어질 것이다. 그러나 많은 DNA 분자가 있다면, 많은 산물이 만들어질 것이다. 이런 관계는 PCR을 초기 DNA 분자 수를 정량하는 데 사용할 수 있다.

정량 PCR(**quantitative PCR**, qPCR)에서는 합성되는 PCR 산물의 양을 초기 DNA의 양이 알려진 PCR 산물과 비교한다. 초기 방법에서는 비교하기 위해 아가로스 젤 전기영동을 사용했다. 젤을 염색한 후 시료의 PCR 밴드 양과 비슷한 대조군의 PCR 밴드 양을 찾는다(그림 9.17). 이런 종류의 qPCR은 쉽게 할 수 있지만 부정확하다. 초기 DNA 양의 차이가 많이 나도 PCR 산물의 밴드에서는 형광 신호의 증가를 측정하기 때문에 훨씬 더 정확한 정량이 가능하다. 정량은 형광 신호의 양이 미리 설정된 경계점(threshold)에 도달하는 시점을 비교해서 이뤄진다(그림 9.18). 경계점에 더 빨리 도달하는 것이 초기에 더 많은 DNA를 가지고 있다.

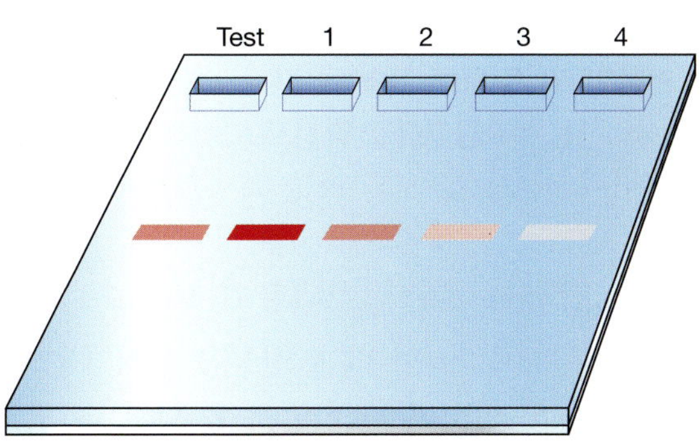

그림 9.17
PCR 후 한천 젤을 이용하여 합성된 산물 비교. 줄 1에서 4까지는 점차 적은 양의 주형 DNA를 넣고 PCR한 대조군이다. 밴드의 염색 정도로 미루어 테스트 중인 시료의 PCR 산물은 대략 대조군 2번과 비슷한 양을 갖고 있다.

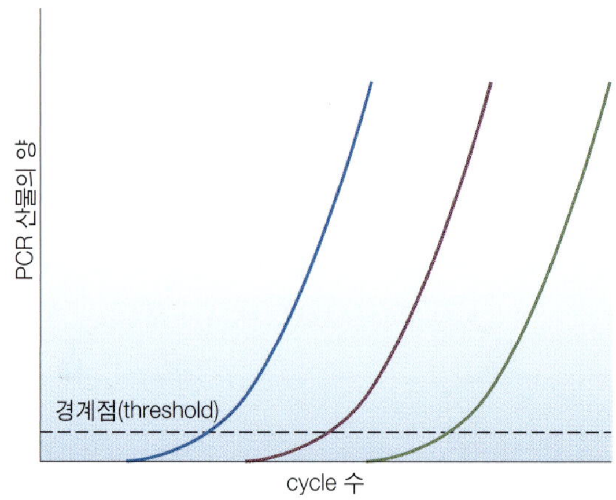

그림 9.18
실시간 PCR을 이용한 정량. 세 개의 PCR 동안 산물 합성을 보여주는 그래프로 각각 다른 양의 DNA로 시작하였다. PCR 동안 산물은 기하급수적으로 축적되고, 특정 사이클에 존재하는 양은 시작한 DNA 양과 비례한다. 그러므로 푸른색이 제일 많은 양이고, 초록색이 제일 적은 양으로 시작한 것이다. 만약에 이들 세 개의 PCR의 시작 DNA 양을 알고 있다면, 이들과 비교하여 테스트하는 PCR 속의 양을 정량할 수 있을 것이다. 실제적으로 비교는 PCR 산물이 가로선으로 나타낸 경계점의 양을 넘는 지점의 사이클 수를 찾는 것이다.

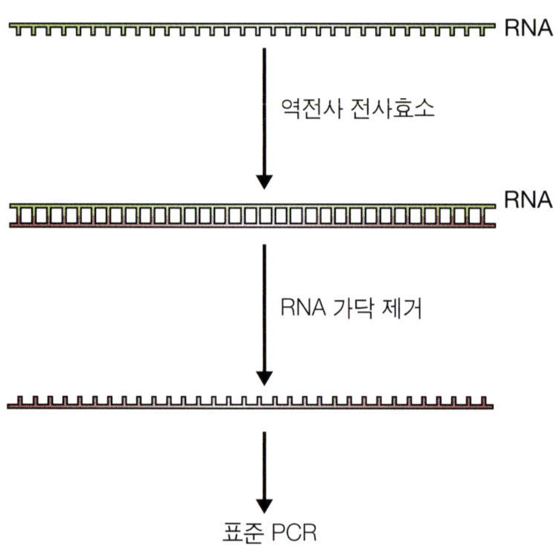

그림 9.19
역전사 PCR.

또한, 실시간 PCR은 RNA 양을 측정하는 데 사용된다. mRNA를 정량함으로써 특정 유전자의 발현 양상을 결정할 수 있다. 연구 중인 유전자가 암세포에서 발현된다면, 이 유전자의 mRNA 정량은 암 성장과 치료 효과를 평가할 수 있다. 만약 RNA가 초기 물질이라면, PCR을 어떻게 할 것인가? 대답은 역전사 PCR(**reverse transcriptase PCR**)을 이용하는 것이다. 이 방법의 첫 번째 단계는 RNA 분자를 단일가닥 상보적 DNA(cDNA)로 변환하는 것이다(그림 9.19). 그리고 PCR 프라이머와 Taq 중합효소를 이용한 PCR 표준 방법에 따라 수행된다. 특정 열내성 중합효소는 DNA와 RNA 모두에서 만들 수 있다(예, 역전사효소와 DNA 의존적 DNA 중합효소 활력을 가짐). 따라서, 단일 반응으로 모든 PCR 과정을 수행할 수 있다.

9.4.3 Melting curve 분석은 점돌연변이를 확인할 수 있다

실시간 PCR이 끝나고, 표준 PCR처럼 PCR 산물을 전기영동으로 조사할 수 있다. PCR 산물의 크기와 제한효소 인식 부위의 존재 유무로부터 염기서열 변이에 대한

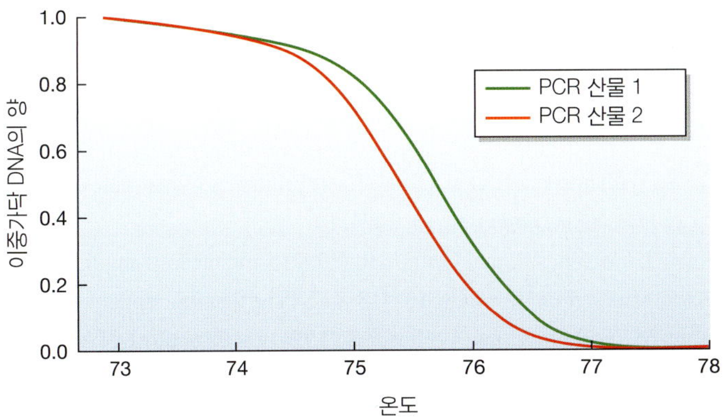

그림 9.20

두 PCR 산물의 melting curve 분석. PCR 산물 1과 2는 염기 하나의 차이가 있다. 산물 1은 G-C 결합이고, 산물 2는 A-T 결합으로 되어 있다. G-C 결합의 힘이 세기 때문에, 산물 1이 높은 온도를 보인다.

정보를 얻을 수 있다. 또한, 실시간 PCR 산물의 염기서열 분석도 가능하다. 실시간 PCR을 이용하면, 제한효소 인식 부위가 아니어서 RFLP 분석으로 탐지할 수 없는 **single nucleotide polymorphisms(SNPs)**가 PCR 산물에 포함되어 있는지를 보다 빠르게 결정할 수 있다.

이런 SNP 분석 방법은 **melting curve 분석**을 이용한다. PCR은 주기마다 산물에 94℃ 열을 가해 두 가닥으로 나누어 프라이머를 붙기 쉽게 한다(그림 9.2 참조). 가닥의 분리, 즉 melting은 여러 요인이 관여하는데, 가장 중요한 것은 DNA 단편의 GC 함량이다. 왜냐하면, G-C 결합은 3개의 수소결합으로 되어 있고, A-T 결합은 2개의 수소결합으로 되어 있기 때문이다. 그러므로, GC 함량이 많은 DNA 단편은 AT가 많은 단편보다 더 안정적이고, 따라서 melting 온도가 높다. Melting curve는 형광염료가 존재하는 PCR의 끝에 수행된다. PCR 산물은 94℃로 점진적으로 올리면 이중가닥 분자가 두 개의 단일가닥으로 되면서 형광신호의 변화가 일어난다.

Melting curve의 모양은 PCR 산물의 GC 함량에 의존하기 때문에, G-C 결합이 A-T 결합으로 바뀌거나 반대로 바뀌면 미세한 차이가 나타난다. 이것은 한 개의 SNP를 갖는 두 PCR 산물들을 구별할 수 있다는 것을 의미한다(그림 9.20). 과거에는 이 방법이 민감도 때문에 어려웠지만, 최근의 실시간 PCR 기계는 한 개의 SNP 각 다른 두 산물을 구별할 수 있는 **high resolution melt(HRM) 분석**을 수행할 수 있다.

Further reading

Arya, M., Shergill, I.S., Williamson, M., et al. (2005) Basic principles of real-time quantitative PCR. *Expert Review of Molecular Diagnostics*, **5**, 209–219.

Higuchi, R., Dollinger, G., Walsh, P.S., and Griffith, R. (1992) Simultaneous amplification and detection of specific DNA sequences. *Biotechnology*, **10**, 413–417. [The first description of real-time PCR.]

Marchuk, D., Drumm, M., Saulino, A., and Collins, F.S. (1991) Construction of T-vectors, a rapid and general system for direct cloning of unmodified PCR products. *Nucleic Acids Research*, **19**, 1154.

Reed, G.H., Kent, J.O., and Wittwer, C.T. (2007) High-resolution DNA melting analysis for simple and efficient molecular diagnostics. *Pharmacogenomics*, **8**, 597–608.

Ribeiro, M.L., Gerrits, M.M., Benvengo, Y.H.B., et al. (2004) Detection of high-level tetracycline resistance in clinical isolates of *Helicobacter pylori using* PCR-RFLP. *FEMS Immunology and Medical Microbiology*, **40**, 57–61.

Ririe, K.M., Rasmussen, R.P., and Wittwer, C.T. (1997) Product differentiation by analysis of DNA melting curves during the polymerase chain reaction. *Analytical Biochemistry*, **245**, 154–160.

Rychlik, W., Spencer, W.J., and Rhoads, R.E. (1990) Optimization of the annealing temperature for DNA amplification *in vitro*. *Nucleic Acids Research*, **18**, 6409–6412.

Saiki, R.K., Gelfand, D.H., Stoffel, S., et al. (1988) Primer-directed enzymatic amplification of DNA with a thermostable DNA polymerase. Science, **239**, 487–491. [The first description of PCR with *Taq* polymerase.]

VanGuilder, H.D., Vrana, K.E., and Freeman, W.M. (2008) Twenty-five years of quantitative PCR for gene expression analysis. *Biotechniques*, **44**, 619–626.

PART II

연구에서 유전자 클로닝과 DNA 분석의 응용

Chapter 10

유전자와 유전체 염기서열 분석

Chapter contents

CHAPTER CONTENTS

이 책의 Part I은 정교하게 수행된 클로닝이나 PCR 실험이 어떻게 세포내의 여러 유전자나 DNA 조각들로부터 특정 유전자나 DNA 조각의 순수한 샘플을 제공할 수 있는지를 보여주었다. 이제 우리는 방향을 바꾸어 클로닝, PCR 그리고 DNA 분석기술이 유전자와 유전체 연구에 쓰이는 방법을 공부할 것이다. 우리는 분자생물학 연구의 다음과 같은 측면을 고려할 것이다:

- 개별 유전자와 전체 유전체의 염기서열분석에 사용되는 기술 (10장)
- 개별 유전자의 발현과 기능 연구를 위한 방법 (11장)
- 전체 유전체 (12장), 전사체와 단백질체(13장)를 연구하는 데 이용되는 방법

아마도 분자 생물학자에게 가장 중요한 기술은 DNA 염기의 순서를 결정하는 DNA 염기서열 분석일 것이다. DNA염기서열 분석은 약 60년 정도 되었으며, 1970년대 중반 이후 빠르고 효율적인 분석이 가능해졌다. 처음에는 개별 유전자에 적용되었지만, 1990년대 초반 이후 원핵생물과 진핵생물에서 전체 유전체의 염기서열을 얻는 것이 가능해졌다.

DNA 염기서열 분석을 위해 수많은 방법들이 고안되었으며, 몇몇 방법들은 현재 개발되고 있고 미래에 중요하게 될 것 같다. 요즘 사용되고 있는 기술들은 두 종류로 나눌 수 있다.

- 사슬종결 방법(chain-termination method)은 1970년대 중반 Fred Sanger와 동료들

이 고안한 이후로 줄곧 광범위하게 이용되고 있다.

- 차세대 염기서열 분석(**next-generation sequencing**)은 여러 방법들을 총칭하며, 수백만 염기서열을 동시에 분석하는 대규모 병렬(**massive parallel**) 전략을 포함한다.

이 장에서 DNA 염기서열 분석에 이용되는 방법들을 알아보고 이 기술들이 어떻게 유전체 연구에 이용되는지 살펴볼 것이다.

10.1 사슬종결 DNA 염기서열 분석

사슬종결 DNA 염기서열 분석은 염기 하나 차이를 가진 단일사슬 DNA를 폴리아크릴아마이드 젤 전기영동을 이용하여 분리하는 것에 근거를 두고 있다. 모세관 젤을 이용하여 전기영동을 수행한다면 모세관 겉으로 단일가닥 분자가 계속 나오면서 길이로 1,500 염기까지의 분자들을 분리할 수 있다(그림 10.1).

10.1.1 사슬종결 염기서열 분석 개요

사슬종결 염기서열 분석은 염기서열이 분석될 DNA 분자의 복사본을 만드는 DNA 중합효소를 가지고 수행된다. 염기서열 분석 실험을 시작하기 위해서 짧은 올리고뉴클레오타이드를 주형 DNA와 상보적인 새로운 DNA를 합성하기 위해 프라이머로 작용한다(그림 10.2a).

DNA 합성은 4종류 염기(dNTPs-dATP, dCTP, dGTP와 dTTP)가 기질로 사용되어, 보통 몇 천 염기가 중합될 때까지 진행된다. 사슬종결 염기서열에서는 4 종류 염기 이외에도 디디옥시염기(ddNTPs-ddATP, ddCTP, ddGTP와 ddTTP)가 반응에 첨가되어 있어서 이렇게 길게 합성되지 않는다. 각 디디옥시염기는 다른 형광 마커가 붙어 있다.

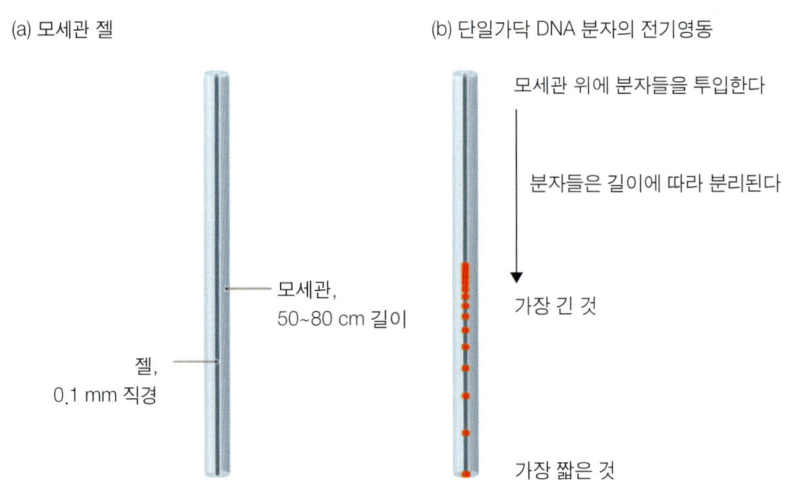

그림 10.1
모세관을 이용한 폴리아크릴아마이드 젤 전기영동은 염기가 하나 차이나는 단일가닥 DNA 분자들을 분리할 수 있다. 모세관은 일반적으로 직경이 0.1 mm이고 길이가 50~80 cm이다.

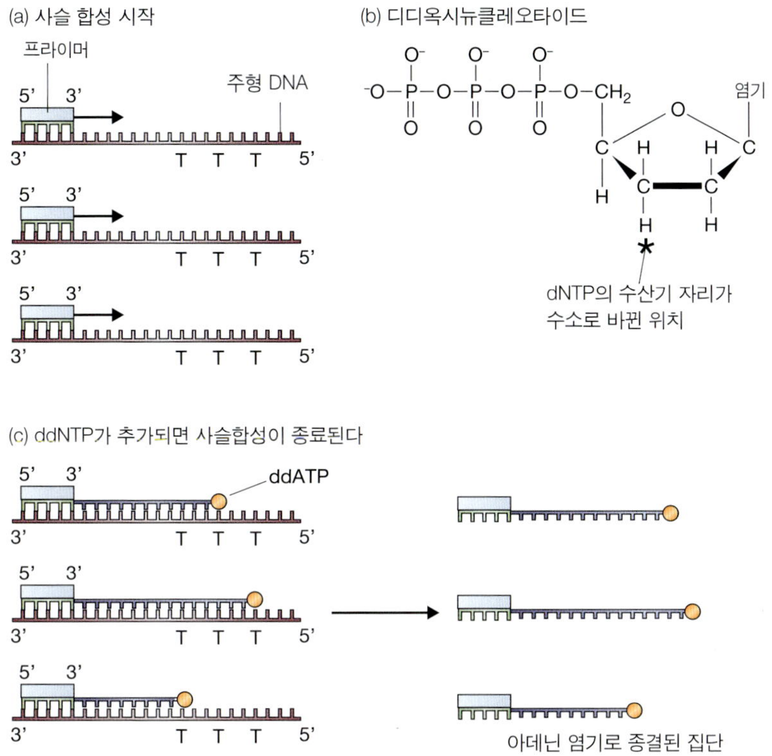

그림 10.2
사슬종결법을 이용한 DNA 염기서열.

중합효소는 디옥시염기와 디디옥시염기를 구분하지 않지만, 일단 합성을 위해 붙으면 디디옥시염기는 다음 염기와 연결할 3′-수산기가 없어 연쇄 중합반응을 종료하게 된다(그림 10.2b). 정상 디옥시염기가 디디옥시염기 보다 훨씬 많이 존재하기 때문에 DNA 합성은 프라이머 근처에서 바로 종결되지는 않는다. 일반적으로 몇 백 개의 염기가 중합된 다음에 디디옥시염기가 껴들어가 종결이 일어난다. 결과적으로 원형 DNA와 동일한 위치에 A, C, G, 또는 T를 가진 디디옥시염기가 껴들어간 서로 다른 길이의 DNA가 합성된다(그림 10.2c).

DNA 염기분석을 위해 우리가 해야 하는 것은 합성이 종결된 DNA 끝에 있는 디디옥시염기를 확인하는 것이다. 이제 폴리아크릴아마이드 젤이 역할을 할 때이다. 모세관 젤에 반응물을 넣고, 합성졸결된 분자들을 길이에 따라 분리하기 위해 전기영동을 수행한다. 분리 후 형광감지기가 디디옥시염기에 붙은 표지를 인식한다(그림 10.3a). 형광감지기가 각 DNA 끝에 있는 A, C, G, 또는 T를 결정하는 것이다. 분리된 염기서열은 분석을 위하여 인쇄되거나(그림 10.3b), 추후 분석을 위해 저장될 수 있다.

10.1.2 모든 DNA 중합효소가 염기서열 분석에 이용되지 않는다

DNA 중합효소는 단일사슬 DNA 분자에 결합된 프라이머를 연장할 수 있지만, 모든 DNA 중합효소가 DNA염기서열 분석에 이용되지 않는다. 이것은 많은 DNA 중합효

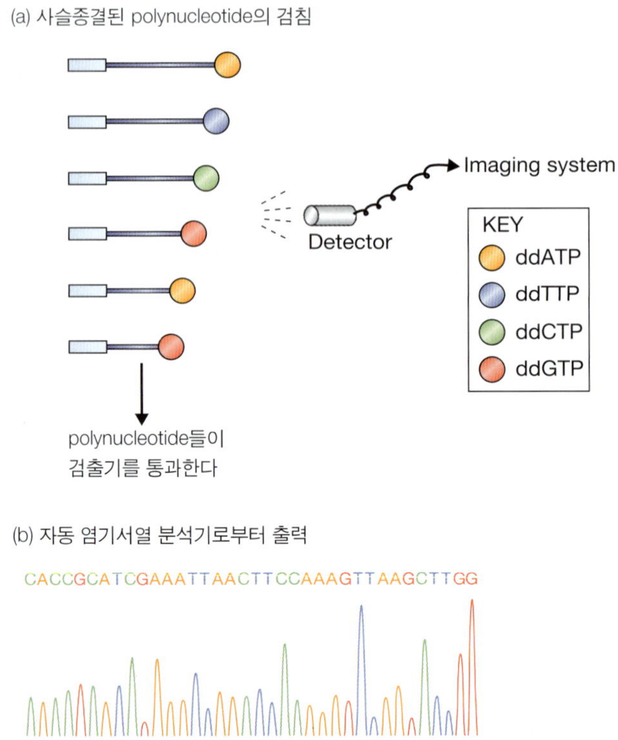

그림 10.3

사슬종료 실험에 의한 염기서열 읽기. (a) 각 디디옥시뉴클레오타이드는 다른 형광으로 표지되어 있어, 사슬종결된 폴리염기는 탐지기를 지날 때 구분된다. (b) 자동염기서열의 인쇄물.

소가 다양한 효소작용을 갖고 있어서 DNA 합성뿐만 아니라 분해할 수 있기 때문이다. 분해는 5′→3′ 또는 3′→5′ 방향으로 일어날 수 있는데(그림 10.4), 후자는 사슬종결 염기서열 분석에 나쁜 영향을 준다. 3′→5′ 효소 활력은 3′ 말단에 첨가된 디디옥시염기를 제거함으로써 사슬종결을 막는다.

사슬종결 염기서열 분석의 원래 방법에서는 Klenow 중합효소가 사용되었다. 4장에서 설명하였듯이, 이것은 대장균에서 얻은 DNA 중합효소I에서 5′→3′ exonuclease 활력을 제거한 것이다. 염기서열 분석에 사용되는 효소는 3′→5′ exonuclease 활력을 제거하는 돌연변이에 의해 보다 더 변형되었다. 그런데 Klenow 중합효소는 낮은 진행성(processivity)을 갖고 있어서 자연적으로 주형 DNA에서 떨어질 때 상대적으로 짧은 DNA 가닥 만을 합성한다. 이러한 제한 때문에 한번 실험에서 대략 250 bp 길이

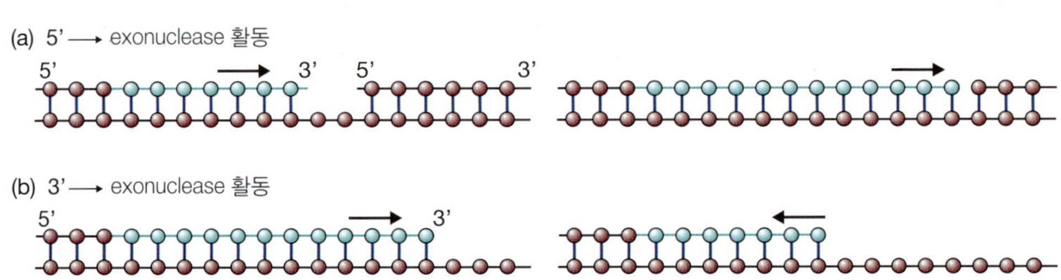

그림 10.4

DNA 중합효소의 exonuclease 활동. (a) 5′ → 3′ 활동은 세포 내 DNA 손상복구에 중요한 기능인데 중합효소가 잘못된 DNA 사슬의 고칠 수 있게 한다. 염기서열 분석에서 이 활동은 새로이 합성된 사슬의 5′ 의 끝을 짧게 만든다. (b) 3′ → 5′ 활동은 중합효소가 실수를 (G 대신에 T가 들어가는 등) 되돌리거나 치환하게 하는 기능이 있다. 염기서열 분석에서 이러한 활동은 방금 추가된 디디옥시뉴클레오타이드를 제거하여 사슬종결이 일어나지 않게 한다.

의 DNA가 분석된다. 이러한 문제를 해결하기 위해 오늘날 대부분의 염기서열 분석에 Taq DNA 중합효소가 사용된다. 이 효소는 높은 진행성과 exonuclease 활력이 없기 때문에 사슬종결 염기서열 분석에 적합하다. 한번 실험에 750 bp 정도의 염기서열을 분석한다.

10.1.3 Taq 중합효소를 이용한 사슬종결 염기서열 분석

Taq 중합효소를 이용하는 사슬종결 방법을 **thermal cycle 염기서열 분석**이라고 한다. 이것은 PCR과 비슷하게 수행되는 데 하나의 프라이머와 4종류의 디디옥시염기가 사용된다(그림 10.5). 하나의 프라이머를 사용하기 때문에 한 가닥의 DNA가 복제되고, 생성물은 기하급수적으로 축적되는 PCR과 달리 정비례로 축적된다. 반응혼합물에 있는 디디옥시 염기에 의해 연쇄반응이 종결되고, 생성된 단일가닥들은 폴리아크릴아마이드 젤 전기영동에 의해 분리되면서 염기서열이 읽혀진다.

Thermal cycle 염기서열 분석은 보통 PCR 산물이나 플라즈미드 혹은 파아지 벡터에 클론된 DNA를 가지고 수행된다. 만약 PCR 산물의 염기서열을 분석한다면, PCR에 사용된 프라이머 중 한 개가 염기서열 분석에 사용될 것이다. 두 개의 분석 실험을 수행한다면 두 개의 프라이머를 가각 이용해서 정방향과 역방향 염기서열을 얻을 수 있다(그림 10.6a). 이것은 PCR 산물이 750 bp 이상이기 때문에 한번 실험으로 완전한 염기서열을 분석하기에 너무 길 때 잇점이 있다. 또 다른 방법으로 PCR 산물 범위 내에 결합하게 고안된 프라이머를 합성함으로써 한 방향으로 염기서열 분석을 확장할 수 있다(그림 10.6b).

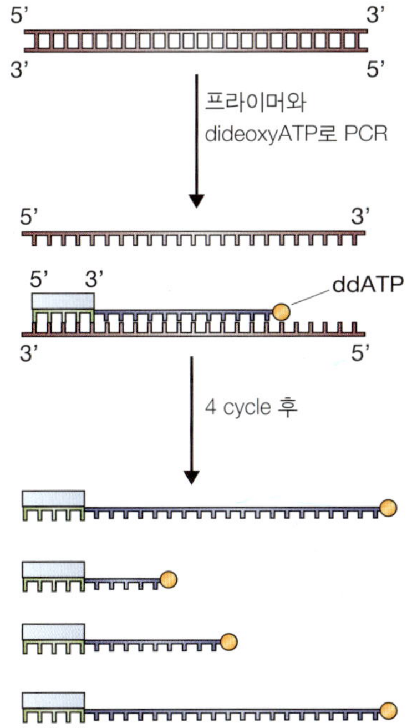

그림 10.5
Thermal cycle 염기서열 분석의 기본. PCR은 프라이머 하나와 디디옥시뉴크레오타이드 중 하나로 이루어진다. 주형 DNA 중 한 가닥이 사슬종결된 폴리뉴클레오타이드로 복제된다. ddA = dideoxyATP

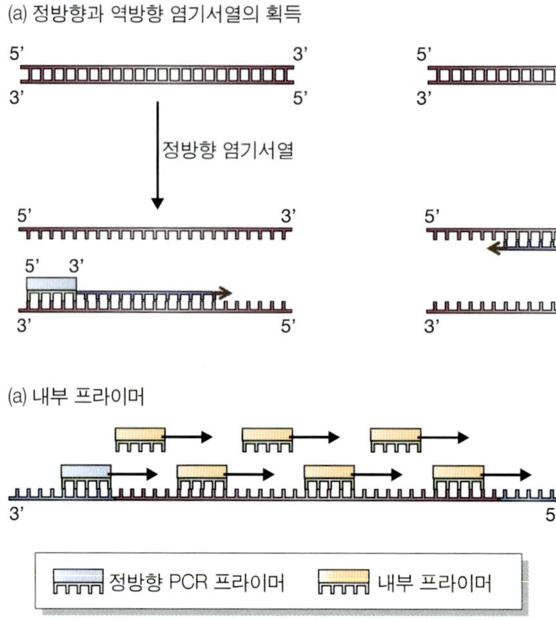

그림 10.6
Thermal cycle 염기서열 분석을 위한 전략. (a) 정방향과 역방향 염기서열은 다른 PCR 프라이머를 이용해서 얻는다. (b) 내부 프라이머는 긴 PCR 산물의 중간 지역에서의 염기서열을 얻기 위해 사용된다.

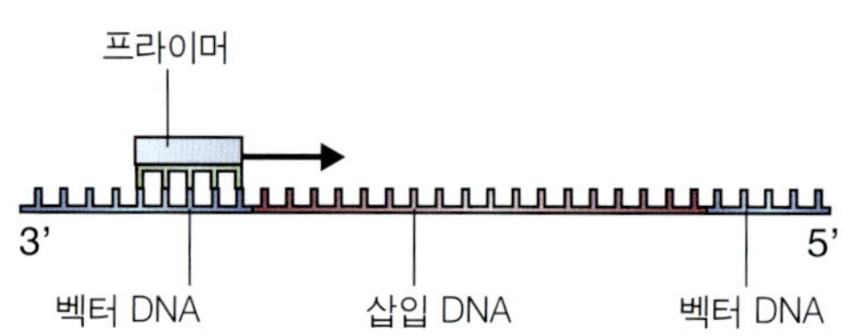

그림 10.7
공통 프라이머를 이용한 클론된 DNA의 염기서열 분석.

클론된 DNA를 염기서열 분석한다면, 공통 프라이머(universal primer)를 이용할 수 있다. 이 프라이머는 클로닝으로 껴 들어간 새로운 DNA 바로 옆 벡터 DNA에 상보적이다(그림 10.7). 프라이머의 3′ 말단이 삽입된 DNA를 향하기 때문에 짧은 벡터 DNA를 포함해서 클로닝된 DNA의 염기서열을 얻게 된다. 그러므로 벡터에 클로닝된 DNA는 같은 프라이머로 염기서열 분석이 가능하다. 정방향과 역방향 공통 프라이머를 이용해서 삽입된 DNA의 양쪽 말단으로부터 염기서열을 얻을 수 있으며, 내부 프라이머(internal primer)는 긴 삽입 DNA의 중간부터 염기서열을 제공한다.

10.1.4 사슬종결 염기서열 분석의 한계

가장 최신 시스템의 사슬종결 분석방법을 이용해서 한번 실험으로 염기서열을 750 bp까지 얻을 수 있다. 대부분의 유전자, 특히 진핵생물체의 유전자들은 이 길이 보다 길지만, 전체 염기서열을 구하기 위해 2개 이상의 실험을 유전자의 각기 다른 부위에서 수행하는 것은 쉽다. 따라서 사슬종결 염기서열 분석법은 PCR이나 클로닝에 얻어진 DNA 단편이나 유전자들을 염기서열 분석하기 위해 최선의 방법이다.

또한 사슬종결 분석법은 첫 번째 완벽한 유전체 염기서열을 얻기 위해 사용되었

표 10.1
대표적인 유전체들의 크기.

SPECIES	TYPE OF ORGANISM	SIZE (Mb)
Mycoplasma genitalium	Bacterium	0.58
Haemophilus influenzae	Bacterium	1.83
Escherichia coli	Bacterium	4.64
Saccharomyces cerevisiae	Yeast	12.1
Caenorhabditis elegans	Nematode worm	100
Drosophila melanogaster	Insect	175
Arabidopsis thaliana	Plant	135
Homo sapiens	Mammal	3 200
Triticum aestivum	Plant (wheat)	16 500

다. 가장 작은 박테리아의 유전체도 1 Mb가 넘으며, 초기에 사슬종결 분석법으로 염기서열 분석을 시작한 인간 유전체도 3,200 Mb이기 때문에 이것은 훨씬 더 도전적인 과제였다(표 10.1). 더욱이 염기서열 분석법이 정확하지 않기 때문에 개별 염기서열 **reads**에 있는 오류를 확인하기 위해서 유전체의 각 지역을 복수로 분석한다(그림 10.8). 사슬종결 분석법으로 확인된 오류를 확증하기 위해서 적어도 5배의 염기서열 반복(**sequence depth** or **coverage**)이 필요하다. 이것은 모든 염기가 각기 다른 5개의 reads에 존재하는 것을 의미한다. 따라서 인간 유전체는 5×3,200 = 16,000 Mb 의 염기서열 분석을 요구한다, 이것은 평균 750 bp 길이의 사슬종결 분석법으로 2천백만 이상의 실험을 의미한다. 1990년대와 2000년대 초반에 인간 유전체의 염기서열이 분석되었을 때 사슬종결 염기서열 분석이 유일한 방법이었다. 사실 이것은 한도를 초과한 것이다. 휴먼 지놈 프로젝트(Human Genome Project)는 2001년 유전체의 첫 번째 초안을 발표했을 때 23,147 Mb의 염기서열을 만들어냈다. 이 용량은 단일 실행에 384개의 분석이 동시에 수행될 수 있는 자동 염기서열 분석기기에 의해 달성되었다. 단일 실행은 약 한 시간이 소요되며 이것은 최적의 조건에서 하루에 거의 7 Mb의 결과를 만들어 내는 것이다.

하루에 7 Mb 염기서열 분석은 인상적인 결과이지만, 다수의 기계를 계속적으로 작동하더라도 유전체 염기서열을 얻을 수 있는 속도는 아직 제한요인으로 남아있다.

```
                        AGCATCGTAGCTTCAGTATGATGATGCTAG   Read 1
ATGATCGTAGCTAGCATCGTAGCTAGC                              Read 2
   ATCGTAGCTAGCATCGTAGCTAGCATCGTAGCTT                    Read 3
                            TTGTAGCTTCAGTATGATGATGCTAG   Read 4
             GCATCGTAGCTAGCATCGTAGCTTCAGT                Read 5
ATGATCGTAGCTAGCATCGTA                                    Read 6
ATGATCGTAGCTAGCATCGTAGCTAGCATCGTAGCTTCAGTATGATGATGCTAG   추정되는 염기서열
```

그림 10.8
유전체의 각 지역은 개별 염기서열 reads에 있는 오류를 확인하기 위해서 복수로 분석되어야 한다. 강조된 부분에서 Read 4의 차이는 오류로 생각할 수 있으며, 이 자리의 정확한 염기는 C이다.

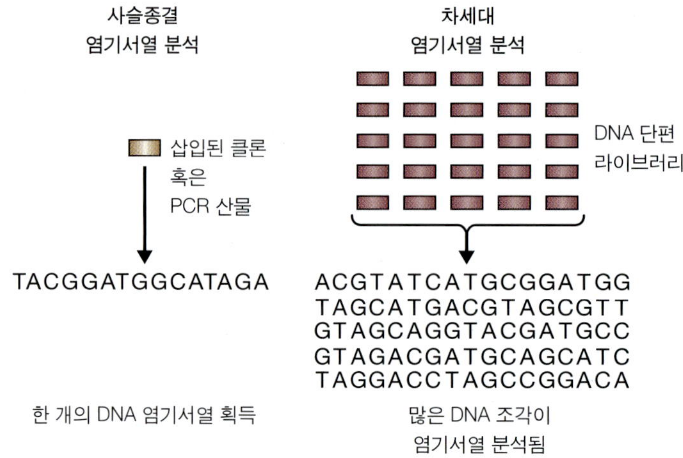

그림 10.9
사슬 종결과 차세대 염기서열 분석의 차이.

비용 또한 중요한 고려사항이다. 왜냐하면 인간의 유전체처럼 단순히 어떤 한 사람의 유전체를 분석하는 것을 목적으로 하지 않는다. 모든 사람의 유전체는 개인의 특징을 부여하는 개개인의 변이를 가짐으로써 약간씩 다르다. 이러한 형질들은 눈 색깔이나 머리카락 색깔과 같은 것 뿐만 아니라 병에 대한 민감성 같은 것을 포함한다. 개인 맞춤형 의료의 목적은 어떤 질병이 발생할 위험성을 정확히 진단하기 위해 개인의 유전체 염기서열을 이용하고 효율적인 치료를 위해 개인의 유전적 형질을 이용하는 것이다. 개인 맞춤형 의료가 현실화되기 위해서는 싸고 빠른 개인의 유전체 염기서열 분석이 요구된다. 이러한 요구는 차세대 염기서열 분석방법의 발달을 촉진시켰으며 보다 빠르고 보다 싸게 많은 양의 염기서열 자료를 만들어냈다.

10.2 차세대 염기서열 분석

차세대 염기서열 분석의 원리는 사슬종결 염기서열 분석의 것과는 상당히 다르다. 사슬종결 염기서열 분석에서는 클로닝이나 PCR이 우선 수행되고 클로닝으로 삽입된 DNA나 PCR 산물들이 염기서열 분석된다. 차세대 염기서열 분석에서는 수천 또는 수백만의 DNA 단편들로 구성된 큰 라이브러리가 염기서열 분석된다(그림 10.9). 종종 이러한 단편들은 전체 유전체를 대표한다.

여러 종류의 차세대 분석 방법들이 지난 20년 동안 개발되었다. 기술적 개선은 한 번의 실험에서 얻어지는 DNA 염기서열의 양으로 설명할 수 있다. 현재 가장 보편적인 방법은 회사 이름에서 유래된 일루미나 분석법(**Illumina sequencing**)이다.

10.2.1 Illumina 염기서열 분석을 위한 라이브러리 제작

다른 차세대 염기서열 분석법과 같이, Illumina 분석 방법의 첫 단계는 고체 지지체에 고정된 DNA 단편들로 구성된 라이브러리의 제작이다. 개별 염기서열 분석반응들은 집합체 형태에서 함께 수행된다(그림 10.10). 이러한 라이브러리의 제작은 3단계로 되

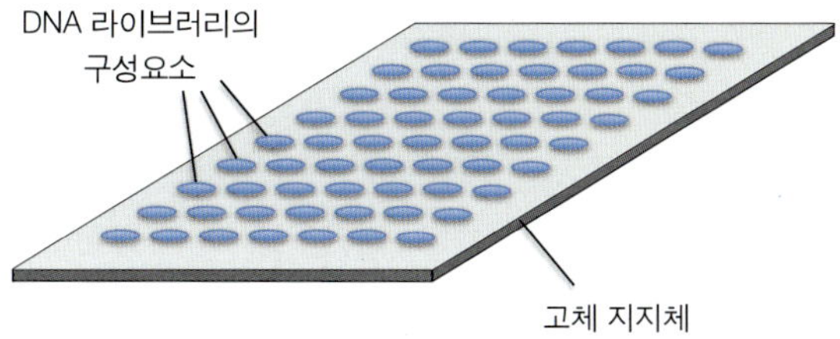

그림 10.10
고체 지지체에 고정된 DNA 라이브러리.

어 있다.

1. 염기서열 분석법에 이용되기 적당한 크기의 단편으로 DNA를 절단
2. 고체 지지체에 DNA 단편들을 고정
3. 고정된 DNA 단편들의 증폭

DNA 단편화

라이브러리 제작은 염기서열 분석될 DNA의 정제로부터 시작된다. 유전체 연구가 될 생명체로부터 전체 DNA를 얻는다. 그리고 DNA는 일반적으로 200~500 bp 사이의 길이로 절단한다. 일반적인 단편화 방법은 초음파 처리이다. 초음파는 DNA 분자의 절단을 야기시키기 위해 이용된다(그림 10.11). 초음파 처리된 DNA는 아가로오스 겔 전기영동에 의해 분석되고 겔로부터 원하는 크기의 단편을 정제한다.

초음파 처리는 DNA 분자의 무작위 위치에서 절단을 야기하기 때문에 선호하는 단편화 방법이다. 무작위 절단은 DNA의 모든 부분이 염기서열 분석되기 위해 중요하다. 각각의 단편은 말단으로부터 염기서열 분석되기 때문이다. 만약 제한효소로 DNA를 절단했다면 어떤 단편은 말단으로부터 염기서열 분석하기에 너무 길어서 중간 부

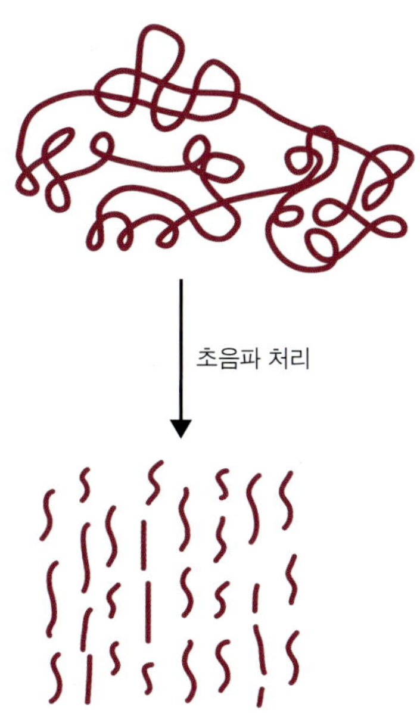

그림 10.11
초음파에 의한 DNA의 무작위 단편화.

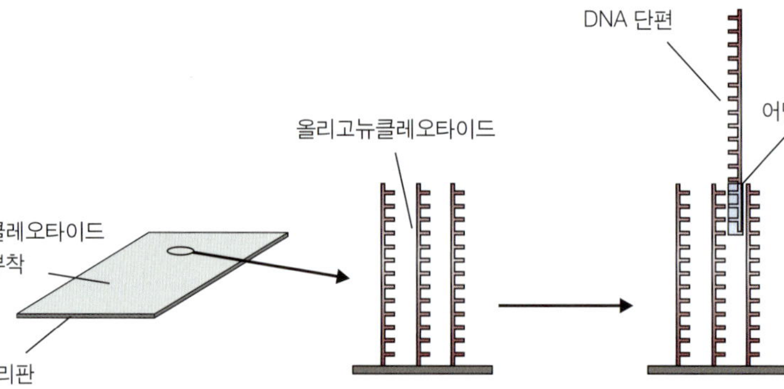

그림 10.12
유리판 위의 올리고뉴크레오타이드와 염기 결합에 의한 라이브러리 DNA 단편의 고정.

분의 염기서열은 최종 염기서열 read에서 빠질 것이다. 차세대 염기서열 분석법에서는 사슬종결 분석법에서 내부 프라이머를 고안해서 수행하는 것처럼 단편의 중간부분을 분석하는 것이 불가능하다.

라이브러리의 고정화

라이브러리 제작의 두 번째 단계는 고체 지지체에 초음파로 절단된 DNA 단편들을 고정하는 것이다. 초기 차세대 염기서열 분석법에서는 라이브러리를 작은 금속성 구슬에 고정된다. 각 구슬에 한 개의 DNA 단편이 결합된다. Illumina 염기서열에서는 보다 간단한 방법을 이용한다. 많은 수의 짧은 올리고뉴클레오타이드로 덮여져 있는 유리판에 단편들을 배열한다(그림 10.12).

DNA 단편들이 각각 다른 염기서열을 가지고 있을 텐데 어떻게 유리판 위의 올리고뉴클레오타이드에 붙일 것인가? 답은 DNA 단편 양 끝에 어댑터를 붙이는 것이다. 이 어댑터의 염기서열은 올리고뉴클레오타이드와 상보적이다. DNA 단편들을 단일가닥 DNA로 나눠지고, 이 단일가닥 DNA는 고정된 올리고뉴클레오타이드와 어댑터 사이의 염기결합에 의해 유리판에 붙는다.

라이브러리의 증폭

라이브러리 제작의 마지막 단계는 고정된 단편들이 염기서열 분석되기 위해서 충분한 수의 동일한 복사본을 만들기 위해 PCR을 이용해서 증폭하는 것이다. 이제 어댑터들은 PCR을 위해 프라이머 결합 부위를 제공하는 두 번째 역할을 한다. 그러므로 단편들이 서로 다른 염기서열을 가지고 있더라도 모든 단편에 대해 같은 프라이머를 이용할 수 있다.

PCR 후에, PCR 산물들은 주형 단편 근처의 올리고뉴틀레오타이드에 결합되어 각각의 주형 단편들은 동일한 집합체로 전환된다(그림 10.13a).

10.2.2 Illumina 염기서열 분석

DNA 단편 라이브러리가 고체 지지체에 고정되었다면 실제 염기서열 분석이 시작된다. 모든 차세대 염기서열 분석법의 중요한 특징은 전기영동이다. DNA 분리 단계가

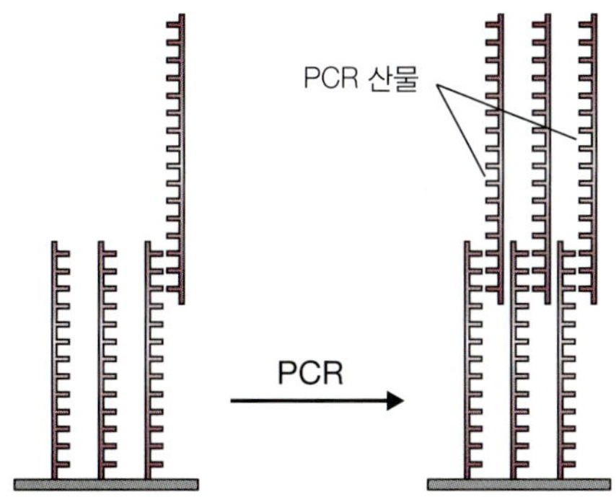

그림 10.13
고정된 DNA 라이브러리의 증폭.

없다는 것이다. 이것은 대량으로 동시에 진행되는 형태에서는 불가능하지 않더라도 어렵다. 대신에 고정된 라이브러리의 DNA 단편들은 DNA 중합효소에 의해 복제된다. 새로운 가닥이 만들어 질 때 뉴클레오타이드가 합성되는 순서가 탐지된다. 따라서 반응이 진행됨에 따라 염기서열을 읽을 수 있다.

가역적 종결자 염기서열 분석법(**reversible terminator sequencing**)을 기반으로 하는 Illumina 방법은 사슬 종결 분석법과 같이 합성되는 가닥 끝에 병합되면 더 이상의 합성을 막는 변형된 뉴클레오타이드를 이용한다. 그런데 가역적 종결자와 사슬 종결 분석법은 중요한 차이가 있다. '가역적 종결자'라는 이름에서 암시하듯이, 종결단계는 가역적이다. 종결 뉴클레오타이드의 3′에 붙어 있는 화학그룹이 제거되어 3′-OH로 변형됨으로써 계속적으로 합성이 가능하다(그림 10.14a). 종결 뉴클레오타이드는 각기 다른 형광물질로 표지된다. 반응 혼합물에 정상 뉴클레오타이드가 없기 때문에, 가닥합성이 수행될 때마다 멈추게 되고 광학장치가 형광표지를 감지함으로써 말단 뉴클레오타이드를 확인하게 된다. 뉴클레오타이드가 확인되면 형광물질과 3′ 블로킹 그룹이 제거되고 정상 뉴클레오타이드가 남게 된다(그림 10.14b). 그러면 합성반응의 다음 단계가 일어날 수 있게 되고, 염기서열에서 다음 뉴클레오타이드가 확인된다.

염기서열 분석은 라이브러리가 제작될 때 DNA 단편의 양 끝에 결합된 어댑터에 프라이머가 붙으면서 시작된다. 그러므로 라이브러리의 모든 DNA 단편 집합체가 동시에 분석된다. 이 방법은 최대 300 bp의 짧은 염기서열 read를 만들어낸다. 그러나 대량으로 동시에 진행되기 때문에 한 번에 3,000 Mb의 염기서열을 얻을 수 있다.

10.2.3 Ion semiconductor 염기서열 분석

Ion torrent 방법이라고도 불리는 Ion semiconductor 염기서열 분석법은 사슬 종결이나 가역적 종결자 분석법과는 근본적으로 다른 방식을 이용하는 두 번째 차세대 분석법이다. 개별 뉴클레오타이드는 표지되지 않는다. 대신에 염기서열을 수소이온을 감지함으로써 읽혀진다. 수소이온은 뉴클레오타이드가 합성되는 가닥에 병합될 때마다 pyrophosphate와 같이 방출된다.

그림 10.14
가역적 종결자 염기서열 분석법.

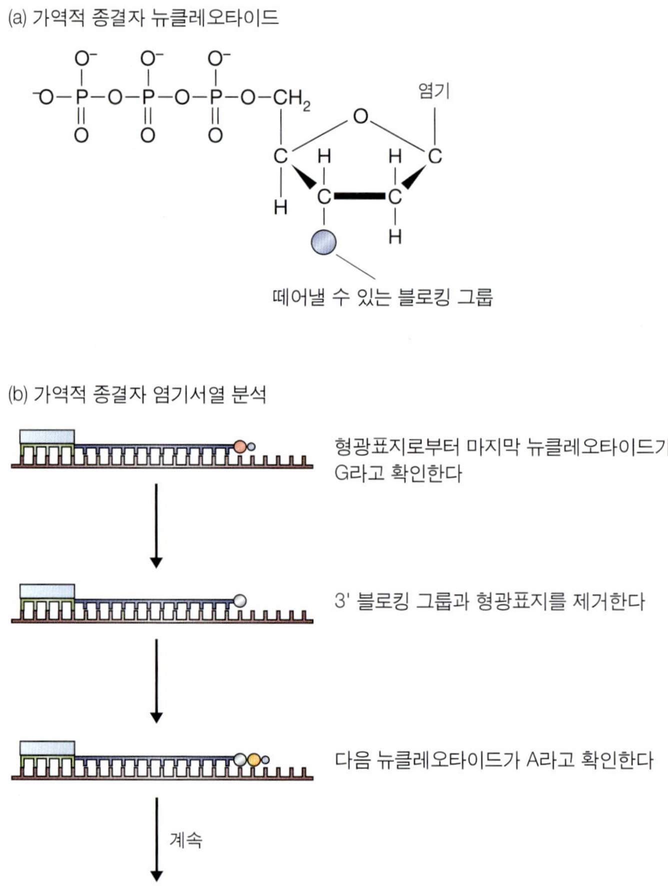

그림 10.15
이온 반도체 염기서열 분석의 기초. 한 단계에서 다음 단계로 뉴클레오타이드가 넘어가지 않도록 각 뉴클레오타이드는 세척된다.

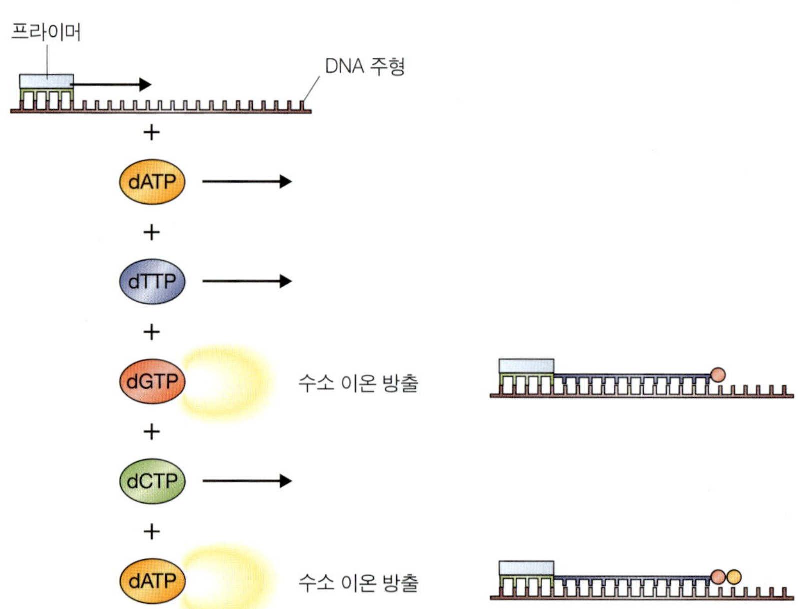

그러므로 수소이온의 방출은 주형 분자가 복제됨을 나타낸다. 물론 4개의 뉴클레오타이드가 동시에 첨가되면 수소이온은 항상 방출될 것이며 유용한 염기서열 정보를 얻을 수 없을 것이다. 그러므로 4개의 뉴클레오타이드는 순서대로 하나씩 첨가된다(그림 10.15). 이 과정은 합성되는 가닥에 병합되는 뉴클레오타이드의 순서를 알 수 있다.

이 반응에서 DNA 단편들은 아크릴아마이드 구슬에 고정되며, 구슬들은 ion-sensitive field effect transsistor (ISFET)에 배열된다. ISFET는 수소이온이 감지될 때마다 전기 흐름을 만들에 기록함으로써 염기서열을 분석한다, 최대 400 bp 길이를 읽을 수 있고, 한 번에 수 Mb의 염기서열을 얻을 수 있다.

10.2.4 3세대 염기서열 분석법

새로운 DNA 염기서열 분석법의 개발은 적은 비용으로 보다 빠르게 분석하기 위해 진행되고 있다. 가역적 종결자와 ion semiconductor 방법들의 불만족스러운 점은 실험에 소요되는 시간이다. 이것은 염기서열을 읽기 위해 사용된 방법들이 가닥 합성 반응의 각 단계에서 지체되기 때문이다. 가역적 종결자 방법에서는 각 뉴클레오타이들 첨가 후 형광물질과 3′ 블로킹 그룹을 제거하기 위해 시간이 필요하고, ion semiconductor 방법에서는 각 뉴클레오타이드 하나씩 반응에 첨가되기 때문에 지체가 일어난다. 이러한 지체는 염기서열 분석에 필요한 시간을 증가시킨다.

3세대 염기서열 분석법은 실시간, 즉 주형을 따라 중합효소가 정상적으로 방해받지 않으면서 진행하는 동안 염기서열 분석을 수행함으로써 차세대 염기서열 분석법을 개선하려는 것이다. 차세대 염기서열 분석법에서 일어나는 정기적인 멈춤은 중합효소의 합성속도를 감소하지만 실시간 염기서열 분석법은 긴 염기서열을 읽는다.

가장 유망한 3세대 방법 중 하나가 한 분자 실시간 염기서열 분석(**single molecule real-time sequencing**)이다. **Zero-mode wave guide**라고 불리는 정교한 광학 체계가 한 개의 DNA 주형의 복제를 관찰하는 데 이용된다. 첨가되는 각 뉴클레오타이드는 붙어 있는 형광물질로부터 확인된다(그림 10.16). 광학체계가 매우 정밀하기 때문

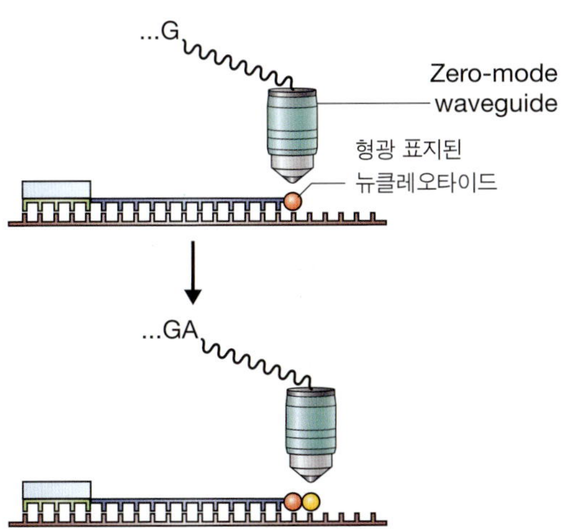

그림 10.16
합성되는 각각의 뉴클레오타이드를 zero-mode waveguide로 검침하는 실시간 DNA 염기서열 분석.

에 뉴클레오타이드 3′ 탄소를 막을 필요가 없다. 뉴클레오타이드가 합성된 후 형광 신호가 탐지되고 표지는 즉각적으로 제거된다. 그래서 가닥 합성은 방해 없이 진행될 수 있다. 이 방법으로 20 kb까지 읽을 수 있다고 보고되었다. Pacific Biosciences에서 개발되었기 때문에 **PacBio sequencing**이라고 불리운다.

10.2.5 DNA 중합효소를 사용하지 않는 차세대 염기서열 분석

지금까지 설명한 사슬 종결부터 PacBio 분석법까지의 염기서열 분석 방법들을 한 가지 공통점이 있다. 염기서열은 DNA 중합효소에 의해 DNA의 복제물을 합성함으로써 읽혀진다. DNA 합성에 대한 필요성을 고정된 DNA 단편에 뉴클레오타이드와 기타 시약들을 운반하는 수단이 필요하기 때문에 기술을 복잡하게 한다.

그러므로 다음 단계는 합성과정을 생략하고, 직접 DNA 분자의 염기서열을 읽는 것이다. 이것은 **nanopore 염기서열 분석법**에 의해 수행되었다. 이 방법은 단일가닥 DNA분자가 통과하기에 충분한 직경 1 nm의 작은 구멍을 가진 막을 이용한다. 막 한쪽에는 양극 그리고 다른 쪽은 음극으로 전류가 형성되면 전기 이동은 DNA 분자를 nanopore라는 작은 구멍에 인접하게 한다. 처음에 DNA 분자는 이중가닥이지만 nanopore 근처에 염기쌍을 끊는 **helicase**가 있기 때문에 DNA는 단일가닥이 되어 구멍을 통과한다(그림 10.17). 4개의 뉴클레오타이드는 다른 모양이기 때문에 다른 방식으로 구멍을 막음으로써 막을 통과하는 이온의 흐름에 미세한 변화를 야기한다. 이 변화는 측정함으로써 염기서열을 알 수 있다. DNA를 합성하지 않기 때문에 nanopore 방법에 의해 읽을 수 있는 길이는 중합효소의 진행성에 영향을 받지 않고 200 kb 이상을 얻을 수 있다.

현대 nanopore 분석법은 다른 방법들에 비해 정확도가 떨어진다. 염기서열 확인에 대한 정확도는 nanopore에 들어 있지 않고 근처에 있는 DNA가 이온 흐름에 영향을 줌으로써 방해받는다. 이것은 짧은 모티프(motif)는 부정확하게 읽혀진다는 것을 의미한다. 또한 정확도는 nanopore를 통과하는 DNA의 속도 변화에 의해 영향을 받는다. 그러므로 DNA가 일정한 속도로 움직일 수 있게 nanopore 구조를 변경하는 것을 포함해서 감지 시스템을 개선하는 것에 집중하고 있다.

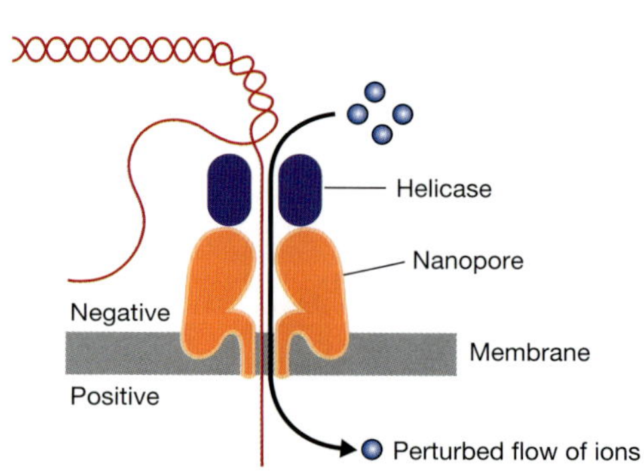

그림 10.17
Nanopore 염기서열 분석법. 빨간색으로 표시된 DNA 분자는 헬리케이즈에 의해 변성되고 한 가닥이 nanopore를 통해 아래쪽으로 통과한다.

10.2.6 특정 유전자 집단에 대한 차세대 염기서열 분석법

유전체 염기서열 분석을 할 때 차세대 염기서열 분석법의 무작위적 특성은 장점이 된다. 유전체의 모든 부분이 동시에 염기서열 분석되기 때문이다. 유전체 염기서열 분석이 매우 중요하지만 때로는 실험 목적이 유전체의 일부분을 염기서열 분석하는 것일 수 있다. 한 예로 환자가 특정 종류의 암에 민감한지 나타내는 염기서열 변이에 대한 인간 DNA 선별이 해당된다. 이러한 종류의 선별은 암과 관련된 500~600개의 유전자만을 분석할 때 보다 효율적이다. 전체 인간 유전체가 3,200 Mb인데 비해 이 유전자들은 약 4 Mb의 DNA로 되어있다.

차세대 염기서열 분석은 표적 대상 강화(**target enrichment**)에 의해 특정 유전자 집단을 분석할 수 있다. 이것을 위해 일반적으로 150 뉴클레오타이드 길이의 올리고뉴클레오타이드 집단을 합성한다. 올리고뉴클레오타이드의 염기서열은 표적 유전자의 염기서열과 일치한다(그림 10.18a). 올리고뉴클레오타이드는 미끼(**bait**)로 작

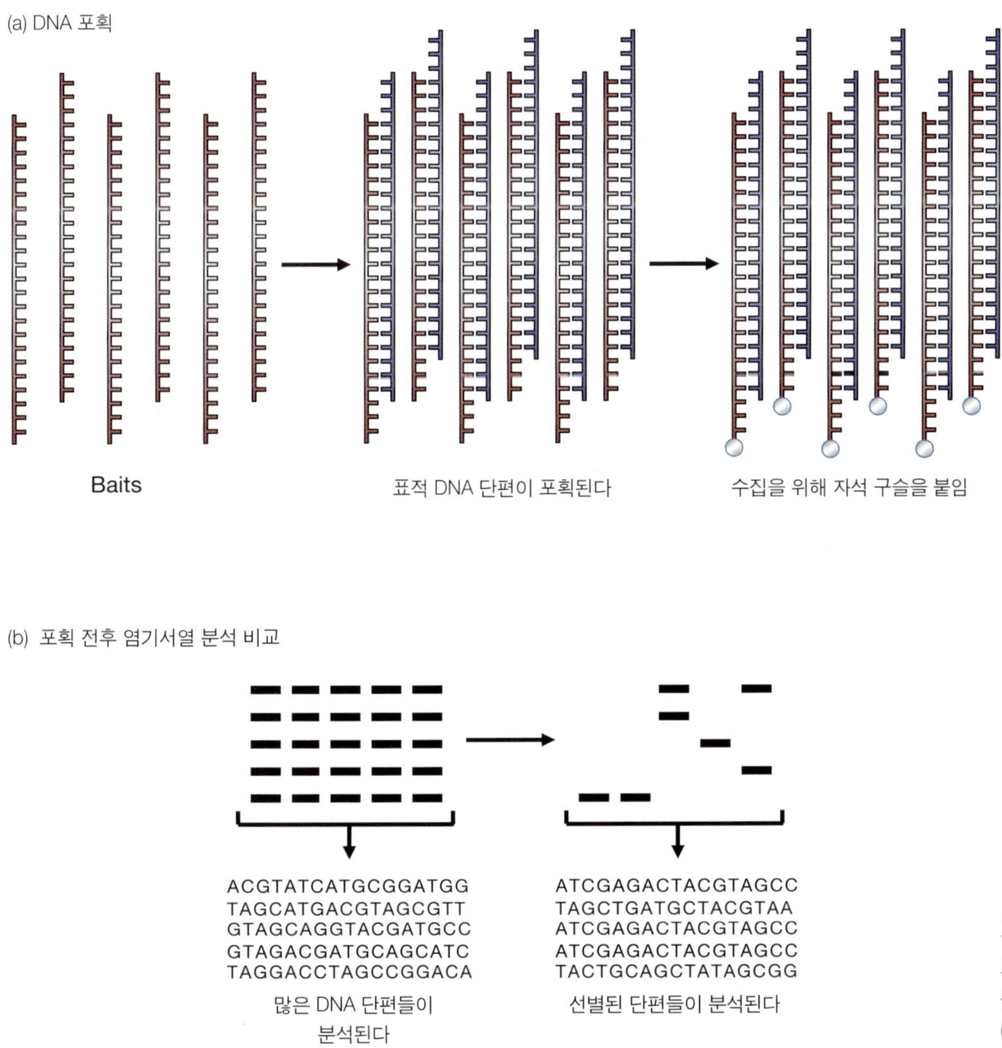

그림 10.18
표적 대상 강화(target enrichment). (a) 관심 있는 DNA 단편들을 포획하기 위해 미끼 사용. (b) 포획된 DNA 단편의 염기서열 분석.

동하여 관심 있는 유전자들의 DNA 단편과 혼성화 함으로써 포획되고 라이브러리가 만들어진다. 다양한 방법들이 사용될 수 있다. 한 방법은 전체 세포 DNA 정제(3장)에 사용된 자석구슬 방법과 유사하다. 각 미끼의 한쪽 말단은 biotin으로 표지되어 있어서 혼성화 후에 포획된 DNA는 streptavidin이 덮인 자석구슬에 붙게 된다. 그러면 자석으로 구슬을 수집함으로써 표적이 아닌 나머지 유전체 부분을 버릴 수 있게 된다. 포획된 DNA는 미끼로부터 떨어져 나와 라이브러리를 만드는 데 사용된다(그림 10.18b).

10.3 유전체 염기서열 분석 방법

첫 번째 완전히 염기서열 분석이 된 유전체는 5,386개 염기 유전체를 가진 φX174로 1975년에 완성되었다. 이후 SV40(5,243 bp)은 1977년에, pBR322(4,363 bp)는 1978년에 완성되었다. 점차 더 큰 DNA에 적용되기 시작하면서 Sanger 교수팀이 사람 미토콘드리아 유전체(16.6 kb) 염기서열을 1981년에 발표하였고, 박테리오파아지 λ(49 kb)는 1982년에 완성되었다.

1990년대에 사슬종결 염기서열 분석의 자동화 방법이 개발되어 훨씬 큰 유전체의 염기서열 분석이 가능해졌다. 첫 번째 진핵생물 염색체 염기서열인 효모 *Saccharomyces cerevisiae*의 3번 염색체가 1992년 발표되었고, 전체 효모 유전체는 1996년에 완료되었다. 계속해서 선충 *Caenorhabditis elegans*, 초파리 *Drosophila melanogaster*, 애기장대 *Arabidopsis thaliana*와 같은 모델 생명체들의 유전체 염기서열이 완료되었다. 더불어서 인간 유전체 염기서열이 2001년에 발표되었다. 차세대 염기서열 분석법이 발달함에 따라 유전체 염기서열 분석은 보다 일상적인 일이 되었으며, 현재 300개 이상의 진핵생물체와 수천 개의 세균과 고세균의 전체 유전체 염기서열이 알려져 있다. 또한 많은 염기서열 분석이 현재 진행 중이다.

사슬종결법이 처음 자동화된 1990년대 이후 염기서열 데이터의 생성은 유전체 염기서열 분석 프로젝트의 제한 요인이 아니다. 오히려 주요 문제는 수천 또는 수백 만의 짧은 염기서열 결과를 연결된 유전체 염기서열로 합치는 과정에 있다. 이 조립과정 중 가장 간단한 방법이 샷건 방법(**shotgun approach**)이다. 유전체는 임의의 짧은 조

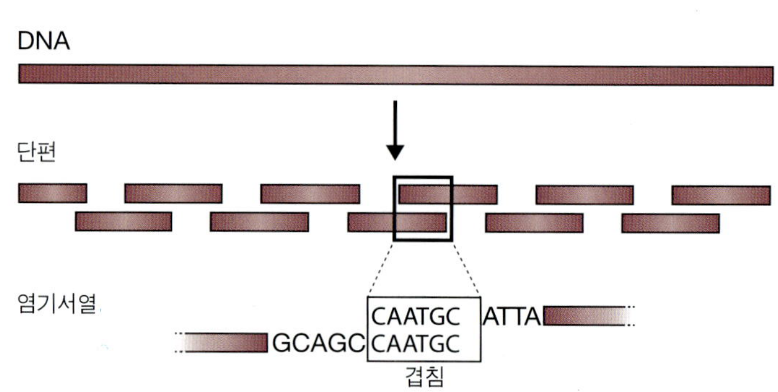

그림 10.19
염기서열 조립을 위한 샷건법. DNA 분자는 작은 단편들로 잘려지고 각각의 단편들은 염기서열이 분석된다. 주 염기서열은 각 단편의 염기서열이 겹치는 부분을 찾아 조립된다. 실제적으로 수십 개의 염기쌍이 겹쳐야 두 염기서열이 연결되는 조각이라고 확인된다.

각으로 잘려지고, 각각의 조각은 염기서열 분석된다. 유전체 염기서열은 각각의 짧은 염기서열이 겹치는 부분을 찾아 조립된다(그림 10.19).

10.3.1 원핵생물 유전체의 샷건 염기서열 분석

염기서열 조립을 위한 샷건법은 진핵생물 유전체 보다 훨씬 작은 세균과 고세균 유전체를 대상으로 1990년대에 처음으로 이용되었다(표 10.1). 따라서 상대적으로 적은 수의 DNA 단편들의 염기서열이 분석되었다. 단편의 수가 적으면 적을수록 염기서열 조립은 더 쉬워질 것이다.

Haemophilus influenzae 유전체의 샷건 염기서열 분석

*H. influenzae*는 처음으로 유전체가 염기서열 분석된 자유생활 생명체로서 1995년에 발표되었다. 첫 과정은 1,830 kb 유전체를 초음파 처리하여 작은 단편으로 자른 다음, 염기서열 분석 실험을 하기 위한 주형을 제공하기 위해 M13이나 플라즈미드 벡터에 클론되었다. 1.6~2.0 kb의 단편을 선택해서 사용했는데, 이는 양쪽 말단으로부터 두 개의 사슬종결 염기서열 분석을 함으로써 클로닝의 수를 줄일 수 있기 때문이다. 그러므로 초음파 처리된 DNA는 아가로오스 젤 전기영동으로 분리하고 원하는 크기의 단편들을 젤에서 정제하였다(그림 10.20). 클로닝 이후 19,687개의 클론으로부터 28,643번의 사슬종결 염기서열 분석 실험이 수행되었다. 나머지 24,304개의 염기서열은 컴퓨터에 입력되어 있고 염기서열 간 겹치는 부분을 찾기 위해 30시간 동안 분석되었다. 그 결과 140개의 연속된 염기서열, 즉 콘틱(contig)이 만들어졌다.

콘틱의 평균 길이는 12 kb이고, 이것들을 합치면 유전체 염기서열의 90% 이상을 차지한다. 물론 염기서열은 콘틱이 정확한 순서 대로 위치하고 그들 간의 간극이 없어졌을 때 완결되었다고 할 수 있다. 각각의 콘틱 사이의 간극을 메우기 위해 초음파 처리된 단편들을 계속해서 더 분석할 수 있지만, 이미 11,631,485 bp의 염기서열이 만들어졌고 유전체 길이의 6배에 해당된다. 이것은 필요한 단편들이 우연히 염기서열이 분석될 때까지 상당히 많은 분석이 필요하다는 것을 의미한다. 또한 불화합성(incompatibility) 즉 모든 벡터에서 일어나며 특정 염기서열을 가진 삽입 DNA가 증식되지 않는 문제 때문에 간극에는 클론되지 않은 DNA 단편이 포함될 수 있다. 간극의 염기서열이 클론 라이브러리에 없다면 추가적인 염기서열 분석으로 간극을 메울 수 없다.

그러므로 보다 직접적인 방법이 개별 간극을 메우기 위해 사용되었다. 여러 방법들이 시도되었으며, 가장 성공적인 방법은 λ 벡터로 만들어진 라이브러리의 혼성화 분석이다(그림 10.21). 불화합성 문제는 벡터 종류에 따라 특이적이기 때문에 플라즈미드 벡터에 클론되지 않는 단편들은 종종 λ 벡터에 클론된다. λ 라이브러리는 140개 콘틱의 양끝과 일치하는 올리고뉴클리오타이드를 차례로 혼성화하여 조사된다. 같은 λ 클론에 두 개의 올리고뉴클레오타이드가 혼성화된다면, 이것은 두 콘틱의 말단이 유전체에서 서로 옆에 있다는 것을 나타낸다. 이 두 말단의 간극은 λ 클론의 적절한 부분을 염기서열 분석함으로써 메워질 것이다.

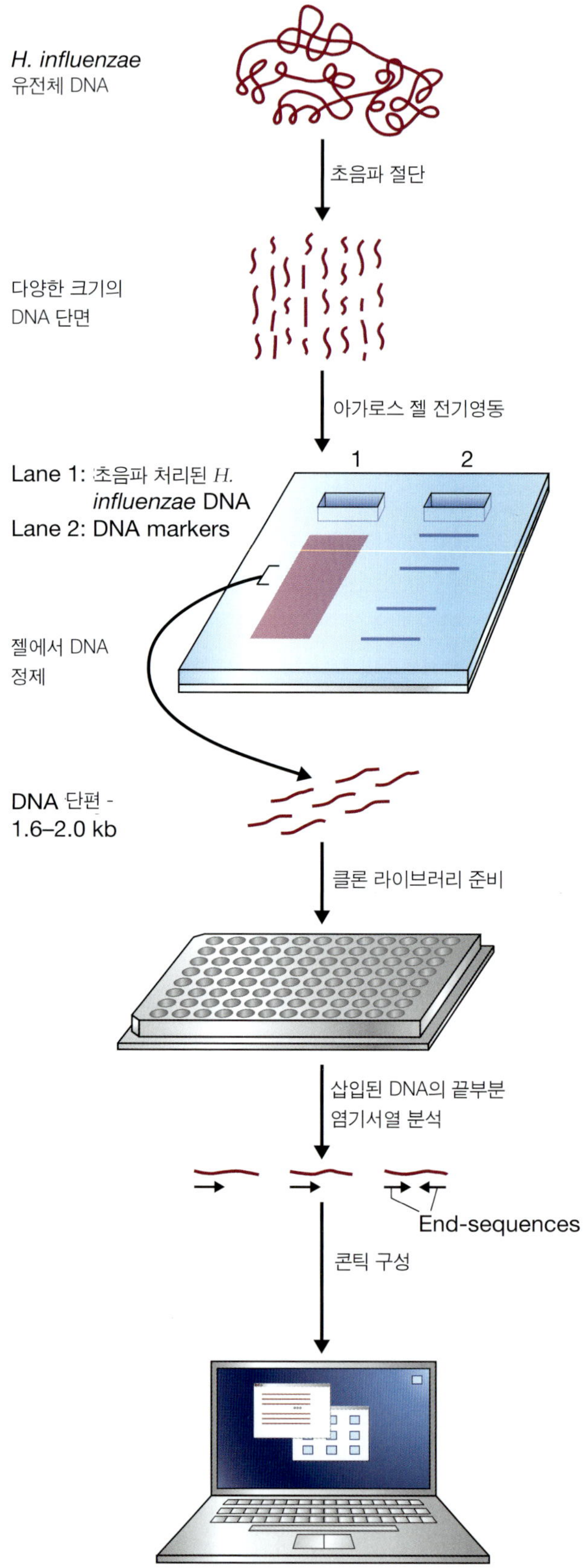

그림 10.20
H. influenzae 유전체 염기서열 프로젝트의 주요 과정 조직도.

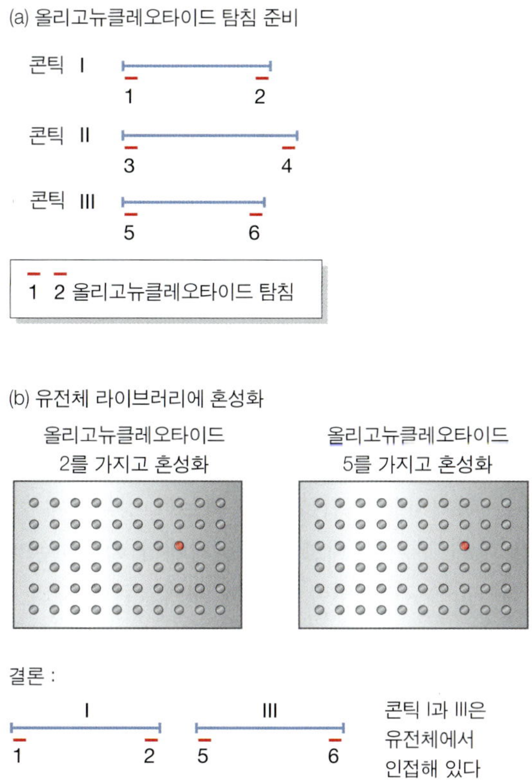

그림 10.21

올리고뉴클레오타이드를 이용하여 *H. influenzae* 유전체 염기서열 간극을 메우기 위한 혼성화. 올리고뉴클레오타이드 2와 5가 동일한 λ 클론에 혼성화됨으로써 콘틱 I과 III이 서로 인접하고 있음을 나타낸다. λ 클론의 적절한 부위를 염기서열 분석함으로써 콘틱 간 간극을 메울 수 있다.

다른 원핵생물 유전체의 샷건 염기서열 분석

샷건 염기서열분석은 원핵생물 유전체에 성공적이었고, 이들 짧은 길이의 유전체는 겹치는 염기서열을 찾는데 필요한 시간이 길지 않다는 것이다. 만약 차세대 염기서열 분석법을 사용했다면, 간극을 메우는 것은 큰 이슈가 되지 않았을 것이다. 한 번의 실험은 유전체의 길이보다 몇 백배 되는 염기서열을 쉽게 얻을 수 있기 때문이다.

많은 원핵생물 유전체들은 *H. influenzae*에서 언급한 것처럼 유전체 염기서열을 단지 각각의 염기서열 reads간 겹치는 것을 찾음으로써 수행하는 디 노보 시퀀싱(**de novo sequencing**)에 의해 조립되었다. 그런데 보다 많은 종의 유전체가 알려짐으로써 두 번째 방법이 가능해졌다. 이미 알려진 염기서열이 근연 유전체의 조립을 위해 표준 유전체(**reference genome**)로 사용되는 것이다. 단지 염기서열 reads간 겹치는 것을 찾는 것보다는 개별 reads와 짧은 콘틱들을 염기서열이 유사한 부위를 찾아 표준유전체에 위치하는 것이다(그림 10.22). 표준유전체가 근연종이나 같은 종의 다른 계통으로

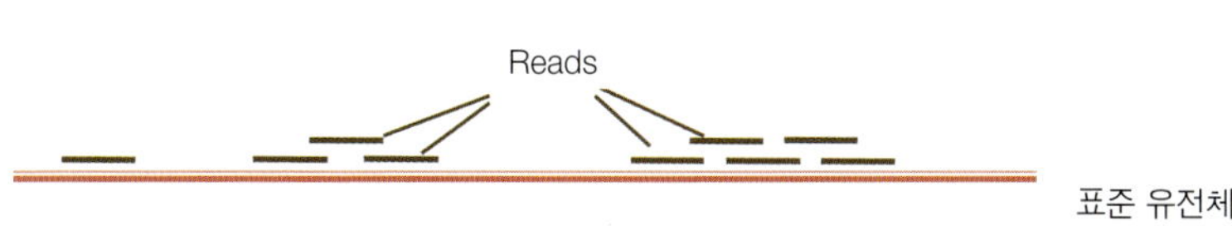

그림 10.22

염기서열 조립을 위한 표준 유전체의 이용.

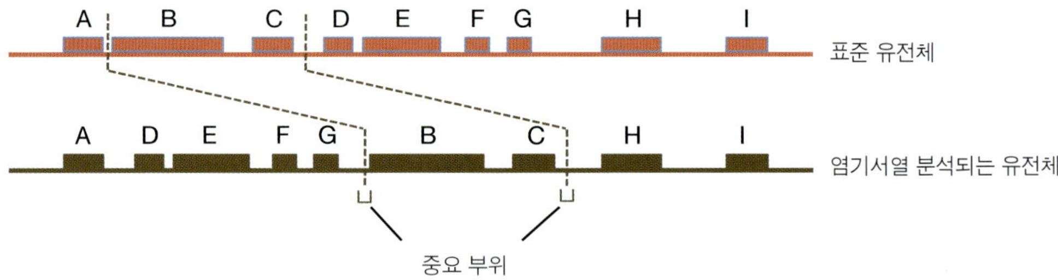

그림 10.23
표준 유전체를 이용할 때 잠재적 문제점. 유전자 B와 C의 위치는 표준 유전체와 분석되는 유전체에서 다르다. 염기서열 분석 결과에 재조합이 일어난 경계의 중요 부위가 포함되지 않았다면, 분석되는 유전체에서 다른 유전자 순서는 인식되지 않을 것이다.

부터 유래되었다면 두 유전체의 염기서열이 비슷할 것이고 따라서 표준유전체가 새로운 유전체의 조립을 도울 것이다.

표준유전체 방법은 염기서열 조립을 보다 빠르고 정확하게 할 수 있으나 재조합에 의해 유전자 순서가 바뀐 부위를 새로운 유전체에서 확인하는데 주의해야한다(그림 10.23). 이런 경우 염기서열 간 유일한 차이는 재배열된 부분의 경계에 있다. 만약 이런 경계가 확인되지 않는다면 표준 유전체를 이용하는 것은 분석될 유전체에서 재배열이 인식되지 않을 것이다.

10.3.2 진핵생물 유전체의 염기서열 분석

원핵생물 유전체는 샤건 방법으로 염기서열을 조립하는데 작은 크기 외에도 두 번째 이점이 있다. 원핵생물 유전체는 반복 염기서열을 거의 가지고 있지 않다. 몇 bp에서 수천 bp크기의 염기가 유전체에 두 곳 이상에서 반복되는 것이다. 어떤 반복서열에 위치한 염기서열 read가 다른 반복서열에 있는 동일한 염기서열과 우연히 겹침으로써 샤건 방법에서 문제를 일으킨다(그림 10.24). 이것은 유전체 염기서열의 일부를 부정확한 위치에 놓이게 하거나 빠뜨리게 한다.

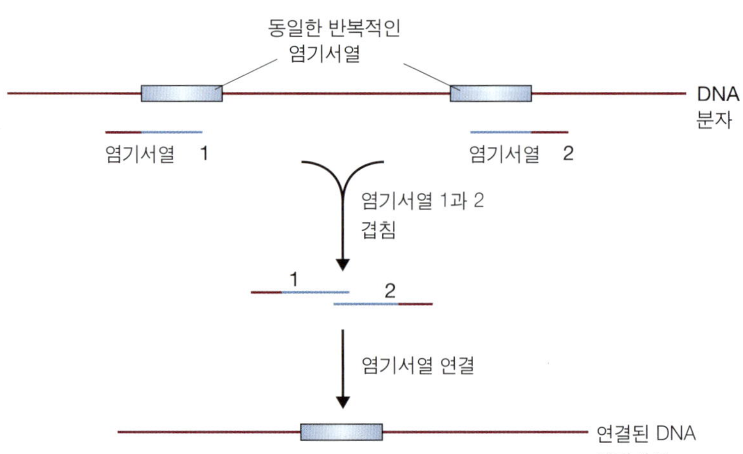

그림 10.24
샷건법의 문제점. 반복되는 염기서열로 두 개의 염기서열이 끝나는 경우에 부정확하게 서로 겹칠 수 있다. 이로 인하여 어떤 DNA 조각들이 최종 DNA 염기서열에서 제외되는 결과를 가져 올 수 있다.

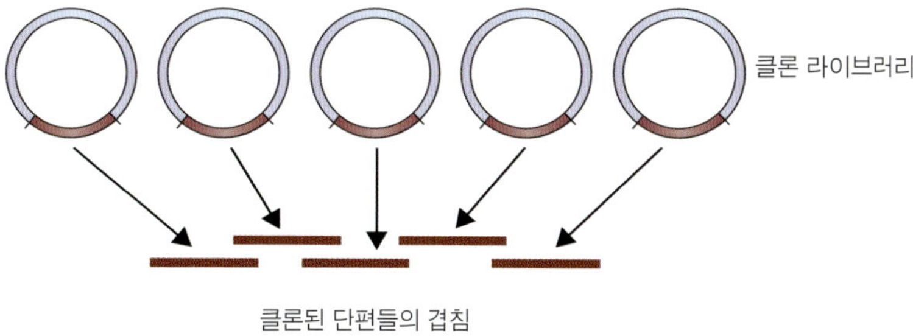

그림 10.25
겹치는 단편들을 포함하고 있는 클론 세트.

대부분의 세균 유전체에는 없을지라도 반복서열은 진핵생물에 일반적이고 어떤 종에서는 유전체의 50% 이상을 차지한다. 이런 이유로 초기에 진핵생물 유전체는 샷건 방법으로 조립할 수 없다고 생각되었다.

계층적(Hierarchical) 샷건 방법

인간 유전체를 포함한 초기 진핵생물 유전체들은 hierarchical 샷건 염기분석법이라고 불리우는 변형된 샷건 방법에 의해 분석되었다. 이 방법은 유전체를 300 kb 정도 크기의 큰 단편으로 절단하고 이 단편들이 BAC과 같은 고용량 벡터에 클론되는 염기서열 분석 전 단계를 포함한다. 겹치는 단편들을 포함하는 클론들은 확인되고 연속적인 시리즈(clone contig)로 만들어진다(그림 10.25). 각각의 클론된 DNA는 더 작은 단편으로 절단되고 샷건 방법으로 염기서열이 분석되고 조립된다. 각 클론의 염기서열은 겹쳐지는 유전체 염기서열을 만들기 위해 연속적인 클론 시리즈에서 적절한 위치에 놓는다. 여기서 반복되는 DNA에 의해서 야기되는 혼란은 2개 이상의 같은 반복 DNA가 동일한 클론 단편에 있을 때만 일어난다. 그렇지만 반복 DNA를 포함하는 클론들의 염기서열을 조사함으로서 조립할 때 나타나는 오류를 확인할 수 있다(그림 10.26).

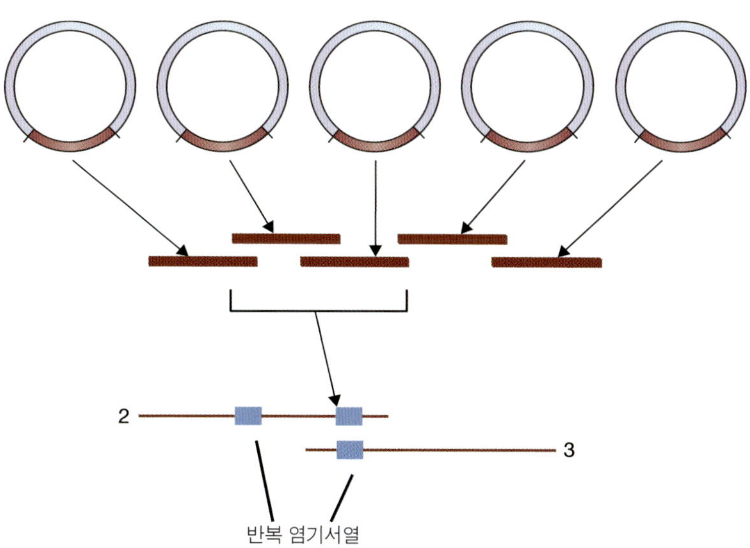

그림 10.26
계층적 샷건 염기서열 분석(Hierarchical shot gun sequencing)은 반복 염기서열이 가진 문제를 피할 수 있다. 그림 10.25에서 클론 2와 3에 반복 염기서열이 존재한다. 클론 2에서 염기서열 조립은 두 반복서열 사이의 부분을 잃을 수 있다. 그런데 클론 3의 염기서열은 이러한 잘못을 인식하고 수정할 수 있다.

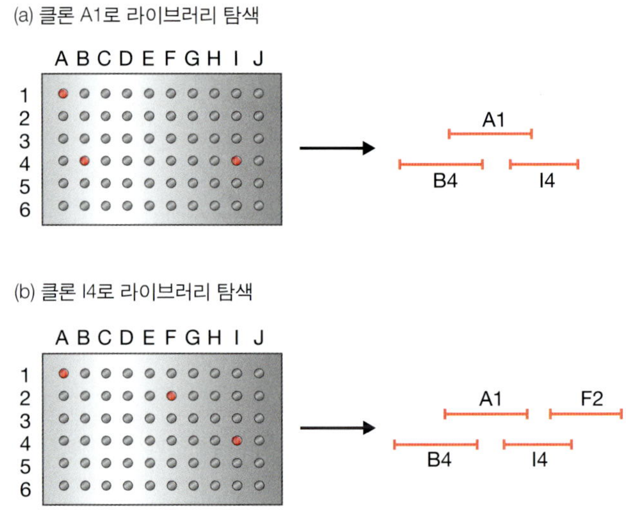

그림 10.27
Chromosome walking.

계층적 분석법의 문제는 중복되는 삽입 DNA를 포함하는 클론을 확인하는 것이 대규모 일이라는 것이다. 이 어려움을 극복할 수 있는 기술이 **chromosome walking**이다. Chromosome walking을 시작하기 위해서 라이브러리에서 무작위로 클론을 선택한 후 라이브러리의 다른 클론에 혼성화 탐침으로 사용한다(그림 10.27a). 혼성화 신호를 나타내는 클론들은 탐침에 중복되는 것이다. 이 중복된 클론들 중 하나를 표지해서 2차 탐침으로 사용한다. 혼성화 신호가 더 많이 보이면 또 다른 중복을 의미한다(그림 10.27b). 점차적으로 클론 콘틱은 만들어진다. 이 방법은 탐침이 반복서열을 포함하면 문제가 발생한다. 탐침은 중복 클론뿐만 아니라 반복서열을 포함하는 비중복 클론에도 혼성화될 것이다. 이 문제를 피하기 위한 다른 방법은 클론에 삽입된 DNA 끝 부분을 증폭하는 프라이머를 고안해서 라이브러리의 모든 클론을 PCR하는 것이다. 정확한 크기의 PCR 산물을 가진 두 번째 클론은 원래 클론과 중복되는 삽입 DNA를 갖는다(그림 10.28). 이 과정을 빠르게 하기 위해 개별 클론을 PCR하는 것보다 combinatorial 과정을 사용한다(그림 9.12 참조).

Chromosome walking의 단점은 어떤 고정된 시작점에서 시작하고 고정된 시작점

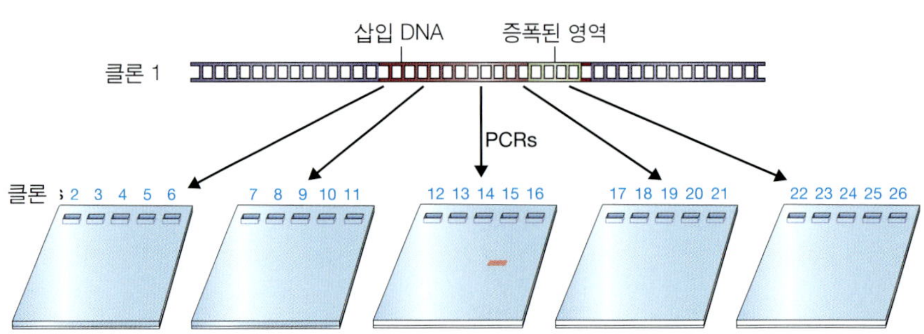

그림 10.28
PCR을 이용한 chromosome walking. 클론 1의 삽입 DNA 말달 부위에서 증폭되는 두 개의 프라이머를 이용해 라이브러리의 다른 모든 클론에서 PCR을 시도한다. 클론 15에서만 PCR 산물이 만들어졌고, 이것은 클론 1과 15의 삽입 DNA가 중복됨을 보여준다. 계속해서 클론 15의 다른 말단에서 증폭되는 프라이머를 이용해서 모든 클론에 PCR을 시도한다.

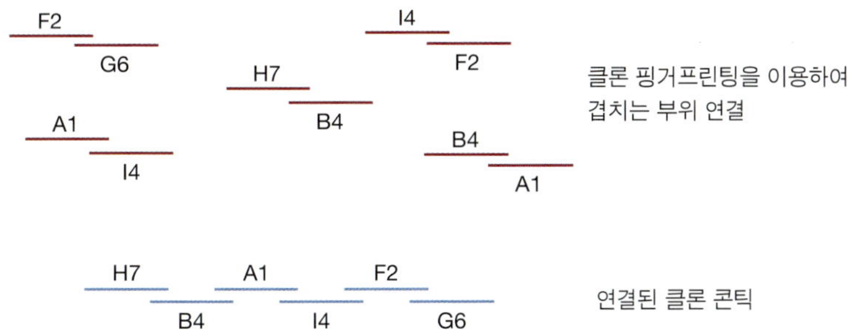

그림 10.29
클론 핑거프린팅을 이용한 클론 콘틱 연결.

으로부터 하나씩 중복되는 클론 시리즈를 만드는 것이다. 보다 빠른 기술은 고정된 시작점을 사용하는 대신에 중복되는 클론들의 짝을 확인하는 것이다. 충분히 많은 중복되는 짝들이 확인되었으면 클론 시리즈가 나타날 것이다(그림 10.29). 중복을 확인하기 위해 사용되는 여러 기술들을 클론 핑거프린팅(**clone fingerprinting**)이라고 한다. 이런 기술들은 클론의 짝들이 공유하는 염기서열 특징을 확인하는데 근거를 두고 있다. 만약 두 클론이 이 특징을 포함하고 있다면 명백히 이들은 중복되는 것이다. 이런 종류의 염기서열 특징을 염기표지부위(**sequence tagged site**, **STS**)라고 한다. 종종 STS는 앞선 연구에서 염기서열 분석된 유전자이다. 염기서열이 알려짐에 따라 그 유전자에 특이한 PCR 프라이머가 설계되고 라이브러리에서 그 유전자를 포함하는 클론들을 확인하는 데 이용된다. 그런데 STS는 유전자가 아니어도 된다. 유일한 조건은 DNA의 짧은 조각이 유전체에서 단 한번 존재하는 것이다.

진핵생물 유전체의 샷건 염기서열 분석

일련의 중복된 클론들을 확인하는 것은 시간이 많이 소요되는 과정이다. 만약 이 단계를 회피할 수 있다면 중요한 잇점이 될 것이고, 진핵생물 유전체를 샷건 방법으로 염기서열 분석할 수 있을 것이다. 물론 진핵생물 유전체는 원핵생물 유전체보다 훨씬 길다. *H. influenzae*의 1.83 Mb와 비교하면 사람의 유전체는 3,200 Mb이다. 따라서 긴 콘틱을 만들기 위해 상당히 많은 염기서열 reads를 조사해야 한다. 이것은 컴퓨터관련 문제이며 염기서열 조립을 위한 정교한 알고리즘 개발과 컴퓨터 프로세서 능력의 증가로 해결되었다. 그러나 반복 DNA가 염기서열 조립에 일으키는 문제는 어떤가?

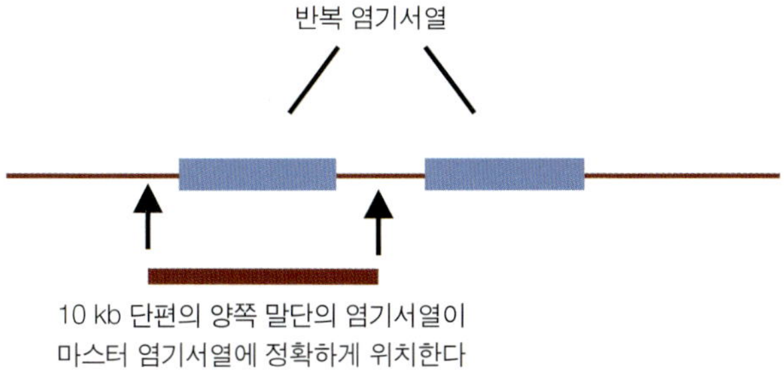

그림 10.30
초파리 유전체 분석을 할 때, 반복 DNA 부위가 정확하게 조립되는 것을 보장하기 위한 방법. 두 개의 동일한 8 kb 반복서열이 유전체에 인접해 있다. 반복서열에 걸쳐 있는 10 kb 단편의 양쪽 말단의 염기서열은 마스터 염기서열에서 확인된다.

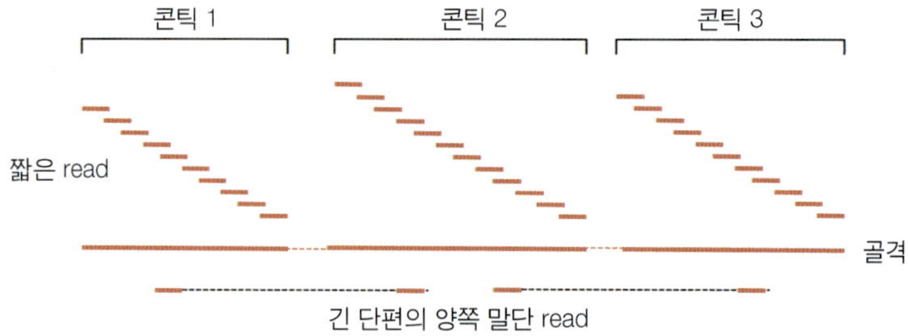

그림 10.31
골격(scaffold). 긴 단편의 양쪽 말단 read는 콘틱의 순서를 정하는 데 사용된다.

반복 DNA 부위가 조립될 때 오류를 피하기 위한 몇몇 방법들이 개발되었다. 가장 성공적인 방법은 염기서열 분석을 위해 2개 이상의 라이브러리를 이용하는 것이다. 라이브러리 중 한 개는 분석되고 있는 유전체에서 가장 긴 반복 서열보다 긴 단편들을 포함하고 있어야 한다. 예를 들면, 초파리 *D. melanogaster*에 이 방법이 적용되었을 때, 대부분의 초파리 반복서열 길이가 8 kb 이하이기 때문에 한 개의 라이브러리는 평균 10 kb의 삽입 DNA를 포함한다. 긴 단편의 양쪽 끝부분을 염기서열 분석하여 양쪽 말단 read(**paired-end reads**)를 만든다. 염기서열 조립 중에 한 반복서열에서 또 다른 반복서열로 건너뛰는 것은 각 10 kb 단편의 양쪽 말단 reads가 마스터 염기서열에 적절히 위치하는 것을 확인함으로써 회피된다(그림 10.30).

또한, 양쪽 말단 reads는 유전체에서 서로 인접한 콘틱들을 확인하는데 이용된다. 그러므로 염기서열 조립의 초기 결과는 일련의 골격(**scaffold**)으로 구성되며, 각 골격은 일련의 콘틱으로 구성된다. 각 콘틱 간의 간극은 양쪽 말단 reads 사이에 놓이게 된다(그림 10.31). 많은 염기서열이 데이터 세트에 첨가됨으로써 보다 긴 골격이 만들어진다. 염기서열 조립의 정확도는 BAC처럼 고용량 벡터에 삽입된 100 kb 이상의 단편으로부터 양쪽 말단 reads를 얻음으로써 확인된다.

초기에 골격 구성은 플라스미드 벡터에 삽입된 짧은 단편과 λ 혹은 BAC 벡터에 삽입된 긴 단편들을 사슬 종결법으로 분석했다. 차세대 염기서열 분석법이 출현함으로써 혼합적인 방법이 이용되었다. 차세대 염기서열 분석법으로 짧은 단편으로부터 read를 만들고, 사슬 종결 분석법으로 보다 큰 단편의 양쪽 말든 read를 얻는다. 2010년에 온전히 차세대 염기서열 분석법으로 giant panda의 유전체가 처음 보고되었다. 이 연구는 105 bp, 500 bp, 2 kb, 5 kb 그리고 10 kb의 단편 라이브러리를 사용했다. 최신 차세대 분석기계의 능력이 개선됨에 따라 사슬 종결 방법에 의존 없이 단편의 양쪽 말단을 읽을 수 있게 되었다.

유전체 염기서열은 무엇을 의미하는가?

완전한 유전체 염기서열 즉, 모든 뉴클레오타이드가 오류 없이 분석되고 모든 단편이 정확한 자리에 위치한 서열은 진핵생물 유전체에서는 현재 불가능하다. 휴먼 지놈 프로젝트(Human Genome Project)는 이러한 점을 잘 설명하고 있다. 2001년에 계층적 샷건 방법에 의해 발표된 인간 유전체는 유전체의 90%만을 포함하는 초안이었다. 빠진 320 Mb는 DNA가 응축되어 있고 유전자가 거의 없는 염색체 부위인 constitutive heterochromatin(지속적 이질염색질)에 주로 위치했다. 발표된 유전체의 90%는 적어도 4번 분석되었고, 정확도는 받아들일 수 있는 수준이었고, 단지 25%만이 8~10번 분석되어 완성된 수준이었다. 더욱이 이 초안의 염기서열은 대략 150000 간극이 이었고 어떤 조각은 정확하게 위치하지 않았다. 2005년에 발표된 완성된 염기서열 조차도 전체적으로 완료되지 않았다. 대부분 유전자가 위치하는 진정염색질의 95%가 104 뉴클레오타이드당 1개 이하의 예상 오류를 가지고 염기서열 분석되었고 다루기 어려운 간극을 제외하고 메워졌다.

2005년 이후 많은 통계들이 유전체 염기서열의 완성도를 측정하기 위해 고안되었다. 이 중 하나가 콘틱이나 골격에 적용할 수 있는 N50 크기(**N50 size**)이다. 콘틱 N50 크기는 다음과 같이 계산한다.

1. 첫 째로 전체 콘틱을 합친 전체 길이를 계산한다.
2. 가장 긴 콘틱부터 작은 순으로 콘틱을 배열한다.
3. 가장 긴 콘틱부터 시작해서 전체 콘틱 길이의 절반이 될 때까지 개별 콘틱을 합친다.
4. N50 크기는 합쳐진 길이가 전체 길이의 50%보다 커졌을 때 마지막 콘틱의 크기이다.

그러므로, N50 크기가 크면 보다 완벽한 조립을 나타낸다. 같은 방법으로 골격에도 적용할 수 있다.

또 다른 방법인 NG50 크기(**NG50 size**)는 콘틱이나 골격의 전체 길이에 근거하는 것이 아니라 실제 유전체 크기에 근거하고 있다. 그러므로 NG50 크기는 다른 종의 유전체 조립에 대한 비교를 가능하게 한다.

Further reading

FURTHER READING

Ekblom, R. and Wolf, J.B.W. (2014) A field guide to whole-genome sequencing, assembly and annotation. *Evolutionary Applications*, **7**, 1026–1042.

Fleischmann, R.D., Adams, M.D., White, O., et al. (1995) Whole genome random sequencing and assembly of *Haemophilus influenzae* Rd. Science, **269**, 496–512. [The first complete bacterial genome sequence to be published.]

Head, S.R., Komori, H.K., LaMere, S.A., et al. (2018) Library construction for next-generation sequencing: overviews and challenges. *Biotechniques*, **56**, 61–77.

Levy, S.E. and Myers, R.M. (2016) Advancements in next-generation sequencing. *Annual Review of Genomics and Human Genetics*, **17**, 95–115.

Li, R., Fan, W., Tian, G., et al. (2010) The sequence and de novo assembly of the giant panda genome. *Nature*, **463**, 311–317. [Genome sequencing based entirely on next-generation methods.]

Loman, N.J., Constantinidou, C., Chan, J.Z.M., et al. (2012) High-throughput bacterial genome sequencing: an embarrassment of choice, a world of opportunity. *Nature Reviews Microbiology*, **10**, 599–606.

Miller, J.R., Koren, S., and Sutton, G. (2010) Assembly algorithms for next-generation sequencing data. *Genomics*, **95**, 313–327.

Prober, J.M., Trainor, G.L., Dam, R.J., et al. (1987) A system for rapid DNA sequencing with fluorescent chain-terminating dideoxynucleotides. *Science*, **238**, 336–341. [The current methodology for chain-termination sequencing.]

Rothberg, J.M., Hinz, W., Rearick, T.M., et al. (2011) A integrated semiconductor device enabling non-optical genome sequencing. *Nature*, **475**, 348–352. [Ion semiconductor sequencing.]

Sanger, F., Nicklen, S., and Coulson, A.R. (1977) DNA sequencing with chain-terminating inhibitors. *Proceedings of the National Academy of Sciences of the USA*, **74**, 5463–5467. [The first description of chaintermination sequencing.]

Schatz, M.C., Delcher, A.L., and Salzberg, S.L. (2010) Assembly of large genomes using second-generation sequencing. *Genome Research*, **20**, 1165–1173.

Sears, L.E., Moran, L.S., Kissinger, C., et al. (1992) CircumVent thermal cycle sequencing and alternative manual and automated DNA sequencing protocols using the highly thermostable Vent (exo–) DNA polymerase. *Biotechniques*, **13**, 626–633. [Thermal cycle sequencing.]

van Dijk, E.L., Jaszczyszyn, Y., Naquin, D., and Thermes, C. (2018) The third revolution in sequencing technology. *Trends in Genetics*, **9**, 666–681. [Describes SMRT sequencing.]

Chapter 11

유전자 발현과 기능에 대한 연구

Chapter contents

CHAPTER CONTENTS

모든 유전자들은 그 기능을 위해 발현되어야 한다. 유전자 발현의 첫번째 단계는 유전자가 상보적인 RNA 사슬로 전사되는 것이며(그림 11.1a), 이때 몇몇 유전자(tRNA나 rRNA를 암호화하는 유전자)에서 전사된 RNA는 그 자체가 중요한 기능을 갖는 분자이다. 다른 대부분의 유전자 RNA 전사체는 다시 단백질로 번역된다.

유전자의 발현 양상을 이해하기 위해서는 먼저 RNA전사체에 대한 이해가 필요하다. 특히 분자생물학자는 RNA전사체가 유전자의 모든 부분이 빠짐 없이 복제된 것인지 혹은 그 전사체에서 인트론(intron)으로 불리우는 유전자의 일부가 결여되어 있는지 알기를 원한다(그림 11.1b). 인트론 외에 전사의 개시점과 종결점의 정확한 위치도 매우 중요하다. 대부분의 전사체는 유전자 자체뿐만 아니라 그 양쪽의 뉴클레오티드 지역의 복사체이다(그림 11.1c). 어떠한 신호체계에 의해 이루어지는가 하는 문제는 아직 완전히 알려져 있지 않으나 클로닝된 유전자의 발현이 연구되려면 그 위치가 알려져야 한다.

이 장에서는 전사체 분석(transcript analysis)에 대한 방법들을 살펴 보고자 한다. 이러한 방법들은 클로닝된 유전자가 인트론을 포함하고 있는지 여부와 전사의 종결점과 개시점의 위치를 결정하기 위해 이용될 수 있다. 또한 클로닝된 유전자의 발현조절을 연구하기 위해 최근에 개발된 여러 가지 방법중 일부를 소개하고자 한다. 유전자 조절에서의 이상이 많은 임상 이상과 관련이 있기 때문에 이러한 방법들은 매우 중요하다. 마지막으로 클로닝된 유전자의 번역된 산물을 조사하는 법도 다루게 된 것이다.

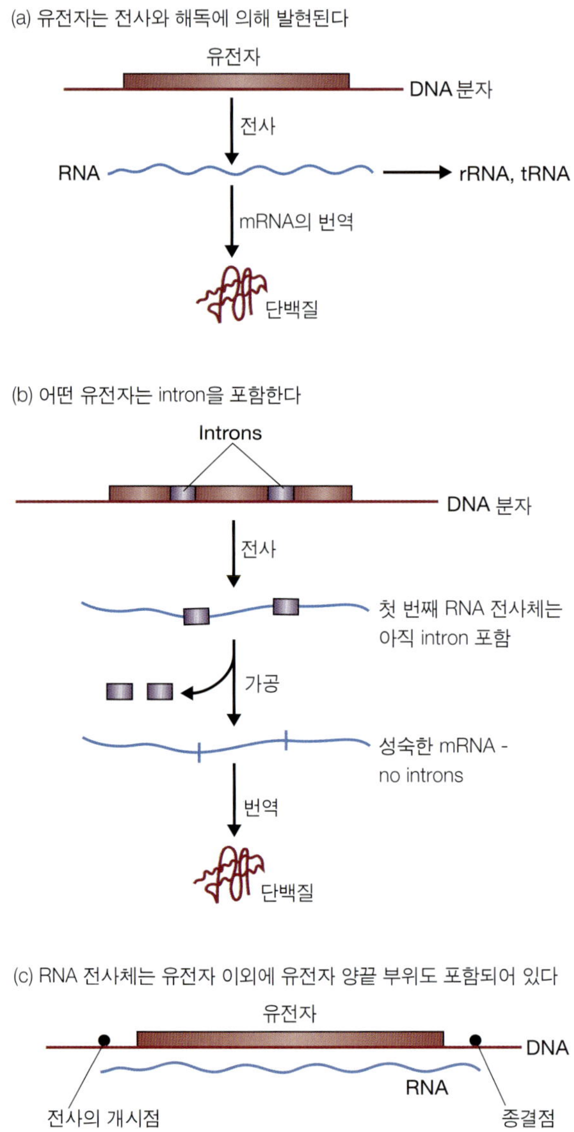

그림 11.1
유전자 발현의 기본 원리.

11.1 유전자의 RNA 전사체 연구

수년간 다양한 기술들이 RNA 전사체 연구를 위해 개발되었다. 일부 기술들은 단지 전사체의 존재를 확인하고, 그것의 길이에 대한 정보를 제공하며, 다른 기술들은 전사체의 시작과 끝, 그리고 인트론의 위치를 알 수 있게 한다.

11.1.1 RNA 시료에서 전사체의 존재 확인

클로닝된 유전자의 발현을 연구할 때 일반적인 질문은 유전자가 항상 발현하는지, 특정 조직에서만 발현하는지, 특정 발육 단계에서 발현하는지, 특정 자극에 반응해서 발현하는지에 대한 것이다. 이 질문은 서던 혼성화의 RNA 버전인 노던 혼성화(northern hybridization)로 대답할 수 있다(그림 8.19 참조).

노던 혼성화 실험을 수행하기 위해서, RNA 추출물은 포름아마이드가 들어 있는 변성화 완충액을 이용해 아가로스 젤 전기영동을 한다. 염기쌍은 분자가 젤을 통해 이동하는 거리에 영향을 미치기 때문에 변성화 완충액은 RNA가 분자 간 또는 분자 내에서 염기쌍을 이루는 것을 막아준다. 전기영동 후에 젤은 나이론이나 나이트로셀룰로오스 막으로 옮겨지고 표지된 탐침으로 혼성화시킨다(그림 11.2). 만약 탐침이 클로닝된 유전자이고 유전자의 전사체가 RNA 시료에 존재한다면 밴드는 방사선 사진에 나타날 것이다.

또한, 노던 혼성화는 전사체의 크기를 측정할 수 있다. DNA size marker처럼 크기가 알려진 RNA 분자들을 RNA 추출물과 같이 아가로스 젤에 전기영동한다. 또한 많은 RNA 추출물들은 라이보솜(ribosome)을 구성하는 작고 큰 rRNA 분자들을 포함한다. 이러한 rRNA의 크기는 알려져 있어서(사람 샘플은 5.1 kb와 1.9 kb), 내부 size marker로 사용할 수 있다. 전사체의 크기는 클로닝된 유전자가 인트론을 포함하는지 알려준다. 인트론은 mRNA가 유전자로부터 전사된 직후 제거되기 때문에 추출물에 있는 대부분의 mRNA에는 존재하지 않는다. 만약 전사체가 유전자보다 작다면 인트론의 존재를 추측할 수 있다. 또한 다른 RNA 샘플에서 전사체의 크기는 유전자 발현 과정이 alternative splicing 경로를 포함하는지 알려줄 것이다. 엑손(exon)의 다른 조합은 한 개의 유전자로부터 다른 길이의 다양한 mRNA를 만든다. Alternative splicing은

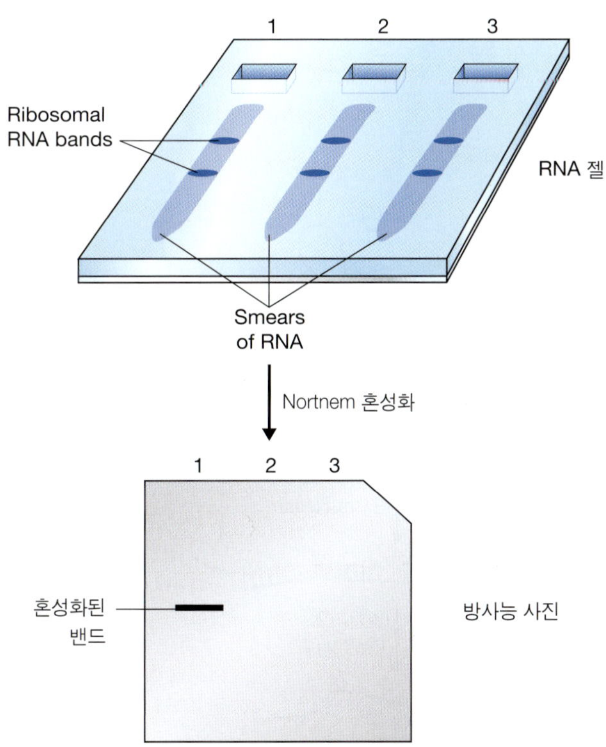

그림 11.2
Northern 혼성화. 다른 조직으로부터 3개의 RNA 추출물들이 아가로스 젤에서 전기 영동된다. 추출물들은 다른 길이의 많은 RNA로 구성되어 있기 때문에 각각은 RNA의 흘러내림과 두 개의 특이한 밴드를 보인다. 각각은 ribosomal RNA들이다. 젤은 막으로 옮겨지며 클론된 유전자로 탐침되어 방사능 사진법에 의해 보여진다. 오직 1번 줄에서만 밴드가 보이는데 이것은 클론된 유전자가 이 조직에서만 발현된다는 것을 나타낸다.

척추동물에서 꽤 흔하게 일어난다. 사람의 단백질 코딩 유전자들에서 75% 이상의 전사체는 이 과정이 일어난다고 생각된다.

11.1.2 유전자와 RNA의 혼성화에 의한 전사체 분석

전사체 크기는 노던 혼성화에 의해 측정될 수 있다. 그러나 이 방법은 클로닝된 유전자의 DNA 염기서열에서 RNA 분자의 시작과 끝 부분을 지정할 수 없다. 이런 정보를 얻기 위해 보다 직접적인 전사체 분석 방법이 필요하다. 가장 유익한 방법들은 클론된 유전자와 그것의 RNA 간에 형성된 혼성체를 조사하는 것에 기초를 둔다.

핵산 혼성화는 단일 가닥의 DNA들 사이에서 일어나는 것처럼 상보적인 DNA와 RNA 사이에서도 쉽게 일어난다. 이렇게 만들어진 혼성체를 **heteroduplex**라고 한다. 만약 어떤 유전자의 DNA와 mRNA 사이에 혼성화가 되었다면 이중가닥과 단일가닥의 경계가 mRNA의 시작과 끝 지점을 표시하는 것이다(그림 11.3a). DNA에는 존재하지만 mRNA에는 없는 인트론들은 단일 가닥의 고리를 만들 것이다.

DNA-RNA 혼성체를 단일 가닥 특이 핵산분해효소인 S1으로 처리했을 때의 결과를 생각해 보라. S1 핵산분해효소는 이중가닥의 DNA나 DNA-RNA 혼성체에는 작용하지 않고 이중가닥 분자의 말단에 위치하는 단일가닥 부위를 포함하여 단일가닥 DNA 혹은 RNA들을 분해한다. 그러므로 S1 핵산분해효소는 고리를 형성하는 인트론과 DNA-RNA 혼성체의 양쪽 말단의 단일가닥 DNA 부분을 분해한다(그림 11.3b). S1 핵산분해효소로부터 보호된 단일가닥 DNA 절편들은 알카리 처리로 RNA를 분해함으로써 얻을 수 있다.

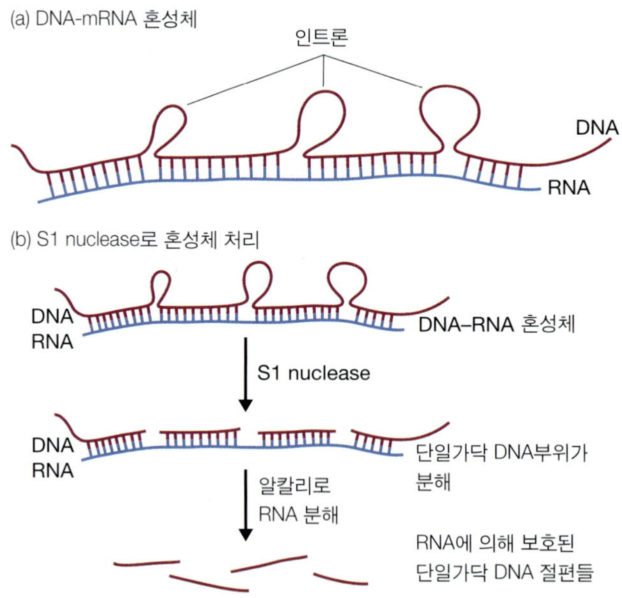

그림 11.3
DNA-mRNA 혼성체와 이 혼성체에 대한 S1 nuclease의 효과.

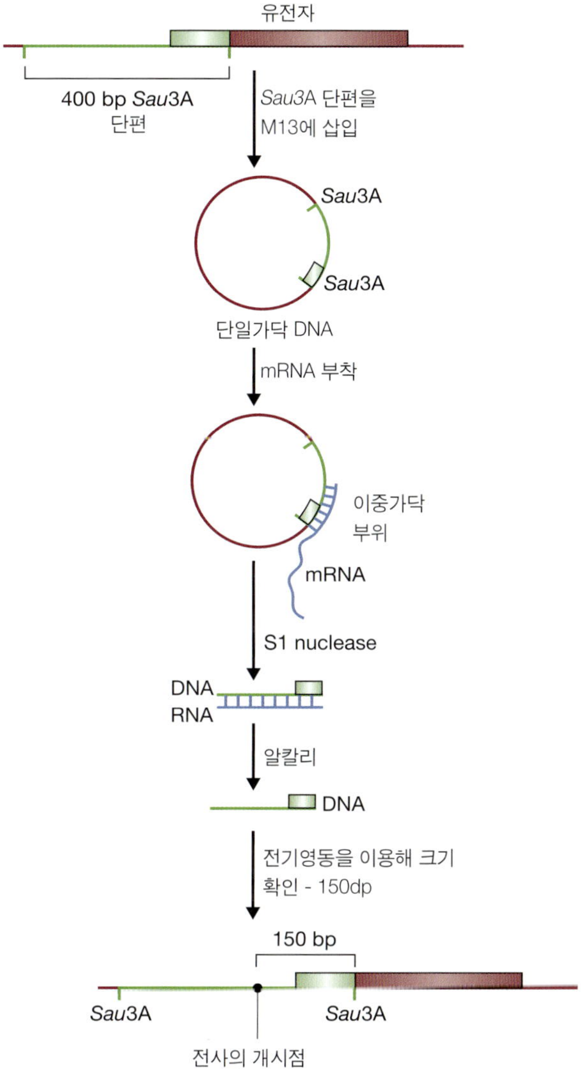

그림 11.4
S1 nuclease를 이용하여 전사의 시작점 결정.

불행하게도, 그림 11.3에서 보여준 방법은 많은 정보를 제공하지는 못한다. 보호된 DNA 절편의 크기는 젤 전기영동으로 측정할 수 있지만, 그들의 순서나 DNA 염기서열 상에서 상대적인 위치를 결정할 수는 없다. 그런데 약간의 변형된 기술은 전사체와 인트론의 시작과 끝 지점을 DNA 염기서열 상에 표시할 수 있게 한다. **S1 nuclease mapping**이 전사체의 시작점을 결정할 때 사용된 예를 그림 11.4에 보여준다. DNA 서열상의 100 bp의 단백질 해독부위와 그 앞쪽의 300 bp leader 부위로 이루어진 *Sau3A* DNA 조각을 M13 vector에 넣어 단일사슬 분자를 만든다. 상보적인 RNA 전사체가 이 DNA와 염기쌍을 형성하는 부분을 제외하고는 S1 핵산분해효소에 의해 모두 분해되고, 이중사슬 부위 중 RNA는 알칼리에 의해 제거되고 나면 짧은 단일사슬의 DNA 단편이 남게 된다. 이러한 단일사슬 절편의 크기는 전사의 개시점부터 오른쪽의 *Sau3A* 부위까지의 거리에 해당하며 그 크기는 전기영동에 의해 결정된다. 또한 이러한 정보는

DNA 염기서열상에서 전사의 개시를 결정하는데 이용된다. 동일한 방법을 이용하여 전사의 종결점이나 인트론과 엑손의 경계부위를 결정할 수 있다. 방법에서의 유일한 차이는 DNA 단편의 한쪽 끝을 결정하는 제한효소 절단 부위의 위치일 뿐이다.

11.1.3 프라이머 확장(primer extension)에 의한 전사체 분석

S1 핵산분해효소 분석은 intron과 exon의 경제 부위 뿐만아니라 전사체의 5′과 3′의 끝을 확인시켜 주는 강력한 기술이다. 전사체 분석의 마지막 방법인 프라이머 확장법은 RNA의 5′ 끝만을 확인할 수 있기 때문에 적응성이 적다. 그럼에도 불구하고 S1 분석의 결과를 확인하기 위해 자주 사용되는 중요한 기술이다.

프라이머 확장은 적어도 전사체 염기서열의 일부분이 알려졌을 때만 사용할 수 있다. 이것은 올리고뉴클레오타이드 프라이머가 RNA의 알려진 부분에 결합되어야 하기 때문이며 염기서열이 알려진 부분은 전사체 5′ 끝에서 100~200 뉴클레오타이드 안에 있는 것이 이상적이다. 일단 결합되면 프라이머는 역전사효소에 의해 확장되는데, 이 효소는 5′ 끝까지 RNA를 복사한다(그림 11.5). 그러므로 새롭게 생성된 DNA의 3′ 끝은 전사체의 5′ 끝과 일치한다. DNA에서 이 끝의 위치 결정은 단순히 새롭게 합성된 DNA의 길이와 프라이머가 결합된 위치를 서로 연관시킴으로써 수행된다.

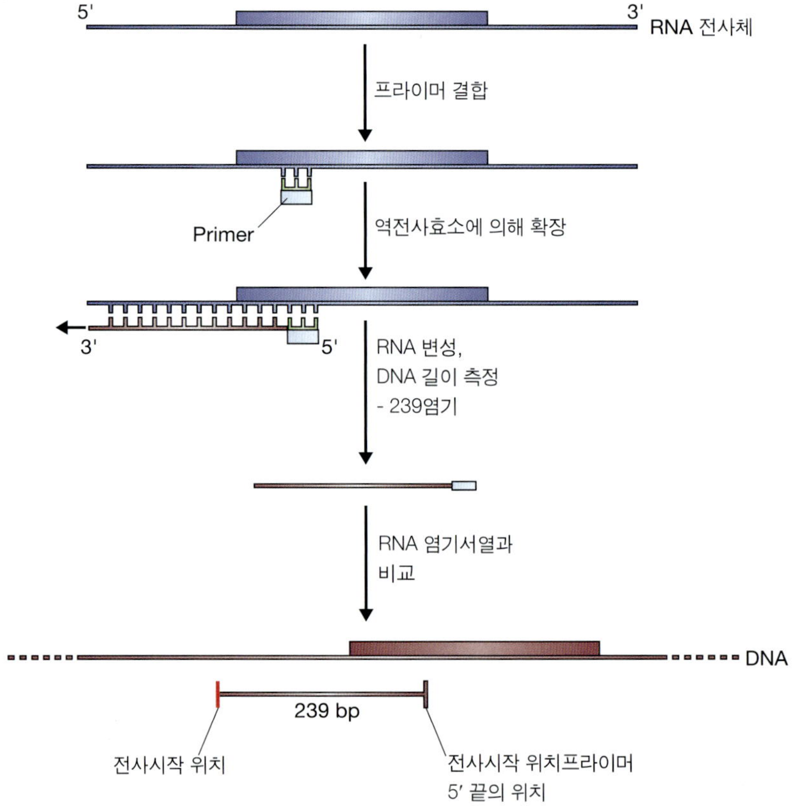

그림 11.5
프라이머 확장에 의한 전사의 시작점 결정.

11.1.4 PCR에 의한 전사체 연구

우리는 이미 추출물에서 특정 RNA의 양을 측정하기 위해 RT-PCR이 사용되는 것을 공부했다. 일반적인 RT-PCR 과정은 RNA 분자의 중간부분을 복사해 주기 때문에 분자의 양 끝에 대한 정보를 제공하지 않는다. **Rapid amplification of cDNA ends (RACE)**라고 불리는 RT-PCR의 변형은 RNA 분자의 5′과 3′ 말단을 확인할 수 있어서 S1분석과 같이 전사체의 양끝을 확인할 수 있다.

RACE 방법에서 여러 개의 변형들이 있다. 여기서 우리는 어떻게 RNA 분자의 5′ 끝을 확인할 수 있는지 생각해보자(그림 11.6). 이 과정은 RNA 분자의 중간부분과 특

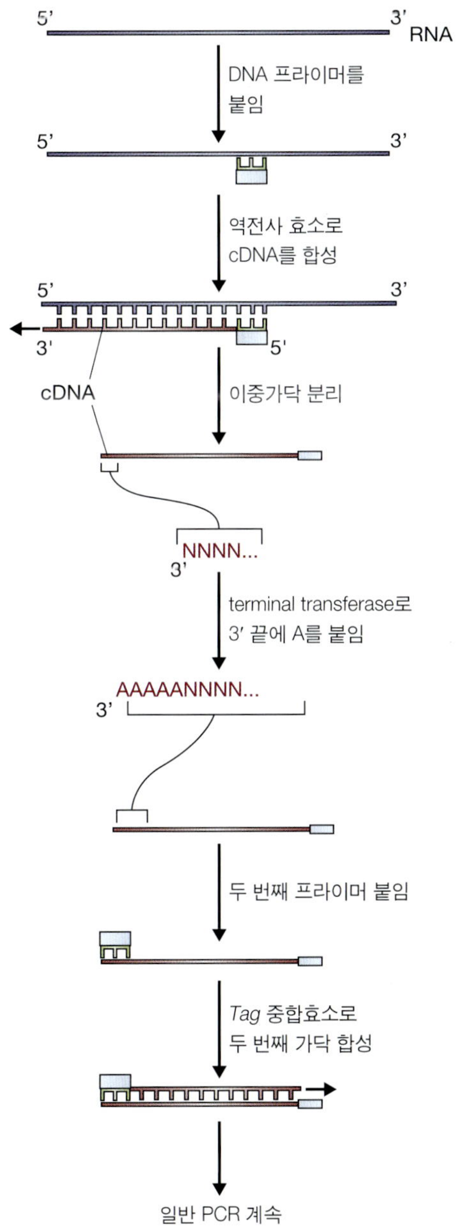

그림 11.6
RACE.

이적인 프라이머를 사용한다. 프라이머는 RNA와 결합하고 역전사효소에 의해 단일가닥의 cDNA를 합성한다. cDNA의 3′ 끝은 RNA의 5′ 끝과 정확하게 일치한다. 이제 thermal deoxynucleotidyl transferase는 cDNA의 3′ 끝에 염기 A를 여러 개 붙여 만들어진 poly(A) 말단과 결합할 염기 T로 구성된 두 번째 PCR 프라이머가 결합할 자리를 만든다. 지금부터 정상적인 PCR이 시작되어 단일가닥 cDNA가 이중가닥 분자로 바뀌고 이 분자들은 PCR 과정에 의해 증폭된다. PCR 산물은 염기서열 분석에 의해 전사체의 시작점을 정확히 알 수 있다.

11.2 유전자 발현의 조절에 관한 연구

모든 유전자가 항상 발현되는 것은 아니며 대부분은 그들의 유전자 산물이 필요한 세포에서만 선택적으로 발현된다. 이러한 유전자 조절의 가장 간단한 모형은 *E.coli*와 같은 박테리아에서 찾아볼 수 있다. 그 예로 tryptophan의 생합성에 관련된 효소를 암호화하는 유전자의 경우 세포 내에 tryptophan의 양이 많은 경우에는 switch off 상태가 되며 그 양이 감소하면 다시 switch on된다. 비슷한 예로 lactose와 같은 당을 분해하는 유전자는 lactose가 존재할 때만 활성화 된다. 고등생물에서는 조절할 유전자의 수가 많은 만큼 유전자 조절기작 역시 매우 복잡하다. 조직이나 기관에서의 세포분화는 그 조직이나 기관의 특성에 따라 유전자 발현양상 전체가 다르게 이루어지며 한번 분화되면 원상태로 되돌아 가지 않는다. 수정란으로부터 성숙한 개체로의 발생 과정에도 유전자 조작이 필요하며 유전자 발현에서 시간별 변화나 서로 다른 세포들 사이의 협력등도 중요한 요소로 작용한다.

유전자 조절과 관련된 많은 문제들은 전통적인 유전학적 접근방법을 통해 해결되어질 수 있다. 유전학은 유전자 조절을 조정하는 유전자의 동정을 가능케 하며 유전자 발현에 영향을 끼치는 생화학적 신호를 분명히 밝히고 유전자들간 또는 유전자 family 들간의 상호작용의 연구를 가능케 한다. 이러한 이유로 고등생물에서의 유전자 조절을 이해하는데 모델 동물인 초파리인 *Drosophila melanogaster*를 이용하게 되었다. 유전자의 클로닝은 유전자 발현을 조절하는 데 수반되는 분자적인 과정에 관한 자세한 정보를 제공함으로써 전통적인 유전학을 보완한다.

현재 우리들도 유전자의 앞쪽에 하나 이상의 조절부위(control sequence)가 존재하며(그림11.7). 이 부위에 조절 단백질이 결합함으로써 유전자의 발현이 조절된다는 사실을 알고 있다. 조절단백질이 조절부위에 결합함으로써 유전자가 switch off 되는 경우에 조절 단백질이 유전자 발현을 억제하거나 또는 표적유전자의 발현을 switch on

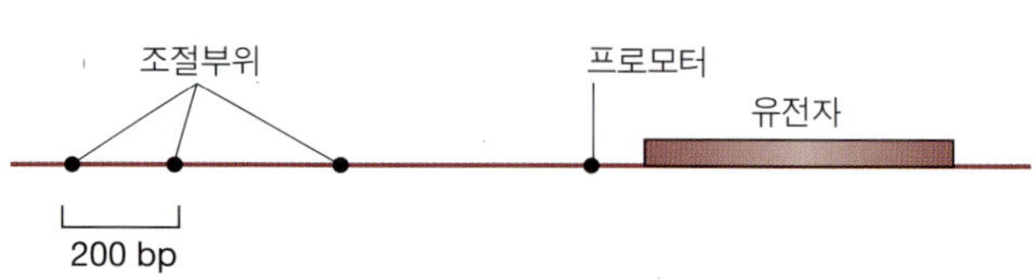

그림 11.7
유전자의 위쪽에 위치한 조절부위 가능지점.

시키거나 증가시키는 역할을 한다. 이 부분에서 우리들은 조절부위를 결정하는 방법과 유전자 발현을 조절하는 조절단백질의 역할을 조사하는 방법에 관하여 살펴볼 것이다.

11.2.1 DNA 분자상의 단백질 결합부위 결정

조절부위는 조절단백질이 결합하는 DNA 상의 부위이므로 단백질 결합부위에 해당되는 위치를 조사함으로써 클로닝된 유전자의 앞부분에 위치하는 조절부위를 결정하는 것이 가능하다. 여기에는 세 가지 다른 방법이 있다.

DNA-단백질 복합체의 젤 지연(gel retardation)

단백질이 DNA 분자와 결합하게 되면 그 전체 분자량은 증가하게 된다. 이러한 증가를 감지할 수 있다면 단백질 결합부위를 포함하는 DNA 단편을 동정할 수 있을 것이다. 실제로 단백질과 결합된 DNA 단편은 단백질과 결합하지 않은 DNA 분자에 비해 낮은 이동성을 나타내기 때문에 전기영동을 통해 동정이 가능하다(그림 11.8). 이러한 방법을 gel retardation 또는 electrophoretic mobility shift assay (EMSA)라고 한다.

젤 지연 실험에서(그림 11.9), 유전자의 조절지역을 제한 효소로 자른 후 조절 단백질과 섞는다. 만약 단백질이 정제되지 않았다면 핵내 단백질을 사용한다. 조절 부위를 포함하는 절편은 조절 단백질과 복합체를 형성하고 다른 절편들은 DNA 상태 그대로 남는다. 조절부위의 위치는 전기 영동 중에 지연되는 절편을 제한 효소 지도에서 찾음으로써 결정된다. 조절부위 위치 결정의 정확성은 제한효소 지도가 얼마나 정밀하고 절단부위의 위치가 이 실험에 얼마나 효율적인가에 달려 있다. 하나의 조절부위는 그 크기가 10 bp 미만이므로 gel retardation으로 이 위치를 정확히 알아내기는 어렵다. 그러므로 더욱 정확한 기술이 gel retardation에 의해 동정된 단편 내의 단백질 결합부위의 정확한 위치 결정을 위해 필요하다.

DNase I 을 이용한 족적법(footprinting)

족적법이란 방법은 젤 지연에 의해 확인된 절편 내에서 조절 부위를 결정할 수 있다. 족적법은 조절 단백질이 DNA 상에 결합함으로써 조절부위가 DNase I과 같은 엔도뉴클레이즈(endonuclease)에 의해 분해되지 않는다는 원리를 이용한 것이다(그림 11.10).

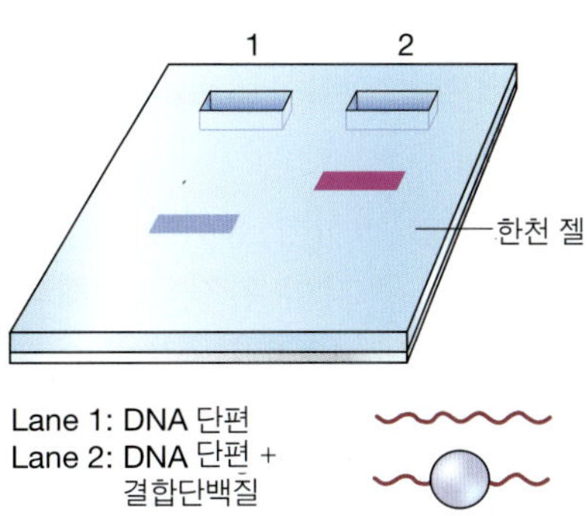

그림 11.8
젤 전기영동시 단백질이 결합된 DNA는 늦은 이동속도를 나타낸다.

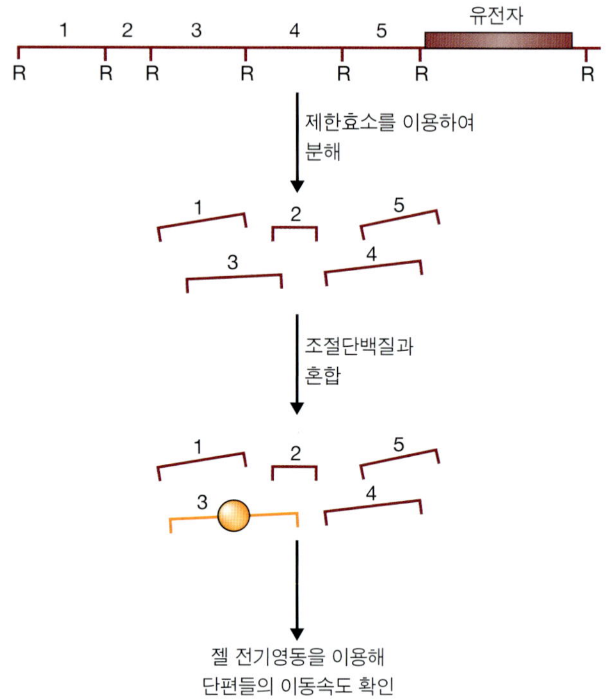

그림 11.9
젤 이동 지연의 수행 과정.

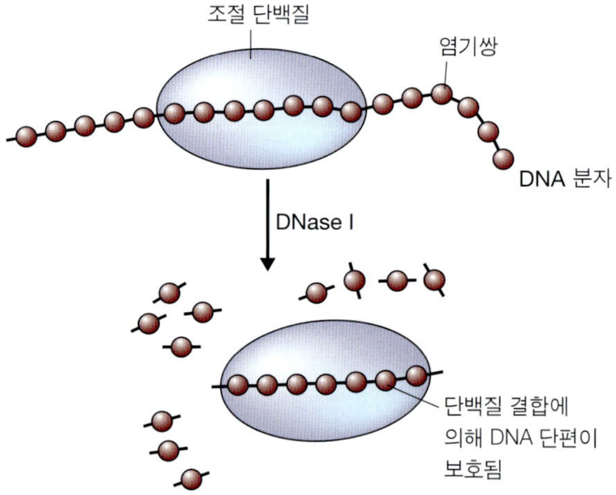

그림 11.10
DNA에 결합된 조절단백질은 DNase I과 같은 nuclease로 인한 DNA 분자의 분해를 막는다.

이러한 현상은 DNA 상에서 단백질 결합부위의 정확한 위치를 결정하는 데 이용될 수 있다.

먼저 각 DNA 단편의 한쪽 끝을 방사성 동위원소로 표지한 뒤 조절 단백질과 혼합한다(그림 11.11a). 여기에 DNA 조각이 완전히 분해되지 않을 정도로 제한된 양의 DNase I을 처리한다. 즉, 각 분자의 단일 포스포다이에스터 결합을 절단한다(그림 11.11b). 만일 DNA 단편이 단백질과 결합되어 있지 않으면 이러한 처리에 의해 하나의 뉴클레오티드만큼 크기가 다른 한 그룹의 표지된 단편들이 생성될 것이다.

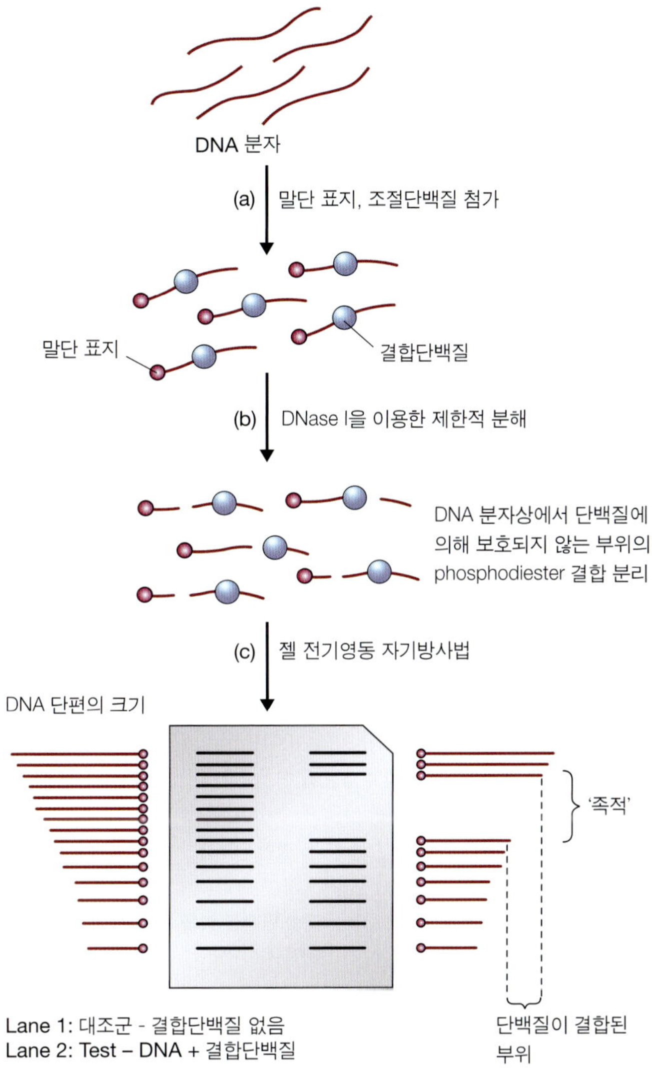

그림 11.11
DNase I 족적법.

결합된 단백질을 제거한 후 폴리아크릴아마이드 젤 상에서 분리하면 크기 별로 DNA 조각이 분리되면서 자기 방사법에 의해 촘촘한 사다리 모양의 띠(band)들이 나타나게 된다(그림 11.11c). 그러나 DNA 상에 단백질이 결합된 부위는 DNase I에 의해 절단되지 않으므로 단백질이 결합된 조절부위에 해당하는 DNA 단편은 생성되지 않게 되며 자기 방사법에 의해 그림 11.11c와 같이 "족적"으로서 나타나게 된다. DNA 분자내의 조절부위의 위치는 족적의 양쪽의 단편의 크기에 의해 결정된다.

변형 간섭 (Modification interference) 분석법

젤 지연 분석과 족적법은 조절부위의 위치를 결정할 수 있지만 DNA 분자와 결합 단백질간의 상호작용에 관한 정보는 제공하지 못한다. 이 두 방법 중 보다 정밀한 족적법은 결합 단백질에 의해 보호되는 DNA의 부분 만을 나타낸다. 단백질은 DNA 이중나선과 비교할 때 상대적으로 크며 길이로 볼 때 단지 몇 개의 염기로 되어 있는 조절

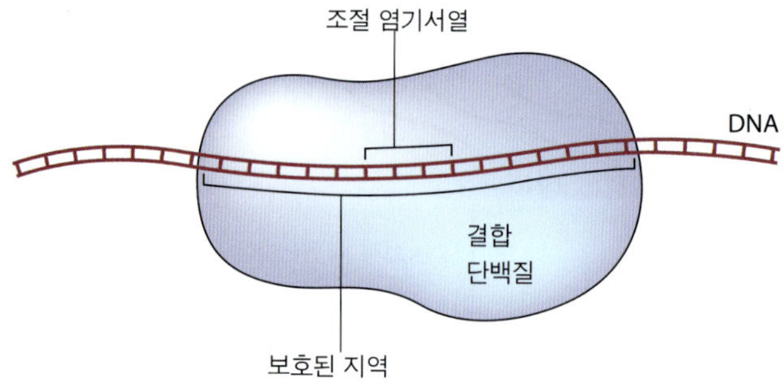

그림 11.12
결합단백질은 조절염기서열보다 더 길게 DNA를 보호하고 있다.

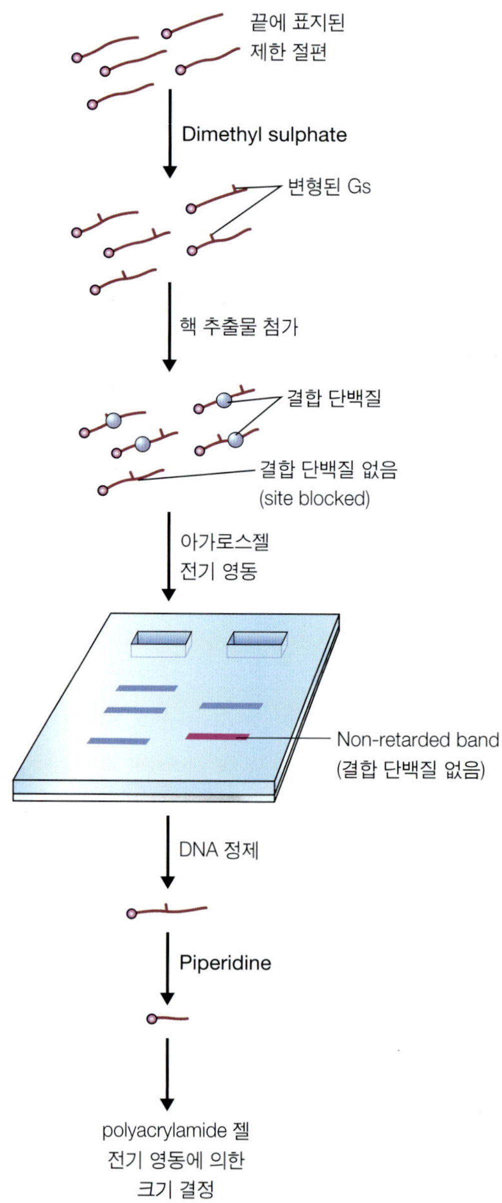

그림 11.13
변형 간섭 분석법.

부위에 결합되면 수십 개의 염기들을 보호할 수 있다(그림 11.12). 그러므로 족적법은 조절 부위 자체를 나타내는 것이 아니라 단지 이것이 위치한 부위를 나타낸다.

결합 단백질과 실제 결합을 형성하는 염기들은 변형 간섭법에 의해 확인될 수 있다. 족적법과 같이 우선 DNA 절편들은 한쪽 끝에 표지되어야 한다. 그리고 구아닌 뉴클레오타이드에 메칠기를 붙이는 dimethyl sulphate 같이 특정 뉴클레오타이드를 변형시키는 화학물질을 처리한다(그림 11.13). 이러한 변형은 DNA 절편당 평균 1개의 뉴클레오타이드를 변형시키기 위해 제한된 조건에서 수행한다. 이제 DNA와 단백질 추출물을 혼합한다. 이분석의 핵심은 뉴클레오타이드의 변형이 단백질과 결합할 수 있게하는 특정 화학 반응을 간섭하기 때문에 조절부위에 있는 구아닌 중 하나가 변형 되었다면 결합 단백질은 아마도 DNA에 결합되지 않는다는 것이다.

어떻게 단백질이 결합되지 않은 것을 찾을 것인가? 만약 DNA와 단백질 혼합물을 아가로스 젤에 전기영동을 하면 두 밴드가 보일 것이다. 한개는 DNA와 단백질 혼합체이고 또 한개는 단백질이 결합되지 않은 DNA이다. 실험과정 중 이 부분은 젤 지연 분석법이다(그림 11.13). 결합되지 않은 DNA로 구성된 밴드는 젤로 부터 정제되고 메칠기를 가진 뉴클레오타이드를 절단하는 화학물질인 piperidine으로 처리한다. Piperidine 처리 후 산물들은 polyacrylamide 젤에서 분리시켜 자기 방사능법으로 구별한다. 방사능 사진에서 나타난 밴드의 크기는 단백질 결합을 방해하는 메칠기를 가진 구아닌의 위치를 나타낸다. 이 구아닌들은 조절 부위 안에 있다. 변형 분석법은 조절 부위의 정확한 위치를 결정하기 위해 A, T또는 C 뉴클레오타이드들을 목표로 하는 화학물질을 가지고 반복될 수 있다.

11.2.2 결손분석(deletion analysis)을 이용한 조절부위의 동정

젤 지연, 족적 그리고 변형 간섭법은 클로닝된 유전자의 앞부분에 위치하는 조절부위의 위치는 결정할 수 있으나 각 sequence의 기능에 관한 정보를 제공할 수는 없다. 결손분석 방법은 조절부위의 위치뿐만 아니라 기능 결정도 가능하게 한다.

이 방법은 조절부위의 결손이 유전자 발현의 조절에 변화를 초래한다는 가정에서 출발한다(그림 11.14). 그 예로 유전자의 발현을 억제하는 조절부위의 결손은 그 유전자의 과발현을 야기시키며 이와 유사하게 조직 특이성 조절부위의 결손은 그 유전자의 비정상적인 발현을 유도한다.

보고자 유전자 (Reporter Gene)

결손 분석을 수행하기 전에 클로닝된 유전자의 발현에 대한 결손의 효과를 분석할 수 있는 방법이 결정되어야 한다. 그 효과는 그 유전자를 그 유전자의 기원이 되는 종에 클로닝되어야 만이 관찰될 수 있을 것이다. 만약 어떤 식물유전자가 박테리아에서 클로닝되면 식물에서의 빛에 대한 조절연구에는 적당치 않을 것이다.

최근 모든 개체의 유전자에 적용될 수 있는 클로닝 벡터가 개발되어 본래의 숙주로의 유전자의 클로닝이 용이하게 되었다. 그러나 대부분의 경우 숙주는 이미 클로닝된 유전자와 동일한 복사체를 지니고 있다는 문제점이 있다. 클로닝된 유전자의 발현

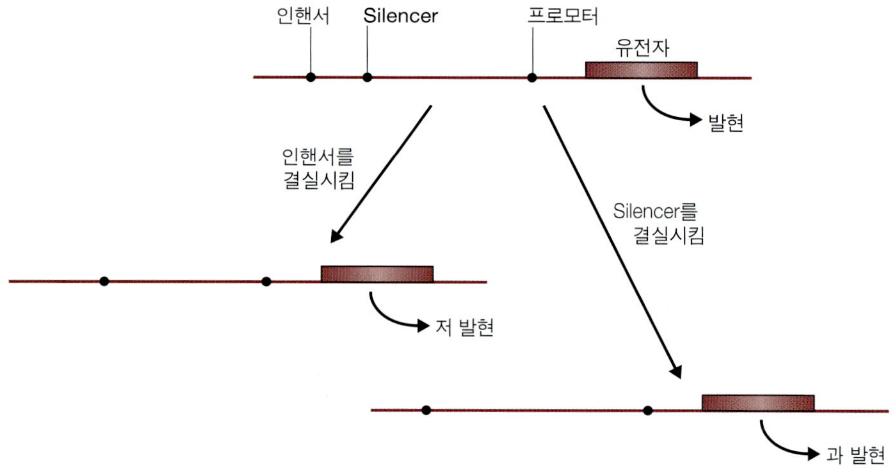

그림 11.14
결손분석의 원리.

양상에서의 변화는 숙주 내의 유전자의 복사체에 대한 정상적인 발현 양상과 어떻게 구별될 수 있는가? 이 같은 문제에 대한 해답은 보고자 유전자를 사용하는 것이다. 이것은 연구하고자 하는 유전자의 앞부분에 위치하는 테스트 유전자로서 원래의 클로닝된 유전자를 대체한다(그림 11.15). 숙주에 클로닝되었을 때 보고자 유전자의 발현양상은 원래의 유전자와 동일한 조절에 의해 조절되므로 원래의 유전자의 것과 거의 유사하게 된다.

보고자 유전자의 선택은 주의를 요한다. 첫번째 조건은 보고자 유전자는 숙주에서 발현되지 않는 표현형을 나타낼 수 있어야 하며 숙주로 클로닝되었을때 검정하기 용이하고 그 표현형을 정량적으로 분석 가능해야 한다. 이러한 조건은 충족시키기 그다지 어렵지 않으며 다양한 보고자 유전자가 유전자 조절에 관한 연구를 위해 이용되고 있다. 그 몇가지 예는 표 11.1 과 같다.

결손분석의 수행

어떤 보고자 유전자를 이용할지와 그 밖에 필요한 조건들이 갖추어지면 결손분석의 수행은 매우 간단하다. 그림 11.16에 표시된 간단한 예와 같이 여러가지 방법

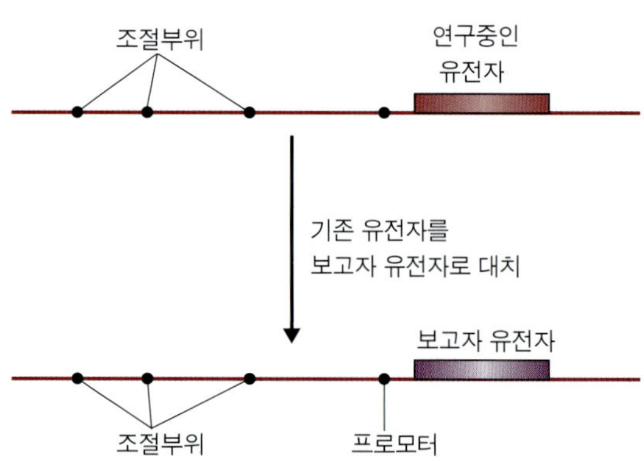

그림 11.15
보고자 유전자.

표 11.1

고등 생물체에서 유전자 조절 연구에 사용되는 보고자 유전자의 예.

GENE[a]	GENE PRODUCT	ASSAY
lacZ	β-Galactosidase	Histochemical test
neo	Neomycin phosphotransferase	Kanamycin resistance
cat	Chloramphenicol acetyltransferase	Chloramphenicol resistance
dhfr	Dihydrofolate reductase	Methotrexate resistance
aphIV	Hygromycin phosphotransferase	Hygromycin resistance
lux	Luciferase	Bioluminescence
GFP	Green fluorescent protein	Fluoresence
uidA	β-Glucuronidase	Histochemical test

[a] All of these genes are obtained from *E. coli*, except for: *lux* which has three sources, the luminescent bacteria *Vibrio harveyii* and *V. fischeri*, and the firefly *Photinus pyralis*; and GFP, which is obtained from the jellyfish *Aequorea victoria*.

중 어느 하나의 방법을 이용하여 보고자 유전자의 앞부분에 결실을 유발시킨 후 숙주에 클로닝하고 보고자 유전자의 발현 양상과 정도를 조사한다. 만약 발현정도가 증가했다면 결실된 부위가 발현을 감소시키거나 억제하는 기능을 지닌 부위임을 암시하며 반대로 발현정도가 감소되면 활성화 부위나 인핸서 부위일 것이며, 조직 특이성에서(그림 11.16과 같이) 변화되었다면 그 부위는 조직 특이적인 조절 부위일 것이다.

결손분석의 결과는 주의깊게 해석되어야 한다. 하나의 결손부위가 멀리 위치하고 있는 두개의 조절부위를 포함하거나 두 개의 서로 다른 조절부위가 하나의 반응과 관련되어 있을 때에는 결손분석의 결과분석은 매우 어려워 진다. 이러한 어려움에도 불구하고 단백질 결합부위의 연구와 함께 결손분석은 유전자 발현의 조절에 대한 중요한 정보를 제공하며 발생과 분화에 대한 유전학적 분석을 가능하게 한다.

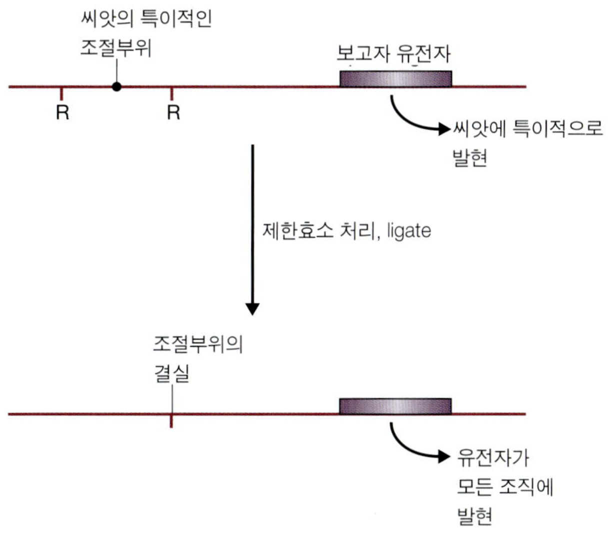

그림 11.16

결손분석. 보고자 유전자가 식물씨앗에 특이한 유전자의 윗쪽 부위에 부착. 씨앗에 특이한 발현을 조절하는 부위를 제한효소를 이용하여 결실시킨다. 그리하여 보고자 유전자가 모든 조직에서 발현됨을 관찰할 수 있다.

11.3 클로닝된 유전자 산물의 동정과 연구

지난 수년 간 유전자 클로닝은 유전자 자체뿐만 아니라 유전자에 의해 암호화되는 단백질에 대한 연구에서 그 유용성이 증가되어 왔다. 단백질이 구조와 기능에 대한 연구는 그 단백질을 암호화하는 유전자의 특정부위에 돌연변이를 유발시킨 후 암호화된 단백질의 구조에서의 직접적인 변화를 관찰하는 새로운 기술의 개발에 의해 더욱 활발히 진행되고 있다.

이를 수행하기 위해서 우선 하나의 클로닝된 유전자에 의해 합성된 단백질 동정 방법의 문제점을 고려하여야 한다. 대부분 유전자 클로닝이 이루어지기 전에 그 단백질의 특징이 규명되어 있기 때문에 이 과정은 불필요한 경우가 많다. 한편, 클로닝된 유전자의 산물이 동정되지 않은 상태라면 먼저 그 단백질을 동정하는 과정이 필요하다.

11.3.1 HRT와 HART를 이용한 클로닝된 유전자 산물의 동정

Hybrid-release translation(HRT)과 **hybrid-arrest translation(HART)** 기술은 클로닝된 유전자의 단백질을 확인하기 위해 사용되었다. 이 두 방법은 무세포 전역체계(**cell-free translation system**)에서 단백질을 합성하는 정제된 mRNA의 능력에 의존한다. 세포 추출물은 밀 발아종자와 토끼 망상적혈구 세포로부터 만들어지며 단백질 합성이 매우 활발하다. 이 추출물은 리보솜, tRNA 그리고 단백질

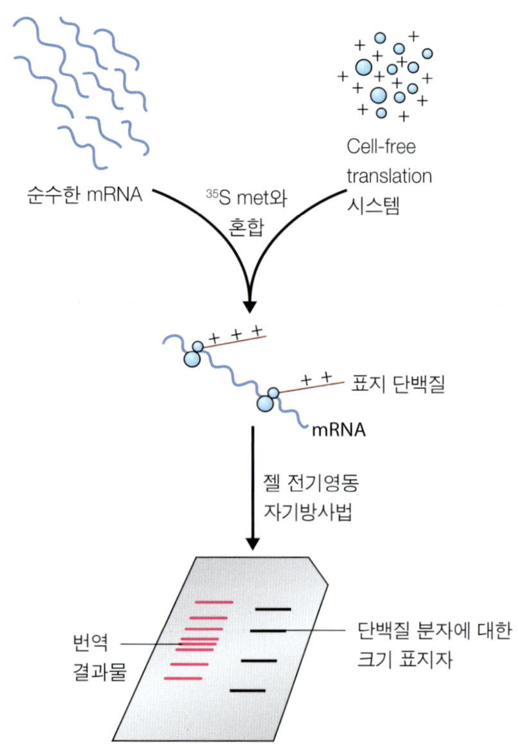

그림 11.17
무세포 번역(cell-free translation).

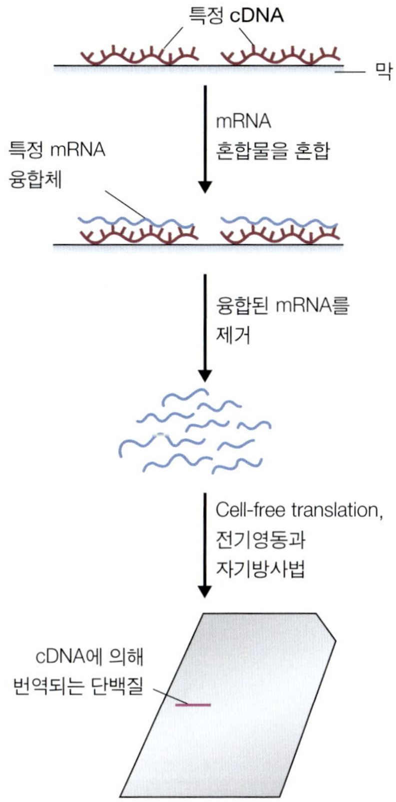

그림 11.18
Hybrid-release translation.

합성에 필요한 다른 모든 분자 들을 포함하고 있다. mRNA 샘플은 한 가지 아미노산이 표지된(^{35}S-methionine이 사용됨) 총 20종류의 아미노산 혼합물과 더불어 무세포 번역체계에 첨가된다. mRNA 분자는 방사능 표지된 단백질 합성물로서 번역되며(그림 11.17), 젤 전기영동에 의해 분리되고 자기방사법을 통해 관찰된다. 이 때 나타나는 각 밴드는 샘플에 첨가한 하나의 mRNA에 의해 합성된 각각의 단백질을 나타낸다.

cDNA 클론이 있다면 HRT나 HART 방법을 이용할 수 있다. HRT의 경우 cDNA를 denature 시킨 후 니트로셀룰로스나 나이론막에 고정하여 mRNA 샘플을 처리한다(그림 11.18). cDNA와 상보적인 mRNA는 융합된 mRNA를 수집하여 세포외에서 번역시키면 특정 cDNA에 의해 암호화 되는 순수한 샘플의 단백질만을 얻을 수 있다.

HART는 단일가닥 cDNA를 직접 mRNA에 첨가하는 점에서 약간 다르다(그림 11.19).이 경우에도 cDNA와 mRNA 사이에 혼성체가 형성되나 결합되지 않은 mRNA가 제거되지 않는다. 대신 전체 샘플이 세포외에서 번역된다. 혼성체를 형성하는 mRNA는 직접 번역될 수 없으므로 클로닝된 유전자에 의해 암호화되는 것을 제외한 모든 단백질들이 합성된다. 그러므로 클로닝된 유전자의 번역산물은 자기방사법에서 관찰되지 않는 단백질을 조사함으로써 동정할 수 있다.

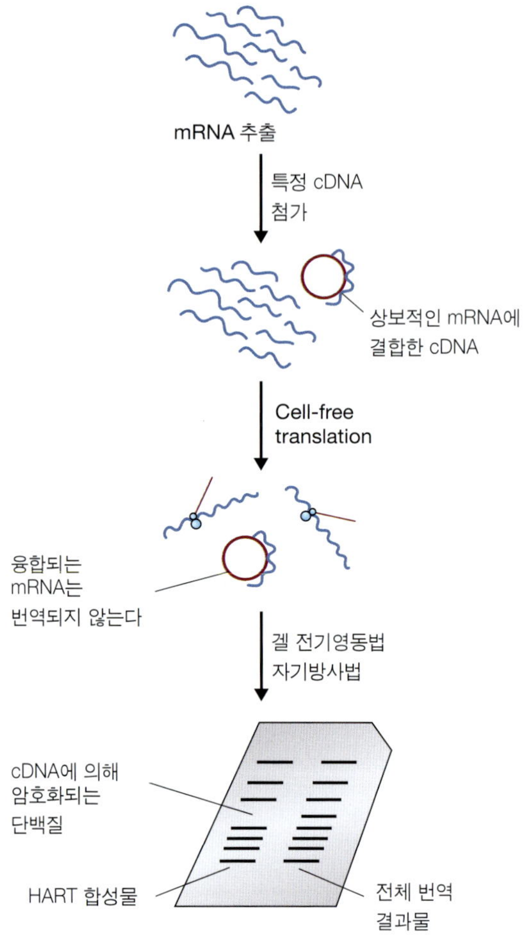

그림 11.19
Hybrid-arrest translation

11.3.2 체외 돌연변이법(*In vitro* mutagenesis)에 의한 단백질 분석

HRT나 HART는 클로닝된 유전자의 번역산물을 동정할 수는 있으나 이 방법들은 단백질 자체에 대한 정보를 제공할 수는 없다. 오늘날 분자생물학자들의 주요 의문사항은 단백질의 구조와 그 활성 양상과의 관계에 집중되고 있다. 이러한 문제에 접근하는 최선의 방법은 단백질을 암호화하는 유전자상에 돌연변이를 유발시켜 그로 인한 아미노산 서열의 변화가 해독산물의 성질을 어떻게 변화시키는지 알아 보는 것이다(그림 11.20). 그러나 정상적인 상황에서 돌연변이는 무작위적으로 일어나며 유용한 정보를 제공하기 위해서는 많은 돌연변이들이 조사되어야 한다. 이러한 문제는 클로닝된 유전자의 특정 부위에 돌연변이를 유발시킬 수 있는 기술인 체외 돌연변이법(***in vitro* mutagenesis**)을 통해 해결될 수 있다.

여러 종류의 체외 돌연변이법

거의 무제한적으로 다양한 DNA 조작방법이 클로닝된 유전자에 돌연변이를 유발시키기 위해 이용될 수 있다. 가장 간단한 방법은 다음과 같다.

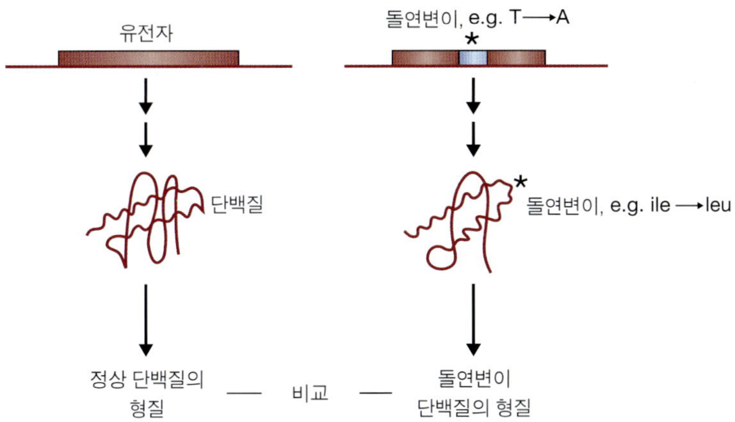

그림 11.20
돌연변이는 단백질의 아미노산을 변형, 그 단백질 형질도 변화시킨다.

- 제한 효소에 의한 절편이 결손될 수 있다(그림 11.21a).
- 유전자를 특정 제한효소에 특이적인 부위에서 절단하고, Bal31과 같은 이중사슬에 특이적인 엔도뉴클레이즈(endonuclease)를 이용하여 소수의 뉴클레오타이드를 제거한 후 다시 ligation시킨다(그림 11.21b).
- 짧은 올리고뉴클레오타이드를 제한효소 절단부위에 삽입한다(그림 11.21c). 이 올리고뉴클레오타이드의 염기서열이 삽입됨으로써 단백질에 부가적인 아미노산이 첨가되어 α-helix와 같은 새로운 구조를 형성하거나 기존 단백질의 구조를 불안정화 시키기도 한다.

이러한 방법들은 유용하긴 하지만 클로닝된 유전자의 원하는 위치에 제한효소 절단부위가 존재할 경우에만 이용 가능하다. 이에 비해 **oligonucleotide-directed mutagenesis**는 유전자의 어떤 지점에서도 돌연변이 유발이 가능한 방법이다.

올리고뉴클레오타이드를 이용한 클로닝된 유전자에서 점돌연변이 생성

Oligonucleotide-directed mutagenesis를 수행하는 데 많은 방법들이 있다. 이중 가장 간단한 방법을 설명할 것이다. 돌연변이가 될 유전자는 단일가닥 형태를 얻어야 한다. 그래서 M13이나 phagemid 벡터에 클론된다. 짧은 올리고뉴클레오타이드는 돌연변이 유발부위에 상보적으로 합성되고 요구하는 뉴클레오타이드 변경을 포함한다(그림 11.22a). 이러한 잘못된 서열에도 불구하고 올리고뉴클레오타이드는 단일가닥의 DNA와 결합할 수 있으며 DNA 중합효소 I의 Klenow 단편을 이용한 상보적인 사슬합성을 위한 프라이머로서 작용할 수 있다(그림 11.22b). 이러한 사슬합성은 새로운 사슬이 만들어지고 재조합 분자의 완전한 이중사슬화가 이루어질 때까지 계속된다.

형질도입을 이용하여 *E. coli* 세포에 도입 후 DNA 복제에 의해 재조합 DNA 분자의 수많은 복사체가 형성된다. DNA는 반보존적으로 복제되므로 생산된 이중사슬 분자의 반은 두 사슬 모두 돌연변이가 없는 정상이며 나머지 반은 두 사슬 모두 돌연변이를 포함하고 있을 것이다(그림 11.22c). 이와 유사하게 파아지의 반은 정상이고 반은 돌연변이를 포함하는 복사체를 포함할 것이다. 형질도입된 세포에 의해 생산되

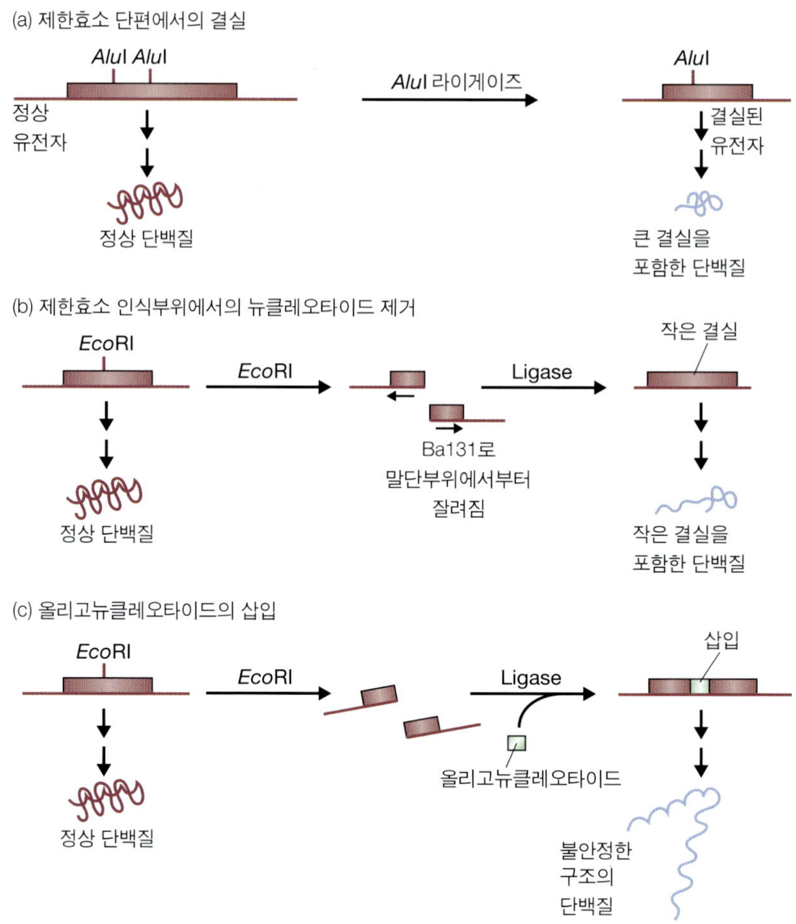

그림 11.21
다양한 체외 돌연변이법.

는 파아지는 고체 한천상에 배양되어 플라크를 형성하였다. 플라크의 반은 원래의 재조합 분자들, 나머지 반은 돌연변이를 포함하게 될 것이다. 이들 중 어느 것이 정상이고 어느 것이 돌연변이를 포함하는 것인지는 탐침자로서 올리고뉴클레오타이드를 사용하고 완전히 염기쌍을 형성한 융합체만이 안정적으로 남아있을 정도의 조건을 만족시키는 플라크 혼성화(plaque hybridization)에 의해 결정될 수 있다.

M13 벡터에 감염된 세포들은 분해되지 않고 대신 분열을 계속한다(그림 2.8 참조). 그러므로 M13 벡터에 삽입된 유전자는 숙주세포내에서 발현되어 제조합 단백질을 생산하게 된다. 클로닝된 유전자에 의해 암호화된 단백질은 재조합 세포로부터 정제되어 그 특성을 연구하는데 이용될 수 있다. 그러므로 단백질 활성에 대한 단일 염기쌍에서의 돌연변이의 효과가 분석될 수 있게 된다.

클로닝된 유전자에서 점돌연변이를 생성하기 위한 다른 방법들

그림 11.22에서 설명한 올리고뉴클레오타이드를 이용한 방법은 클로닝된 유전자에서 한 개의 점돌연변이를 만드는데 효율적인 방법이다. 그러나 목적이 유전자 염기서열에서 많은 수의 변화를 원한다면 어떻게 할 것인가? 물론 올리고뉴클레오타이드 방법

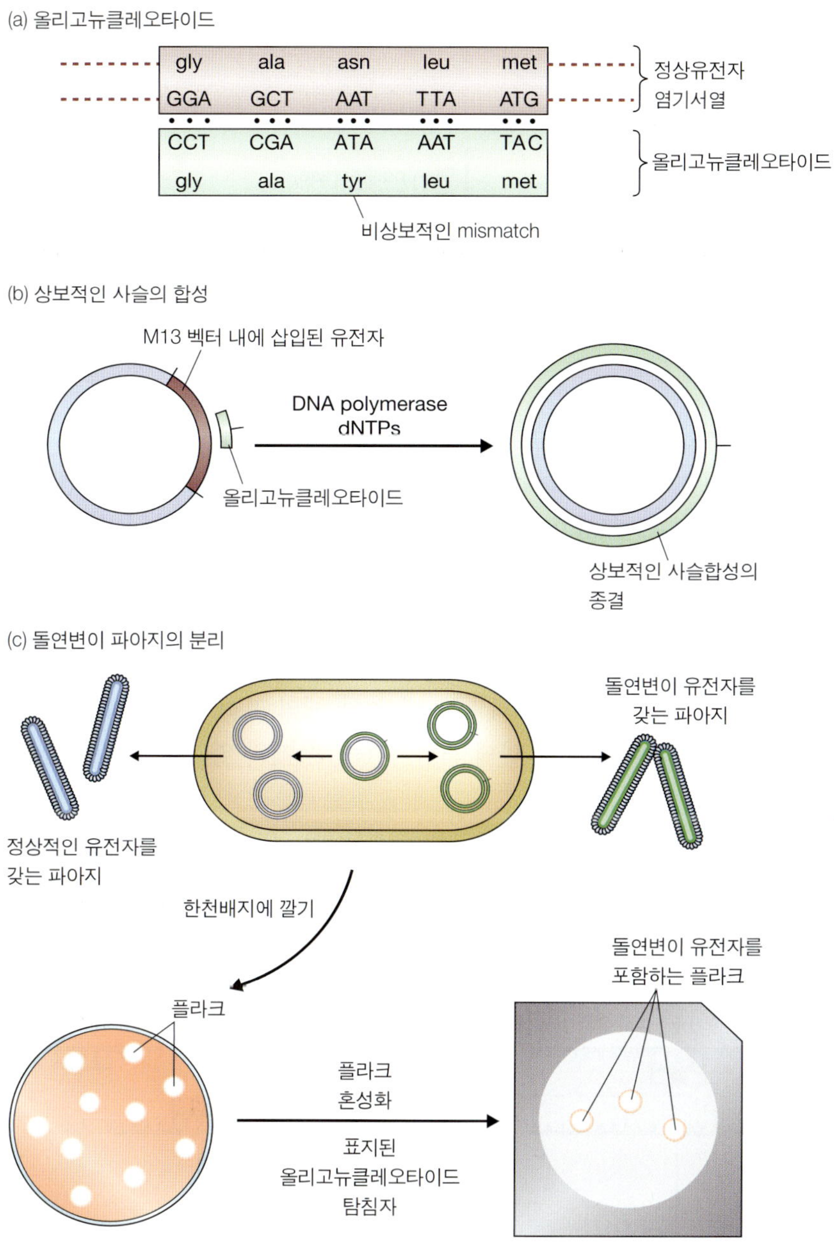

그림 11.22
Oligonucleotide-directed mutagenesis 법.

으로 몇 번의 실험을 반복해서 각 실험별로 새로운 돌연변이를 만들면 되지만 이것은 매우 긴 과정일 것이다.

다른 방법은 원하는 부위에 돌연변이가 위치하게끔 실험관에서 유전자를 만드는 것이다. 이러한 접근은 지금 약 염기 150개 정도의 올리고뉴클레오타이드를 화학적으로 만들 수 있기 때문에 가능해 보인다. 유전자는 여러개의 부분적으로 겹치고 원하는 염기서열로 짜여 겹쳐진 부분은 일부분이기 때문에 완전한 이중가닥의 유전자를 만들기 위해 DNA 중합효소로 빈 공간을 채우고 마지막 포스포디에스터 결합은 DNA ligase 로 만든다(그림 11.23). 만약 제한효소 자리가 유전자의 끝에 있다면 적절한 효소로 처리하여

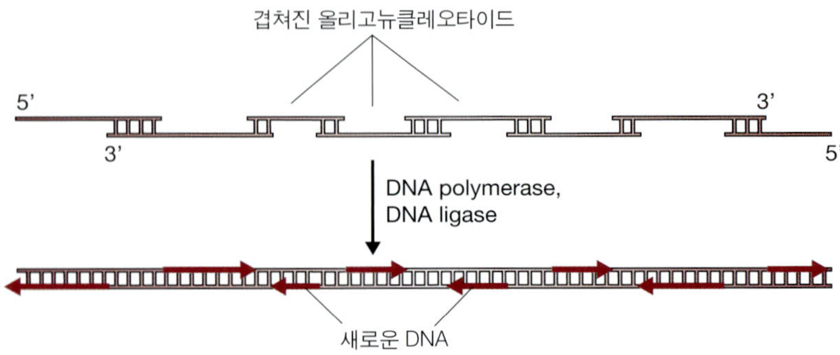

그림 11.23
인위적인 유전자 합성.

sticky 말단을 만들어서 클로닝 벡터에 삽입시킨다. 이러한 과정을 인위적인 유전자 합성(**artificial or *de novo* gene synthesis**)이라고 한다. 이제 이 방법은 1.2 kb까지의 유전자를 합성할 수 있고, 5 kb 이상의 보다 긴 유전자는 특별한 기술이 필요하다.

PCR은 비록 올리고뉴클레오타이드 방법과 같이 오직 한 개의 돌연변이를 만들지만 클로닝된 유전자에서도 돌연변이를 만들기 위해 이용된다. 여러 과정들이 고안되었는데 그림 11.24에서 그중 한 개를 설명한다. 이 실험에서는 초기 DNA 분자가 두 번의 PCR로 만들어진다. 각각의 PCR에서 한 개의 프라이머는 정상적이며 주형 DNA와 완벽하게 결합하지만 두 번째 프라이머는 한 개의 염기가 바뀌어 돌연변이를

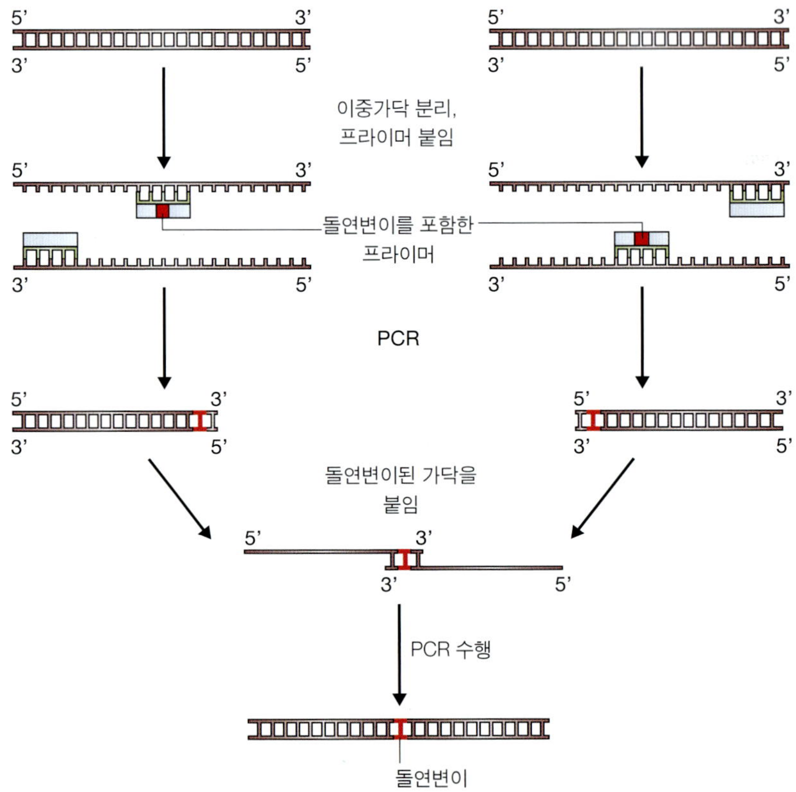

그림 11.24
돌연변이를 만들기 위해 사용한 PCR의 한 방법.

만드는 돌연변이 유발원이다. 그러므로 이 돌연변이는 두 개의 PCR 산물에 존재하며 각각은 초기 DNA 분자의 반씩을 가지고 있다. 두 PCR 산물은 혼합하고 마지막 PCR을 수행한다. 이 마지막 cycle에서 두 PCR 산물의 중복된 부위가 서로 결합하고 중합효소에 의해 완전한 길이의 돌연변이 분자가 생성된다.

체외 돌연변이법(*in vitro* mutagenesis)의 잠재적 효과

체외돌연변이법은 순수 연구분야뿐만 아니라 응용 생물공학 분야에도 이용될 수 있는 잠재성이 있다. 그 예로 생화학자들은 단백질 구조와 효소활성과의 관계에 관한 의문을 갖게 되었다. 과거에는 생화학적 분석을 통하여 효소분자의 기질과의 결합이나 촉매기능을 나타내는 아미노산에 대한 동정이 가능했었다. 돌연변이 기법은 아미노산 산기를 변형시킴으로써 각각의 아미노산의 역할을 분석 가능게 하였고 이러한 변형이 효소활성에 미치는 효과도 결정할 수 있게 하였다.

이러한 기법들은 생체촉매작용을 이해하는 데 도움이 될 뿐만 아니라 새로운 효소를 개발하는 단백질 공학(**protein engineering**)과 같은 새로운 연구분야를 탄생시켰다. 예를 들어 생화학적 세척 분말에 사용되는 subtilisin의 아미노산을 변형시킴으로써 세척기에서 문제가 되는 온도나 표백효과에 강한 분말을 제조할 수 있을 것이다.

Further reading

FURTHER READING

Berk, A.J. (1989) Characterization of RNA molecules by S1 nuclease analysis. *Methods in Enzymology*, **180**, 334–347.

Carrigan, P.E., Ballar, P., and Tuzman, S. (2011) Site-directed mutagenesis. *Methods in Molecular Biology*, **700**, 107–124.

Fried, M. and Crothers, D.M. (1981) Equilibria and kinetics of lac repressor–operator interactions by polyacrylamide gel electrophoresis. *Nucleic Acids Research*, **9**, 6505–6525. [Gel retardation.]

Frohman, M.A., Dush, D.K., and Martin, G.R. (1988) Rapid production of full length cDNAs from rare transcripts: amplification using a single gene-specific oligonucleotide primer. *Proceedings of the National Academy of Sciences of the United States of America*, **85**, 8998–9002. [An example of RACE.]

Galas, D.J. and Schmitz, A. (1978) DNase footprinting: a simple method for the detection of protein–DNA binding specificity. *Nucleic Acids Research*, **5**, 3157–3170.

Garner, M.M. and Rezvin, A. (1981) A gel electrophoretic method for quantifying the binding of proteins to specific DNA regions: application to components of the Escherichia coli lactose operon regulatory system. *Nucleic Acids Research*, **9**, 3047–3060. [Gel retardation.]

Hendrickson, W. and Schleif, R. (1985) A dimer of AraC protein contacts three adjacent major groove regions at the Ara I DNA site. *Proceedings of the National Academy of Sciences of the USA*, **82**, 3129–3133. [An example of the modification interference assay.]

Kunkel, T.A. (1985) Rapid and efficient site-specific mutagenesis without phenotypic selection. *Proceedings of the National Academy of Sciences of the United States of America*, **82**, 488–492. [Oligonucleotide-directed mutagenesis.]

Matzke, A.J.M., St¨oger, E.M., Schernthaner, J.P., and Matzke, M.A. (1990) Deletion analysis of a zein gene promoter in transgenic tobacco plants. *Plant Molecular Biology*, **14**, 323–332.

Paterson, B.M., Roberts, B.E., and Kuff, E.L. (1977) Structural gene identification and mapping by DNA. mRNA hybrid-arrested cell-free translation. *Proceedings of the National Academy of Sciences of the United States of America*, **74**, 4370–4374.

Pell ´ e, R. and Murphy, N.B. (1993) Northern hybridization: rapid and simple electrophoretic conditions. *Nucleic Acids Research*, **21**, 2783–2784.

Tsien, R. (1998) The green fluorescent protein. *Annual Reviews of Biochemistry*, **67**, 509–544. [A reporter gene system.]

Chapter 12

유전체 연구

Chapter contents

CHAPTER CONTENTS

21세기 초기에 분자생물학 연구의 관심은 개별 유전자 연구에서 전체 유전체를 연구하는 것으로 옮겨갔다. 이러한 변화는 1990년대에 커다란 유전체를 분석할 수 있는 기술의 발달 때문이다, 우리는 10장에서 첫 번째 유전체 분석인 파아지 ϕX174의 유전체 분석이 1975년 끝난 것을 보았지만, 독립 생물의 유전체 분석은 20년이 지난 1990년도 진행되었다. 처음으로 유전체 분석이 완료된 생물은 1995년 완성된 박테리아 *Haemophilus influenzae*이다. 다음 5년 간은 유전체 분석의 분수령으로 약 50종류의 다른 박테리아가 분석되었고, 상대적으로 유전체가 큰 효모, 초파리, *Caenorhabditis elegans*(꼬마선충), *Arabidopsis thaliana*(식물)과 사람 유전체가 분석되었다. 최근에 세균과 고세균 유전체 분석은 일상적인 것이 되어 수천 개가 넘었고, 거의 300개의 진핵생물 유전체가 분석되었다.

유전체 분석은 새로운 DNA 연구 시대를 열었고, 넓게 후기유전체학(**post-genomics**) 또는 기능유전체학(**functional genomics**)이라 불린다. 후기유전체학은 유전체 주석달기(**genome annotation**)에서 컴퓨터를 사용하는 것을 포함한다. 이 과정은 유전자, 조절부위, 다른 특징부위 등을 염기서열에서 발견하는 것, 알려지지 않은 유전자의 기능을 알아보기 위한 컴퓨터에 근거한 실험 기법 등을 포함한다.

후기유전체학은 특정 세포나 조직에서 발현되는 유전자를 찾고, 어떻게 유전자 발현이 시간에 따라 변화하는지 등을 찾는 기술도 포함한다. 이런 작업은 2개의 새로운 용어를 만들어냈다.

- 전사체는 어떤 세포에 존재하는 전체 RNA를 의미하고, 그 세포에서 일어나는 유전자 발현의 형태도 포함한다.
- 단백질체는 어떤 세포에 존재하는 전체 단백질을 의미하고, 그것의 생화학적 능력

도 포함한다.

이 장에서는 유전체 염기서열에서 유전자의 위치를 알아내고, 새롭게 발견된 유전자의 기능을 알아내는 데 사용하는 방법들을 설명할 것이다. 13장에서는 전사체와 단백질체의 연구 방법을 고려함으로써 후기유전체학에 대한 설명을 마칠 것이다.

12.1 유전체 염기서열에서 유전자 위치 확인

유전자 위치 확인은 새로운 유전체 염기서열의 주석달기에서 첫 번째 단계이다. 지금까지 설명한 대부분의 DNA 분석 방법과 달리 유전자 위치 결정은 실험실 실험보다 주로 컴퓨터를 이용하는 방법으로 수행된다. 그러므로 유전자 위치 결정은 인 실리코 분자생물학(molecular biology *in silico*)이라고도 언급되는 생물정보학(bioinformatics)이 기존 연구와 곁들여서 중요한 가치가 있음을 입증하는 것 중 하나이다.

12.1.1 유전체 염기서열에서 단백질 코딩 유전자의 위치 확인

만약에 단백질의 아미노산이 알려져 있어 유전자의 염기 순서가 예상되거나, 해당되는 유전자의 cDNA 염기서열이 알려져 있다면 전체 유전체에서 그 유전자의 위치를 결정하는 것은 쉽다. 하지만 많은 유전자가 어떤 것이 맞는 DNA 염기서열인지를 알려 줄 사전 정보가 없다. 어떻게 이러한 유전자를 유전체에 배치할 것인가.

유전자 번역틀 찾기

단백질 코딩 유전자의 DNA 염기서열은 번역틀(**open reading frame, ORF**)이 있어서 시작코돈(항상은 아니지만 보통 ATG)으로부터 3개씩 읽어가고, 종료코돈(TAA, TAG, TGA)에서 읽기가 끝난다. 유전체에서 눈이나 컴퓨터로 ORF를 찾기는 것은 유전자 위치 매김의 첫 단계이다. ORF를 찾는 동안 각 DNA 조각에는 한 방향으로 3개, 반대 방향으로 3개로 총 6개의 번역틀이 있다는 것을 항상 기억해야 한다(그림 12.1).

ORF 찾기(**ORF scanning**)는 초기 유전자 예측(***ab initio* gene prediction**)으로도 불리운다. 성공적인 ORF 찾기의 열쇠는 DNA 염기서열에서 종결코돈의 횟수이다. 만약에 그 DNA가 무작위 염기서열이고 GC 양이 50%라면, 세 가지 종결코돈은 평균 매 $4^3 = 64$ bp마다 나타날 것이다. 그러므로 무작위 DNA에서 30~40 코돈 이상으로 긴 ORF는 적고, 모든 ORF가 ATG로 시작하지는 않을 것이다. 대부분의 유

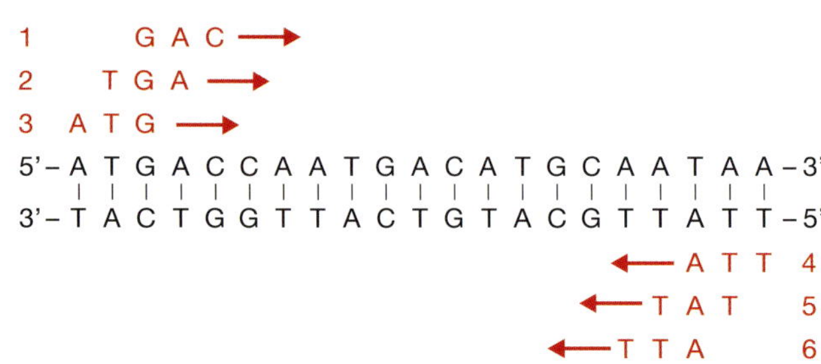

그림 12.1
이중사슬 DNA는 6개 번역틀을 갖음.

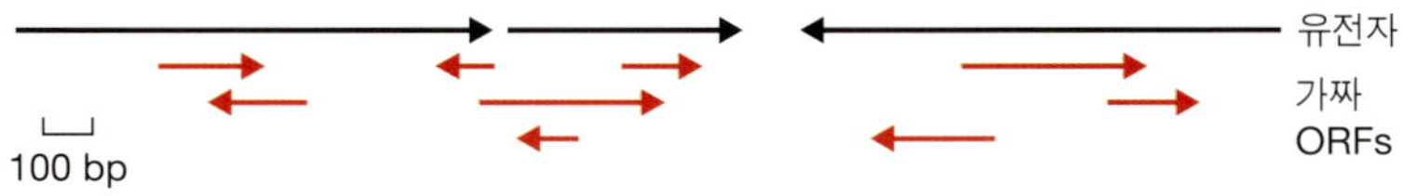

그림 12.2
원핵생물 유전체에서 전형적인 ORF 찾기 결과. 화살표는 유전자와 가짜유전자를 나타냄.

전자는 이 보다 길다: 대장균은 317 코돈이고, 효모는 483 코돈이고, 사람은 450 코돈이 평균 길이이다. 가장 간단한 방법은 ORF 찾기에서 100 코돈을 가장 짧은 가상 유전자로 하고, 이 보다 긴 모든 ORF를 후보군으로 정할 수 있을 것이다.

원핵생물 유전체에서 위와 같은 ORF 찾기는 매우 효율적이다. 원핵생물 대부분의 유전자는 100 코돈 이상의 길이를 갖고 있어 쉽게 찾을 수 있다(그림 12.2). 원핵생물 유전체에는 유전자간 거리가 매우 짧다는 사실도 일을 쉽게 만든다. 원핵생물 유전체에서 진짜 유전자는 서로 겹치지 않는다는 사실을 가정하면, 가짜 유전자를 진짜 유전자로 실수할 염기서열은 유전자 사이의 짧은 구간뿐이다.

단순 ORF 찾기는 진핵세포 유전체에는 비효율적이다

비록 ORF 찾기가 원핵생물 유전체에서는 유용하였지만, 진핵세포 유전체에서는 비효율적이다. 진핵세포 유전체에는 좀 더 많은 유전자 사이공간이 있어서, 가짜 ORF를 찾을 가능성이 높고, 인트론이 있다는 문제가 있다(그림 11.1 참조). 만약에 어떤 유전자가 하나 이상의 인트론이 있다면, 유전체 염기서열에서는 지속적인 ORF로 나타나지 않을 것이다. 많은 엑손이 100 코돈보다 짧고, 어떤 것은 50 코돈보다 짧으며, 인트론으로 계속 연결하여 번역틀을 읽는다면 보통 ORF를 종료시키는 종결코돈을 만나게 된다(그림 12.3). 많은 진핵세포 유전체의 유전자는 긴 ORF를 갖지 않고, 단순 ORF 찾기 방법으로는 이러한 유전자를 찾을 수 없다.

진행세포 유전자 찾기는 생물정보학에서 쉽지 않은 부분이다. 다음의 세 가지 접근 방식이 있다:

- 코돈 편향(**codon bias**)을 고려한다. 모든 코돈이 동일하게 특정 생물체 유전자에 사용되지는 않는다. 예로 루이신은 6개 코돈(TTA, TTG, CTT, CTC, CTA와

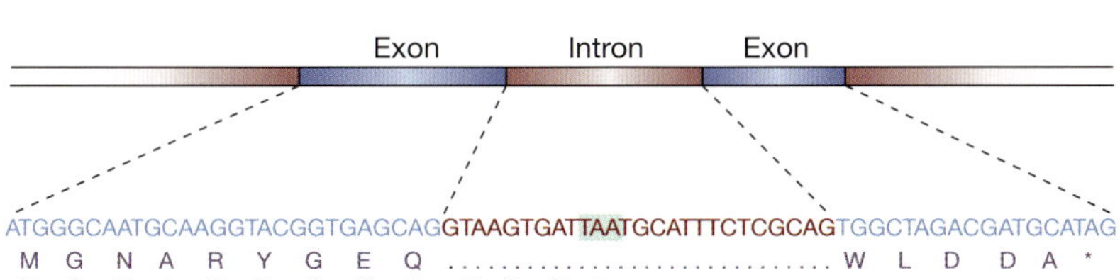

그림 12.3
ORF 찾기는 인트론 때문에 어렵다. 단일 인트론을 갖는 짧은 유전자의 염기서열이 표시되어 있다. 이 유전자로부터 전사되는 단백질의 아미노산은 염기 아래에 단일 단축어로 적혀 있다. mRNA가 단백질로 전사되면서 인트론은 빠지게 된다. 아래쪽 줄은 인트론이 존재하는 것을 모르고 염기서열이 전사된 경우이다. 아미노산 서열이 인트론 내에서 종료된다.

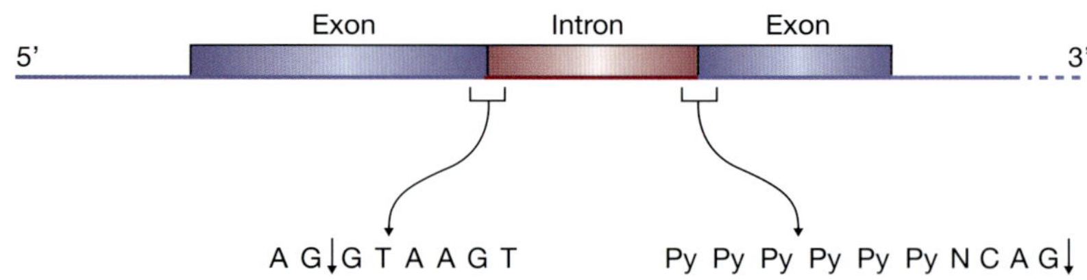

그림 12.4
척추동물의 상부와 아래쪽 엑손-인트론 경계 부위의 공통 염기서열. Py는 피리미딘(C 또는 T), N = 어떤 염기도 가능하다. 화살표는 경계 위치를 나타낸다.

CTG)에 의해 사용되지만 대부분 CTG가 사용되고, 드물게 TTA나 CTA가 사용된다. 비슷하게 4개의 발린 코돈 중 사람유전자는 GTG를 GTA 보다 4배 정도 더 사용한다. 이러한 코돈 편향에 대한 생물학적 의미는 모르지만, 모든 생물체는 종마다 다른 편향이 있다. 그러므로 진짜 엑손은 이러한 편향성을 드러내고, 가짜 엑손은 편향성이 없을 것이다.

- 엑손과 인트론의 경계점(**exon-intron boundaries**)은 항상은 아니지만 뚜렷한 염기서열 특징으로 찾을 수 있다. 척추동물은 엑손-인트론 경계 상부에 5′–AG↓GTAAGT–3′과 아래쪽에 5′–PyPyPyPyPyPyNCAG↓–3′ 를 갖고 있다. Py는 피리미딘 염기 T나 C 중 하나를 뜻한다. N은 어떤 염기나 다 가능하고, 화살표는 경계의 정확한 위치를 표시한다(그림 12.4). 이들은 관련된 염기들을 무수히 분석한 후 얻은 공통 염기(**consensus sequences**)로 위의 염기서열과 꼭 일치하지 않더라도 유사하게 변형된 염기서열을 찾아야 한다. 여러 문제에도 불구하고 위와 같은 방법은 유전자의 엑손들을 일렬로 세우는 일에 때때로 도움을 준다.

여러 제한점에도 불구하고, 위의 방법들은 단순 ORF 찾기에 추가하여 모든 고등생물 유전체에 유용하다. 각 유전체의 특징에 근거하여 다른 전략이 가능하기도 한다. 척추동물의 유전체가 CpG 섬(**CpG islands**)을 유전자 상부에 갖는다는 것도 한 예이다. 전체 유전체 평균 보다 높은 GC 양이 대략 1 kb 내에 있다. 사람 유전자의 40-50%는 상부에 CpG 섬을 갖는다. 이것은 척추동물 DNA를 분석할 때 바로 다음에 어떤 유전자가 시작 될 것임을 나타내는 뚜렷한 증거일 수 있다.

12.1.2 상동성 검색을 이용한 유전자 위치 확인

임시로 발견된 유전자는 상동성 검색(**homology search**)을 이용한다. 컴퓨터로 유전자의 염기서열을 국제 DNA 데이터베이스를 이용하여 모든 알려진 염기서열과 비교하는 것으로, 단지 연구 중인 생명체의 알려진 유전자 뿐만 아니라 다른 종의 유전자도 비교하는 것이다. 만약 조사 중인 염기서열이 다른 누군가에 의해 이미 염기서열 분석된 유전자의 일부분이라면, 완벽한 일치를 보일 것이다. 그러나 이것은 상동성 검색의 핵심이 아니다. 대신에 다른 생명체의 두 유전자가 유사한 기능을 갖는다면, 유사한 염기서열을 갖고, 이들은 공통의 진화를 거친 것을 의미한다는 것에 이론적 근거를 두고 있다(그림 12.5). 상동성 검색의 주요 용도는 새롭게 발견된 유전자에 기능을 부여하는 것이다. 이것은 이 장의 뒷부분(12.2.1)에서 다룰 것이다. 또한 이 기술을 ORF 찾기로 찾아낸 임시 엑손 염기서열의 진위를 테스트할 수 있기 때문에 유전자 식별의

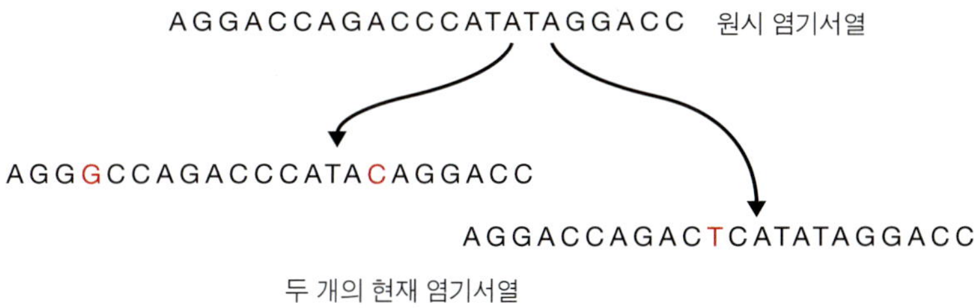

그림 12.5
공통된 조상을 갖는 두 개의 염기서열의 상동성. 두 염기서열이 진화하면서 돌연변이를 얻었지만, 두 염기서열의 동질성은 이들이 상동 유전자임을 보여준다.

핵심이다. 임시 엑손 염기서열이 상동성 검색 후 하나 이상의 긍정적인 결과가 나오면 아마도 실제 엑손일 것이다.

임시 유전자의 염기 염기서열의 상동성 검색은 보통 아미노산으로 번역한 후에 수행한다. 이 방법이 더 정확한데, 이는 아미노산은 20개이지만 염기는 4개이기 때문에 2개의 아미노산이 비슷하게 나타날 확률이 낮기 때문이다(그림 12.6). 인터넷으로 로그인 한 후에 DNA 데이터베이스 중 하나의 웹상에서 블라스트(**Basic Local Alignment Search Tool, BLAST**) 같은 프로그램을 이용하여 분석을 할 수 있다. 조사 중인 염기서열이 만약에 200개 아미노산 이상의 길이이고, 어떤 아미노산 염기서열과 30% 또는 그 이상의 상동성을 갖는다면 그 둘은 상동일 것으로 생각할 수 있고, 조사 중인 ORF는 유전자라고 고려한다.

상동성 검색은 두 개 이상의 관련된 종의 유전체 염기분석 결과가 있으면 좀 더 정확하게 할 수 있다. 연관된 종은 동일 조상으로부터 비슷한 형질을 물려 받았기 때문에 두 종이 독립적으로 진화하기 이전에 소유한 종 고유의 특이성을 갖고 있다. 자연선택 때문에 연관된 종 사이의 염기서열 상동성이 유전자 안에 극대화되어 있고, 유전자 사이사이 공간에는 최소화되어 있다. 그러므로 관련된 유전체를 비교하여 보면 유사한 유전자는 고도의 상동성 때문에 쉽게 찾을 수 있다. 연관된 유전체와 확실한 상동성을 보이지 않는 ORF는 진짜 유전자일 가능성이 낮아서 무시해도 된다.

이런 상동성 검색을 비교유전체학(**comparative genomics**)이라 하는데, 효모와 연관된 종 *Saccharomyces paradoxus, Saccharomyces mikatae*와 *Saccharomyces bayanus*의 전체 또는 부분 유전체 자료가 있어 *S. cerevisiae* 유전자를 배치하는데 매우 유용했다. 이런 유전체 간의 비교는 *S. cerevisiae*에서 임시로 확인된 만은 ORF들의 진위를 확인

그림 12.6
두 염기서열의 무관함은 아미노산 수준에서 비교할 때 더 명백하다. 두 염기서열이 배열하고, 동일한 염기는 빨간색으로, 다른 것은 파란색으로 표시하였다. 두 개의 염기서열은 76% 상동성을 보이고 이를 *로 표시했다. 표시된 부분은 염기서열의 상동성을 나타내는 근거가 될 수 있다. 하지만 이 염기서열을 아미노산으로 바꾸면 상동성은 28%로 감소하는데, 이는 두 유전자가 동일하지 않음을 나타내고, 염기서열에서의 상동성은 우연일 수 있음을 뜻한다. 동일 아미노산은 갈색으로, 다른 것은 녹색으로 표시하였다. 아미노산은 단축어로 적혀 있다.

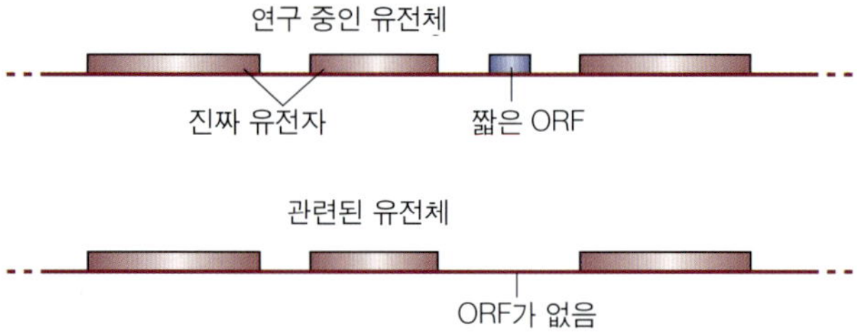

그림 12.7
짧은 ORF의 진위를 조사하기 위하여 관련된 종의 유전체를 비교함. 짧은 유전자가 관련된 유전체에 없으며, 따라서 실제 유전자가 아닌 것으로 간주한다.

했다. 그리고 또한 관련 유전체에 존재하지 않기 때문에 거의 500개의 ORF들이 폐기되었다. 최근의 유전체 지도는 종 특이적 배열을 감안하더라도 매우 유사하다. *S. cerevisiae* 유전체의 유전자 순서는 연관된 유전체와 유전자 순서가 유사하다. 이러한 유전자 순서 보존성을 신테니(**synteny**)라 하고, 연관 유전체 상에 예상되는 유전자 위치를 자세히 조사하게 하여, 유사 유전자 찾는 데 도움을 준다(그림 12.7).

12.1.3 비코딩(noncoding) RNA 전사체 유전자의 위치 확인

유전체에 존재하는 모든 유전자가 단백질을 암호화하는 것은 아니다. 다른 유전자는 tRNA, rRNA 그리고 살아있는 세포에서 다양한 기능을 갖는 다양한 짧고 긴 RNA 분자와 같은 비코딩 RNA를 지정한다. 비코딩 RNA 유전자는 ORF를 포함하지 않으므로, 위에서 설명한 ORF 찾기 방법으로는 유전체에서 찾을 수 없다. 그러나 비코딩 RNA 분자들은 독특한 특징을 가지고 있어서 유전체 염기서열에서 유전자를 확인하는 데 도움이 된다.

이러한 특징 중 가장 중요한 것은 RNA가 stem-loop 구조를 형성하도록 분자 내 염기쌍을 형성하는 짧은 염기서열이 비코딩 RNA에 존재한다는 것이다(그림 12.8). 일부 비코딩 RNA에서는 일련의 **stem-loop**를 형성하여 tRNA의 클로버잎 구조처럼 복잡한 구조의 비코딩 RNA를 만든다. RNA로 전사될 때 stem-loop를 형성할 수 있는 DNA 염기서열을 찾는 컴퓨터 프로그램을 이용하여 비코딩 RNA 유전자가 존재하는 위치를 확인한다. 이런 프로그램은 loop의 크기, stem에서 염기쌍의 수 그리고 G-C 염기쌍의 비율과 같은 특징을 고려해서 stem-loop의 안정성을 평가할 수 있는 열역학적 규칙들을 포함한다. 안정성이 선택된 한계를 초과하는 것으로 평가된 임시의 stem-loop 구조는 비코딩 RNA 유전자의 존재를 알려주는 지표로 고려된다

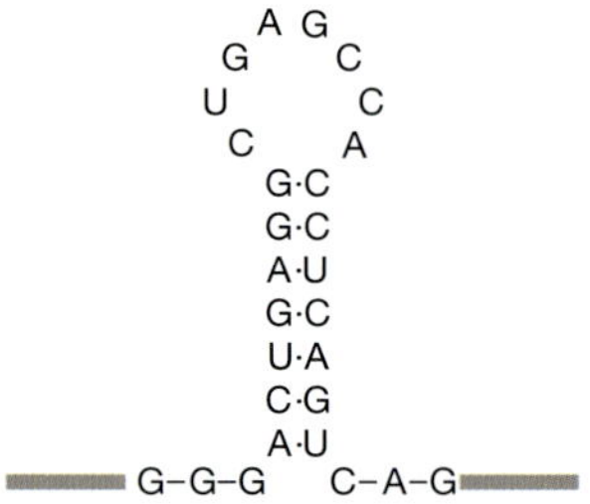

그림 12.8
일반적인 RNA stem-loop 구조.

12.1.4 유전체 염기서열에서 조절 단백질의 결합부위 확인

유전체 분석은 전사인자와 같은 단백질의 결합 부위로 작용하는 조절 염기서열을 확인함으로써 향상될 수 있다. 이러한 조절 염기서열들은 종종 그들이 발현을 조절하는 유전자의 상부에 위치한다. 그래서 그들의 확인은 유전자가 존재하는 유전체의 부위를 알려줄 수 있으며, 또한 의심스러운 ORF의 진위를 확인할 수 있다.

조절 염기서열은 유전자 발현에 관여하는 DNA 결합 단백질의 인식 신호로 작용하기 위해 독특한 특징을 가지고 있다. 엑손-인트론 경계처럼 조절 염기서열은 다양하기 때문에 단순히 유전체 염기서열을 조사함으로써 위치를 찾는 것은 어렵다. 이러한 염기서열은 유전체에 결합하는 개개의 DNA 결합 단백질의 위치를 확인하는 **CHIP-seq(chromatin immunoprecipitation sequencing)**에 의해 보다 쉽게 찾을 수 있다. CHIP-seq 실험을 수행하기 위해서 핵에 있는 DNA와 단백질을 교차 결합시키기 위해 포름알데하이드를 처리한다(그림 12.9). 그리고 DNA는 뒤 염기서열 분석 단계에 적당한 단편으로 절단하기 위해 초음파 처리를 한다. 결합 단백질은 교차 결합되어 있어서 DNA 단편에 붙어 있게 된다. 따라서 특별한 전사인자 혹은 다른 흥미로운 DNA 결합 단백질에 결합된 DNA 단편들은 단백질 특이 항체를 이용하여 정제할 수 있다. 정제된 단편들은 교차결합을 끊기 위해 65℃ 열처리를 하여 단백질을 제거시킨다. 단백질이 분리된 DNA 단편들은 차세대 염기서열 방법을 이용하여 염기서열이 분석된다. 그러면 reads가 유전체에 위치함으로써 관심 있는 단백질의 결합부위를 알려준다.

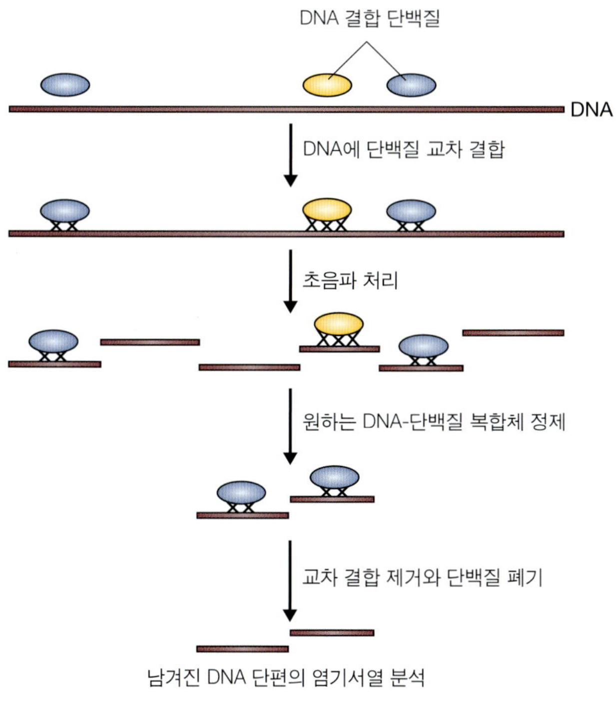

그림 12.9
ChIP-seq (chromatin immunoprecipitation sequencing)

단백질이 결합된 결합부위 만이 CHIP-seq 실험에 의해 얻어진 read에 나타날 것이다. 어떤 특이 조직에서는 유전자들이 그 조직에서 활동적인지에 따라 결합 부위에 단백질이 결합하던지 비어 있던지 할 것이다. 그러므로 CHIP-seq은 전사인자의 결합 부위뿐만 아니라 그 인자에 의해 조절되는 유전자의 발현 정보를 제공한다, 결과적으로 이 정보는 단순히 유전체에서 유전자의 위치를 표시하는 것을 뛰어넘어 유전체 발현에 대한 정보를 포함한다.

12.2 새로운 유전자의 기능 결정

진정한 DNA 지지자에게 유전체 염기서열에서 새로운 유전자를 찾는 것은 그 자체로 스릴이자 끝이다. 그러나 더 자세히 유전체 염기서열을 이해하려면 확인된 모든 유전자에 기능을 할당해야 한다. 이것은 DNA 분석의 중요한 영역이다. 염기서열 분석은 유전체가 염기서열이 분석되기 전에 전통적인 유전 분석에 의해 광범위하게 연구된 생명체에서도 많은 새로운 유전자들을 드러내기 때문이다. 예를 들어, 대장균 유전체의 초기 주석 달기에서 4,288개 단백질 코딩 유전자 중 38%는 기능이 알려져 있지 않았다. 이러한 고아(**orphan**) 유전자에 기능을 할당하려는 시도는 컴퓨터 분석과 실험을 통해 이루어진다.

12.2.1 컴퓨터 분석을 통한 유전자 기능 결정

상동성 검색은 ORF가 진짜 유전자인지 조사하는 데 자주 이용된다. 또한, ORF와 이미 데이터베이스에 있는 상동 유전자 사이에 일치하는 긍정적 결과는 새로 발견된 유전자의 기능을 나타낼 수 있다. 이론적 근거는 새로운 유전자가 알려진 유전자와 유사한 염기서열을 가지고 있다면, 두 유전자는 유사한 생화학적 역할을 가질 가능성이 있다는 것이다. 효모 유전체에서 거의 2,000개의 유전자가 이 방법으로 기능이 결정되었다. 그러나 상동성 검색의 결과는 주의해서 다뤄야 한다. 점점 커지는 문제는 기능이 잘못 알려진 유전자가 데이터베이스에 존재하는 것이다. 이런 유전자 중 하나가 탐색 유전자의 상동성으로 확인되면 새로운 유전자의 기능이 잘못 결정될 것이고, 문제가 추가된다. 또한 상동 유전자가 생물학적 기능이 상당히 다른 경우도 있다. 예를 들면, 눈 수정체의 크리스탈린 구조 단백질의 일부는 대사 효소와 상동이다. 그러므로, 탐색 유전자와 크리스탈린 간의 상동성은 탐색 유전자가 크리스탈린이라고 할 수 없고, 마찬가지로 탐색유전자와 대사 효소 간의 상동성도 탐색 유전자가 대사 효소라고 할 수 없다. 또한, 상동성 검색은 기능이 아직 확인되지 않은 다른 고아 유전자에만 일치하는 것을 보일 수 있다.

아미노산 서열에서 단백질 구조를 예측하는 구조 생물정보학(structural bioinformatics)은 고아 유전자 기능에 대해 최소한의 정보를 제공할 수 있다. 한동안 유전자의 아미노산 서열을 이용해서 단백질에서 나선구조(α-helices)와 병풍구조(β-sheets)의 위치를 예측했다. 비록 이 방법이 정확도에 문제가 있더라도, 구조 정보에 대한 결과는 때때로 단백질의 기능을 추론할 수 있었다. 막에 결합되는 단백질은 나선구조 배열을 가리기 때문에 확인될 수 있다. 아연 핑거 같은 DNA 결합 모티프 또한 인식될 수 있다.

구조 생물정보학의 긍정적인 목표는 나선구조와 병풍구조 같은 2차 구조를 예측하는 것을 넘어서 아미노산 서열로부터 단백질의 3차 구조를 예측하는 것이다. 3차 구조를 아는 것은 단백질의 기능을 훨씬 더 확실하게 결정할 수 있다. 이 분야의 발전은 두 가지 측면에서 진행되고 있다. 첫째, 생화학자들은 폴리펩타이드가 3차 구조로 접히는 것의 기초가 되는 화학적 상호작용에 대해 더 많은 정보를 얻고 있다. 이 정보는 아미노산 서열의 단편에 의해 채택될 수 있는 3차원 입체 형태를 예측하기 위한 보다 강력한 알고리즘을 설계하는 데 이용된다. 두 번째로, 구조가 X-선 결정방법에 의해 결정된 단백질은 유사한 아미노산 서열을 가진 폴리펩타이드에 의해 유추되는 구조를 예측하기 위한 주형으로 사용된다. 다시 말해, 상동성 검색으로 새로운 유전자가 데이터베이스에서 상동성을 갖고 있고, 이러한 상동성 중 하나 이상의 구조가 알려진 단백질을 암호화한다고 밝혀지면, 상동 단백질은 서로 발견된 유전자에 의해 암호화된 단백질 구조를 이해하기 위한 주형으로 이용될 수 있다.

12.2.2 실험 분석을 통한 유전자 기능 결정

알려지지 않은 유전자의 기능 확인을 위한 실험은 유전체 연구에서 가정 어려운 일 중 하나이다. 평상시 진행되던 유전자 분석의 반대 방향으로 진행해야하는 문제점이 있다. 즉 시작점이 표현형이고, 숨겨진 유전자를 찾아내는 것이다(그림 12.10). 기존의 유전자 분석에서는 유전적 변이에 따라 표현형이 바뀐 돌연변이 생물을 찾는 것이다. 실험적으로 박테리아에 자외선이나 돌연변이 유도 화약약품을 처리하거나 돌연변이를 얻거나, 자연발생 돌연변이를 이용한다. 돌연변이 생명체의 변화된 유전자는 교배로 유전체 내의 위치를 결정하고, 이미 알려진 것인가를 확인한다. 클로닝과 염기분석 등 분자생물학 기법을 이용하여 더 깊게 연구할 수도 있다.

기존의 분석방법—**forward genetics**—은 생물체에서 돌연변이 표현형을 나타내는 유전자를 확인하는 것이다. 만약 시작점이 표현형이 아니라 유전자라면, 이 방법은—**reverse genetics**—유전자를 돌연변이 시켜 표현형 변화를 보는 것이다. 알려지지 않은 유전자의 기능을 결정하는 데 사용되는 가장 기초적 접근 방식이다.

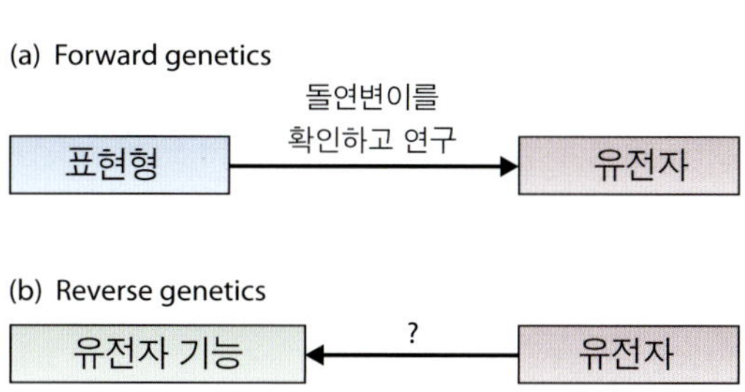

그림 12.10
Forward and reverse genetics.

유전자는 상동재조합으로 비활성화될 수 있다

유전자를 비활성화 시키는 한 가지 방법은 무관한 DNA 조각을 이용하는 것이다(그림 12.11). 유전자와 유전자의 일부를 포함하는 무관한 DNA 사이에 상동재조합을 일으킬 수 있다.

어떻게 실제적으로 유전자 비활성화를 일으킬까? 우리는 두 가지를 고려할 수 있는데, 첫 번째는 효모를 이용하는 것이다. 이 기술은 결실 카세트(**deletion cassette**)로 항생제 저항성 유전자를 담는 것이다(그림 12.12). 이 유전자는 효모 유전체가 아니고,

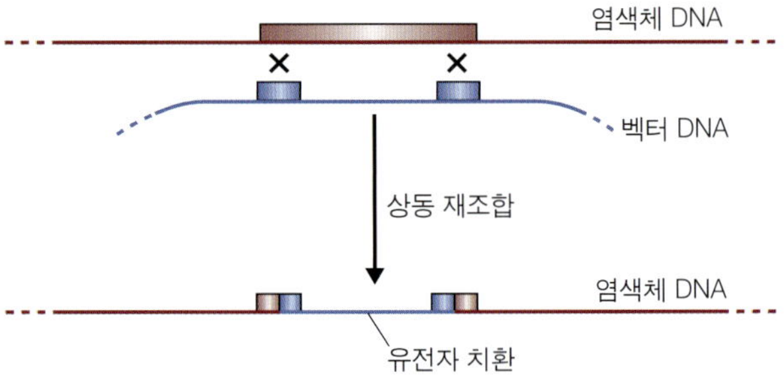

그림 12.11
상동 재조합으로 유전자 치환.

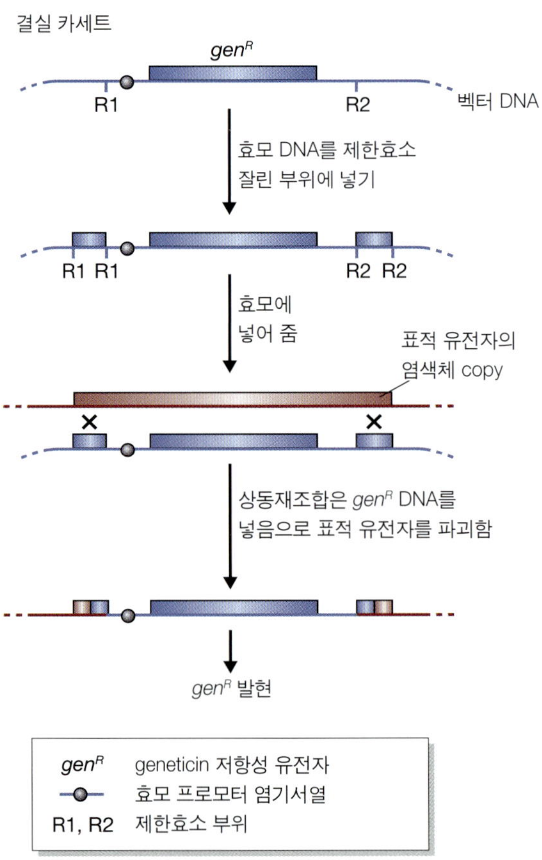

그림 12.12
효모 결실 카세트의 이용.

효모 유전체 안으로 옮겨지는 것으로 형질전환이 일어난 효모는 항생제에 내성을 갖게 된다. 결실 카세트 양쪽 끝에 표적으로 삼은 유전자와 동일한 DNA 조각을 붙여서 효모 세포에 넣으면, 넣어준 DNA 조각과 효모의 원래 유전자 사이에 재조합이 일어난다. 항생제 저항성 유전자와 원래 유전자가 치환되면서 표적 유전자는 비활성화 된다. Geneticin을 함유한 아가배지에 치환이 일어나 세포만 선택적으로 자라게 되고, 이들 세포가 다른 표현형을 보이는가를 조사하게 된다.

유전자 비활성화의 다른 예는 효모 대신에 쥐를 이용하는 것이다. 쥐는 사람과 유사한 유전자가 많아서 사람 대신에 사용되는 모델 동물이다. 모르는 사람 유전자의 기능을 쥐의 동일 유전자를 비활성화 시킴으로 알 수 있다. 이 과정의 상동재조합은 효모에서와 동일하게 표적 유전자를 비활성화 시킨다. 다른 점은 돌연변이 세포가 아니라 돌연변이 동물을 얻는 것이다. 완전한 동물에서 특정 유전자 비활성의 표현형을 평가하게 된다. 넉아웃 쥐(knockout mouse)는 행운이 따르면 연구 중인 유전자의 기능에 대한 정보를 줄 수 있다.

유전자 가위(programmable nuclease)를 이용한 유전자 비활성화

유전자 비활성화를 위한 대체 방법은 유전체의 특정 부위에서 이중가닥을 절단하는 유전자 가위라고 하는 특수한 유형의 endonuclease를 사용한다. 절단은 진핵생물에서 비상동성 말단 결합이라고 하는 자연 복구 과정을 자극한다. 이 과정은 DNA 가닥을 다시 결합하지만 오류가 발생하기 쉬운 방식으로 복구 부위에 짧은 삽입 또는 삭제를 만든다. 만약 유전자 안에서 복구가 일어나면 삽입 또는 결실로 인해 비활성화된다. 이것을 유전자 편집(gene editing)이라고 한다.

몇 종류의 유전자 가위가 알려져 있지만, 유전자 편집에서 가장 중요한 것은 Cas9 endonuclease이다. 이는 CRISPR(clustered regularly interspaced short palindromic repeats)라고 하는 원핵생물 면역계 성분이다. 이 효소는 DNA 표적 부위에 결합하는 20개의 뉴클레오타이드 단편을 포함하는 가이드 RNA와 복합체를 형성한다. 표적 부위는 항상 5′-NGG-3′ 또는 5′-NAG-3′의 바로 전에 위치한다(그림 12.13). DNA 염기서열에서 20개의 뉴클레오타이드 모티프의 예상 빈도는 420=1.1×1012 bp에 한 번이기 때문에 가이드 RNA는 가장 복잡한 진핵생물 유전체에서도 다른 곳이 아닌 특정 표적에만 결합할 것이다.

유전자 편집 실험을 수행하기 위해서 진핵세포는 핵산분해효소와 가이드 RNA를 합성하기 위해 조작되어야 한다. 방법은 바이러스 벡터를 이용하여 streptococcus pyogenes의 Cas9 유전자를 연구 중인 세포주에 클로닝 한 후, 두 번째 클로닝 실험을 통해 하나 이상의 가이드 RNA 염기서열을 도입하는 것이다. 대안으로는 핵산분해효소 유전자와 가이드 RNA 염기서열을 함께 도입하는 것이다.

유전자 편집의 두 번째 버전에서 복구 과정은 핵산분해효소 유전자와 가이드 RNA 염기서열과 같이 세포로 도입되는 짧은 주형 DNA 분자에 의해 수행된다. 주형 DNA가 존재할 때는 비상동성 복구 과정이 일어나지 않는다. 대신에 상동 재조합 버전은 절단된 DNA 말단을 완전한 주형 염기서열로 대체한다. 주형 DNA 염기서열이

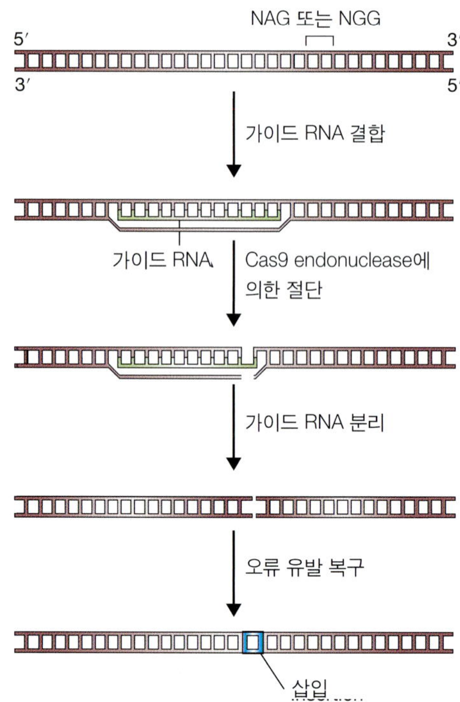

그림 12.13
오류 유발 복구에 의한 CRISPR 유전자 교정. 가이드 RNA는 5′-NGG-3′ 또는 5′-NAG-3′ 근처에 결합한다. 비상동 말단 결합에 의한 이중가닥 절단의 복구는 짧은 삽입이나 결실을 발생시킨다.

표적 부위의 염기서열과 동일하면 삽입 또는 결실 없이 절단이 원래 염기서열로 복구된다. 그러나 주형 DNA 염기서열이 표적 부위와 약간 다르더라도 주형 DNA는 재조합에 참여할 수 있다. 이 경우 복구 후 표적 염기서열은 주형 DNA에 있는 변이를 포함한다(그림 12.14). 따라서 상동 직접 복구(homology-directed repair)라고 하는 이런 종류의 유전자 편집은 알려지지 않는 유전자에 돌연변이를 도입하여 유전자 기능을 연구하는 실험에 또 다른 중요성을 제공할 수 있다.

유전자 편집은 지난 몇 년 동안 매우 중요해졌으며 알려지지 않은 유전자의 기능 분석뿐만 아니라 많은 분야에 이용된다. 특히 유전자 편집은 작물의 변형된 버전을 얻기 위해 사용되는 방법 중 하나이다. 그러므로, 우리는 16장에서 식물 생명공학의 이러한 측면을 학습할 때 보다 자세히 알아볼 것이다.

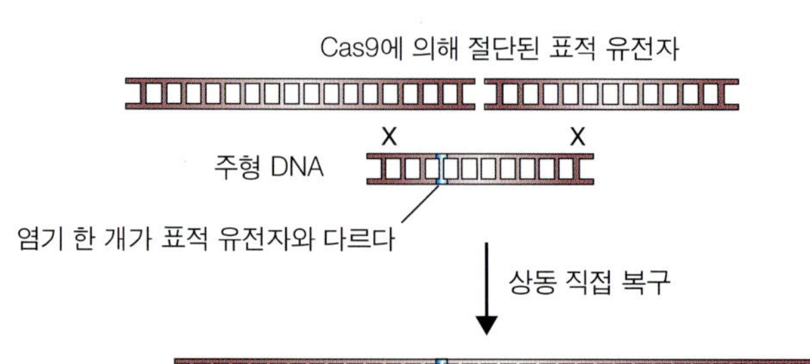

그림 12.14
직접 상동 복구에 의한 CRISPR 유전자 편집. 주형 DNA는 표적 유전자와 염기 한 개가 다른 염기서열을 가지며, Cas9 뉴클레아제에 의해 절단되는 부위를 포함한다. 상동 직접 복구 후에 표적 유전자는 염기의 변이를 포함한다.

12.3 유전체 브라우저

유전체 주석 프로젝트는 유전체 염기서열에서 유전자의 위치와 이 유전자의 기능에 대한 정보를 생산한다. 유전체 염기서열의 다른 컴퓨터 기반 조사는 반복 DNA와 기타 흥미로운 특징의 위치와 정체성을 보여줄 수 있다. 이 모든 정보는 동일한 유전체 또는 관련 유전체를 연구하거나 다른 이유로 유전체 염기서열에서 자료를 찾기 원하는 다른 이유로 유전체 염기서열에서 자료를 찾기 원하는 연구자들에게 제공되어야 한다.

유전체 주석은 일반적으로 유전자와 기타 특징들의 위치를 표시하는 데 사용되는 박스와 기타 기호 그리고 선행 지도로 각 염색체를 그래픽 형태로 표시한다. 지도는 유전체 브라우저라는 컴퓨터 프로그램에 의해 생성되고 표시된다. 브라우저는 지도를 다양한 배율로 볼 수 있게 한다. 그래서 염색체 전체의 주석을 볼 수도 있고 몇 kb의 염기서열로 구성된 영역을 확대해서 자세히 볼 수도 있다.

유전체 브라우저는 일반적으로 온라인에서 사용되므로 주석이 조립되는 중에도 다른 연구자들이 이용할 수 있다. 가장 널리 이용되는 온라인 브라우저 두 개는 유럽 생물 정보학 연구소와 영국 생어 연구소에서 관리하는 Ensembl과 산타쿠르즈에 있는 캘리포니아 대학교의 UCSC 유전체 브라우저이다. Ensembl과 UCSC 유전체 브라우저는 여러 척추동물 및 무척추동물과 더불어서 인간 유전체의 주석을 보유하고 있다. 식물 유전체 주석을 보유하고 있는 Plant GDB와 같이 보다 전문화된 온라인 유전체 브라우저들도 있다.

Further reading

FURTHER READING

Adli, M. (2018) The CRISPR tool kit for genome editing and beyond. *Nature Communications*, **9**, 1911.

Alföldi, J. and Lindblad-Toh, K. (2013) Comparative genomics as a tool to understand evolution and disease. *Genome Research*, **23**, 1063–1068.

Altschul, S.F., Gish, W., Miller, W., et al. (1990) Basic local alignment search tool. *Journal of Molecular Biology*, **215**, 403–410. [The BLAST program.]

Guigó, R., Flicek, P., Abril, J.F., et al. (2006) EGASP: the human ENCODE Genome Annotation Assessment Project. *Genome Biology*, **7**, S2, doi:10.1186/gb-2006-7-s1-s2. [Comparison of the accuracy of different computer programs for gene location.]

Kellis, M., Patterson, N., Endrizzie, M., et al. (2003) Sequencing and comparison of yeast species to identify genes and regulatory elements. *Nature*, **423**, 241–254. [Using comparative genomics to annotate the yeast genome sequence.]

Kuhlman, B. and Bradley, P. (2019) Advances in protein structure prediction and design. Nature Reviews Molecular Cell Biology, **20**, 681–697.

Lee, D., Redfern, O., and Orengo, C. (2007) Predicting protein function from sequence and structure. *Nature Reviews Molecular Cell Biology*, **8**, 995–1005.

Park, P.J. (2009) ChIP-seq: advantages and challenges of a maturing technology. *Nature Reviews Genetics*, **10**, 669–680.

Pavesi, G., Mauri, G., Stefani, M., and Pesole, G. (2004) RNAProfile: an algorithm for finding conserved secondary structure motifs in unaligned RNA sequences. *Nucleic Acids Research*, **32**, 3258–3269. [Locating noncoding RNA genes.]

Quax, T.E.F., Claassens, N.J., Söll, D., and van de Oost, J. (2015) Codon bias as a means to fine-tune gene expression. *Molecular Cell*, **59**, 149–161. [Explains the important of codon bias in gene structure and expression.]

Tandell, M. and Ence, D. (2012) A beginner's guide to eukaryotic genome annotation. *Nature Reviews Genetics*, **13**, 329–342.

Wach, A., Brachat, A., Pöhlmann, R., and Philippsen, P. (1994) New heterologous modules for classical or PCR-based gene disruptions in Saccharomyces cerevisiae. *Yeast*, **10**, 1793–1808. [Gene inactivation by homologous recombination.]

Yandell, M. and Ence, D. (2012) A beginner's guide to eukaryotic genome annotation. *Nature Reviews Genetics*, **13**, 329–342.

Chapter 13

전사체와 단백질체 연구

Chapter contents
CHAPTER CONTENTS

12장에서 유전자 위치를 결정하고, 유전자 기능을 할당하는 유전체 염기서열 주석 달기에 사용되는 후기유전체학 방법에 대해 설명했다. 이제 유전체 발현 산물인 전사체와 단백질체의 연구방식을 살펴 볼 것이다.

13.1 전사체 연구

전사체는 수백 또는 수천 개의 다른 RNA를 포함하는 매우 복잡한 구성을 가지며, 각각의 RNA는 서로 다른 비율로 구성된다. 그러므로 전사체를 특성화하기 위해서는 포함된 RNA를 식별하고 상대적 비율을 결정하는 것이 필요하다.

13.1.1 마이크로어레이 또는 칩을 이용한 전사체 연구

전사체에서 개별 mRNA의 양을 정확하게 비교할 수 있는 기술이 효모 후기유전체학 프로젝트에서 처음으로 개발되었다. 본질적으로 이러한 기술은 정교한 혼성화 분석이 포함한다. 6,000개의 효모 유전자 모두를 개별 클론으로 얻은 후에 유리 슬라이드에 80x80 배열로 점을 찍는다. 이것을 마이크로어레이(microarray)라고 한다. 특정 조건에서 배양된 효모 세포에서 어떤 유전자가 활성화되는지 확인하기 위해 mRNA를 세포에서 추출하여 cDNA로 변환한다. cDNA는 표지되고 마이크로어레이에 혼성화된다(그림 13.1). 표지는 형광물질을 이용하고 혼성화는 공초점 현미경으로 마이크로어레이를 검사하여 감지한다. 신호를 보내는 유전자는 연구 중인 조건에서 발현되는 것이고, 혼성화 신호의 강도는 전사체에서 mRNA의 상대적인 양을 나타낸다. 효모가 다른 산소 결핍과 같은 다른 생육 조건으로 옮겨졌을 때 유전자 발현의 변화는 두 번째 cDNA를 만들어서 실험을 반복하여 조사할 수 있다.

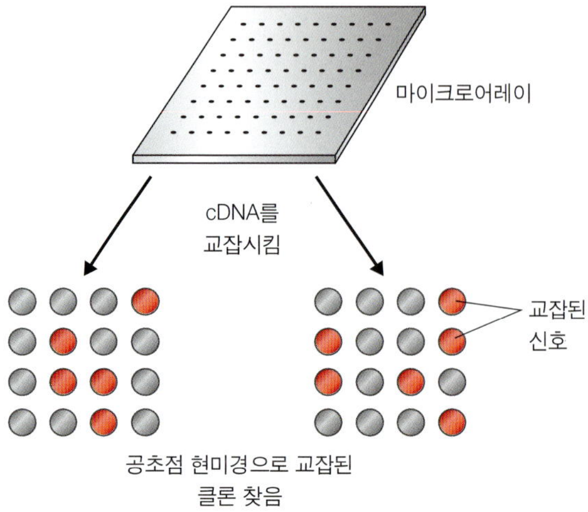

그림 13.1
마이크로어레이 분석. 두 개의 다른 cDNA를 형광으로 표지한 후에 마이크로어레이에 붙인다. cDNA와 교잡된 클론을 공초점 현미경으로 찾는다.

최신 마이크로어레이는 두 가지 면에서 원래의 형태와는 다르다. 첫째, 혼성화 표적으로 DNA 클론을 사용하는 대신에 연구 중인 유전자들의 염기서열과 일치하는 고정된 올리고뉴클레오타이드를 이용한다. 둘째, 각 올리고뉴클레오타이드를 별도로 만든 다음에 각각을 슬라이드에 고정하는 대신에 올리고뉴클레오타이드를 슬라이드 표면에 직접 합성한다. 이것은 변형된 형태의 올리고뉴클레오타이드 합성이 필요하다. 정상적인 합성 방법에서는 올리고뉴클레오타이드의 염기서열은 반응 혼합물에 첨가되는 뉴클레오타이드의 순서에 의해 결정된다(그림 8.15 참조). 마이크로어레이에서 올리고뉴클레오타이드는 다른 염기서열을 가져야 되는 반면에 이것은 모든 올리고뉴클레오타이드가 동일한 염기서열을 갖게 된다. 서로 다른 올리고뉴클레오타이드가 동시에 합성되기 위해서는 합성되는 올리고뉴클레오타이드의 끝에 부착되기 전에 빛으로 활성화되는 뉴클레오타이드를 사용한다. 뉴클레오타이드는 슬라이드 표면에 차례로 추가되고 포토리소그래피(**photolithography**)는 어레이의 개별 위치에 빛을 조사하는 데 사용된다. 빛으로 활성화된 올리고뉴클레오타이드만 특정 단계에 존재하는 뉴클레오타이드에 의해 합성된다(그림 13.2). 이 방법은 cm^2당 300,000개의 서로 다른 염기서열을 가진 올리고뉴클레오타이드가 있는 마이크로어레이를 준비할 수 있다. 이러한 고밀도 어레이를 **DNA 칩**(**DNA chips**)이라고 하며, 종종 유리 지지대가 아닌 실리카를 이용한다.

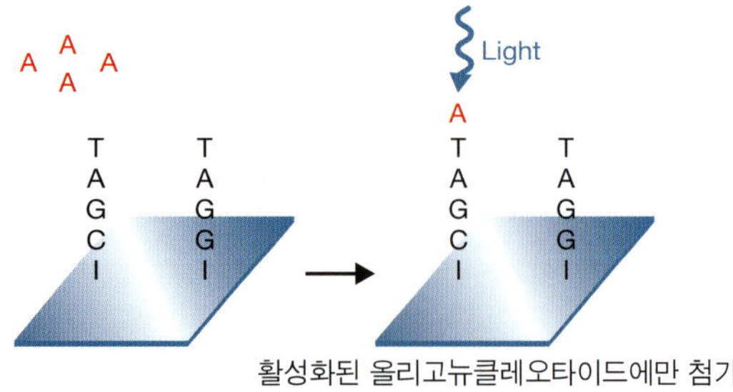

그림 13.2
포토리소그래피(Photolithography).

마이크로어레이 분석은 전사체에서 특정 RNA의 존재를 확인하고 또한 각 RNA의 상대적인 양에 대한 정량적인 정보를 제공할 수 있다. 그러므로 전사체를 얻은 세포에서 개별 유전자의 발현 정도를 평가할 수 있다. 정량화는 마이크로어레이의 각 위치에서 방출되는 형광의 양을 측정하여 수행된다. 그런데 cDNA 표지의 효율성과 혼성화 단계의 효과 같은 요소들은 정밀하게 제어할 수 없기 때문에, 두 개의 서로 다른 마이크로어레이 실험 간에 높은 수준의 재현성을 달성하는 것은 매우 어렵다. 이 문제를 해결하기 위해서 두 개의 전사체를 비교할 때는 마이크로어레이는 두 전사체에서 동일한 신호를 만드는 하나 이상의 양성 대조군을 포함해야 한다. 척추동물의 전사체에서는 액틴 유전자를 종종 양성 대조군으로 이용한다. 액틴 유전자는 발달 단계나 질병 상태에 관계없이 발현량이 일정하다. 그러므로 액틴 유전자에서 얻은 신호의 양을 사용하여 두 개의 마이크로어레이를 비교해서 실험적으로 변이를 조정할 수 있다.

대안으로 두 전사체를 단일 실험으로 직접 비교할 수 있다. 이것은 두 개의 cDNA를 서로 다른 형과 프로브로 표지한 다음 각 위치에서 두 형광 신호의 상대적 강도를 결정하기 위해 적절한 파장에서 어레이를 조사함으로써 수행된다. 상대적인 강도로부터 두 전사체의 RNA 함량 차이를 측정할 수 있다.

13.1.2 RNA 염기서열 분석을 통한 전사체 연구

전사체를 특성화하는 가장 직접적인 방법은 포함된 RNA 분자들을 염기서열 분석을 하고, RNA가 전사되는 유전자에 대한 유전체 주석을 검색하는 것이다. 이것은 전사체 분석에 대한 직접적인 방법으로 보일 수 있지만, 실제로 성공하기 위해서는 많은 문제들을 처리해야 한다.

RNA-seq에 의한 전사체 염기서열 분석

차세대 염기서열 분석은 DNA뿐만 아니라 RNA 염기서열 분석에도 쉽게 적용할 수 있다. RNA-seq을 수행하기 위해 필요한 것은 라이브러리를 준비하기 전에 RNA를 cDNA로 변환하는 것이다. 그러나 전체 전사체를 이런 방법으로 염기서열 분석을 하면 분석 결과 대부분 세포와 조직에서 전사체의 주요 구성 요소인 rRNA와 기타 noncoding RNA 염기서열이 우세할 것이다. 단백질 코딩 유전자의 전사체인 mRNA 함량은 전체 RNA의 5% 이하이다. 만약 전체 전사체를 염기서열 분석을 하면 noncoding RNA 염기서열을 걸러 내기 위해 엄청난 양의 전산 작업이 필요하며 소량의 mRNA 중 일부는 전혀 염기서열 분석이 되지 않을 수 있다.

그러므로 RNA-seq에 의해 이러한 구성 요소 중 하나를 연구하기 전에 전사체를 개별 구성요소로 분리해야 한다. 예를 들어, 초기 분획 단계는 전사체에서 mRNA를 정제하기 위해 수행된다. RNA 추출물은 올리고dT가 결합된 자석 구슬과 혼합되어 mRNA는 polyA 말단을 통해 혼성화된다(그림 13.3). polyA 말단을 갖는 noncoding RNA는 거의 없기 때문에 이 방법은 mRNA에 매우 특이적이다. 정제 후, mRNA는 구슬에서 방출되고 무작위 서열의 짧은 올리고뉴클레오타이드와 혼합된다. 그 중 일부는 RNA의 다양한 위치에서 결합되어 역전사효소에 의해 첫 번째 cDNA 가닥의 합

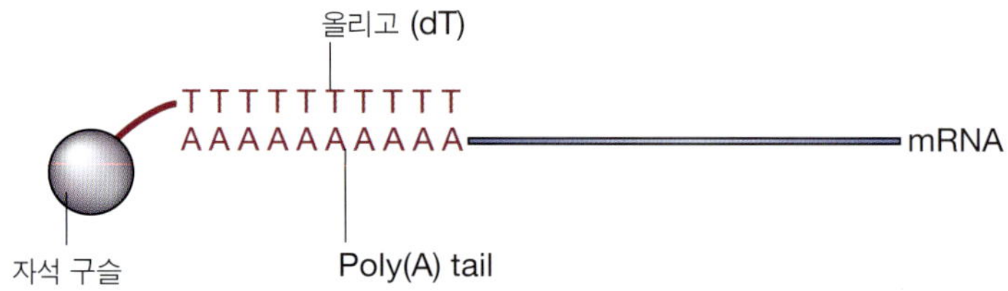

그림 13.3
올리고(dT) 결합 자석 구슬을 이용한 mRNA의 포획.

성을 시작한다. RNA는 RNase H에 의해 부분적으로 분해되고 두 번째 cDNA 가닥은 cDNA 합성을 위한 표준 방법에서와 같이 합성된다(그림 8.7 참조). 일단 이중가닥 cDNA가 만들어지면 라이브러리는 DNA 염기서열 분석과 동일하게 제작된다. 초기 분획 단계의 변형은 다른 종류의 RNA의 염기서열 분석에 적용된다. 예를 들면, 작은 조절 microRNA는 17~25개의 뉴클레오타이드를 유지시키는 크기 분획 후에 염기서열을 분석한다.

차세대 방법으로 DNA가 염기서열 분석되는 것처럼 RNA-seq은 수백만 개의 개별 RNA 염기서열을 생성한다. 이러한 각각의 read는 분획된 전사체 샘플에서 RNA의 단편을 나타낸다. Read는 유전체 염기서열에 직접 배치할 수 있으며. 이것은 RNA 샘플을 얻은 조직에서 전사되는 유전자들을 드러내는 집단을 형성하다(그림 13.4a). 대안으로 염기서열 read는 겹치는 부분을 찾아 콘틱(contig)으로 조립되고, 조립된 콘틱은 유전체 염기서열에 배치한다(그림 13.4b). 후자의 접근 방법의 장점은 염기서열 유사성이 있는 다유전자군(multigene family)의 일원일 때이다. 만약 짧은 read들이 유전체 염기서열에 직접 위치한다면 특정 read가 포함되는 다유전자군을 구분하는 것은 불가능하다. 이 문제는 유전체에 배치하기 전에 콘틱을 구성하면 피할 수 있다. 콘틱은 보다 긴 염기서열이기 때문에 다유전자군에 속하는 유전자를 구별하는 변이를 포함할 가능성이 높기 때문이다.

Read가 유전자에 정확하게 할당되면, 각 유전자의 read 수는 전사체에서 상대적인 RNA 양에 비례한다. 그러므로 마이크로어레이 분석과 같이 RNA-seq은 전사체에 대한 정량적인 정보와 정성적인 정보를 제공할 수 있다.

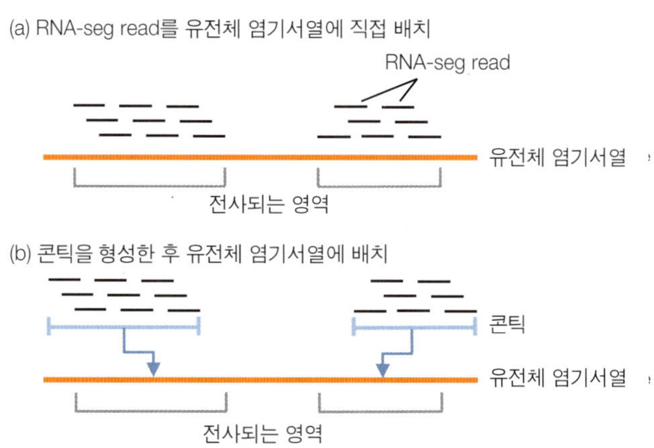

그림 13.4
RNA-seg read를 유전체 염기서열에 배치하는 두 방법. (a) read를 유전체 염기서열에 직접 배치. (b) RNA-seg 콘틱을 조립하고, 콘틱을 유전체에 배치.

SAGE를 이용한 전사체 연구

염기서열 분석 전에 전사체가 분획화되었더라도 콘틱을 구성 후에 또는 read를 직접 유전체 염기서열에 배치하는 것은 많은 컴퓨터 작업이 필요하다. 중요한 염기서열 정보를 보다 빠르게 얻기 위해 사용할 수 있는 방법은?

Serial analysis of gene expression(SAGE)는 전사체에서 mRNA의 신속한 확인을 위해 개발된 첫 번째 방법이다. SAGE는 12 bp 정도의 짧은 서열을 만들고, 이것은 단일 mRNA를 나타낸다. 이 기술의 기초는 12 bp 서열이 많은 경우에 mRNA를 코딩하는 유전자를 확인하는데 충분하다는 것이다.

12 bp 서열을 만드는 첫 번째 단계는 polyA 말단이 셀룰로오스 구슬에 부착된 올리고dT 가닥에 결합함으로써 크로마토그래피 컬럼에서 mRNA를 고정시키는 것이다(그림 13.5). mRNA는 이중가닥 cDNA로 변화되고 AluI과 같이 4 bp를 인식하는 제한효소로 처리되어 각 cDNA가 절단된다. 각 cDNA의 말단 부위는 셀룰로오스 구슬에 부착되어 있어서 잘려진 나머지 단편들은 컬럼 밖으로 폐기된다. 이제 짧은 링커(linker)가 cDNA 절단 부위에 부착되며, BsmFI 인식 서열을 포함한다. 이 효소는 인식서열을 절단하는 대신 10~14개 뉴클레오타이드 아래 부위를 절단하기 때문에 특이

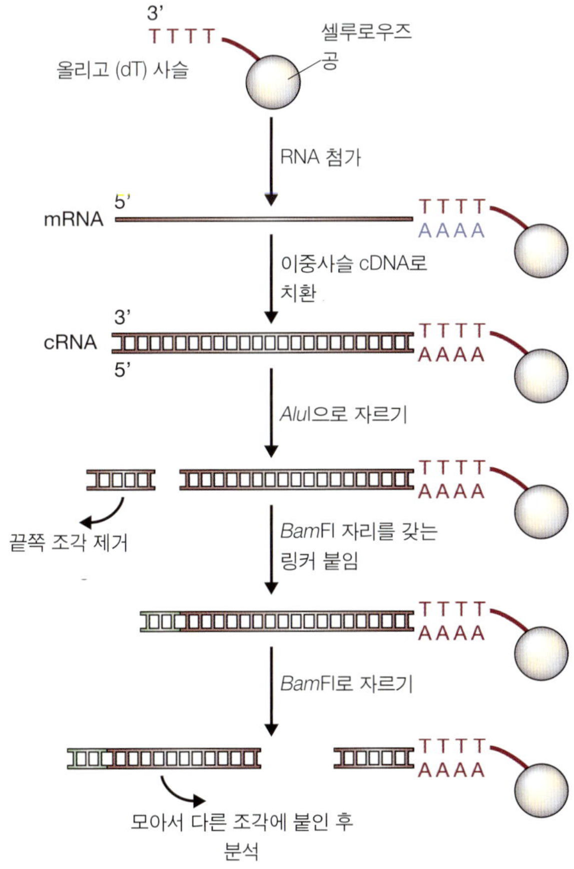

그림 13.5
Serial analysis of gene expression (SAGE).

한 제한효소이다. 그러므로 BsmFI을 처리하면 각 cDNA 말단에서 평균 길이가 12 bp인 단편이 생성된다. 이 단편들은 수집되고, 한 줄로 연결되어 염기서열이 분석된다. 원래 방법에서는 연결된 집합체는 클로닝되고 사슬 종결법으로 염기서열 분석이 되었으나 차세대 방법에 의해 분석될 수도 있다. 개별 mRNA 염기서열은 연결된 집합체에서 확인할 수 있다.

CAGE는 SAGE와 원리가 유사하지만 RNA-seq에 더 적합하다

SAGE는 원래 1990년대에 사슬 종결 분석법을 통해 조직의 RNA 함량을 연구하는 수단으로 개발되었다. SAGE에 의해 생성된 집합체는 차세대 방법에 의해 쉽게 분석될 수 있다. 함께 결합된 개별 BsmFI 단편의 염기서열을 알기 위해서 read를 해체해야 하며, 이것은 추가적인 컴퓨터 작업이 필요하다. 두 번째 문제는 이러한 단편들은 RNA의 내부 영역을 나타내며, polyA 말단의 시작 부분에서 가깝지만 다양한 거리를 가진다는 것이다. 단편들을 유전체 염기서열에 배치하는 것은 조직에서 발현되는 유전자를 확인할 것이지만 전사체에 대한 다른 정보는 제공하지 않는다.

Cap analysis gene expression (CAGE)는 SAGE와 관련된 대체 방법으로 컴퓨터 작업 강도가 낮으며, RNA의 정확한 시작점을 유전체 염기서열에 개별 RNA의 시작점을 확인하는데 이용되는 다양한 방법들을 알아보았다. 그런데 왜 전사체를 연구할 때 유사한 정보를 얻고 싶어 하는가? 대답은 많은 유전자들이 다양한 전사체 시작점을 가지고 있고 각 시작점은 다른 조절 체제하에 있다는 것이다. 예를 들면, 인간 디스트로핀 유전자는 결함으로 뒤센 근위축증을 유발하기 때문에 광범위하게 연구되어 왔으며, 각각 다른 조직에서 사용되는 7개의 대체 전사 시작점을 가지고 있다. 따라서 전사체의 완전한 특성화는 전사체를 구성하는 유전자의 확인에 대한 정보뿐만 아니라 연구 중인 조직에서 사용되는 전사 시작점에 대한 이해도 포함되어야 한다.

CAGE 기술은 모든 mRNA의 5′ 말단에 존재하는 캡(cap) 구조를 이용한다. 캡에는 7-methylguanosine이라는 변형된 뉴클레오타이드를 포함하며, 전사 후에 특이한 5′-5′ phosphodiester 결합을 형성함으로써 mRNA에 부착된다(나머지 mRNA는 5′-3′ phosphodiester 결합으로 연결된다는 것을 기억하자). 특이한 5′-5′ 결합은 디올(diol)이라는 화학 구조를 형성하여 mRNA가 바이오틴(biotin)으로 말단 표지할 수 있게 한다. SAGE와 같이, CAGE의 첫 번째 단계는 mRNA를 정제하기 위해 전사체를 분석하는 것이다. CAGE에서는 바이오틴 표지를 통해 캡 구조를 avidin을 코딩된 자석 구슬에 결합시킨다(그림 13.6). Avidin은 바이오틴과 높은 친화력을 갖는 계란 흰자이다. mRNA를 cDNA로 변환시키고, 시작 부위에 EcoP151 인식 부위를 포함하는 짧은 올리고뉴클레오타이드를 붙인다. BsmFI과 같이, EcoP151 효소 인식 부위의 하류를 절단하지만 이 경우에는 27 bp 아래 부위를 절단한다. 이렇게 절단된 단편들은 연결 없이 차세대 방법으로 염기서열 분석을 할 수 있다. 중요한 점은 각 read의 한쪽 끝이 mRNA의 5′ 말단과 정확히 일치하며 전사체를 얻은 조직에서 발현된 전사 시작 부위를 확인할 수 있다는 것이다.

13.2 단백질체 연구

단백질체는 세포에 있는 모든 단백질의 모음이다. 단백질체 연구(proteomics)는 전사체 연구에서 얻을 수 없는 정보를 줄 수 있다. 전사체 연구는 어떤 유전자가 특정 세포에서 활성화되었나를 알려주지만 실제 그 단백질이 있는가는 정확히 알려주지 못한다. 단백질 양을 결정하는 요인은 mRNA뿐 아니라 mRNA가 단백질로 변환되는 정도와 단백질의 분해되는 속도가 관여하기 때문이다.

단백질체 구성 요소들을 확인하는 데 사용되는 방법을 단백질 프로파일링(protein profiling) 또는 발현 프로테오믹스(expression proteomics)라고 한다. 이것은 두 단계의 과정으로 되어 있다.

1. 첫째, 단백질체의 단백질이 서로 분리된다.
2. 다음으로는 일반적으로 질량 분석법(mass spectrometry)을 통해 개별 단백질을 확인한다.

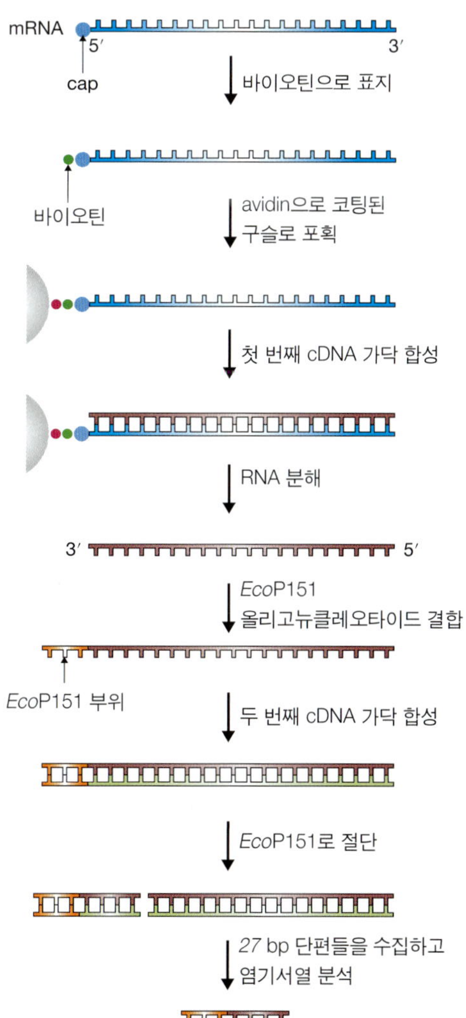

그림 13.6
Cap analysis gene expression (CAGE).

13.2.1 단백질 프로파일링

단백질체를 특성화하기 위해서 먼저 순수한 단백질 샘플을 준비해야 한다. 포유동물 세포는 10,000~20,000개의 서로 다른 단백질을 포함하기 때문에 고도의 분리 시스템이 필요하다.

폴리아크릴아마이드 젤 전기영동을 이용한 단백질체에서 단백질을 분리

폴리아크릴아마이드 젤을 이용한 단백질 전기영동은 단백질을 분리하는 표준방법이다. 젤의 구성과 조건에 따라 다른 화학적 물리적 성질의 단백질이 분리된다. 가장 흔한 방법은 소디움 도덱실 설페이트(SDS)를 용제를 사용하여 단백질을 변성시키고, 폴리펩타이드의 길이와 비례하는 음전하를 부여하는 것이다. 이러한 조건에서 단백질은 자신은 분자량에 따라 분리되는데, 작은 단백질이 양극 쪽으로 가장 빨리 이동하게 된다. 다른 방법으로는 전하가 걸렸을 때 pH 경사를 만드는 화학물질로 만든 젤을 이용하는 등전위 초점법(isoelectric focusing)이 사용될 수 있다. 이런 젤에서 단백질은 자신의 등전점(isoelectric point)으로 이동하는데, 등전점에서 이 단백질의 전체 전위는 0이 된다.

단백질 프로파일링에서 위 방법들은 2차원 전기영동(two-dimensional gel electrophoresis)이라는 기술도 합하여 진다. 일차원에서는 단백질을 등전위 초점법으로 분리한다. 이후 젤을 소디움 도덱실 설페이트(SDS) 용액에 담군 다음 90° 회전시켜 두 번째 전기영동으로 단백질의 크기에 따라 분리 한다(그림 13.7). 이러한 방식은 수천의 단백질을 하나의 젤에서 분리할 수 있다. 전기영동 후 염색한 젤은 복잡한 점이 나타나는데, 각 점이 다른 단백질이다. 두 개의 젤을 비교하면 점의 패턴과 강도가 다르게 나타는데, 강도의 차이가 두개의 단백체 분석에서 각 단백질의 양 차이를 나타낸다. 중요한 차이를 보이는 점들은 프로파일링 후 어떤 단백질이냐를 동정하는 대상이 된다.

컬럼 크로마토그래피를 이용한 단백질 분리

2차원 젤 전기영동은 복잡한 단백질체에서 수많은 단백질을 분리하는 가장 강력한 방법이다. 그러나 젤에서 수천 개의 단백질을 절단하는 것은 매우 힘든 일이다. 그러므로, 젤 전기영동은 다른 단백질에서 다른 양으로 존재하는 하나 또는 몇 개의 흥미로운 단백질을 연구할 때 이용된다. 단백질체에서 가능한 많은 단백질들을 확인하는 것을 목표로 하는 프로파일링 프로젝트는 다른 분리 방법이 필요하다.

칼럼 크로마토크래피는 대체적인 방법이다. 단백질은 전하를 기준으로 하는 이

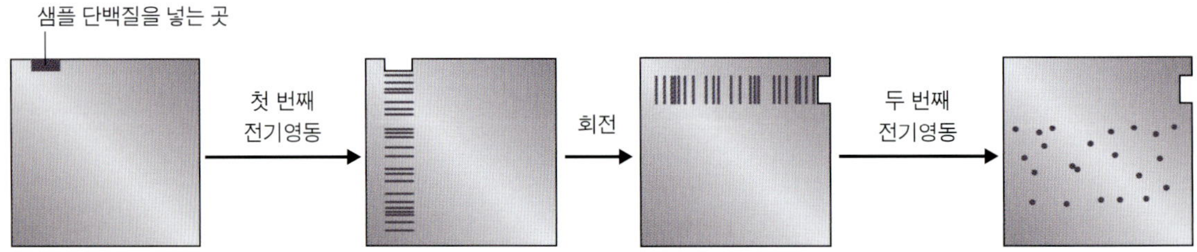

그림 13.7
2차원 전기영동.

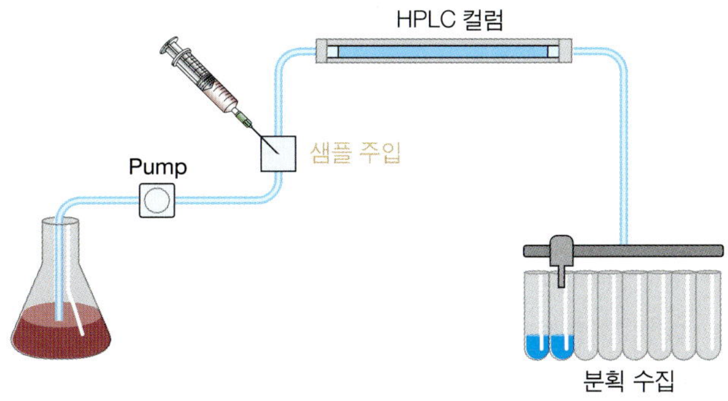

그림 13.8
일반적인 고성능 액체 크로마토그래피 시스템.

온 교환 크로마토그래피를 이용해서 분리하거나 또는 표면 소수성을 이용하는 역상 액체 크로마토그래피(reverse-phase liquid chromatography, RPLC)를 이용해서 분리한다. 단백질 프로파일링에 사용하기 위해서는 컬럼 크로마토그래피 시스템이 단백질체에 존재하는 수천 개의 단백질을 분리할 수 있는 충분한 분해능을 가져야 한다. 그러므로, 내부 직경이 1 mm 미만인 모세관 컬럼을 사용하는 고성능 액체 크로마토그래피(**high-performance liquid chromatography, HPLC**)를 이용한다. 이것은 매우 유사한 분리 특성을 가진 단백질들을 분리할 수 있다. 단백질체가 너무 복잡하지 않다면, 하나 또는 몇 개의 단백질이 포함된 분획들이 HPLC 컬럼에서 용출되면서 수집될 수 있다(그림 13.8). 젤에서 단백질을 추출해야하는 젤 전기영동과 달리 추가 정제가 필요하지 않다. 두 개의 다른 크로마토그래피 시스템을 함께 연결하여 분해능을 높일 수 있다. 이온 교환 시스템에서 수집된 각 분획은 RPLC에 의해 추가로 분획된다(그림 13.9).

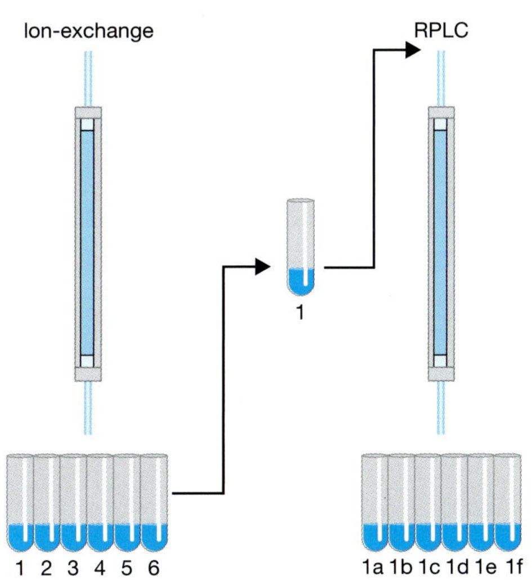

그림 13.9
융합된 크로마토그래피 시스템. 이온 교환 컬럼의 각 분획은 RPLC 컬럼을 통해 추가 분획한다.

분리 후 개별 단백질 동정

단백질 프로파일링의 두 번째 단계는 분리된 개별 단백질들을 확인하는 것이다. 온전한 단백질을 질량분석법(mass spectrometry)으로 조사할 수 있지만, 단백질 프로파일링에서는 아르기닌 또는 라이신 뒤를 절단하는 트립신과 같은 단백질 분해효소를 이용하여 개별 단백질을 단편을 절단하는 것이 일반적이다. 대부분 단백질에서 이는 아미노산 5~75개 길이의 펩타이드를 생성한다.

질량 분석법은 원래 화합물 분자가 고에너지 장에 노출되었을 때 생성되는 이온화된 형태의 질량 대 전하 비율을 이용해 화합물을 확인하는 수단으로 만들어졌다. 이 기술은 단백질이 너무 커서 효율적으로 이온화시킬 수 없어서 단백질에는 사용할 수 없었다. 그러나 **MALDI-TOF(matrix-assisted laser desorption ionization time-of-flight)**는 아미노산 50개까지의 펩타이드를 해결했다.

이 방법을 펩타이드 질량 지문(**peptide mass fingerprinting**)이라고 한다. 일단 이온화되면, 펩타이드의 질량 대 전하 비율은 질량 분석기의 이온화 소스에서 검출기로 이동하는 비행시간으로 결정된다(그림 13.10). 질량 대 전하 비율은 펩타이드의 분자 질량을 결정하고, 이를 바탕으로 아미노산 구성이 추출된다. 단일 단백질의 여러 펩타이드가 분석되면 구성 정보에 대한 결과는 해당 단백질을 지정하는 유전자를 유전체 염기서열에서 지정할 수 있다.

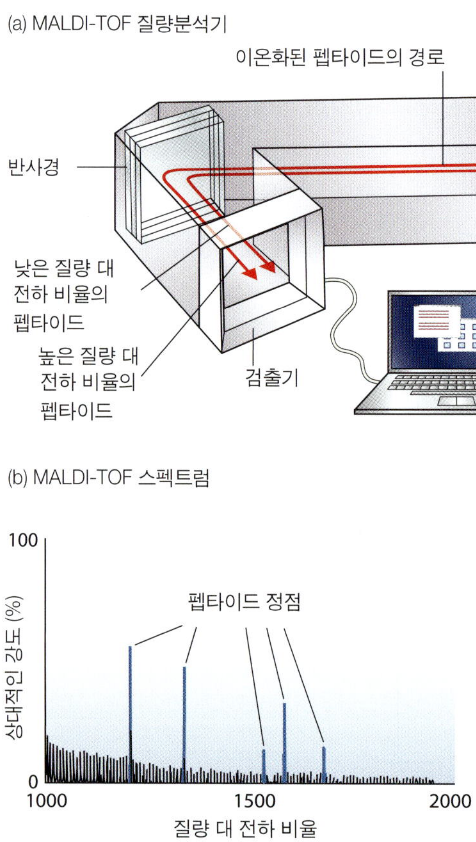

그림 13.10
MALDI-TOF 질량분석기의 이용. 이온화된 펩타이드들이 질량분석기로 이동하고, 그들의 질량 대 전하 비율이 결정되고 스펙트럼으로 나타난다.

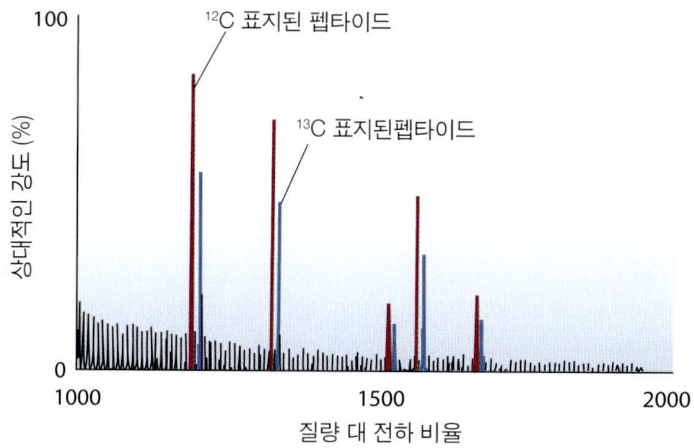

그림 13.11
ICAT를 이용한 단백질체 분석. MALDI-TOF 스펙트럼에서 정상 ^{12}C 원자를 갖는 펩타이드는 빨간색으로, ^{13}C를 갖는 펩타이드는 파란색으로 표기했다. ^{12}C로 표지된 단백질체 내에 연구 중인 단백질은 약 1.5배 더 많음을 알 수 있다.

두 단백질체의 함량 비교

종종 단백질 프로파일링 프로젝트의 목적은 단일 단백질체의 모든 단백질을 확인하는 것이 아니라, 두 개의 다른 단백질체의 단백질 함량 간의 차이를 이해하는 것이다. 차이가 상당히 크면 2차원 젤 전기영동 후 염색된 젤을 보면 간단히 알 수 있다. 그런데 단백질체의 생화학적 특성의 중요 변화는 개별 단백질 양의 사소한 변화로부터 야기될 수 있으며, 따라서 작은 변화를 감지하는 기술이 필수적이다.

한 가지 가능성은 서로 다른 형광 마커로 두 단백질체를 표지한 다음 2차원 젤에서 함께 분리하는 것이다. 서로 다른 파장에서 2차원 젤을 보면, 두 개의 젤을 비교할 때보다 쉽게 단백질의 강도를 판단할 수 있다.

보다 정확한 대안은 동위원소를 이용하는 방법(isotope coded affinity tag, ICAT)으로 단백질체를 표지하는 것이다. 이것은 펩타이드에 부착될 수 있는 화학적 마커이다. 한 시스템에서 마커는 보편적인 12C 동위원소 또는 13C 동위원소를 포함하는 짧은 탄화수소 사슬이다. 단백질을 정상적인 방업으로 분리하고 각 단백질체에서 동일 단백질을 회수하여 트립신으로 처리한다. 펩타이드 세트는 12C와 13C으로 표지된다. 12C와 13C은 질량이 다르기 때문에 질량 분석법으로 구분할 수 있다. 그러므로 두 단백질체의 펩타이드를 질량 분석기에 함께 실향시킨다. 두 단백질체의 동일한 펩타이드는 약간 다른 질량 스펙트럼을 보인다(그림 13.11). 정점의 높이를 비교하면 각 펩타이드의 상대적인 양을 평가할 수 있다.

13.2.3 단백질과 단백질의 상호작용 연구

유전체 작용에 대한 중요한 정보는 함께 작용하는 단백질 쌍 또는 집단을 확인하는 것에서 얻어질 수도 있다. 살아 있는 세포 내에서 혼자 활동하는 단백질은 적다. 대신에 단백질들은 생화학적 작용경로에서 집합체로 서로 작용한다. 단백질과 단백질의 상호작용을 조사하는 중요 기법으로는 **phage display**, **yeast two hybrid system**과 **functional perotein array**가 있다.

Phage display

이 기술은 M13같은 박테리오파아지의 표면에 단백질의 진열을 포함하기 때문에 phage display라고 불리운다(그림 13.12a). 이것은 파이지 외막 단백질에 관한 유전자와 클론된 유전자가 합쳐지는 M13 벡터의 특별한 형태에 단백질을 위한 유전자를 클로닝함으로써 수행된다(그림 13.12b). 대장균에 감염 후 이 융합된 유전자는 외막 단백질의 일부분과 클론된 유전자 산물의 일부분으로 구성된 혼성 단백질을 생산하다. 이 혼성 단백질은 파아지 외막으로 삽입되어 클론된 유전자의 단백질이 파아지 외막에 위치하게 된다.

일반적으로 이 실험은 각각 다른 단백질을 가진 많은 재조합 파아지로 구성된 **phage display 라이브러리**를 가지고 수행된다. 큰 라이브러리는 유전체 DNA 조각의 클로닝 혹은 특정 조직으로부터 cDNA 혼합체의 클로닝에 의해 준비될 수 있다. 라이브러리는 많은 단백질을 진열하고 있는 파아지로 구성되며 검침 단백질과 상호작용을 하는 단백질을 확인하기 위해 사용된다. 이 검침 단백질은 정제된 단백질이거나 파아지 표면에 있는 단백질 자체일 수 있다. 이 단백질은 microtitre tray의 홈이나 크로마토그래피 컬럼에 사용되는 입자에 고정되고 phage display 라이브러리와 혼합된다(그

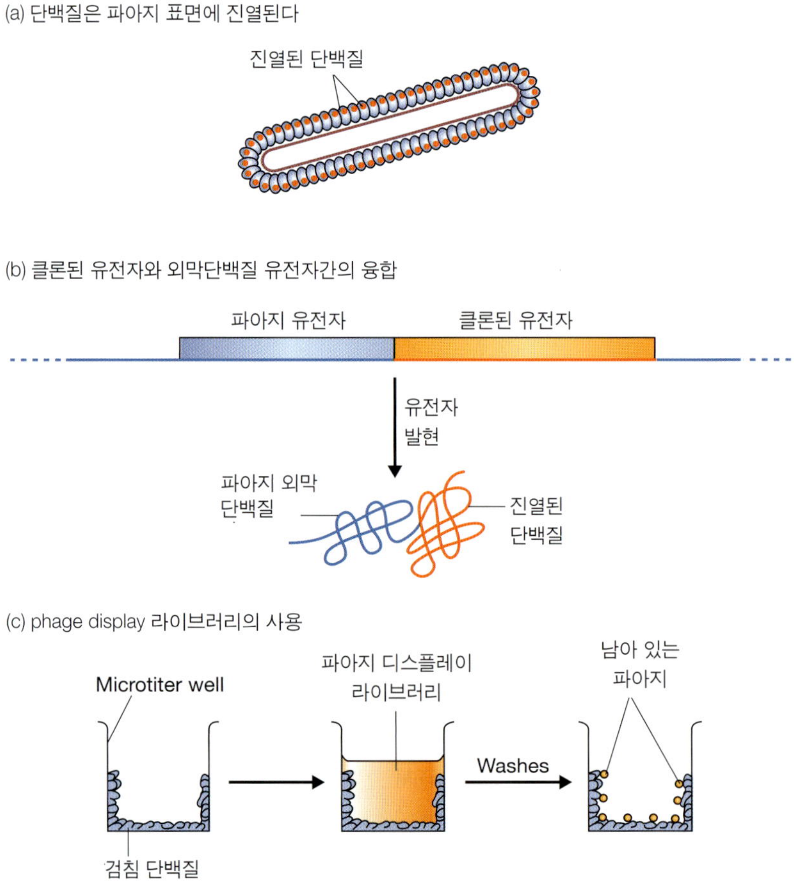

그림 13.12
Phage display. (a) 재조합 파아지의 표면에 단백질의 진열. (b) 단백질을 진열하기 위해 사용된 유전자 융합. (c) display 라이브러리의 파아지와 검침 단백질 간의 상호작용을 검사하는 방법.

림 13.12c). 몇 번 씻은 후 microtitre tray나 컬럼 안에 남아 있는 파아지는 고정된 검침 단백질과 상호작용을 하는 단백질을 가지고 있다.

Yeast two-hybrid 시스템

Yeast two-hybrid 시스템은 파아지 디스플레이와 매우 다르다. 이 방법은 전사인자라고 하는 조절 단백질이 진핵세포에서 유전자 발현을 조절하는 방식에 대한 연구를 기반으로 한다. 전사인자는 유전자 앞 부위에 결합하고 전사를 활성화하기 위해 RNA 중합효소와 상호작용을 한다(그림 13.13a). DNA 결합과 중합효소 활성화의 두 가지 기능은 전사인자의 다른 부분에 의해 지정된다. 일부 전사인자는 DNA 결합과 활성화 도메인을 포함하는 부분으로 나눌 수 있다. 세포에서 작동하기 위해서는 두 전사인자 단편들이 상호작용해야 한다.

이 시스템은 보고 유전자(reporter gene)에 대한 전사인자가 없는 효모를 사용한다. 그러므로 보고 유전자는 꺼져 있게 된다. 이 시스템을 사용하려면 두 개의 효모 클로닝 실험을 수행해야 한다. 첫 번째 클로닝 실험은 상호작용 연구 대상인 표적 단백질의 유전자를 포함한다. 이 유전자는 효모뿐만 아니라 다른 생명체에도 존재할 수 있다. 유전자는 전사인자의 DNA 결합 도메인을 지정하는 염기서열과 연결되고, 벡터

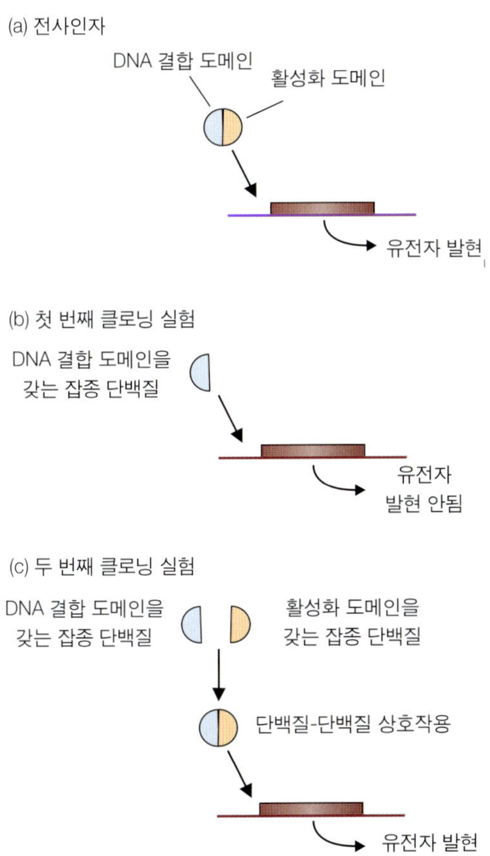

그림 13.13
Yeast two-hybrid 시스템. (a) 일반적인 효모 전사인자는 DNA 결합 도메인과 활성화 도메인을 포함한다. (b) 첫 번째 클로닝 실험 후에 DNA 결합 도메인을 갖는 잡종 단백질이 합성되지만, 전사를 활성화시키지 못한다. (c) 두 번째 클로닝 실험 후에 활성화 도메인을 갖는 잡종 단백질이 합성된다. 이 두 잡종 단백질이 상호작용을 하면 유전자는 발현할 것이다.

에 삽입 후 효모에서 클로닝된다. 클로닝된 유전자의 발현은 표적 단백질 일부와 전사인자 일부를 갖는 잡종 단백질을 생성한다. 그런데 재조합 효모는 아직 보고 유전자를 발현시킬 수 없다. 이 잡종 단백질은 유전자의 앞 부위에 결합할 수 있지만 RNA 중합효소를 활성화할 수 없다(그림 13.13b). 두 번째 클로닝 실험에서는, 두 번째 잡종 유전자를 구성한다. 이 잡종은 검침 단백질(표적과 상호작용할 수 있다고 생각되는 단백질)과 중합효소의 활성화 도메인에 대한 염기서열을 포함한다. 이 두 번째 벡터는 효모세포에 클로닝된다. 표적과 검침 단백질이 상호작용할 수 있으면 전사인자의 DNA 결합과 중합효소 활성화 인자가 연결되고 보고 유전자가 발현된다(그림 13.13c). 두 번째 클로닝 실험은 많은 다른 단백질을 나타내는 재조합 라이브러리를 포함할 수 있다. 그래서 표적 단백질과 다양한 검침 단백질들 간의 상호작용을 한 번의 실험으로 분석할 수 있다.

기능성 단백질 어레이

단백질 어레이는 DNA 마이크로어레이와 유사하며, 차이점은 고정 분자가 올리고뉴클레오타이드가 아니라 단백질이라는 것이다. 기능성 단백질 어레이는 단백질 상호작용을 연구하기 위해 특별히 설계된 것이다. 형광 표지된 검침 단백질을 어레이에 도입해서 나오는 신호의 위치는 검침 단백질과 상호작용하는 단백질을 나타낸다.

기능성 단백질 어레이는 검침 단백질과 광범위한 다른 단백질 간의 상호작용을 확인하는 직접적인 방법을 제공하는 것처럼 보일 수 있지만 아직 널리 사용되지 않는다. 한 가지 문제점은 단백질 어레이 제작이 어렵다는 것이다. DNA 마이크로어레이를 제작하는 것처럼(그림 13.2 참조), 어레이 표면에서 단백질을 직접 합성하는 기술이 없다. 그러므로 각 단백질은 준비, 분리되고 개별적으로 어레이에 고정되어야 한다. 또한 일부 고정된 단백질은 안정성이 낮기 때문에 어레이를 조심스럽게 보관해야하고 제작 후 즉시 사용해야 한다. 이러한 이유 때문에 파아지 디스플레이와 two-hybrid 시스템이 단백질-단백질 상호작용을 연구하는데 보다 보편적으로 이용된다. 그러나 단백질 어레이는 단백질과 DNA 간의 상호작용을 연구하는데 널리 이용된다. 예를 들면 특정 DNA에 결합하는 단백질을 확인하거나 약물과 같은 작은 분자에 결합하는 단백질을 확인하는데 이용된다. 이러한 응용분야에서는 파아지 디스플레이 및 two-hybrid와 동등한 빠른 대안이 없다.

Further reading

FURTHER READING

Aslam, B., Basit, M., Nisar, M.A., et al. (2017) Proteomics: technologies and their applications. *Journal of Chromatographic Science*, **55**, 182–196. [Reviews all aspects of proteomics.]

Bumgarner, R. (2013) DNA microarrays: types, applications and their future. *Current Protocols in Molecular Biology*, **22**, Unit 22.1.

Görg, A., Weiss, W., and Dunn, M.J. (2004) Current two-dimensional electrophoresis technology for proteomics. *Proteomics*, **4**, 3665–3685.

Hu, S., Xie, Z., Qian, J., et al. (2011) Functional protein microarray technology. *Wiley Interdisciplinary Reviews*. Systems Biology and Medicine, **3**, 255–268.

Lowe, R., Shirley, N., Bleackley, M., et al. (2017) Transcriptomics technologies. *PLoS Computational Biology*, **13**, e1005457. [Reviews all aspects of transcriptome analysis.]

Mann, M., Hendrickson, R.C., and Pandey, A. (2001) Analysis of proteins and proteomes by mass spectrometry. *Annual Reviews of Biochemistry*, **70**, 437–473.

Pande, J., Szewczyk, M.M., and Grover, A.K. (2010) Phage display: concept, innovations, applications and future. *Biotechnology Advances*, **28**, 849–858.

Parrish, J.R., Gulyas, K.D., and Finley, R.L. (2006) Yeast two-hybrid contributions to interactome mapping. *Current Opinion in Biotechnology*, **17**, 387–393.

Shiraki, T., Kondo, S., Katayama, S., et al. (2003) Cap analysis gene expression for high-throughput analysis of transcriptional starting point and identification of promoter usage. *Proceedings of the National Academy of Sciences*, USA, **100**, 15776–15781.

Stark, R., Grzelak, M., and Hadfield, J. (2019) RNA sequencing: the teenage years. *Nature Reviews Genetics*, **20**, 631–656.

Stoughton, R.B. (2005) Applications of DNA microarrays in biology. *Annual Review of Biochemistry*, **74**, 53–82.

Sutandy, F.X.R., Qian, J., Chen, C.-S., and Zhu, H. (2013) Overview of protein microarrays. *Current Protocols in Protein Science*, **27**, Unit 27.1.

Velculescu, V.E., Vogelstein, B., and Kinzler, K.W. (2000) Analysing uncharted transcriptomes with SAGE. *Trends in Genetics*, **16**, 423–425.

Wang, Z., Gerstein, M., and Snyder, M. (2009) RNA-Seq: a revolutionary tool for transcriptomics. *Nature Reviews Genetics*, **10**, 57–63.

Zhang, Y., Fonslow, B.R., Shan, B., et al. (2013) Protein analysis by shotgun/bottom-up proteomics. *Chemical Reviews*, **113**, 2343–2394. [Peptide mass fingerprinting.]

PART III

생명공학에서 유전자 클로닝과 DNA 분석의 응용

Chapter 14

클로닝된 유전자들로부터 단백질의 생성

Chapter contents

CHAPTER CONTENTS

지금까지 유전자 클로닝과 DNA 분석의 기본 기술들을 다루었고, 이러한 기술들이 연구에 어떻게 사용되는지 조사했다. 이제 재조합 DNA 기술이 어떻게 생명공학에 적용되는지 알아 볼 것이다. 생명공학이 과거보다 최근 몇 년 동안 훨씬 더 많은 관심을 받았지만, 이것은 새로운 주제는 아니다. 생명공학은 산업과 기술에서 생물학적 공정을 사용하는 것으로 정의할 수 있다. 고고학자들에 따르면 영국의 생명공학 산업은 4,000년 전인 신석기 시대로 거슬러 올라가 술의 일종인 에일과 미드(꿀술)을 만들기 위해 살아 있는 효모 세포를 이용하는 발효과정이 처음으로 도입되었다. 양조기술은 로마 침공시대에 확실히 수립되었다.

20세기 동안에 생명공학은 미생물을 이용하는 다양한 산업들과 함께 발달하여 왔다. 1929년 Alexander Fleming이 곰팡이인 *Penicillium*이 항생물질을 합성한다는 사실을 발견함으로써 항생제의 대량 생산을 위해 균류와 박테리아를 이용하게 되었다. 처음에는 큰 배양용기에서 미생물을 배양한 후 세포를 제거하고 항생제를 정제하였지만(그림 14.1a) 최근에는 이러한 일괄처리 배양(**batch culture**) 방법이 연속배양(**continuous culture**) 방법으로 대치되었다. 이 방법은 발효기를 사용하여 배지에 있는 표품들을 계속하여 뽑아 내어 생성물을 연속적으로 공급하는 방법이다(그림 14.1b). 이러한 과정은 항생제의 생산에만 국한되지 않고 미생물에 의한 다른 화합물의 대량생산에도 이용되고 있다(표 14.1).

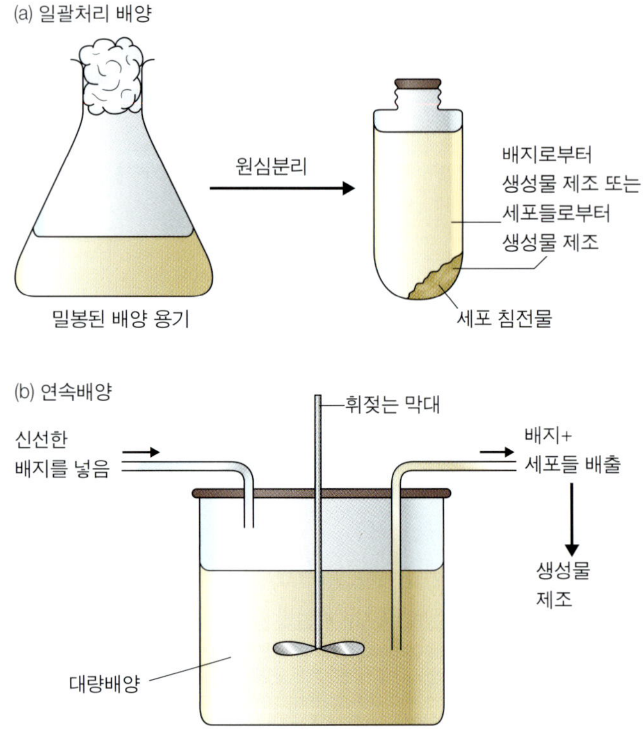

그림 14.1

미생물 배양을 위한 두 가지 다른 배양방법. (a) Batch culture(일괄처리 배양) (b) Continuous culture(연속배양).

생명공학이 지난 몇 십년동안 많은 관심을 받게된 이유 중의 하나는 유전자 클로닝 때문이다. 많은 유용한 생산물들이 미생물 배양에 의해 얻어질 수 있음에도 불구하고 과거에는 미생물에 의해 자연적으로 합성되는 물질들에 국한되었다. 미생물에 의해 생성되지 못하고 고등생물에 의해서만 생성가능한 많은 중요한 의약품들은 이러한 방법으로 획득할 수 없었다. 하지만 유전자 클로닝을 생명공학에 적용함으로써 상

표 14.1

미생물의 대규모 배양으로 생산되는 화합물.

COMPOUND	MICROORGANISM
Antibiotics	
Cephalosporins	*Cephalosporium* spp.
Chloramphenicol, streptomycin	*Streptomyces* spp.
Gramicidins, polymixins	*Bacillus* spp.
Penicillins	*Penicillium* spp.
Enzymes	
Invertase	*Saccharomyces cerevisiae*
Proteases, amylases	*Bacillus* spp., *Aspergillus* spp.
Other compounds	
Acetone, butanol	*Clostridium* spp.
Alcohol	*S. cerevisiae*, *Saccharomyces carlsbergensis*
Butyric acid	Butyric acid bacteria
Citric acid	*Aspergillus niger*
Dextran	*Leuconostoc* spp.
Glycerol	*S. cerevisiae*
Vinegar	*S. cerevisiae*, acetic acid bacteria

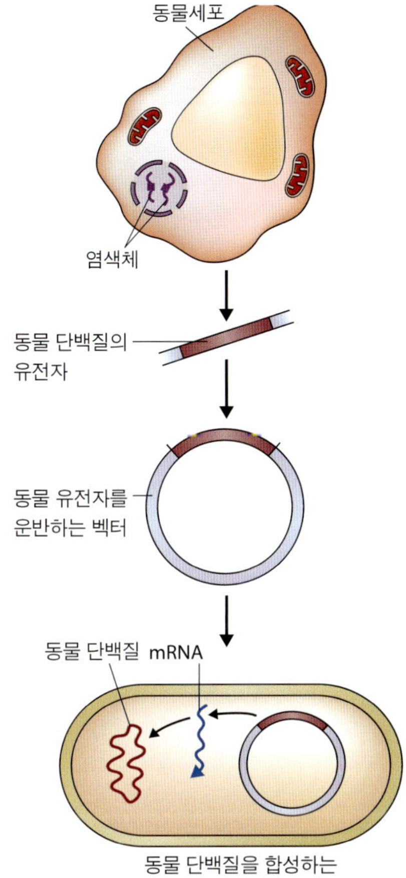

그림 14.2
박테리아에 의한 동물 단백질 생성 개요.

황은 바뀌게 되었다. 여기서 유전자를 클로닝한다는 의미는 어떤 중요한 동물 또는 식물의 단백질의 유전자를 클로닝 벡터에 삽입한 다음 박테리아에 도입하는 것을 의미한다(그림 14.2). 만약 이러한 조작이 정확하게 이루어지면 그 유전자는 발현되어 박테리아 세포에 의해 그 단백질은 합성될 것이다. 그러면 다량의 재조합 단백질을 얻을 수 있게 된다.

물론 실제로 이러한 재조합 단백질을 얻는다는 것은 말처럼 쉬운 것은 아니다. 특별한 클로닝 벡터가 필요하고 만족스러운 양의 재조합 단백질을 얻는다는 것은 종종 어려운 일이다. 이 장에서는 재조합 단백질 합성을 위한 클로닝 벡터를 살펴보고 그들의 활용과 관련된 몇몇 문제점을 알아볼 것이다.

14.1 대장균에서 외부 유전자들의 발현을 위한 특별한 벡터

만약 박테리아 유전자가 아닌 다른 외부 유전자가 보통의 벡터 안에 단순히 결합된 후 대장균 내에서 클로닝 된다면 재조합 단백질의 상당량이 합성되지 않는다. 그 이유는 단백질 발현이라는 것이 박테리아에 의해 인식될 수 있는 일련의 신호들에 의

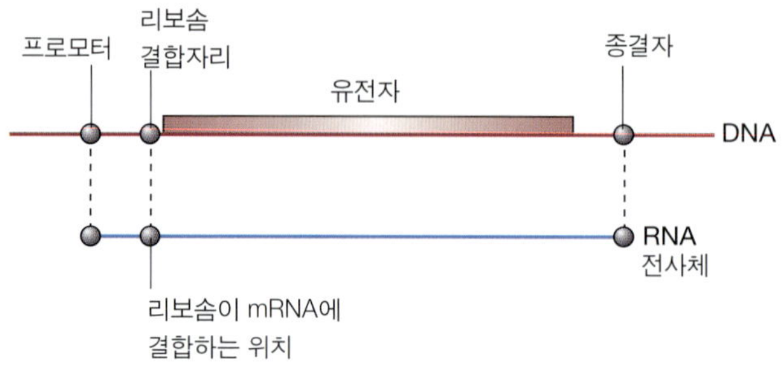

그림 14.3
대장균에서 유전자 발현을 위한 세 가지 중요한 신호들.

해 둘러싸인 유전자에 좌우되기 때문이다. 짧은 뉴클레오타이드 서열로 된 이러한 신호는 그 외부 유전자의 존재를 알려 주어 그 박테리아 세포의 전사와 번역에 대한 명령을 제공한다. 대장균 유전자들에 대한 가장 중요한 세 가지 신호는 다음과 같다(그림 14.3);

- 프로모터, 이것은 유전자의 전사가 시작되는 지점을 표시해 준다. 대장균에서 프로모터는 전사 효소인 RNA 중합 효소의 시그마 단위체에 의해 인식된다.
- 종결자(terminator), 이것은 전사가 끝나는 유전자 상의 끝지점을 표시한다. 종결자는 대개 스스로 줄기-고리 구조의 염기쌍을 형성할 수 있는 뉴클레오타이드 서열이다.
- 리보솜 결합자리, 이것은 리보솜에 의해 인식되는 짧은 뉴클레오타이드 서열로서 리보솜이 mRNA 분자에 결합하는 위치이다. 유전자의 개시코돈은 항상 리보솜 결합 자리로부터 아래쪽으로 몇몇 뉴클레오타이드가 떨어져 있다.

고등생물의 유전자들도 유전자 발현 신호들로 둘러싸여 있으나 그들의 뉴클레오타이드 서열은 대장균의 그것과는 다르다. 대장균와 사람 유전자의 프로모터를 비교해 보았다(그림 14.4). 비슷한 점도 있지만 대장균의 RNA 중합 효소가 사람의 프로모터에 결합하는 것 같지는 않다. 외부 유전자가 대장균에서 불활성인데 이것은 단지 박테리아가 그것의 발현 신호들을 인식하지 못하기 때문이다.

이러한 문제의 해결은 외부 유전자를 벡터에 삽입시키는 것인데 이것은 벡터가 일련의 대장균 발현 신호들이 조절을 받게하는 방법이다. 만약 이 방법이 이루어지면 유전자는 전사되고 번역되어진다(그림 14.5). 이러한 신호들을 제공하는 따라서 재조합 단백질 생성에 이용될 수 있는 클로닝 벡터를 발현 벡터라 부른다.

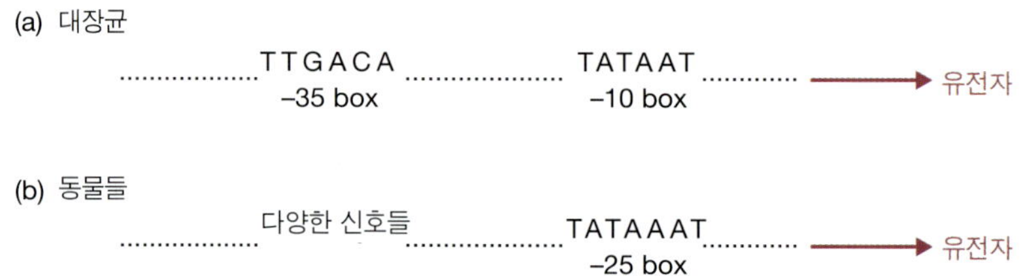

그림 14.4
대장균과 동물 유전자의 전형적인 프로모터 서열들.

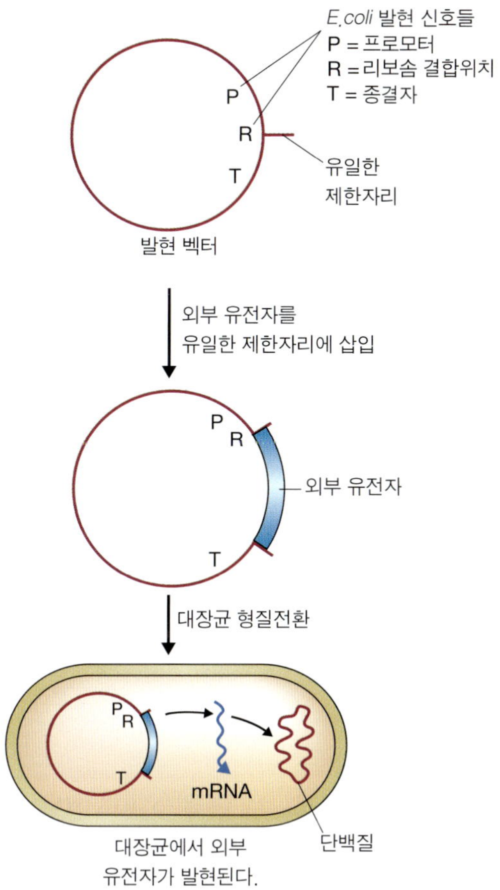

그림 14.5
대장균에서 외래 유전자의 발현을 성공시키기 위한 발현 벡터의 사용.

14.1.1 프로모터는 발현 벡터의 결정적인 구성요소이다

프로모터는 발현 벡터의 가장 중요한 구성요소이다. 이것은 프로모터가 유전자 발현의 최초단계(DNA에 RNA 중합효소의 결합)에서 조절하고 mRNA의 합성 속도를 결정하기 때문이다. 따라서 얼마나 많은 재조합 단백질이 얻어지는가는 발현 벡터가 가지고 있는 프로모터의 성질에 크게 달려있다.

프로모터는 신중히 선택되어야한다

그림 14.4a에 나타난 두 개의 서열은 공통서열(consensus sequences), 즉, 알려져 있는 모든 대장균 프로모터 서열들의 평균들이다. 대부분의 대장균 프로모터들이 이러한 공통서열들 사이에서 크게 다르지 않음에도 불구하고(예를 들면, TTGACA 대신 TTTACA) 사실 이들 사이의 약간의 변화는 프로모터로 하여금 전사를 지시할 수 있는 능률에 중요한 영향을 미친다. 강한 프로모터는 높은 전사속력을 유지하는 것들이다. 즉, 강한 프로모터는 대개 세포에 의해 다량의 번역산물이 요구되는 유전자들을 조절한다(그림 14.6a). 반대로 비교적 비효율적인 약한 프로모터는 다시 적은 양의 산물이 필요한 유전자들의 전사를 조절한다(그림 14.6b). 분명한 것은 발현 벡터는 강한 프로모터를 가지고 있어야 하며, 따라서 클론된 유전자는 가능한한 가장 빠른 속도로 전사된다.

그림 14.6
강한 프로모터들과 약한 프로모터들.

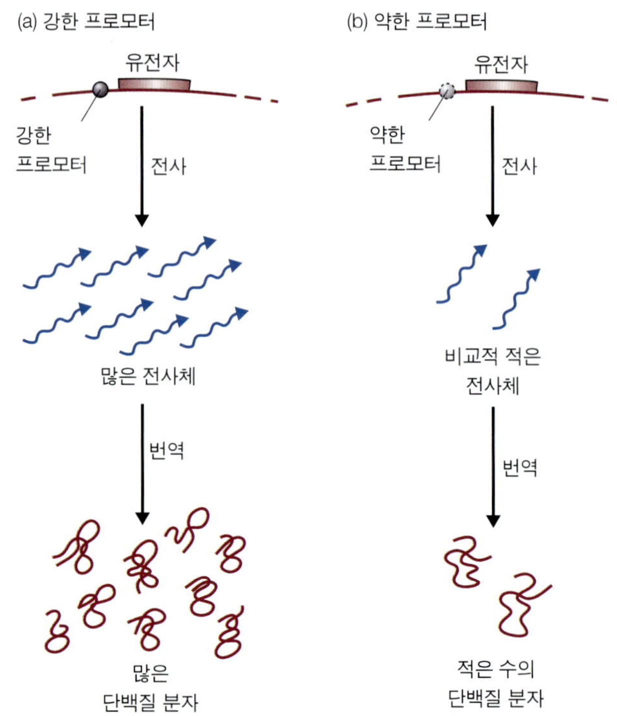

발현 벡터를 만들 때 고려 해야 하는 두 번째 요소는 프로모터 조절 방법이다. 대장균에서 유전자 조절의 두 가지 주요한 형태는 유도(induction)와 억제(repression)이며, 유도성 유전자는 성장배지에 화합물을 첨가함으로써 그들의 전사가 일어나는데 이러한 화합물은 유도성 유전자에 의해 암호화되어 있는 효소에 대한 기질들 중의 하나인 경우가 많다(그림 14.7a). 반대로 억제성 유전자는 조절 화합물의 첨가에 의해 발현이 일어나지 않는다(그림 14.7b).

그림 14.7
박테리아에서 일어나는 유전자 조절의 두 가지 형태. (a) 유도성 유전자, (b) 억제성 유전자.

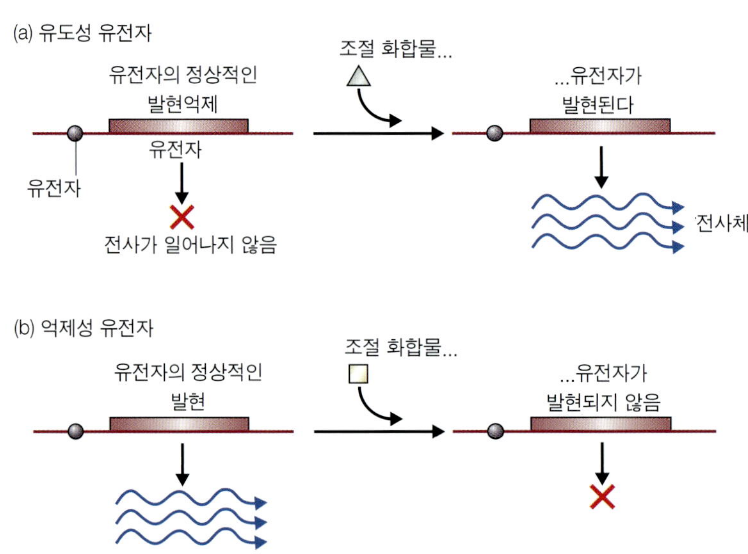

유전자 조절이란, 프로모터 자체가 단지 간접적으로 관여하는 복잡한 과정이다. 유도와 억제에 있어서 중요한 역할을 하는 많은 염기서열들은 프로모터 주변에 놓여 있고 따라서 발현 벡터에도 존재한다. 따라서 유전자 조절은 발현 벡터에서도 일어나므로 프로모터에 의해 정상적으로 조절되는 유전자를 유도하거나 억제하는 화합물은 클론된 유전자의 발현을 역시 같은 방식으로 조절할 수 있다. 이것은 재조합 단백질을 생산하는데 분명한 장점이 될 수 있다. 예를 들어, 만약 재조합 단백질이 박테리아에 해로운 효과를 가지고 있다면 그것의 합성은 독성의 정도까지 축척되는 것을 막도록 조심스럽게 감시되어야 하며 이것은 또한 조절 화합물을 클론된 유전자의 발현을 조절하는데 적절하게 사용함으로써 성취될 수 있다. 재조합 단백질이 숙주세포에는 해로운 영향을 미치지 않음에도 불구하고 클론된 유전자 전사의 계속되는 높은 수준이 재조합 플라스미드의 복제 능력에 영향을 미칠 때 이 클론된 유전자의 조절이 배양으로부터 궁극적으로 상실되어야 하는 것이 바람직하다.

발현 벡터에 사용되는 프로모터의 예

몇몇 대장균 프로모터들은 원하는 세기를 가지고 있고 조절하기 쉽다. 발현 벡터에서 가장 자주 사용되는 프로모터는 다음과 같다.

- *lac* 프로모터(그림 14.8a), 이것은 β-갈락토시다제를 암호화하는 *lacZ* 유전자(그리고 pUC와 M14mp 벡터가 가지고 있는 *lacZ′* 유전자 절편)의 전사를 조절하는 서열이다. *lac* 프로모터는 IPTG에 의해 유도되는데, IPTG를 성장배지에 첨가하면 발현 벡

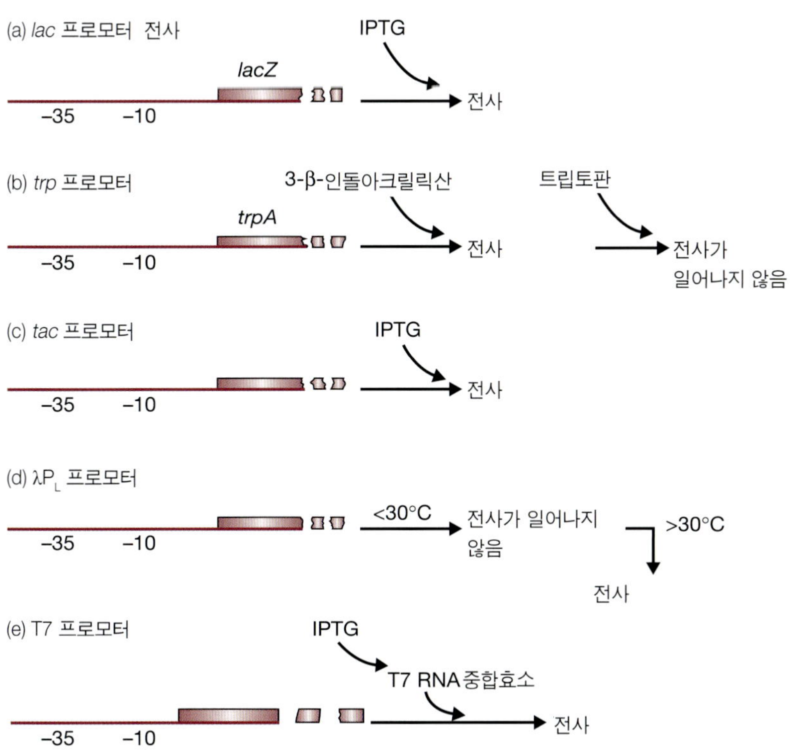

그림 14.8

발현 벡터에서 종종 사용되는 네 가지 프로모터들 *lac*과 *trp* 프로모터는 대장균에서 그들이 정상적으로 조절하는 유전자들의 상류에 있다.

터가 가진 *lac* 프로모터의 아래쪽에 삽입된 유전자의 전사가 촉진된다.

- *trp* 프로모터(그림 14.8b), 이것은 정상적으로 아미노산인 트립토판의 생합성에 관련된 몇몇 효소들을 암호화하는 유전자 집단의 상류에 있다. *trp* 프로모터는 트립토판에 의해 억제되나 3-β-인돌아크릴릭산에 의해 더 쉽게 유도된다.
- *tac* 프로모터(그림 14.8c), *trp*와 *lac* 프로모터의 혼성물로써 사실 두 가지 프로모터보다 더 강력하지만 여전히 IPTG에 의해 유도된다.
- λP_L 프로모터(그림 14.8d), λDNA 분자의 전사를 결정하는 프로모터 중의 하나이다. λP_L은 박테리오파아지 DNA를 전사하도록 변형된 대장균의 RNA 중합효소에 의해 인식되는 매우 강한 프로모터이다. 이 프로모터는 λ*c*I 유전자의 산물에 의해 억제된다. λP_L 프로모터를 가진 발현 벡터들은 온도 민감성(temp. sensitive) *c*I 단백질을 합성하는 돌연변이 대장균 숙주와 함께 사용된다. 낮은 온도(30℃보다 낮은)에서 이 돌연변이 *c*I 단백질은 λP_L 프로모터를 억제할 수 있으나 높은 온도에서 이 단백질은 불활성되어 클론된 유전자를 전사시킨다.
- T7 프로모터(그림 14.8e)는 T7 박테리오파지가 갖고 있는 RNA 중합효소에 특이적이다. 이 RNA 중합효소는 대장균의 것보다 효율이 높아 T7 프로모터 아래에 유전자를 클로닝 하여 넣으면 높은 유전자 발현을 얻을 수 있다. T7 RNA 중합효소는 일반적으로 대장균 유전체에 없기 때문에 T7 파지를 허용하는 특별한 대장균 균주를 이용해야 한다. 2장에서 언급한 파지 DNA를 유전체에 갖고 있는 박테리아(라이소젠)를 기억하라. 어떤 특별한 대장균 균주는 *lac* 프로모터를 T7 RNA 중합효소 위에 놓아, IPTG를 배양액에 첨가하면 T7 RNA 중합효소를 합성되게 제작된 것도 있다. 새로 합성된 T7 RNA 중합효소는 T7 발현 벡터에 클로닝된 유전자를 발현시키게 된다.

14.1.2 카세트와 유전자 융합

효율적인 발현 벡터는 강력하고 조절 가능한 프로모터와 대장균 리보솜 결합 염기서열, 그리고 종결자를 가지고 있다. 대부분의 벡터에서 이러한 발현 신호들은 카세트를 형성하는데 이렇게 불리는 이유는 외부 유전자가 발현 신호 집단의 중간에 존재하는 유일한 제한자리 속으로 삽입되기 때문이다(그림 14.9). 따라서 외부유전자를 카세트 속으로 삽입하는 것은 그 외부 유전자를 발현 신호들 속의 이상적인 위치에 놓는 것이다.

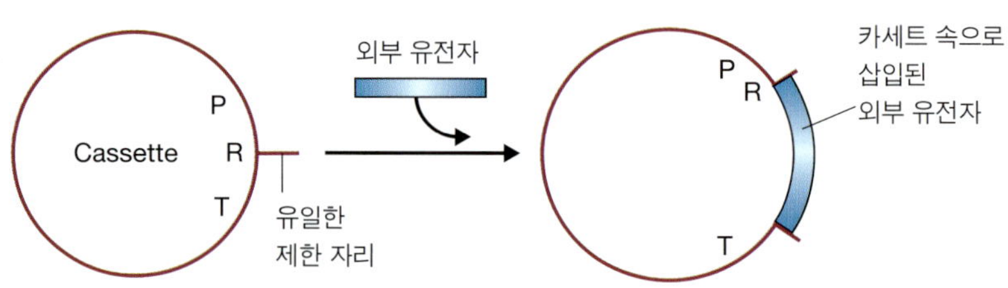

그림 14.9
전형적인 카세트 벡터와 이들의 사용방법. P 프로모터, R 리보솜 결합 부위, T 종결자.

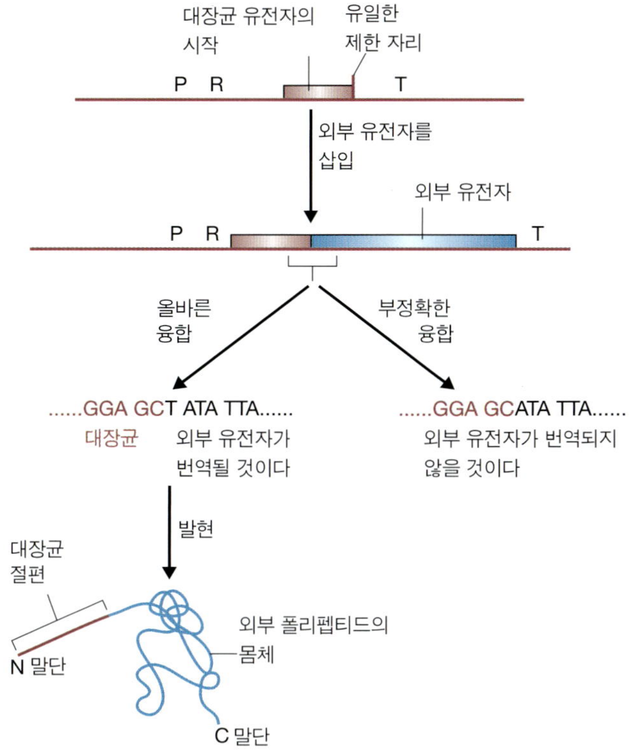

그림 14.10
혼성 유전자의 구축과 융합 단백질.

어떤 카세트 벡터들에 있어서는 클로닝 자리가 리보솜 결합 서열 바로 다음에 있는 것이 아니라 어떤 대장균 유전자의 시작부위 절편 다음에 있다(그림 14.10). 외부 유전자를 이러한 제한 자리에 삽입시키는 것은 다음과 같은 방법으로 수행한다. 벡터에 있는 대장균 유전자 절편의 읽기틀과 외부 유전자의 읽기틀이 일치되도록 연결하여 외부 단백질의 아미노 말단에 대장균 유전자의 짧은 펩티드가 연결된 혼성 단백질이 만들어지도록 한다. 이 방법은 다음과 같은 네 가지 장점을 가지고 있다.

- 클로닝된 유전자로부터 만들어진 mRNA의 효율적인 번역은 리보솜 결합 위치의 존재에 의존하며 암호화 지역의 시작점에서의 뉴클레오타이드 서열에 의해 영향을 받는다. 이것은 아마도 자신의 DNA 가닥 내부의 염기쌍에 의해 만들어지는 2차원적 구조가 리보솜 결합 위치에 리보솜이 결합하는 것을 방해하기 때문이다(그림 14.11). 만약 이 부분을 대장균 유전자의 부분으로 사용한다면 이러한 가능성은 피할 수 있다.

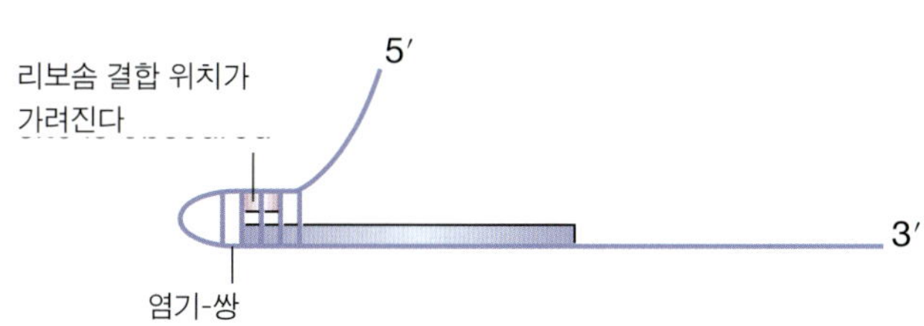

그림 14.11
전령 RNA의 시작점에서 2차 구조에 의해 생기는 문제점.

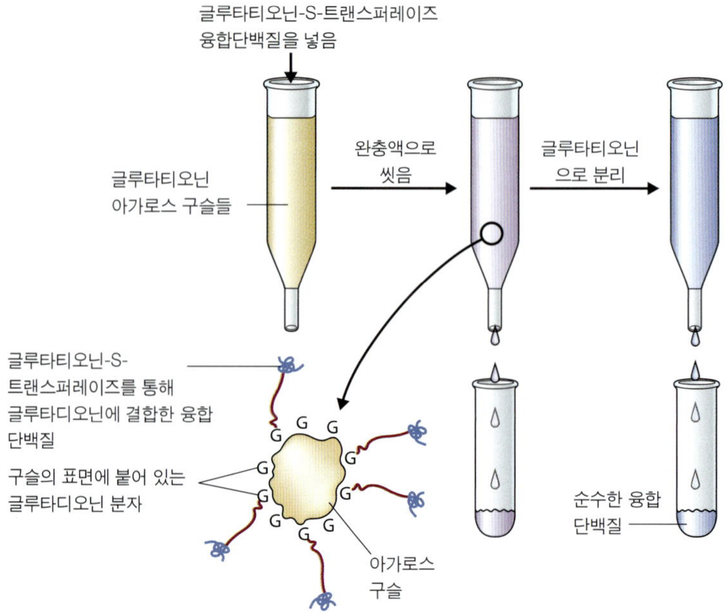

그림 14.12
글루타티오닌-S-트랜스퍼레이즈 융합 단백질을 정제하기 위한 친화성 크로마토그래피의 사용.

- 융합 단백질의 N말단의 대장균 절편의 존재는 이 융합 단백질을 안정화 시킬 수 있고 숙주세포에 의해 이 분자가 분해되는 것을 막을 수 있다. 대조적으로 이 대장균 절편이 결핍된 외부 단백질은 종종 숙주세포에 의해 분해된다.
- 이 대장균 절편은 신호성 펩티드(signal peptide)를 구성할 수 있어, 융합 단백질이 신호성 펩티드의 성질에 따라 숙주 세포 내의 특정 위치에 있거나 세포 밖으로 분비된다. 만약 이 신호성 펩티드가 세포에 의해 분비되는 단백질(*ompA* 또는 *malE* 유전자의 산물)에서 유래된다면 그 재조합 단백질은 생장배지로 분비되거나 주변 원형질 공간(periplasmic space)으로 분비될 수 있다.
- 이 대장균 절편은 융합 단백질이 친화성 크로마토그래피에 의해 회수되는 것을 가능케 함으로써 정제에 도움이 될 수도 있다. 예를 들어, 대장균 글루타티오닌-*S*-트랜스퍼레이즈(Glutathionine-*S*-transferase)가 N 말단에 연결된 융합 단백질은, 클루타티오닌이 붙어있는 아가로스 구슬에 흡착시킴으로써 정제될 수 있다(그림 14.12).

위에서 설명한 방법이 가지고 있는 단점은 대장균 절편의 존재가 재조합 단백질의 특성을 변경시킬 수 있다는 것이다. 따라서 이 대장균 절편을 제거하기 위한 방법들이 필요하다. 대개 이것은 대장균 절편과 외부 폴리 펩티드의 연결 부위 혹은 그 근처를 자를 수 있는 효소 또는 화학물질을 처리함으로써 가능하다. 예를 들어, 메티오닌이 그 연결부위에 존재한다면 시아노젠 브로마이드로 끊을 수 있다(그림 14.13). 마찬가지로 트롬빈(아르기닌 잔기들에 인접해서 끊는) 혹은 Xa 인자(Gly-Arg의 아르기닌 뒤를 자르는)같은 효소들이 사용될 수 있다. 중요한 고려사항은 절단자에 대한 인식 서열이 재조합 단백질 내부에 존재해서는 안된다는 것이다.

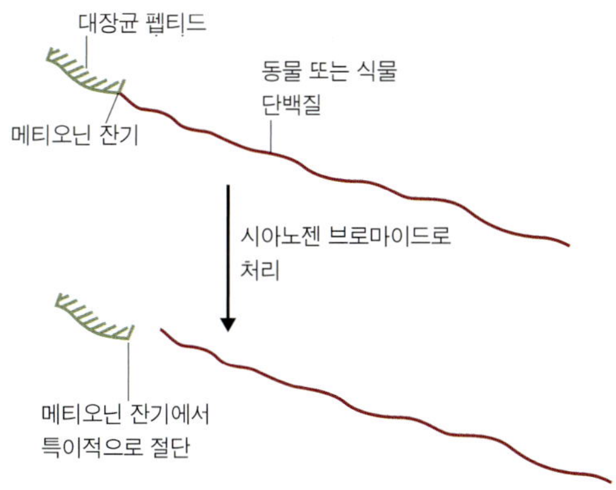

그림 14.13
융합 단백질로부터 외부의 폴리펩티드의 회수를 위한 한 가지 방법. 메티오닌 잔기는 전체 폴리펩티드내에 오직 하나만 존재해야 한다. 만약 다른 데에도 있다면 시아노젠 브로마이드가 융합 단백질을 2개 이상 절편들로 쪼갤 것이다.

14.2 대장균에서 재조합 단백질 생성에 대한 일반적인 문제들

형질발현 벡터들의 발달에도 불구하고 대장균에서 복제된 외래 유전자로부터 단백질을 생성하는 데에는 여전히 많은 어려움들이 있다. 이 문제들은 두 가지 이유로 나눠진다. 하나는 외래 유전자의 염기서열이고 다른 하나는 재조합 단백질을 합성하는 숙주로서의 대장균의 한계성이다.

14.2.1 외래 유전자의 염기서열로 인한 문제들

염기서열이 대장균에 클론된 외래유전자의 효과적인 발현을 저해하는데는 세 가지 방식이 있다.

- 외래 유전자가 인트론을 포함하고 있다. 대장균이 인트론을 가지지 않는다는 것과 또한 박테리아도 전사체에서 인트론을 제거하기 위한 필수적인 장치를 가지지 않는다는 것이 하나의 중요한 문제이다(그림 14.14a)
- 외래 유전자는 대장균에서 종결신호로 작용하는 염기를 포함하고 있다(그림 14.14b).이들 염기는 일반적인 숙주세포에서는 완벽하게 해를 미치지 않는다. 그러나 박테리아에서는 조기종결과 유전자발현 손실을 일으킨다.
- 유전자의 코돈 불균형(codon bias)은 대장균에서 번역하는 데는 이상적이지 않을 수 있다. 모든 생명체들이 동일한 유전암호를 사용하지만 각각의 생명체마다 보다 더 좋아하는 코돈을 가진다. 이런 경향은 tRNA 분자들이 다른 코돈을 인식할 수 있는 효율을 반영한다. 만약 클론된 유전자가 높은 비율의 비적합 코돈 사용빈도를 포함하고 있다면 숙주세포의 tRNA들은 유전자를 번역하는 데 어렵게 되고 합성되는 단백질의 양도 감소하게 된다(그림 14.14c).

위의 문제들은 시간이 많이 걸리고 많은 비용(산업적인 면에서 중요한 이유)이 들지만 대개는 해결할 수 있다. 만일 그 유전자가 인트론을 가지고 있다면 mRNA로부터 만들어진 cDNA는 인트론이 빠져 있기 때문에 그 유전자의 cDNA를 이용할 수 있다.

그림 14.14

대장균에서 외래 유전자를 발현시킬 때 발생되는 문제들: (a) 인트론이 대장균에서 제거되지 않는다. (b) 전사과정 중에 조기종결 (c) 유전암호의 편중과 관련된 문제.

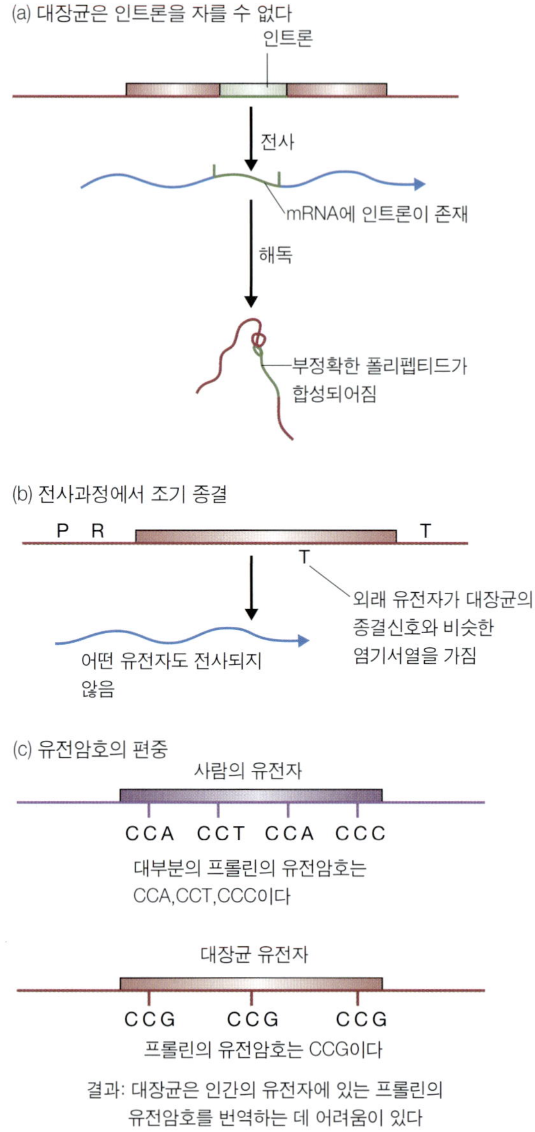

또한 종결신호의 염기서열로 대체하거나 적합하지 않은 유전암호들을 대장균에 적합한 것으로 대체하기 위해서 *in vitro* mutagenesis를 이용할 수 있다. 길이가 1.2 kb가 되지 않는 유전자들은 인위적인 방법으로 만들수 있다. 이것은 대장균 자체에 더욱 선택적인 유전암호를 이용하고 종결염기서열이 존재하지 않는 일련의 겹쳐진 올리고뉴클레오타이드의 합성을 포함하는 인위적인 방법을 사용한다.

14.2.2 대장균에 의해 일어나는 문제들

재조합 단백질을 합성할 때 박테리아의 고유한 특성이 있는 대장균을 숙주로서 사용하고자 할 때 부딪히는 몇 가지 어려움이 있다.

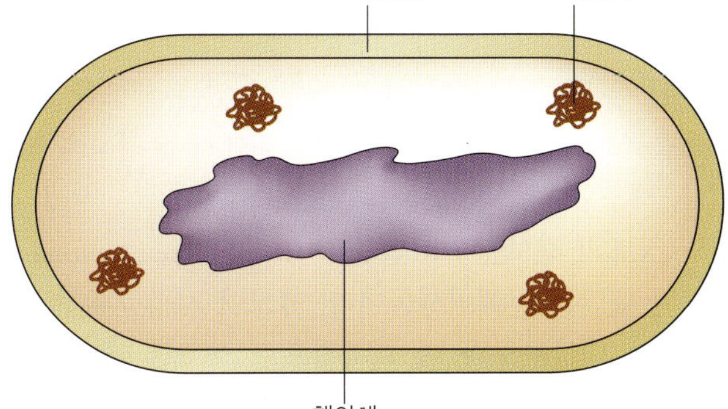

그림 14.15
봉입체(inclusion body).

- 대장균에서 재조합 단백질이 정확하게 가공되지 않을 수도 있다. 대부분의 생물들의 단백질들이 번역된 후 폴리펩티드 내에서 아미노산의 화학적인 변형에 의해 가공된다. 종종 이런 가공과정은 그 단백질의 정확한 생물학적 활성에 필수적이다. 불행히도 박테리아와 고등생물의 단백질들은 서로 다른 가공과정을 거친다. 특히 동물의 단백질은 글리코실화되어 있다. 즉, 번역된 후에 단백질에 당이 붙게 된다는 뜻이다. 박테리아에서는 글리코실화가 일어나지 않으므로 대장균에서 만들어진 고등생물의 당단백질은 제대로 만들어질 수 없게 된다.
- 대장균은 재조합 단백질을 정확하게 접히지 않을 수 있다. 그리고 많은 동물 단백질에 존재하는 이황화 결합을 생성할 수 없다. 만일 단백질이 제대로 접혀진 3차 구조를 취하지 않는다면, 단백질은 불용성이면서 박테리아 안에서 봉입체(**inclusion body**)를 형성한다(그림 14.15). 봉입체로부터 단백질의 회수는 문제가 아니다. 그러나 시험관 안에서 단백질을 정확하게 접혀진 형태로 전환시키는 것은 어렵거나 불가능하다. 이런 조건에서는 그 단백질은 불활성이게 된다.
- 대장균이 재조합 단백질을 분해시킬 수도 있다. 어떻게 대장균이 외래 단백질을 인식할 수 있는지 그리고 어떻게 이것을 우선으로 분해하는지는 알려져 있지 않다.

이 문제들은 앞서 설명했던 염기서열에 대한 문제보다 어려운 문제지만 특별한 대장균을 사용하여 완화시킬 수 있다.

단백질 분해에 관여하는 프로티아제(protease)가 불충분하게 있는 돌연변이체 대장균을 숙주로 사용함으로써 재조합 단백질의 분해를 감소시킬 수 있다. 재조합 단백질의 정확한 접힘은 특별한 숙주 계통을 선택함으로써 증진될 수 있다. 이 경우에 세포 내에서 단백질 접힘에 관여하는 샤페론 단백질(chaperone protein)을 과잉 생성하는 것이다. 그런데 중요한 결함은 글리코실화의 결여이다. 이 문제를 해결하기 위한 시도는 다른 생명체의 글리코실화 효소를 유전자 클론한 대장균 계통을 가지고 수행하였다. 캄필로박터 제주니(*Campylobacter jejuni*)가 글리코실화 활력을 가지고 있는 몇 안 되는 박테리아 중 하나이다. 이러한 글리코실화 능력이 있는 대장균 균주의 초기 결과가 유망했지만, 재조합 단백질 생산에 일상적으로 사용되기까지는 시간이 필요하다.

14.3 진핵세포에 의한 재조합 단백질의 생성

대장균 내에서 클론된 유전자들로부터 다량의 활성 있는 재조합 단백질을 얻어 내는데 발생되는 문제들을 해결하기 위해 다른 생물 내에서 유전자를 발현시키는 시스템을 개발하게 되었다. 재조합 단백질 생산을 위한 숙주를 다른 박테리아로 이용하려는 시도가 있었고 어느 정도의 진보는 *Latococcus lactis*와 *Pseudomonas*에서 이루어졌다. 그러나 대장균의 주된 대안은 진핵미생물이다. 효모나 사상균류같은 진핵미생물은 동물과 더 가깝다. 그래서 대장균보다 더 효과적으로 재조합 단백질 합성에 이용할 수 있다. 효모와 사상균류는 연속 배양으로 박테리아 만큼이나 쉽게 키울 수 있고 대장균에서는 불가능한 생물의 유전자를 발현시킬 수도 있다. 그리고 발현된 유전자의 단백질은 원래의 고등식물에서 일어나는 것과 유사한 방식으로 처리될 수도 있다.

14.3.1 효모와 사상균류에서의 재조합 단백질

실례로 몇몇 동물 단백질의 생산에 위에서 언급한 이유 때문에 진핵미생물을 이용하고 있다. 동물 유전자의 프로모터와 다른 발현신호들이 위의 하등진핵생물에서는 일반적으로 효과적으로 작용하지 않기 때문에 발현 벡터를 여전히 필요로 한다. 벡터에 대해서는 7장에서 기술한 바 있다.

재조합 단백질 합성을 위한 숙주로써의 효모

효모(*Saccharomyces cerevisiae*)는 재조합 단백질 생성에 사용되는 가장 널리 알려진 진핵미생물이다. 종종 *GAL10* 프로모터 조절 하에 유전자가 클로닝된다. 이 프로모터에는 갈락토오스 대사작용에 관여하는 효소인 UDP-galactose epimerase 유전자의 앞부분에 위치한다(그림14.6). *GAL10* 프로모터는 갈락토오스에 의해 유도되며, 클로닝된 유전자의 발현을 조절한다. 다른 유용한 프로모터는 배양배지에서 인산의 양에 의해 조절되는 *PHO5*와 구리에 의해 유도되는 *CUP1*이 있다. 또한, 대부분 효모 발현 벡터는 효모의 종결 서열을 가지고 있는데, 이는 동물 종결신호가 효모에서 효과적이지 않기 때문이다.

재조합 단백질의 양은 상대적으로 많지만, 효모의 이용은 글리코실화 문제를 완전히 해결하지 못한다. 생명체는 글리코실화를 수행할 수 있지만, 그것이 만드는 다당류는 사람 단백질에서 발견되는 것과 동이란 구조를 가지지 않는다. 한 가지 문제점은 효모 다당류는 과다 글리코실화된다-포유류 다당류보다 많은 당을 포함하게 된다는 것이다(그림 14.17). 이것은 과다 글리코실화된 단백질이 동물에 주입되면 이물질로 인식되기 쉽고, 따라서 면역 반응을 야기할 수 있기 때문에 중요한 문제이다. 이 문제는 효모에서 글리코실화 경로의 생화학 및 유전학에 대한 광범위한 연구를 유도했으

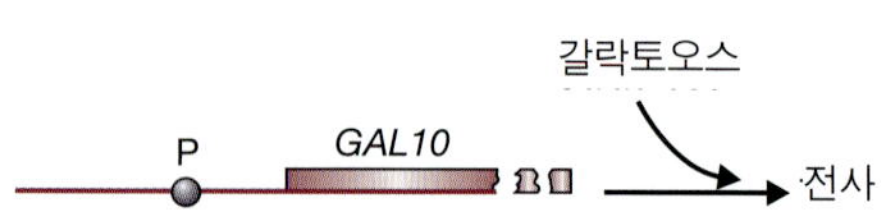

그림 14.16
GAL 10 프로모터.

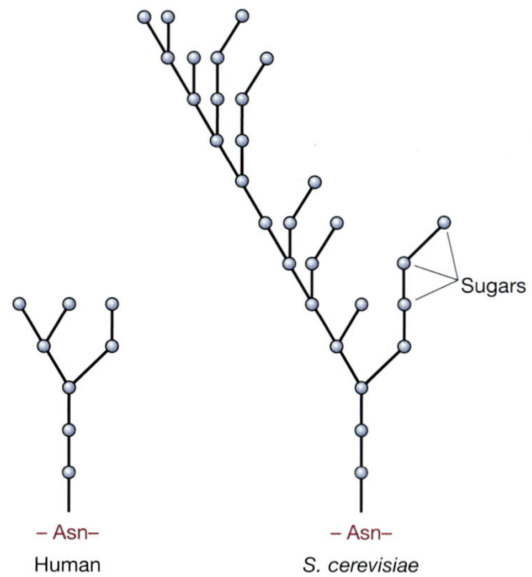

그림 14.17
동물 단백질에서 발견되는 전형적인 글루코실화된 구조와 효모에서 합성된 과다 클리코실화된 구조와의 비교.

며, 결과는 과다 글리코실화를 담당하는 효소가 부족한 돌연변이 균주를 생성하는 데 사용되었고, 포유류와 비슷한 다당류를 만든다. 다당류 구조의 추가 미세조정은 포유류 글리코실화 경로의 마지막 단계를 담당하는 효소를 지정하는 사람 유전자를 효모에 클로닝함으로써 달성되었다.

이런 결함에도 불구하고, *S. cerevisiaem*는 재조합 단백질합성을 위해 가장 빈번히 사용되는 진핵미생물로 남아 있는데 그 이유는 이것이 의약품이나 식품에서 사용되는 단백질 생성을 위한 안전한 생명체로 여겨지고 있고 또한 몇 년 동안 *S. cerevisiae*에 대한 생화학적, 유전학적 지식이 많이 쌓였기 때문이다. 이러한 사실들은 일어날 수 있는 어려움들을 최소화할 수 있는 전략들을 세우기가 비교적 쉽다는 것이다.

다른 효모와 곰팡이

효모가 많은 분자생물학자들에게 잘 이용되고 있더라도 재조합 단백질 합성에 보다 효과적이지 않지만, 동등하게 이용되는 진핵미생물들이 있다. 특히, 효모의 일종인 *Pichia pastoris*는 최적 조건에서 전체 세포 단백질의 30%에 이르는 많은 양의 재조합 단백질을 합성할 수 있다. 효모와 마찬가지로, 글리코실화는 포유동물 세포와 유사하지 않다. 그러나 이것도 돌연변이 균주와 포유류 글리코실화 효소에 대한 유전자를 클로닝함으로써 해결되고 있다. *P. pastoris*의 발현 벡터는 메탄올에 의해 유도하는 알코올 산화효소(AOX) 프로모터를 이용한다(그림 14.18a). *P. pastoris*의 유일한 문제점은 정제되기 전에 때때로 재조합 단백질을 분해한다. 그러나 이것은 특별한 생장배지를 사용하여 조절할 수 있다. 재조합 단백질 합성에 이용되는 다른 효모로는 *Hansenula polymorpha*, *Yarrowia lipolytica* 그리고 *Kluveromyces lactis*가 있다. 이 중 마지막은 식품 산업 폐기물에서 생장할 수 있는 장점이 있다.

재조합 단백질 생산을 위한 효모종의 사용에서 일반적인 문제는 이러한 생명체 대부분이 생장배지로 단백질을 분비하는 효율적인 시스템이 부족하다는 것이다.

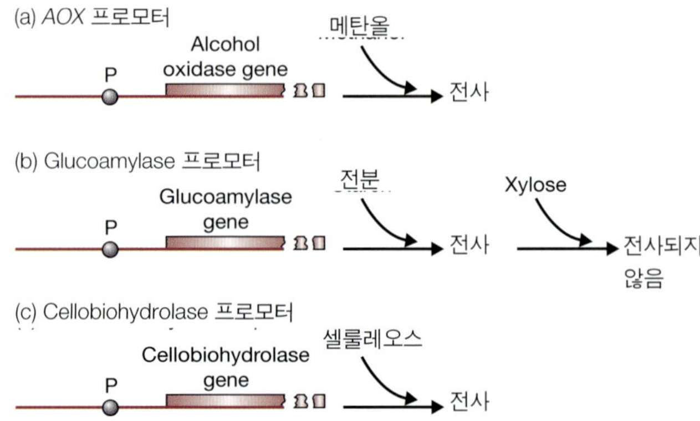

그림 14.18
진핵 미생물의 발현에 이용되는 세 가지 프로모터.

분비물이 없는 경우, 재조합 단백질이 세포에 유지되고 결과적으로 정제하기가 쉽지 않다. 이것은 사상균에 대한 관심을 이끌었는데, 이들 중 많은 것들이 강력한 분비 특성을 가지고 있기 때문이다. 재조합 단백질 생산을 위한 가장 인기 있는 사상균은 *Aspergillus* 종과 나무 부패 곰팡이 *Trichoderma reesei*가 있다. *A. nidulans*의 발현 벡터는 전분에 의해 유도되고 자일로스에 의해 억제되는 glucoamylase 프로모터를 갖는다(그림 14.18b). *T. reesei*의 발현 벡터는 셀룰로오스에 의해 유도되는 cellobiohydrolase 프로모터를 이용한다(그림 14.18c).

14.3.2 재조합 단백질을 생성하는 데 동물세포를 이용

미생물 숙주에서 충분한 활성을 나타내는 동물 단백질을 합성하는 것이 어렵기 때문에 생명공학자들은 재조합 단백질 합성을 위해서 동물세포를 사용하는 가능성을 타진해 보았다. 복잡하고 필수적인 다당류 구조를 가진 단백질을 활성이 있는 상태로 합성하기 위해서는 동물세포가 유일한 숙주형태일 수도 있다.

포유동물 세포에서 단백질 생산

동물세포 배양체계는 1960년대 초에 시작되었지만 지난 25년 동안에 대량 연속배양을 위한 방법이 사용할 수 있게 되었다. 몇몇 동물세포들이 가진 문제점은 그들이 자라기 위해서는 단단한 고형표면을 필요로 하는데 배양용기를 제작하는 데 복잡성을 더하고 있다 하나의 해결책은 용기 내에 큰 표면적을 가진 평판을 채우는 것이지만, 이것 또한 용기 내에서 완전하고 연속적으로 배지를 섞어 넣는 것이 어렵다는 단점을 가지고 있다. 두 번째 가능성은 표준화된 용기를 사용하되 세포가 자랄 수 있는 비활성 입자(예를 들어, 셀룰로오스 구슬)를 세포에 제공하는 것이다. 그러나 가장 인기 있는 포유동물 세포의 현탁배양 적응 기술이 개발됨에 따라 이런 문제는 덜 중요하게 되었다. 이 적응의 기본이 되는 생화학적 그리고 생리적 변화는 완전히 확인되지 않았지만 세포 간 신호전달 경로의 변화와 비적응 세포가 조직으로 성장할 때 함께 유지하는 세포 밖 단백질의 생산을 포함하는 것으로 보인다. 적응된 세포는 고체 지지체 없이 현탁액에서 생장할 수 있다. 미생물과 비교해 보면, 성장속도와 최고의 세포밀도가 낮기 때문에 재조합 단백질의 생산율에 한계가 있지만 이러한 방법이 활성 단백질을 얻는 유일한 방법이라면 이용될 것이다.

물론 동물세포 배양으로부터 동물단백질을 얻기 위해서는 유전자 클로닝이 필수적인 것은 아니다. 그럼에도 불구하고, 생산량을 극대화하기 위해 발현 벡터와 클론된 유전자를 여전히 사용하고 있는데, 이것은 정상적으로 작용하는 프로모터보다 더 강력한 프로모터로 유전자를 대치시킴으로써 가능하다. 이 프로모터는 종종 SV40, CMV, RSV와 같은 바이러스로 부터 얻을 수 있다. 인간 혹은 햄스터로부터 유도된 포유동물의 세포 계통들은 몇몇 재조합 단백질을 생산하기 위해 사용되고 있으며 이러한 단백질들은 정확하게 가공되고 있으며 일반 단백질과 구별되지 않는다. 그런데 이것은 재조합 단백질을 생산하는 가장 비싼 방법이다. 특히, 단백질과 바이러스가 동시에 정제될 수 있기 때문에 생산물의 안전을 위해서 엄격한 품질 조절 과정이 수행되어야 한다.

곤충세포에서 단백질 생산

곤충세포는 동물 단백질 생산을 위해 동물세포를 대치 가능케 한다는 점에서 중요하다. 곤충세포는 배양 중 동물세포와 특별히 다르게 행동하지는 않지만 많은 재조합 단백질을 만들 수 있다는 장점을 가지고 있는 자연적인 발현체계이다.

이러한 발현체계는 baculoviruses에 그 근거를 두고 있는데, 이 바이러스 집단은 곤충에서는 흔하지만 보통은 척추동물에 감염시키지 않는다. Baculovirus 유전체는 polyhedrin 유전자를 표함하고 있는데, 이 유전자의 정상적인 산물은 감염주기의 마지막에 곤충세포에 큰 핵봉입체(nuclear inclusion bodies)로서 축척된다(그림 14.18). 이 단일 유전자의 산물은 전체 세포단백질의 50%를 넘는 경우가 많다. 만약 polyhedrin 유전자가 재조합 단백질을 합성하는 유전자에 의해 대치되면 비슷한 정도의 단백질 생성이 일어난다. Baculovirus벡터는 많은 포유동물의 단백질을 생산하는 데 성공적으로 이용되어 왔는데, 불행하게도 이 단백질들은 정확하게 글리코실화가 되지 않는다. 이런 면에서 baculovirus는 *S. cerevisiae* 혹은 *P. pastoris*와 비교할 때 어떤 장점도 제공하지 않는다. 그런데 곤충의 글리코실화 결핍은 포유동물 세포에서 직접 유전자를 발현시키는 포유동물 프로모터를 가지고 있는 변형된 baculovirus를 사용함으로써 극복

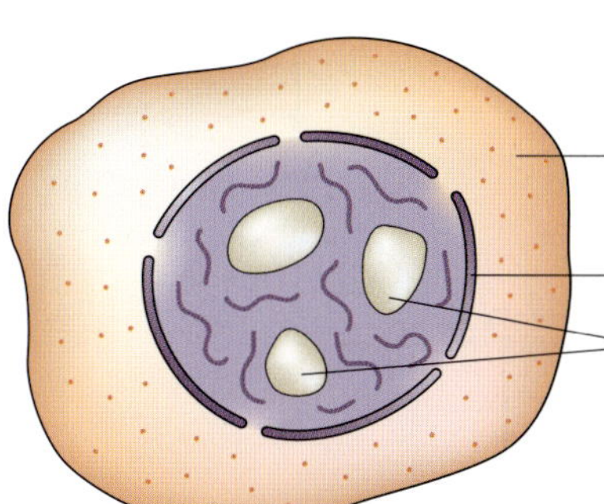

그림 14.19
Baculovirus를 감염시킨 곤충 세포의 핵 안에 있는 결정화된 봉입체.

할 수 있다. 감염되었을 때 바이러스 유전체들은 복제되지 않지만, BacMam 벡터에 클론된 유전자들은 포유동물 세포에서 발현이 일어나기 충분한 시간동안 안전하게 유지된다. 이 발현은 포유동물 세포의 번역 후 과정을 동반한다. 따라서 재조합 단백질은 정확히 글리코실화가 되고, 완전히 활성화된다.

물론, 자연계에서는 베큘로바이러스는 배양된 세포에는 감염되지 않고 살아있는 곤충세포에만 감염되며, 클로닝에 쓰이는 가장 보편적인 바이러스는 누에의 병원체인 *Bombyx mori* nucleopolyhedrovirus(BmNPV)이다. 실크 생산을 위하여 누에를 키우는 커다란 산업이 있는데, 이 기술이 이제는 BmNPV에 근거한 발현 벡터를 이용하여 재조합 단백질을 생산하는 데 쓰인다. 값싸고 편리하게 단백질을 얻는 것 이외에도 누에에 감염되는 바이러스는 사람에게는 병원체가 아니라는 큰 장점이 있다. 그러므로 위험한 바이러스가 재조합 단백질과 함께 정제될 가능성을 피하게 된다.

14.3.3 팜잉(pharming) : 살아 있는 동식물로부터 얻은 재조합 단백질

누에에서 재조합 단백질을 생산하는 과정을 흔히 팜잉(**pharming**)이라 하는데, 형질전환된 생명체가 단백질 생산의 숙주가 되는 것이다. 팜잉은 유전자 클로닝에서 새롭고, 아직은 논쟁이 있는 기술이다.

동물에서 팜잉

형질전환 동물은 클론된 유전자를 모든 세포에 갖고 있는 동물이다. 사람과 다른 동물에서 유전자 기능을 알아보기 위한 유전자 결실 쥐도 형질전환 쥐의 일종인데 수정된 난자에 클론된 유전자를 미세주사하여 얻는다. 이 기술은 쥐에는 쉽게 되지만, 수정된 세포에 주사하는 과정이 비효율적이고, 다른 많은 포유류에서는 불가능하다. 재조합 단백질 생산을 위한 형질전환 동물 생산을 위해서는 좀 더 섬세한 핵 치환 기술을 사용한다(그림 14.20). 이 과정은 수정란에 주사하는 것 보다 더 효율적인 재조합

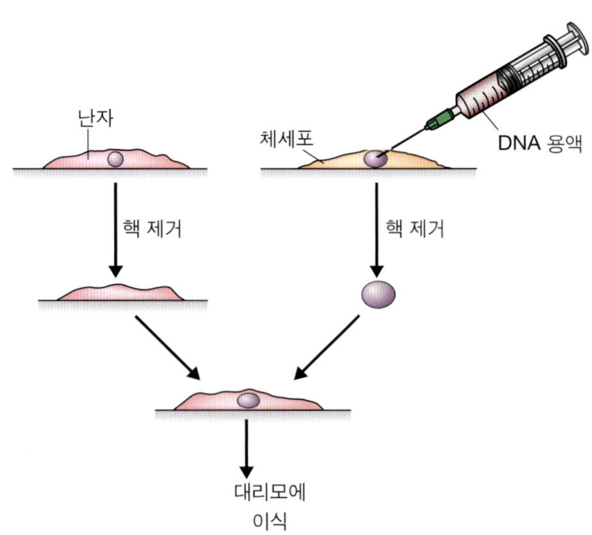

그림 14.20
형질전환 세포에서 난자로의 핵 치환.

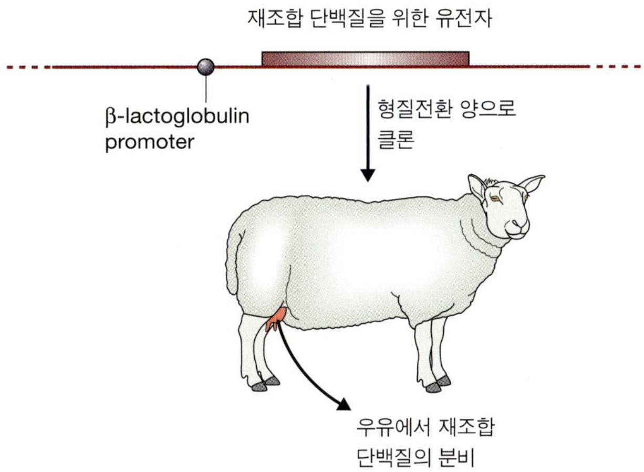

그림 14.21
형질전환 양의 우유에서 재조합 단백질 생산

단백질 유전자를 체세포에 미세주사하는 단계를 포함한다. 체세포가 동물로 분화하지는 않기 때문에, 미세주사 후 세포의 핵을 핵이 제거된 난자에 옮겨야 한다. 이와 같이 엔지니어링된 난자는 대리모에 심어진 뒤에 분열하고, 분화하여 모든 세포에 형질전화 유전자를 갖는 동물이 된다. 이 과정은 길기 때문에 형질전환 동물은 비싸다. 하지만 일단 형질전환 동물이 만들어지면, 계속 재생산되고, 멘델리언 법칙에 따라 후대에 클로닝된 유전자를 넘겨주기에 비용 효과가 높다.

비록 형질전환 동물의 피와 형질전환 닭의 계란에서 단백질이 만들어지지만, 양, 돼지 등 농장동물에서 클로닝된 유전자를 동물의 베타-락토글로블린 유전자 프로모터에 붙인 시도가 가장 성공적이었다. 이 프로모터는 우유에 재조합 단백질을 분비할 수 있게 유방조직에서 활성적이다(그림 14.21). 농불이 성장 이후 계속적으로 우유를 생산함으로 재조합 단백질 생산이 높게 된다. 일례로 1년이 소 한 마리가 8,000리터의 우유를 생산한다면 단백질 생산량은 40~80 kg가 된다. 또한 단백질이 분비되기 때문에 정제가 쉽다. 가장 중요한 점은 양과 돼지가 포유류이기 때문에 생산된 사람단백질이 정확한 번역 후 변형(post-translational modification)을 거친다는 것이다. 농장동물을 이용한 단백질의 생산은 정확한 번역 후 변형을 요구하는 약용 단백질 합성에 상당한 기대를 제공한다.

식물에서 재조합 단백질

식물은 재조합 단백질 생산의 궁극적 가능성을 제공한다. 식물과 동물이 비슷한 단백질 생산 과정을 가지며, 식물에서 생산된 대부분의 동물 단백질이 정확한 번역 후 변형을 가져서 완전한 기능을 가진다. 식물 세포배양은 잘 발달된 기술이며 이미 자연식물 물질의 상업적 생산에 이용되고 있다. 다른 수단으로, 완전한 식물체들은 농장에서 고밀도로 재배가 가능하다. 식물체를 이용한 재조합 단백질 생산에는 옥수수, 토마토, 사탕수수 등 다양한 식물이 이용된다. 강낭콩의 주요 종자 단백질을 코딩하는 β-phaseolin과 같은 종자 특이적 유전자의 프로모터에 형질전환용 유전자를 끼워 넣는 것도 하나의 방법이다. 재조합 단백질이 특이적으로 다량의 단백질을 축적하는 종자에서 합성되어 수확과 처리가 용이하다. 재조합 단백질은 토마토와 알파파의 잎과 감자의 덩이줄기에서 합성되기도 한다. 이 경우 종자, 잎, 덩이줄기를 부셔 만든 복잡한 화합물에서 단백질을 분리하여야 한다.

복잡한 과정을 피하는 방법 중 하나는 뿌리에서 분비되도록 지시하는 시그널 펩티드를 붙인 재조합 단백질을 만드는 것이다. 비록 식물을 야외가 아닌 수경 재배법으로 키워야 하지만, 줄어든 수확량은 저가의 분리 비용으로 부분적으로 보상된다. 한 가지 유망한 시스템은 *Agrobacterium tumefaciens*와 밀접한 관계가 있고, 최근까지 *Agrobacterium rhizogenes*이라고 불리었던 토양 박테리아인 *Rhizobium rhizogenes*로 감염시켜 형질전환 식물을 만드는 것이다. *R. rhizogenes*에 감염되면 모근(hairy root)을 발생시킨다. 이것은 액체 배양에서 고밀도로 성장할 수 있는 고도의 분지된 뿌리의 대규모 증식으로 특징된다. 따라서 형질전환 식물 뿌리에서 분비되는 재조합 단백질의 양을 증가시킨다.

어떤 생산방법이 사용되든 식물은 재조합 단백질의 대량 생산에서 싸고, 손쉬운 방법이다. 인터루킨이나 항체 등 중요한 약용단백질들이 실험적인 시스템에서 생산되었다. 이 분야는 현재 집중적으로 연구되는 있고, 수많은 식물 바이오텍 회사들이 상업적 생산에 도달하였거나, 근접하고 있다. 하나의 희망적인 가능성은 식물을 백신 합성에 이용할 수 있다면 싸고, 효율인 백신 프로그램을 공급할 수 있는 것이다(15장).

팜잉(pharming)의 윤리적 고려점

유전자 클로닝의 한 분야인 팜잉은 대중사이에 여러 관점을 제시한다. 유전자 클로닝과 DNA 분석을 배우는 어떤 학생도 동물과 식물의 유전자 조직으로 야기되는 논쟁을 무시할 수는 없을 것이고 이 문제를 다루는 교재에서도 윤리적 고려에 대한 '정확한' 반응을 가르치는 시도를 포기하지 말아야 한다. 여러분은 이 문제에 대해 자신의 의견을 만들어야 한다.

형질전환 동물에 대한 첫 번째 우려는 고통이다. 재조합 단백질을 만드는 문제가 아니라 형질전환 동물을 만드는 과정에서 핵 치환으로 만들어진 동물들은 상대적으로 높은 선천적 기형을 겪게 되고, 생존하는 동물 중 일부는 요구되는 단백질을 적절히 생산하지 못 하기도 한다. 즉, 이런 종류의 팜잉은 '고도의 소모'를 동반한다. 심지어 건강한 동물도 조기 노화에 시달리는 것이 형질전환은 아니지만 첫 번째 핵치환으로 생산된 동물인 'Dolly the sheep' 경우에서 잘 드러났다. 돌리의 형제들이 대부분 12년 간 살았지만, 돌리는 5세에 관절염을 발병하였고, 나이든 양에서 발견되는 말기 폐질환으로 1년 뒤에 죽었다. 돌리에게 핵을 준 체세포의 나이와 관련된 조기 노화라 추정된다. 6세가 된 세포로부터 돌리가 유례 되었기에 돌리는 태어났을 때 이미 6세였던 것이다. 비록 돌리가 태어난 1997년에서 기술은 혁신적으로 진화하였지만 형질전환 동물의 복지 문제는 아직 해결되고 있지 않다. 넓은 의미로 '클론' 동물에게 핵 치환 기법의 사용(개별 유전자를 클론하는 것이 아닌 동일한 동물을 생산하는 것)에 대한 폭 넓은 논제들은 대중 인식의 최선봉에 남아 있다.

식물을 이용한 팜잉은 유전자 조작된 식물이 환경에 미치는 영향이라는 완전히 다른 윤리적 문제를 야기한다. 이러한 문제는 모든 GM 작물에 적용되는데 단순히 팜잉에 이용되어서가 아니다. 16장에서 농업에서 유전자 클로닝의 좀 더 일반적인 이용에 대하여 살펴보고, 이 문제에 대해 더 논의하기로 하자.

Further reading

Ahmad, M., Hirz, M., Pichler, H., and Schwab, H. (2014) Protein expression in Pichia pastoris: recent achievements and perspectives for heterologous protein production. *Applied Microbiology and Biotechnology*, **98**, 5301–5317.

Çelik, E. and Çalik, P. (2012) Production of recombinant proteins by yeast cells. *Biotechnology Advances*, **30**, 1108–1118.

Chen, R. (2012) Bacterial expression systems for recombinant protein production: *E. coli* and beyond. *Biotechnology Advances*, **30**, 1102–1107. [Includes information on recombinant production in bacteria other than *E. coli*.]

de Boer, H.A., Comstock, L.J., and Vasser, M. (1983) The tac promoter: a functional hybrid derived from the trp and lac promoters. *Proceedings of the National Academy of Sciences of the USA*, **80**, 21–25.

Drugmand, J.-C., Schneider, Y.-J., and Agathos, S.N. (2012) Insect cells as factories for biomanufacturing. *Biotechnology Advances*, **30**, 1140–1157.

Egelkrout, E., Rajan, V., and Howard, J.A. (2012) Overproduction of recombinant proteins in plants. *Plant Science*, **184**, 83–101.

Gomes, A.M.V., Carmo, T.S., Carvalho, L.S., et al. (2018) Comparison of yeasts as hosts for recombinant protein production. *Microorganisms*, **6**, 38.

Guillon, S., Trémouillaux-Guiller, J., Pati, P.K., et al. (2006) Hairy root research: recent scenario and exciting prospects. *Current Opinion in Plant Biology*, **9**, 341–346. [Applications of *Rhizobium rhizogenes* in biotechnology.]

Houdebine, L.-M. (2009) Production of pharmaceutical proteins by transgenic animals. *Comparative Immunology, Microbiology and Infectious Diseases*, **32**, 107–121.

Huang, C.-J., Lin, H., and Yang, X. (2012) Industrial production of recombinant therapeutics in Escherichia coli and its recent advancements. *Journal of Industrial Microbiology and Biotechnology*, **39**, 383–399.

Hunter, M., Yuan, P., Vavilala, D., and Fox, M. (2018) Optimization of protein expression in mammalian cells. *Current Protocols in Protein Science*, **95**, e77.

Kost, T.A., Condreay, J.P., and Jarvis, D.L. (2005) Baculovirus as versatile vectors for protein expression in insect and mammalian cells. *Nature Biotechnology*, **23**, 567–575.

Nevalainen, H. and Peterson, R. (2014) Making recombinant proteins in filamentous fungi – are we expecting too much? *Frontiers in Microbiology*, **5**, 75.

Remaut, E., Stanssens, P., and Fiers, W. (1981) Plasmid vectors for high-efficiency expression controlled by the PL promoter of coliphage. *Gene*, **15**, 81–93. [Construction of an expression vector.]

Rosano, G.L. and Ceccarelli, E.A. (2014) Recombinant protein expression in Escherichia coli: advances and challenges. *Frontiers in Microbiology*, **5**, 172.

Schillberg, S., Raven, N., Spiegel, H., et al. (2019) Critical analysis of the commercial potential of plants for the production of recombinant proteins. *Frontiers in Plant Science*, **10**, 720.

Ward, O.P. (2012) Production of recombinant proteins by filamentous fungi. *Biotechnology Advances*, **30**, 1119–1139.

Wildt, S. and Gerngross, T.U. (2005) The humanization of N-glycosylation pathways in yeast. *Nature Reviews Microbiology*, **3**, 119–128.

Wilmut, I., Schnieke, A.E., McWhir, J., et al. (1997) Viable offspring derived from fetal and adult mammalian cells. *Nature*, 385, 810–813. [The method used to produce Dolly the sheep.]

Xu, J., Dolan, M., Medrano, G., et al. (2012) Green factory: plants as bioproduction platforms for recombinant proteins. *Biotechnology Advances*, **30**, 1171–1184.

Yang, Z. and Zhang, Z. (2018) Engineering strategies for enhanced production of protein and bio-products in Pichia pastoris: a review. *Biotechnology Advances*, **36**, 182–195.

Zhu, J. (2012) Mammalian cell protein expression for biopharmaceutical production. *Biotechnology Advances*, **30**, 1158–1170. c14.

Chapter 15

의학 분야에서 유전자 클로닝과 DNA 분석

Chapter contents

CHAPTER CONTENTS

의학분야는 재조합 DNA 혁명의 주요한 수혜자였고 앞으로도 그럴 것이다. 이 장의 후반부에서 우리는 재조합 DNA 기술이 유전질병을 일으키는 유전자를 찾는 데 어떻게 이용되는지 그리고 이러한 질병에 대한 새로운 치료방법을 어떻게 고안하는지를 보게 될 것이다. 우선 앞 장에서 언급된 주제를 계속 진행하게 되고 클론된 유전자가 재조합 의약품 생산에 이용되는 방법을 알아보게 될 것이다.

15.1 재조합 의약품의 생산

많은 인간질병은 신체에서 정상적으로 합성되는 단백질이 없거나 잘못된 기능으로부터 유래할 수 있다. 대부분의 이러한 질병들이 정상적인 단백질을 환자에게 공급하여 처리할 수 있지만 이를 위해서는 관련된 단백질이 상대적으로 많은 양이 필요하게 된다. 그러므로 동물 단백질은 효과적으로 사용되지만 동물 단백질로 치료될 수 있는 질병은 많지도 않고 항상 알레르기반응과 같은 부작용의 가능성이 존재한다.

우리는 14장에서 유전자 클로닝이 아주 많은 양의 재조합 인간단백질을 확보하는 데 이용될 수 있음을 알았다. 이러한 기술이 제약으로 이용될 단백질의 생산에 어떻게 적용될 수 있을까?

15.1.1 재조합 인슐린

췌장의 랑게르한스섬의 세포에서 합성되는 인슐린은 혈액 내의 포도당의 수치를 조정한다. 인슐린의 결핍은 당뇨병을 야기시키며, 이 경우 인슐린을 투여하지 않게 되면 치명적인 손상을 입거나 죽게 된다. 다행히도 여러 당뇨병 증상을 인슐린을 투여함으로써 완화시킬 수 있다. 그렇지만 당뇨병 환자의 췌장은 인슐린 합성의 한계가 있다. 따라서 의료용으로 투여되는 인슐린은 식용으로 이용하기 위해 죽이는 소나 돼지의 췌장으로부터 얻어내고 있다. 동물의 인슐린이 안전하다지만, 당뇨병 환자에게 투여할 때 문제가 생길 수도 있다. 동물과 인간 사이에는 단백질의 차이가 있어 환자에게 나쁜 영향을 미칠 수 있다. 또한 추출해 내기가 어렵고 오염될 요인이 완전히 제거될 수는 없다라는 문제가 있다.

인슐린은 재조합 DNA 기술에 의해서 인슐린의 생산을 촉진시키는 데 두 가지 이점을 가지고 있다. 첫째는 인간의 단백질은 해독된 후에 당분자가 첨가됨으로써 개조되지 않는다. 따라서 박테리아에서 합성되는 재조합 인슐린은 활성이 있게 된다. 둘째는 분자의 크기와 관련이 있다. 인슐린은 두 개의 폴리펩티드로 구성되어 있는 아주 작은 단백질이다. A 사슬은 21개의 아미노산으로 되어 있고 B 사슬은 30개의 아미노산으로 되어 있다(그림 15.1). 사람의 경우 A와 B 사슬이 세 번째 사슬(C 사슬)에 의해 연결되어지고 A 단백질의 아미노산 말단에 선도서열(leader sequence)이 있는 프리프로인슐린(preproinsulin)이라 불리는 전구체로 합성되어 있다. 이 선도서열은 번역후에 제거되고 C 사슬도 잘려지게 되며 두 개의 이황화결합에 의해 연결된 A와 B 폴리펩티드 만이 남게 된다.

재조합 인슐린을 얻기 위해서 몇 가지 방법이 사용되고 있다. 첫 번째 방법은 A와 B 사슬에 대한 인위적 유전자를 합성하고, 대장균 내에서 융합단백질을 생산하는 방법으로 재조합 단백질을 생성하는 데 이용하는 일반적인 기술들이다.

인공 인슐린 유전자의 합성과 발현

1970년대 후반, 인공유전자를 만들고자 하는 생각은 아주 혁신적이었다. 그 당시에는 올리고뉴클레오타이드의 합성은 초기단계였고 인공 DNA 분자를 만들기 위한 방법들은 지금의 자동화된 기술에 비하면 다소 어려운 것이었다. 그럼에도 인슐린의 A와 B사슬의 유전인자를 1978년 초반에 합성하게 되었다.

합성 과정은 모든 가능한 유전암호를 대표하는 3개의 핵산염기를 합성한 다음에 A와 B 사슬의 아미노산 염기에 맞게 연결한다. 인공유전자들이 A와 B 사슬의 실제 유전자 분절과 같은 핵산염기를 가지고 있을 필요는 없고 정확한 폴리펩티드로 전환되면 된다. 두 개의 재조합 플라즈미드가 만들어지는데, 하나는 A 사슬의 인공유전자가 되고 또 하나는 B 사슬의 인공유전자가 된다.

각각의 인공유전자를 pBR322를 벡터로 해서 *lacZ′* 사이에 삽입 연결시켰다(그림 15. 2a). 그 다음 A 또는 B 폴리펩티드에 연결된 β-갈락토시데이즈(galactosidase) 절편으로 구성되어져 있는 융합단백질을 발현시켰다(그림 15. 2b). 메티오닌 잔기로 β-갈락토시데이즈와 인슐린 절편이 분리되어 있어 cyanogen bromide 처리로 β-갈락토시데

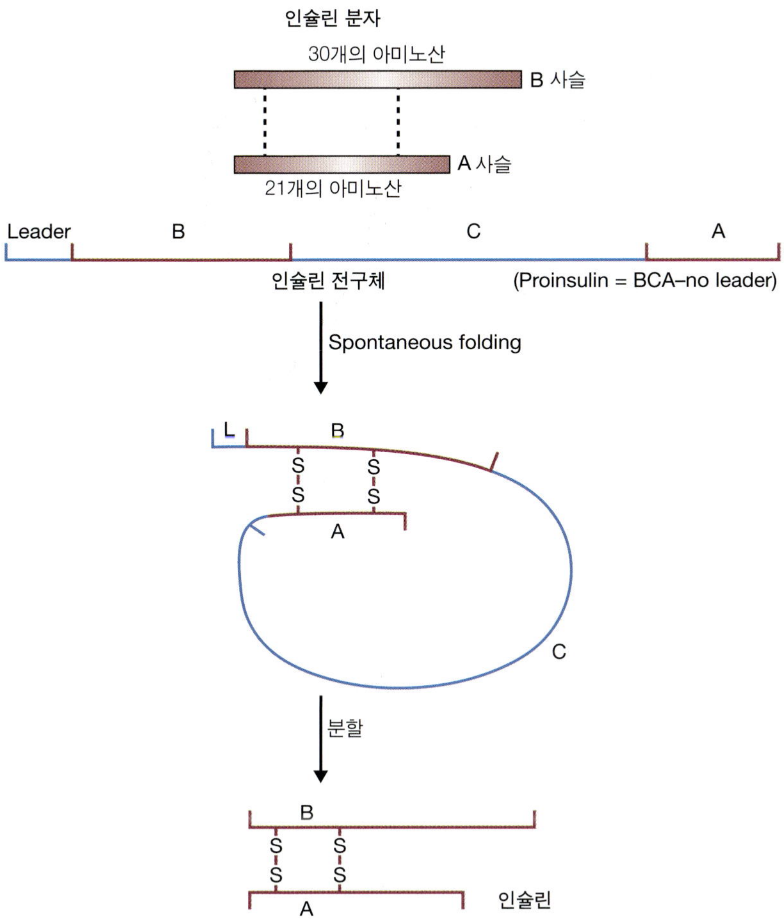

그림 15.1
인슐린 전구체로부터 가공 과정을 거쳐 인슐린이 합성되는 과정.

이즈 절편에서 인슐린 폴리펩타이드를 잘라낼 수 있다. 정제된 A와 B 사슬은 시험관 내에서 이황화결합이 형성됨으로써 서로 결합된다.

이황화결합 형성 단계는 실제로 효율이 별로 좋지 않다. 이 효율 문제를 해결하기 위해 개발된 방법은 각각의 A와 B 유전자를 합성하는 것이 아니라, B 사슬-C 사슬-A 사슬이 하나로 된 proinsulin을 합성하는 것이다(그림 15. 1). Proinsulin의 유전자 DNA를 생합성하는 데 있어서 어려움이 있을지 모르지만 이런 prohormone은 비교적 쉽게 이황화결합을 제대로 지닌 구조가 자발적으로 만들어지는 큰 이점을 가지고 있다. 또한 이렇게 되면 비교적 쉽게 C사슬 절편을 잘라낼 수 있다.

15.1.2 대장균에서 사람의 성장호르몬의 합성

대장균을 이용해서 재조합 인슐린을 처음 만들어낼 시기에 다른 연구자들은 사람의 성장호르몬인 somatostatin과 somatotropin에 대한 연구를 하고 있었다. 이 두 단백질은 사람의 신체에서 성장과정을 조절하는 역할을 하는데 기능이 잘못되면 거인증이나 외소증과 같은 증세를 보이게 된다.

Somatostatin은 대장균을 이용해서 최초로 합성되어진 인간의 단백질이다. 길이

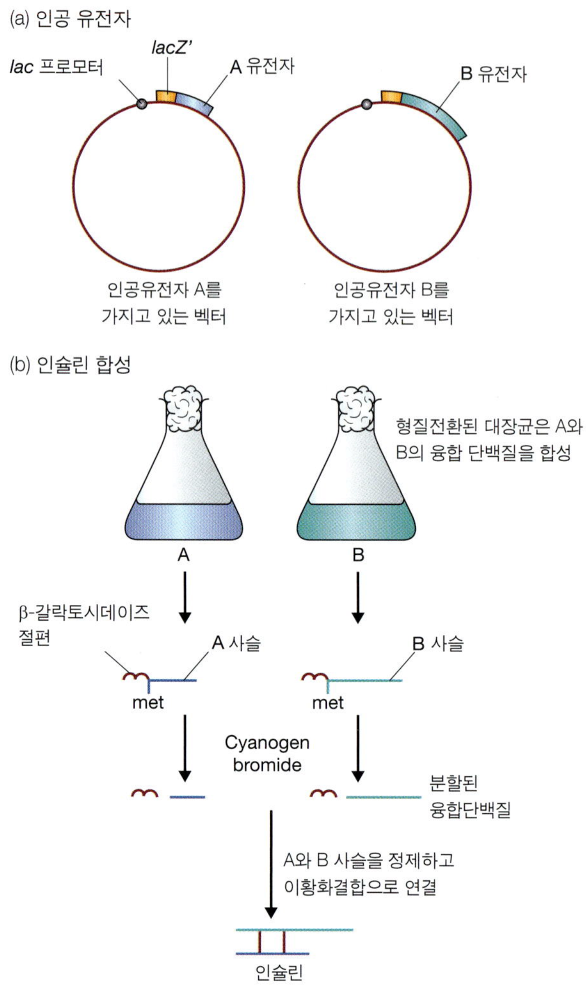

그림 15.2
A와 B 사슬의 인공 유전자로부터 재조합 인슐린의 합성.

가 15개의 아미노산으로 이루어진 아주 작은 단백질이기 때문에 인공유전자 합성에 아주 적합하다. 대장균의 *lacZ'* 벡터에 인공유전자를 삽입하여 융합 단백질을 만들고 cyanogen bromide로 절단하여 somatostatin을 만드는데 이것은 재조합인슐린을 만들어내는 방법과 똑같은 방식이다(그림 15.3).

Somatiotropin을 합성하는 데는 좀 더 어려움이 있다. 왜냐 하면, 이 단백질은 191개의 아미노산(거의 600 bp)으로 되어 있어 1970년대 후반 당시에는 기술적으로 어려웠다. 따라서 대장균에서 somatotropin을 얻어내기 위해서 cDNA 클로닝과 인공유전자 합성을 조합하는 방법을 이용하였다. mRNA은 사람의 신체에서 somatotropin을 생산하는 뇌하수체에서 얻어냈고 그것으로 cDNA 라이브러리를 만들었다. Somatotropin cDNA는 *Hae*III 제한효소에 대해 하나의 절단부위만을 가지고 있어서, *Hae*III를 이용해서 유전자를 두 개의 절편으로 잘랐다(그림 15.4a). 긴 절편(코돈 24~191)은 재조합 플라스미드를 만들기 위해 사용하였고 작은 절편은 somatotropin 유전자의 시작점을 다시 만들어 내고 대장균 안에서 번역하는 데 정확한 신호를 제공

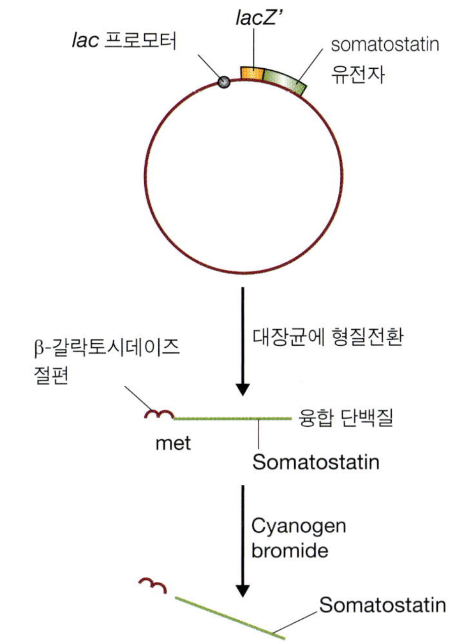

그림 15.3
재조합 somatostatin의 생성.

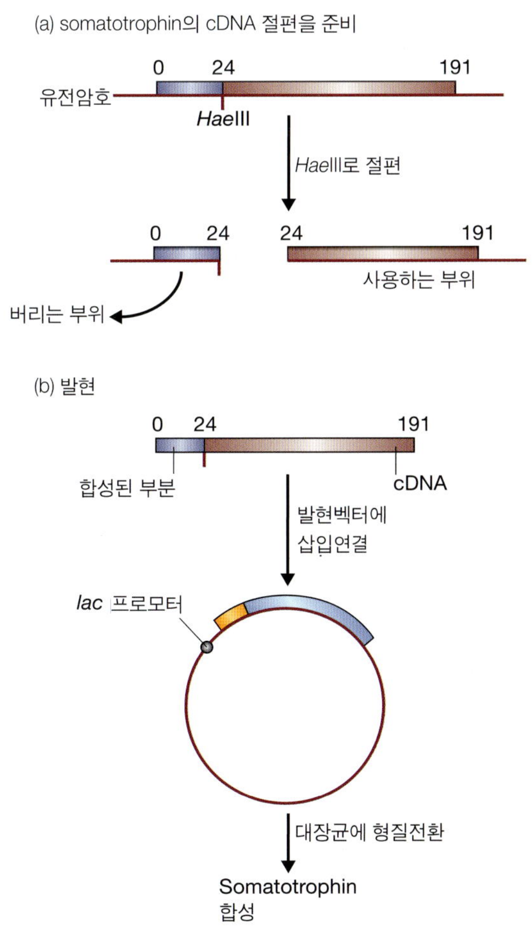

그림 15.4
재조합 somatotrophin의 생성.

해주는 인공 DNA 분자로 대체되었다(그림 15. 4b). 이렇게 개조되어진 유전자를 *lac* 프로모터를 포함하고 있는 발현벡터에 삽입 연결시켰다.

15.1.3 재조합 Factor VIII

대장균에서 클론된 유전자에서 여러 가지 중요한 약용 화합물들을 얻어내고 있지만 외래 단백질을 합성해 내는 데 박테리아를 이용함으로써 발생되는 문제들 때문에 진핵생물로 이들을 대체했다. 진핵생물의 세포에서 만든 약용 재조합 화합물의 한 예로서 사람의 Factor VIII가 있다. 이 단백질은 혈액 응고에 있어서 중요한 기능을 한다. 혈액응고 경로에서 역할을 하지 못하면, Factor VIII 생합성 기능이 억제 되어서 사람의 혈우병을 일으키게 된다.

현재까지 혈우병 치료에 있어 유일한 방법은 사람의 혈액에서 얻은 factor VIII 단백질을 정제해서 투여하는 것이다. Factor VIII의 정제 과정은 복잡하고 비용도 비싸다. 또한 정제 과정에서 혈액 안에 있을 수 있는 바이러스들을 제거하는 데 어려움이 있다. 자칫 간염이나 AIDS가 factor VIII를 투여한 혈우병 환자에게 감염될 수 있다. 재조합 factor VIII는 이같은 문제를 배제시킬 수 있고 생물공학의 발전 때문에 급속도로 발달하게 되었다.

Factor VIII 유전자는 길이가 186 kb 정도이고 26개의 엑손(exon)과 25개의 인트론(intron)이 있다(그림 15.5a). 번역 후 mRNA는 2351개의 아미노산에 대한 염기서열로 되어 있으나 번역후 가공과정(post-translational processing)을 거치면서 2개의 subunit로 구성된 factor VIII 단백질이 된다(그림 15.5b). 두 개의 subunit들은 전부 17개의 이황화결합과 몇 개의 글리코실화(glycosylation)된 부분을 가지고 있다.

재조합 factor VIII를 포유류의 세포에서 생산하려는 시도가 있었다. 초기의 실험에서 hamster의 세포에서 복제된 cDNA로부터 protein 합성을 해 봤으나 그 양은 많지 않았다. 그 이유는 hamster 세포에서 정확하게 번역후 과정이 이루어졌지만 이 과정에서 초기 산물이 전부다 활성화된 형태로 전환되지 않았기 때문에 전체 산출량이 적었

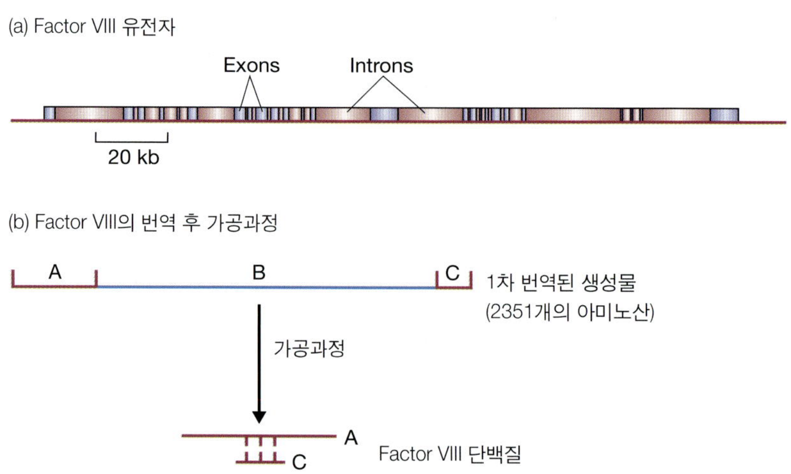

그림 15.5
Factor VIII 유전자와 번역후 생성물.

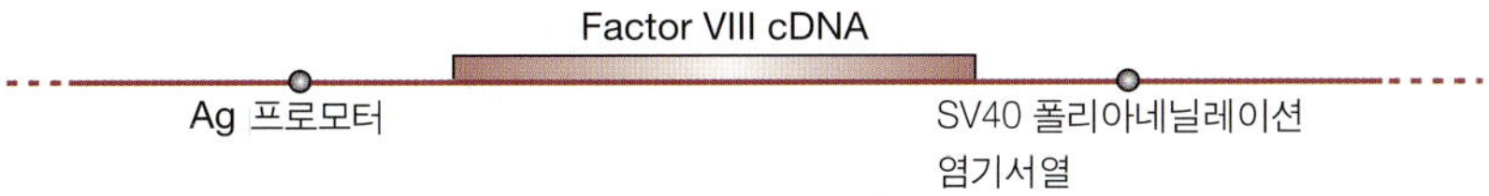

그림 15.6
재조합 factor VIII를 생성하는 데 사용하는 발현 신호부위, Ag 프로모터는 병아리의 β-actin과 토끼의 β-globin의 염기서열을 인위적으로 조작하여 만든 혼성체이고, SV40 폴리아네닐레이션 신호는 mRNA의 가공 과정을 정확하게 수행하는 데 필요함.

던 것이라고 본다. 또 다른 방법으로서 첫 실험에서 사용했던 cDNA를 두 개의 절편으로 나누어 클로닝했다. 하나는 큰 subunit 폴리펩티드 부위를 포함하는 것이고 다른 하나는 작은 subunit를 포함하는 부분이다. 각각의 cDNA 절편을 형질 발현매개체의 Ag 프로모터와 SV40 폴리아데닌화된 부분사이에 삽입 연결시켰다(그림 15.6). 이 플라즈미드를 hamster 세포에 넣어서 재조합 단백질을 얻어냈다. 그 양은 처음했던 실험결과의 양보다 10배나 더 많았다. 그리고 factor VIII 단백질은 천연단백질 형태와 비교해도 차이가 없었다.

재조합 factor VIII의 생산을 위한 최근의 기술은 pharming을 포함한다. 완전한 인간 cDNA를 돼지의 whey acidic 단백질 유전자의 프로모터에 붙이면 돼지 유방 조직에서 인간 factor VIII이 생성되고 계속해서 우유에 분비된다. 이 방법으로 생성된 factor VIII은 원래의 단백질과 정확하게 같을 것이고 혈액 응고 분석에서 완벽히 기능을 나타낼 것이다.

15.1.4 다른 재조합 인간단백질의 합성

재조합 기술로 합성해 낸 인간의 단백질들은 계속 증가하고 있다(표 15.1). 기능장애 부위에 대체하거나 재공급해 줌으로써 병을 치유하기 위해 단백질들을 사용하기도 하고, 암치료에도 사용되는 여러 가지 성장 인자들이 있다. 이들 단백질들은 체내에서 매우 극소량만이 합성되므로 재조합 기술이 치료에 필요한 만큼의 많은 양을 얻기 위한 유일한 방법이다. 혈청 알부민(serum albumin)과 같은 단백질은 비교적 쉽게 얻을 수 있으나 많은 양을 얻기 위해서는 여러 가지 복잡함이 있다.

15.1.5 재조합 백신

표 15.1에 열거된 것과는 다른 재조합 단백질 종류도 있다. 백신을 혈액 내에 투입하게 되면 면역체계를 자극시켜 감염에 대해서 신체를 방어해 주는 항체를 합성하게 된다. 백신에 있는 항원성물질은 감염성이 있는 것이 불활성화된 상태로 있게 된다. 예를 들면 항바이스성 백신들은 열처리나 또는 이와 비슷한 처리를 해서 약하게 만든 바이러스 분자로 이루어져 있다. 예전에는 약화시킨 바이러스 백신을 만드는 데 두 가지 문제점이 있었다.

- 단 하나의 바이러스 분자가 백신 내에 생존하더라도 감염이 되기 때문에 불활성 과정은 100% 완전하게 되어야 한다. 소의 구제역이라는 병에 대한 백신의 경우 이것이 문제가 되었었다.
- 백신을 생산하는 데 필요한 많은 양의 바이러스 분자를 조직배양을 통해서 얻어낸다. 그러나 B형 간염같은 바이러스는 조직배양으로는 자라지 않는다.

표 15.1
박테리아나 진핵생물의 세포에 클론된 유전자로부터 합성된 사람의 단백질.

PROTEIN	USED IN THE TREATMENT OF
α_1-Antitrypsin	Emphysema
Deoxyribonuclease	Cystic fibrosis
Epidermal growth factor	Ulcers
Erythropoietin	Anaemia
Factor IX	Christmas disease
Factor VIII	Haemophilia
Fibroblast growth factor	Ulcers
Follicle-stimulating hormone	Infertility treatment
Granulocyte colony-stimulating factor	Cancers
Insulin	Diabetes
Insulin-like growth factor 1	Growth disorders
Interferon-β	Cancers, AIDS
Interferon-γ	Cancers, rheumatoid arthritis
Interferon-α	Leukaemia and other cancers
Interleukins	Cancers, immune disorders
Lung surfactant protein	Respiratory distress
Relaxin	Used to aid childbirth
Serum albumin	Used as a plasma supplement
Somatostatin	Growth disorders
Somatotrophin	Growth disorders
Superoxide dismutase	Free radical damage in kidney transplants
Tissue plasminogen activator	Heart attack
Tumour necrosis factor	Cancers

재조합 단백질로써의 백신 생산

전체 바이러스 분자에서 뿐만 아니라 바이러스의 일부분만으로도 바이러스에 특이성이 있는 항체를 합성해 내는 기술이 백신을 만드는 데 이용되었다. 항체는 바이러스의 피막에 있는 단백질을 정제해서 사용해야 한다(그림 15.7). 바이러스의 항원성 단백질에 대한 유전자를 발현벡터에 삽입시켜 만들어 낼 수 있다면 백신으로 사용되는 재조합 단백질을 생산해 내는데 이 방법을 이용할 수가 있다. 이 백신들은 다른 바이러스 분자의 영향을 받지 않고 많은 양을 얻을 수 있다는 잇점이 있다.

B형간염 바이러스가 이러한 시도 중 첫 번째 성공적인 경우이다. B형간염 바이러스는 열대지방에 만연하고, 간질병을 유발하며, 지속적인 감염은 간암을 유발하기도 한다. B형간염 바이러스로부터 회복한 사람은 피에 바이러스를 감싸는 단백질인 B형간염 항원(HBsAg)에 대한 면역을 지내게 된다. 이 단백질은 2μM 플라즈미드에 근거한 벡터를 이용하여 효모나 중국 햄스터 난자(Chinese hamster ovary) 세포에서 생산된다. 두 경우 모두 충분히 양질의 많은 단백질을 얻을 수 있고, 실험동물에 주사하면 B형간염 바이러스에 대하여 보호 기능을 보인다.

재조합 HBsAg가 백신으로 성공할 수 있는 주요 이유는 이 바이러스 자연 감염 과정의 특이성 때문이다. 감염된 사람들은 피 속에 지름 42 nm의 온전한 B형간염 분자를 가지고 있는 동시에 22 nm의 작고, 온전히 HBsAG로 이루어진 공을 만든다. 효모와 햄스터 세포에서 HBsAg를 합성하는 동안, HBsAg 단일 분자가 아닌 완벽한 22

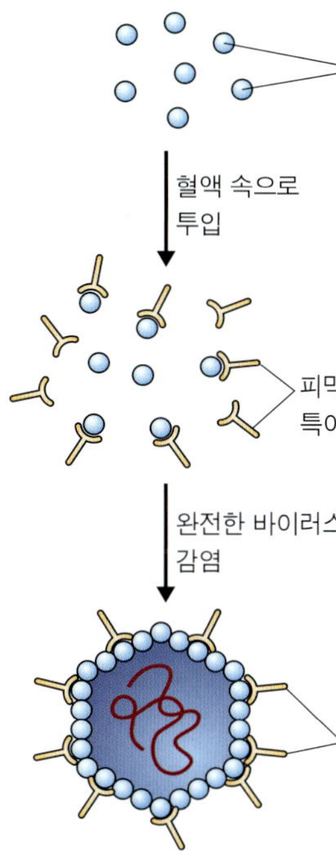

그림 15.7
백신으로 사용되는 분리된 바이러스의 피막(coat) 단백질을 사용하기 위한 원리.

nm 공이 만들어 지는데, 이것이 재조합 백신에 중요한 요건이다. 그러므로 재조합 백신이 자연 감염 과정을 흉내 낼 수 있게 되어, 항체 생산을 유도하게 되고, 공 구조가 생존 가능한 바이러스는 아니기 때문에 질병을 일으키지는 않게 된다. 효모와 햄스터 세포에서 얻은 백신은 사람에게 실제 쓰여 왔고, 세계보건기구도 각국의 백신 프로그램에 이들의 사용을 권장하고 있다.

또한 재조합 백신은 다양한 암을 일으키는 인유두종 바이러스(HPV)의 여러 아종에 대해 성공적으로 개발되었다. L1 피막단백질 유전자는 효모에서 발현되어 L1 단백질을 구성하는 바이러스 유사입자들을 만든다. HBsAg 백신처럼 이 입자들은 핵산을 가지고 있지 않아 감염능력이 없다. 재조합 HPV 백신의 효율성을 넓히기 위해 여러 종류의 재조합 효모를 만들었는데 각기 다른 HPV 아종으로부터 L1 단백질을 생산한다. 이 효모들로부터 만들어진 바이러스 유사입자는 2가 혹은 4가 백신을 만든다(그림 15.8). 이 백신들은 남성들의 다양한 성적 접촉에 의한 감염뿐만 아니라 여성의 자궁경부암을 예방할 수 있게 한다.

형질전환 식물에서 재조합 백신

팜잉의 유용성은 재조합 단백질 합성에 형질전환 식물을 이용하기에 이른다. 이 기술이 기르고 수확하기 쉬운 식물에 도입된다면 비싼 재조합 단백질 생산을 지속하기 어려운 미개발 국가에도 혜택을 줄 수 있다. 만약 재조합 백신이 구강투여에도 효율적이라면, 식물의 부분 또는 일부를 먹어 면역을 얻을 수 있다. 대형 백신 프로그램을 수행하기에 보다 쉽고 값싼 방법은 현재로서는 상상하기 힘들다.

위와 같은 방법의 실현 가능성은 HBsAg, 홍역 바이러스와 호흡기 세포융합 바이러스(respiratory syncytial virus)의 외피 단백질 백신에서 증명되었다. 각각의 경우 실

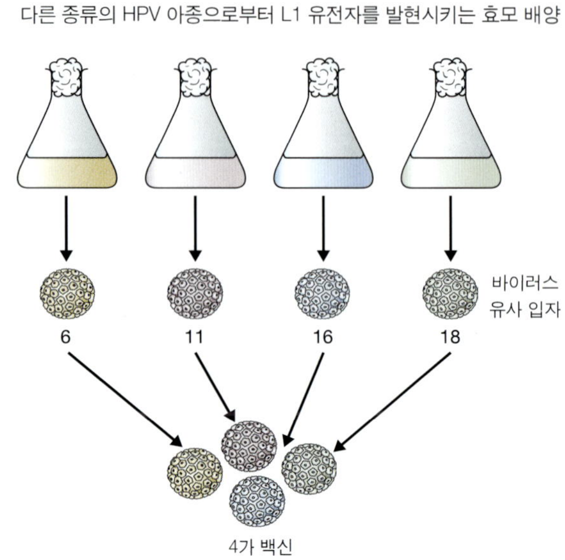

그림 15.8
4가 HPV 백신의 합성. 4종류의 재조합 효모가 HPV 아종 6, 11, 16, 18로부터 L1 단백질을 합성한다.

험동물에 형질전환 식물을 먹이므로 면역을 얻게 하였다. 다양한 백신을 발현하는 식물을 엔지니어링하여 다양한 질병에 면역을 하나의 식물에서 얻고자 하는 시도 역시 추진되었다. 이 기술 개발에서 현재 직면하고 있는 큰 문제는 식물에서 만들어지는 재조합 단백질의 양이 종종 겨냥하는 질병에 대한 완벽한 면역을 유도하기에는 너무 적다는 것이다. 완벽한 효과를 위해서는 먹는 식물에 녹아 있는 단백질의 8~10% 정도는 되어야하는데, 실제는 훨씬 적은 0.5% 이상이 못되는 양이다. 동일 작물 내의 각 식물 간의 수확량의 차이도 고려할 점이다. 가능한 해결책은 클론된 유전자를 식물 핵보다 엽록체 유전체 속에 넣는 것으로, 훨씬 많은 양의 재조합 단백질을 얻을 수 있다. 다양한 백신 단백질들의 엽록체 합성은 탄저병, 흑사병, 천연두 그리고 기생성 원생동물인 이질 아메바에 대해 수행되었다. 또한 담배와 상추 엽록체는 콜레라균(*Vibrio cholerae*)과 열대열 말라리아 원충(*Plasmodium falciparum*)으로부터 표면 단백질들의 융합 단백질을 합성하는 데 이용되었다. 이 식물체를 쥐에 먹였을 때 콜레라 독소로부터 보호될 것이고 또한 사람 적혈구 세포에 침입하는 열대열 말라리아 원충의 능력을 감소시키는 항체의 생성을 활발하게 하였다(말라리아에 대한 효율성은 말라리아 원충이 쥐에 감염되지 않기 때문에 쥐에서 직접 조사되지 않았다). 콜레라와 말라리아는 전 세계 많은 지역에서 주요 질병이다. 두 질병에 대해 쉽게 투약하는 백신의 개발은 사람 건강을 위한 중요한 진보일 것이다.

또한 식물체는 질병으로부터 보호하기 위한 근본적으로 다른 방법에서 이용되었다. 목적은 면역 반응을 자극하는 단백질을 생성하기 위해 식물을 이용하는 것이다. 이것을 달성하기 위해 4개의 형질전환 담배 계통을 만들었다. 각각의 계통은 충치균(*Streptococcus mutans*)의 표면 단백질 항원A 유전자에 특이적인 항체의 다른 성분들을 생산한다. 이 계통 간 교배를 통해 4개의 클론 유전자를 모두 가진 형질전환 담배가 만들어졌다(그림 15.9). 식물체는 세포 내에서 기능적 항체를 조립했다. 충치균은

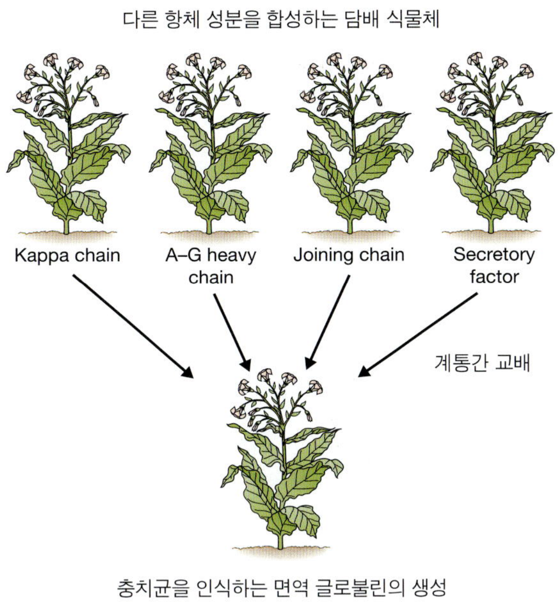

그림 15.9
충치균에 작용하는 항체를 생성하는 형질전환 담배.

사람 치아의 구멍에 서식하며 대부분 선진국에서 학생의 60% 이상에 영향을 주는 충치의 주원인이다. 충치를 예방하고 주사가 아닌 치아표면에 문지름으로써 효과를 볼 수 있는 충치균 항체가 수년 간 탐색되어 왔다.

살아 있는 재조합 백신

1796년 재너에 의해 살아 있으면서 백신으로서 작용하는 바이러스를 천연두에 대한 백신으로 사용하였다. 이 바이러스는 사람에게는 해를 미치지 않으면서 많은 위험한 천연두 바이러스에 대한 면역성을 자극할 수 있었다. Vaccine(백신)이라는 단어도 vaccinia에서 유래된 것이다. 이것을 사용해서 1980년대 세계적으로 천연두를 제거하게 되었다.

최근에는 재조합 vaccinia 바이러스를 다른 병원균에 사용할 수 있을까 하는 생각들이 대두되고 있다. 그림 15.10에는 B형간염 항원 단백질의 유전자를 vaccinia 프로모터 조절하에 있도록 vaccinia 유전체에 삽입 연결시키게 되면 그 유전자가 발현됨을 보여주고 있다. 혈액에 투여한 후에 재조합 바이러스의 복제에 의해 새로운 vaccinia 입자와 충분한 양의 표면 항원이 생기게 된다. 그 결과 천연두와 B형간염에 면역성이 생기게 되는 것이다.

지금까지 다량의 외래유전자를 발현시켜 재조합 vaccinia를 만들어냈고, 동물 실험을 해본 결과 관련 있는 병원균에 면역성을 보이는 것으로 나타났다(표 15.2). 인플루엔자, B형간염, 단순포진바이러스를 발현시키는 한 개의 재조합 vaccinia가 원숭이에 각각의 병원균에서 면역성을 보이고 있다. 광견병 당단백질을 발현하는 천연두 바이러스에 대한 연구는 천연두의 티미딘 키나아제 유전자를 결실시킴으로 바이러스 복제를 막는 기법을 보여주었다. 이 방법은 일반적으로 살아있는 백신을 투여 받은 동물이

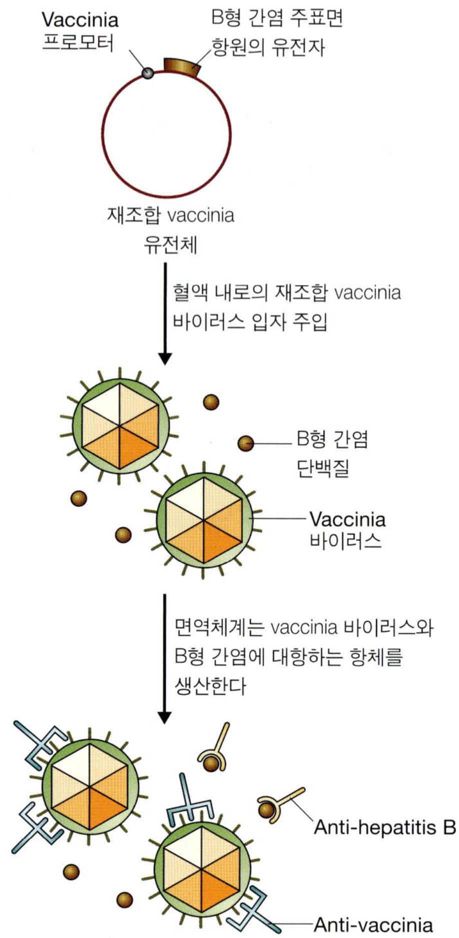

그림 15.10
재조합 vaccinia 바이러스의 잠재적 이용에 대한 이론적 근거.

표 15.2
재조합 vaccinia 바이러스에 의해 발현되는 몇몇 외래 유전자들.

GENE
Human diseases
Plasmodium falciparum (malaria parasite) surface antigen
Influenza virus coat proteins
Hepatitis B surface antigen
Herpes simplex glycoproteins
Human immunodeficiency virus (HIV) envelope proteins
Vesicular somatitis coat proteins
Sindbis virus proteins
Animal diseases
Rabies virus G protein
Rinderpest virus F and H proteins
Feline leukaemia virus envelope protein
Newcastle disease virus F glycoprotein

겪는 여러 형태의 천연두를 발병하는 것을 막을 수 있다. 이 특별한 살아 있는 바이러스 백신은 유럽과 북아메리카에서 광견병 통제에 사용되고 있다.

15.2 인간의 질병을 일으키는 유전자들의 동정

유전자 클로닝이 당면한 의학적 연구에서 두 번째로 중요한 분야는 인간에게 있어서 질병을 일으키는 유전자들의 동정과 분리이다. 유전적이거나 유전되는 병은 특별한 유전자가 결실되면서 일어나게 된다(표 15.3). 혈우병과 같이 몇몇 유전되는 병의 경우에는 유전자가 X 염색체 상에 존재하고 있다. 그래서 유전자를 지닌 남성들은 질병을 일으키게 된다. 하나의 결실된 유전자와 하나의 올바른 유전자를 가진 여성의 경우에는 발병하지 않지만 이 여성의 남성 후손들은 병에 걸릴 수 있다. 다른 질병을 일으키는 유전자들은 상염색체에 존재하며 대개의 경우에 열성인자이다. 이에 따라 한 쌍의 염색체가 모두 결실된 상태로 옮겨져야 만 질병을 일으키게 된다. Huntington 무도병을 포함한 몇 가지의 질병은 상염색체에서 우성인 것도 있어서 결실된 유전자가 한 사본만 존재해도 질병을 일으키게 된다.

그리고 몇몇 유전병들은 그 증상이 어린 나이에 나타나기도 하며 다른 유전병들은 개인에 따라서 중년이 될 때까지 혹은 그 이상이 될 때까지 발병하지 않을 수도 있다. Cystic fibrosis(낭섬유증)는 전자의 한 예이며, Alzheimer병과 Huntington 무도병과 같은 신경퇴행성 질병은 후자의 예이다. 유전적인 요인들을 가지고 있는 것으로 보이는 수많은 질병들의 경우에 특히 암인 경우에는 그 전체 증상이 어떤 대사적이거나 환경적인 자극에 의해 촉진되어질 때까지 잠복기에 있는 질병과 복합적으로 일어난다. 만일 이 질병에 대한 원인이 밝혀지면 발병확률을 최소화할 수 있도록 환자의 생활 방식을 세심하게 관리해 줌으로써 위험요소를 줄일 수 있게 될 것이다.

인류에게 있어 유전병은 항상 존재해 왔었지만 최근 몇 십년 간 그 중요성이 인식되었다. 그 이유는 백신 및 항체의 개발과 향상된 위생관리 때문에 천연두, 결핵, 그리

표 15.3
영국에서 가장 흔한 유전 질환.

DISEASE	SYMPTOMS	FREQUENCY (BIRTHS PER YEAR)
Inherited breast cancer	Cancer	1 in 300 females
Cystic fibrosis	Lung disease	1 in 2000
Huntington's chorea	Neurodegeneration	1 in 2000
Duchenne muscular dystrophy	Progressive muscle weakness	1 in 3000 males
Haemophilia A	Blood disorder	1 in 4000 males
Sickle cell anaemia	Blood disorder	1 in 10 000
Phenylketonuria	Mental retardation	1 in 12 000
β-Thalassaemia	Blood disorder	1 in 20 000
Retinoblastoma	Cancer of the eye	1 in 20 000
Haemophilia B	Blood disorder	1 in 25 000 males
Tay–Sachs disease	Blindness, loss of motor control	1 in 200 000

고 콜레라 같은 20세기 중반까지 수많은 인명을 앗아갔었던 전염병의 확산이 줄어들었기 때문이다. 그 결과 현재는 유전적인 요인들을 지닌 특히 수명연장으로 인해 늦게 발병하는 질병에 의해 더 많은 인구가 죽어가게 되었다.

15.2.1 유전적 질병을 일으키는 유전자의 확인 방법

유전병을 일으키는 유전자를 동정하는 것이 왜 중요한가에 대한 이유는 다음과 같다.

- 유전자의 동정은 질병에 대한 치료법을 구상할 수 있게 해주는 생화학적 기초자료를 제공해 준다.
- 돌연변이의 동정은 검사방법을 개발할 수 있는 결실 유전자를 제공한다. 그래서 돌연변이 유전자는 보균자 또는 병이 아직 발전되지 않은 개인들을 구별할 수 있게 해준다. 보균자들은 그들의 아이들에게 질병이 유전될 확률이 있는지에 대해 상담을 받을 수 있다. 질병이 아직 진전되지 않은 사람에게서 조기 확인이 가능해져서 발병위험을 줄일 수 있는 적절한 예방책을 취할 수 있게 된다.
- 유전자의 동정은 유전자 치료를 위한 선결조건이다.

질병을 야기시키는 유전자를 확인하기 위한 간단한 방법은 없다. 가장 좋은 방법은 그 병에 관한 정보에 의존하는 것이다. 이런 종류의 작업에서 원리를 이해하기 위해 우리는 가장 일반적이고 가장 어려운 시나리오를 고려할 것이다. 이것은 그 병에 대해 알고 있는 모든 것이 어떤 사람이 병에 걸렸다는 것일 때이다. 비록 비관적인 시작점 일지라도 DNA 기술은 관련된 유전자의 위치를 정할 수 있다.

인간 유전체에서 유전자의 적절한 위치 정하기

만약 요구되는 유전자에 대한정보가 없다면 어떻게 인간 유전체에서 위치를 정할 수 있는가? 그 답은 인간 유전자 지도에서 유전자의 위치를 결정하기 위한 기초 유적 원리로 돌아가야 한다. 유전자 지도는 보통 연관 분석에 의해 수행되어진다. 이 연관분석은 지도상의 위치가 이미 알려진 유전자 간의 유전양상과 표적유전자의 유전양상을 비교하는 것이다. 만일 두 개의 유전자가 함께 유전되어진다면 이 때 두 유전자는 동일 염색체상에 아주 가까운 곳에 위치하고 있는 것이 된다(그림 15.11a). 만일 두 개의 유전자가 다른 염색체 상에 위치한 경우라면 이 때는 감수분열 동안 염색체의 재조합 현상 또는 무작위 분리 현상이 일어나 다른 유전양상을 나타내게 되는 것이다(그림 15.11b). 두 개의 유전자는 같은 염색체 상에 위치하지만 밀접한 위치에 있지 않으면 재조합 산물이 나타날 수 있다(그림 15.11c). 지도에 표시된 하나 또는 그 이상의 유전자들의 연관이 보여주는 것은 지도에 표시되어 있지 않은 유전자의 염색체상 위치를 이해하는 데 열쇠가 된다.

사람을 대상으로 어떤 유전자의 위치를 결정하기 위해 직접적으로 교배시키는 과정은 불가능하다. 대신에 질병 유전자의 지도 작성은 계통 분석(**pedigree analysis**)에서 자료를 사용해야 한다. 이것은 이 유전자의 유전 현상을 그 질병이 높게 나타나는

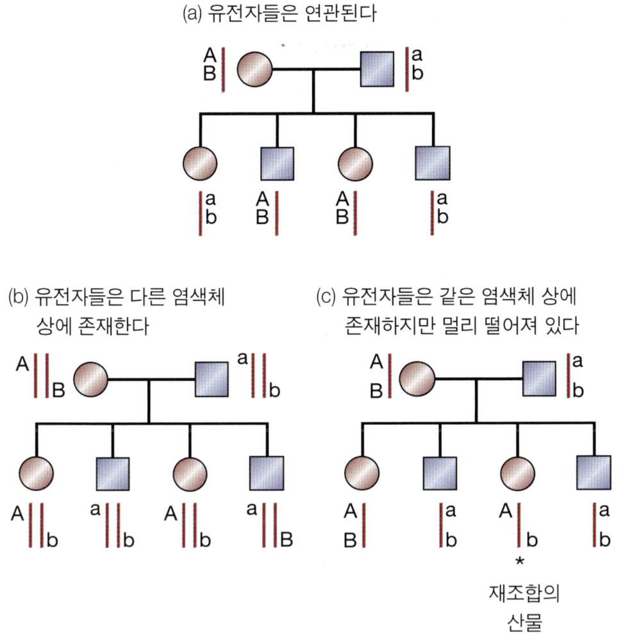

그림 15.11

연관된 유전자와 연관되지 않은 유전자들 간의 유전 양상. 세 가지 가계가 보여지고 있다. 원은 여성을 사각형은 남성을 의미한다. (a) 두 가지 밀접하게 연관된 유전자들은 거의 함께 유전되어 간다. (b) 다른 염색체 상에 두 유전자는 무작위적 분리현상을 보여준다. (c) 한 염색체에 멀리 떨어져 있는 두 유전자는 종종 같이 유전되지만 재조합은 두 유전자를 연관시키지 않을 수 있다.

가계를 조사하는 것이다. 각 가계당 최소 3세대로 부터 DNA 시료를 얻는 것이 중요하며 가계의 구성원이 많으면 많을수록 좋다. 만약 이 질병이 매우 특이한 것이 아니라면 적당한 가계를 찾는 것이 가능할 것이다. 연관은 질병의 유무와 **DNA 마커** 사이에 연구된다. DNA 마커는 변이가 있는 단순 DNA 염기서열이기 때문에 두 개 이상의 대립인자 형태가 존재하며 유전체내에서 위치가 알려져 있다. DNA 마커를 이용한 연관 분석을 설명하기 위해 우리는 사람 유방암에 민감한 유전자의 위치를 정하는 방법을 조사할 것이다.

사람 BRCA1 유전자의 연관 분석

사람 유방암 민감 유전자 BRCA1의 위치 결정에서 첫 번째 돌파구는 1990년 **RFLP 연관 분석**의 결과로 만들어졌다. 이 연구는 유방암 발병율이 높은 가계에서 질병을 앓고 있는 여성의 상당수가 같은 형태의 D17S74 RFLP를 가지고 있다는 것을 보여주고 있다. DNA 염기서열 변이로 야기된 RFLP는 제한효소 자리의 변경을 초래한다(그림 15.12a). 제한효소로 절단할 때 두 단편이 붙어 있으면 제한효소 자리의 손실이 나타나게 된다. 원래 RFLP는 제한효소로 절단된 유전체 DNA의 southern 혼성화 방법으로 수행되는데 이것은 시간이 많이 소모되는 방법이기 때문에 지금은 제한효소 자리의 존재 유무는 PCR로 결정한다(그림 15.12b). D17S74 RFLP는 전에 염색체 17번 긴 팔 부분에 위치한다고 알려져 있기 때문에 BRCA1 유전자 또한 염색체 17번 긴 팔 부분에 위치해야 한다.

초기 연관 결과는 매우 중요하다. 그것은 사람 유전체에서 BRCA1 유전자의 위치를 나타내기 때문이다. 그러나 이것으로 끝나지 않는다. 사실 1,000개 이상의 유

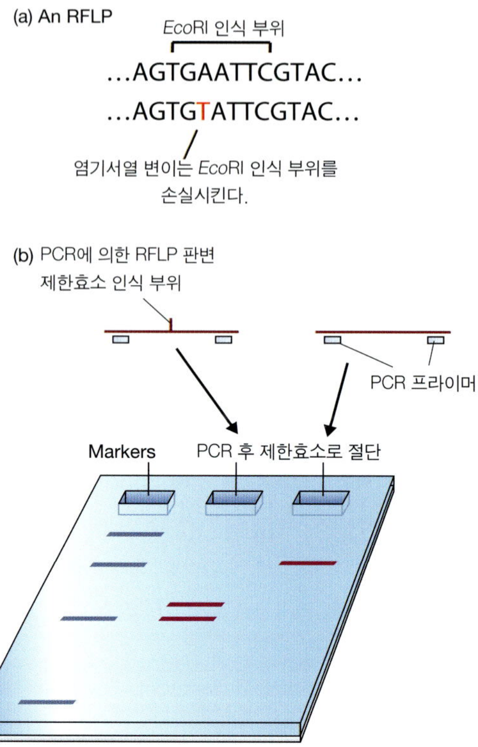

그림 15.12
RFLP. (a) RFLP는 제한효소 인식부위가 변경된 염기서열 변이이다. (b) PCR에 의한 RFLP 판별. 중간 줄에서 PCR 산물은 제한효소로 절단되기 때문에 두 개의 band가 보인다. 오른쪽 줄에서는 제한효소 인식부위가 없어져서 한 개의 band가 보인다.

전자가 염색체 17번의 관련 지역에 있다고 생각된다. 그러므로 다음 목표는 BRCA1의 위치를 보다 정확하게 알아내기 위해 더 많은 연관 연구를 수행하는 것이다. 이것은 **short tandem repeats(STRs)**를 가지고 BRCA1 지역을 조사함으로써 수행되었다. **Microsatellites**로 알려진 이 염기서열은 길이가 염기 1개부터 13개의 짧은 서열이 반복됨으로써 구성된다(그림 15.13a). 반복되는 수는 특정 STR에서 다양하게 존재하며 보통 5개에서 20개이다. STR 양쪽에 결합되는 프라이머를 이용하여 PCR을 수행하고 아가로오스 혹은 폴리아크릴아마이드 젤 전기영동으로 PCR 산물의 크기를 조사함으로써 반복되는 수를 결정할 수 있다(그림 15.13b). 많은 STR은 RFLP에서 가능한 2개의 대립인자가 아닌 3개 이상의 대립인자 형태로 존재하기 때문에 미세한 지도 작성에 유용하다. 그러므로 STR에서 몇 개의 대립인자들은 한 가계 내에 존재할 수 있으며 보다 상세 지도 작성을 수행할 수 있게 한다. STR 연관 지도 작성은 BRCA1을 두 STR 마커인 D17S1321과 D17S1325 사이에 위치시키며, BRCA1 지역의 크기를 20 Mb에서 600 kb로 축소시켜 준다(그림 15.14). 유전자의 위치를 정하는 이 방법을 **positional cloning**이라고 한다.

질병 유전자 후보들의 확인

일단 질병 유전자의 지도상 위치가 결정되었다면 다음 단계로 단순히 유전자를 확인하기 위해 유전체 염기서열에 대해 언급할 것이다. 불행하게도 아직 많은 양의 일을

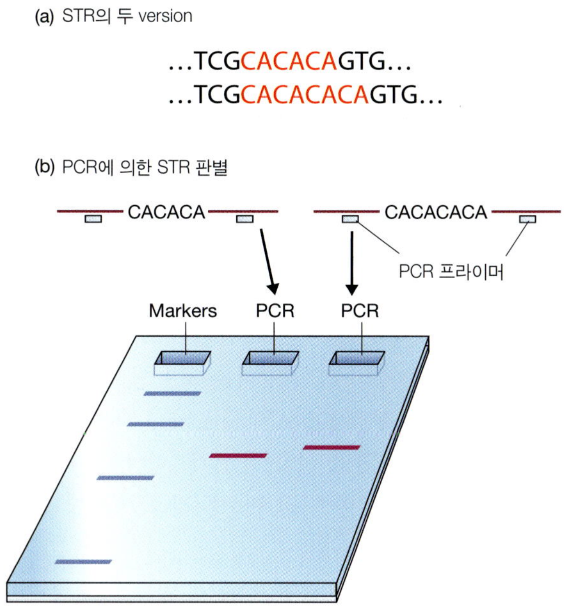

그림 15.13
Short tandem repeats. (a) STR은 길이가 염기 1~13개의 짧은 단위로 구성된다. (b) PCR에 의한 STR 판별. 오른쪽 줄에서 PCR 산물은 가운데 줄의 산물보다 CA 단위를 더 가지고 있어서 약간 길다.

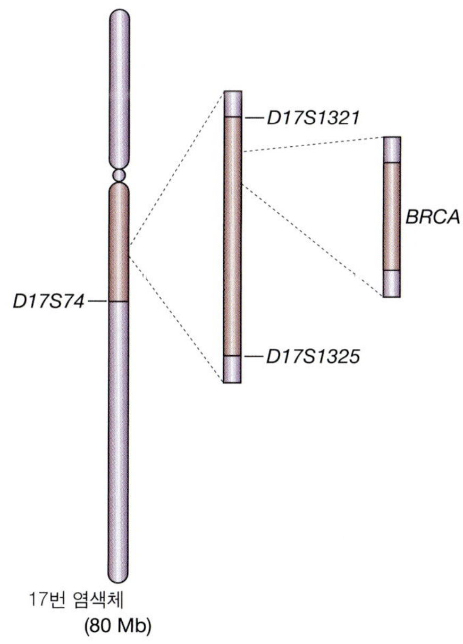

그림 15.14
유방암 유전자의 지도제작 초기에 그 유전자는 17번 염색체의 20 Mb 절편에 지도가 작성되었다(왼쪽 그림에서 강조된 부분). 부가적인 지도 제작 실험을 통해, 전에 지도에 표시된 두 개의 좌위의 *D17S1321*과 *D17S1325*(가운데 그림)의 사이에 낀 600 kb 부분으로 유전자의 위치가 좁혀졌다. 발혀되는 염기서열의 조사 후에, *BRCA1*의 강력한 후보유전자로 밝혀졌다(오른쪽 그림).

해야 한다. 가장 정밀한 형태의 유전자 지도 일지라도 이것은 단지 유전자의 대략적인 위치를 나타낸다. 유방암 프로젝트에서 연구자들이 연구 부위를 600 kb의 좁은 지역으로 줄였다는 것은 행운이었다. 종종 10 Mb 또는 그 이상의 DNA들이 조사되어야 했다. 이렇게 긴 DNA는 많은 유전자들을 포함하는데, 600 kb 유방암 지역은 60개 이상의 유전자들을 포함하고 이것 중 하나가 *BRCA1*이다.

많은 연구들이 지도가 작성된 지역에서 어떤 유전자가 질병관련 유전자인지 확인하기 위해 사용될 수 있다.

- 후보 유전자들의 발현 양상은 다른 조직에서 추출된 RNA의 RT-PCR이나 혼성화 분석에 의해 조사될 수 있다. 예를 들면 *BRCA1*은 유방 조직에서 추출된 RNA와 혼성화 될 것이 예상되며, 또한 자궁암은 종종 유전되어지는 유방암과 연관되기 때문에 난소 조직의 RNA와 혼성화 될 수 있다.
- 다른 포유동물에서 후보 유전자의 상동 유전자 존재는 BLAST를 이용해 유전체 염기서열을 조사함으로써 알 수 있다. 근거는 돌연변이 되었을 때 질병을 야기 시키기에 충분히 중요한 사람 유전자는 거의 확실히 다른 포유동물에 상동 유전자가 있다는 것이다. 같은 분석은 근연종으로부터 DNA의 Southern 혼성화에 의해 수행될 수 있다(이것은 **Zoo blot**이라고 한다). 만약 상동 유전자가 존재한다면 이것은 비록 상동 유전자가 사람의 유전자와 염기서열이 약간 다르더라도 적절한 탐침으로 혼성화시켜서 찾을 수 있을 것이다.
- 감염자로부터 유전자들이 왜 그들이 병을 가지고 있는지 설명할 수 있는 돌연변이를 가졌는지 알기 위해 병에 걸린 사람들과 안 걸린 사람들의 유전자 염기 서열이 조사될 수 있다.
- 후보유전자의 확인을 검증하기 위해서 동일한 쥐의 유전자가 활력이 없는 knockout 쥐를 준비하는 것이 가능할 것이다. 만약 knockout 쥐가 인간의 질병과 동일한 증상을 보인다면 후보 유전자는 거의 정확한 것이다.

유방암 후보지역(*D17S1321*과 *D17S1325* 사이)에 적용할 때, 이러한 분석은 22개의 엑손(exon)들로 이루어지고 1863개의 아미노산 단백질을 암호화하는 약 100 kb의 유력한 *BRCA1* 후보 유전자를 찾아내었다. 유전자의 전사체들은 유방과 자궁조직에서 찾아낼 수 있고 쥐, 집쥐, 토끼, 양, 돼지 등에서 상동성이 보여진다. 그러나 닭에서는 상동성이 보여지지 않는다. 가장 중요하게 5개의 가능한 가계로부터 온 유전자들은 기능이 없는 단백질이 되게 유도하는 돌연변이들(frame shift 돌연변이와 nonsense 돌연변이)을 함유한다. 부차적인 증거가 할지라도 후보 유전자의 조사에 의해 뒷받침된 증거는 이유전자가 *BRCA1*이라고 단정하기에 충분하였다. 후속 연구는 이 유전자와 두 번째 발견된 유방암 감수성 유전자인 *BRCA2*가 전사조절, DNA 복구에 관여하고, 비정상적인 세포분열을 억제하는 암억제 유전자임을 보여주었다.

15.2.2 질병을 일으키는 돌연변이의 유전적 분석

사람에게는 10,000개 이상의 단일 유전성 질병이 있으며, 이들 질병은 단일 유전자 돌연변이로 발생된다. 이들 중 많은 것은 앞에서 설명한 유방암 유전자 BRCA1과 유사한 방법으로 돌연변이가 확인되었다. 일반적으로 원인 유전자의 1,700개 돌연변이 중 하나에 의해 발생할 수 있다. 각 돌연변이는 CFTR 세포 안과 밖으로 염소 이온의 움직임을 조절하는 단백질의 능력에 영향을 미친다. 결과적으로, 생리적 이온 균형이 파괴되어 낭포성 섬유증이 발생한다. 이러한 1,700개 돌연변이 중 가장 흔한 것은 단백질에서 페닐알라닌 아미노산이 손실을 야기 시키는 3개의 뉴클레오타이드 결실이다.

이것은 전 세계 낭포성 섬유증 환자의 약 2/3를 차지한다. 단지 몇 명에서만 발견되는 드문 CFTR 돌연변이도 있다.

유전 질병에 관여하는 돌연변이가 알려졌다면, 사람이 이러한 돌연변이를 가지고 있는지 확인하기 위한 검사를 고안하는 것은 간단하다. 낭포성 섬유증의 경우, 표준 검사 방법은 CFTR 유전자의 전체 코딩 영역에 걸쳐 있는 일련의 PCR을 수행하고, 돌연변이 부위에 존재하는 뉴클레오타이드를 확인하기 위해 PCR 산물을 염기서열 분석한다. 대부분 국가의 의료 서비스는 비록 명확한 이유가 있을 때만 검사가 수행되지만, 가장 흔한 유전 질병에 대한 유전자 검사를 제공한다. 가장 일반적인 예는 환자가 유전 질병의 초기 단계에 있다고 의심하여 진단을 수행하려고 할 때이다. 또한, 예비 부모는 가족에 특정 질병의 병력이 있다면, 검사받아서 질병을 물려받는 아동의 위험을 평가할 수 있다. 또 태아의 실제 질병 상태를 검사하기 위해 산전 검사를 수행할 수 있다. 중요한 원칙은 이러한 검사에 대하여 환자 또는 부모가 양성 검사 결과의 의미를 충분히 이해할 수 있는 견고한 유전 상담이 수반되어야 한다는 것이다. 이것은 돌연변이가 질병을 즉각적으로 발현시키지 않고, 늦게까지 발현되지 않거나 전혀 발현되지 않을 수 있는 질병에 대한 감수성을 증가시킬 경우에 특히 중요하다.

최근 직접 고객의 유전자 검사를 제공하는 회사가 급증하고 있다. 서비스 구매자는 볼 세포가 포함된 구강 면봉 형태의 DNA 샘플을 제공하고, 다양한 질병에 대한 돌연변이 상황을 제공 받는다. 이 서비스는 회사에 따라 다르게 제공되지만, 일반적으로 *BRCA1*과 *BRCA2* 유방암 감수성 유전자, 심장질환, 빈혈, 알츠하이머병, 파킨슨병을 포함한다. 이러한 서비스는 고객이 결과를 메일로 받기 때문에, 의료 전문가에 의해 검사가 진행된 경우처럼 즉각적인 유전 상담을 할 수 없다는 문제가 있다. 서비스를 제공하는 회사들은 검사 결과의 해석에 대한 자세한 서면 정보를 제공하고, 필요할 때 전문가의 도움을 구하는 방법을 제공함으로써 이 문제를 완화시켰다고 한다.

두 번째 관심분야는 유전자 검사 결과가 개인의 생명 보험 구매에 미치는 영향 또는 보험을 가입할 때 필요한 보험료 금액이다. 영국에서 보험회사는 생명보험의 보험료를 정할 때 유전자 검사 결과를 사용할 수 있다. 이러한 종류의 DNA 검사는 혈액 검사 또는 다른 일상적인 의료 검사와 동일하다는 주장을 한다. 그러나 데이터가 미래 질병 발생의 감수성에 관련된 예측 유전자 검사 결과는 특정 상황에서만(예를 들면, 보험료가 500,000파운드 이상일 때) 사용할 수 있다. 예외는 예측 검사가 개인에게 유리할 때이다. 이 경우 신청자는 보험회사가 그렇지 않은 경우보다 낮은 보험료를 설정하기 바라며, 가족 내에 질병에 민감한 돌연변이가 상속되지 않는다는 증거를 제출할 수 있다. 영국에서 유전자 검사 및 보험 코드가 2001년에 처음 제공되었으며, 영국 보험사협회의 모든 회원들이 뒤를 따랐다. 다른 여러 국가에서도 유사한 협정을 맺고 있다.

15.3 유전자 치료

의학계에서 고려해 볼때 클로닝이 최종적으로 적용될 수 있는 것은 유전자 치료이다. 이 이름은 결함 유전자의 올바른 사본을 제공함으로써 유전병을 고치는 것을 목적으로 하는 방법에 붙여진 것이다. 유전자 치료는 실험용 동물에서 성공해 왔고 인간을 대상으로 한 임상적 시도도 관계기관으로부터 허가가 난 상태이다. 우선 우리는 유전자 치료에 사용된 기술을 살펴볼 것이다. 그리고 나서 윤리적 문제에 대해 고려해 볼 것이다.

15.3.1 유전병을 위한 유전자 치료

유전자 치료에는 생식세포 치료와 체세포 치료라는 두 가지 기본적인 접근법이 있다. 생식세포 치료에서는 수정란이 관련 유전자의 올바른 사본을 제공하며 모태로 재이식되어진다. 만일 성공적이면 그 유전자는 모태에 존재하게 되고 결과적으로 개별적인 모든 세포에서 발현되어질 것이다. 생식세포 치료는 보통 분리되어진 난세포 속으로 DNA를 미세주입(microinjection)하는 방식으로 수행되어진다. 그리고 이론적으로 어떤 유전병을 치료하는 경우이든지 사용할 수 있다.

체세포 치료는 보통세포를 인체에서 분리한 다음 유전자를 주입시키고 다시 인체 내의 원위치에 집어 넣는 일련의 과정을 포함한다. 이 기술은 골수 줄기세포로 도입되어진 유전자들과 관련된 유전적인 혈액질환(예, 혈우병, 탈라세미아)의 치료에 아주 유망한 방법이다. 그리고 이러한 질환들은 혈액에서 특수화된 모든 종류의 세포에서 일어난다. 치료 전략은 수십억 개의 세포들을 포함하는 골수추출물을 준비하여 이들을 레트로바이러스(retrovirus) 벡터로 감염시키고 이 세포를 재이식하는 것이다. 이후에 일어나는 감염세포들의 복제와 분화는 주입된 유전자가 모든 성숙한 혈액 세포내에 있게 한다(그림 15.15). 이 레트로바이러스 벡터의 장점은 감염 효율이 아주 높다는 것이다.

체세포 치료는 또한 낭섬유증 같은 폐질환의 치료에도 가능성을 보여주고 있다. 쥐의 경우 흡입기를 이용해서 쥐의 호흡기관으로 보내어진 DNA는 폐포피 세포에 의해 받아 들여지나 유전자 발현은 불과 몇 주 동안만 일어난다. 그럼에도 불구하고 유전자 전달방식이 너무 간단해서 반복적인 사용이 문제를 일으키지는 않을 것으로 생각된다.

이러한 돌연변이가 일어난 유전자가 기능이 없는 단백질을 만들기 때문에 일어나는 유유전질환의 유전자 치료의 경우 반드시 그 돌연변이가 일어난 유전자를 제거할 필요는 없다. 그 대신 제대로 된 유전자를 세포에 넣어 주어야 한다. 하지만 우성 유전 질환일 경우에는 결함유전자 산물의 존재 자체가 원인이므로 치료법은 올바른 유전자를 첨가시키는 것 뿐만 아니라 결함 유전자의 제거도 병행되어져야 한다. 이 작업은 염색체와 벡터에 의해 운반되는 유전자 사본 사이에 일어나는 재조합을 촉진시켜주는 유전자 전달체계를 필요로 한다. 그래서 결실된 염색체상의 결함유전자가 벡터에 의해 운반된 정상 유전자에 의해 대체되어지게 된다. 이 기술은 복잡하고 믿을 수

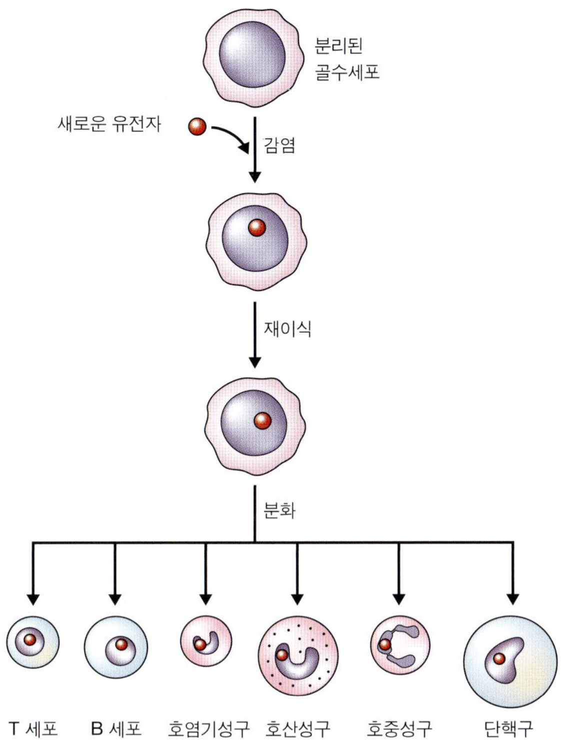

그림 15.15
감염된 줄기세포의 분화는 새로운 유전자가 모든 성숙한 혈액세포에 존재하게 한다.

없고 널리 응용될 수 있는 방법이 개발되어 있지 않다.

15.3.2 유전자 치료와 암

유전자 치료의 임상 응용은 유전질환 치료에만 국한되지 않고 HIV 바이러스와 같은 병원균의 감염 사이클을 파괴하기 위해서도 사용된다. 하지만 가장 활발하게 연구가 진행되는 분야는 암 치료를 위한 유전자 치료 분야이다.

대부분의 암은 암유발유전자의 비정상적인 활성 또는 암억제 유전자의 발현 억제에 의하여 생긴다. 두 경우 모두 유전자 치료는 암을 치료하기 위해 유용하게 이용될 수 있다. 암억제 유전자의 발현억제는 앞의 유전병에서 언급된 방법 중 하나를 이용해서 유전자의 정상적인 형태를 주입함으로써 회복될 수 있다. 그런데 암 유발 유전자의 발현억제는 정상적인 형태의 유전자로 치환하는 것이 아니라 암 유발 유전자의 발현을 막는 것을 목표로 하는 방법을 요구한다. 이것이 가능한 방법은 암 유발 유전자로부터 전사된 mRNA의 **antisense** 형태를 만드는 유전자를 암세포에 주입하는 것이다(그림 15.16a). Antisense RNA는 정상 RNA에 상보적이며, mRNA와 혼성화 되어 이중가닥 RNA분자들을 만든다. 이 이중가닥 RNA는 세포내 RNA 분해효소에 의해 빠르게 분해됨으로써 유전자에 의해 암호화된 단백질의 합성을 억제할 것이다(그림 15.16b). 그러므로 표적 유전자는 발현이 억제된다.

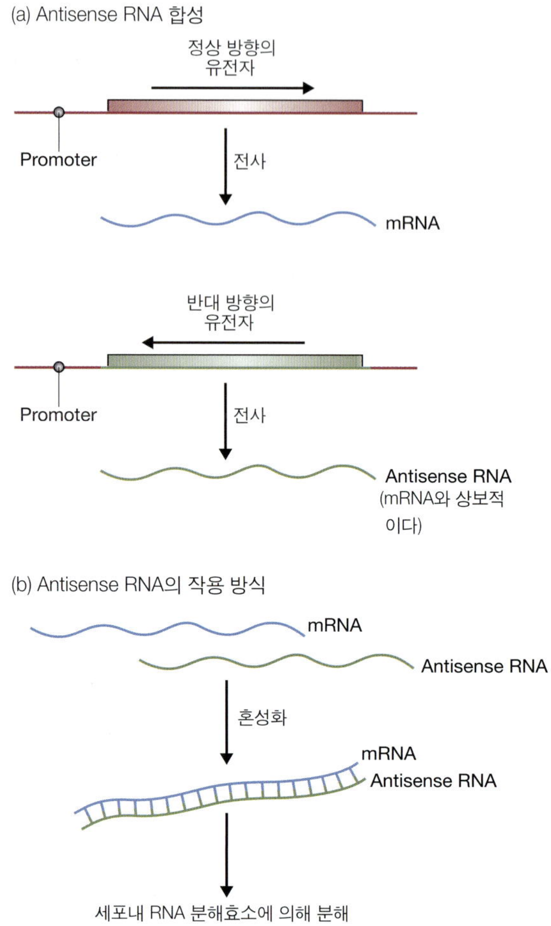

그림 15.16
Antisense RNA는 세포내 mRNA의 발현을 억제하기 위해 이용된다.

다른 방법은 암세포를 선택적으로 죽이거나 기존의 치료 방법에서 복용되는 약에 의해 암세포 파괴를 증진시키는 유전자를 투입하는 것이다. 이 방법을 **suicide gene therapy**라고 하며, 치료되고 있는 특별한 병에 대한 유전적인 정보에 대한 상세한 이해를 유구하지 않기 때문에 암치료에 효율적이고 일반적인 방법으로 생각되고 있다. 독성 단백질을 암호화 하는 많은 유전자들이 알려져 있고, 또한 비독성 전구물질을 독성인 형태로 변형시키는 효소들이 있다. 이러한 독성 단백질이나 효소들 중 하나의 유전자를 암세포에 주입하면 곧바로 혹은 약을 복용한 후에 암세포가 죽을 것이다. 주입된 유전자가 건강한 세포는 죽이지 않고 암세포만을 정확히 표적하는 것은 매우 중요하다. 이것은 암세포에 직접 주입하는 것처럼 매우 정교한 운반체계나 유전자가 암세포에서만 발현되는 방법들이 필요하다. 한 가지 가능한 방법은 암 조직에서만 활성화 되는 사람의 telomerase 프로모터에 의해 조절되게 유전자를 위치하는 것이다.

또 다른 접근법은 유전자 치료를 이용하여 환자의 면역체계에 의한 암세포의 사멸을 개선하는 것이다. 이 전략은 환자의 림프구를 조작해서 암세포를 더 잘 인식하고 죽일 수 있도록 한다. 키메라 항원 수용체 T세포(CAR-T, chimeric antigen receptor T cells)라고 불리는 조작된 림프구는 암세포 표면에 존재하지만 정상 세포에는 없는 단백질을 표적으로 삼는다. CAR-T 치료 후 초기 치료율이 높아 임상 시험의 결과가 유망했다. 그러나 표적 단백질이 부족한 일부 암세포의 존재 때문에 효과가 일시적일 수 있고, CAR-T 세포를 피하고 다시 암세포 상태로 돌아가 우려가 있다. 또한, 일부 시험에서 CAR-T 세포는 심장, 간, 신장 손실을 초래하는 사이토카인 과대 생산을 포함하는 해로운 부작용을 발생시킨다. CAR-T 세포는 암세포뿐만 아니라 정상 세포도 표적으로 하는 경우가 있어서 기능을 손상시키거나 상실시킨다. 이러한 문제에도 불구하고 CAR-T 및 다른 종류의 유전자 치료는 암과의 싸움에 큰 가능성을 보인다.

15.3.3 유전자 치료에 의해 야기된 윤리적 문제

유전자 치료가 과연 인간의 질환을 치료하는 데 사용되어져야 하는가? 많은 윤리적 질문들이 있지만 간단한 대답은 없다. 한편으로는 치료방법으로서 낭섬유증 유전자의 올바른 사본을 호흡기 계통의 흡입기를 통해서 일상적으로 적용하는 것에 대해 반대하는 것이 정당하다고는 볼 수 없다. 비슷하게 만일 골수이식이 윤리적으로 받아들여진다면 stem cell transfection 통해서 혈액질환을 치료하는 유전자 치료에 대해 논쟁한다는 것은 받아들이기 어렵다. 그리고 암은 도덕적 기준으로 효과적인 치료를 유보한다는 그 자체가 비도덕적이라고 비판받을 수 있는 무서운 질병이다.

생식세포 치료는 더욱 어려운 문제를 일으키게 된다. 이 문제는 유전 질환을 생식세포 상에서 고치기 위해 사용되는 기술이 다른 유전형질들의 생식세포 조작을 위해 사용되어질 수 있는 데 있다. 실제로 동물을 이용한 이 기술의 발달은 유전질환을 고치기 위한 욕구를 채우기 보다는 가축들을 개량하기 위해 사용되어졌다. 그 예로 지방함량을 낮게 하기 위해 유전적 변화를 야기시키는 것을 들 수 있다. 생명체의 유전적 구성이 직접적이고, 유전되는 방식으로 변경되는 이러한 유형의 조작은 많은 사람들에 의해 인간에게 용납되지 않는 것으로 간주되며, 현재 40개국 이상에서 금지되고 있다. 그런데 2018년에 쌍둥이 아이가 HIV에 대한 저항성을 개선하기 위해 유전자 가위를 이용한 유전자 편집을 통해서 변형된 수정된 난자 세포로부터 태어났다고 발표되었다. 명시된 정당화는 남성이 HIV 양성이어서 정자를 통해 바이러스가 자손에게 전달될 수 있다는 것이다. 그러나 HIV의 아버지-자손 전염을 막기 위해 유전자 치료를 포함하지 않는 기초 방법이 있었다. 이 작업의 발표로 인한 분노는 인간 생식 계통 편집에 대한 연구에 세계적인 모라토리움(일시적 정지)을 요구했다. 윤리적 문제를 충분히 논의하고, 이러한 작업이 수행될 경우 지켜야 하는 규칙과 규정에 대한 합의에 도달할 수 있게 했다.

Further reading

FURTHER READING

Anguela, X.M. and High, K.A. (2019) Entering the modern era of gene therapy. *Annual Review of Medicine*, **70**, 273–288.

Brochier, B., Kieny, M.P., Costy, F., et al. (1991) Large-scale eradication of rabies using recombinant vaccinia-rabies vaccine. *Nature*, **354**, 520–522.

Broder, C.C. and Earl, P.L. (1999) Recombinant vaccinia viruses – design, generation, and isolation. *Molecular Biotechnology*, **13**, 223–245.

Caplan, A. (2019) Getting serious about the challenges of regulating germline gene therapy. *PLoS Biology*, **17**, e3000223.

Davoodi-Semiromi, A., Schreiber, M., Nalapalli, S., et al. (2009) Chloroplast-derived vaccine antigens confer dual immunity against cholera and malaria by oral or injectable delivery. *Plant Biotechnology Journal*, **8**, 223–242.

Goeddel, D.V., Heyneker, H.L., Hozumi, T., et al. (1979) Direct expression in Escherichia coli of a DNA sequence coding for human growth hormone. *Nature*, **281**, 544–548. [Production of recombinant somatotrophin.]

Goeddel, D.V., Kleid, D.G., Bolivar, F., et al. (1979) Expression in *Escherichia coli* of chemically synthesized genes for human insulin. *Proceedings of the National Academy of Sciences of the USA*, **76**, 106–110.

Itakura, K., Hirose, T., Crea, R., et al. (1977) Expression in *Escherichia coli* of a chemically synthesized gene for the hormone somatostatin. *Science*, **198**, 1056–1063.

Kaufman, R.J., Wasley, L.C., and Dorner, A.J. (1988) Synthesis, processing, and secretion of recombinant human factor VIII expressed in mammalian cells. *Journal of Biological Chemistry*, **263**, 6352–6362.

Liu, M.A. (1998) Vaccine developments. *Nature Medicine*, **4**, 515–519. [Describes the development of recombinant vaccines.]

Ma, J.K.-C., Hiatt, A., Hein, M., et al. (1995) Generation and assembly of secretory antibodies in plants. *Science*, **268**, 716–719. [Antibodies against Streptococcus mutans.]

Maki, J., Guiot, A.L., Aubert, M., et al. (2017) Oral vaccination of wildlife using a vaccinia-rabies-glycoprotein recombinant virus vaccine (RABORAL V-RG®): a global review. *Veterinary Research*, **48**, 57.

Miki, Y., Swensen, J., Shattuck-Eidens, D., et al. (1994) A strong candidate for the breast and ovarian cancer susceptibility gene BRCA1. *Science*, **266**, 66–71.

Oliveri, S., Ferrari, F., Manfrinati, A., and Pravettoni, G. (2018) A systematic review of the psychological implications of genetic testing: a comparative analysis among cardiovascular, neurodegenerative and cancer diseases. *Frontiers in Genetics*, **9**, 624.

Paleyanda, R.K., Velander, W.H., Lee, T.K., et al. (1997) Transgenic pigs produce functional human factor VIII in milk. *Nature Biotechnology*, **15**, 971–975.

Tiwari, S., Verma, P.C., Sing, P.K., and Tuli, R. (2009) Plants as bioreactors for the production of vaccine antigens. *Biotechnology Advances*, **27**, 449–467.

Chapter 16

농업에서의 유전자 클로닝과 DNA 분석

Chapter contents

CHAPTER CONTENTS

농업 또는 구체적으로 말해서 식물재배는 세계에서 가장 오래된 생물공학이고 적어도 만년전까지 거슬러 올라간다. 이 기간 동안 사람들은 그들이 경작하는 식물들을 다양하게 개량시기고 더 높은 영양을 얻기 위해 더 많이 생산하기위해 계속적으로 노력을 해왔다. 처음 몇천 년 동안 농작물개량이 산발적인 양상을 띄었지만 최근 백년 동안 다양한 품종들이 치밀한 육종 계획에 의해 얻어졌다. 그러나 가장 고급스런 육종 계획도 전세대의 특성을 무작위적으로 교배시키므로써 잡종자손을 얻는 행운을 기대하는 요소를 여전히 가지고 있다. 새로운 품종, 원하는 형질들을 지닌 새품종을 개발하는 것은 길고도 어려운 과정이다.

유전자 클로닝은 전통적인 작물 육종에서의 무작위적 교배 외에 식물의 유전자형에 직접적인 변화를 줌으로써 작물 육종에 새로운 영역을 제공하였다. 세 가지의 일반적 방법은 다음과 같다.

- 유전자 첨가, 클로닝에서 유전자 첨가는 하나 또는 그이상의 새로운 유전자를 식물에 제공함으로써 식물의 특성을 바꾸는 것이다.
- 유전자 삭제, 유전공학기술에서의 유전자 삭제는 식물에 존재하는 유전자의 하나 혹은 그 이상이 활동을 하지 못하게 하는 것을 말한다.
- 유전자 편집, 유전자 가위를 이용하여 식물에서 하나 이상의 기존 유전자의 염기서열을 변경한다.

전 세계의 생명공학회사에서 수행되고 있는 다수의 연구계획들은 유전자 첨가와 유전자 삭제 기술의 개발을 목적으로 한다. 본문에서는 농작물의 개량을 위해 이러한 연구계획의 전반적인 분야에 대해 언급하고 식물유전공학이 농업에서 널리 이용되어 짐으로써 야기될 많은 문제들에 대해서도 논의해 본다.

16.1 식물유전공학의 유전자 첨가 방법

유전자추가는 단순히 식물에 없는 유용한 특성을 가진 하나 혹은 다수의 새로운 유전자들을 식물안에 도입시키는 클로닝 기술을 포함한다. 이 기술의 좋은 예로써 도입된 유전자로 인해 스스로 살충제를 만들수 있는 능력을 획득하여 곤충의 공격에 저항성을 갖게 된 식물을 들 수 있다.

16.1.1 자체적으로 살충제를 생합성하는 식물들

식물들은 실질적으로 모든 형태의 생물 즉, 바이러스, 박테리아, 곰팡이, 동물들에 의해 포식되어질 수 있지만 농업에 있어서 가장 큰 문제는 곤충에 의해 발생된다. 농작물에는 그 손실을 줄이기 위해 규칙적으로 살충제가 살포된다. 가장 전통적인 살충제는 피레드로이드(pyrethroids)와 올가노포스페이트(organophosphates)인데 상대적으로 비 특이적 독소이므로 농작물을 먹는 모든 곤충들뿐만 아니라 광대한 범위의 곤충들을 죽인다. 높은 독성 때문에 몇몇 살충제들은 인간을 포함한 생태계의 다른 구성요소들에게도 심각한 영향을 끼칠 수 있다. 이러한 문제점들은 스프레이로 식물들의 표면에 전통적인 살충제를 살포함으로써 더 악화되어진다. 이 의미는 생태계에서 화학물질의 계속적 순환을 조절할 수 없다는 것이다. 더구나 식물체 안에서 사는 곤충들이나 잎의 배면에 서식하는 곤충들은 독성효과를 피할수도 있다.

이상적인 살충제는 무엇일까? 분명한 것은 살충제의 독성이 가능하면 선택적으로 목표물인 곤충들에게만 작용하고 다른 곤충들이나 동물, 사람들에게는 해를 입히지 않아야 한다는 것이다. 이러한 살충제는 생분해성이 있어야 한다. 즉, 어떤 잔류물들이 농작물을 수학한 후에도 남아 있거나 빗물에 의해 경작지 밖으로 나갈 때도 환경에 피해를 줄 정도로 장기간 동안 잔류되어서는 안된다. 또한 살충제는 어떤 방식으로든 식물의 위쪽 표면 만이 아니라 모든 부위에 적용이 되어 곤충의 공격으로부터 보호작용을 수행해야 한다.

이상적인 살충제는 아직까지 개발되지 않았지만 사용되고 있는 가장 우수한 살충제는 토양 서식 박테리아인 *Bacillus thuringiensis*에 의해 만들어진 δ-내독소(endotoxin)이다.

*Bacillus thuringiensis*의 δ-내독소

곤충들은 식물뿐만 아니라 박테리아도 음식물로써 섭취한다. 이에 대항하여 여러 박테리아들은 곤충의 포식에 대항하는 방어기작을 가지고 있다. 그 예로써 *Bacillus thuringiensis*는 포자 형성동안 세포내에 결정체(crystalline bodies)를 형성하는데 이것

표 16.1

다양한 형태의 *Bacillus thuringiensis* δ-내독소에 의한 곤충들의 독성범위

δ-ENDOTOXIN TYPE	EFFECTIVE AGAINST
CryI	Lepidoptera (moth and butterfly) larvae
CryII	Lepidoptera and Diptera (two-winged fly) larvae
CryIII	Coleoptera (beetles)
CryIV	Diptera larvae
CryV	Nematode worms
CryVI	Nematode worms

은 δ-내독소라고 불리는 살충성 단백질을 포함한다. 이 단백질이 활성화되면 곤충들에게는 올가노포스페이드 살충제에 비해 8만배 이상 유독성을 띄게된다. 또한 다양한 종의 박테리아들이 합성한 단백질의 효과는 여러 종류의 유충에 대해 상대적으로 다르다(표 16.1).

박테리아 내에 축적되는 δ-내독소는 사실 불활성 상태의 전구체이다. 이 전독소(protoxin)는 곤충에 의해 섭취되면 단백질분해효소에 의해 잘라지고 단시간 안에 단백질이 전환되어 독성을 나타내며 곤충 내장의 내벽에 결합하여 상피조직의 표면을 손상시킴으로써 곤충이 음식물을 먹을 수가 없게 되고 결과적으로 아사시킨다(그림 16.1). 다양한 종의 곤충들의 결합부위 구조의 다양성은 여러 종류의 δ-내독소의 높은 특이성을 설명해 준다.

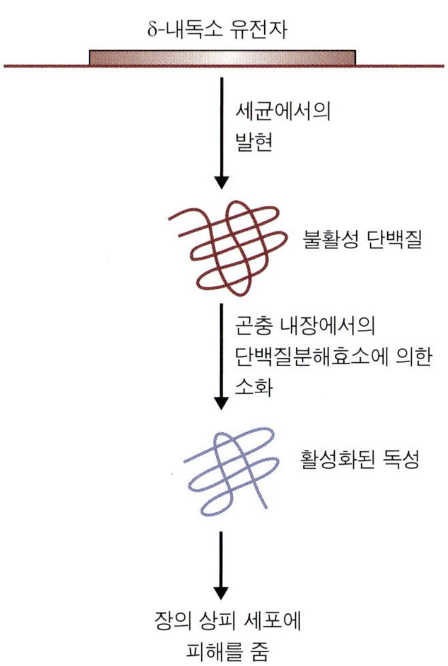

그림 16.1

δ-내독소의 작용 모형.

*B. thuringiensis*의 독소는 최근의 발견이 아니다. 사실 이 물질이 농작물 보호에 처음으로 사용된 것은 1904년이다. 여러 해 동안 환경 친화적 살충제를 판매하려는 시도가 여러번 있었지만 살충제의 생분해성이 불리하게 작용했다. 즉, 살충제는 식물의 성장기 동안 규칙적으로 계속해서 사용되므로 농부들의 비용을 증가시키기 때문이다. 그러므로 최근 연구는 반복적 사용이 필요 없는 δ-내독소를 개발하는 데 그 목적이 있다. 한 가지 접근방법은 단백질 공학에 의한 것인데 이것은 독소의 구조를 변화시키므로써 더 안정적으로 만드는 것이다. 또 다른 접근은 자신만의 독소를 합성할 수 있는 농작물을 만드는 것이다.

옥수수에서의 δ-내독소 유전자 클로닝

옥수수는 전통적인 살충제가 효과적이지 않은 한 예이다. 주요 해충으로는 유럽조명충나방(*Ostrinia nubilialis*)인데 잎의 배면에 있는 알로부터 식물체 속으로 파고 들어감으로써 살포되는 살충제의 효과를 피할 수 있다. 이 해충에 대항한 첫 시도는 옥수수가 δ-내독소를 합성할 수 있도록 생물공학적인 방법을 이용한 것이다. 이는 1993년에 식물 생물공학자들에 의해 CrylA(b) 계열의 독소를 가지고 수행되었다. 이것은 정확하게 1,165개의 아미노산으로 구성된 단백질이며, 아미노산 29번에서 607번까지의 지역에 활성적 독소를 지닌 부분이 있다. 천연 유전자를 분리하기 보다는 처음 648개의 코돈을 가지고 있는 짧은 형태를 인공적인 유전자 합성에 의해 만들었다. 이런 방법은 옥수수에서 유전자 발현을 증가시킴으로써 가능해 질수 있다. 예를 들어, 박테리아에서의 이 유전자의 GC 양은 38%인데 비해 인공적인 유전자의 GC 양은 65%이며 옥수수에 잘 적용되는 것들이다(그림 16.2a). 인공적인 유전자는 꽃양배추 모자이크 바이러스(cauliflower mosaic virus, 그림 16.2b)의 프로모터와 폴리아데닐레이션 신호 사이에 삽입되어 cassette vector와 결합하고 이는 DNA로 피막 처리된 미세총(microprojectiles)에 의해 옥수수의 배(embryo) 속으로 삽입된다. 이 배는 성숙한 식물안에서 성장하고 인공적인 유전자의 단편에 대해 특이적인 프라이머를 이용하여 DNA 추출액 PCR 분석에 의해 구별되어질 수 있다(그림 16.2c).

그 다음 단계로 δ-내독소가 형질전환된 식물에 의해 합성되는지의 여부는 면역학적 테스트에 의해 결정될 수 있다. 그 결과 인공적인 유전자는 실제로 활성을 나타내지만 만들어진 δ-내독소의 양은 식물에서 전체 단백질의 mg당 250~1750 ng으로 다양하다. 이러한 차이점은 식물에서 클론된 유전자의 발현 수준이 숙주염색체 내의 유전자 위치에 의해 종종 영향을 받는다는 위치 효과(**positional effect**)에 그 원인이 있을 것이다. 이러한 현상을 완전히 이해할 수는 없지만 어떤 위치에 삽입된 유전자들은 다른 위치에 있는 유전자에 비해 잘 발현되지 않는 현상이 알려져 있다(그림 16.3).

형질전환된 식물체가 조명충나방의 공격에 저항할 수 있을까? 이는 형질전환된 옥수수와 정상적인 옥수수를 인위적으로 애벌레의 공격에 6주 이상 노출시킨 뒤 포식의 정도를 측정함으로써 알 수 있다. 두 가지의 기준이 적용되었는데 하나는 공격받은 식물체의 잎에 나타난 손상의 양과 애벌레에 의해 생긴 식물체의 구멍 깊이이다. 두 가지 면에서 형질전환된 식물체들은 정상적인 것들보다 더 좋은 결과를 나타냈다. 특히

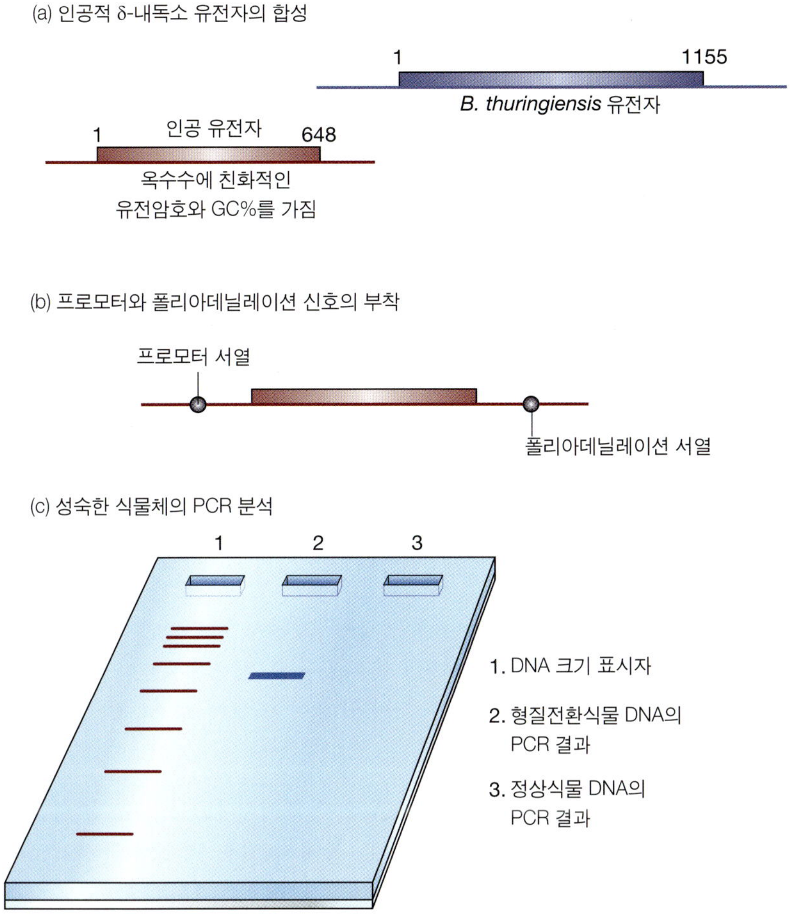

그림 16.2
δ-내독소 유전자를 발현하도록 조작된 옥수수를 확보하기 위한 중요 과정.

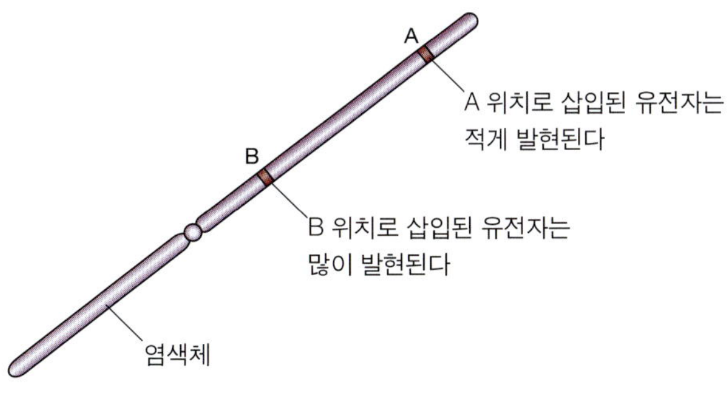

그림 16.3
위치 효과.

애벌레구멍의 평균깊이는 40.7 cm에서 6.3 cm로까지 감소되었다. 사실 이것은 저항의 중요한 단계를 나타내는 것이다.

엽록체에서 δ-내독소 유전자 클로닝

GM 작물들의 이용에 대해 일어나고 있는 반대 의견은 클로닝된 유전자가 이 식물로부터 잡초종으로 이동할 수 있는 가능성 때문이다. 생물학적 관점에서 이것은 가능한 이야기가 아니다. 왜냐하면, 어떤 식물체에서 생성된 꽃가루는 보통 같은 종의 씨방에 수정할 수 있기 때문에 작물에서 잡초로의 유전자 이동은 매우 가능성이 적다. 그런데 이러한 이동을 불가능하게 하는 방법은 클로닝된 유전자가 핵이 아니라 엽록체에 위치하는 것이다. 꽃가루는 엽록체를 포함하지 않는다는 단순한 이유 때문에 엽록체 유전체에 위치한 유전자는 꽃가루를 통해 이동할 수 없다.

이식된 유전자를 가진 엽록체에서 δ-내독소 단백질 합성은 담배를 이용한 실험에서 얻어졌다. CryIIA(a2) 유전자가 이용되었으며 이 단백질은 CryIA 독성보다 넓은 범위의 독성을 가지고 있어서 인시류(나비류와 나방류) 뿐만 아니라 파리류의 애벌레를 죽인다(표 16.1). *B. thuringiensis* 유전체에서 CryIIA(a2) 유전자라는 짧은 오페론에서 세 번째 유전자이다. 처음 두 개의 유전자들은 δ-내독소 구조 형성을 돕는 단백질을 만든다(그림 16.4). 재조합 단백질 합성 장소로써 엽록체를 이용하는 장점은 박테리아와 같이 한 개의 오페론에서 모든 유전자를 발현시킬 수 있다는 것이다. 반대로 식물이나 동물의 핵 유전체에 있는 각각의 유전자들은 개별적으로 각각의 프로모터와 다른 발현 신호들과 같이 클로닝되어야 하며 이것은 동시의 두 개 이상의 유전자들을 삽입시키기 어렵게 한다.

CryIIA(a2) 오페론은 측면에 엽록체 DNA와 더불어서 kanamycin 저항성 유전자에 붙여주고 biolistics를 이용하여 담배 잎 세포로 삽입시킨다. 엽록체 유전체로의 삽입은 13주 동안 kanamycin이 포함된 배지에 잎 절편을 배양하여 kanamycin 저항성에 의해 선발함으로써 확인한다. 잎 절편으로부터 유래된 형질전환된 지상부는 뿌리 형성을 유도하기 위한 배지로 옮겨서 식물체로 키운다.

이러한 GM 식물의 조직에서 생산된 CryIIA(a2) 단백질의 양은 이전에 수행된 어떤 식물 클로닝 실험보다 많은 전체 가용성 단백질의 45% 이상을 차지한다. 이렇게 높은 발현은 이식된 유전자의 많은 copy number(핵 유전체에는 2개 만이 존재하지만 엽록체 유전체는 세포당 많은 수가 존재한다)와 CryIIA(a2) 오페론의 다른 유전자가 만드는 두 개의 구조 형성을 돕는 단백질들이 엽록체에 존재하는 복합적인 효과 때문이다. 기대한 것처럼, 식물체들은 민감한 곤충 애벌레에 매우 강한 독성이 있다는 것이 증명 되었다. GM 식물에 놓여진지 5일 후에 목화 다래벌레와 사탕수수 거염벌레의 애벌레가 모두 죽었다. 비교적 높은 δ-내독소 저항성을 가진 거염벌레에 노출된 식물체의 잎에만 흔적을 남겼다. 잎 조직에서 많이 존재하는 독성 물질은 식물체 자체에는 영향을 미치지 않으며, 생장율과 엽록소 함량 그리고 광합성율과 같은 요인들을 고려했을 때 GM 담배는 비-GM 식물체와 구별되지 않는다. 엽록체 형질전환은 아직 보

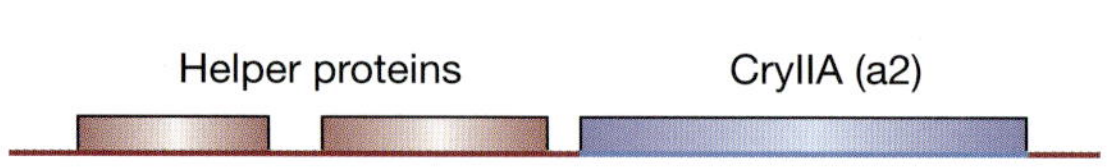

그림 16.4
CryIIA(a2) 오페론.

편적인 방법이 아니지만, 콩에서 유사한 실험이 수행되어 velvetbean caterpillar(Anticarsia gemmatalis) 나방에 저항성인 형질전환 식물체를 만들었다.

δ-내독소 작물에 대한 곤충의 저항성

내독소를 합성하는 작물들은 작물을 먹는 곤충 집단에서 저항성이 만들어지기 때문에, 몇 년 후에는 효과가 없을 수 있다는 사실을 오랫동안 인식되어 왔다. 이는 이러한 집단들을 다량의 독소에 노출됨에 따른 자연적인 결과이며, 단지 몇 년 후에 GM 작물은 비-GM 작물보다 좋을 게 없게 된다. δ-내독소 저항성 곤충의 발생을 막기 위해 다양한 전략들이 제안되었다. 처음 제안된 것은 두 개 이상의 Cry 유전자가 발현하는 작물을 개발하는 것이다(그림 16.5a). 이러한 독소는 서로 매우 다르기 때문에, 곤충 집단이 동시에 두 독소에 저항성을 만드는 것이 어렵다. 이것이 그럴듯한지 안 한지

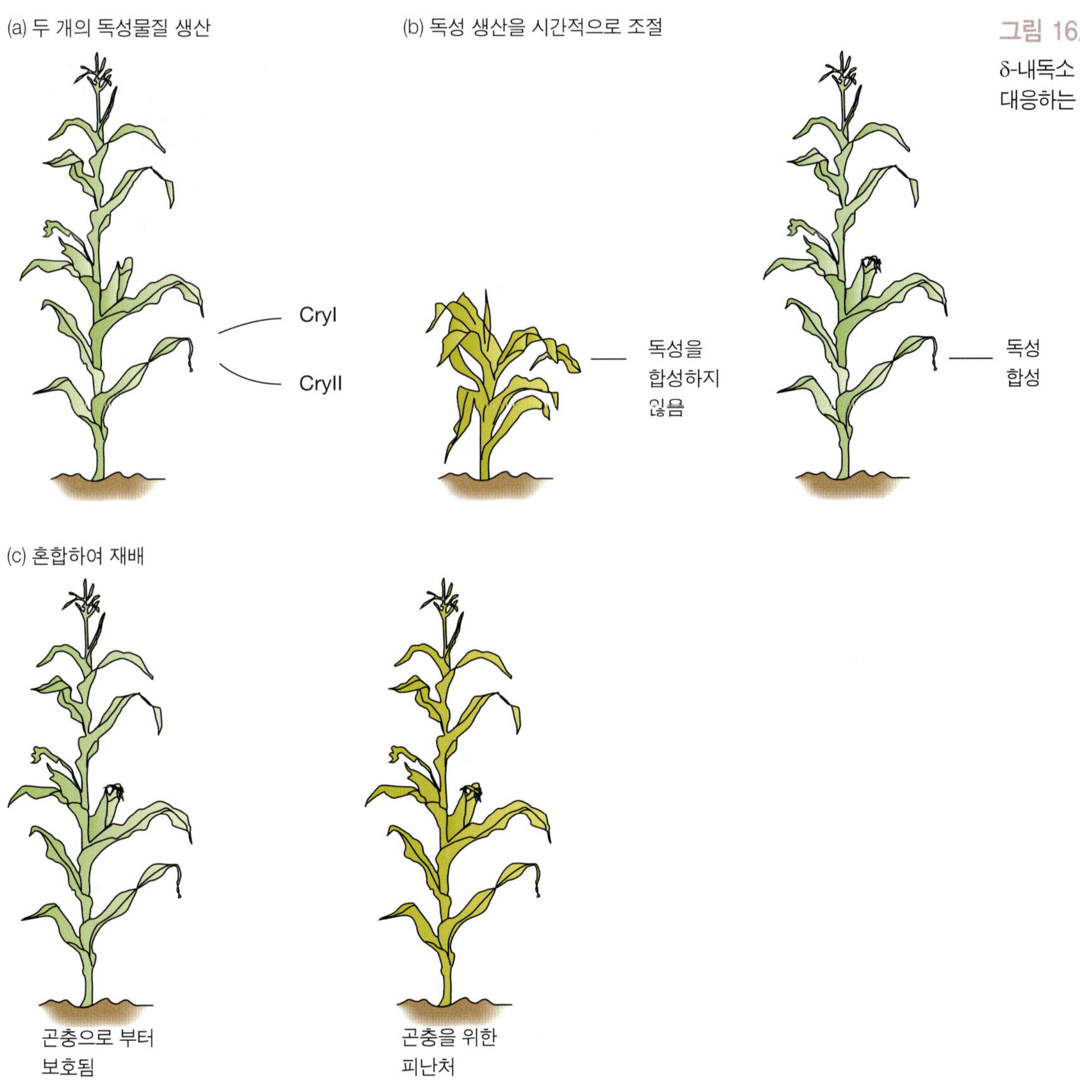

그림 16.5
δ-내독소 작물에 대해 곤충의 저항성 발달에 대응하는 세 가지 전략.

는 아직 명확하지 않다. 문서화된 δ-내독소 저항성의 대부분 예는 좁은 스펙트럼을 가지고 있다. 예를 들면, 앞에서 언급한 CryIIA(a2) 담배는 CryIA(b)에 저항성이 있거나 혹은 없는 목화 다래벌레에 독성이 있다. 반면에 CryIA(c) 독소를 함유하는 식물에 노출된 밀가루줄명나방(meal math) 애벌레의 일부는 CryII 독소에 대한 저항성도 얻는다. 다중 독소 식물의 사용은 현재 곤충의 저항성 발달을 방지하기 위해 가장 널리 이용되는 접근 방식이지만, 장기적으로 전략이 얼마나 효과적인지 평가하기에는 아직 이르다.

또 다른 방법은 독소가 필요한 식물체 부위에서만 합성되는 방식처럼 독소 생산을 조절하는 것이다. 예를 들면, 옥수수 같은 작물에서 옥수수 생산에 영향을 받지 않는다면 다른 부위의 손실은 무시할 수 있다. 만약 독소의 발현이 옥수수가 발육될 때 발현된다면, 독소에 대한 곤충의 노출은 작물의 가치가 손실되지 않고도 줄일 수 있다(그림 16.5b). 하지만 이 방법은 저항성의 발생을 늦출 뿐이지 막을 수는 없다.

세 번째 방법은 GM 식물과 비-GM 식물을 섞어서 각각의 포장에 곤충이 독소에 노출되지 않고 성장할 수 있는 식물을 포함하는 것이다(그림 16.5c). 이러한 비-GM 식물들은 곤충들에게 피난처를 제공하여 곤충집단이 계속적으로 비저항성 개체의 비율이 높게 유지하는 것이다. 지금까지 나타난 δ-내독소 저항성이 열성이기 때문에 민감한 곤충과 저항성 곤충간의 교배로 나타난 잡종은 민감성이며 계속적으로 집단 내에서 저항성 곤충의 비율이 적어질 것이다. 가장 효과적인 혼파 방법을 확인하기 위해서 실험은 수행되었고 이론적 모델들이 조사되었다. 실제적으로 성공과 실패는 작물을 기르는 농부에 달려 있다. 농부들은 비-GM 작물들이 받는 피해에 의한 손실에도 불구하고 과학자들이 제시한 정확한 방법을 준수해야 한다. 다시 말해서 이것은 위험의 한 요인을 도입하는 것이다. GM 프로젝트의 성공은 명백히 유전공학자의 보다 많은 영리함에 의존한다.

16.1.2 제초제 저항성 작물들

비록 δ-내독소가 옥수수, 면화, 벼, 감자 그리고 토마토와 같은 작물에서 생산되도록 만들어 졌지만 이러한 식물체들은 현재 가장 많이 키워지는 GM 작물들이 아니다. 상업적인 면에서 가장 중요한 형질전환식물들은 제초제인 glyphosate에 저항성을 가지는 것들이다. 농부와 원예가에 의해 많이 사용되고 있는 이 제초제는 곤충과 동물에 독성이 없고 토양에 짧은 시간만 잔류하며 몇 일 지난 후에 무독성 물질로 분해되기 때문에 친환경적이다. 그런데 glyphosate는 작물과 잡초를 포함한 모든 식물체들을 죽이기 때문에 작물에 해가 없이 잡초의 생장을 막기 위해 조심스럽게 사용해야 한다. 그러므로 보다 덜 엄격하고 보다 비용이 절약되는 제초제 사용 방법을 적용할 수 있는 GM 작물들이 요구되었다.

'Round Ready' 작물

Glyphosate에 저항성이 있게 만들어진 첫 번째 작물은 제초제의 상품명을 반영해서 Roundup Ready라고 이름지어졌다. 이 식물체들은 enolpyruvyl-shikimate-3-phosphate

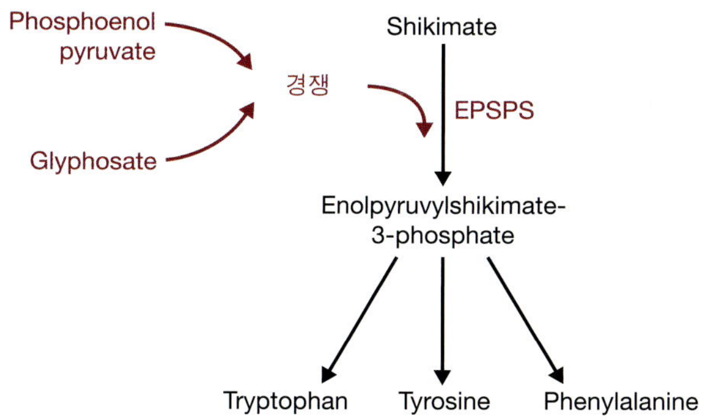

그림 16.6
Glyphosate는 enolpyruvylshikimate-3-phosphate의 합성을 촉매하는 EPSPS에 결합하기 위해 phosphate pyruvate와 경쟁함으로써 트립토판, 타이로신 그리고 페닐알라닌의 합성을 억제한다.

synthase (EPSPS)라는 변형된 효소를 가지고 있다. EPSPS는 shikimate와 phosphoenol pyruvate (PEP)를 트립토판, 타이로신 그리고 페닐알라닌과 같은 방향족 아미노산 합성을 위한 필수 전구물질인 enolpyruvylshikimate-3-phosphate로 바꿔준다(그림 16.6). Glyphosate는 효소와 결합하기 위해 PEP와 경쟁하며, 따라서 enolpyruvylshikimate-3-phosphate의 생성을 억제하고 식물체에서 3개의 아미노산 합성을 방해한다. 이러한 아미노산들이 없으면 식물체는 곧바로 죽는다.

초기에 유전공학은 정상적인 양보다 더 많은 EPSPS를 생산하는 식물체를 만들어서 보다 많은 사용량의 glyphosate에 식물체가 견딜 수 있게 고안되었다. 그런데 이러한 연구는 실패했다. 왜냐하면, 식물체가 정상보다 80배 많은 EPSPS를 만들었지만 결과는 제초제 사용으로부터 이 식물체들을 보호하기에 충분하지 못했기 때문이다.

그러므로 연구는 glyphosate에 저항성을 보이고 EPSPS 효소를 가지고 있는 유기체에 저항성을 부여할 수 있는 작물에 대해 수행되었다. Glyphosate에 저항성을 보이는 페츄니아의 돌연변이 계통뿐만 아니라 여러 박테리아로부터 유전자를 조사한 후에 아그로박테리아 CP4의 EPSPS 유전자가 제초제에 대한 강한 저항성과 높은 촉매 활력 때문에 선택되었다. EPSPS는 식물 엽록체에 존재한다. 그래서 만약 우리가 지금 이 작업을 한다면 우리는 glyphosate 저항성 식물을 만들기 위해 아마도 엽록체 형질전환을 사용했을 것이다. 그러나 이 실험은 엽록체로 DNA 삽입기술이 완전하지 않았던 1990년대 초에 수행되었다. 대신에 아그로박테리아의 EPSPS 유전자는 효소가 엽록체 막을 통과해서 들어갈 수 있게 지정하는 leader 염기서열과 합쳐진 형태로 Ti 벡터에 클로닝 되었다. Biolistics는 재조합벡터가 콩 캘러스에 들어갈 수 있게 사용되었다. 재분화후에 GM 식물은 3배 증가된 제초제 저항성을 보였다.

Glyphosate 저항성 작물의 새로운 시대

최초에 여러 Roundup Ready 작물들이 만들어졌으며, 이들 중 특히 콩과 옥수수는 미국과 세계 여러 곳에서 일반적으로 재배되고 있다. 그런데 이 식물체들은 실제적으로 glyphosate를 분해하지 않으며 식물조직에 제초제를 축적한다. Glyphosate는 사람과 동물에 독성이 없어서 식량이나 사료로 이러한 식물을 사용하는 것은 문제가 없다. 그러

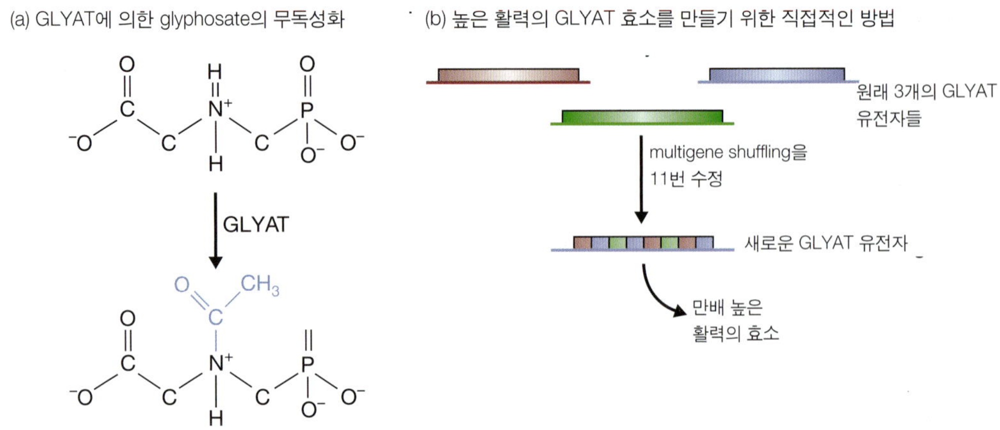

그림 16.7
Glyphosate를 무독성화 시키는 식물을 만들기 위한 glyphosate *N*-acetyltransferase의 이용. (a) GLYAT는 아세틸을 첨가함으로써 glyphosate를 무독성화 시킨다. (b) Multigene shuffling을 이용해서 높은 활력의 GLYAT 효소를 만듦.

나 제초제의 축적은 식물의 번식을 방해할 수 있다.

지금까지 glyphosate를 분해할 수 있는 유기체에 대한 몇몇 보고서가 있었다. 그런데 미생물 집단의 연구에서 아세틸을 부착시킴으로써 glyphosate를 무독화시키는 glyphosate *N*-acetyltransferase(GLYAT)라고 불리 우는 효소를 가지고 있는 Bacillus 속의 박테리아에서 이러한 특성은 일반적이라는 것이 밝혀졌다(그림 16.7a). *B. licheniformis*가 가장 효율적으로 무독화시키는 것으로 알려졌지만 GM 작물을 만들기에는 너무 낮은 무독화율 때문에 가치가 없다.

*B. licheniformis*에서 생성되는 GLYAT의 활력을 증가시키는 것이 가능한가? 이 효소와 관련된 3개의 유전자를 가지고 있는 박테리아의 발견은 가능성을 열어 주었다. **Multigene shuffing**이라고 불리는 직접적인 진화(**directed evolution**)의 한 형태를 사용했다. Multigene shuffing은 어떤 유전자 집단의 각 유전자에서 일부분을 뽑아서 새로운 유전자를 만들기 위해 이 조각들을 다시 조립하는 것이다. 이 과정에서 매 단계마다 가장 활력 있는 유전자들은 모든 변형 유전자를 대장균에 클로닝하고 재조합 콜로니들의 GLYAT 활력을 분석함으로써 확인된다. 가장 활력 있는 유전자들은 다음 단계를 위해 기틀이 된다. 이렇게 11번의 섞은 후에 *B. licheniformis*의 효소보다 활력이 만배 높은 GLYAT 유전자를 얻었다(그림 16.7b). 이 유전자는 옥수수에 넣어졌으며, 만들어진 GM작물은 농부가 잡초를 제거하기 위해 사용하는 양보다 6배 많은 glyphosate에 식물의 생산성 감소 없이 저항성을 나타냈다. 이와 같은 glyphosate 저항성을 조절하는 방법은 제초제 저항성 콩, 캐놀라 그리고 면화의 개발에 활용되고 있다.

16.1.3 유전자 첨가에 의한 식물 영양 품질 개선

곤충과 제초제에 대한 저항성을 개선시키기 위해 작물을 조작하는 것뿐만 아니라, 유전자 첨가는 영양적 특성을 향상시키기 위해 사용될 수도 있다. 이 프로젝트 중 가장 중요한 것은 곡물이 비타민 A 합성의 전구체로 이용되는 베타 카로틴을 생산하도록 조작된 벼를 만든 것이다. 매년 거의 50만 명의 어린이들이 비타민 A가 부족해서 실명하게 된다. 비타민 A가 부족한 세계 곳곳에서 베타 카로틴을 함유한 다양한 벼를 이용하는 것은 상당한 사회적, 건강상 가치가 있을 것이다. 벼는 제라닐제라닐 디포스페이트(geranylgeranyl diphosphate)로부터 베타 카로틴을 합성할 수 있지만, 영양성분을 제공하는 곡식의 배유에서가 아니라 광합성을 하는 조직에서만 합성할 수 있다(그림 16.8). 이것은 생합성 경로의 처음 세 단계를 촉매하는 두 효소인 phytoene synthase와 carotene desaturase가 벼의 배유에 없기 때문이다.

곡식에서 베타 카로틴을 생산하는 다양한 벼를 만들기 위해서 수선화의 phytoene synthase와 *Pantoea ananas*(*Erwinia uredovora*) 박테리아의 carotene desaturase를 각각 배유 특이적 프로모터에 연결하고, 아그로박테리움 벡터 pBIN19에 삽입한다(그림 16.9). 변형된 식물들은 곡식에서 베타 카로틴을 생산하지만, 비타민 A 결핍을 퇴치하기에는 너무 적은 양이었다. 수율을 높이기 위해서 합성경로에 대한 생화학적 연구가 수행되었고, phytoene synthase에 의해 제라닐제라닐 디포스페이트가 파이토인으로 전환되는 단계가 수율을 제한하는 것으로 나타났다. 옥수수의 동일한 유전자로 대체했을 때 베타 카로틴 합성은 쌀 75g을 섭취해서 1일 요구량을 충족시킬 수 있는 25배 정도로 증가했다. 베타 카로틴 함량이 많을수록 곡식은 노란색이 되고, 이 GM 품종을 황금쌀(golden rice)이라고 한다.

카사바의 베타 카로틴 함량을 증가시키기 위해 유사한 방법이 이용되었다. *Pantoea agglomerans*(*Erwinia herbicola*) 박테리아의 phytoene synthase와 애기장대의 deoxyxylulose-5-phosphate synthase를 사용했다. 또한, 카사바의 철분과 단백질 함량을 증가시켰다. 전자는 *Chlamydomonas reinhardtii*의 금속 수송 단백질을 도입하였고, 후자는 sporazein이라는 단백질을 도입했다. Sporazein 유전자는 고구마 괴근의 sporamin 단백질과 옥수수 종실의 zein의 융합으로, 고구마와 옥수수 단백질의 최상의 영양학적 특성이 결합되도록 고안되었다. 카사바는 사하라 사막 이남 아프리카의 많은 지역에서 주식으로 이용되지만, 일반 카사바에 의존은 특히 어린이에게 비타민 A와 철분 결핍을 야기시킨다. 그러므로, 영양 성분 강화 카사바의 개발은 아프리카 일부 지역의

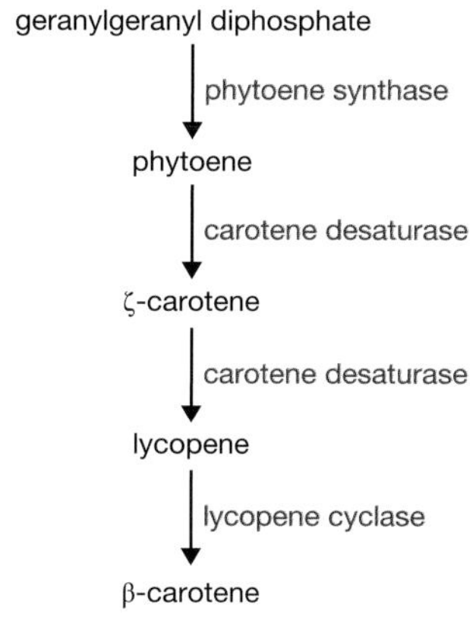

그림 16.8
제라닐제라닐 디포스페이트에서 베타 카로틴 합성 경로.

그림 16.9
벼 종자에서 베타 카로틴을 합성하기 위해 사용된 유전자 구조.

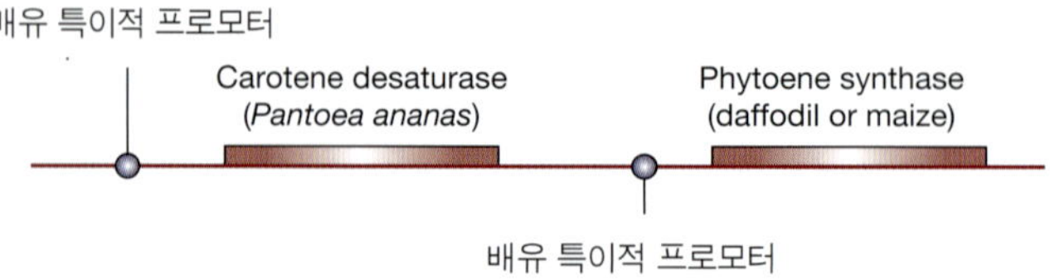

영양과 건강에 중요한 영향을 미칠 수 있다. 유사한 프로젝트에서 베타 카로틴, 비타민 C 그리고 비타민 B가 증가된 영양 성분 강화 옥수수는 벼, 대장균 그리고 *Pantoea ananatis*의 유전자들을 도입해서 만들어졌다.

16.1.4 다른 유전자 첨가 실험

δ-내독소와 glyphosate 저항성 효소를 합성하는 GM 작물들이 유전자 첨가에 의해 만들어진 식물체의 유일한 예는 아니다. 다른 유전자 첨가의 예들이 표 16.2에 있다. 이러한 연구들은 곤충의 내장에서 효소 활력을 파괴하는 작은 폴리펩타이드인 단백질 분해효소 억제제(proteinase inhibitor)를 만드는 유전자를 이용해서 곤충에 대한 저항성을 부여하는 대체적인 수단이다. 단백질 분해효소 억제제는 여러 식물에서 특히 동부와 콩 같은 두류에서 자연적으로 생성된다. 이러한 유전자들은 일반적으로 이런 단백질을 많이 생성하지 못하는 다른 작물로 성공적으로 이동되었다. 이 억제제는 특히 종자를 먹는 딱정벌레의 애벌레에 효과적이며 오랫동안 종자를 보관하는 식물에서 δ-내독소보다 좋은 대체 수단일 것이다.

다른 프로젝트는 작물의 가뭄 내성을 향상시키기 위해 유전자 변형 방법을 찾고 있다. 이것은 지구 온난화에 대응해서 작물 생산성을 유지하는 데 매우 중요한 목표이다. 마지막으로, 상업적 이용 면에서 색소 생성에 관련된 유전자들을 도입함으로써, 특이한 꽃 색깔을 가진 식물체를 만들 수 있다.

16.2 유전자 삭제

식물체의 유전자형을 변화시키는 두 번째 방법은 유전자 삭제이다. 이것은 실제적으로 유전자가 제거하는 것이 아니라 단지 불활성 시키는 것이기 때문에 이 용어는 잘못된 명칭이다. 살아 있는 식물에서 선택된 한 개의 유전자를 불활성 시키기 위해서는 여러개의 가능한 방법들이 있지만 지금까지 가장 성공적인 것은 antisense RNA를 이용한 방법이다.

16.2.1 토마토 과일 성숙에서의 유전공학과 antisense RNA

Antisense RNA가 식물 유전공학에서 어떻게 이용되는지 설명하기 위해서 숙기가 지연된 토마토가 어떻게 생산되는지 조사할 것이다. 이것은 일반인에게 판매가 허용된

표 16.2
식물에 대한 유전자 첨가 계획.

GENE FOR	SOURCE ORGANISM	MODIFIED CHARACTERISTIC
1-Aminocyclopropane-1-carboxylic acid deaminase	Various	Fruit ripening
2′–5′-Oligoadenylate synthetase	Rat	Virus resistance
Acyl carrier protein thioesterase	*Umbellularia californica*	Fat and oil content
Acyl-coenzyme A binding protein	*Arabidopsis thaliana*	Drought tolerance
Barnase ribonuclease inhibitor	*Bacillus amyloliquefaciens*	Male sterility
Carotene desaturase	various bacteria	β-carotene content
Chitinase	Rice	Fungal resistance
Dehydroascorbate reductase	Rice	Ascorbate content
Delta-12 desaturase	*Glycine max*	Fat and oil content
Deoxyxylulose-5-phosphate synthase	*Arabidopsis thaliana*	β-carotene content
Dihydroflavanol reductase	Various flowering plants	Flower colour
Enolpyruvylshikimate-3-phosphate synthase	*Agrobacterium* spp.	Herbicide tolerance
FEA1 metal transporter	*Chlamydomonas reinhardtii*	Iron content
Flavonoid hydroxylase	Various flowering plants	Flower colour
Glucanase	Alfalfa	Fungal resistance
Glyphosate *N*-acetyltransferase	*B. licheniformis*	Herbicide tolerance
Glyphosate oxidoreductase	*Ochrobactrum anthropi*	Herbicide tolerance
GTP cyclohydrolase	*Escherichia coli*	Folate content
Methionine-rich protein	Brazil nuts	Sulphur content
Monellin, thaumatin	*Thaumatococcus danielli*	Sweetness
Nitrilase	*Klebsiella ozaenae*	Herbicide tolerance
Ornithine carbamyltransferase	*Pseudomonas syringae*	Bacterial resistance
Phosphinothricin acetyltransferase	*Streptomyces* spp.	Herbicide tolerance
Phytoene synthase	Various plants and bacteria	β-carotene content
Proteinase inhibitors	Various legumes	Insect resistance
Sporazein	Maize and sweet potato	Protein content
Vacuolar pyrophosphatase	*Arabidopsis thaliana*	Drought tolerance
Virus coat proteins, satellite RNAs	Various viruses	Virus resistance
δ-Endotoxin	*B. thuringiensis*	Insect resistance

첫 GM 식료품 중 하나로써 식물의 유전적 변형에서 중요한 예이다.

상업적으로 재배되는 토마토와 다른 과일들은 일반적으로 그들이 상하기 전에 과일을 시장으로 운반하는 시간을 벌기위해서 완전히 익기전에 수확한다. 이 과정 중 과일이 효과적으로 성숙될 수 있다면 필수적이겠지만 대부분의 덜 성숙된 과일들은 그들의 완전한 맛을 가질수 없다. 왜냐하면, 그들이 완전히 익기전에 식물에서 제거되기 때문이다. 다량 생산된 토마토는 좋은 맛을 가질 수도 있지만, 결과적으로 소비자들에

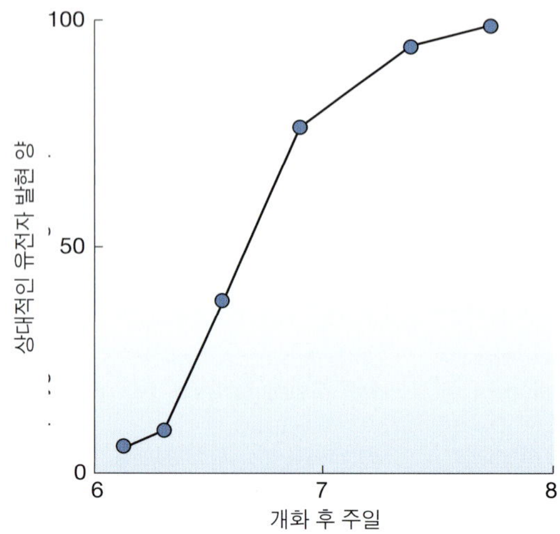

그림 16.10
토마토 과실 성숙단계의 후반부에서 폴리갈락투로나아제 유전자 발현 증가.

게는 매력을 주지 못한다. Antisense 기술은 토마토 성숙을 지연시킬 목적으로 토마토를 유전적으로 조작하기 위해 두가지 방법으로 이용되었다. 이는 과실의 맛이 충분히 들 단계에까지, 즉 완전히 성숙한 후에 수확하여도 과일들이 상하기전에 농작물을 시장까지 옮기는 것을 가능하게 하였다.

Antisense RNA를 이용한 polygalacturonase 유전자의 불활성화

과일발달의 단계는 꽃이 핀 후의 며칠이나 몇주가 경과되었는지에 의해 측정될 수 있다. 토마토에서 발달과정은 약 8주가 소요되는데 색깔과 맛의 변화는 과일이 익기 시작하는 약 6주 후에 시작한다. 이 기간 동안 성숙의 마지막 단계에 포함되는 유전자들이 발현되는데 여기에는 폴리갈락트로나아제도 포함된다(그림 16.10). 이 효소는 과일의 과피에 존재하는 세포벽의 폴리갈락토시산(polygalacturonic acid)을 서서히 파괴함으로써 과피를 점차적으로 부드러워지게 한다. 이러한 현상은 과일의 맛을 좋게하는 반면 쉽게 으스러지게함으로써 상한 토마토는 경제사정이 어려운 학생들만의 관심을 끌게된다.

폴리갈락트로나아제의 부분적인 불활성은 맛의 발달과 과일이 썩는 시간 사이를 늘릴수 있을 것이다. 이러한 결과를 얻기위해 어떤 식으로 antisense 기술이 이용될 수 있을까? 정상적인 폴리갈락투로네이즈 유전자의 5′ 지역에서 얻어진 730개의 염기의 제한절편은 유전 암호 서열의 반 이하를 나타내고 있다(그림 16.11). 식물의 폴리아데닐레이션 신호는 이 단편의 개시 부분에 부착되고 꽃양배추 모자이크 바이러스(CaMV) 프로모터는 끝부분에 결합된 구조가 Ti 플라스미드 벡터 pBIN19 속으로 삽입된다. 일단 식물에 도입되면, CaMV 프로모터로부터의 전사는 폴리갈락투로네이즈 mRNA의 처음부터 중간까지의 부분에 상보적인 antisense RNA를 합성하게 된다. 이전의 antisense RNA 실험에 의하면 이 정도 길이의 antisense RNA이면 목표 mRNA의 번역을 방해하거나 감소시키기에 충분한 것으로 추정되었다.

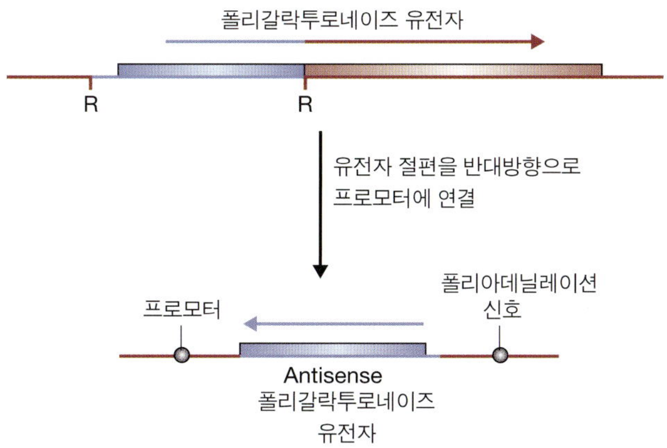

그림 16.11
Antisense 폴리갈락투로네이즈 유전자의 구축.

형질전환은 재조합 pBIN19 분자가 *Agrobacterium tumefaciens*로 도입되고 이 박테리아가 토마토 줄기절편 안으로 감염됨에 따라 일어난다. 이러한 절편들의 표면으로부터 선택된 소량의 callus를 kanamycin이 포함된 아가배지에서 키움으로써 그들의 성질을 검증할 수 있다(pBin19는 kanamycin 저항성 유전자를 가지고 있다는 것을 기억하라; 그림 7.14). 우리는 내성을 가진 형질전환체를 구분해 내고 성숙한 식물로 키울 수 있다.

Antisense RNA의 합성이 성숙되고 있는 과일의 세포에서 폴리갈락투로네이즈 mRNA의 양에 대한 효과는 sense mRNA에 특이성을 가지고 있는 단일가닥 DNA 탐침을 이용해서 northern hybridization으로 결정되었다. 이 실험은 정상 식물의 과일보다 형질전환 식물의 성숙되고 있는 과일이 보다 적은 폴리갈락투로네이즈 mRNA를 가지고 있다는 것을 보여주었다. 형질전환 식물의 성숙되고 있는 과일에서 생산된 폴리갈락투로네이즈 효소의 양은 폴리아크릴아마이드 젤 전기영동에 의해서 과일 단백질을 분리시키고 관련된 밴드의 강도로써 측정할 수 있었고 과일에서 효소의 활력을 직접 측정함으로써 알 수 있었다. 그 결과는 형질전환 과일에서 효소가 적게 생산되는 것을 보여주었다(그림 16.12). 가장 중요한 것은 형질전환 과일이 비록 점차적으로 물러지지만 상하기전에 장기간 보관할 수 있다는 것이다. 이것은 antisense RNA가 폴리갈락투로네이즈를 완전하게 불활성 시킬 수는 없지만 요구하는 만큼 성숙과정을 지연시키기 위해 충분히 유전자 발현을 감소시킬 수 있다는 것을 의미한다. Flavr Savr라는 이름으로 판매되는 GM 토마토는 판매가 허용된 유전공학 식물 중에 하나이고 1994년에 처음으로 시장에 나타났다.

Antisense RNA를 이용한 에틸렌 합성 불활성화

토마토의 늦은 성숙단계에서 유전자들을 켜주는 역할은 비록 가스형태이지만 많은 식물에서 호르몬으로써 작동하는 에틸렌이 한다. 그러므로 과일의 성숙을 지연시키는 두번째 방법은 에틸렌이 합성되지 못하게 식물을 조절하는 것이다. 이러한 식물의 과일은 처음 6주 동안은 정상적으로 발육하지만 성숙과정을 끝마칠 수는 없다. 그러므로 익지 않은 과일은 손상 없이 시장으로 운반될 수 있다. 소비자에게 팔리기 전에 혹은

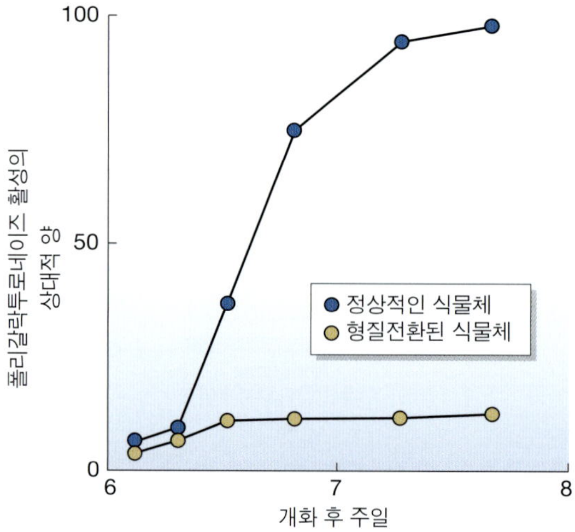

그림 16.12
정상적인 것과 antisense 폴리갈락투로네이즈 유전자를 발현하는 토마토에 의해 발현된 폴리갈락투로네이즈의 활성 비교.

다른 상품으로 변형되기 전에 에틸렌을 토마토에 뿌려서 인위적인 숙성을 유도한다.

에틸렌 합성 과정에서 끝에서 두 번째 단계는 S-adenosyl-methionine이 에틸렌의 전구물질인 l-aminocyclopropane-l-carboxylic acid(ACC)로 변환이다. 폴리갈락투로네이즈와 같이 ACC 합성효소의 불활성은 정상 ACC 합성효소 유전자의 단편을 ACC synthase mRNA의 antisense를 만들기 위해 클로닝 벡터에 역방향으로 삽입하여 토마토에 클로닝 함으로써 얻었다. 재분화된 후에 조작된 식물체는 과일 성숙기까지 키웠으며 일반적인 식물이 생산하는 에틸렌의 단지 2% 만을 생산하는 것을 보았다. 이러한 감소는 과일이 성숙과정을 끝마치지 못할 정도로 충분했다. 이러한 토마토는 시장에서 Endless Summer라는 이름으로 판매되었다.

16.2.2 식물 유전공학에서 antisense RNA 사용의 또 다른 예

일반적으로 식물 유전공학에서 유전자 삭제는 유전자 첨가보다는 널리 이용되지 않는다. 유전자 삭제에 의해 식물로부터 제거될 수 있는 불리한 형질을 규명하는 것 보다는 유전자 첨가에 의해 식물에 없는 유용한 형질들을 도입하는 것이 더 쉬운 방법이다. 그런데 유전자 삭제에 관련된 식물 생명공학 연구들은 확대되고 있다(표16.3). 이들 중 일부는 앞에서 설명한 토마토처럼 숙성과정을 지연시켜 부패를 줄이는 것을 목표로 한다. 다른 유전자 삭제 프로젝트는 토마토, 감자, 카놀라 그리고 쌀에서 카로티노이드 및 플라보노이드와 같은 유용한 화합물의 함량을 증가시킴으로서 식물의 영양 품질을 보다 직접적으로 개선하고 있다. 이러한 화합물들은 관상 동맥 질환의 위험을 줄이는 것으로 생각되는 중요한 항산화제이며, 카로티노이드는 앞에서 언급된 것 같이 비타민A 합성에 역할을 하는 베타 카로틴이 포함된다. 유전자 삭제는 카로티노이드와 플라보노이드 합성을 제한하는 조절 경로를 파괴하고, 작물의 식용 부분에서 이러한 화합물의 전환과 관련된 효소를 비활성화하는 데 사용된다.

유사한 방법들이 유전자 삭제로 인간의 음식에서 덜 유용한 화합물의 합성을 감소

표 16.3
식물에 유전자 삭제가 적용된 예.

TARGET GENE	MODIFIED CHARACTERISTIC
1-Aminocyclopropane-1-carboxylic acid synthase	Modified fruit ripening in tomato
1D-*myo*-inositol 3-phosphate synthase	Reduction of indigestible phosphorus content of rice grains
Chalcone synthase	Modification of flower colour in various decorative plants
Delta-12 oleate desaturase	High oleic acid content in soybean
DET1 photomorphogenesis regulatory gene	Improved carotenoid and flavonoid content in tomato
Lycopene epsilon cyclase	Enhanced carotenoid content of potato
5-Methylcytosine DNA glycosylase	Reduced immunogenicity of wheat seed proteins
Polygalacturonase	Delay of fruit spoilage in tomato
Polyphenol oxidase	Prevention of discoloration in fruits and vegetables
Solanidine glucosyl transferase	Reduction of steroidal glycoalkaloid content of potato
Starch synthase	Reduction of starch content in vegetables

시키는 데 사용되었다. 예를 들면, 감자는 해충으로부터 식물을 보호하는데 도움이 되지만 인간과 다른 동물에게는 독성을 나타내는 스테로이드성 글라이코알칼로이드를 함유한다. 식용 감자 괴경은 글라이코알칼로이드 함량이 200 mg kg-1 미만이어야 하는데, 정상적인 상황에서는 이 한계를 쉽게 유지한다. 그러나 생육 또는 저장 조건이 이상적이지 않을 경우 글라이코알칼로이드 함량은 이 수준 이상으로 증가할 수 있고, 이 경우 작물을 소비자에게 판매할 수 없고 폐기해야 한다. 야생종의 유용한 형질을 작물에 도입하는 것을 목표로 하는 야생종과 재배종의 육종에서 낮은 글라이코알칼로이드 함량을 유지하는 것이 쟁점이 된다. 야생 감자는 높은 글라이코알칼로이드 함량을 가지는데, 이것은 사람에게 유해한 물질이다. 따라서 글라이코알칼로이드 합성에 관여하는 유전자 삭제를 통해 글라이코알칼로이드 함량이 낮은 재배종 감자를 생성함으로써 이러한 문제들을 극복할 수 있다.

16.3 유전자 가위를 이용한 유전자 편집

지난 10년 동안 GM 작물 생산에 사용되는 유전자 첨가와 유전자 삭제 방법은 CRISPR 시스템 같은 유전자 가위(programmable nuclease)를 이용하는 유전자 편집(gene editing) 방법으로 보안되었다. 이 기술은 12장 유전체 기능 결정에서 설명되었다. 유전자 교정은 표적 유전자에 짧은 삽입 또는 결실을 유도시켜서 유전자가 비활성화 되어 표현형을 변화시킴으로써 유전자의 기능을 추론할 수 있다. 물론 이것은 앞에서 설명한 유전자 삭제와 동등하며, CRISPR와 이와 관련된 편집 과정은 식물 유전공학에서 이러한 목적으로 이용되었다. 그러나 유전자 편집의 잠재력은 표적 유전자를 비활성화 하는 코딩 염기서열을 변화시킬 수 있는 가능성에 있다(그림 12.4 참조). 따라서 유전자 편집은 식물 유전자의 염기서열을 변경해서 단백질의 아미노산을 변경함으로써 정확한 표현형 변화를 달성할 수 있기 때문에 단순히 유전자를 첨가 또는 삭제하는 것을 넘어서 식물 유전공학을 발전시킬 수 있다.

16.3.1 벼에서 phytoene desaturase 유전자 편집

식물 유전공학에서 CRISPR의 사용은 2013년 처음 보고되었다. 이러한 초기 프로젝트 중 하나는 벼 phyoene desaturase 유전자를 대상으로 했다. Phytoene desaturase는 제라닐제라닐 디포스페이트가 라이코펜으로 전환하는 데 필요한 두 가지 효소 중 하나이다. 비타민A의 전구체인 베타 카로틴과 중요한 항상화제인 다른 카로티노이드를 생산하는 대사 경로의 시작지점이다(그림 16.8). 따라서 phytoene desaturase 유전자의 편집은 쌀의 영양 품질을 향상시킬 수 있다. 또한 phytoene desaturase는 norflurazon이라는 제초제의 표적이므로, 이 유전자를 편집하면 제초제 내성 작물을 얻을 수 있는 또 다른 방법을 제공한다.

벼에서 유전자 편집의 유용성을 조사하기 위해서 먼저 표적 유전자에 삽입 또는 결실을 만드는 오류유발복구(error-prone repair)를 유도하도록 설계된 가이드 RNA 서열을 사용하여 phytoene desaturase 유전자를 비활성화 하려는 시도가 수행되었다. 첫 번째 단계는 벼 세포 내부에서 작동하는 Cas9 엔도뉴클레이즈 유전자를 얻는 것이다. 이 엔도뉴클레이즈는 일반적으로 박테리아에서 발견되기 때문에, 이 유전자가 식물에서 효율적으로 발견되기 위해서는 약간의 변형이 필요하다. 이를 위해, *strptomyces pyogenes* Cas9 유전자의 서열을 기반으로 하지만 벼에서 선호되는 코돈을 사용하여 인공 유전자를 합성했고 Cas9 엔도뉴클레이즈가 시작과 끝 부분에 핵 위치 신호를 갖도록 만들었다. 이들은 세포질의 라이보솜에서 합성된 단백질이 핵으로 유입되도록 하는 짧은 아미노산 서열이다(그림 16.13). 핵만으로 엔도뉴클레이즈의 유입은 유전자 편집이 핵 안에서 일어나기 때문에 필수적이다. 인공 유전자는 콜리플라워 모자이크 바이러스 프로코터에 연결되어 식물 세포에서 발현되다.

Cas9 유전자는 phytoene desaturase 유전자의 인접한 부분을 향하는 두 개의 가이드 RNA를 지정하는 DNA 염기서열을 microprojectile bombardment를 이용해서 벼 캘러스 세포에 도입되었다. 형질전환된 세포를 식물체로 키우고 phytoene desaturase 활력을 검정했다. 96개 식물체 중 9개는 비활성화된 phytoene desaturase 유전자를 가졌고, 대부분은 표적 부위에 단일 뉴클레오타이드 삽입을 가졌다(그림 16.14a). 이 식

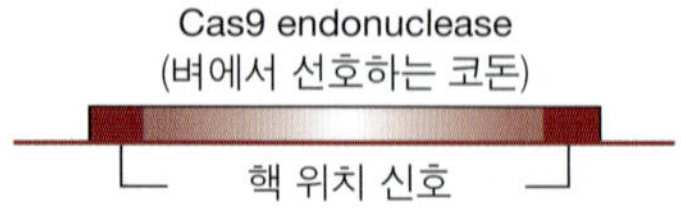

그림 16.13
벼 세포에서 작동하도록 설계된 변형된 Cas9 유전자.

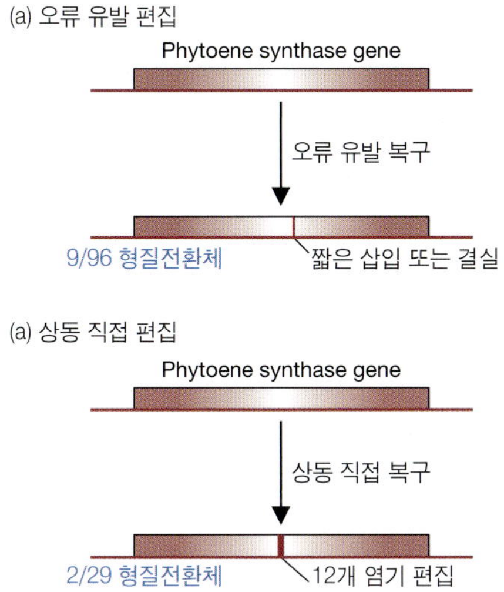

그림 16.14
벼에서 phytoene desaturase 유전자의 편집. (a) 오류 유발 복구에 의한 유전자 비활성. (b) 상동 직접 복구에 의한 12개 염기서열의 편집.

물체 6개는 2배체 phytoene desaturase 유전자 중 한 개만 비활성화 되었고, 3개는 두 개가 비활성화된 동형 집합체였다.

오류 유발 복구(error-prone system)는 phytoene desaturase 유전자를 비활성화 하는데 이용될 수 있음을 증명하였고, 다음 단계는 유전자 편집의 상동 직접 복구 과정에 의해 특정 변화를 도입할 가능성을 검정하는 것이다. 상동 직접 복구를 위한 주형 DNA는 유전자의 12개 뉴클레오타이드를 변경하도록 설계되어 *Pst*1 부위가 *Knp*1과 *Eco*R1 부위로 대체 되었다. 따라서 성공적인 편집은 편집된 부위를 포함하는 PCR 산물을 제한효소 처리함으로써 확인할 수 있다. 원형질체를 Cas9 유전자, 주형 DNA 그리고 가이드 RNA 서열로 형질전환 했다. 형질전환체의 DNA 샘플을 조사한 결과 29개 중 2개가 기대한 편집이 일어난 것으로 나타났다(그림 16.14b). 오류 유발 편집(error-prone editing)에 비해 낮은 성공률은 식물뿐만 아니라 다른 유전자 편집에서는 비슷하며, 상동 직접 복구가 덜 효율적임을 보여준다.

16.3.2 한 식물체에서 다중 유전자 편집

유전자를 비활성화하기 위해 오류 유발 방식(error-prone mode) 만을 사용한 유전자 편집은 유전자 삭제에 사용되는 안티센스 RNA와 다른 방법들에 비해 장점이 있다. 한 가지 중요한 장점은 유전자 편집을 쉽게 수행할 수 있다는 것이고, 한 식물 세포에서 둘 이상의 편집을 수행할 수 있다는 것을 의미한다. 첫 번째 프로젝트에서 벼의 곡실 수량과 관련된 세 가지 유전자가 유전자 편집에 의해 비활성화 되었다. 이전 연구에서 이러한 유전자 각각은 수량에 부정적인 영향을 미쳤다. 첫 번째는 벼 종식의 크기를 제한하고, 두 번째는 종자의 무게에 영향을 미치고, 세 번째는 종자의 수를 부정적으로 조절한다. 세 유전자를 편집함에 따라 식물체 당 수량이 68%까지 증가했다. 두 번째 프로젝트에서 지방산 불포화효소 유전자의 세 사본이 유지 종자 작물인 *Camelina sativa*에서 비활성화 되어 오일에서 올레산(oleic acid) 함량에 변화를 이끌었

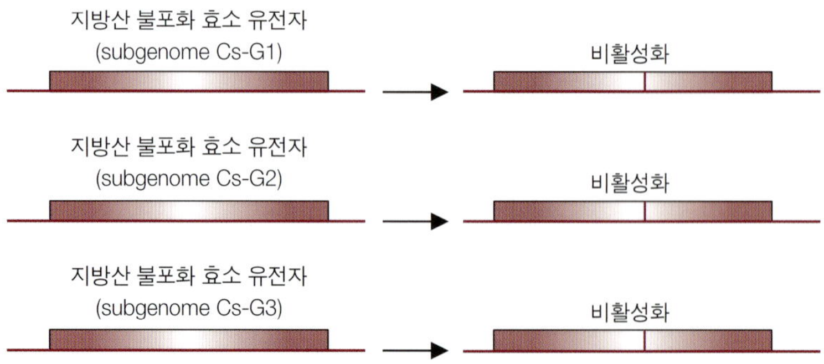

그림 16.15
*Camelina sativa*에서 3개의 서브지놈에 있는 지방산 불포화 동종 유전자의 편집.

다. 이 실험에서 주목할 만한 특징은 *C. sativa*가 6배체 유전체를 가지고 있으며, 3개의 유전자는 6배체 염색체를 구성하는 3개의 서브 지놈 각각에 존재하는 동종 유전자이다(그림 16.15). 몇몇 중요한 작물들은 배수체 지놈을 가지고 있다. 예를 들어, 6배체인 빵밀, 4배체인 재배 면화가 있다. 이러한 작물의 유전자 편집은 동종 유전자에서 동일한 변경을 요구한다.

다중 유전자 편집은 개량 토마토를 얻기 위해 이용되었지만 시작 재료로 재배종인 토마토 *Solanum lycoperisum*을 사용하지 않았다. 오늘날 재배되는 토마토는 야생 원정인 *Solaum pimpinellifolium*이 소유한 몇 가지 중요한 특성을 잃어 버렸다. 이것은 토마토 질병에 대한 저항성과 염분스트레스에 대한 내성이 더 크다. 그런데 야생 토마토는 과일이 매우 작아서 작은 토마토(currant tomato)라는 이름을 만들었다. 재배종 토마토에 질병 저항성과 스트레스 내성을 도입하려는 시도 대신에 유전자 편집은 과일 크기와 수의 증가와 같은 특징과 보다 많은 덤블을 만드는 식물체로 변화 그리고 초기에 꽃을 피우기 위해 일주기(circadian) 반응을 방해함으로써 *S. pimpinellifolium*에 재배종 형질을 제공하는 데 이용된다. 다른 야생종 식물이 재배종 특성을 얻기 위한 유사한 프로젝트가 진행 중이다.

16.3.3 식물 유전자 편집의 미래

2013년 식물에서 성공적인 유전자 편집이 확인된 이후, 새로운 유형의 GM 작물 개발을 목표로 하는 실험에서 이 기술의 사용이 급격히 증가되었다(표 16.4). 유전자 편집에 의해 변형되는 표현형은 질병과 제초제에 대한 저항성 증가, 영양 함량 개선, 과일 숙성 과정의 변형을 포함하려는 유전자 첨가와 삭제 연구에서 익숙한 것이다.

지금까지 수행된 프로젝트의 대부분은 유전자 비활성화를 달성하기 위해 오류 유발 복구(error-prone system) 방법을 사용하지만, 상동 직접 복구(homology-directed repair)에 대한 이해가 증가됨에 따라 표적 유전자에서 정확한 염기서열 변경을 수정하기 위해 이 방법을 더 많이 사용하게 되었다. 두 가지 주요 문제는 더 많은 비율의 형질전환체가 편집되기 위해 상동 직접 복구의 효율성을 증가시키고, 유전체에서 원치 않는 추가 위치에서 편집이 일어나는 오프 타겟(off-target) 효과를 감소시키는 것이다. 가이드 RNA는 DNA 염기서열이 결합하기 위해 완전한 상보성을 필요로 하지

표 16.4
식물 유전자 편집 프로젝트의 예.

TARGET GENE	MODIFIED CHARACTERISTIC
Error-prone repair (gene inactivation)	
Auxin-responsive protein *IAA9*	Seedless tomatoes
Ethylene responsive factor	Resistance to *Magnaporthe oryzae* (blast fungus) in rice
Fruit ripening transcription factor *RIN*	Control of fruit ripening in tomato
Mildew resistance locus proteins	Powdery mildew resistance in bread wheat
Peroxiredoxin	Potassium deficiency tolerance in rice
Homology-directed repair (directed sequence alteration)	
Acetolactase synthase	Herbicide resistance in potato
Auxin regulated gene *ARGOS8*	Improved grain yield in maize under drought conditions
Enolpyruvylshikimate-3-phosphate synthase	Glyphosate resistance in cassava
Phytoene desaturase	Improved carotenoid content in rice and cassava
Vacuolar iron transporter	Biofortification of iron content of wheat flour

않기 때문에 표적 부위뿐만 아니라 하나 또는 몇 개의 불일치가 있는 부위에도 붙을 수 있어서 오프 타겟 편집이 발생할 수 있다(그림 16.16). 이러한 추가 부위의 편집은 비 표적 유전자에 원치 않는 변경을 발생시킬 수 있다. 이러한 문제를 해결하기 위해, *Prevotella*와 *Francisella*속 세균의 Cpf1 또는 Cas12a 뉴클레아제 같은 Cas9 이외의 뉴클레아제를 검정했다. Cas9과 유사하게 작동되지만 보다 효율적으로 상동 직접 복구를 수행하는 것으로 나타났다.

다른 개발에는 유전자 가위와 DNA 분자에서 하나의 뉴클레오타이드를 변경할 수 있는 염기 편집기(base editor)의 융합물이 포함된다. 예를 들면 대장균의 adenine deaminase는 tRNA 합성 과정에서 아데닌 뉴클레오타이드를 이노신으로 전환한다. Cas9 뉴클레아제와 융합하면, adenine deaminase는 가이드 RNA가 결합되는 부위에서 아데닌을 이노신으로 전환시킨다(그림 16.17). DNA 절단 혹은 복구가 없기 때문에 편집은 DNA 주형을 필요로 하지 않는다. 편집 후 유전자가 전사되거나 복제될 때 이노신은 사이토신과 염기쌍을 이루기 때문에 사실상 A는 G로 편집되었다. C를 T로 전환하는 염기 편집기도 설계되었다. 두 유형 모두 밀, 벼 그리고 감자를 포함한 작물에 약간의 성공을 거두었다.

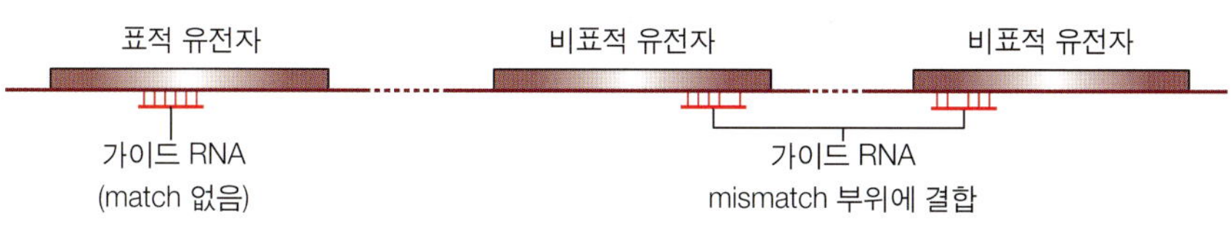

그림 16.16
오프 타겟(off-target) 편집

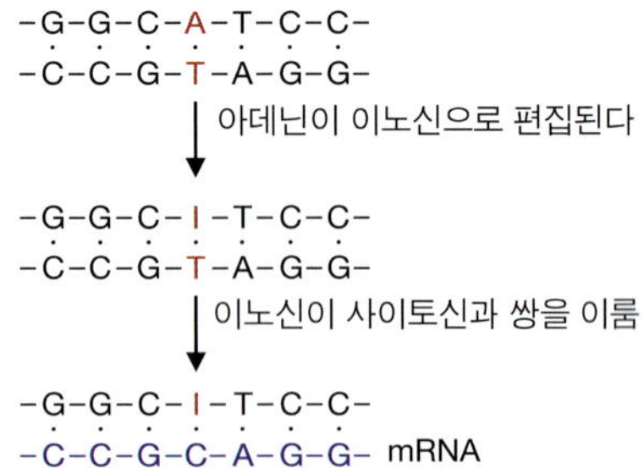

그림 16.17
아데닌 염기 편집. 염기 편집기는 아데닌을 이노신으로 전환시킨다. mRAN가 전사될 때 이노신은 사이토신과 쌍을 이룬다.

마지막으로, 편집 중인 식물에 DNA를 도입하지 않은 유전자 편집 시스템을 설계하는데 진전이 이루어졌다. 기존의 유전자 편집 방법은 Cas9 유전자와 기타 편집 구조가 식물 유전체의 반영구적 구성 요소가 된다. 따라서 식물은 유전자 변형(GM)으로 구분되고 국가 기관에 의해 GM 작물에 부과된 제한 및 통제의 대상이 된다. 반면에 편집 후에 유전체의 유일한 변경이 삽입, 결실 또는 점 돌연변이 이라면 식물은 다른 돌연변이 유발 방법으로 얻은 식물과 차이가 없으므로, 논리적으로 GM 규정에 적용받지 않아야 한다. 이러한 맥락에서 최근 중요한 발견은 DNA가 아닌 Cas9 뉴클레아제 단백질과 가이드 RNA를 포함하는 라이보핵단백질 복합체로 원형질을 형질전환하면 오류 유발 편집(error-prone editing)이 일어난다는 것이다. 십자화과 종에서 이 DNA-free 방법의 초기 실험은 형질전환체의 25%에서 표적 유전자의 편집이 나타났다.

16.4 GM 식물들은 인간의 건강과 환경에 해로운가?

유전자 삭제에 의해 생산된 성숙-지연 토마토는 판매 증진을 위해 처음으로 유전자가 조작된 식물이다. 부분적이지만 이러한 이유로 생물공학자와 다른 이익집단에게 생물공학은 살아 있는 개체의 유전자 조작으로 인해 발생할 위험성과 윤리적 문제에 대한 논쟁을 불러 일으켰다. 이 책에서는 유전자에 직접적으로 관련되지 않은 질문과 전문지식들은 다루지 않았다. 우리는 개발도상국에서 조작된 유전자를 가진 작물이 국지적으로 시험재배될 수 있다는 가능성에 대해 책임 있게 논의할 수 없다. 그러나 우리는 생물학적 문제에 대해서 논의할 수 있고 또한 고찰하여야 한다.

16.4.1 선별 표식자(selectable marker)에 대한 안정성

GM 토마토에 대한 논쟁에서 주요 관심 분야 중 하나는 클로닝 벡터에 사용된 마커 유전자의 해로움이다. 대부분 식물 벡터는 kanamycin과 hygromycin에 대한 저항성 유전자를 가지고 있어서, 형질전환된 식물을 확인할 수 있게 한다. 저항성 유전자는 박테리아에 존재하는 것이며, neomycin phosphotransferaseII와 hygromycin phosphotransferaseII 효소를 암호화하고 있다. 유전자와 그 효소 산물은 형질전환된 식물의 모든 세포에 존재한다. Phosphotransferase가 인간에 유독할지에 대한 두려움은

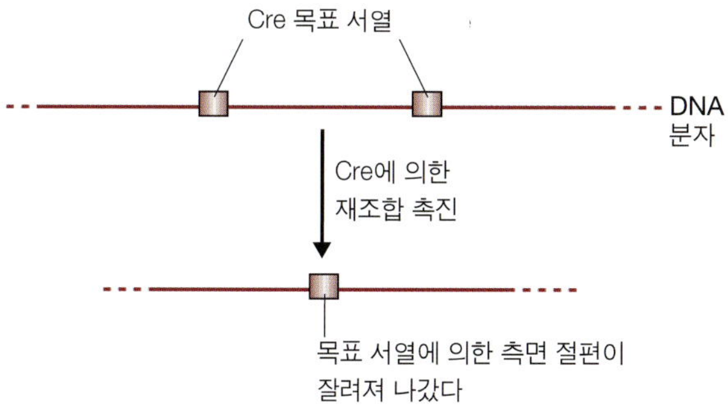

그림 16.18
Cre 재조합효소에 의한 DNA 삭제.

동물 모델 실험으로 완화되었지만, 두 가지 다른 안전 문제가 남아 있다.

- GM 식품에 들어 있는 저항성 유전자가 사람의 장속 박테리아에 전달되고, 이들이 항생제에 저항성을 가질 수 있는가?
- 저항성 유전자가 환경의 다른 생명체에 전달될 수 있으며, 생태계에 손상을 일으킬 수 있는가?

대부분 과학자들은 GM 식품의 항생제 저항성 유전자가 사람의 장이나 더 넓은 환경에서 다른 박테리아로 전달될 수 있다는 증거가 없다는데 동의한다. 소화과정은 장내 박테리아에 도달하기 전에 모든 저항성 유전자를 파괴할 것이고, 유전자가 파괴되지 않더라도 박테리아에 전달될 확률은 매우 적다. 그럼에도 불구하고 위험 요소가 없는 것은 아니다. 이러한 두려움은 생명 공학자에게 형질전환이 확인 된 후 식물 DNA에서 항생제 저항성 유전자를 제거하는 방법을 고안하게 만들었다. 전략 중 하나는 박테리오파아지 P1의 Cre 효소를 사용하는 것이다. 이 효소는 특정 34 bp 인식 염기서열에 의해 측면에 위치한 DNA 단편을 절단하는 재조합을 촉매한다(그림 16.18). 이 시스템을 사용하기 위해 식물은 두 개의 클로닝 벡터로 형질전환 된다. 첫 번째 항생제 저항성 유전자와 함께 식물에 첨가되는 유전자를 가지고, 항생제 저항성 유전자는 Cre 표적 서열이 측면에 위치한다. 두 번째는 Cre 유전자를 운반한다. 형질전환 후에 Cre 유전자의 발현은 식물 DNA로부터 항생제 저항성 유전자의 절단을 초래한다.

Cre 유전자는 위험한가? 형질전환에 사용된 두 벡터의 DNA 단편들은 다른 염색체에 삽입되기 때문에, 유성생식 중 무작위 분리에 의해 1세대 식물은 두 벡터의 DNA 중 한 개만 포함할 수 있다. 따라서 Cre 유전자와 항생제 저항성 유전자를 포함하지 않지만, 식물 유전체에 첨가될 중요한 유전자를 포함하는 식물체를 얻을 수 있다.

16.4.2 환경에 해로울 가능성

GM식물의 두 번째 문제점은 새로운 유전자 조합이 어떤 방식으로든 환경에 해를 끼친다는 것이다. 조작된 유전자가 각각 다른 결과를 보일 것이기 때문에 각각의 GM작물에 대해 개별적으로 접근해야 한다. 우리는 제초제 저항성 식물체가 유해한지 안한지 평가하기 위해 수행된 연구를 조사할 것이다. 이것들이 가장 널리 재배되고 있는 GM작물인 것처럼 가장 포괄적인 환경 연구의 주제가 되었다. 특히 1999년에 영국 정부는 그 당시 영국에서 재배가 허락되지 않은 제초제 저항성 작물이 농장의 야생생물의 다양성과 풍부함에 어떻게 영향을 미치는지에 대해 독립적인 조사를 위탁했다.

연구가 수행되는 것을 막는 사람들에 의해 지연된 후 2003년에 영국 연구팀은 결과를 발표했다. 이 연구는 영국전지역 273곳에서 glyphosate 저항성 사탕무우와 두 번째 제초제인 glufosinate-ammonium에 저항성인 옥수수와 유채를 가지고 실시했다. 보고서에서 요약한 것처럼 그 결과는 다음과 같다 :

> 연구팀은 GM작물과 일반작물 재배 포장 간에 야생생물의 풍부함이 차이가 났다고 보고했다. 일반 무와 유채의 재배가 GM무우와 유채의 재배보다 많은 야생생물에 보다 좋았다. 일반작물 주변에 보다 많은 잡초가 곤충에 먹이와 피신처를 제공하기 때문에 나비와 벌 같은 곤충이 많았다. 또한 일반 무와 유채에서 GM 대응구보다 많은 잡초종자가 있었다. 이러한 종자들은 새 같은 동물의 음식으로 중요하다. 반대로 GM옥수수재배가 일반 옥수수보다 많은 야생생물에 좋았다. GM옥수수 주변에 보다 많은 잡초가 있었고 일년 중 어느 시기에는 나비와 벌이 많았고 많은 잡초종자가 있었다. 연구자들은 그들이 발견한 차이가 단지 작물이 유전적으로 변형되었기 때문에 일어나지 않았다고 강조했다. 이러한 결과는 GM작물이 농부들에게 잡초방제를 위해 새로운 방법을 주었기 때문에 일어났다. 즉 다른 제초제를 이용했고 다른 방법으로 사용했기 때문이다. 이 연구의 결과는 GM작물의 재배는 농장의 생물다양성과 관련이 있다고 제안했다. 그런데 사용된 토지의 분포와 면적 그리고 어떻게 토지가 경작되어지고 어떻게 작물들이 윤작 되었는지와 같은 요인들이 중장기적인 영향을 미칠 것이다. 이것은 연구자들이 확신을 가지고 GM작물의 중장기적인 효과를 예상하기 어렵게 한다. 더불어서 일반작물을 재배하는 농부들에 의해 수행되는 다른 결정들이 야생생물에 계속적으로 영향을 미칠 것이다.

위 연구와 다른 종류의 GM 작물에 대한 연구로부터 도출된 해석은 국가마다 다양하다. 세계의 많은 지역에서 GM 작물은 법률에 명시된 안정성 평가를 통과하면 먹기에 안전하고 환경에 무해하다고 간주한다. 2015년에 GM 작물은 미국에서 7,090만 ha, 브라질에서 4,420만 ha, 아르헨티나에서 2,450만 ha, 그리고 북남이 일부 지역, 인도, 파키스탄, 중국, 남아프리카 공화국에서 재배되고 있다. 다른 나라, 특히 유럽 연합 국가에서는 GM 작물은 거의 재배되지 않는다.

Further reading

Burke, M. (2003) GM crops: effects on farmland wildlife. Produced by the Farmscale Evaluations Research Team and the Scientific Steering Committee. ISBN: 0-85521-035-4. [For a more detailed description of this work see *Philosophical Transactions of the Royal Society*, Biological Sciences, **358**, 1775–1913 (2003).]

Castle, L.A., Siehl, D.L., Gorton, R., et al. (2004) Discovery and directed volution of a glyphosate tolerance gene. *Science*, **304**, 1151–1154. [Cloning the GLYAT gene in maize.]

Christiansen, A.T., Andersen, M.M., and Kappel, K. (2019) Are current EU policies on GMOs justified? *Transgenic Research*, **28**, 267–286.

De Cosa, B., Moar, W., Lee, S.B., et al. (2001) Overexpression of the Bt *cry2Aa2* operon in chloroplasts leads to formation of insecticidal crystals. *Nature Biotechnology*, **19**, 71–74.

Fischhoff, D.A., Bowdish, K.S., Perlak, F.J., et al. (1987) Insect-tolerant transgenic tomato plants. *Biotechnology*, **5**, 807–813. [The first transfer of a δ-endotoxin gene to a plant.]

Halford, N.G. (2019) Legislation governing genetically modified and genome-edited crops in Europe: the need for change. *Journal of the Science of Food and Agriculture*, **99**, 8–12.

Koziel, M.G., Beland, G.L., Bowman, C., et al. (1993) Field performance of elite transgenic maize plants expressing an insecticidal protein derived from *Bacillus thuringiensis*. *Nature Biotechnology*, **11**, 194–200. [Cloning a δ-endotoxin gene in maize.]

Li, T., Yang, X., Yu, Y., et al. (2018) Domestication of wild tomato accelerated by genome editing. *Nature Biotechnology*, **36**, 1160–1163.

Miki, B. and McHugh, S. (2003) Selectable marker genes in transgenic plants: applications, alternatives and biosafety. *Journal of Biotechnology*, **107**, 193–232.

Morineau, C., Bellec, Y., Tellier, F., et al. (2017) Selective gene dosage by CRISPR-Cas9 genome editing in hexaploid Camelina sativa. *Plant Biotechnology Journal*, **15**, 729–739.

Murovec, J., Guček, K., Bohanec, B., et al. (2018) DNA-free genome editing of Brassica oleracea and B. rapa protoplasts using CRISPRCas9 ribonucleoprotein complexes. *Frontiers in Plant Science*, **9**, 1594.

Paine, J.A., Shipton, C.A., Chaggar, S., et al. (2005) Improving the nutritional value of Golden Rice through increased pre-vitamin A content. *Nature Biotechnology*, **23**, 482–487.

Sayre, R., Beeching, J.R., Cahoon, E.B., et al. (2011) The BioCassava plus program: biofortification of cassava for sub-Saharan Africa. *Annual Review of Plant Biology*, **62**, 251–272.

Shan, Q., Wang, Y., Li, J., et al. (2013) Targeted genome modification of crop plants using a CRISPR-Cas system. *Nature Biotechnology*, **31**, 686–688. [Editing the rice phytoene desaturase gene.]

Smith, C.J.S., Watson, C.F., Ray, J., et al. (1988) Antisense RNA inhibition of polygalacturonase gene expression in transgenic tomatoes. *Nature*, **334**, 724–726.

Tabashnik, B.E., Brévault, T., and Carrière, Y. (2013) Insect resistance to Bt crops: lessons from the first billion acres. *Nature Biotechnology*, **31**, 510–521.

Wolter, F., Schindele, P., and Puchta, H. (2019) Plant breeding at the speed of light: the power of CRISPR/Cas to generate directed genetic diversity at multiple sites. *BMC Plant Biology*, **19**, 176.

Zhang, Y., Malzahn, A.A., Sretenovic, S., and Qi, Y. (2019) The emerging and uncultivated potential of CRISPR technology in plant science. *Nature Plants*, **5**, 778–794.

Zhou, J., Xin, X., and He, Y. (2019) Multiplex QTL editing of grain-related genes improves yield in elite rice varieties. *Plant Cell Reports*, **38**, 475–485.

Chapter 17

법의학과 고고학에서의 유전자 클로닝과 DNA 분석

Chapter contents

CHAPTER CONTENTS

과학수사는 우리가 고려하는 유전공학의 마지막 분야이다. 고도의 범죄가 DNA 분석으로 쉽게 해결되었다는 보고는 거의 매주 신문지상에 보고된다. 과학수사센터의 분자생물학 도입에 가능했던 것은 범죄 장소에서 얻은 혈흔 머리카락 등으로 개개인을 찾아내는 것이 가능하기 때문이다. 대중 매체에는 이러한 기술을 유전자 지문(genetic fingerprinting)이라고 부르는데, 오늘날의 보다 정확한 용어는 DNA 프로파일링(DNA profiling)이다. 우리는 이 장에서 개개인을 찾는 데 사용되는 유전자 지문 기술을 알아보고자 한다. 이 과정에 우리는 수사 영역 만이 아닌 고고학 등에서 사용되는 유전자 기술을 알게 될 것이다.

17.1 범죄 용의자를 밝히기 위한 DNA 분석

어떤 사람이 그들의 DNA를 남기지 않고 범죄를 저지르기는 어려울 것이다. 머리카락, 핏자국 또는 지문은 미량의 DNA를 갖고 있어 중합효소연쇄반응을 수행하기에 충분하다. 이 분석은 즉시 시행해야 할 필요는 없어 최근에는 많은 과거의 범죄가 해결되고 있다. 어떻게 이런 영향력 있는 검사가 가능할까?

유전자 지문과 DNA 프로파일링의 기본은 동일한 종류의 유전체를 갖는 사람은 오직 쌍둥이뿐이다라는 개념에서 시작된다. 물론 사람 유전체는 다소 비슷하다. 동일한 유전자가 동일한 순서로 있고 동일한 반복 염기가 유전자 사이에 있을 것이다. 하지만 다른 유전자와 마찬가지로 사람 유전체는 염기서열이 다른, 즉 다형성(**polymorphism**)이 있다. 우리는 이미 질병에 걸린 확률이 높은 유전자의 positional cloning에서 DNA 마커로 이러한 다형성이 사용됨을 알고 있다. 제한효소 조각 다형성(restriction fragment length polymorphisms, RFLP)과 짧은 연쇄반복체(short tandem repeats, STRs)와 단일염기 다형성(**single nucleotide polymorphisms**, **SNPs**)이 이에 포함된다. 위의 3가지가 모두 유전자와 유전자간 염기들에게 일어날 수 있고 사람 유전체는 수백만의 다양성 부위를 갖고 있으며 SNP 부위가 가장 빈번하다.

17.1.1 혼성화 표지자를 이용한 유전자지문 조사

개개인을 구별하기 위하여 DNA 분석에 사용되는 첫 번째 방법은 1980년대 중반에 레이세스터 대학의 Alec Jeffreys 경에 의하여 발달되었다. 이 기술은 위에 언급한 다양성에 기초하지만, 조금 다른 과다양성 반복염기서열(**hypervariable disperse repetitive sequence**)을 이용한다. 이름이 나타내듯이, 이 반복되는 염기서열은 사람 유전체의 다양한 곳에 나타난다(그림 17.1a).

특별한 반복으로 유전자 지문에 사용된 염기서열은 GGGCAGGANG(N은 어떤 염기이어도 됨)이다. 유전자지문을 실시하기 위해서는 제한효소로 유전체 DNA를 잘라 아가로즈 젤에 분리하여 서던블롯을 실시하는 것이다(그림 8.19 참조). 반복되는 염기로 만들어진 표지자를 블롯에 붙인다. 나타나는 밴드들이 각 반복되는 염기를 포함하는 제한효소 조각이다(그림 17.1b). 반복 염기의 삽입 부위가 다양하기에 다른 사람의 DNA로 실시하면 다른 양상을 보인다. 이러한 패턴이 그 사람의 유전자 지문이다.

17.1.2 짧은 연쇄반복체의 PCR을 통한 DNA 프로파일링

엄격히 말하여 유전자 지문은 반복염기서열을 혼성화 분석하는 것이다. 이 기술은 법의학에 유용해 왔지만 3가지의 문제점이 있다.

- 혼성화 분석에 의존하기 때문에 많은 양의 DNA가 필요하다. 머리카락이나 혈흔의 소량 DNA로는 지문법이 수행될 수 없다.
- 지문법의 해석은 교잡 후에 나타나는 결과가 다양하여 해석이 어렵다. 법정에서는 지문법에 의해 나온 결과와 용의자의 검사 결과가 조금만 차이나도 용의자는 무죄 석방된다.
- 반복 염기서열의 삽입부위가 과다양하다 하더라도 다양성에 제한이 있을 수 있다. 적은 빈도이지만 두 무관한 사람의 유전자지문이 동일할 수도 있어 이러한 것을 고려에서 법정에서 무죄가 선고되기도 한다.

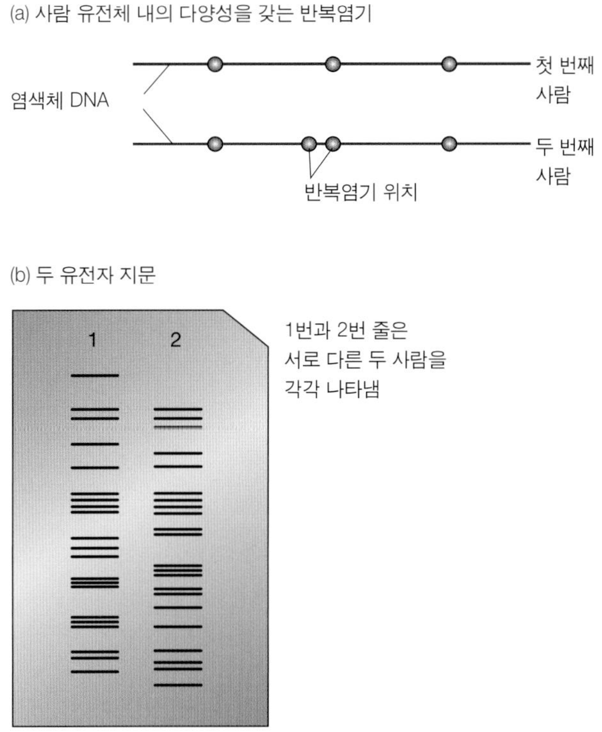

그림 17.1

유전자 지문. (a) 두 사람의 과다양성 반복염기 서열처럼 폴리모르피즘 반복염기. 그림에서 두 번째 사람은 반복염기를 추가적으로 갖고 있다. (b) 두 사람의 유전자 지문 결과.

DNA 프로파일링은 이러한 문제점을 비켜간다. 프로파일링은 STR이라 하는 다양성 있는 염기서열을 이용한다. 14장에서 설명하였듯이, STR은 짧은 염기서열로 1에서 13개의 뉴클레오타이드 길이이고 몇 번씩 연쇄 반복된다. 사람 유전체에서 가장 보편적인 STR은 두 개 염기 단위 $[CA]_n$으로 "n"은 반복 횟수를 말하고, 보통 5~20 사이이다(그림 17.2a).

특정 STR의 반복 횟수는 DNA 복제 과정에서 첨가되고 결실될 수도 있어 다양하다. 사람들 사이에 특정 STR의 반복패턴은 아마 약 10개 패턴 정도 있으리라 여겨진다. DNA 프로파일링에서는 특정 수의 반복을 갖는 서로 다른 STR들을 결정할 있는데 반복 양쪽에 붙는 프라이머를 이용하여 소량의 DNA에서도 쉽게 PCR하여 이 과정을 수행한다(그림 15.13 참조). PCR된 결과물을 아가로즈 젤에 전기영동한 후 밴드의 크기를 비교한다(그림 17.2b). 두 개의 STR이 하나의 DNA에서 나오게 되고 이들 중 하나는 어머니로부터 다른 하나는 아버지로부터 유전된 염색체에서 나온 것이다.

PCR이 사용되기에 DNA 프로파일링은 매우 민감하여 머리카락 등에서 얻은 소량 DNA로 검사가 가능하다. 결과도 확실하여 서로 동일하다고 판정되면 법정에서 증거로 채택된다. CODIS(Combined DNA Index System)라고 불리우는 현재의 방법은 13개의 STR을 사용해서 일란성 쌍둥이가 아닌 두 사람이 같은 프로파일을 보일 확률이 $1/10^{15}$ 정도로 충분한 다양성을 나타낸다. 지구의 인구가 6×10^9이므로 DNA 증거가 법정에 제출되었을 때 지구상의 두 사람이 같은 프로파일을 가질 확률은 받아들이

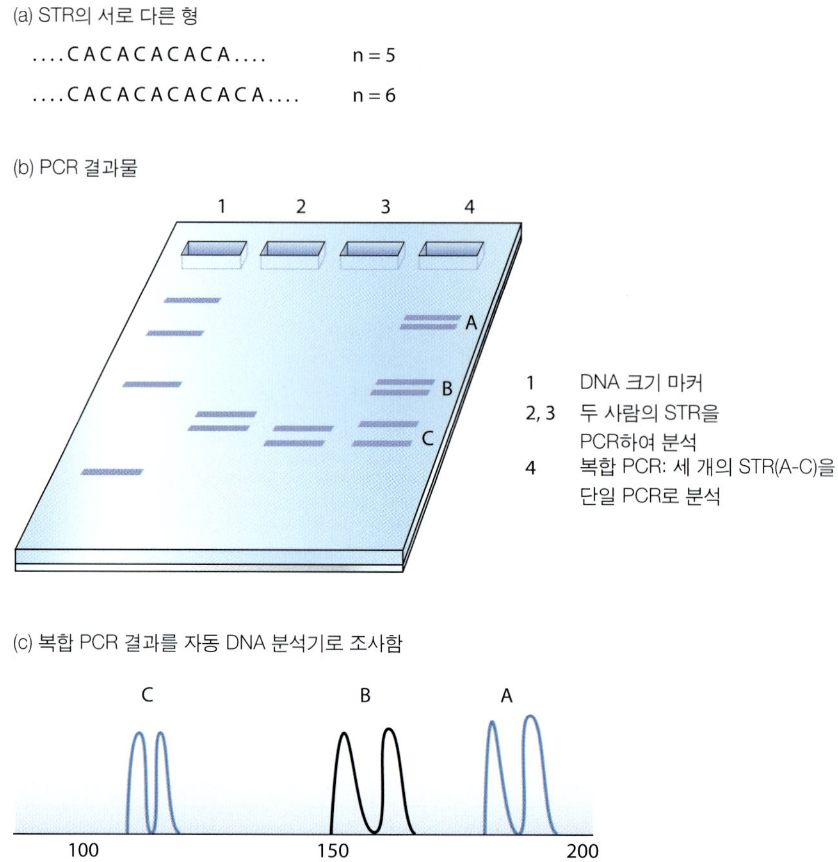

그림 17.2

DNA 프로파일링. (a) DNA 프로파일링은 다양한 단위반복을 갖는 STR을 사용한다. (b) DNA 프로파일링에서 얻은 젤. 2번과 3번은 두 다른 사람에게서 조사한 동일 STR이다. 이 두사람은 서로 다른 프로파일을 갖고 있지만, 공동된 밴드를 소유한다. 4번은 단일 PCR에 3개의 STR 세트를 넣고 실시한 복합 PCR 결과이다. (c) 자동 DNA 분석기를 이용하여 PCR 결과물 크기를 분석할 수 있다.

기 어려울 정도로 매우 낮다. 각각의 STR은 형광물질로 표지되며 변이를 보이는 반복지역의 양쪽에 결합하는 프라이머를 가지며, PCR을 함으로써 표식되어진다. 그리고 STR 대립인자들은 모세관 젤 전기영동으로 증폭된 크기를 결정함으로써 표식되어진다. 두 개이상의 STR들이 크기가 중복되지 않고 각각의 프라이머들이 다른 형광물질로 표지되어 모세관 젤에서 구별할 수 있다면 복수 PCR(multiplex PCR)로 동시에 수행될 수 있다(그림 17.2c).

17.2 DNA 프로파일링을 통한 친자 간별

범인을 잡는 것과 마찬가지로 DNA 프로파일링은 가족관계 확인에도 쓰인다. 이러한 방식을 친자분석(kinship analysis)라 하는데 아버지 확인에 일상적으로 쓰인다.

17.2.1 가족 간은 유사한 DNA 프로파일을 가짐

당신의 DNA 프로파일링은 부분적으로 어머니와 부분적으로 아버지로부터 유래되었다. 가족 내의 관계는 가계도에 특정 STR을 표시해 보면 분명해 진다(그림 17.3).

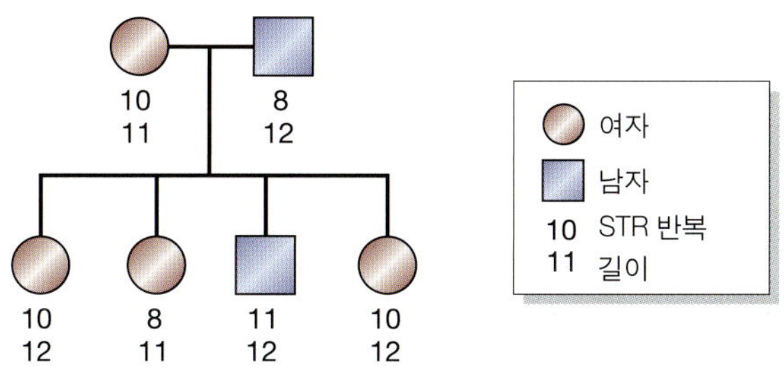

그림 17.3
가족 간 STR 형의 유전.

이 예에서처럼, 우리는 4명의 아이 중 3명이 아버지에게서 유래한 12 반복 유전자형(allele)을 갖는 것을 알 수 있다. 이러한 자료 자체로 이들이 형제라고 추측하기에는 불충분하지만 만일 사람들에게 12 반복형이 드물다면, 이들이 형제일 가능성은 높아진다. 정확도를 높이기 위하여 더 많은 STR을 분석을 실시하게 되는데 만일 13개의 STR을 분석하여 서로 일치하였다면, 서로의 관계가 받아들여 질 수 있다.

17.2.2 DNA 프로파일링과 로만노프 왕가의 유해들

친족관계 연구에서 DNA 프로파일링을 사용한 흥미로운 예는 1990년대에 실시되었던 러시아 로마노프 왕조의 마지막 인물들의 유골 분석이다. 로마노프 왕조는 17세기 초부터 러시아 혁명까지 러시아를 지배했다. 니콜라스 2세 황제는 러시아 혁명때 폐위되었으며, 그의 부인 알렉산드라와 5명의 자녀와 함께 투옥되었다. 1918년 7월 17일 그들의 의사와 3명의 하인들과 같이 7명 모두 살해되었으며, 그들의 시체들은 우랄지역의 예카테린부르크 근처 길가 무덤에 묻혔다. 1991년 공산주의가 몰락하면서 보다 적당한 매장지를 제공하기 위하여 유해들은 발굴되었다.

로만노프 왕가 유골들의 STR 분석

발굴된 유골들이 로만노프가의 뼈인지 확실하지 않았으며, 이 유골들이 불행한 다른 사람들의 뼈일 가능성을 배제할 수 없었다. 무덤에서 9명의 유골(6명의 성인과 3명의 어린이 유골)이 발견되었으며, 뼈를 조사한 결과 성인 중 4명은 남성, 2명은 여성이었고, 3명의 어린이는 모두 여성이었다. 이것들이 로만노프가의 유해라면 아들 Alexei와 한명의 딸이 없는 것이다. 유골들은 폭력의 흔적을 보였으며 살해 당하는 과정과 그 이후에 그들이 처리한 보고서와 일치한다. 또한 유해 중 일부는 20세기 초 일반 러시아 사람들의 치료방법을 넘어선 치과치료인 금과 은으로 치아가 채워진 것으로 보아 명백히 귀족이었다.

만약 이들이 로만노프가의 유해라면 3명의 어린이는 자매이고 성인 중 2명은 어린이들의 부모일 것이라는 가설을 증명하기 위해서, 각각의 유골에서 DNA를 추출하여 5개의 STR을 PCR 분석하였다. 결과는 VWA/31과 FES/FPS STR에서 동일한 유전과정을 보였고, 3개의 다른 각각의 STR에서 대립인자들을 공유하기 때문에 3명의 어린이들은 자매인 것으로 나타났다(그림 17.4). THO1 결과는 성인여자 2는 대립인자 6

그림 17.4
로만노프 유골의 STR 분석.
(a) 로만노프 가계도. (b) STR 분석의 결과.

(a) 로만노프 가계도

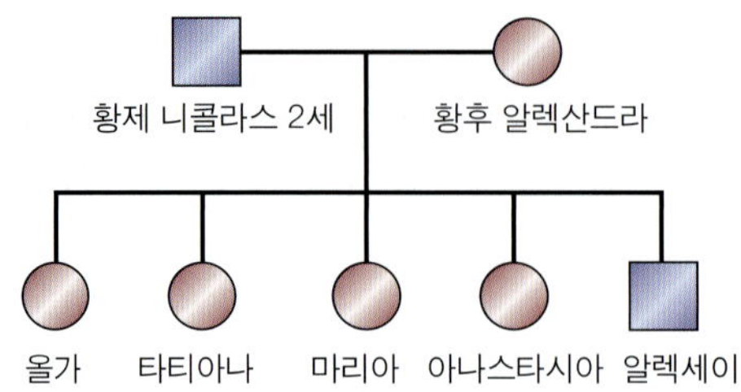

(b) STR 분석

	STRs				
	VWA/31	THO1	F13A1	FES/FPS	ACTBP2
어린이 1	15, 16	8, 10	5, 7	12, 13	11, 32
어린이 2	15, 16	7, 8	5, 7	12, 13	11, 36
어린이 3	15, 16	8, 10	3, 7	12, 13	32, 36
성인여자 1	15, 16	8, 8	3, 5	12, 13	32, 36
성인여자 2	16, 17	6, 6	6, 7	11, 12	not done
성인남자 1	14, 20	9, 10	6, 16	10, 11	not done
성인남자 2	17, 17	6, 10	5, 7	10, 11	11, 30
성인남자 3	15, 16	7, 10	7, 7	12, 12	11, 32
성인남자 4	15, 17	6, 9	5, 7	8, 10	not done

만을 가지고 있으며, 어린이들이 대립인자 6을 가지고 있지 않기 때문에 어린이들의 어머니가 될 수 없다는 것을 보여준다. 그런데 성인여자 1은 대립인자 8을 가지고 있고, 3명의 어린이 모두 대립인자 8을 가지고 있다. 다른 STR의 결과들은 성인여자 1이 어린이들의 어머니가 될 수 있다고 확인하였고, 따라서 황후인 알렉산드라로 확인되었다. THO1 결과는 아이들의 아버지로 성인남자 4를 배제하였고, VWA/31 결과는 성인남자 1과 2를 배제하였다. 모든 STR 결과들을 고려했을 때 성인남자 3이 어린이들의 아버지가 될 수 있고, 따라서 황제로 확인되었다. 이런 결과들은 THO1과 VWA/31 결과들로부터 단순히 유추될 수 있으며, 다른 STR 결과들은 단지 강력한 증거를 제공한 것이다.

미토콘드리아 DNA는 로만노프가의 유골과 살아 있는 친족을 연결시키기 위해 사용되었다

STR 분석은 이것들이 진짜 로만노프가의 유골이라면 우리가 기대한 것처럼 유골들은 한 가족을 포함한다는 것을 나타냈다. 그러나 이것은 다른 불행한 집단의 유골일 수 있다. 이 문제를 해결하기 위해 유골의 DNA와 로만노프가의 살아 있는 친족의 DNA를 비교하였다. 이 작업에는 세포에서 에너지를 생산하는 미토콘드리아에 있는 17 kb 원형 DNA인 미토콘드리아 DNA가 포함됐다. 미토콘드리아 DNA는 개인 간의 관계를 추론할 수 있는 다양성을 지니고 있지만, STR만큼 다양하지 않아 단일 가족과 같이 매우 가까운 개인 간의 친족연구에는 거의 사용되지 않는다. 그러나 미토콘드리아

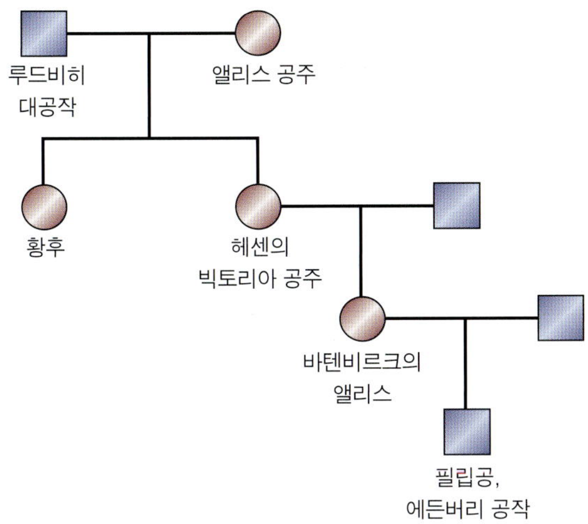

그림 17.5
필립공(에든버리 공작)과 황후의 자매인 헤센의 빅토리아 공주 간의 모계 관계를 보여주는 가계도.

DNA는 모계를 통해서만 유전되는 중요한 특성을 가지며, 부계의 미토콘드리아 DNA는 수정되는 동안 손실된다. 따라서 아들과 딸의 DNA에 영향을 주지 않으며, 이런 모계유전 양상은 로만노프가의 살아 있는 친족처럼 비교될 개인들이 서로 먼 관계일 때 유용하다.

그러므로 황후 알렉산드라의 자매인 헤센의 빅토리아 공주의 외손자인 필립공(에든버리 공작)과 유골에서 얻어진 미토콘드리아 DNA 서열들이 비교 되었다(그림 17.5). 황후로 확인된 성인여자와 3명의 어린이 유골에서 추출된 미토콘드리아 DNA 서열은 필립공과 같았다. 이것은 4명의 여자들은 같은 혈통이라는 강력한 증거이다. 또한 황제 니콜라스의 할머니의 살아있는 모계 후손과 비교되었다. 이 결과는 황제로 생각되어지는 성인남자로부터 얻어진 PCR 생성물의 클론에서 두 개의 염기서열이 나타나 보다 복잡해졌다. 염기서열이 한 곳에서 C 혹은 T로 나타나는데, C가 T에 비해 4배 이상 자주 나타났다. 이것은 샘플이 다른 사람의 DNA와 오염됐다고 생각할 수 있지만, 황제의 미토콘드리아 DNA는 같은 세포에 두 개의 서로 다른 미토콘드리아 DNA가 공존하는 heteroplasmic이라고 해석된다. 황제의 할머니의 두 후손 모두 이 위치에 T인 미토콘드리아 DNA를 가지고 있다. 그리고 C로 변이된 돌연변이가 황제의 가계에서 매우 최근에 일어났다는 것을 제안하고 있다. 황제의 형제인 조지 알렉산드로비치 대공작의 DNA를 분석함으로써 같은 위치에 heteroplasmy가 나타나는 것을 보았다. 모든 것을 감안할 때, 증거들은 황제의 유해가 정확하게 확인되었다고 시사하고 있다.

실종된 자녀들

로만노프가 무덤에서 단지 3명의 자녀들만 발견되었다. 아들인 알렉세이와 네 딸 중 하나가 실종되었다. 유골이 발견되기 전에도 딸 중 하나인 아나스타시아가 볼세비키의 감시를 뚫고 서방으로 탈출했다는 소문이 있었기 때문에, 20세기 중반에 몇 명의 여인들이 로만노프가의 공주라고 주장했다. 이렇게 주장하는 사람 중 하나는 1920년대에 처음으로 널리 알려진 안나 앤더슨이다. 안나 앤더슨은 1984년에 사망했으며, 미토콘드리아 DNA가 황후의 것과 일치하지 않았으며, 폴란드계로 생각되는 조직샘플을 남겼다. 또한 알렉세이의 후손이라고 주장하는 사람들도 있었다. 그러나 이런 이야기들은 거의 소문에 불과하며, 2007년 예카테린부르크 근처에서 일부분이 화장된 2명의 어린아이 사체가 발견되었다. 미토콘드리아 DNA 서열은 이들이 실종된 로만노프가의 자녀라는 것을 보여주고 있다.

17.3 DNA 분석을 통한 성별 동정

DNA 분석은 개인의 성을 결정할 수도 있다. 성간의 유전자 차이는 남자가 성염색체 Y를 갖는 것이다. 그러므로 Y염색체에 특이한 DNA를 가지고 남녀를 구분할 수 있다. 법의학에서는 사체 상태가 나빠서 DNA 분석만이 유일하게 남녀를 구분할 수 있을 때가 있다.

DNA 검사는 태아의 성을 알아보는 데도 쓰인다. 태아가 성별은 해부학적인 차이가 발달된 후에 알 수 있는데, 때로는 이보다 빨리 성별 간별이 필요하기도 하다. 예를 들어 가계도 분석에 따라 태아가 남아일 경우 유전질병을 갖고 태어날 확률이 있고 부모가 임신 지속여부를 빨리 결정하기를 원할 때가 있다.

DNA에 기초한 성별 간별의 세 번째 경우는 이 분야 발전에 많은 공헌을 한 예로 고고학적인 유골을 분석하는 것이다. 남녀 유골은 두개골이나 골반뼈 등이 보존되어 있으면 구분이 가능하지만 조각만 남아 있거나 어린아이들 뼈 등은 성에 따른 해부학적 구분이 어렵다. 고대 DNA(**ancient DNA**)는 뼈 안에 보존되어 있어 DNA 분석은 고고학자에게 유골이 남녀인지를 말하여 줄 수 있다.

17.3.1 Y 염색체 특이적인 염기서열로 하는 PCR

성별 결정에 가장 손쉬운 방법은 Y 염색체 특이적인 부위를 PCR하는 것이다. X와 Y 염색체가 완전히 다르지는 않아서 PCR을 계획할 때 주의해야 한다. 하지만 Y염색체 내에만 존재하는 몇몇 반복 염기서열이 있어 여러 부위를 포함하는 PCR을 하면 손상된 사체나 고대 유골에서 상당히 높은 민감도를 갖는 검사를 실시 할 수 있다.

Y 염색체 특이적인 PCR은 남자의 DNA에서만 PCR 결과물을 낸다(그림 17.6). 이는 대부분의 경우에 두 성별 간의 차이를 뚜렷이 나타내기에 매우 만족스러운 검사이다. 때로 DNA 손상이 심하거나 DNA가 없거나 *Taq* 중합효소의방해물이 들어 있거나 해서 PCR이 되지 않을 수도 있다. 이 가능성은 특히 땅에서 발굴된 고고학적인 유골들에서 심하게 나타나며 여러물질로 오염되었을 때에 분자생물학적 연구에 사용되는 효소가 반응을 하지 못하여 PCR 결과물이 나오지 않을 수도 있다. 이 경우에는 젤 상에 PCR 결과물이 없는 실제 여자 DNA와 똑같게 나타나기에 여자로 오판 될 수 있다.

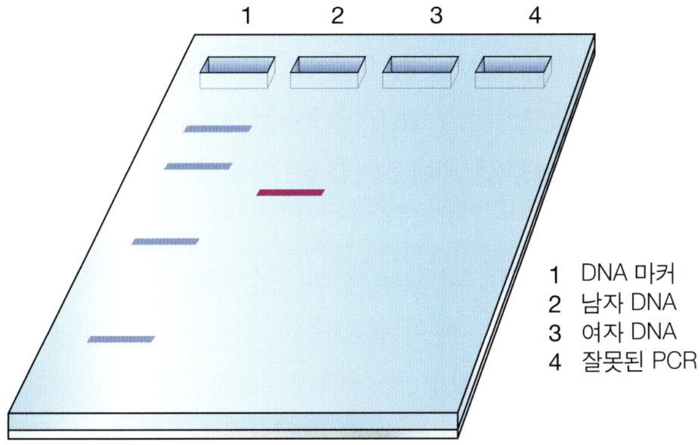

그림 17.6

Y 염색체 특이적인 PCR로 성별 판정. 남자 DNA는 PCR 결과물(2번 줄)을 만들고, 여자 DNA는 만들지 못한다. 문제가 되는 것은 PCR이 실패한 경우(4번 줄)도 여자 DNA와 동일한 결과를 내는 것이다.

17.3.2 아멜로제닌(amelogenin) 유전자 PCR

Y 특이적인 염기서열로는 "실제 여자"와 "PCR 결과가 없음"으로 구별될 수 없으므로 성별 판정에 보다 정교한 방법이 발달하였다. 가장 보편적으로 사용되는 방법은 아멜로제닌 유전자 증폭 PCR법이다. 아멜로제닌은 치아 에나멜에서 발견되는 단백질을 만드는 유전자이다.

이 유전자는 Y 염색체에 있는 몇몇 유전자 중에 하나로, 물론 X 염색체에도 이 유전자가 있지만 이 둘은 매우 다르다. 염기서열을 나란히 세워보면 많은 인델(**indels**)을 보이는데 이 부위는 어떤 염기가 결실되거나 또는 끼워 들어간 염기서열을 갖고 있는 부위를 지칭한다(그림 17.7a). 만약 PCR 프라이머가 인델의 양쪽

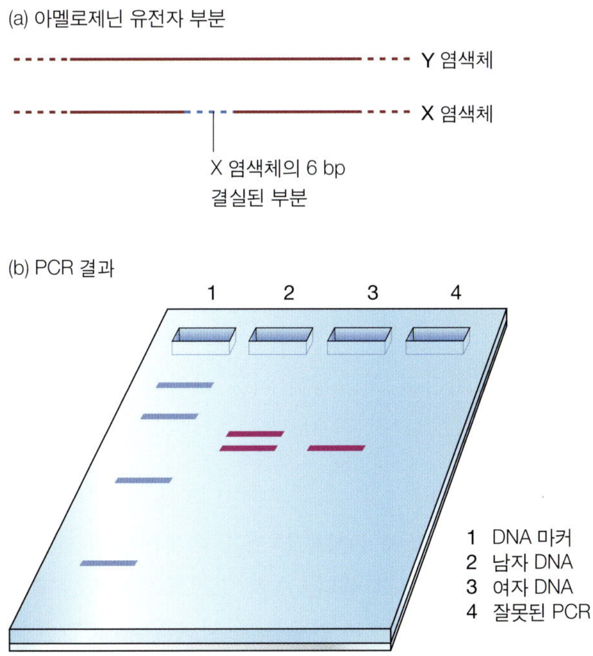

그림 17.7

아멜로제닌 유전자 PCR로 성별 판정.
(a) 아멜로제닌 유전자의 인델. (b) 인델 부위를 PCR한 결과. 남자 DNA는 법의학과 생분자 고고학에서 쓰이는 보편적 방법으로 106과 112 bp 크기의 밴드를 보였고, 여자 DNA는 하나의 작은 밴드를 보였다. PCR이 잘못된 경우에는 결과물이 없어 위 두 개의 결과와 구분이 가능하다.

에 붙는다면, X와 Y 염색체로부터 증폭한 PCR 결과물의 크기는 다를 것이다. 여자 DNA는 단일 밴드를 나타낼 것이고 남자 DNA는 X와 Y 염색체로부터 각각 유래한 두 개의 밴드를 만들 것이다(그림 17.7b). 만약 검체가 DNA를 갖고 있지 않거나 PCR이 되지 않았을 때에는 아무런 밴드가 없을 것이다. 그러므로 남녀를 판정하는 데 혼란이 없게 된다.

아멜로제닌 방법의 발달은 성별 판정에 있어 고고학에 중요한 공헌을 하였다. 이제 더 이상 땅속에서 발견된 유골을 뼈의 불확실한 구조만으로 성별을 구분하지 않는다. DNA에 근거한 성별 구별의 확실성은 어떤 경우에 뜻밖의 발견을 가능하게 하기도 한다. 특별히 고고학자들은 요즈음 무덤에 묻힌 대상들을 다시 보기 시작한다. 이제까지 만약 유골이 칼과 함께 있으면 남자라고 생각했고 구슬 등이 있으면 여자라고 생각했었다. DNA 검사는 그러한 전형적인 방식이 항상 옳지는 않음을 보여 주었고 고고학자들도 이제는 유품과 성별의 관계를 넓게 보고 있다. 재조합 DNA 혁명의 이런 모든 결과는 유전자 클로닝이 발명되었던 1970년대에는 전혀 예상하지 못했던 것들이다.

17.4 고고유전학 - DNA를 이용하여 선사시대 인류 연구

고고학에서 성별 간별과 친족 연구는 유전자 클로닝과 DNA 분석이 요구된다. 살아 있거나, 죽은 사람의 DNA를 분석함으로써 현대 인류의 진화적 기원을 이해하고, 지구상에 이주한 경로를 추적하기도 한다. 이러한 연구 분야를 고고유전학(**archaeogenetics**)이라 한다.

17.4.1 현대 인류의 기원

고생물학자들은 인류는 가장 오해된 원시인류 화석이 모두 발견된 아프리카에서 유래하였다고 믿는다. 원시인류는 백만 년 전에 아프리카에서 처음으로 이주하여 나왔지만, 이들이 현대 인류의 조상이 아님을 화석들은 보여준다. 최초 지리적으로 퍼져서 지구 모든 곳에서 살게 된 인류는 호모 에렉투스(*Homo erectus*)이다.

호모 에렉투스 분포 이후에 사건에 대해서는 논란이 있다. 화석연구를 통하여 고생물학자들은 지구의 서로 다른 지역에 모여 살던 호모 에렉투스 집단이 그 지역의 현대 호모 사피엔스(*Homo sapiens*)를 배출했다고 믿는다(그림 17.8). 이 과정을 다지역 진화(**multiregional evolution**)라고 부른다. 다른 지역에 있는 인류 간에 어느 정도의 상호교배가 있었겠지만, 커다란 의미에서 이들 다양한 인종은 진화의 역사 속에서 서로 분리되어 존재했다.

DNA 분석이 다지역 진화론에 도전

유전학자들이 인류 진화라는 질문에 DNA 분석을 이용하면서 1987년에 제기된 다지역 이론에 대한 의구심이 생기기 시작했다. 초기 고고유전학 프로젝트는 전 세계 지역의 147명 미토콘드리아 DNA로 RFLP 연구를 실시하였다. 결과를 바탕으로 다른 인

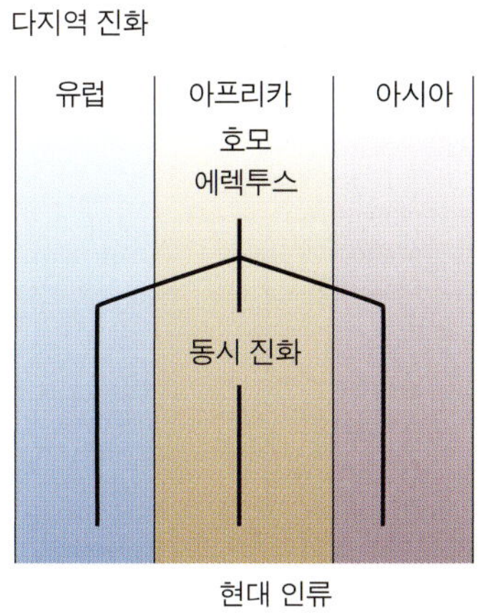

그림 17.8
현대 인류의 기원에 대한 다지역 진화설

종 간의 진화적 관계를 계통발생적 관계를 나타내는 계통수가 만들어졌다. 이를 근거로 다양한 연역적 추론이 만들어 졌다:

- 계통수의 뿌리는 여성이고(미토콘드리아 DNA가 모계로 유전된다는 것을 기억할 것), 이 여자의 미토콘드리아 유전체가 검사된 현대인 147명 미토콘드리아 DNA의 원형이다. 이 여성을 미토콘드리아 이브(**Mitochondrial Eve**)라 부른다. 물론 이 여성이 이브의 성서적 성격과 동일하지는 않으며, 당시의 유일한 여성이라는 것도 아니다. 단순히 그녀가 현존하는 모든 미토콘드리아 DNA를 준 원형 미토콘드리아를 가졌다는 것이다.
- 미토콘드리아 이브는 아프리카에 살았다. 원형 염기서열은 계통수를 둘로 나누는데, 그중 하나는 온전히 아프리카인 미토콘드리아에서만 나타나다. 이 계통수 분리로 원시 조상이 아프리카에 살았음을 추론할 수 있다.
- 분자시계를 계통수에 적용하여 보면 미토콘드리아 이브는 140,000년에서 290,000년전 사이에 살았다. 분자시계(**molecular clock**)는 미토콘드리아 DNA 염기서열에 일어나는 진화적인 변화 속도의 계측이고, 미토콘드리아에 축적된 돌연변이 발생률에 의해 계산된다. 이브 미토콘드리아 DNA와 현대인 147명 DNA를 비교하여 이러한 일이 실제로 일어나기까지 걸리는 햇수가 계산되었다.

미토콘드리아 이브가 290,000년 전 이후에 아프리카에 살았다는 발견은 백만 년 전에 아프리카를 떠난 호모 에렉투스로부터 우리가 유래했다는 통설과 맞지 않는다. 따라서 인류 기원에 대한 아프리카 탈출(**Out of Africa**)이라는 새로운 가설이 생겼다. 이 가설에 의하면 호모 사피엔스는 아프리카에 남아 있던 호모 에렉투스로부터 유래하였다. 현대 인류는 구세계의 나머지 지역으로 100,000년부터 50,000년전 사이에 이동하여, 호모 에렉투스의 자손을 대체했다 (그림 17.9).

초창기에는 미토콘드리아 이브 결과가 비판을 받았다. RFLP 데이터 비교를 위해 사용된 알고리듬이 거대한 양의 정보를 처리하는데 불충분하였기 때문에 컴퓨터 분석

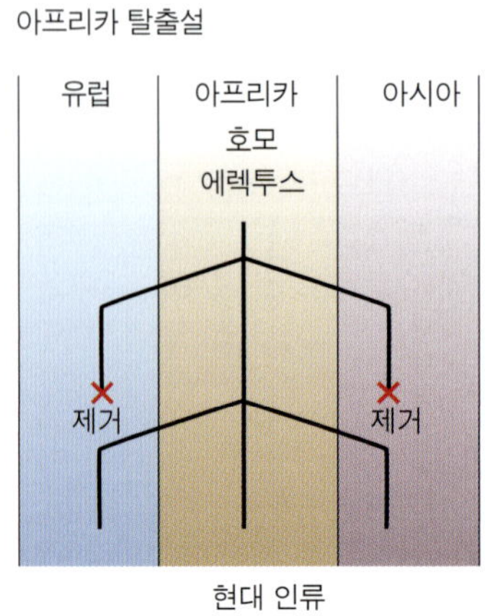

그림 17.9
현대 인류의 기원에 대한 아프리카 기원설.

을 통한 계통수 수립은 잘못된 것 같았다. 하지만 RFLP보다 실제 DNA 염기분석을 이용하고, 첨단 컴퓨터로 광범위한 미토콘드리아 DNA를 분석하자 비판은 곧 잦아져서 처음 결과를 확증하게 되었다. 전 세계에서 53명의 사람으로부터 미토콘드리아 유전체의 염기서열을 비교했을 때, 미토콘드리아 이브는 220,000~120,000년 되었다는 결과를 얻었다. 흥미로운 결과는 남성에 의해 전달되는 Y 염색체 연구에 의해 제공되었다. 이 연구는 Y 염색체 아담 또한 338,000~120,000년 전에 아프리카에 살았다는 것을 나타내고 있다.

DNA 분석은 네안데르탈인이 현대 유럽인의 조상이 아님을 보여 준다

네안데르탈인은 약 200,000~30,000년 전 사이에 유럽에 살다 멸종한 원시인이다. 아프리카 탈출 이론에 따르면 현대 인류가 유럽에 도착한 약 50,000년 전 즈음에 그 지역에서 대체되었다. 즉, 아프리카 탈출 이론이 예상하기는 네안데르탈인은 현대 유럽인의 조상이 아니다. 네안데르탈인 뼈의 원시 DNA 분석이 실시되었다.

처음으로 연구된 네안데르탈인 검체는 정확하지는 않지만 약 30,000년에서 100,000년 된 것으로 추정되는 19세기 독일에서 발견된 화석이었다. 이 검체에서 미토콘드리아 DNA 염기서열의 짧은 부분을 얻을 수 있었다. 이것은 9번의 PCR을 수행하였고, 각각의 PCR은 170 bp 이하를 증폭하였지만 377 bp 길이로 연결되었다. 네안데르탈인 뼈의 염기서열과 현대 인류의 미토콘드리아 DNA 변형은 6개를 비교하기 위해 계통수가 만들어졌다. 네안데르탈인 염기서열은 독립된 가지를 이루며 계통수의 뿌리와 연결되지만, 직접적으로 현대 인류 염기서열과 연결되지 않았다(그림 17.10a). 이것은 네안데르탈인이 현대 유럽인의 조상이 아님을 밝히는 첫 번째 증거였다.

첫 번째 네안데르탈인 미토콘드리아 DNA 연구는 1997년에 발표되었다. 이결과는 크로아티아 빈디야 동굴에서 발견된 38,000년 전 네안데르탈인의 뼈 조각으로부터 얻어진 완전한 미토콘드리아 DNA 염기서열에 의해서 2008년에 확인되었다. 완전

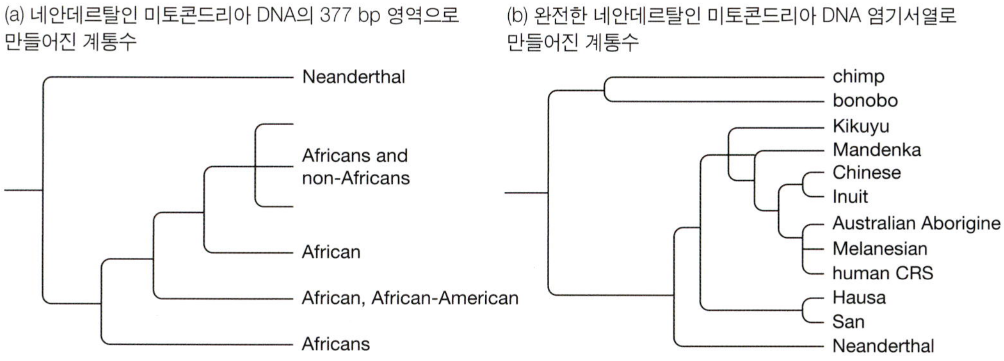

그림 17.10
원시인 DNA의 계통 발생 분석은 네안데르탈인이 현대 인류와 직접적인 관계가 없음을 보여준다. (a) 네안데르탈인과 호모 사피엔스의 미토콘드리아 DNA 최초 비교. 호모 사피엔스 미토콘드리아 염기서열은 다양한 아프리카인과 비아프리카인에서 얻었다. (b) 완전한 네안데르탈인 미토콘드리아 DNA 염기서열에 근거한 비교. 인간의 염기서열은 전 세계 다양한 지역의 집단에서 얻었다. Human CRS는 Cambridge Reference Sequence를 의미하며, 최초의 인간 미토콘드리아 염기서열이며 유럽인으로부터 얻어졌다.

한 DNA 염기서열로부터 만들어진 계통수는 네안데르탈인을 독립된 가지에 놓았으며 현대 인류와 분리시켰다(그림 17.10b). 그러므로 네안데르탈인 미토콘드리아 유전체는 호모사피엔스 범주 밖에 놓이게 되며, 이것은 네안데르탈인은 현대 유럽인들의 조상이 아니라는 결과이다. 이 결과는 아프리카 탈출설의 독립적인 증명을 제공하며 적어도 유럽에서는 다지역 진화가 틀리다는 것을 보여준다.

네안데르탈인 유전체 염기서열은 호모 사피엔스와의 이종 교배를 보여준다

차세대 염기서열 분석법의 큰 성취 중 하나가 네안데르탈인 핵 유전체의 완전한 염기서열을 시베리아 알타이 산맥 동굴의 뼈 조각에 보존된 오래된 DNA로부터 얻은 것이다. 유전체 염기서열은 네안데르탈인과 현대 인류의 이종교배 가능성을 설명해 줄 수 있다. 호모 사피엔스는 45,000년 전에 유럽에 도착했으며 네안데르탈인은 30,000년 전까지 멸종되지 않았기 때문에 그들은 수천 년 동안 같은 지역에서 살아 왔다. 유전체 염기서열이 제공되기 전에는 이종교배에 대한 증거는 고고학적 작업으로 얻어졌다. 1998년 4살 어린이의 유골이 포루투갈 아브리고 도 라가 벨로에서 발견되었고 네안데르탈인과 현대 인류의 특징을 모두 가지고 있었다. 그런데 잡종이라는 현상은 의심스러웠다. 왜냐하면 네안데르탈인이 멸종되었다고 생각되는 때보다 5,000년이 지난 24,500년 전에 매장되었다고 추정되었기 때문이다.

이종교배에 대한 훨씬 강력한 증거는 네안데르탈인 유전체와 유럽과 아프리카의 호모 사피엔스의 유전체를 비교했을 때 얻어졌다. 만약 이종교배가 없었다면 네안데르탈인과 비교했을 때 현대 유럽인과 아프리카인들은 구별할 수 없었을 것이다. 그런데 네안데르탈인과 현대 유럽인들과의 차이 정도가 네안데르탈인과 현대 아프리카인과의 차이보다 약간 작으며, 네안데르탈인 DNA의 일부분이 현대 유럽인의 유전체로 이동되었음을 암시한다(그림 17.11). 이것은 15,000년 동안 네안데르탈인과 호모 사피엔스의 이종교배가 적게나마 있었고 유럽에서 거주했다는 것을 나타낸다.

원시인의 DNA 염기서열에 의 40,000년 전 유라시아에 존재했던 새로운 종류의 인류가 확인되었다. 시베리아 데니소바 동굴에서 발견된 손가락뼈 DNA의 염기서열은 네안데르탈인과 현대 인류의 특징과 다른 특이한 미토콘드리아 DNA 변이를 나

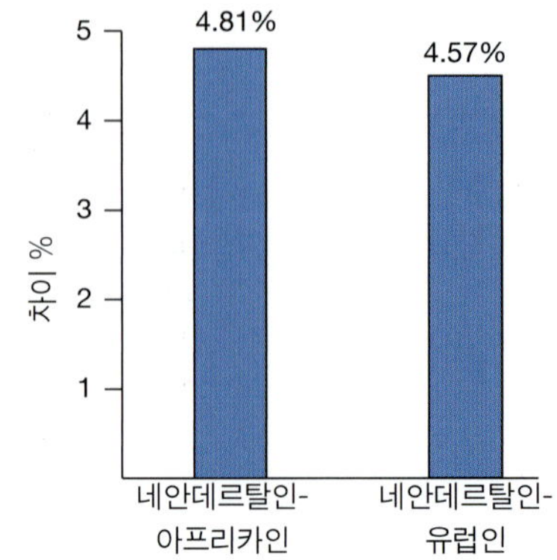

그림 17.11
네안데르탈인 유전체와 현대 아프리카인과 유럽인의 유전체 비교. 네안데르탈인과 유럽인 유전체 간 차이가 적으며, 이는 현대 유럽인 조상과 네인데르탈인 사이의 교배를 나타낸다.

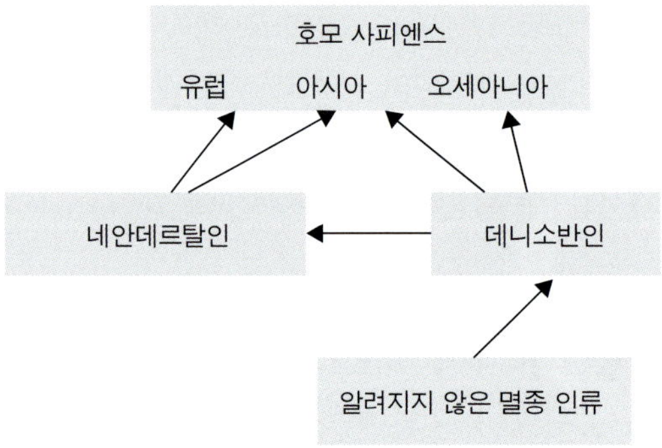

그림 17.12
호모 사피엔스와 멸종 인류 간의 교배. 화살표는 DNA 전달 방법을 나타낸다.

타내고 있었다. 손가락뼈는 데니소반인 이라고 불리우는 알려지지 않은 종으로부터 유래했다고 생각된다. 그런데 완전한 데니소반인 유전체 염기서열은 미토콘드리아 DNA에 의해 나타났던 것 보다 더 네안데르탈인에 가깝기 때문에 아마도 데니소반인은 네안데르탈인의 아시안 버전이었다. 데니소반인 유전체 염기서열은 호모 사피엔스 특히 현대 오세아니아 거주자의 조상과 이종교배의 증거를 보여준다. 최근의 평가는 현대 인류 DNA의 2~3%는 네안데르탈인으로부터 유래되었으며, 오세아니아 거주인 유전체의 약 1%는 데니소반인으로부터 유래되었다. 또한 네안데르탈인과 데니소반인 사이 그리고 데니소반인과 확인되지 않는 멸종된 인류 사이의 이종교배의 증거이다(그림 17.12).

17.4.2 DNA는 선사시대 인류의 이동 연구에 사용된다

DNA 염기서열은 우리의 공통 조상이 최근까지 아프리카에 살았다는 것을 확증하는 것뿐만 아니라 우리 종이 지구 전체로 이주하는 것을 추적하고 연대를 추정할 수 있게 도와준다. 이것은 호모 사피엔스의 현대 인류가 언제 아프리카를 떠났는지에 대한 관심을 이끌었다.

현대 인류는 에티오피아에서 아라비아로 이주했을 것이다

세계지도를 보면 아프리카에서 아시아로 이동하는 인간은 수에즈 지역에 존재하는 물리적 연결 지역을 걸어갈 것이 분명해 보인다. 실제로, 아프리카 밖으로 현대 인류의 최근 이주는 보다 남쪽인 에티오피아에서 떠났을 가능성이 크다. 이 가설은 일부 고고학자 증거와 일부 미토콘드리아 DNA 염기서열 분석에 근거한다. 270개 이상의 미토콘드리아 DNA haplogroup이 현대 인간 집단에서 알려져 있으며, 그들이 염기서열 관계를 나타내는 큰 네트워크에 함께 연결되어 있다. 이 네트워크 내에서 현재 아프리카인에 일반적인 모든 haplogroup은 함께 뭉쳐져 있고 단지 두 개의 연결로 나머지와 연결되어 있다. 이 두 연결은 아프리카인의 haplogroup L3와 비아프리카인의 M과 N 사이에 있다(그림 17.13). 고고학자들은 이 두 연결이 호모 사피엔스의 에티오피아로부터 아라비아로 최초 이동을 나타낸다고 생각한다. 주장은 다음과 같다:

- Haplogroup M과 N은 아시아에서 주로 발견되며, 아시아로의 초기 이주를 제안한다.
- L3 미토콘드리아 DNA를 가진 현대 아프리카인은 에티오피아에 살거나 근처에 살고 있으며, 따라서 이주는 에티오피아 지역에서 시작되었을 것이다.
- 에티오피아로부터 아시아로의 직접적인 경로는 홍해의 입구에서 아라비아의 남부 해안으로 건너가는 것이다(그림 17.14).

분자시계의 적용은 haplogroup M과 N은 둘 다 50,000~70,000년 전에 유래되었고 제안하는데, 이 시기는 아프리카로부터의 이주가 시작되었다고 말하고 있다. 고고학적 기록은 현대 인류가 50,000~60,000년 전에 도착했다고 알려주고 있다. 그래서 가설은 아프리카로부터 처음 이주한 후손들이 남부 아시아 해안을 따라 이동했고 이후 섬과 섬을 따라 이동하다가 오스트레일리아에 도착했다는 것이다. 연간 0.7~4.0 km 속도로

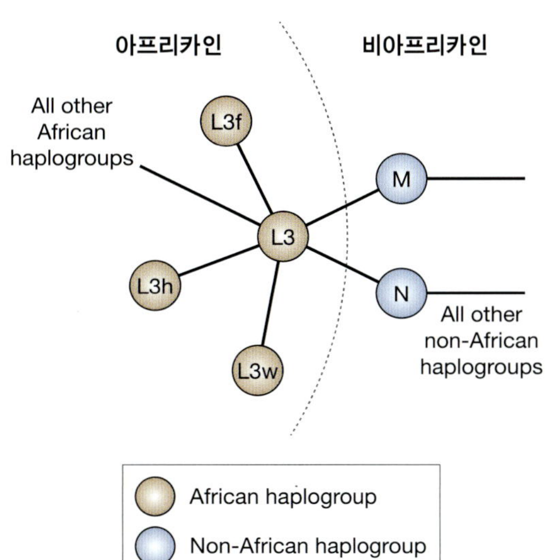

그림 17.13
사람 미토콘드리아 DNA 네트워크에서 아프리카인의 haplogroup L3과 비아프리카인의 haplogroup M과 N의 연결.

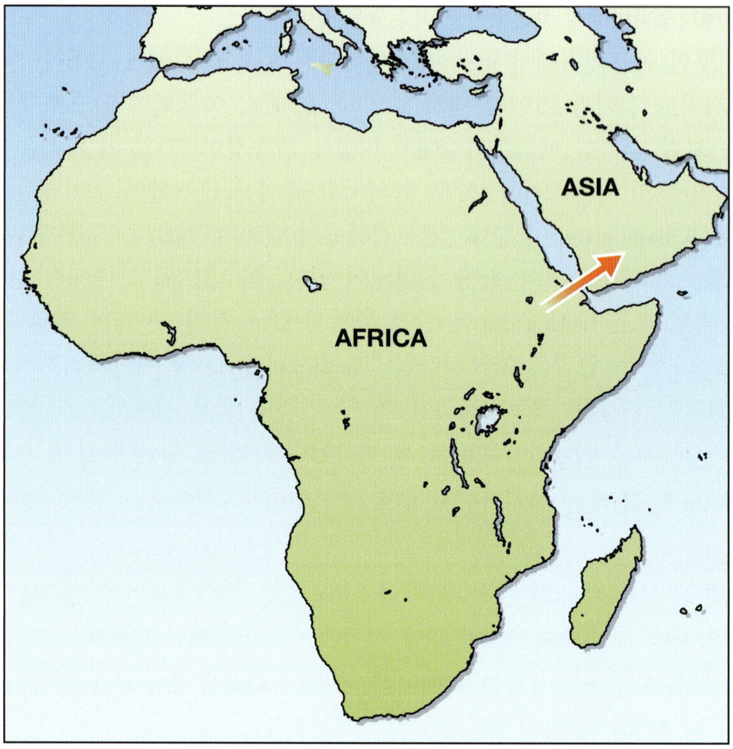

그림 17.14
아프리카에서 아시아로 호모 사피엔스의 초기 이동 경로로 생각되는 에티오피아로부터 남부 아라비아로의 길.

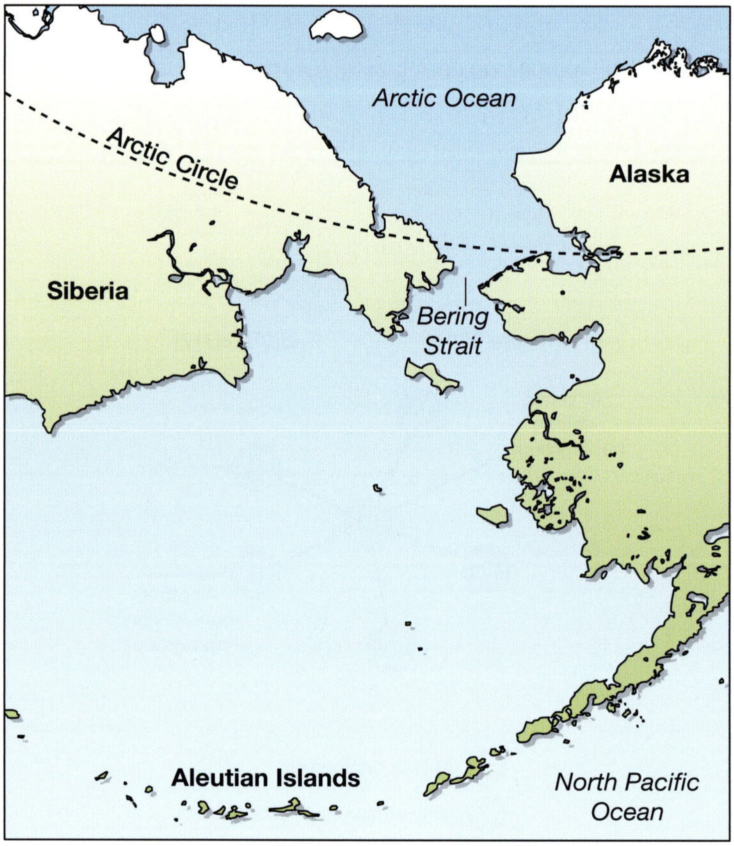

그림 17.15
현대 시베리아와 알라스카 사이의 베링 해협.

이주했을 것이다.

DNA 증거는 이 이주가 결국 인간 정착을 초래했음을 보여준다. 예를 들어, 두 번째 프로젝트에서 현재 호주, 아프리카, 유럽과 동아시아의 인간 유전체와 네안데르탈인과 데니소바인 유전체가 비교된 데이터에서 400만 SNPs가 비교되었다. 결론은 비아프리카인은 약 72,000년 전에 아프리카를 떠난 단일 집단에서 유래되었으며, 계속해서 59,000년 전에 호주 원주민과 유라시아인 사이에서, 그리고 42,000년 전에 유럽인과 동아시아인 사이에서 분리가 일어났다.

그러므로 미토콘드리아와 핵 DNA에 대한 두 가지 DNA 연구는 일치하며, 우리 조상이 약 70,000년 전에 처음으로 아프리카를 떠났음을 보여준다. 그런데 고생물학적 증거는 다른 그림을 제시하며, 이것은 적어도 일부 인간은 이보다 훨씬 더 일찍 아시아와 유럽에 살았음을 보여준다. 호모 사피엔스로 확인된 골격이 최근 그리스 동굴에서 발견되었는데, 210,000년 전 이상으로 추정된다. 다른 호모 사피엔스 화석은 100,000~130,000년 전에 레반트 지역과 아시아의 다른 지역에서 발견되었다. 그런데 초기에 이 사람들을 유럽과 아시아로 데려간 이주는 현대 인류의 DNA에 기록을 남기지 않았다. 한 가지 가능성은 호모 사피엔스의 이 집단이 죽고, 약 70,000년 전 에티오피아에서 이주한 현대 인류가 아시아와 유럽의 영구 거주자가 되었다는 것이다.

신세계의 정착

인간은 유럽과 아시아뿐만 아니라 아메리카 대륙으로 이주했다. 아메리카에 들어가는 지점은 알라스카와 시베리아를 나누는 베링 해협을 건너는 것이다(그림 17.15). 베링 해협은 매우 얕아서 해수면이 50 m 정도 낮아지면 대륙과 대륙 사이를 걸어서 건너는 것이 가능하다. 이 베링 육지다리(Beringian land bridge)가 신세계로 모험을 떠나는 초기 인간이 선택한 경로라고 믿어진다.

60,000~11,000년 전 사이 마지막 빙하기의 대부분 동안에 바다 수면은 지금보다 50 m 이상 아래였다. 그러나 이 시기 대부분 동안에는 베링 육지다리뿐만 아니라, 지금의 알레스카와 북서 캐나다 지역에도 얼음이 쌓여 있었기 때문에 이 경로를 통과할 수 없었다. 더불어서 북미의 무빙지역은 이 기간 대부분 동안 북극이었기 때문에 사냥할 동물과 불을 피우기 위한 목재가 거의 없었다. 약 14,000~12,000년 전 아주 짧은 시기에 베링 육지다리가 열렸다. 이 시기에 기후는 따뜻했으며, 빙하는 베링 육교로부터 북아메리카 중부까지 무빙지대가 만들어질 정도로 줄어 들었다. 이 2,000년 동안 베링 육교에서 북아메리카 중부까지 무빙지대가 만들어졌다(그림 17.16). 최초의 현대 인류는 13,000년 전 이 무빙지대를 통해 아메리카에 도착했을 것으로 암시된다.

아메리카 원주민 대부분은 4개의 미토콘드리아 DNA haplogroup, 즉 A, B, C, D 중 하나를 가지는데, 이 4개의 미토콘드리아는 동아시아에 일반적인 것이기 때문에 동아시아가 아메리카에 정착한 인구의 근원이라고 생각한다. 이 4개의 haplogroup의 신세계 버전은 24,000~14,000년 전에 유래되었으며, 이는 신세계로의 초기 이주가 이 시기에 일어났다는 것을 암시한다. 이것은 14,000~12,000년 전 무빙지대를 통해

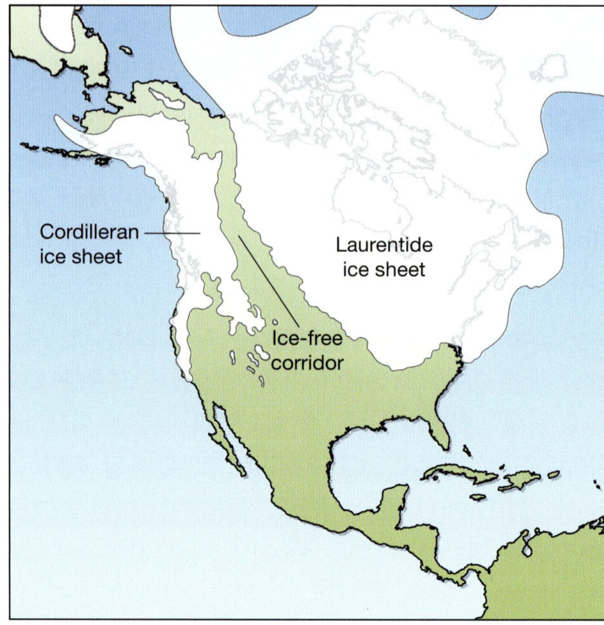

그림 17.16
베링 육교에서 북아메리카 중부로 연결된 무빙지대.

이주했다는 것과는 일치하지 않는다.

일부 고고학자들은 13,000년 전 보다 이전에 아메리카에서 인간의 거주 증거가 있다고 믿는다. 원시인의 DNA 염기서열이 이 증거에 보태졌다. 14,000년 전 이상된 화석화된 대변이 오리건주 동굴에서 발견되었다. 이것의 크기, 모양 그리고 색깔로 판단했을 때 이 화석화된 대변은 비록 야생개의 것일 수도 있지만, 사람의 것일 수 있을 수도 있다고 생각되었다. 대변은 사람이나 동물의 DNA를 포함하고, 화석화된 대변은 원시인 DNA의 좋은 재료로 알려져 있었으므로, 이 샘플의 DNA가 사람의 것인지 개의 것인지 결정하기 위한 염기서열이 분석되었다. 염기서열은 명백히 사람의 미토콘드리아 DNA이었으며, haplogroup A와 B에 속했다. 이 발견은 아메리카로 이주한 시기를 15,000년 뒤로 밀었다.

고고유전학은 유전자 클로닝과 DNA 분석이 과학에 얼마나 넓은 범위에 영향을 미쳤는지 설명하고 있다.

Further reading

FURTHER READING

Brown, T.A. (2010) Stranger from Siberia. *Nature*, **464**, 838–839. [The discovery of the Denisovans.]

Cann, R.L., Stoneking, M. & Wilson, A.C. (1987) Mitochondrial DNA and human evolution. *Nature*, **325**, 31-36. [The first paper to propose the mitochondrial Eve hypothesis.]

Coble, M.D., Loreille, O.M., Wadhams, M.J. *et al*. (2009) Mystery solved: the identification of the two missing Romanov children using DNA analysis. *PLoS ONE*, **4**, e4838.

Gilbert, M.T.P., Jenkins, D.L., G¨otherstrom, A., et al. (2008) DNA from Pre-Clovis human coprolites in Oregon, *North America. Science*, **320**, 786–789.

Gill, P., Ivanov, P.L., Kimpton, C. et al. (1994) Identification of the remains of the Romanov family by DNA analysis. *Nature Genetics*, **6**, 130-135.

Green, R.E., Malaspinas, A.S., Krause, J., *et al*. (2008) A complete Neandertal mitochondrial genome sequence determined by high-throughput sequencing. *Cell*, **134**, 417–426.

Harvati, K., Röding, C., Bosman, A.M., et al. (2019) Apidima Cave fossils provide earliest evidence of Homo sapiens in Eurasia. *Nature*, **571**, 500–504. [Evidence that humans were in Europe more than 210 000 years ago.]

Jeffreys, A.J., Wilson, V., and Thein, L.S. (1985) Individual-specific fingerprints of human DNA. *Nature*, **316**, 76–79. [Genetic fingerprinting by analysis of dispersed repeats.]

Jobling, M.A. & Gill, P. (2004) Encoded evidence: DNA in forensic analysis. *Nature Reviews Genetics*, **5**, 739-751.

Jobling, M.A., and Gill, P. (2004) Encoded evidence: DNA in forensic analysis. *Nature Reviews Genetics*, **5**, 739–751.

Krings, M., Stone, A., Schmitz, R.W. et al. (1997) Neandertal DNA sequences and the origin of modern humans. *Cell*, **90**, 19-30.

Llamas, B., Willerslev, E., and Orlando, L. (2017) Human evolution: a tale from ancient genomes. *Philosophical Transactions of the Royal Society, Biological Sciences*, **372**, 20150484.

Malaspinas, A.S., Westaway, M.C., Muller, C., et al. (2016) A genomic history of Aboriginal Australia. *Nature*, **538**, 207–214. [Deductions regarding the first human migrations out of Africa.]

Mellars, P., Gori, K.C., Carr, M., *et al.* (2013) Genetic and archaeological perspectives on the initial modern human colonization of southern Asia. *Proceedings of the National Academy of Sciences of the United States of America*, **110**, 10699–10704.

Nakahori, Y., Hamano, K., Iwaya, M. & Nakagome, Y. (1991) Sex identification by polymerase chain reaction using X-Y homologous primer. *American Journal of Medical Genetics*, **39**, 472-473. [The amelogenin method.]

Prüfer, K., Patterson, N., Jay, F., et al. (2014) The complete genome sequence of a Neanderthal from the Altai Mountains. *Nature*, **505**, 43–49.

Wolf, A.B. and Akey, J.M. (2018) Outstanding questions in the study of archaic hominin admixture. *PLoS Genetics*, **14**(5), e1007349.

Glossary
용어설명

2 μm circle 효모 Saccharomyces cerevisiae에서 발견된 플라즈미드로써, 여러 클로닝 벡터의 기초로 사용된다.

3′-terminus 폴리뉴클레오티드의 양끝 중 하나로써, 당의 3′ 위치에 수산기를 가지고 있다.

5′-terminus 폴리뉴클레오티드의 양끝 중 하나로써, 당의 5′ 위치에 인산기를 가지고 있다.

Ab initio gene prediction DNA 염기서열의 ORF 스캐닝에 의한 가상의 유전자 식별

Adaptor blunt 말단을 가진 분자에 sticky 말단을 형성하기 위해 합성된 상보적 이중가닥의 짧은 뉴클레오티드 중합체

Adeno-associated virus (AAV) 아데노바이러스와는 관계가 없지만, 같은 감염 조직에서 발견된다. 복제하기 위해 아데노바이러스가 생성한 단백질을 이용한다.

Adenovirus 포유류 세포에서 유전자 클로닝에 쓰이는 동물 바이러스

Affinity chromatography 특정단백질과 결합하는 물질을 이용하여 이 단백질을 정제하는 데 사용되는 크로마토그래피 방법

Agrobacterium tumefaciens Ti plasmid를 가질 때 많은 쌍자엽 식물에서 근두암종(crown gall)을 형성할 수 있는 토양 박테리아

Ancient DNA 고고학적 견본이나 화석에서 보존된 DNA

Annealing 활성화에 의해 올리고뉴클레오타이드를 한가닥 DNA 분자에 붙이는 것

Antisense RNA 자연 상태의 mRNA에 역상보적인 RNA분자로서 형질전환된 세포에서 그 mRNA의 해독을 억제하는 데 쓰인다.

Archaeogenetics 인류의 과거를 연구하기 위해 DNA 분석을 이용

Artificial gene synthesis 겹쳐진 올리고뉴클레오타이드를 이용해서 인위적으로 유전자 합성

Autoradiography X-ray 필름에 노출시킴으로써, 방사성 동위 원소로 표지된 분자의 존재를 알아내는 방법

Auxotroph 야생형에게는 불필요한 양분을 공급해야 만 성장하도록 변이되어진 미생물

Avidin biotin에 강한 친화력을 가진 단백질로써, biotin이 붙은 탐침(biotinylated probe)을 이용한 탐색 system에 사용된다.

BacMam Vector 포유동물 프로모터를 가지고 있어서 포유동물 세포에서 직접 클론된 유전자를 발현시킬 수 있는 변형된 baculovirus.

Bacterial artificial chromosome (BAC) F 플라즈미드에 근거한 클로닝 벡터로서 대장균의 상대적으로 큰 DNA 절편 클로닝시 이용

Bacteriophage or phage 박테리아가 숙주인 바이러스로 그 DNA 분자는 클로닝 벡터로 자주 이용됨

Baculovirus 곤충 세포에서 재조합 단배질의 합성을 위한 클로닝 벡터로 이용되는 바이러스

Baits 차세대 염기서열 분석용 라이브러리 준비 전에 표적 대상을 강화할 때 DNA 단편을 포획하기 위해 사용된 올리고뉴클레오타이드

Base editor DNA 분자에서 뉴클레오타이드를 변경할 수 있는 효소

Batch culture 배양기 중 가감 없이 고정된 양의 액체 배양액에서의 박테리아 배양

Bioinformatics 유전체 연구에서 컴퓨터의 사용

Biolistics DNA로 표면 처리된 고속의 미세 발사체에 의해 세포 내로 DNA를 주입하는 기술

Biological containment 생태계 미생물 내에서 재조합 DNA의 복제를 방지하기 위한 사전 조치로 연구실 외에서는 생존하지 못하도록 조작된 숙주와 벡터의 사용을 말한다.

Biotechnology 산업 과정에 살아있는 개체를 이용하는 기술로 미생물이 자주 쓰임

Biotin dUTP로 통합될 수 있는 분자로 비방사성 DNA 탐색자로 쓰임

BLAST 염기의 유사성을 찾기 위해 자주 사용되는 연산 방식

Blunt end or **Flush end** 양 가닥 말단이 동일한 뉴클레오타이드 수를 가지며, 말단에 단일 가닥이 더해지지 않은 DNA 분자

Broad host range plasmid 여러 숙주 생물에서 복제될 수 있는 플라스미드

Broth culture 미생물의 액체 배양

Buoyant density 분자 혹은 미세입자가 수용성염이나 당용액에서 현탁되었을 때 획득되는 조밀도

Candidate gene 질병을 유발시키는 유전자로 추정되는 유전자

Cap structure 대부분 진핵세포 mRNA 분자 5′ 말단의 화학적 변형

Capsid 박테리오파지나 바이러스의 DNA, RNA 분자를 둘러싼 단백질 외피 분자

Cas9 endonuclease 20개 염기 크기의 가이드 RNA에 의해 표적 부위를 지정하는 유전자 가위

Cassette 어떤 유형의 발현 vector에 편입된 DNA 서열로 프로모터(리보솜 결합지점)–특정 제한지점–종결자(terminator)(진핵 숙주에서는 프로모터–특정 제한지점–아데닌 중합서열)로 구성된 외부 유전자가 특정 제한 위치로 삽입되면 발현 신호의 제어를 받을 수 있음

Cauliflower mosaic virus (CaMV) 가장 많이 연구된 칼리모 바이러스로 고등식물의 몇몇 종에서 클로닝 벡터로 사용됨

Caulimoviruses 식물체에 감염되는 두 부류의 DNA 바이러스 중 하나로 고등식물의 몇몇 종에서 클로닝 벡터로 사용될 수 있다.

Cell extract 다량의 부서진 세포와 그 내용물로 구성된 조합제(preparation)

Cell-free translation system mRNA가 첨가되었을 때 해독될 수 있는, 즉 단백질 합성에 필요한 모든 요소(리보솜, tRNA, 아미노산, 효소, 보조인자)를 포함하고 있는 세포 추출물

Centromere 한 쌍의 염색분체 붙어 있는 위치로 염색체의 협착 부위

Chaotropic agent 물 분자들을 함께 붙잡고 있는 수소결합을 간섭하는 화학물질

Chimaera (1) 한 생명체 이상의 DNA 단편들로 만들어진 재조합 DNA, 그 이름은 신화의 동물로부터 따온 것이다. (2) 배아줄기세포를 이용한 클론의 초기 생산물: 다른 유전자형을 가진 세포들의 혼합물로 구성된 동물

ChIP-seq 개별 DNA 결합 단백질들이 유전체에 결합되는 위치를 확인하기 위한 방법

Chromosome 진핵생물의 핵 유전체의 일부분인 DNA-단백질 구조물. 보다 덜 정확하게는 원핵생물 유전체인 DNA 분자도 포함.

Chromatin 진핵세포의 핵에서 발견되는 DNA-단백질 복합체

Chromatin immunoprecipitation sequencing (ChIP-seq) 개별 DNA 결합 단백질들이 유전체에 결합되는 위치를 확인하기 위한 방법

Chromatography 이동상과 고정상 간의 차동분리에 의하여 물질의 분리를 수행하는 기술

Chromosome walking 겹쳐진 일련의 제한절편들을 구분하기 위해 쓰이는 기술로 거대 DNA 분자 상에서 유전자의 상대적 위치를 결정하기 위해 쓰임

Cleared lysate 염색체 DNA와 세포의 파편들을 원심 분리로 제거한 세포 추출물

Cleaved amplified polymorphic sequence (CAPS) analysis CR 산물에 적용된 restriction fragment length polymorphism (RFLP) 분석

Clone 동일 세포 집단. 모두 유전적으로 동일한 재조합 DNA를 가지고 있다.

Clone contig DNA 단편이 겹치는 클론의 집합체

Clone fingerprinting 겹치는 DNA를 확인하기 위해 클론된 DNA 조각들을 비교하는 여러 방법 중 하나

Clustered regularly interspaced short palindromic repeats (CRISPR) 유전자 편집의 기초를 형성하는 원핵생물 면역 시스템

Codon bias 어느 생물체의 유전자에서 모든 코돈이 동일한 빈도로 사용되지 않는 현상

Combinatorial screening 일련의 방법으로 샘플들을 혼합함으로써, 수행되어야 할 분석이나 PCR의 수를 감소시키는 방법으로 각각의 샘플을 조사하지 않더라도 특정한 결과를 보이는 샘플들을 확인할 수 있다.

Comparative genomics 어느 유전체 연구로부터 얻은 정보를 이용하여 다른 유전체에서 유전자의 기능과 위치를 추론하는 연구 분야

Compatibility 동일 세포에서 다른 두 부류의 플라즈미드가 공존할 수 있는 능력

Competent DNA 분자를 받아들일 수 있는 능력을 증가시키도록 처리된 박테리아의 배양

Complementary 염기쌍을 이루어 이중가닥 분자를 형성할 수 있는 2개의 폴리뉴클레오타이드

Complementary DNA (cDNA) cloning 벡터로 삽입되기전 분리된 mRNA를 DNA로 변환시키는 과정을 포함하는 클로닝 기술

Conformation 분자의 공간적 배치. 선형과 원형은 폴리뉴클레오타이드의 두 가지 가능한 유형임

Conjugation 두 박테리아 사이의 직접적인 접촉. 대개 한 세포에서 다른 세포로 DNA 이동이 일어남

Consensus sequence 미확인 서열일지라도 관련된 유사 서열로 유추할 수 있는 서열. consen–sus sequence의 각 염기배열은 대개 실 서열의 배열과 일치한다.

Continuous culture 장시간 동안 조절된 상태속에서의 미생물 배양

Contour clamped homogeneous electric fields (CHEF) 거대 DNA 분자들을 선별하기 위해 사용되는 전기영동 기술

Copy number 한 세포 안에 있는 플라스미드 분자들의 수

Cosmid 플라즈미드에 λ cos site가 삽입된 클로닝 벡터로 40 kb 이상의 DNA 절편을 클로닝하고자 할 때 쓰임

cos site 특정 계열의 λ 파아지의 DNA 분자의 말단에 제공되는 cohesive 말단의 한 가닥으로 단일가닥으로 신장되어 있음

Covalently closed circular DNA (cccDNA) 완전히 끊김없는 이중가닥 원형 DNA 분자. 대개 supercoil을 형성함

Coverage 차세대 염기서열 방법에 의해 얻어진 DNA 염기서열에서 각 뉴클레오타이드 위치를 표시하는 평균 read 수

CpG island 인간의 유전체에서 약 56%의 유전자의 조절 부위에 있는 GC-rich DNA 지역

Defined medium 알려진 모든 성분이 들어 있는 박테리아 배양제

Deletion analysis 유전자 발현에서 상류지역의 특정 서열 결실이 미치는 영향을 결정함으로써, 유전자의 조절서열을 확인하는 방법

Deletion cassette 목적 유전자의 결실형을 만들기 위해서, 그 유전자를 불활성시키고 기능을 확인하기 위해서 상동 재조합에 의해 효모 염색체로 이동되는 DNA 조각

Denaturation (핵산에서) 화학적 혹은 물리적처리에 의한 염기쌍 수소결합의 분리

***De novo* sequencing** 유전체 염기서열이 단지 개별 염기서열 read 간 중복을 찾음으로써 합쳐지는 방법

***De novo* gene synthesis** 일련의 겹치는 올리고뉴클레오타이드로 부터 인공 유전자 합성

Density gradient centrifugation buoyant density에 근거하여 분자들과 미립자들을 선별하는 방법. 농축된 자당 혹은 CsCl 용액 내에서 원심분리한다.

Deoxyribonuclease DNA를 분해하는 효소

Dideoxynucleotide 폴리뉴클레오타이드 신장 과정 중에 편입 되었을 경우, 사슬 연장을 막도록 3' 수산화기를 제거한 뉴클레오타이드

Directed evolution 향상된 물질을 생산하는 귀한 유전자를 얻기 위해 사용하는 일련의 기술

Direct gene transfer 숙주생명체서 복제할 수 있는 클로닝 벡터의 사용 없이 유전자를 염색체로 운반시키는 방법

Disarmed plasmid T-DNA의 일부 또는 전부가 제거된 Ti-플라즈미드로, 더 이상 식물세포의 암적 생장(cancerous growth)을 촉진할 수 없게 된다

DNA chip 전사체 연구에서 사용되는 올리고뉴클레오타이드가 고밀도 배열된 실리콘 판

DNA ladder 크기 표지자로서 사용되는 DNA 조각들의 혼합물. 크기는 100 bp나 1 kb의 배수로 되어 있다.

DNA ligase 세포의 이중가닥 DNA 분자에서 단일가닥 끊김을 수선하는 효소. 정제된 DNA ligase는 유전자 클로닝에서 DNA 분자들을 연결시키기 위해 이용된다.

DNA marker 두 개 이상의 대립인자로 존재하는 DNA 염기를 나타내며, 유전자 지도 작성에 이용된다.

DNA polymerase DNA 혹은 RNA를 주형으로 하여 DNA를 합성하는 효소

DNA profiling DNA 정보를 이용하여 어느 개인을 확인하기 위한 방법으로, 유전체에 있는 여러 STR 위치에 존재하는 대립인자들을 확인하는 PCR 방법

DNA sequencing DNA 분자의 뉴클레오타이드 배열을 결정하는 것

Double digestion 두 개의 다른 제한 효소로 동시에 혹은 순차적으로 DNA 분자를 자르는 것

Electrophoresis DNA 분자를 전하대 질량비에 근거하여 선별하는 실험

Electrophoretic mobility shift assay (EMSA) 젤 전기영동에서 이동성이 감소하여 단백질이 결합된 DNA 단편을 식별하는 기술

Electroporation 원형질체의 DNA 흡수력을 증가시키는 방법. 세포를 강한 전류에 노출시킴으로써, 세포막에 일시적인 미세소공을 만들어낸다

Elution 크로마토그라피 컬럼에서 어떤 분자의 분리

Embryonic stem (ES) cell 형질전환 동물을 만들 때 사용되는 쥐의 배에 있는 전체 형성능 세포

End filling 효소에 의한 합성으로 인해 상보적 단일가닥을 신장함으로써, sticky 말단에서 blunt 말단으로 전환시키는 것을 말함

Endonuclease 핵산 분자 안의 phosphodiester 결합을 끊는 효소

Episome 숙주 세포의 염색체로 통합이 가능한 플라즈미드

Ethanol precipitation 염이 포함된 에탄올에 의한 핵산분자의 침전. DNA 농축시 수행됨

Ethidium bromide 이중가닥 DNA 분자의 염기쌍사이에 편입되는 형광 화학물질. DNA의 육안 확인에 사용됨

Exonuclease 핵산분자 말단으로부터 순차적으로 뉴클레오타이드를 제거하는 효소

Expression proteomics 단백질체에서 단백질을 식별하는 데 사용되는 방법론

Expression Vector 외부 유전자를 삽입하여 숙주에서 발현되도록 고안된 클로닝 벡터

Fermenter 미생물의 대량 배양에 쓰이는 용기

Field inversion gel electrophoresis (FIGE) 거대 DNA분자를 선별하기 위한 전기영동 기법

Fluorescent dye tagging DNA 결합 형광물질로 DNA 농도를 측정하는 방법

Fluorophore 다른 파장의 빛으로 자극하면 형광을 방출하는 유기 화합물

Footprinting DNase I 처리 후 잘려지지 않은 인산이중에스테르결합을 관찰함으로써, DNA 분자상의 단백질 결합 부위를 구별해 내는 기법

Forward genetics 표현형이 변형된 생물체에서 어느 유전자가 불활성 되었는지를 결정함으로써 그 표현형에 관여하는 유전자를 확인하는 방법

Forward sequencing 이중가닥 DNA 분자를 염기서열 분석할 수 있는 두 방향 중 하나

Functional genomics 유전체에 있는 모든 유전자들을 확인하고, 그들의 기능을 확인하는 데 중점을 둔 연구

Functional protein array 단백질 상호작용을 연구하기 위해 설계된 단백질 어레이

Fusion protein 아미노기 혹은 드물게 카르복실기에 숙주 생물체의 짧은 펩티드를 가진 재조합 단백질

Gel electrophoresis 유사한 전하를 띈 분자를 그 크기에 근거하여 젤상에서 선별하는 전기영동 기법

Gel retardation 젤 전기 영동중 단백질이 결합된 DNA 절편의 이동 속도가 감소하는 현상에 근거하여 이들을 구분해 내는 기법

Geminivirus 식물에 감염되는 두 부류의 DNA 바이러스 중 하나로, 고등식물의 몇몇 종에서 클로닝 벡터로 쓰임

Gene 그 RNA가 폴리펩티드 분자를 암호화하는 DNA 단편

Gene addition 새로운 유전자 혹은 유전자들을 개체안으로 도입시키는 유전 공학 기법

Gene editing 표적 유전자에서 변화를 유도하는 방법

Gene cloning 유전자가 포함된 DNA 절편을 클로닝 벡터에 넣어서 숙주로 하여금 재조합 DNA를 복제하도록 하는 기법

Gene knockout 유전자의 기능을 확인하기 위한 방법으로 그 유전자의 활력을 없애는 기들

Gene mapping DNA 분자 상에서 서로 다른 유전자들의 상대적 위치를 결정하는 것

Gene subtraction 한 개체의 유전자 중 하나 혹은 그 이상의 불활성화 과정을 포함하는 유전공학 기법

Gene therapy 환자의 결함 유전자를 정상 유전자로 교체함으로써, 유전적 질환을 치료하려는 기법

Genetic counselling 환자에게 유전자 분석 결과의 해석을 안내하는 서비스

Genetic engineering 새로운 혹은 조합된 유전자를 포함하는 DNA 분자를 생산하려는 실험 기술

Genetic fingerprinting 각 개체는 서로 다른 독특한 띠로 관찰되는 다형의 표적 서열이 있음.

이를 관찰하는 기법

Genetics 유전자 연구에 비중을 두는 생물학의 한 계열

Genome 어느 생물체의 유전자들의 완전한 세트

Genome annotation 유전자, 조절 부위, 다른 흥미로운 형태를 유전체 염기서열에서 확인하는 과정

Genome browser 주석이 달린 유전체 염기서열을 표시하기 위한 소프트웨어 패키지 또는 온라인 시스템

Genomic DNA 한 개의 세포 또는 세포 집단에 존재하는 모든 DNA로 구성되어 있다.

Genomic library 특정 개체의 모든 유전자를 포함하도록 충분히 큰 수로 구성된 클론들의 집합

Genomics 유전체, 특히 유전체의 완전한 염기서열에 관한 연구

Germline therapy 수정란에 결함 있는 유전자의 올바른 형태의 복제본을 제공하고, 다시 어머니에 재이식하는 유전자 치료 방법

GM (genetically modified) crop 유전자 첨가 혹은 삭제를 통해 변형된 작물체

Haplogroup 사람 미토콘드리아 DNA의 염기서열 분류 중 한 형태

Harvesting 배양액으로부터 미생물들을 분리하는 과정. 대개 원심분리를 이용

Helicase 이중가닥 DNA 분장의 염기쌍을 분해하는 효소

Helper phage 클로닝 벡터의 복제에 필요한 효소를 제공하기 위해 숙주 내로 도입되는 파아지

Heterologous probing 혼성화 탐색에서 관련된 분자들을 구분해내기 위해 표지된 핵산 분자를 이용하는 것

Heteroduplex DNA와 RNA가 염기쌍을 이룬 하이브리드

Heteroplasmic 미토콘드리아 유전체에서 두 개의 haplotype을 가짐

Hierarchical shotgun sequencing 유전체를 큰 절편으로 자르고, 클로닝해서 각각을 개별적으로 샷건 방법으로 분석하는 DNA 염기서열 분석 방법

High performance liquid chromatography (HPLC) 분해능이 높은 컬럼 크로마토그래피 방법

high resolution melt (HRM) analysis PCR 산물에서 단일 염기 다형성을 검출할 수 있는 용융(melt) 분석

Homologous recombination 두 개의 상동 DNA 분자간의 재조합

Homology 같은 유전자 산물을 암호화하는 서로 다른 개체의 두 유전자. 대개 두 homologous 유전자는 그 서열이 비슷하여 상대의 혼성화 탐침으로 이용될 수 있다

Homology-directed repair 표적 유전자에서 개별 뉴클레오타이드를 변경할 수 있는 유전자 편집

Homology search 알려지지 않은 유전자의 기능을 밝히거나 어느 유전자를 확인하기 위해서

그 유전자의 염기서열과 유사한 연기서열을 가진 유전자를 찾는 방법

Homopolymer tailing 한 종류의 뉴클레오타이드들(예 : AAAAAA)을 핵산 분자 말단에 부착시키는 것으로 대개 이중가닥 DNA 분자 말단에 단일가닥 homopolymer 합성을 이르는 말

Horseradish peroxidase DNA와 복합체를 이룰 수 있는 효소. 비방사성 DNA 표지 과정에 쓰임

Host-controlled restriction 몇몇 박테리아에서 그들 DNA 외의 핵산을 분해하는 제한효소를 합성함으로써 파지의 공격을 막는 기작

Hybrid-arrest translation (HART) 클론된 유전자에 의해 암호화되는 폴리펩티드를 확인하는 데 쓰이는 기법

Hybridization probe 안정적 염기쌍을 형성함으로써, 상보적 혹은 유사한(homologous) 분자를 구별해내는 데 쓰이는 핵산 분자

Hybrid-realease translation (HRT) 클론된 유전자에 의해 암호화되는 폴리펩티드를 확인하는 데 쓰이는 기법

Hypervariable dispersed repetitive sequence 유전적 지문에 사용되는 인간의 repetitive DNA의 한 종류

Illumina sequencing 슬라이드에 고정된 단편들의 가역적 종결자 염기서열 분석법을 이용한 차세대 염기서열 분석법

Immunological screening 항체를 이용하여 클론된 유전자에 의해 합성되는 폴리펩티드를 확인하는 기법

In situ hybridization 클론된 유전자 중에서 동위원소로 표지된 표본을 큰 유전자 분자(대개 염색체)에 혼성화시키는 것을 포함한 유전자 지도법을 위한 하나의 기술

In vitro mutagenesis DNA 분자 내에서 아직 결정되지 않은 위치에 특정 돌연변이를 만들기 위해 사용되는 몇몇 기술들 중의 하나

In vitro packaging λ 피막 단백질들과 *cos* 위치에 의해 분리된 DNA 분자의 연결체(컨테터머)로부터 감염성 λ 입자들의 합성

Inclusion body 세포 내에 침작된 결정체. 대개 불용성 단백질을 포함하고 있음

Incompatibility group 종종 서로 관련이 있기도 하지만, 같은 세포 내에서 동시에 존재할 수 없는 몇몇 다른 형태의 플라스미드를 포함하고 있다.

Indel DNA 염기가 유전체로 삽입되었거나 삭제된 자리

Induction (1) 하나의 유전자에서: 화학적 또는 다른 자극들에 대하여 하나의 유전자 혹은 유전자 집단의 발현이 증가되는 것. (2) λ 파아지에서: λ의 통합된 형태의 절단, 따라서 화학적 또는 다른 자극들에 반응하여 감염의 용해성을 조절한다.

Insertion vector 비본질적인 DNA 조각을 삭제시킴으로써 구축된 λ 벡터

Insertional inactivation 벡터에 새로운 DNA 조각을 삽입시킴으로써, 벡터에 의해 운반되는

어떤 유전자를 불활성화시키는 클로닝 전략

Ion semiconductor sequencing 뉴클레오타이드가 합성될 때 마다 방출되는 수소이온을 검출하여 염기서열을 읽어내는 차세대 염기서열 분석법

Ion-seneitive field effect transistor (ISFET) DNA 합성 중에 방출되는 수소이온을 감지하는 이온 반도체 염기서열 분석기의 구성요소

Ion torrent 뉴클레오타이드가 합성될 때 방출되는 수소이온을 검출하여 염기서열을 읽는 차세대 염기서열 분석법

Isoelectric focussing 전기가 흐를 때 pH 기울기를 만드는 화학물질이 포함된 젤에서 단백질 분리

Isoelectric point pH 기울기에서 어떤 단백질의 순전하가 0인 위치

Isotope coded affinity tag (ICAT) 각각의 단백질체를 표지하기 위해 사용되는 수소와 중수소를 포함하는 마커

Kinetochore 방추사가 부착되는 동원체의 일부

Kinship analysis 두 사람이 서로 친척인지 아닌지 결정하기 위해서, DNA profile이나 다른 정보들의 분석(DNA 중합체 I의).

Klenow fragment (of DNA polymerase I) *E.coli* DNA 중합체 I의 화학적 변형에 의해 얻어진 DNA 중합체 효소인데, DNA 사슬 종결 서열법 과정에서 일차적으로 사용된다.

Knockout mouse 불활성 유전자를 갖게 하기 위해 조작되어진 쥐

Labelling 핵산 분자에 방사성 누클레오타이드를 혼성화

Lac selection *LacZ'* 유전자를 가진 벡터를 포함하고 있는 재조합 박테리아를 식별하는 방법. β-갈락토시다제 활성화하에서 푸른색을 나타내는 락토오스 유사체를 포함하고 있는 배양액에 박테리아를 배양한다.

Lambda (λ) 대장균에 감염시키는 박테리오파아지인데, 이것의 유도체들은 클로닝 벡터로 널리 사용되고 있다

Library (1) 클론의 집합체, 예를 들면 유전체 라이브러리, (2) 차세대 염기서열 분석을 위해 준비한 DNA 절편들의 집합체

Ligase (DNA ligase) 세포내 이중가닥 DNA 분자 중에서 단일가닥된 불연속을 고치는 효소. 정제된 DNA ligase는 유전자 클로닝 작업에서 DNA 분자들을 서로 연결시키는 데 사용된다.

Linkage analysis 어떤 유전자의 유전성 양상을 다른 유전자들의 유전성 양상과 혹은 이미 유전자 지도 위치가 알려진 다른 부위들과 비교함으로써, 유전자의 염색체 위치를 지도화하기 위한 기술

Linker sticky 말단을 blunt 말단 분자에 결합시키는 데 사용되는 합성 이중가닥 올리고뉴클레오티드

Liposome DNA를 식물이나 동물세포에 도입하기 위해 사용되는 지질 소낭

Lysogen 불활성 파아지(프로파아지) 상태를 가지고 있는 박테리아

Lysogenic infection cycle 숙주 염색체 속으로 파아지 DNA의 통합과 그 관련된 파아지 감염 상태

Lysozyme 일정 형태의 박테리아 세포벽을 약하게 하는 효소

Lytic infection cycle 최초 감염 즉시 복제하여 숙주세포를 용해시키는 파아지의 감염 형태. 박테리아 염색체 속으로 파아지 DNA 분자의 통합은 일어나지 않는다

M13 대장균에 감염시키는 박테리오파아지로서, 그것의 유도체들은 클로닝 벡터로서 널리 사용되고 있다

Massively parallel 많은 개개의 염기서열 분석을 동시에 하는 고용량 염기서열분석법

Mass spectrometry 이온이 질량 대 전하의 비율에 따라 분리되는 분석 기술

Matrix-assisted laser desorption ionization time-of-flight (MALDI-TOF) 단백질체학에서 이용되는 질량분석기의 일종

Melting temperature (Tm) 이중가닥 DNA 또는 DNA-RNA 분자가 서로 떨어져 단일가닥으로 되는 온도

Melting curve analysis PCR 산물에서 단일 염기 다형성의 존재를 감지하는 데 사용되는 방법

Messenger RNA (mRNA) 단백질을 생산하는 유전자의 전사체

Microarray 유리판에 고정된 cDNA나 유전자들의 묶음으로 transcriptome 연구에 사용된다

Microinjection 직접 DNA를 핵 속으로 주사하여 새로운 DNA를 어떤 세포에 삽입시키는 방법

Microsatellite 2~5개의 염기가 반복되는 수가 polymorphism을 나타내며, short tandem repeat (STR)이라고도 한다

Minimal medium 어떤 특정 박테리아의 성장을 위해 필요한 최소한의 영양분들을 제공하는 정의된 배양액

Mitochondrial DNA 진핵생물의 미토콘드리아에 존재하는 DNA

Mitochondrial Eve 140,000과 290,000년 전에 아프리카에 살았으며, 현재 존재하는 모든 미토콘드리아 DNA의 조상 미토콘드리아 DNA를 가진 여인

Modification interference assay DNA와 단백질 상호작용에 관여하는 뉴클레오타이드를 확인하기 위해서 사용되는 염기의 화학적 변형기술

Molecular clock 유전자가 변화될 때 시간을 활당할 수 있는 추론된 돌연변이율에 근거한 분석

Monogenic 한 개의 유전자에 의해 지정되는 특성

Multicopy plasmid 많은 복제 수를 가진 플라스미드

Multigene family 같은 생명체에 존재하는 동일한 혹은 연관된 몇몇 개로써, 대개 연관된 폴리펩티드의 집단을 암호화하고 있다.

Multigene shuffling 다중유전자에서 유전자가 개별적으로 새로운 유전자를 만들기 위해 재

조합되는 직접 진화

Multiplex PCR 한 쌍 이상의 프라이머를 이용하여 DNA의 2곳 이상에서 수행되는 PCR

Multiregional evolution 현재 각 지역의 호모 사피엔스는 100만년 전에 아프리카에서 이주한 호모 에렉투스로부터 유래되었다는 가설

N50 size 유전체 염기서열의 완전성 정도의 측정

Nanopore sequencing DNA 중합효소를 사용하지 않는 DNA 염기서열 분석법

Next-generation sequencing 대량으로 동시에 분석하는 DNA 염기서열 분석방법들의 집합

NG50 size 유전체 염기서열의 완전성 정도의 측정

Nick 이중가닥 DNA 분자 내에서, 한 개 혹은 그 이상의 뉴클레오티드가 없는 것을 포함하여 단일가닥이 파괴되는 것

Nick translation DNA 중합체 I으로 nick을 고치는 것으로써, 대개 표지화된 뉴클레오티드를 DNA 분자에 도입한다.

Northern transfer RNA 밴드들을 아가로즈 젤로부터 니트로셀룰로오즈 혹은 비슷한 막으로 옮기는 기술

Nucleic acid hybridization 상보적인 혹은 상동의 폴리뉴클레오티드들 사이에 염기쌍에 의한 이중가닥 분자의 형성

Oligonucleotide PCR이나 DNA 염기서열 분석에 이용되는 프라이머처럼 짧고 합성된 한가닥의 DNA 분자

Oligonucleotide-derived mutagenesis 미결정 뉴클레오티드 변성을 돌연변이될 유전자 내로 도입시키기 위해 합성 올리고뉴클레오티드의 사용을 포함한 시험관내 돌연변이 기술

Open-circular DNA (ocDNA) 한 가닥 혹은 양 가닥의 폴리뉴클레오티드가 nicks을 가지고 있을 때, 원형의 이중가닥 DNA 분자에 의해 형성되는 슈퍼코일되지 않은 형태

Open reading frame (ORF) 유전자 혹은 유전자인 것 같은 일련의 코돈들

Optical density (OD) 레이저에 노출을 통해 원형질체에 의한 DNA 흡수를 증가시키는 방법으로, 세포막에 작은 구멍이 일시적으로 형성된다.

ORF scanning 유전자를 찾기 위해 ORF를 DNA 염기서열에서 검사

Origin of replication DNA 복제가 시작되는 DNA 분자상의 특정 위치

Orphan 아직 기능이 밝혀지지 않았지만, 기능이 있는 유전자라고 생각되어지는 open reading frame

Orthogonal field alternation gel electrophoresis(OFAGE) 매우 큰 DNA 분자를 분리하기 위해 펄스 전기장을 이용하는 젤 전기영동의 기술

Out of Africa hypothesis 현대 인류는 아프리카에서 진화되었으며, 100,000과 50,000년 전 사이에 구세계로 이동하면서 호모 에렉투스를 대체했다는 가설

P element 클로닝 벡터로 사용되는 초파리의 transposon

P1 P1 박테리오파아지에 기초를 둔 클로닝 벡터로써, 대장균에 있는 비교적 큰 DNA 절편을

클로닝하는 데 이용된다.

P1-derived artificial chromosome (PAC) 대장균에서 상대적으로 큰 DNA를 클로닝하기 위해 사용되는 P1 박테리오파아지에서 유래된 클로닝 벡터

Pac Bio sequencing 단일 분자 실시간 DNA 염기서열 분석

Papillomaviruses 포유동물 바이러스의 한 집단으로서, 그 유도체들은 클로닝 벡터로써 이용되고 있다.

Partial digestion DNA 분자내에 제한효소를 처리하는 것으로, 모든 인식 부위 중에서 오직 하나의 절편만이 잘려지는 상황

Pedigree analysis 유전적 혹은 DNA 표식자의 유전을 분석하기 위해 사용되는 인간의 가계도

Peptide mass fingerprinting 단백질분해효소에 의해 만들어진 펩티드의 질량분석 특성을 조사함으로써 단백질을 확인

Personalized medicine 어떤 삶의 병 발생 위험을 정확히 진단하기 위한 개인의 유전체 염기서열의 이용, 그리고 효율적인 치료를 계획하기 위한 개인의 유전적 특성의 이용

Phage display 단백질 상호작용을 확인하기 위해 사용되는 M13 클로닝 기술

Phage display library phage display에서 사용되는 서로 다른 DNA를 가지고 있는 M13 클론의 집합체

Phagemid phage의 복제 시작점을 가지고 있어서 클론된 유전자의 한가닥만을 합성할 수 있는 이중가닥의 플라스미드 벡터

Pharming DNA 분자를 직접 조사하여 얻은 유전체 지도

Phosphorimager 전기영동 젤에서 방사성 표지의 위치를 시각화할 수 있는 방사선 사진의 한 유형

Photolithography 빛으로 활성화된 뉴클레오타이드로 올리고뉴클레오타이드를 만들기 위해 빛의 자극을 사용하는 기술

Pilus 접합성 플라스미드를 가진 박테리아의 표면에 존재하는 구조의 하나로서, 접합하는 동안 이것을 통해 DNA가 옮겨진다.

Plaque 감염성 파아지 입자에 의해 세포 용해로 야기되는 박테리아 덩어리를 나타내는 지역

Plasmid 대개 숙주 염색체와 독립적인 원형의 DNA 조각으로서 종종 박테리아 세포 혹은 다른 종류의 세포들에서 발견된다.

Plasmid amplification 박테리아 배양에 있어서 어떤 종류의 플라스미드의 복제수를 증가시키기 위한 목적으로 단백질 합성 억제제를 처리하여 배양하는 방법

Polyethylene glycol 고분자들과 분자 집합체를 침전시키기 위해 사용되는 중합 화합물

Polylinker 몇몇 제한부위를 가진 합성 이중가닥 올리고뉴클레오티드

Polymerase chain reaction (PCR) 표적 DNA 서열의 효소적 증폭에 의해 만들어지는 DNA 분자의 다수 복제를 가능하게 하는 기술

Polymorphism 집단 내에서 여러 가지의 대립인자나 변이들을 나타내는 유전자자리를 의미한다

Proofreading 잘못 들어간 뉴클레오타이드를 대체할 수 있는 DNA 중합효소가 가지고 있는 3'→5' exonuclease 활력

Positional cloning 유전자를 클로닝하기 위해 지도상 위치에 대한 정보를 이용하는 방법

Positional effect 유전체상의 몇몇 다른 위치에 삽입되는 유전자를 관찰하기 위한 발현 단계의 다양성을 말한다.

Post-genomics 유전체에 있는 모든 유전자들을 확인하고, 그들의 기능을 밝히는 연구

Primer 짧은 단일가닥 올리고뉴클레오티드로서, 염기쌍에 의해 단일가닥의 주형 분자에 붙을 때, DNA 중합효소에 의해 유도되는 상보적 가닥 합성을 위한 시작점으로 작용한다.

Primer extension 전사체 분석 방법으로 프라이머를 붙이고 합성함으로써 RNA의 5′ 끝을 찾는 방법

Processivity 주형 DNA에서 분리되기 전에 DNA 중합효소에 의해 합성되는 DNA 양

Productive 새로운 바이러스 입자를 합성하고 방출하는 바이러스 감염 주기

Promoter 어떤 유전자의 상류에 위치하는 뉴클레오티드 서열로서, RNA 중합효소 결합을 위한 신호로 작용한다.

Proofreading 잘못 들어간 뉴클레오타이드를 대체할 수 있는 DNA 중합효소가 가지고 있는 3′ → 5′ exonuclease 활력

Prophage 용원성 파아지 DNA 분자의 통합된 형태

Protease 단백질을 분해하는 효소

Protein A 박테리아 *Staphylococcus aureus*에서 얻은 단백질로 면역글로불린(예를 들어, 항체) 분자에 특이적으로 결합한다.

Protein electrophoresis 전기영동 젤에서 단백질 분리

Protein engineering 광범위한 유전자 돌연변이 과정을 포함하지는 않지만, 단백질 분자를 만들거나 산업적으로 사용되는 효소의 특성을 향상시키기 위한 통제된 변형 기술들의 집합

Protein profiling 단백질체에서 단백질을 확인하기 위해 사용된 방법론

Proteome 세포나 조직에서 전체 단백질 목록

Proteomics 단백질체를 연구하기 위해 사용된 기술들의 집합

Protoplast 세포벽이 완전히 제거된 세포

Pulsed field gel electrophoresis (PFGE) 매우 큰 DNA 분자를 분리하기 위해 펄스 전기장을 사용하는 젤 전기영동 기술

Pyrosequencing 폴리뉴클레오티드의 끝에 어떤 뉴클레오티드가 첨가되었는지 방출된 파이로포스페이트가 화학발광으로 변화됨으로써 직접 확인되는 DNA 염기서열 분석 방법

Quantitative PCR 양을 알고 있는 DNA의 PCR 산물과 비교함으로써 시료의 PCR 산물을 정량하는 방법

RACE (rapid amplification of cDNA ends) RNA 분자의 끝을 찾기 위해 PCR을 이용하는 기술

Radioactive marker 동위원자로서, 이것이 큰 분자에 합성될 경우에는 큰 분자의 탐지에 이용된다

Random priming DNA 표지화의 한 방법으로, 단일가닥 DNA에 다시 결합하는 무작위 DNA 헥사머를 이용하여 적절한 효소에 의해 상보적 가닥 합성을 위한 프라이머로서 행동하게 된다

Read 차세대 염기서열 분석 결과 중 한 개의 염기서열

Reading frame 이중가닥의 DNA에서 한 방향에서 3개씩 양 방향에서 가능한 코돈의 6개 조합중 하나

Real-time PCR PCR이 몇 사이클 진행된 후 생성물이 측정되는 표준 PCR 기술의 변형

Recombinant 재조합 DNA 분자를 포함하는 형질전환된 세포

Recombinant DNA molecule 정상적으로 연속하지 않는 DNA 조각들을 함께 결찰시킴으로써 시험관 내에서 만들어진 DNA 분자

Recombinant DNA technology 재조합 DNA 분자의 구축, 연구, 사용과 관련된 모든 기술

Recombinant protein 클론된 유전자가 발현됨으로써 재조합 세포에서 합성되는 폴리펩타이드

Recombination 자연적으로 일어나거나 혹은 DNA 조작의 결과로서 만들어지는, 서로 다른 분자들 간 DNA 서열의 상호교환

Reference genome 관련 유전체의 차세대 염기서열 분석에 의해 얻어진 read의 조립을 돕기 위해 이용한 기존의 유전체 염기서열

Relaxed 개방성 원형 DNA의 비 슈퍼코일된 구조를 말한다.

Replacement vector λ DNA 분자의 비필수적 지역의 일부를 새로운 DNA로 대치함으로써 고안된 λ 벡터

Replica plating 한천 배지 위의 콜로니들을 한꺼번에 새로운 배지로 옮기는 기술로, 이 새로운 배지에서 자라는 콜로니들을 이전의 배지상의 위치와 같은 위치를 가진다

Replicative form (RF) of M13 감염된 대장균 세포 내에서 발견되는 M13 DNA 분자의 이중가닥 형태

Reporter gene 형질전환된 생명체에서 그들의 표현형이 분석되는 유전자. 예를 들어, 조절지역의 삭제 여부 분석에서 이용된다

Reporter probe 목표 DNA와 혼성화 되었을 때 형광신호를 보내는 짧은 올리고뉴클레오티드

Repression 화학적 또는 다른 자극에 대해서 한 유전자 혹은 유전자 집단의 발현이 억제되는 것

Resin 크로마토그래피의 기질

Restriction analysis 어떤 특정 DNA 분자가 특정 제한 엔도뉴클리에이즈에 의해 잘려질 때, 만들어지는 DNA 절편들의 수와 크기의 결정

Restriction endonuclease 특정 누클레오타이드 서열의 제한된 수에서만 DNA 분자를 자르는 내부가수분해효소

Restriction fragment length polymorphism (RFLP) DNA 분자가 제한효소에 의해 잘릴 때 얻어지는 절편들의 형태에 있어서 탐지할 수 있는 변화를 가져오는 돌연변이

Restriction map DNA 분자에 있는 다른 제한자리의 위치를 보여주는 지도

Retrovirus 숙주 염색체에 삽입할 수 있는 RNA 유전체를 가진 바이러스로서, 그 유도체들은 포유동물 세포에서 클론 세포로 사용되고 있다.

Reverse genetics 어떤 유전자를 돌연변이시키고, 그 표현형의 변화를 확인함으로써 유전자의 기능을 확인하는 방법

Reverse-phase liquid chromatography (RPLC) 표면 소수성 정도에 따라 단백질을 분리하는 컬럼 크로마토그래피 방법

Reverse transcriptase RNA 의존성 DNA 중합체로서 단일가닥 RNA 주형에 상보적인 DNA 분자를 합성할 수 있다.

Reverse transcription-PCR (RT-PCR) 출발 물질이 RNA인 PCR 기술. 이 과정의 첫 단계는 역전사효소를 이용하여 RNA를 cDNA로 전환한다.

Reversible terminator sequencing 합성되고 있는 가닥에 첨가되는 각 뉴클레오타이드에 붙어 있는 형광 표지를 검침함으로써 염기서열을 읽는 DNA 염기서열 방법

RFLP linkage analysis DNA 표본에서 특정 대립유전자의 존재를 위한 표시자로, 매우 가깝게 연결된 RFLP를 사용하는 기술이다. 종종 유전병의 원인이 되는 불완전한 유전자를 찾기 위해 개개인을 소사하는 방법으로 사용된다.

Ribonuclease RNA를 분해하는 효소

Ribosome binding site 어떤 유전자의 상류쪽에 있는 짧은 뉴클레오티드 서열로써 전사후에 리보솜이 결합하는 전령 RNA상에 그 위치를 형성한다.

RNA-seq RNA의 차세대 염기서열 분석

S1 nuclease mapping RNA 전사체를 분석하는 방법

Selectable marker 벡터에 의해 옮겨지는 유전자로, 벡터 또는 벡터에서 유래된 재조합 DNA 분자를 포함하고 있는 세포에 인식 가능한 특징을 제공한다.

Selection 원하는 재조합 DNA 분자를 가진 클론을 획득하는 방법

Sequence assembly 차세대 염기서열 분석에 의해 얻어진 짧은 reads를 연속된 DNA 염기서열로 조립

Sequence contig 유전체 염기서열 분석 프로젝트에서 중간에 얻어지는 연속된 DNA 염기서열

Sequence depth 차세대 염기서열 방법에 의해 얻어진 DNA 염기서열에서 각 뉴클레오타이

드 위치를 표시하는 평균 read 수

Sequence tagged site (STS) 유전체에서 지도작성이 된 자리에 있는 DNA 염기서열

Serial analysis of gene expression (SAGE) 전사체의 구성을 연구하는 방법

Short tandem repeat (STR) 2~5개의 염기가 반복되는 수가 polymorphism을 나타내며 microsatellite라고도 한다.

Shotgun approach 유전체 염기서열 분석 방법으로 분석될 DNA분자를 임의적으로 절단하고 각각을 염기서열 분석하는 방법

Shotgun cloning 큰 DNA 분자의 무작위 절편들을 벡터에 삽입시키는 클로닝 전략. 그 결과 많은 종류의 다른 재조합 DNA 분자를 형성할 수 있다.

Shuttle vector 하나의 생명체 이상의 세포에서(예를 들어, *E.coli*에서 그리고 효모에서) 복제할 수 있는 벡터

Simian virus 40 (SV40) 일련의 클로닝 벡터의 토대로 사용되는 포유동물 바이러스

Single molecule real-time sequencing 신장하는 가닥에 개별 뉴클레오타이드의 첨가를 관찰하기 위해 첨단 광학 체계를 이용하는 3세대 DNA 염기서열 분석방법

Single nucleotide polymorphism (SNP) 어느 집단의 개체들이 가지고 있는 point mutation

Somatic cell therapy 유전자의 올바른 형태를 체세포에 도입하는 유전자 치료의 한 형태

Sonication DNA 분자를 임의적으로 절단하기 위해 초음파를 사용하는 과정

Sonoporation 초음파에 노출시켜 원형질체에 의한 DNA 흡수를 증가시키는 방법으로 세포막에 작은 구멍을 일시적으로 형성한다.

Southern transfer DNA 밴드들을 아가로스 젤(agarose gel)로부터 니트로셀룰로오즈 혹은 비슷한 막으로 옮기는 기술

Sphaeroplast 부분적으로 붕괴된 세포벽을 가진 세포

Spin column 크로마토그래피 컬럼을 원심분리시켜 이온교환 크로마토그래피를 촉진시키는 방법

Star activity 반응이 비정상적인 조건, 즉 낮은 염 농도 용액에서 수행되었을 때 때때로 나타나는 제한효소의 특이성 완화

Stem-loop 염기쌍으로 된 줄기와 비염기쌍으로 된 고리로 이루어진 머리핀 구조로서 폴리뉴클레오티드를 형성할 수도 있다.

Sticky end 이중가닥 DNA 분자 끝부분인데, 이 끝부분은 단일가닥으로 뻗어 있다.

Stringent 세포당 단지 한 개나 두 개의 사본수를 가지고 있는 플라스미드를 언급함

Stronger promoter 비교적 빠른 속도로 RNA 전사체 합성을 유도할 수 있는 효율적인 프로모터

Structural bioinformatics 아미노산 서열로부터 단백질 도메인, 단백질 기능 그리고 단백질 구조를 예측하는 컴퓨터 방법

Stuffer fragment 새로운 DNA가 삽입되는 동안 제거되는 λ 교체 벡터의 일부분

Suicide gene therapy 암세포를 죽이는 유전자를 이용하거나 기존 투약되는 약에 의해 암세포 파괴를 증진시키는 유전자 치료 방법

Supercoiled 공유결합적으로 닫힌-원형 DNA 분자구조로써, 감겨진 유연한 밴드로 형성된 모양에 비틀림 긴장으로 꼬여져 있다.

Synteny 유전자들이 유사한 위치에 존재하는 유전체를 언급함

Taq DNA polymerase PCR에서 사용되는 열저항서 DNA polymerase

T-DNA 식물 DNA로 전달되는 Ti 플라즈미드의 일부

Target enrichment 차세대 DNA 염기서열 분석을 위한 라이브러리에서 관심이 있는 특정 유전자의 절편을 풍부하게 하는 방법

Temperature-sensitive mutation 어떤 온도 범위(예를 들어, 30℃ 이상)에서는 작용을 하지만 다른 온도(예를 들어, 30℃ 이상)에서는 작용을 하지 않는 유전자 산물을 생산하는 돌연변이

Template 상보적인 폴리뉴클레오티드의 합성을 일으킬 수 있는 단일가닥 폴리뉴클레오티드(또는 폴리뉴클레오티드의 한 지역)

Terminator 전사의 종결신호로써 작용하는 유전자의 하류 쪽에 존재하는 짧은 뉴클레오티드 서열

Thermal cycle sequencing DNA 염기서열 분석 방법으로 PCR을 이용해서 chain-terminated 폴리뉴클레오타이드를 만든다.

Third-generation sequencing DNA 염기서열 분석을 실시간으로 수행하는 방법

Ti plasmid *Agrobacterium tumefaciens*에서 발견되는 큰 플라스미드로써, 어떤 종의 식물에 종양을 생기게 할 수 있다.

Topoisomerase 한 개 또는 두 개의 폴리펩타이드를 끊거나 연결함으로서 이중나선의 회전을 더하거나 제거하는 효소

Total cell DNA 하나의 세포 혹은 세포 집단에 존재하는 모든 DNA로 구성

Totipotent 다양한 종류의 분화된 세포를 유도하는 세포를 언급함

Transcript analysis DNA 분자의 어떤 부분이 RNA로 전사되는지를 결정하기 위한 실험

Transcriptome 세포나 조직에서 전체 mRNA 목록

Transfection 정제된 파아지 DNA 분자를 박테리아 세포에 도입

Transformation 어떤 DNA 분자를 어떤 살아있는 세포에 도입

Transformation frequency 어떤 하나의 실험에서 형질전환되는 개체수에서 세포들의 비율 측정

Transgenic 일부 세포나 전체에 클론된 유전자를 가지고 있는 식물이나 동물을 언급함

Transgenic animal 세포 모두가 클론된 유전자를 가지고 있는 동물

Trnasposon 유전체안에서 다른 곳으로 이동할 수 있는 DNA 염기

Two-dimensional gel electrophoresis 단백질체 연구에 사용되는 단백질 분리 기술

Undefined medium 모든 구성성분이 알려지지 않은 성장 배양액

Universal primer DNA가 삽입되는 곳에 인접한 벡터 DNA와 상보적인 프라이머

UV absorbance spectrophotometry 어떤 표본에 의해 흡수되는 자외선 방사의 양을 결정함으로써 어떤 화합물의 양을 결정하는 방법

Vector 재조합 DNA 분자를 구축하기 위해 어떤 유전자를 삽입하여, 숙주 생명체에서 복제 가능한 DNA 분자

Vehicle 종종 "벡터"라는 단어를 대신해서 사용되며, 벡터가 클로닝 실험을 통해 삽입되는 유전자를 옮긴다는 의미를 강조한다.

Virus chromosome 바이러스 유전자들을 보유하고 바이러스 캡시드 안에 존재하는 DNA나 RNA 분자

Virus-induced gene silencing (VIGS) 식물 유전자의 기능을 연구하기 위해 geminivirus 벡터를 포함하는 기술

Watson-Crick rules 유전자 구조와 발현에 기초를 두고 있는 염기쌍 규칙. A는 T와 쌍을 이루고, G는 C와 쌍을 이룬다.

Weak promoter 비교적 느린 속력으로 RNA 전사체를 합성하는 비효율적인 프로모터

Western transfer 단백질 밴드들을 전기영동 젤로부터 막 지지물로 옮기는 기술

Yeast artificial chromosome (YAC) 효모 염색체의 구조적 성분으로 구성된 클로닝 벡터로써 매우 큰 DNA 조각들을 클로닝할 수 있다.

Yeast centromeric plasmid (YCp) 동원체 염기서열을 가지고 있는 효모 벡터

Yeast episomal plasmid (YEp) 2 μm 복제 원형 개시점을 가진 효모 벡터

Yeast integrative plasmid (YIp) 복제를 위해 숙주 염색체에 통합을 이끄는 효모 벡터

Yeast replicative plasmid (YRp) 복제의 염색체 개시점을 가진 효모 벡터

Yeast two hybrid system 단백질 상호작용을 확인하기 위해 사용되는 효모의 클로닝 기술

Zero-mode waveguide 개별 분자들을 관찰할 수 있는 나노 구조

Zoo blot 한 종의 유전자가 다른 종에서 유사성이 있는 지 결정하기위해 사용되며 몇몇 종의 고정된 DNA들을 가지고 있는 나일론 막이나 나이트로셀룰로오스 막

INDEX
찾아보기

[영문]

A

B

C

O

P

Q

R

[국문]